Jack Herer · Die Wiederentdeckung
der Nutzpflanze **HANF** Cannabis Marihuana

1. Auflage, September 1993 / 2. Auflage, September 1993
3. Auflage, Oktober 1993 / 4. Auflage, Oktober 1993
5. Auflage, Oktober 1993 / 6. korrigierte Auflage, Oktober 1993
7. Auflage, November 1993 / 8. Auflage, Dezember 1993
9. Auflage, Dezember 1993 / 10. Auflage, Dezember 1993
11. Auflage, Dezember 1993 / 12. Auflage, Dezember 1993
13. Auflage, Februar 1994 / 14. Auflage, Februar 1994
15. Auflage, Februar 1994 / 16. Auflage, Februar 1994
17. Auflage, Februar 1994 / 18. Auflage, April 1994
19. Auflage, April 1994 / 20. Auflage, Mai 1994
21. durchgesehene, aktualisierte und ergänzte Auflage, Juni 1994
22. Auflage, Juni 1994 / 23. Auflage, Juli 1994
24. Auflage, Oktober 1994 / 25. Auflage, Oktober 1994
26. Auflage, November 1994 / 27. Auflage, Januar 1995
28. Auflage, Januar 1995 / 29. Auflage, März 1995
30. Auflage, März 1995 / 31. Auflage, April 1995
32. Auflage, April 1995 / 33. korrigierte Auflage, November 1995
34. Auflage, November 1995 / 35. Auflage, Mai 1996
36. Auflage, Mai 1996 / 37. erweiterte Auflage, Mai 1997
38. erweiterte Auflage, April 1998
Gesamtauflage 112.000 Exemplare

Jack Herer

Die Wiederentdeckung der Nutzpflanze

Hanf

Cannabis Marihuana

Mit einer Kurzstudie von Katalyse-Institut für angewandte Umweltforschung e.V.

Herausgegeben von Mathias Bröckers

Zweitausendeins

Deutsche Originalausgabe.

Teil I, erschienen unter dem Titel »Hemp & The Marijuana Conspiracy: The Emperor Wears No Clothes«:

Teil I haben Susanne Emig (Anhang), Frank Kuhnke (Kapitel 6-12), Ursula Pesch-Itzstein (Kapitel 1-5) und Annemarie Telieps (Kapitel 13-16) aus dem Amerikanischen übersetzt.

Das Lektorat besorgte Martin Weinmann, Wiesbaden, unter Mitarbeit von Waltraud Götting und Ekkehard Kunze.

Umschlagentwurf: Helene Fischer, Hamburg.
Herstellung: Eberhard Delius, Berlin.
Satz: Theuberger, Berlin.
Lithographie: Duplex, Berlin; ORT, Berlin.
Druck: Wagner GmbH, Nördlingen.
Einband: G. Lachenmaier, Reutlingen.

Der Verlag dankt Jürgen Schlegelmilch und Thomas Hügle von Schneidersöhne Papier, Kelkheim, für ihre Arbeit, die es möglich machte, daß dies wohl das erste Buch in der Bundesrepublik Deutschland ist, das auf HANFPAPIER gedruckt wird, hergestellt in der BRD, aus 50% Hanf Cannabis sativa und 50% deinktem Recycling-Papier.
HINWEIS: Das Papier ist nicht zum Genuß oder Verzehr geeignet.

Vorbereitende Hanfpapier-Recherchen und Herstellung der Nachauflagen:
Dieter Kohler & Bernd Leberfinger, Nördlingen.
Printed in Germany.

Dieses Buch gibt es nur bei Zweitausendeins im Versand (Postfach, D-60381 Frankfurt am Main, Telefon 01805-23 2001 oder 069-420 8000, Fax 01805-24 2001 oder 069-417 089. Ab Juni 98: Internet www.zweitausendeins.de, e-mail info@zweitausendeins.de) oder in den Zweitausendeins-Läden in Berlin, Düsseldorf, Essen, Frankfurt, Freiburg, Hamburg, Köln, Mannheim, München, Nürnberg, Saarbrücken, Stuttgart.

In der Schweiz über buch 2000, Postfach 89, CH-8910 Affoltern a. A.

ISBN 3-86150-269-0

Inhalt

Vorbemerkung zur 21. Auflage 8
Einleitung von Mathias Bröckers 9
Vorwort von Jack Herer 15

I

Weshalb der Hanf verboten werden konnte: die Geschichte einer Verschwörung
Jack Herer

1. Zur Geschichte des Hanfs 25
2. Wozu Hanf alles nütze sein kann 29
3. »Neue Milliarden-Dollar-Ernte« 46
4. Das Ende des legalen Hanfanbaus 54
5. Die Hanfprohibition 69
6. Ein uraltes Heilmittel 75
7. Was mit Cannabis alles zu kurieren ist 84
8. Hanfsamen: ein Grundnahrungsmittel 96
9. Ein Wirtschaftsfaktor mit Zukunft: Energie, Ökologie, Handel 102
10. Aus der Kulturgeschichte des Hanfs 115
11. Der britisch-amerikanische Krieg oder: als Napoleon in Rußland einfiel 132
12. Hanf trumpft auf: die USA im 19. Jahrhundert .. 140
13. Rassismus: Marihuana und die »Jim-Crow«-Gesetze 146
14. Ein halbes Jahrhundert Schikane und Verbot ... 153
15. Hinter den Kulissen der »Wissenschaft« 170
16. Des Kaisers neue Kleider 189

II

Weshalb der Hanf vergessen werden konnte: ein Kapitel Industriegeschichte
Mathias Bröckers

1. Von der »Milch der Götter« zum Paria der Nutzpflanzen 202
2. Hanfpapier – die Hardware der Gutenberg-Revolution 208
3. Die Konkurrenten: Baumwolle, Jute und Holz .. 214
4. Erster Weltkrieg: Hanf statt Baumwolle 219
5. Zweiter Weltkrieg: Hanf für den (End-)Sieg 225
6. Hanfpropaganda: »Hemp for Victory!«, »Die lustige Hanffibel« 231
7. Die neuen Konkurrenten aus der Chemie: Perlon, Nylon und Konsorten 269
8. Konkurrenz für das Heilmittel: Aspirin und Heroin 274

9. Vom Paria der Nutzpflanzen zum Schwarzmarktkönig des Drogenhandels 279
10. Der Rohstoff der Zukunft 284
11. Die Welt braucht Hanf 291

III Weshalb der Hanf wiederkehren wird: über die universelle Nutzpflanze Hanf Eine Studie von *Katalyse-Institut für angewandte Umweltforschung*, Köln,

durchgeführt von Michael Karus, Wolfgang Linden, Christian Murr und Frank Waskow (Juli 1993), überarbeitet und erweitert von Michael Karus (März 1994)

1. Historische Bedeutung des Hanfs in Deutschland und Europa 299
a) Eine der ältesten Kulturpflanzen // b) Der Niedergang des Hanfanbaus (Der Fall Martin Butter) // c) Bei der Wiederentdeckung von Nutzpflanzen vergessen
2. Allgemeine Pflanzendaten 308
a) Botanik // b) Landwirtschaft (Klima; Boden; Anbau; Pionierpflanze; Bodenverbesserer; Selbstverträglichkeit; Fruchtfolgeeigenschaften; Dünge- und Wasserbedarf; Schädlingsbefall; Erfahrungen des letzten deutschen Hanfbauers; Ernte; Erträge; sonstige Eigenschaften; Fazit)
3. Nutzung 323
a) Fasernutzung (Fasergewinnung; Textilbereich; Papierherstellung; Geschichte des Papiers; Papier heute; Hanf, der zukünftige Papierrohstoff?; Technische Aspekte der Nutzung von Hanf als Papierrohstoff; Andere Verwendungen im technisch-industriellen Wirtschaftsbereich) // b) Hanföl (Speiseöl; Verwendung in technischen Produkten; Weitere Verwendungszwecke von Hanföl; Fazit) // c) Bioenergie (Wege, aus Pflanzen Energie zu gewinnen; Hanföl als Kraftstoff; Fazit; Stroh und Schäben als Brennstoff) // d) Verwendung im Bausektor // e) Hanf als Heilmittel und Droge (Medizin; Rauschmittel)
4. Aktueller Stand von Anbau, Nutzung und Erforschung der Hanfpflanze in Europa 354
(Osteuropa; Ungarn; Rumänien; Westeuropa; Spanien; Italien; Österreich; Schweiz; Frankreich; Niederlande; Großbritannien; Irland; Deutschland; BGA und der Hanfanbau; Initiativen für den deutschen Hanfanbau; Industrie; Hanfforschung in Deutschland; Bundesforschungsanstalt für Landwirtschaft Braunschweig-Völkenrode; Katalyse-Institut)
5. Schlußfolgerungen 366
(Fazit; Ökobilanz; Ausblick; Schlußbemerkung)

Anhang

IV

1. Dokumente 377
1916 – Hanfschäben, ein neuer Papierrohstoff vor dem Durchbruch: das »Bulletin Nr. 404« 377 // *1917 – Hanfschälmaschine vor der Markteinführung:* »Über Mr. Schlichtens neue Erfindung« 404 // *1937 – Das Marihuanaverbot wird durchs Parlament gelotst:* »The Marijuana Tax Act« (Kongreß-Hearing) 411 // *1991 – Die Industrie meldet Interesse an:* »Hanf muß in neuem Licht gesehen werden, die Zeit ist reif dafür« 426 // *1992 – Das Problem darf nicht länger der Ignoranz der Politiker überlassen bleiben:* Erklärung von Wissenschaftlern der Universität von Los Angeles 429
2. Materialien 431
Zur Ökologie – Lynn Osburn, »Treib- und Brennstoffe aus Hanf« 431 // *Hirnforschung* – Leah Wallach, »Die Chemie des Marihuanarauschs« 435 // Rolf Achteck, »Cannabisrezeptor im Gehirn entdeckt«; »Neuronen produzieren legales Marihuana« 440 // *Hanf als Heilmittel* – N.N., »Cannabis (Marihuana). Beipackzettel« 444

Weshalb der Hanf auf unseren Feldern wieder blüht: fünf Jahre Hanfwirtschaft
Mathias Bröckers 449

V

Anmerkungen 483
Literatur 504
Abkürzungen 514
Personen- und Sachregister 515
Hanf-Adressen 524

Vorbemerkung zur 21. Auflage

In der vor sieben Monaten geschriebenen Einleitung wurde der Hoffnung Ausdruck gegeben, daß mit diesem Buch ein Wendepunkt in der Diskriminierung des Hanfs markiert ist: »Die hier versammelten Fakten zur Geschichte des Hanfs und seines Potentials für eine ökologische Zukunft machen eine Wiederentdeckung von Cannabis unvermeidlich.« Als ich diesen Satz schrieb, ahnte ich nicht, daß es nur wenige Monate dauern würde, bis der Hanf auf allen Ebenen ein Comeback erlebt. Doch eben dies ist eingetreten. Auch wenn es träges Bürokratentum, vermischt mit hysterischer Drogenangst in diesem Jahr noch verhindern könnte, daß die Hanfpflanze wieder auf die Felder zurückkehrt, dürfen wir schon jetzt sicher sein, daß die Wiederkehr des nachwachsenden Rohstoffs Cannabis nicht mehr aufzuhalten ist. Die Fraktion der Hanfbefürworter reicht mittlerweile von den »Grünen« bis zur CSU, von diversen Ökoinitiativen bis zum Bauernverband, von »Legalize it!«-Gruppen bis zur Naturschutzjugend. Wissenschaft und Forschung haben sich der vergessenen Nutzpflanze ebenso zugewandt wie das größte deutsche Unternehmen, die Daimler-Benz-AG, die jetzt erste Forschungsexperimente mit Hanf durchführt. Henry Fords »Auto, das vom Acker wächst« ist mit einem Schlag wieder aktuell.

So wichtig und begeisternd das große öffentliche Interesse an diesem Buch ist, noch großartiger waren die Briefe und Stellungnahmen, die uns von Leserinnen und Lesern erreichten, daß dieses Buch ihr »Leben verändert hat«, daß es ihnen »eine neue, optimistische Perspektive verschafft«, sie »aus der Lethargie erweckt und zu neuen Aktivitäten angestachelt hat« – Positiveres ist mit gedruckten Worten einfach nicht zu erreichen. Längst nicht allen konnte ich auf ihre Zuschriften antworten, auch nicht auf die vielen Anregungen, Hinweise und Materialien, die zur Verbesserung des Buches eingesandt wurden – deshalb an dieser Stelle allen meinen herzlichen Dank.

Die vorliegende Ausgabe wurde durchgesehen, aktualisiert und ergänzt. Michael Karus hat die Hanfstudie des Katalyse-Instituts erweitert und auf den neuesten Stand gebracht.

Berlin, 31. März 1994
Mathias Bröckers

Einleitung

Für dieses Buch mußte kein Baum gefällt werden. Es ist, neben einem Anteil Altpapier, aus einer Pflanze hergestellt, die um ein Vielfaches schneller wächst als Bäume: *Cannabis sativa* – Hanf. Fast zwei Jahrtausende wurde Hanf als Papierrohstoff verwendet, erst die industrielle Revolution ersetzte ihn durch einen neuen, scheinbar kostenlosen Rohstoff: Wald. Zusammen mit dem Holz hielt auch die Chemie Einzug ins Papier, denn ohne chemische Leimung ließ sich aus Holz kein Papier machen. Was dieser Fortschritt mit sich brachte, wurde erst Jahrzehnte später deutlich: Die Säuren im Holzpapier reagierten ätzend, und die daraus hergestellten Bücher zerfielen. Betroffen von diesem Büchersterben in den Bibliotheken sind nur die ab etwa 1850 aus Holz hergestellten Werke. Die Gutenberg-Bibel aus dem 15. Jahrhundert und sogar noch sehr viel ältere Bücher blättern sich dagegen wie am ersten Tag – sie wurden auf einem Papier gedruckt, dessen Rohstoff auf natürliche Weise zusammenhält und keiner chemischen Behandlung bedarf: Papier aus Hanf. Im zweiten vorchristlichen Jahrhundert war in China die Papierherstellung aus Hanffasern erfunden worden, und China ist heute das einzige Land, das noch in nennenswerten Mengen »baumfreies« Hanfpapier herstellt. Der Rest der Welt stillt seinen Papierhunger mit der Kettensäge. Über 90 Prozent des Papiers wird weltweit aus Holz gewonnen, weniger als 15 Prozent werden recycelt, der jährliche Pro-Kopf-Verbrauch liegt in Deutschland bei etwa 230 Kilogramm. Dafür werden nicht nur Urwälder in Skandinavien und Nordamerika, sondern zunehmend auch tropische Regenwälder angegangen. Ein einziges Hektar Hanf aber bringt auf Dauer die mindestens 5fache Menge Papier wie ein gleich großer Wald – Papier von höherer Qualität und mit weniger Chemie. Das einzige »Umweltpapier«, das diesen Namen wirklich verdient, denn es schont nicht nur die Gewässer und die Böden, sondern darüber hinaus auch die Wälder, die Lungen unseres Planeten.

Papier ist nur eines von vielen Produkten, das uns Cannabis liefern kann. Hanf zählt zu den ältesten Kulturpflanzen der Menschheit, und keine andere Nutzpflanze hat in der Geschichte eine universellere Verwendung gefunden: Die Fasern des Hanfs lieferten Seile und Segel, Jacken, Hosen und Textilien aller Art, von feinster Leinenwäsche bis zur unverwüstlichen Jeans; die fett- und eiweißreichen Samen dienten als Grundnahrungsmittel und ihr Öl als Brennstoff für Lampen sowie als Rohstoff für Farben und Lacke; und die Blätter und Blüten des Hanfs lieferten eine Medizin, die Cannabis bei allen Völkern der Welt zu einem der wichtigsten Heilkräuter machte. Hanf war von alters her das universale Überlebensmittel der Zivilisation, der ertragreichste und am schnellsten nachwachsende Rohstoff der gemäßigten Klimazonen. Wie diese »Milch der Götter« zum Paria der Nutzpflanzen wurde, davon berichtet dieses Buch.

Das Schicksal, von der industriellen Revolution überrollt worden zu sein, teilt der Hanf mit vielen anderen pflanzlichen Rohstoffen, einzig aber ist seine Rolle, als Nutzpflanze international verbannt und geächtet zu sein. Wie in der Bundesrepublik ist in den meisten westlichen Ländern der Hanfanbau gesetzlich verboten, mit der Begründung, daß aus seinen Blättern und Blüten »Rauschgift« gewonnen werden könne. Daß das Kraut und das Harz des Hanfs – Marihuana und Haschisch – eine berauschende Wirkung haben, war von Anbeginn der menschlichen Hanfnutzung bekannt; Cannabis ist die wohl älteste Droge überhaupt. Ihre Einstufung als gefährliches Rauschgift indessen ist ein Produkt der Neuzeit; genauer: jener Antihanfkampagne, mit der in den 30er Jahren in den USA der universalen Nutzpflanze Hanf das Etikett »Marihuana – Mörder der Jugend« angeheftet wurde. Jack Herer dokumentiert, nach jahrzehntelangen Recherchen, in diesem Buch erstmals den industriepolitischen Hintergrund des Hanfverbots. Neue Verarbeitungstechniken und Maschinen machten den fast schon vergessenen Hanf in den 20er Jahren plötzlich wieder interessant: als Rohstoff für Papier, für Kunststoffe aller Art und für die Gewinnung von Bioenergie. Doch als der geniale Tüftler Henry Ford 1941 sein »Auto, das vom Acker wuchs« präsentierte – die Karosserie bestand aus Hanfkunststoff, betankt wurde es mit Hanfdiesel –, war es bereits zu spät: 1937 hatte eine Seilschaft von Industriellen den »Marijuana Tax Act« durchgesetzt und mit diesem Steuergesetz den Hanfanbau schlagartig zum Erliegen gebracht. Drahtzieher der Hanfprohibition waren der Ölmagnat und Bankier Mellon, der Holzpapierfabrikant und Medienzar Hearst sowie der Chemieriese und General Motors-Besitzer Du Pont, der die Additive für Benzin, die Sulfite für Holzpapier und Kunststoffe auf petrochemischer Basis herstellte. Ausführendes Organ der Hanfprohibition war das neugegründete *Federal Bureau of Narcotics (FBN)*, das Mellon mit seinem Schwiegerneffen Harry Anslinger besetzte. Fords Hanf-Mobil ging genausowenig in Serie wie die erfolgreichen Experimente des US-Agrarministeriums, den hölzernen Abfall des Hanfs als Papierrohstoff zu verwenden. Was aber in Serie ging, waren fantastische Horrorstories über das »Mörderkraut« – statt von Hanf und seinem vielfältigen Nutzen, war nur noch von »Marihuana« als fürchterlichem Rauschgift die Rede, obwohl zur Fasergewinnung angebauter Hanf nur verschwindend geringe Mengen rauschwirksamer Stoffe enthält. Das simple Hanfkraut, das wenige Jahrzehnte zuvor wegen seiner entspannenden, krampflösenden Wirkung noch zu den am häufigsten verordneten Arzneien gezählt hatte, avancierte gleichsam über Nacht zur gefährlichsten Droge überhaupt.

Von dieser Horrorpropaganda hat sich der Hanf bis heute nicht erholt – in den USA und Westeuropa ist er als Nutzpflanze seitdem ausgestorben. In den 60er Jahren sorgten die USA dafür, daß die Ächtung der Cannabispflanze in die UNO-Vereinbarungen übernommen wurde, und so geschah es, daß auch bei der jüngsten Wiederentdeckung nachwachsender Rohstoffe im Zuge der ökologischen Krise der Hanf einfach vergessen wurde. Der Bioenergiespender Nummer eins blieb als »Rauschgift« außen vor, die nützlichste Pflanze des Planeten für Forschung und Wissenschaft eine »flora non grata«. Wir sind sicher, daß mit der Veröffentlichung dieses Buchs ein Wendepunkt markiert ist. Nicht nur weil es, auf Hanfpapier gedruckt, einen handfesten Beweis für seine Behauptungen gleich mitliefert, sondern weil die hier erstmals versammelten Fakten zur Geschichte des Hanfs und seines Potentials für eine ökologische Zukunft die Wiederentdeckung von Cannabis unvermeidlich machen. Das nächste Jahrtausend wird grün sein, oder es wird überhaupt nicht sein – jedenfalls nicht mehr von Menschen bevölkert. Eine organische, den Kreisläufen der Biosphäre angepaßte Energie- und Rohstoffwirtschaft aber kann auf eine Pflanze, die in 100 Tagen vier Meter hoch wächst und auf derart universelle Weise genutzt werden kann, nicht verzichten. Für jede Tonne Papier, die künftig wieder aus Hanf hergestellt wird, können 12 ehrwürdige Bäume stehen bleiben; jede Jeans, die wie die erste Levi's wieder aus Hanfleinen geschneidert wird, ist nicht nur viel haltbarer, sie trägt auch direkt zur Entgiftung des Planeten bei: 50 Prozent aller Pestizide, die in den USA zum Einsatz kommen, werden allein für Baumwolle verwendet. Hanf hingegen ist von Natur aus schädlingsresistent, vor Unkraut schützt er sich selbst; sein Anbau verbessert die Böden, statt sie zu vergiften, und seine Fasern kommen giftfrei auf die Haut.

Ohne die grüne Kraft des Hanfs wird eine erdverträgliche Ökonomie des nächsten Jahrtausends nicht zu haben sein, genausowenig wie ein Ende der globalen Vernichtung der Wälder. Insofern haben wir gar keine andere Wahl, als auf diesen seit der Steinzeit bewährten universellen Biorohstoff zurückzugreifen. Wie lange allerdings der internationale Krieg gegen Drogen die Rehabilitierung der Hanfpflanze verhindert, darüber möchten wir keine Prophezeiung wagen. Wie jeder fundamentalistische Krieg wird auch der Kampf gegen Drogen nicht von den Gesetzen der Vernunft, sondern der Willkür des Dogmas regiert; jeder vernunftgemäße Kompromiß gilt als Kapitulation vor dem Bösen. Schon die Aufforderung, ein uraltes Heil- und Genußmittel wie das Hanfkraut nicht in derselben »Gefahrenklasse« des Gesetzes zu führen wie die industriellen Turbodrogen Heroin und Kokain, gilt im heiligen Drogenkrieg als verharmlosende Ketzerei. Wie einst die Prohibition des Alkohols dafür sorgte, daß in Amerika mehr gesoffen wurde als je zuvor, hat es die Prohibition des Hanfs erreicht, daß er zu dem am weitesten verbreiteten illegalen Genußmittel der westlichen Welt wurde – und als Nutzpflanze heute ausgestorben ist. Nur in Holland, wo der Hanfgenuß seit Ende der 70er Jahre toleriert wird, ist seitdem ein deutlicher Rückgang des Marihuana- und Haschischkonsums zu verzeichnen, – die Statistiken der niederländischen Gesundheitsbehörden werden indessen von den Prohibitionseiferern als »Wehrkraftzersetzung« betrachtet und in der Regel einfach ignoriert.

Bevor also Forschung, Landwirtschaft und Industrie die überragenden Eigenschaften der Nutzpflanze Hanf wiederentdecken können, müssen Politik und Justiz aktiv werden: Eine Reform der Cannabisgesetze ist überfällig. Nicht nur als Abrüstungsmaßnahme in einem längst verlorenen Drogenkrieg, sondern auch als Friedensinitiative in jenem Krieg gegen die Natur, den wir mit Kettensägen, fossilen Brennstoffen und chemischem Giftmüll täglich weiter anheizen. Die bio-logische Alternative zu diesem Terror heißt Hanf; doch von einer Pflanze, die nur unter Polizeischutz angebaut werden darf, ist eine Stimulanz der ökologischen Wirtschaft nicht zu erwarten.

Für die deutsche Ausgabe haben wir Jack Herers Arbeit über die erstaunliche Geschichte des Hanfs und die industriepolitischen Hintergründe der modernen Hanfprohibition ergänzt. Dieses Verbot hatte seinen Ursprung in den Vereinigten Staaten, und eine internationale Rehabilitierung des Hanfs wird ohne Zutun der USA nicht zu haben sein. Deshalb ist die amerikanische Sicht der Dinge, die Jack Herer im ersten Teil des Buchs dokumentiert, zwangsläufig auch die unsere: Amerika führt den »war on drugs« weltweit an und dominiert auch die Gesundheits- und Agrarressorts der UNO.

Der zweite Teil des Buchs schildert die europäische und besonders die deutsche Geschichte der Hanfnutzung und ihren Niedergang im Zuge der industriellen Revolution. Billige Ersatzfasern aus den Kolonien der Dritten Welt, säurehaltiges Papier aus Holz, die petrochemischen Kunstfasern der I. G. Farben und pharmazeutische Wunderdrogen wie das von der Firma Bayer entwickelte Heroin verdrängten zu Beginn dieses Jahrhunderts den Hanf als universellen Lieferanten von Kleidung, Papier, Nahrung und Medizin. In Kriegszeiten freilich erwies sich der Rohstoff Hanf nach wie vor als unverzichtbar. In Nazideutschland propagierte der »Reichsnährstand« den Anbau des universellen Rohstoffs mit einer *Lustigen Hanffibel*, und in den USA forderte die Regierung ungeachtet des kurz zuvor ergangenen Verbots ihre Farmer 1942 auf, *Hanf für den Sieg!* anzubauen. Wir haben diese staatlichen Cannabislobgesänge nicht allein aus historischen Gründen dokumentiert, sondern vor allem deshalb, weil unsere heutige Lage denen der damaligen »Notzeiten« durchaus gleicht. Allerdings nicht aus militärischen, sondern aus ökologischen Gründen. Wenn wir heute wieder Hanf anbauen müssen, dann nicht, um einen Krieg zu führen, sondern um den globalen Krieg gegen die Natur einzustellen.

Der dritte Teil des Buchs steckt die Felder für eine solche »Friedenswirtschaft« ab. Die Hanfstudie des Kölner *Instituts für angewandte Umweltforschung Katalyse*, die wir für dieses Buch in Auftrag gegeben haben, ist die erste wissenschaftliche Publikation über die Nutzpflanze Hanf in Deutschland seit mehr als 35 Jahren, und ihr Ergebnis kann durchaus als kleine Sensation gelten. Der Vergleich des Hanfs mit anderen Nutzpflanzen bestätigt die universellen Eigenschaften und die hohen Erträge der Pflanze und zeigt anhand aktueller Forschungsdaten ein immenses Potential für die Zukunft auf. Fakten, die angesichts von Treibhauseffekt und fortschreitender Waldvernichtung nicht einfach ignoriert werden können. Deshalb sind wir überzeugt, daß dieses Buch weder das einzige aus Hanf bleiben wird noch das letzte über Hanf.

In Kalifornien, wo die Hippies vor einem Vierteljahrhundert den Hanf wegen seiner psychedelischen Eigenschaften entdeckten, wird er jetzt dank seiner ökologischen Eigenschaften für die Märkte der Zukunft entdeckt: baumfreies Hanfpapier, Shorts aus Cannabis und Hemden aus 100prozentig drogenfreiem Marihuana sind der Renner in der alternativen Szene. In England wurde in diesem Sommer die erste Anbaulizenz seit 30 Jahren erteilt – zur Papierherstellung; in Frankreich findet Hanf zunehmend als biologischer Baustoff Verwendung, und auch in Deutschland hören erste Pioniere das Gras wachsen: Das in Berlin gegründete *Hanfhaus* versendet in diesem Herbst den ersten Katalog mit Hanfprodukten. Zeichen, die dafür sprechen, daß Cannabis bald schon wieder, wie Jahrtausende zuvor, zum ganz normalen Alltag gehören könnte.

Die im folgenden ausgebreiteten Informationen über diese wunderbare Pflanze können nur den ideellen Acker bereiten; aufgehen und vermehrt werden kann die Saat allein durch die Leserinnen und Leser. Vor allem solche, die sich in Bereichen der Ökologie, der biologischen Landwirtschaft, der Energie- und Rohstoffpolitik sowie der Medizin und Gesundheit, kurz: für *Gaia*, unseren Heimatplaneten, engagieren. Ihnen sei dieses Pflanzenbuch besonders ans Herz gelegt. Erst wenn genügend Hirne überzeugt sind, werden auch die Hände wieder aktiv werden – für eine grüne Erde mit Hanf und Fuß.

Berlin, 30. Juli 1993
Mathias Bröckers

Vorwort

Dieses Buch ist all jenen gewidmet, die im Krieg um eine Pflanze mit Gefängnishaft bestraft worden sind, weil sie auf ihr Gewissen gehört haben und mit ihrem Handeln für die Überzeugung einstanden, die Menschheit könne die Wahrheit zu ertragen und zu erkennen lernen und sie müsse endlich die alten Lügen, den Haß, die alte Borniertheit, den Geist der Inquisition und des Ethnozentrismus über Bord werfen, damit die Erde für künftige Generationen bewohnbar bleibt – mit all ihren Pflanzen und allen Substanzen, die die Natur hervorbringt.

Das vorliegende Buch soll die historischen, sozialen und wirtschaftlichen Kenntnisse vermitteln, die Voraussetzung für die Einsicht sind, daß wir umfassende Gesetzesreformen brauchen, mit denen das Hanfverbot zu Fall gebracht und die Lebensgrundlagen auf der Erde gerettet werden können.

Anfang 1973 schrieb ich mein erstes Buch über Marihuana, *G.R.A.S.S.* Damals hatte ich keine Vorstellung, was man aus Hanf alles herstellen kann. Ich wußte gerade einmal, daß man aus Hanf Tauwerk macht; daß diese Pflanze aber die wichtigste Rohstoffquelle für so viele Dinge ist, für Papier, für Textilfasern, für Treib- und Brennstoffe und noch manches mehr, davon hatte ich damals nicht die geringste Ahnung.

Die erste Ausgabe von *Des Kaisers neue Kleider* [Titel der amerikanischen Ausgabe von J. Herers Buch, Teil I der vorliegenden Veröffentlichung; Anm. d. Red.] kam 1985 heraus, nachdem ich zwölf Jahre lang Informationen über Hanf gesammelt hatte. Das Buch sollte der krönende Abschluß eines langen und gezielt geführten Kreuzzuges sein, den wir, mein langjähriger Freund und Verbündeter, Captain Ed Adair, und ich, zu unserer persönlichen Sache gemacht hatten. Wir wollten für uns und unsere Freunde dafür kämpfen, daß Marihuanakonsum wieder legalisiert würde. Und es war Captain Eds Verdienst, mich seit 1973 immer wieder dazu ermutigt zu haben, alles, was ich über

Marihuana und Hanf wußte und herausbekommen hatte, aufzuschreiben und zu sammeln.

Das Bild, das ich mir über Cannabis–Hanf– Marihuana und von der Unterdrückung dieser Pflanze machte, gewann mit jeder neuen Information deutlichere Konturen. Und es nahm dabei eine Gestalt an, auf die ich ursprünglich gar nicht gefaßt gewesen war.

Nach und nach ließen die empirischen Fakten das Bild einer Welt entstehen, die von einer böswilligen Verschwörung zerstört wird, bei der es eben nicht um die Unterdrückung eines »Killergrases« geht, sondern um die Unterdrückung des wichtigsten erneuerbaren Rohstoffes, den wir auf der Welt haben. Und all dies wird ausgeheckt von einer Handvoll wohlhabender Leute und mächtiger Unternehmen und geschieht nur zu deren eigenem Vorteil.

Seit dem ersten Erscheinen von *Des Kaisers neue Kleider* sind unzählige weitere Fakten ans Tageslicht gekommen, die das ursprüngliche Material untermauert, einige unbedeutendere Details berichtigt und meiner Arbeit insgesamt mehr Substanz und mir selbst noch tiefere Einsichten verschafft haben. Rätselhafte Details einer Verschwörung gegen die Menschheit begannen sich zu einem riesigen Puzzle zusammenzufügen.

Wir haben den gesamten Text überarbeitet und völlig neue Abschnitte hinzugefügt. Die US-Regierung hat diese Informationen niemals dementiert, die Medien haben sie ignoriert.

Und mehr und mehr meiner Freunde sind hinter Gittern gelandet, oder man hat ihnen im Zuge dieser eskalierenden »Krieg-den-Drogen«-Kampagne ihre Heime, Arbeitsplätze und Unternehmen genommen. Viele, die sich mit großer Zivilcourage dem verschrieben haben, was sie für vernünftig, für moralisch richtig und für verantwortbar hielten und sich dieser üblen Politik widersetzt haben, hat ihr Engagement ins Gefängnis gebracht und ist für sie zu einem furchtbaren Alptraum geworden. Meine Hoffnung ist, daß jeder, der dieses Buch gelesen hat, in diesen Menschen nicht mehr irgendwelche Gesetzesbrecher sehen wird, sondern jene couragierte Minderheit, die das Saatgut retten half, das unseren Planeten vor dem Untergang bewahren wird.

Andere Leute sind zur Arbeit an diesem Projekt hinzugestoßen und haben ihm eine Dimension verliehen, die ich mir anfangs nicht hätte träumen lassen. Mit ihren Fähigkeiten und Kenntnissen haben sie einen wesentlichen Beitrag zum Gelingen geleistet.

Wenn man ein Buch wie dieses schreibt, dessen Informationen, obwohl sie eigentlich Allgemeingut sein sollten, unseren Lehrern und Staatsbürgern praktisch unbekannt sind, hofft man immer darauf, daß jemand mit großer Energie und hoher Intelligenz dieses Buch lesen, sich die Informationen zu eigen machen und sie anderen weitervermitteln wird.

Im Verlauf der Jahre haben mir Hunderte, vielleicht Tausende von Leuten, die *Des Kaisers neue Kleider* gelesen hatten, dafür gedankt, eines ihrer Lieblingsbücher geschrieben zu haben. Bei einem Auftritt der »Grateful Dead« kam ein Student der Yale University auf mich zu, umarmte mich, dankte mir und erklärte, ich bliebe für immer sein Lieblingsautor. Er freute sich riesig, daß ich noch am Leben sei – seine Mutter hatte ihm mein Buch vorgelesen, als er ein kleiner Junge gewesen war. (Wahrscheinlich hatte sie es ursprünglich für das berühmte Märchen aus dem 19. Jahrhundert von Hans Christian Andersen gehalten.)

Anfang 1989 las Chris Conrad aus Los Angeles *Des Kaisers neue Kleider.* Er wurde mein Verbündeter. Mit seiner ungeheuren Energie, seinen Kenntnissen über das Verlagswesen und seiner Bereitschaft, fast fünf Monate lang 40 Stunden pro Woche zu arbeiten, während er gleichzeitig seiner Arbeit als Produktionsmanager einer größeren Wochenzeitung sowie vielen anderen Verpflichtungen für zahlreiche Organisationen und Ziele nachkam, war er für dieses Projekt von unschätzbarem Wert. Während dieser Zeit unterstützte seine Freundin Mikki Norris das Projekt auf vielfältige Weise.

Chris tat all dies ohne jegliche Entlohnung, und doch arbeitete er, als würde er eine Million dafür bekommen. Er ist einer der tatkräftigsten, energiegeladensten, sachverständigsten und diszipliniertesten Menschen, die ich kenne. Chris ist ein leuchtendes Vorbild. Er entwarf jeden Millimeter dieses Buches und war sein Hauptherausgeber und Anhänger.

Darüber hinaus möchten wir allen anderen Mitgliedern unseres engagierten Teams von ganzem Herzen danken:

Chris und meinem Mitherausgeber und Mitarbeiter Lynn Osburn, der sowohl ein großer Schriftsteller als auch ein hervorragender Wissenschaftler auf dem Gebiet der Marihuana/Hanf-Energieforschung ist. Lynn machte sich auf, herauszufinden und zu lernen, ob Hanf tatsächlich eine der wichtigsten erneuerbaren Energiequellen der Erde ist. Er erforschte die Technologie, die dazu nötig ist, unseren Planeten mit sauberer, erneuerbarer Energie zu versorgen. Seine hervorragende Arbeit hat auf nahezu jeder Seite dieses Buches ihre Spuren hinterlassen. Und ein Auszug aus seiner Abhandlung über *Energy Farming in America* habe ich in den Anhang dieses Buches aufgenommen. Lynns Arbeit wird Menschen überall auf der Welt die Schönheit, Notwendigkeit und Einfachheit der Energieerzeugung aus Biomasse und ihrer Umwandlung lehren.

Während Lynn mit den Forschungen für dieses Buch beschäftigt war, wurde er wegen eines Verstoßes gegen das Marihuanaanbauverbot verhaftet. Bis zum 2. Januar 1990, dem Tag, an dem er in Ventura County, Kalifornien, eingesperrt wurde, arbeitete er Tag und Nacht. Noch hinter Gittern setzte er seine Redaktionsarbeit fort.

Unserer wichtigen Mitherausgeberin und Mitautorin, Judy Osburn, Lynns Frau. Judy ist aus Notwendigkeit und Empörung zu einer anerkannten Autorität und Autorin über Beschlagnahme- und Verwirkungsrecht geworden. Die Notwendigkeit entstand aufgrund des Versuchs der Regierung, das Haus der Familie Osburn zu beschlagnahmen. Der Anlaß dafür war gewesen, daß sie sich mit mir den Kopf darüber zerbrach, wie unsere Kinder und unser Planet zu retten seien. Judys Buch *Spectre of Forfeiture* ist auf seinem Gebiet zu einem Standardwerk geworden.

Shan Clark für seine aktive Unterstützung beim Redigieren und Katalogisieren und dafür, daß er mich immer wieder in Situationen, in denen ich dieses Projekt ansonsten vielleicht aufgegeben hätte, ermutigt hat.

Maria Farrow, meiner Assistentin während der letzten anderthalb Jahre, die mich überall hin begleitet hat, von der Kongreßbibliothek zu der Smithonian Institution und dem US-Landwirtschaftsministerium, wo wir Dutzende Regierungsbeamte aufsuchten, um sie über Hanf zu befragen, und Hunderte von Dokumenten über Hanf und den Versuch, sein Potential zu vertuschen, aufstöberten.

Dana Beal für die hervorragende Forschungsarbeit, die er geleistet hat, um einen Zusammenhang zwischen Jerry Colbys *Du Pont Dynasties* und den Informationen über die Verbote des Hanfanbaus herzustellen.

Jerry Colby für seine mutige, glänzende Arbeit, die uns die Augen für den Größenwahn der Du Ponts öffnete. Ben Masel für seine harten Kritiken, seine großartige Unterstützung und seine Forschung über eher esoterische Bereiche des Hanfanbaus in der Welt und vieles mehr.

Julie Kershenbaum für ihre ausgezeichnete redaktionelle

Arbeit und das Korrekturlesen. D. S. H. für seine Unterstützung bei der Herausgabe dieses Buches und sein sorgfältiges Bemühen um dessen Korrektheit und Lesbarkeit. Brenda Kershenbaum und Doug McVay für Korrekturarbeiten und redaktionelle Beratung.

Steve Hager, John Holmstrom und ihrer ganzen Mannschaft für ihre Hilfe bei der Herausgabe und ihre Unterstützung nicht nur dieses Projektes, sondern der Idee, daß die Erde gerettet werden und jeder einzelne von uns ein »Freiheitskämpfer« für diese Sache werden könnte.

Den *Wiz Kids* aus *KnoWare*, Ron Lawrance und Vicki Marshal, die freiwillig die alte Version des *Emperor* in einen Mac-Computer eingaben und mich, als ich von meinen im Herbst 1989 an den Colleges des Landes gehaltenen Vorlesungen über Hanf zurückkehrte, mit einem Geschenk überraschten: dem alten Buch in Textverarbeitungsform. Dieses Geschenk gab mir genau den Auftrieb, den ich für diese riesige Unternehmung brauchte.

Timothy Leary, der die anderen und mich ermutigte, die Flinte nicht ins Korn zu werfen. George Clayton Johnson dafür, daß er mir vier Jahre lang ständig neu redigierte Ausgaben des *Kaisers* brachte und mich liebevoll ermutigte, dieses Buch auf den neuesten Stand zu bringen und wieder zu veröffentlichen.

Meinen uneigennützigen Vermietern Ed und Esther, die mir so viele Mietzahlungen stundeten, damit dieses Projekt, an das sie glaubten, nicht wegen Geldmangels unterbrochen oder abgebrochen werden mußte.

Meinen Freunden Dr. Tod Mikuriya und Dr. Fred Oerther für ihre Beratung bei den Kapiteln über Medizin.

Loey Glover, Büroleiterin bei NORML für ihre Unterstützung und freundliche Ermutigung.

Gatewood Galbraith und Mark Brennamen aus Lexington, Kentucky, für ihre bemerkenswerte Forschungsarbeit zugunsten von Cannabis und ihren Kampf für die Bürgerrechte der Einwohner von Kentucky.

Barry, der der Hanfbewegung und letztendlich diesem Projekt sein umfangreiches Archiv über Hanf zur Verfügung stellte.

Meinen lieben Freunden Ron und Vicki Linker von den *Starseed Collections* in Athens, Ohio, die Senatoren, Regierungsbeamte und Einwohner von Athens wortgewandt darüber aufklärten, wie wenig sie über Hanf und Marihuana wußten. Ron und Vicki sind wahre Freiheitskämpfer. Zusammen mit Paul, Kevin und Cliff und dem *Ohio*

University Ecology Club haben sie die Bürger von Athens so umfangreich informiert, wie das in keiner anderen Stadt der USA der Fall war.

Am 19. November 1989 begann Ron Linkers zweijährige Freiheitsstrafe, weil er traditionelle Hindu-Pfeifen eingeführt hatte, wie er das die vorangegangenen 15 Jahre mit Billigung des Zolls getan hatte. Bei der Urteilsverkündung sagte der Bundesrichter, der es abgelehnt hatte, Informationen über Hanf bei dem Gerichtsverfahren zuzulassen: »Ich wünsche mir, ich könnte Sie für all die Menschenleben, die Sie mit diesen traditionellen Hindu-Pfeifen zerstört haben, zu einer längeren Freiheitsstrafe verurteilen.« Ron und Vicki kennen die Informationen über Hanf und die Ungerechtigkeit dieser Strafe.

Und anderen, die an diese Arbeit geglaubt und sie unterstützt haben, auch mit Geld und Krediten, selbst wenn ihnen das weh tat: David und Gloria Smith, Marco, Allan und Regina, Jon und Carol, David und Debbie, Steve und Chuquette, Roger, Gary H., Rooster, Dudley, Jim, Rose und Chris, Gail und Billy, dem »freundlichen Fremden« Ed, Steve und Andrew DeAngelo, Rick Pfrommer, Peter A., Larry G., Floyd, Jean Michel Eribon, Ron Tisbert, Richard M., T. C., Mitchel aus New Jersey, Beau und Rachael, Jonathan Drewel (der seine ganze unglaubliche Energie von der Southern Missouri University mit herüberbrachte) und allen, die dieses Buch gelesen und zu dieser Arbeit beigetragen haben, ohne hier vielleicht erwähnt zu werden.

Schließlich hoffe ich, daß unser Buch allen Menschen die Augen darüber öffnen wird, was es mit Cannabis – Marihuana – Hanf wirklich auf sich hat, daß das Verbot dieser Pflanze ein Verbrechen an der Menschheit ist und daß wir alle dazu beitragen sollten, dieses Verbot zu Fall zu bringen. Dieses Buch soll Sie mit dem dazu nötigen Rüstzeug ausstatten, es soll Ihre Empörung wecken und es soll Ihnen die Energie geben, die Sie dazu brauchen.

Wir haben versucht, so sachlich und präzise wie möglich zu sein. Ergänzungen, Korrekturen und Überarbeitungen werden aber immer notwendig sein. Bitte schicken Sie mir Kopien von Dokumenten oder Materialien, die dazu beitragen können, daß das Buch in seiner nächsten Auflage noch überzeugender wird. – Wir haben schon gewonnen; das weiß nur noch niemand.

Allen Leserinnen und Lesern der letzten Auflagen, allen Cannabisfans, allen Forscherinnen und Forschern, die mir in den letzten Jahren mit Informationen geholfen, die mir

Dokumente zur Verfügung gestellt oder mit ihrem Rat geholfen haben, möchte ich an dieser Stelle danken; bitte schicken Sie uns weiterhin alles, auch Kleinigkeiten, die uns dabei helfen können, das Puzzle für die nächste Auflage zusammenzufügen.

Bruce Anderson und Hans-Georg Behr möchte ich für ihre Hinweise und Anstöße meine Anerkennung aussprechen; ihnen bin ich zu größtem Dank dafür verpflichtet, daß sie mich in den Kosmos ihrer unglaublich reichen Kenntnisse über Hanf und alles was mit Hanf zu tun haben kann, haben Einblick nehmen lassen.

Meine vier Mitherausgeber, Chris Conrad, Lynn und Judy Osburn und Shan Clark, waren wieder einmal die allerbesten Herausgeber, Mitkämpfer und Hanfanhänger, die ich mir wünschen konnte.

Jack Herer
Gründer und Vorsitzender von HEMP
(Help End Marijuana Prohibition)

I

Weshalb der Hanf verboten werden konnte: die Geschichte einer Verschwörung

von Jack Herer

Für *Edwin »Captain Ed« M. Adair III*, geboren am 29. September 1940, gestorben an Leukämie am 16. August 1991, den Vater von Scarlet, Robin und Marsh, meinen Lehrer, Partner und Freund, den tapfersten Mitstreiter und größten Ehrenmann, dem ich im Leben begegnet bin.

Er lehrte viele von uns, die Erde vor uns selbst zu retten, über ihre Feinde zu lachen und diese dennoch zu lieben.

Zwanzig Jahre lang half Captain Ed Adair Jahr für Jahr, Hunderte und Tausende von Menschen in die radioaktive Wüste des atomaren Testgebietes von Nevada hinauszuführen. Friedlich trotzte er den von der Regierung aufgestellten Absperrungen und ging landeinwärts über radioaktiv hochbelastetes Gebiet. Mit seinem Mut hat er die Öffentlichkeit wachgerüttelt und dazu beigetragen, den Wahnsinn der Atomversuche zu beenden.

Er war es, der uns und mir die Augen dafür öffnete, daß Hanf die Menschheit retten kann und eine ihrer wichtigsten Hoffnungen ist.

24. April 1992
Jack Herer

Zamer Hanff. CCXX.

Zur Geschichte des Hanfs

1

Hanf ist auch bekannt als: *Cannabis, Indischer Hanf, echter Hanf, Pot, Marihuana, Reefer, Gras, Ganja, Bhang, »Stoff«, Kiff, Kraut* usw. All das sind Namen für ein und dieselbe Pflanze.

Was Namen erzählen

Hanf ist auf der Landkarte der Vereinigten Staaten überall zu finden: HEMPstead, Long Island; HEMPstead County, Arkansas; HEMPstead, Texas; HEMPhill, North Carolina, HEMPfield, Pennsylvania, und andere geographische Orte heißen entweder nach Gebieten, in denen man Cannabis anbaute, oder nach Familiennamen, die sich aus dem Hanfanbau ableiteten.

Historische Daten aus Nordamerika ...

1619 wurde in der Kolonie Jamestown, Virginia, das erste Marihuanagesetz Nordamerikas erlassen, das allen Farmern »vorschrieb«, »probeweise« Indischen Hanf anzubauen. Weitere die Anbaupflicht von Hanf regelnde Gesetze wurden 1631 in Massachusetts, 1632 in Connecticut und Mitte des 18. Jahrhunderts in den Chesapeake-Kolonien verabschiedet.

Selbst in England wurde die vielbegehrte volle britische Staatsbürgerschaft auf Erlaß der Krone an Ausländer verliehen, die bereit waren, Cannabis anzubauen. Denjenigen, die das ablehnten, wurde häufig eine Geldstrafe auferlegt.

Zwischen 1631 und dem frühen 19. Jahrhundert galt Cannabis in weiten Teilen Nordamerikas als gesetzliches Zahlungsmittel. Auch das war ein Grund, weshalb die amerikanischen Farmer so viel Hanf angebaut haben.[1]

Mehr als 200 Jahre lang war es überall in Nordamerika möglich, Steuern mit Cannabis zu bezahlen.[2]

In Zeiten der Knappheit, beispielsweise zwischen 1763 und 1767 in Virginia, konnte man sogar zu einer Gefängnisstrafe verurteilt werden, wenn man nicht Cannabis anbaute.[3]

Auch George Washington und Thomas Jefferson bauten auf ihren Plantagen Cannabis an.[4] Als Jefferson Gesandter in Frankreich war, stürzte er sich nicht nur in große Unkosten, sondern ging auch für sich und seine Geheimagenten ein erhebliches Risiko ein, um sich die besonders guten Hanfsamen zu beschaffen, die aus China in die Türkei geschmuggelt wurden. Die chinesischen Mandarine hielten die Hanfsamen ihres Landes für so kostbar, daß sie den Export wie ein Kapitalverbrechen bestraften.

Bei einer 1850 in den USA durchgeführten Erhebung wurden 8 327 Hanfplantagen (Farmen mit einer Mindestgröße von 80 Hektar) gezählt, auf denen Cannabis zur Herstellung von Stoff, Leinwand und sogar der zum Bündeln von Baumwolle benötigten Seile angebaut wurde. Die meisten dieser Plantagen lagen im Süden oder in den Grenzstaaten, denn dort standen der arbeitsintensiven Hanfindustrie vor 1865 billige Sklaven zur Verfügung.[5]

Benjamin Franklin gründete eine der ersten Hanfpapierfabriken Nordamerikas. Da man nicht mehr auf Papier und Bücher aus England angewiesen war, konnte in den Kolonien eine freie Presse entstehen.

Benjamin Franklin gründete eine der ersten Hanfpapierfabriken Nordamerikas. Da man dadurch nicht mehr auf Papier und Bücher aus England angewiesen war, konnte in den Kolonien eine freie Presse entstehen. Darüber hinaus waren Marihuana- und Haschischextrakte diejenigen Arzneimittel, die zwischen den vierziger und neunziger Jahren des 19. Jahrhunderts in den USA am zweit- oder dritthäufigsten verschrieben wurden. In der Humanmedizin war ihre Verwendung bis in die 30er Jahre des 20. Jahrhunderts legal, spielte in der Veterinärmedizin damals allerdings eine noch bedeutendere Rolle.

Hersteller von Arzneimitteln, die aus Cannabis gewonnen wurden, waren Ely Lilly, Parke-Davis, Tildens, Brothers Smith (Smith Brothers), Squibb und viele andere amerikanische und europäische Firmen. Kein einziger Todesfall, der auf die Einnahme von Cannabisextrakten zurückzuführen gewesen wäre, ist für diesen ganzen Zeitraum aktenkundig. Abgesehen davon, daß es bei Erstbenutzern gelegentlich zu Desorientierung oder übermäßiger Introvertiertheit kam, gab es auch keine Hinweise für Cannabismißbrauch oder über geistige Verwirrungszustände.[6]

... und aus aller Welt

»Der erste geschichtlich bekannte Webstoff war offenbar aus Hanf, mit dessen Verarbeitung man im 8. Jahrtausend (8000-7000 v. Chr.) begann.«[7]

Die wissenschaftliche Fachliteratur aus der Archäologie, Anthropologie, Philologie, Ökonomie und Geschichte stimmt darin überein, daß vom ersten Jahrtausend vor Christus bis hinein in die zweite Hälfte des letzten Jahrhunderts Cannabis (Hanf, Marihuana) die auf unserem Planeten am häufigsten angebaute Feldfrucht war und die Grundlage für einen der wichtigsten Gewerbezweige mit Tausenden von Waren und Unternehmen bildete. Aus Hanf wurden Fasern, Tuche, Leuchtöle, Papier, Weihrauch und Arzneimittel hergestellt, und er war der wichtigste Lieferant der für Menschen und Tiere lebensnotwendigen Nahrungsfette und Proteine.

Anthropologen fast aller Universitäten der Welt stimmen überein, daß Marihuana in den Religionen und Kulten der Menschheitsgeschichte zu den sieben am häufigsten verwendeten Drogen gehörte, die Stimmung, Bewußtsein und Schmerzempfinden beeinflußten und als psychotrope oder psychedelische (empfindungsverändernde oder bewußtseinserweiternde) Mittel genommen wurden. Diese kultischen Rauscherlebnisse inspirierten unseren Aberglauben, unsere Amulette und Talismane, unsere Religionen, Gebete und Sprachbegriffe (siehe Kapitel 10).[8]

Wegen Hanf wurden Kriege geführt

So war beispielsweise der Zugang zu russischem Cannabis einer der Hauptgründe für den Krieg von 1812 (den Amerika gegen Großbritannien führte). Russischer Hanf war

ebenfalls einer der wichtigsten Gründe dafür, daß Napoleon und die in sein kontinentales Bündnissystem einbezogenen Staaten 1812 in Rußland einmarschierten (siehe Kapitel 12).

Nachdem im Jahre 1942 die Invasion der Philippinen durch die Japaner die Versorgung mit Manilahanf (»Abakahanf«) abgeschnitten hatte, verteilte die US-Regierung 400 000 Pfund Cannabissamen an die Farmer von Wisconsin bis Kentucky, die dann bis 1946 jährlich 42 000 Tonnen Hanffasern für Kriegszwecke produzierten.

Warum hat Cannabis/ Marihuana in der Geschichte eine so wichtige Rolle gespielt?

Cannabis ist die kräftigste und haltbarste natürliche Weichfaser auf unserem Planeten. Seine Blätter und Blütenspitzen (Marihuana) gehörten in manchen Kulturen bis zum Beginn des 20. Jahrhunderts für zwei Drittel der Menschheit mindestend dreitausend Jahre lang zu den wichtigsten und am häufigsten verwendeten Arzneimitteln.

Hanf zählt zu den höchstentwickelten Pflanzenfamilien der Erde und ist eine zweihäusige Pflanze, das heißt, er hat männliche oder weibliche Fortpflanzungsorgane; es gibt auch zweigeschlechtliche Pflanzenstöcke. Er ist ein holziges, einjähriges Kraut, das die Sonne effizienter nutzt als jede andere Pflanze auf unserem Planeten und in einer nur kurzen Wachstumszeit die stattliche Höhe von 4 bis 7 Metern erreicht. Hanf kann in nahezu jedem Klima und auf jedem Boden, selbst in Grenzertragsgebieten, angebaut werden.

Er ist mit Abstand der ertragreichste nachwachsende Rohstoff der Erde.

Wozu Hanf alles nütze sein kann

2

Wenn wir, um unseren Planeten zu retten und den Treibhauseffekt umzukehren, künftig auf alle fossilen Brennstoffe und petrochemischen Produkte ebenso verzichten wollen wie auf die Abholzung unserer Wälder zur Gewinnung von Papier und landwirtschaftlichen Nutzflächen, dann gibt es nur eine Pflanze, die als nachwachsender Rohstoff in der Lage ist, den größten Teil an Papier, Textilien und Nahrungsmitteln sowie des privaten und industriellen Energieverbrauchs zu liefern, und die zugleich die Umweltverschmutzung eindämmt, die Böden verbessert und unsere Luft reinigt: Es ist ein alter Gefährte, der dies schon immer für uns getan hat: Cannabis – Hanf – Marihuana!

Frage: Gibt es jemanden, der uns beweisen kann, daß diese These falsch ist?

(Jack Herer hält 10 000 Dollar dagegen. Den Wortlaut der Wette s. S. 45)

Schiffe und Seeleute

90 Prozent[1] aller Schiffssegel wurden schon vor den Phöniziern, spätestens aber seit dem 5. Jahrhundert v. Chr. bis lange nach Erfindung und Kommerzialisierung des Dampfschiffs aus Hanf hergestellt (siehe Abbildung).

Das Wort »canvas«[2] (Segeltuch) ist die niederländische Abwandlung (abgeleitet aus dem Lateinischen über das Französische) des griechischen Wortes »Kannabis«.[3]

Außer den Segeln wurden bis zu diesem Jahrhundert praktisch die gesamte Takelage, die Ankertaue, Verladenetze, Fischernetze, Flaggen, Wanten wie auch das Kalfaterwerg (das wichtigste Dichtungsmaterial gegen Salzwasser zwischen losen oder jungen Planken) aus dem Stengel der Marihuanapflanze gemacht.

Selbst die Kleidung der Seeleute, bis hin zu den Nähten der manchmal aus Segeltuch gemachten und mit einer aus Seil geflochtenen Sohle versehenen Schuhe, war aus Cannabis.[4]

Hanfpapier hielt 50- bis 100mal länger als die meisten aus Papyrus gefertigten Schriftträger.

Auch Schiffskarten, Logbücher und Bibeln wurden in der westeuropäischen/amerikanischen Welt seit der Zeit des Kolumbus (spätes 15. Jahrhundert) bis ins frühe 19. Jahrhundert hinein und in China seit dem 1. Jahrhundert n. Chr. aus Papier hergestellt, das Hanffasern enthielt. Hanfpapier

Allein auf der U.S.S. Constitution gab es mindestens 60 Tonnen Hanf

(Die sogenannten »Old Ironsides«)

Ausschnitt aus der Liste der Takelage (des Tauwerks) für die Restaurierung der U.S.S. Constitution und anderer historischer Schiffe im Jahre 1927, von F. Alexander Magoun, S.B., S.M., The Southworth Press, 1928 by The Marine Research Society, Boston, Massachusetts, S. 96 und 97. Für jeden Mast (Fockmast, Besanmast, Großmast) wurden Toppnanten, Brassen, Reffleinen, Taljen usw. benötigt. Die Constitution war mit mehr als 7000 Metern Hanf-Tauwerk getakelt.

Artikel	*Umfang*
Großstag	30,48 cm
Vorstag	30,48 "
Brassenschenkel	24,13 "
Fock- und Großmastwanten	24,13 "
Besanmastwanten	17,78 "
Stengepardunen	22,86 "
Stengestagen	20,32 "
Brampardunen	12,70 "
Bramstagen	10,16 "
Royalstagen	6,35 "

Laufendes Gut, locker geschlagenes Hanftauwerk

Artikel	*Umfang*	*Bruttolänge*
Racktalje	6,35 cm	79,24 m
Rahtakelfall	11,43 "	106,68 "
Seitentalje	8,89 "	365,76 "
Toppnanten	8,89 "	143,25 "
Brassen	10,16 "	185,31 "
Halsstrecker	10,16 "	121,92 "
Schoten	11,43 "	121,92 "
Garnets	7,62 "	121,92 "
Großbuline	8,89 "	36,57 "
Refftaljen	8,89 "	106,68 "
Bukgordings	6,35 "	161,54 "
Nockgordings	6,35 "	131,67 "
Geitaljen	5,08 "	158,49 "
Topptaljen	7,62 "	323,08 "
Marsdrehreeptaljen	8,89 "	438,91 "
Marstoppnanten	11,43 "	109,72 "
Marssegelbrassen	8,89 "	182,88 "
Rüstankertrosse	57,15 "	219,45 "
Ansteckleine	35,56 "	182,88 "
(je) Sicherungstau für Geschütz	17,78 "	6,09 "
(je) Ausholertalje	6,35 "	18,28 "

hielt 50- bis 100mal länger als die meisten aus Papyrus gefertigten Schriftträger und war wesentlich leichter und billiger herzustellen.

Aber die Verwendung von Hanf war nicht auf die Seefahrt beschränkt.

Textilien und Stoffe

80 Prozent aller Textilien und Stoffe für Kleidungsstücke, Zelte, Linnen,[5] Teppiche, Gardinen, Bettdecken, Handtücher, Windeln usw., einschließlich des Sternenbanners, wurden in den USA bis in die zwanziger Jahre des 19. Jahrhunderts und in den meisten Teilen der übrigen Welt bis zum Beginn des 20. Jahrhunderts vornehmlich aus Hanffasern hergestellt.

Jahrhunderte, wenn nicht Jahrtausende lang (bis in die dreißiger Jahre des 19. Jahrhunderts), wurden in Irland die feinsten Linnen und in Italien die schönsten Kleiderstoffe der Welt aus Cannabis angefertigt.

Unsere Vorfahren wußten sehr wohl, daß Hanf weicher, wärmer und saugfähiger als Baumwolle ist, daß seine Reißfestigkeit dreimal höher und er um ein Vielfaches haltbarer ist als diese.

Die kontinentale Armee bei Valley Forge, Pennsylvania, wäre erfroren, hätte es nicht die heute so lautstark verdammte Marihuanapflanze gegeben.

Als 1776 die patriotischen und resoluten Frauen von Boston und Neuengland »Spinnkränzchen« organisierten, um Washingtons Soldaten einzukleiden, war das Garn, das sie verwendeten, zum größten Teil aus Hanffasern gesponnen. Hätte es nicht die historisch in Vergessenheit geratene, tabuisierte und heute so lautstark verdammte Marihuanapflanze gegeben, wäre die kontinentale Armee bei Valley Forge, Pennsylvania, erfroren.

In den ersten Jahren der jungen amerikanischen Republik war der Hanf so wichtig für die Wirtschaft des Landes, daß sich der erste US-Finanzminister, Alexander Hamilton, in einem Bericht des Finanzministeriums aus den neunziger Jahren des 18. Jahrhunderts eingehend damit beschäftigte: »Flachs und Hanf: Zwischen den Erzeugern dieser Waren besteht so viel Gemeinsamkeit, und diese Produkte werden so oft miteinander vermischt, daß man sie ohne weiteres als eins betrachten kann. Segeltuch sollte mit 10 Prozent Steuern belegt werden.«[6]

Die Wagen der nach Westen (Kentucky, Indiana, Illinois, Oregon und Kalifornien)[7] ziehenden Siedler waren mit dicken, aus Hanf gewobenen Planen[8] überdacht und die Schiffe, die um das Kap Hoorn nach San Francisco segelten, mit Tauen und Segeln aus Hanf ausgerüstet.

Das Garn für selbstgefertigte Stoffe wurde bis nach dem

Bis ins frühe 20. Jahrhundert hinein stammte das Garn für Stoffe fast immer vom Hanfbeet im eigenen Garten.

Bürgerkrieg und sogar bis ins frühe 20. Jahrhundert in Amerika und in anderen Teilen der Welt aus selbstangebautem Hanf gesponnen.[9]

Alter und Pflanzungsdichte der Beete beeinflussen die Faserqualität. Wenn ein Farmer weiche, für Leinen geeignete Fasern haben wollte, pflanzte er seinen Cannabis sehr eng.

Als Faustregel gilt: Sollen aus dem Hanf Heil- oder Stärkungsmittel gewonnen werden, nimmt man auf 5 bis 6 Quadratmeter ein Samenkorn; für Samenhanf sollte ein Abstand von 1,20 bis 1,50 Meter eingehalten werden.[10]

Für grobe Taue und Leinwand nimmt man 200 Samen pro Quadratmeter. Für ganz feines Leinen oder für Spitze rechnet man pro Quadratmeter 900 Pflanzen, die nach 80 bis 100 Tagen geerntet werden müssen.[11]

In den späten zwanziger Jahren des 19. Jahrhunderts wurden in Amerika die manuell betätigten (1793 von Eli Whitney erfundenen) Baumwollentkernungsmaschinen größtenteils durch »industrielle« Webstühle und Baumwollentkernungsmaschinen aus Europa ersetzt, das damals über den besseren Maschinenbau- und Technologiestandard (Herstellung von Werkzeugen und Färbemitteln) verfügte.

Zum ersten Mal konnte Baumwolle für leichte Kleidung kostengünstiger verarbeitet werden als Hanf, dessen Fasern geröstet, getrennt und dann auf Spinnrädern und Wagenspinnern (Jennymaschinen) handversponnen werden mußten.[12]

Aufgrund seiner Reißfestigkeit, Weichheit, Wärme und Haltbarkeit blieb Hanf dennoch bis in die dreißiger Jahre des 20. Jahrhunderts die am zweithäufigsten verwendete Naturfaser.[13]

Als Folge des Marihuanasteuergesetzes von 1937 wurden die natürlichen Hanffasern jedoch durch die neuen Du Pont-Kunststoffasern verdrängt, die in Lizenz der deutschen I. G. Farben produziert wurden – die betreffenden Patente waren Teil der deutschen Reparationszahlungen an Amerika. Massive Interessen- und Kapitalverflechtungen bestanden zwischen I. G. Farben und der amerikanischen Firma Du Pont, von der auch die Erfindung der Nylonfaser stammte, die 1938 patentiert und auf den Markt gebracht wurde.[14]

Schließlich sollte man nicht vergessen, daß rund 50 Prozent aller derzeit in der Landwirtschaft der USA eingesetzten Chemikalien auf den Baumwollplantagen Verwendung finden. Hanf braucht für sein Wachstum keine Chemikali-

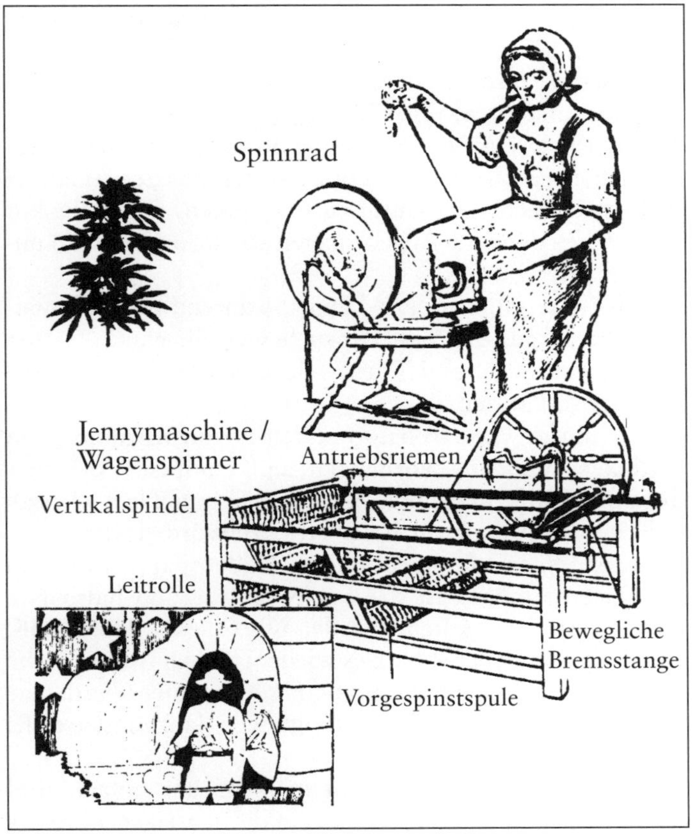

en und ist kaum von Insekten oder anderen Schädlingen bedroht, jedenfalls nicht von natürlichen. Nur von der US-Regierung und den amerikanischen Drogenbekämpfungsbehörden.[15]

Faser und Zellstoff für Papier

Bis 1883 wurden zwischen 75 bis 90 Prozent des weltweit produzierten Papiers mit Hanffasern hergestellt: Hanf war der Grundstoff von Büchern, Bibeln, Landkarten, Papiergeld, Wertpapieren, Zeitungen und sogar der Gutenberg-Bibel (15. Jahrhundert). Rabelais' »Kräutlein Pantagruelion« (16. Jahrhundert), die King-James-Bibel (17. Jahrhundert), Thomas Paines Schriften »Die Rechte des Menschen«, »Common sense« und »Das Zeitalter der Vernunft« (18. Jahrhundert), die Werke von Fitz Hugh Ludlow, Mark Twain, Victor Hugo, Alexandre Dumas wie auch Lewis Carrols »Alice im Wunderland« (19. Jahrhundert) und fast alle anderen Werke der Literatur wurden auf Hanfpapier gedruckt.

Der erste Entwurf der Unabhängigkeitserklärung (28. Juni 1776) war auf holländischem Hanfpapier geschrieben; ebenso der zweite Entwurf, der am 2. Juli 1776 vollendet und am 4. Juli 1776 verkündet wurde.

Am 19. Juli 1776 ordnete der Kongreß an, die Unabhängigkeitserklärung auf Pergament (enthaarte, geglättete und getrocknete Tierhäute) zu übertragen. Dieses Dokument haben dann die Abgeordneten am 2. August 1776 unterzeichnet.

Das Material, aus dem damals, während der Kolonialzeit, überall auf der Welt Papier hergestellt wurde, waren ausrangierte Segel und Taue, welche Schiffseigner als Altmaterial verkauften.

Der übrige Papierrohstoff stammte von Kleidung, von Bettlaken, Windeln, Vorhängen und Lumpen,[16] die meistens aus Hanf, manchmal jedoch auch aus Flachs hergestellt und an Altwarenhändler verkauft worden waren.

Sogenanntes »Lumpen-« oder Hadernpapier, welches Hanffasern enthält, ist das hochwertigste und haltbarste Papier, das je hergestellt wurde. Wird dieses Papier naß, kann es reißen, aber sobald es wieder trocken ist, hat es die gleiche Reißfestigkeit wie zuvor. Hadernpapier überdauert unter halbwegs normalen Bedingungen Jahrhunderte. Es nutzt sich so gut wie nie ab.

Unsere Vorfahren waren zu sparsam, um einfach alles wegzuwerfen, und so wurden bis in die achtziger Jahre des 19. Jahrhunderts geeignetes Abfallmaterial und Altkleider zu Papier verarbeitet. Bis in die zwanziger Jahre unseres Jahrhunderts wurden viele Dokumente der US-Regierung gemäß gesetzlicher Vorschrift auf hanfhaltigem »Lumpenpapier« geschrieben.[17]

Man glaubt allgemein, daß die frühen Kenntnisse der Chinesen über die Herstellung von Hanfpapier (100 Jahre v. Chr., also 800 Jahre, bevor die islamische Welt und 1 200 bis 1 400 Jahre, bevor Europäer diese Kunst entdeckten) einer der beiden wichtigsten Gründe dafür sind, weshalb orientalisches Wissen und Können dem europäischen 1 400 Jahre lang weit überlegen war. Die Herstellung des überaus haltbaren Hanfpapiers ermöglichte es dem Orient, sein gesammeltes Wissen weiterzugeben. Generation um Generation konnte auf diesem Wissensschatz aufbauen, ihn überprüfen, vertiefen, in Frage stellen und weiterentwickeln.

Ein weiterer Grund für die Überlegenheit der orientalischen Wissenschaft über die der westlichen Welt über einen so langen Zeitraum hinweg (1 400 Jahre) lag darin, daß die katholische Kirche 95 Prozent der Bevölkerung Europas das Lesen- und Schreibenlernen verbot; darüber hinaus verbrannte und verbot sie mehr als 1200 Jahre alle ausländischen und einheimischen Bücher – einschließlich der Bibel, deren Verbreitung zu bestimmten Zeiten sogar mit der Todesstrafe geahndet wurde.

Aus diesem Grund bezeichnen Historiker dieses Zeitalter als »finsteres Mittelalter« (siehe Kapitel 10).

Seile, Schnüre und Tauwerk

Seit Menschengedenken hatte praktisch jede Stadt der Welt eine Industrie, die Seile aus Hanf herstellte.[18] Der größte Produzent war jedoch Rußland, dessen Ware von allerbester Qualität war und das zwischen 1740 und 1940 etwa 80 Prozent des Hanfbedarfs der westlichen Welt abdeckte.

In seiner Flugschrift »Common sense« (1776) nannte Thomas Paine vier Dinge, die für die junge Nation von entscheidender Bedeutung waren: »Tauwerk, Eisen, Holz und Teer.«

Dem für das Tauwerk verwendeten Hanf maß er höchste Bedeutung bei. So schrieb Paine: »Hanf wächst teilweise sogar üppiger als für die Herstellung von Tauwerk nötig wäre.« Erst danach zählte er die anderen für den Krieg gegen die britische Marine notwendigen Dinge auf: Kanonen, Schießpulver usw.

Bis 1937 wurden zwischen 70 und 90 Prozent aller Seile, aller Schnüre und allen Tauwerks aus Hanf hergestellt.

Wie Hanf George Bush das Leben gerettet hat

Ein weiteres Beispiel für die Bedeutung von Hanf: Fünf Jahre nachdem Hanf für ungesetzlich erklärt worden war, nämlich 1942, wurde sein Anbau für Kriegszwecke schleunigst wieder eingeführt. Als der junge Pilot George Bush nach einem Kampf über dem Pazifik aus seinem brennenden Flugzeug absprang, wußte er wenig darüber, daß:

– Teile des Triebwerkes mit Hanföl geschmiert waren;
– der Tragegurt seines lebensrettenden Fallschirmes zu 100 Prozent aus in den USA angebautem Hanf gefertigt war;
– praktisch die gesamte Takelage und alles Tauwerk des Schiffes, das ihn rettete, aus Hanf hergestellt waren;
– die Feuerwehrschläuche auf dem Schiff (wie auch die in den von ihm besuchten Schulen) aus Hanf gewoben waren;
– auch die Nähte der Schuhe, die er trug, als er schließlich sicher an Deck stand, aus Hanf waren, so wie das bei allen hochwertigen Lederschuhen und Militärstiefeln bis zum heutigen Tag der Fall ist.

Und dennoch hat Bush einen großen Teil seiner Karriere darauf verwendet, die Pflanze auszurotten und Gesetzen Geltung zu verschaffen, die verhindern sollen, daß irgend jemandem – möglicherweise sogar ihm selbst – diese Informationen zugänglich gemacht werden.

Danach wurden Hanffasern in erster Linie durch Chemiefasern (hauptsächlich von der Firma Du Pont unter Lizenz der I. G. Farben produziert) und durch Manilahanf (Abakahanf) aus den »neuen« philippinischen Besitztümern ersetzt, die Spanien als Reparationsleistungen aus dem Spanisch-Amerikanischen Krieg im Jahre 1898 an Amerika hatte abtreten müssen. In das daraus gefertigte Tauwerk wurden häufig Stahlkabel zur Verstärkung eingeflochten.

Leinwand für die Malerei

»Hanf ist das ideale Archivierungsmaterial.«[19]

Die Bilder von Rembrandt, Van Gogh, Gainsborough und anderen berühmten Künstlern waren, wie praktisch alle Leinwandgemälde, meist auf Hanfleinwand gemalt.

Hanf ist eine starke, glänzende Faser, die gegen Hitze, Schimmel und Insekten widerstandsfähig ist und nicht durch Licht beeinträchtigt wird. Auf Hanfleinwand gemalte Ölbilder sind über Jahrhunderte hinweg in gutem Zustand erhalten geblieben.

Farben und Lacke

Jahrtausendelang wurden praktisch alle guten Farben und Lacke mit Hanföl und/oder Leinöl hergestellt.

Beispielsweise wurden allein 1935 in den USA 116 Millionen Pfund (58 000 Tonnen)[20] Hanfsamen nur für Farben und Lacke verbraucht. Marktführend im Hanfölgeschäft war das Chemieunternehmen Du Pont.[21]

Dem Kongreß und dem US-Finanzministerium wurde zwischen 1935 und 1937 in geheimen eidesstattlichen Erklärungen von Du Pont gegenüber Herman Oliphant, dem Chefberater des Bundesfinanzministeriums, versichert, daß Hanföl durch synthetische Öle ersetzt werden könne, die in erster Linie von Du Pont hergestellt wurden. Oliphant allein war verantwortlich für den Gesetzentwurf zur Marihuanasteuer, dessen Annahme durch den Kongreß die Ausschaltung des Rohstoffes Hanf bedeutete (siehe Kapitel 4).[22]

Lampen

Bis zu Beginn des 19. Jahrhunderts war Hanföl das in den USA und der Welt am häufigsten verwendete Leuchtöl. Von da an stand es noch bis in die siebziger Jahre des 19. Jahrhunderts an zweiter Stelle hinter dem Walöl.

Hanföl ließ Aladins Wunderlampe und die Lampen des Propheten Abraham und seines Namensvetters Lincoln leuchten. Es war das hellste Lampenöl.

Nachdem 1859 in Pennsylvania Öl entdeckt worden war und Rockefeller in den siebziger Jahren des 19. Jahrhunderts das nationale Petroleum-Monopol an sich gebracht hatte, wurde Lampenöl in den Vereinigten Staaten durch Petroleum und Kerosin ersetzt (siehe Kapitel 9).

Hierzu äußerte sich der berühmte Botaniker Luther Barbank folgendermaßen: »In anderen Ländern werden die [Cannabis-]Samen wegen ihres Öls sehr geschätzt. Die Tatsache, daß man sie bei uns völlig vernachlässigt, illustriert das verschwenderische Umgehen mit unseren landwirtschaftlichen Ressourcen insgesamt.«[23]

Energie aus Biomasse

Zu Beginn des 20. Jahrhunderts kamen Henry Ford und andere vorausblickende kluge Köpfe (wie ihre geistigen Erben heute) zu der wichtigen Erkenntnis, daß bis zu 90 Prozent der weltweit verbrauchten fossilen Brennstoffe (Kohle, Öl, Erdgas usw.) durch Biomasse wie Kornhalme, Cannabis, Altpapier und dergleichen zu ersetzen wären.

Biomasse kann mit einem Bruchteil der derzeitigen Kosten für Öl, Kohle und Atomenergie – insbesondere wenn man den Preis der Umweltverschmutzung mitrechnet – in Methan, Methanol oder Benzin umgewandelt werden. Wäre ihre Verwendung vorgeschrieben, gäbe es keinen sauren Regen mehr, keinen schwefelhaltigen Smog, und der Treibhauseffekt auf unserem Planeten würde rückläufig sein – und zwar auf der Stelle![24]

Dies kann erreicht werden, wenn Hanf als Biomasse angebaut und durch Pyrolyse (thermische Zersetzung) oder biochemisches Kompostieren in Brennstoffe umgewandelt wird, welche die fossilen Brennstoffe als Energieerzeuger ersetzen können.[25]

Ein durch Pyrolyse hergestelltes Produkt, das Methanol, wird heute für die meisten Rennwagen verwendet. In den USA wurde Methanol selbst zwischen 1920 und 1945 noch, als längst das Petroleum als Alternative zur Verfügung stand, als Kraftstoff für Abertausende von privaten, landwirtschaftlichen und militärischen Fahrzeugen benutzt.

Methanol kann durch ein von Mobil Oil entwickeltes katalytisches Reduktionsverfahren sogar in bleifreies Benzin von hoher Oktanzahl umgewandelt werden.

Medizin

Zwischen 1842 und dem letzten Jahrzehnt des 19. Jahrhunderts gehörten ein besonders starkes Marihuana (damals sagte man »Cannabisextrakt«), Haschischextrakte, Tinkturen und Elixiere zu denjenigen Arzneimitteln, die in der Humanmedizin der USA am zweit- und dritthäufigsten eingenommen wurden (von Geburt an bis ins hohe Alter). In der Veterinärmedizin war die Verwendung dieser Arzneimittel sogar über die zwanziger Jahre des 20. Jahrhunderts hinaus üblich (siehe Kapitel 6 und 13).

Wie schon erwähnt, gehörten vor 1842 Marihuanaextrakte aus Knospen, Blättern, Wurzeln usw. mindestens 3 000 Jahre lang zu den wichtigsten Arzneimitteln, mit denen Menschen überall in der Welt die verschiedensten Krankheiten behandelten. In Westeuropa hingegen verbot die katholische Kirche mehr als 1 200 Jahre lang die Verwendung von Cannabis wie auch jede medizinische Behandlung überhaupt. Zugelassen waren nur der Aderlaß und die Behandlung mit Alkohol (siehe Kapitel 10).

Die amtliche Arzneimittelliste der USA wies darauf hin, daß folgende Beschwerden mit Cannabis behandelt werden sollten: Müdigkeit, Hustenanfälle, Rheumatismus, Asthma, Delirium tremens, Migräne und Menstruationsbeschwerden sowie Krämpfe und Depressionen. (William Emboden, Professor für Botanik, California State University, Northridge.)

Königin Viktoria nahm bei Menstruationsbeschwerden Cannabisharze ein, und während ihrer Herrschaft (1837 bis 1901) war ein enormer Anstieg der Verwendung von Indischem Hanf in der Medizin der englischsprachigen Welt zu verzeichnen.

Die Cannabisforschung des 20. Jahrhunderts hat den therapeutischen Wert – und das Ausbleiben schädlicher Nebenwirkungen – der Behandlung vieler gesundheitlicher Probleme mit Cannabis aufgezeigt: Asthma, grüner Star, Übelkeit, Tumore, Epilepsie, Infektionen, Streß, Magersucht, Depressionen, Rheumatismus, Arthritis und möglicherweise auch Herpes (siehe Kapitel 7).

Speiseöle und Protein

Bis in unser Jahrhundert hinein wurden Hanfsamen überall auf der Welt als Nahrungsmittel für Brei und Suppen verwendet. Mönche aßen früher dreimal am Tag Gerichte aus Hanfsamen, ihre Kleidungsstücke waren aus Hanf gewebt, und die Bibeln, die sie kopierten, waren aus Hanfpapier.[26]

Aus Hanfsamen kann man höchst nahrhaftes Pflanzenöl gewinnen, das innerhalb der ganzen Flora die meisten essentiellen Fettsäuren enthält. Diese *lebenswichtigen* Öle sind für unser Immunsystem verantwortlich und reinigen die Arterien von Cholesterin und Plaque.

Wenn man das Öl aus den Samen preßt, erhält man als Nebenprodukt den überaus proteinreichen Hanfsamenkuchen. Er kann mit Malz versetzt oder gemahlen werden und findet in Kuchen, Brot und Eintopfgerichten Verwendung. Proteine aus Marihuanasamen gehören zu den besten, hochwertigsten und vom menschlichen Körper am leichtesten verwertbaren Pflanzenproteinen. Hanfsamen ist die reichhaltigste einzelne Nahrungsquelle für die menschliche Ernährung (siehe Kapitel 8).

Bis zum Prohibitionsgesetz von 1937 war Hanfsamen das wichtigste Vogelfutter in der Welt sowohl für frei fliegende Vögel als auch für Käfigvögel, das sie allen anderen Samen vorzogen.[27] 1937 wurden in den USA 4 Millionen Pfund Hanfsamen für Singvögel im Einzelhandel verkauft. Aus einer Samenmischung picken Vögel sich als erstes die Hanfsamen heraus. In der freien Natur leben Vögel länger und haben mehr Junge, wenn Hanfsamen Bestandteil ihrer Nahrung sind, und das Öl ist gut für ihr Gefieder und ihre Gesundheit im allgemeinen (mehr darüber in Kapitel 8).

Hanfsamen haben weder beim Menschen noch bei Tieren eine berauschende Wirkung. Sie enthalten nur winzigste Spuren von THC (Tetrahydrocannabinol).[28]

Baustoffe

Da man aus 0,4 Hektar Hanf die gleiche Menge Zellstofffaser gewinnen kann wie aus 1,66 Hektar Holzbestand,[29] ist Hanf der perfekte Ersatzstoff für Baumholz zur Herstellung von Hartfaserplatten, Preßspanplatten und Schalbrettern.

Durch Wärme und Kompression läßt sich aus den Pflanzenfasern kostengünstiges und feuerfestes Baumaterial mit hervorragenden thermischen und akustischen Dämmeigenschaften herstellen, das Betonwände und Sperrholz ersetzen kann. Die Firma Conde Redwood Lumber in der Nähe von Eugene, Oregon, verarbeitet Hanf auf diese Weise; Manison Industries verwendet Weizenstroh dafür.

Hanf wird seit alters zur Fertigstellung von Teppichrücken (Stramin) verwendet. Hanffasern eignen sich zur Herstellung strapazierfähiger, haltbarer Bodenbeläge, die anders als synthetische Materialien bei einem Brand keine Gifte freisetzen und auch keine allergischen Reaktionen bei empfindlichen Menschen auslösen.

Für die Herstellung von Plastikrohren kann man die nachwachsende Hanfzellulose als chemisches Ausgangsmaterial verwenden und auf diese Weise die Kunststoffe aus dem nicht erneuerbaren Erdöl ersetzen. So kann man sich das Haus der Zukunft vorstellen: Konstruktion, Leitungssystem, Anstriche und Möbel aus dem besten aller nachwachsenden Grundstoffe – Hanf.

Rauchen, Freizeit und Kreativität

In der amerikanischen Unabhängigkeitserklärung sind die Grundrechte auf »Leben, Freiheit und das Streben nach Glück« verankert. Die Gerichte haben aus der Verfassung der USA und ihren Zusätzen das Recht des Bürgers auf eine Privatsphäre und die freie Wahl seiner Lebensführung abgeleitet.

Vielen Künstlern und Schriftstellern diente Cannabis als Stimulans für ihre Kreativität – von den Verfassern religiöser Meisterwerke bis hin zu den respektlosesten Satirikern. Lewis Carroll mit seiner Wasserpfeife rauchenden Raupe in *Alice im Wunderland,* Victor Hugo und Alexandre Dumas; Jazzgrößen wie Louis Armstrong, Cab Calloway, Duke Ellington und Gene Krupa wären hier zu nennen. Die Reihe läßt sich fortsetzen mit modernen Künstlern und Musikern wie den Beatles, den Rolling Stones, Eagles, Doobie Brothers, Jefferson Airplane, Willie Nelson, Buddy Rich, Country Joe & the Fish, Joe Walsh, David Carradine, Ryan O'Neal, David Bowie, Iggy Pop, Lola Falana, Neil Diamond, Hunter Thompson, Linda Blair, Peter Tosh und den Grateful Dead.

Als Dämm- und Baumaterial wird Hanf seit kurzem in Frankreich verstärkt verwendet. Die Firma Chènevotte Habitat (F-72260 René) hat bisher schon 300 Häuser mit Hanf gebaut.

Natürlich wirkt sich das Marihuanarauchen nicht auf alle Menschen gleichermaßen kreativitätsfördernd aus.

Zu allen Zeiten haben Prohibitionsscharfmacher und Abstinenzapostel versucht, Genußmittel wie Alkohol, Tabak oder Cannabis mit Verboten zu belegen. Manchmal waren sie erfolgreich.

Eine solche repressive Mentalität kommentierte Abraham Lincoln im Dezember 1840 folgendermaßen:

»Die Prohibition [...] überschreitet die Grenze jeder Vernunft, indem sie die Bedürfnisse des Menschen durch Gesetze zu kontrollieren versucht und Verbrechen aus Dingen macht, die keine Verbrechen sind. [...] Ein Prohibitionsgesetz ist ein Schlag gegen die Prinzipien, die die Grundlage unseres Staates sind.«

Wirtschaftliche Stabilität, Profit und freier Handel

Wir glauben, daß auf einem freien Markt mit umfassender Verbraucherinformation die Leute nichts Eiligeres zu tun haben werden, als sich haltbare, biologisch abbaubare Cannabisshirts oder -jeans zu kaufen.

Es ist an der Zeit, den Kapitalismus auf die Probe zu stellen und das freie Spiel von Angebot und Nachfrage wie auch das »grüne« ökologische Bewußtsein die Zukunft unseres Planeten entscheiden zu lassen.

1776 kostete ein Baumwollhemd 100 bis 200 Dollar, ein aus Hanf hergestelltes dagegen nur einen halben bis ein Dollar. In den dreißiger Jahren des 19. Jahrhunderts bezahlte man für die kühleren, leichteren Baumwollhemden den gleichen Preis wie für die wärmeren, schwereren Hanfhemden, man konnte also wirklich wählen.

Man konnte seine Kleidung nach der persönlich bevorzugten Stoffqualität auswählen. Heute haben wir diese Wahl nicht.

Die Rolle von Hanf und anderen Naturfasern sollte durch das freie Spiel von Angebot und Nachfrage, durch den Geschmack und persönliche Vorlieben bestimmt werden und nicht durch Prohibitionsgesetze, staatliche Subventionen und hohe Zölle, die verhindern, daß Chemiefasern durch Naturfasern ersetzt werden.

Fünfzig Jahre staatlicher Bevormundung haben dazu geführt, daß die Öffentlichkeit so gut wie nichts über das erstaunliche Potential von Hanffasern und deren Verwendungsmöglichkeiten weiß.

Vorausgesetzt der Hanfanbau wäre legal und man würde bei der Herstellung von Kleidungsstücken 100 Prozent Hanf oder eine Mischung von 20 bis 50 Prozent Hanf und

50 bis 80 Prozent Baumwolle verwenden, so könnte man seine Hemden und Hosen noch an seine Enkelkinder weitervererben. Durch eine vernünftige Verbraucherpolitik ließen sich Chemiefasern wie Nylon und Polyester durch die strapazierfähigeren, kühleren, saugfähigeren, atmungsaktiven, biologisch abbaubaren Naturfasern ersetzen.

China, Italien und osteuropäische Länder wie Ungarn, Rumänien, Polen und Rußland stellen gegenwärtig robuste Textilien aus Hanf oder einem Hanf-Baumwoll-Gemisch im Wert von etlichen Millionen Dollar pro Jahr her und könnten sogar in Milliardenhöhe produzieren.

Diese Länder bauen auf traditionelle Fertigkeiten im Akkerbau und in der Weberei, während in den USA die Ausrottung dieser Pflanze zugunsten einer destruktiven kunststoffverarbeitenden Industrie erzwungen wird.

Selbst Mischtextilien aus Cannabis und Baumwolle dürfen in den USA bis heute nicht direkt auf den Markt gebracht werden. Die Chinesen beispielsweise sind durch eine stillschweigende Vereinbarung dazu gezwungen, die USA mit minderwertigen Ramie-Baumwoll-Gemischen zu beliefern.[30]

1990 wurden aus China Kleidungsstücke mit einem Cannabis-/Hanfgehalt von mindestens 55 Prozent importiert, auf die ein hoher Einfuhrzoll erhoben wurde. Sie mußten zuerst nach Hongkong eingeführt und dann in die USA ausgeführt werden. Hohe Schutzzölle, die man damals festlegte, sollten die Chemiefaserindustrie der USA davor schützen, mit ausländischen Naturfasern wie dem Hanf konkurrieren zu müssen. Im Jahre 1992 lieferte China große Mengen aus 100 Prozent Hanf gefertigter Stoffe direkt in die USA.

Schließlich könnte die Biomasse aus Hanf eine umsatzstarke Energieindustrie versorgen, die Luftqualität verbessern, den vorhandenen Reichtum auch auf ländliche Gebiete umverteilen und helfen, von zentralisierten Machtmonopolen wegzukommen. Hanf verspricht die Herstellung eines Gleichgewichts in Ökologie *und* Ökonomie.

Als Resümee können wir mit Fug und Recht das wiederholen, was wir am Anfang des Kapitels formuliert haben:

Wenn wir, um unseren Planeten zu retten und den Treibhauseffekt umzukehren, künftig auf alle fossilen Brennstoffe und petrochemischen Produkte ebenso verzichten wollen wie auf die Abholzung unserer Wälder zur Gewinnung von Papier und landwirtschaftlichen Nutz-

1. *Männlicher Blütenstand*
2. *Weiblicher Fruchtstand*
3. *Keimling*
4. *Einzelblatt eines fingerförmigen Blattes*
5. *Männliche Blüte mit Knospen*
6. *Weibliche Blüte, vom Vorblatt umhüllt*
7. *Frucht in fester, behaarter Schale*
8. *Frucht von der breiten Seite*
9. *Frucht von der flachen Seite*
10. *Drüsenhaar mit vielzelligem Stengel*
11. *Drüsenhaar mit kurzem, einzelligem, nicht sichtbarem Stengel*
12. *Haar ohne Drüse und Cystholith*

Zeichnung von E.W. Smith

flächen, dann gibt es nur eine Pflanze, die als nachwachsender Rohstoff in der Lage ist, den größten Teil an Papier, Textilien und Nahrungsmitteln sowie des privaten und industriellen Energieverbrauchs zu liefern, und die zugleich die Umweltverschmutzung eindämmt, die Böden verbessert und unsere Luft reinigt: Es ist ein alter Gefährte, der dies schon immer für uns getan hat: Cannabis – Hanf – Marihuana!

Warum verwenden wir nicht Hanf, um den Treibhauseffekt rückgängig zu machen und die Welt zu retten?

Warum verwenden wir nicht Hanf, um den Treibhauseffekt rückgängig zu machen und die Welt zu retten?

Diese Frage stellten wir, Jack Herer und Maria Farrow, Anfang 1989 Steve Rawlings, dem höchsten Beamten im USDA, dem Landwirtschaftsministerium der Vereinigten Staaten. Er leitete damals am USDA-eigenen Weltforschungszentrum in Beltsville, Maryland, ein Projekt, das die Möglichkeiten, den Treibhauseffekt aufzuhalten, erforschen sollte.

Wir stellten uns zunächst vor und sagten ihm, wir würden für Zeitungen der Grünen schreiben. Dann fragten wir Rawlings: »Angenommen Sie hätten zu entscheiden, was wäre dann Ihrer Meinung nach der beste Weg, um den Treibhauseffekt aufzuhalten oder rückgängig zu machen?«

Er sagte: »Mit der Rodung der Wälder und der Verwendung fossiler Brennstoffe aufzuhören.«

»Und warum geschieht das nicht?«

»Weil es keine brauchbare Alternative für Holz zur Papierherstellung oder für fossile Brennstoffe gibt.«

»Weshalb verwenden wir keine einjährige Pflanze, um Papier sowie Biomasse für die Energieerzeugung herzustellen?«

»Ja, das wäre natürlich ideal«, stimmte er zu. »Aber leider gibt es nichts Brauchbares, aus dem man genügend Material herstellen könnte.«

»Nun, was würden Sie sagen, wenn es tatsächlich eine Pflanze *gäbe*, die alles Holzzellstoffpapier und alle fossilen Brennstoffe ersetzen würde, aus der die meisten unserer Faserstoffe auf natürlichem Weg erzeugt werden könnten, alle Stoffe, vom Dynamit bis zum Plastik; eine Pflanze, die in allen 50 US-Staaten wachsen und mit einer Anbaufläche von nur einem Morgen etwa 4,1 Morgen Baumbestand retten könnte. Eine Pflanze, die auf 6 Prozent der US-amerikanischen Landfläche einschließlich der Grenzertragsflächen angebaut in der Lage wäre, sämtliche Kilowattstunden Energie zu erzeugen, die jährlich in den USA benötigt werden? Würde das helfen, den Planeten zu retten?«

»Das wäre ideal. Aber eine derartige Pflanze gibt es nicht.«

»Wir glauben, daß es sie gibt.«

»Tatsächlich? Welche denn?«

»Hanf«.

»Hanf!« sagte er nachdenklich. »Darauf wäre ich nie gekommen ... Wissen Sie, ich glaube, Sie haben recht. Hanf könnte die Lösung des Problems sein. Das ist eine tolle Idee!«

Wir waren ganz aufgeregt, als wir ihm beschrieben, wie vielseitig Hanf verwendet werden kann – für die Herstellung von Papier, Fasern, Brennstoffen, Nahrungsmitteln, Farben usw. –, und welchen Beitrag diese Pflanze dazu leisten könnte, die Ökosysteme der Welt und den CO_1-Gehalt in der Atmosphäre wieder ins Lot zu bringen, ohne den Lebensstandard, an den sich die meisten Amerikaner gewöhnt haben, wesentlich zu beeinträchtigen.

Im großen und ganzen schienen unsere Informationen Rawlings überzeugt zu haben, und er meinte, das Ganze könne durchaus funktionieren.

Er sagte: »Es ist eine wunderbare Idee, und ich glaube, sie könnte funktionieren. Aber sie läßt sich natürlich nicht in die Tat umsetzen.«

»Das kann doch nicht Ihr Ernst sein«, antworteten wir. »Wieso nicht?«

»Nun, Herr Herer, ist Ihnen klar, daß Hanf auch Marihuana ist?«

»Aber ja ... Darüber habe ich die letzten 17 Jahre über etwa 40 Stunden pro Woche geschrieben.«

»Dann wissen Sie sicherlich auch, daß Marihuana verboten ist. Es darf nicht verwendet werden.«

»Nicht einmal, wenn es die Welt retten würde?«

»Nein, nicht einmal dann. Marihuana ist verboten. Man kann es nicht verwenden. Basta!

Verstehen Sie mich nicht falsch. Es ist eine großartige Idee«, fuhr er fort, »aber man wird es nie zulassen.«

»Warum gehen Sie nicht ganz einfach zu ihrem Landwirtschaftsminister und sagen ihm, daß ein Verrückter aus Kalifornien Ihnen Unterlagen gegeben hat, aus denen hervorgeht, daß man diesen Planeten möglicherweise mit Hanf retten kann und daß Sie glauben, daß dieser Verrückte eventuell recht haben könnte und diese Unterlagen ernsthaft geprüft werden sollten. Was würde er sagen?«

»Wenn ich das täte, wäre ich sicherlich nicht mehr lange hier. Schließlich bin ich Regierungsbeamter.«

»Warum rufen Sie dann nicht einfach die Informationen von Ihrem Computer in Ihrer eigenen USDA-Bibliothek ab? Von dort haben wir ja auch unsere Informationen.«

Er sagte: »Ich kann sie nicht offiziell anfordern.«

»Wieso nicht? Das haben wir doch auch getan.«

»Herr Herer, Sie sind ein normaler Bürger unseres Landes. Sie können alles anfordern, was Sie wollen. Aber ich bin Beamter des Landwirtschaftsministeriums. Irgendwer wird wissen wollen, warum ich diese Informationen haben möchte. Und dann kann ich gehen.«

Schließlich erklärten wir uns bereit, ihm sämtliches Informationsmaterial zu schicken, das wir von der USDA-Bibliothek erhalten hatten, wenn er es sich nur anschauen wolle.

Er versprach, das zu tun. Als wir ihn jedoch einen Monat später anriefen, teilte er uns mit, daß er unser Paket noch nicht geöffnet habe und es ungeöffnet an uns zurückschicken werde, da er für unsere Informationen jetzt, da die Bush-Regierung ihn durch einen ihrer eigenen Männer ersetzen wolle, keine Verantwortung übernehmen könne.

Wir fragten ihn, ob er gewillt sei, diese Informationen an seinen Nachfolger weiterzuleiten. »Auf keinen Fall«, lautete die Antwort.

Im Mai 1989 hatten wir praktisch die gleiche Unterhaltung und kamen zu dem gleichen Ergebnis mit seinem Kollegen Dr. Gary Evans vom US-Landwirtschafts- und Wissenschaftsministerium, dem Mann, dessen offizieller Auftrag es ist, Maßnahmen gegen den Treibhauseffekt zu entwickeln.

Zum Schluß unserer Unterhaltung sagte er: »Wenn ihr wirklich unseren Planeten retten wollt, dann werdet ihr [Marihuana-Aktivisten] auch einen Weg finden, das Zeug ohne seine narkotische [sic] Spitze anzubauen - und dann könnt ihr es verwenden.«

So sieht sie also aus, die erbärmliche und beängstigende Verantwortungslosigkeit, mit der wir es in unserem Staat zu tun haben.

Die 10 000-Dollar-Wette (s. S. 29) im Wortlaut: »If all fossil fuels and their derivatives, as well as the deforestation of trees for paper and agriculture are bannned from use in order to save the planet and reverse the greenhouse effect: Then there is only one known renewable natural resource able to provide the overall majority of our paper, textiles and food, meet all the world's transportation, home and industrial energy needs, reduce pollution, rebuild the soil and clean the atmosphere – all at the same time – our old stand-by that did it all before: Cannabis Hemp ... Marijuana!« Contact H.E.M.P. for details (Adresse s. S. 464).

3 »Neue Milliarden-Dollar-Ernte«

Überschrift des Popular Mechanics Magazine vom Februar 1938

»Die profitabelste Nutzpflanze, die man sich wünschen kann«

Überschrift des Mechanical Engineering Magazine vom Februar 1938

Man war im Begriff, die moderne Technologie auf die Hanfproduktion anzuwenden und Hanf zur Nutzpflanze Nummer eins in den USA zu machen. Zwei der angesehensten und einflußreichsten Zeitschriften des Landes, *Popular Mechanics* und *Mechanical Engineering* sagten dem amerikanischen Hanf eine strahlende Zukunft voraus. Tausende neuer Produkte, die Millionen neuer Arbeitsplätze schaffen sollten, kündigten das Ende der großen Depression an. Doch dann wurde Hanf auf Betreiben von W. R. Hearst, der nur vom »mexikanischen Killer-Gras Marihuana« sprach, verfolgt, diskriminiert und vergessen.

Zwischen 1901 und 1937 sagte das US-Landwirtschaftsministerium wiederholt voraus, daß Hanf erneut Amerikas wichtigste landwirtschaftliche Nutzpflanze sein würde, sobald man Maschinen erfunden habe, die in der Lage seien, zu ernten, die Faser vom Halm zu trennen und die Zellmasse säuberlich herauszulösen.

Mit dem im Februar 1938 in *Popular Mechanics* veröffentlichten Artikel »Neue Milliarden-Dollar-Ernte« bestätigte die populärwissenschaftliche Presse diese Voraussage. Diesen Artikel haben wir wiederentdeckt und in der Erstauflage dieses Buches nach über fünfzig Jahren erstmalig wieder abgedruckt. Die nachstehende Übersetzung entspricht der ungekürzten Originalfassung von 1938.

Wegen des Drucktermins wurde er bereits im Frühjahr 1938 vorbereitet, als es noch legal war, Hanf für die Herstellung von Fasern, Papier, Dynamit und Öl anzubauen, und als Hanf in der Tat die Grundlage für eine unglaublich schnell wachsende Industrie war.

Ein Auszug aus einem weiteren Artikel über Hanfanbau und -verarbeitung, der im Februar 1938 in *Mechanical Engineering* erschien, ist hier ebenfalls abgedruckt. Die Vorlage dieses Artikels bildete ein Referat, das ein Jahr zuvor, am 26. Februar 1937, der *American Society of Mechanical Engineers* (Amerikanische Gesellschaft der Maschinenbauingenieure) anläßlich einer Tagung über die Verarbeitung landwirtschaftlicher Erzeugnisse in New Brunswick, New Jersey, vorgelegt wurde.

Berichte des US-Landwirtschaftsministeriums aus den dreißiger Jahren wie auch Sachverständigengutachten des Kongresses aus dem Jahre 1937 zeigten, daß sich die Anbaufläche für Hanf in den USA zwischen 1930, mit nur 405 Hektar, dem Tiefstand, und 1937, als 5 670 Hektar bepflanzt wurden, beinahe jährlich verdoppelt hatte. Damals gab es Pläne, diese Anbaufläche jährlich weiter zu *verdoppeln.*

Wie diese Artikel zeigen, steckte die neue, auf Maschinenbetrieb umgestellte Hanfindustrie noch in den Kinderschuhen, aber Hanf schickte sich an, erneut zur wichtigsten landwirtschaftlichen Nutzpflanze der USA zu werden. Und im heutigen Licht neuentwickelter Technologien der Energiegewinnung aus Biomasse wissen wir, daß Hanf zur größten Industrie der Welt und zum wichtigsten ökologischen Instrument werden könnte.

In dem Artikel aus *Popular Mechanics* wurde zum ersten Mal in der amerikanischen Geschichte die Summe »Milliarden Dollar«[1] im Zusammenhang mit einer landwirtschaftlichen Nutzpflanze der USA verwendet.

Nach vorsichtigen Schätzungen könnte die Hanfindustrie, sobald sie in den USA wieder voll etabliert sein wird, zwischen 500 Milliarden und einer Billion Dollar pro Jahr erwirtschaften und den Planeten und die Zivilisation davor bewahren, daß weiterhin die fossilen Brennstoffe und ihre Derivate verheizt und verschleudert und unsere Wälder abgeholzt werden!

Hätten Anslinger, Du Pont, Hearst und die von ihnen bestochenen Politiker den als Marihuana diskreditierten Hanf (vgl. Kapitel 4) nicht verboten und das Wissen über ihn in unseren Schulen, unserer Forschung und unserer Wissenschaft nicht unterdrückt, so hätten sich die begeisterten Vorhersagen in diesen Artikeln zum jetzigen Zeitpunkt längst bewahrheitet – mit mehr Nutzen als irgend jemand damals vorhersehen konnte –, zumal sich neue Technologien stets weiterentwickeln.

Ein Kollege hat es treffend formuliert: »Diese Artikel enthielten die letzte ehrliche Aussage, die in den vergangenen vierzig Jahren über Hanf gemacht wurde...«

Popular Mechanics
Februar 1938

Neue Milliarden-Dollar-Ernte

Den amerikanischen Farmern winkt ein neues, leicht verkäufliches Agrarerzeugnis mit einem jährlichen Wert von mehreren hundert Millionen Dollar, denn man hat eine Maschine erfunden, die ein über 6 000 Jahre altes Problem löst. Dieses Erzeugnis ist Hanf, eine Nutzpflanze, die anderen amerikanischen Produkten keine Konkurrenz machen wird. Im Gegenteil, sie wird die Einfuhr von Rohstoffen und Fertigerzeugnissen ersetzen, die von unterbezahlten Tagelöhnern und Landarbeitern produziert werden, und sie wird Tausende von Arbeitsplätzen für amerikanische Arbeiter schaffen.

Die Maschine, die all dies möglich macht, entfernt die fasertragende Kortex vom Rest des Stengels, so daß mit geringem Arbeitsaufwand Hanffasern zur Verwertung verfügbar gemacht werden können.

Hanf ist die Standardfaser der Welt. Sie ist von hoher Reißfestigkeit und Haltbarkeit. Aus ihr lassen sich mehr als 5 000 textile Produkte fertigen, von Seilerwaren bis zu feiner Spitze, und das holzige Werg, das übrigbleibt, wenn die Fasern entfernt worden sind, enthält mehr als 77 Prozent Zellulose, aus der man über 25 000 Produkte herstellen kann, vom Dynamit bis zum Cellophan.

Maschinen, die derzeit in Texas, Illinois, Minnesota und anderen Staaten in Betrieb sind, stellen Fasern mit Herstellungskosten von einem halben Cent das Pfund her, und selbst für den Rest des Stengels läßt sich ein gewinnbringender Absatzmarkt finden. Besitzer der Maschinen erzielen in Konkurrenz mit den ausländischen, von unterbezahlten Arbeitskräften gewonnenen Fasern einen guten Gewinn, obwohl sie den Farmern 15 Dollar pro Tonne Hanf, so wie er vom Feld kommt, bezahlen.

Bei den Farmern gilt Hanf als leicht anbaubare Nutzpflanze, mit der ein Ertrag von 7,5 bis 15 Tonnen pro Hektar erzielt werden kann, und zwar auf jedem Land, auf dem auch Korn, Weizen oder Hafer wachsen. Die Wachstumsphase ist sehr kurz, so daß man Hanf dort noch anpflanzen kann, wo das andere Getreide schon geerntet ist. Hanf kann in jedem US-Staat angebaut werden. Die langen Wurzeln

POPULAR MECHANICS
February, 1938

POPULAR MECHANICS
February, 1938

NEW

AMERICAN farmers are promised a new cash crop with an annual value of several hundred million dollars, all because a machine has been invented which solves a problem more than 6,000 years old. It is hemp, a crop that will not compete with other American products. Instead, it will displace imports of raw material and manufactured products produced by underpaid coolie and peasant labor and it will provide thousands of jobs for American workers throughout the land.

The machine which makes this possible is designed for removing the fiber-bearing cortex from the rest of the stalk, making hemp fiber available for use without a prohibitive amount of human labor.

Hemp is the standard fiber of the world. It has great tensile strength and durability. It is used to produce more than 5,000 textile products, ranging from rope to fine laces, and the woody "hurds" remaining after the fiber has been removed contain more than seventy-seven per cent cellulose, and can be used to produce more than 25,000 products, ranging from dynamite to Cellophane.

Machines now in service in Texas, Illinois, Minnesota and other states are producing fiber at a manufacturing cost of half a cent a pound, and are finding a profitable market for the rest of the stalk. Machine operators are making a good profit in com-

Top, sailing the seas with sails and rope made of hemp. Bottom, hemp fiber being delivered from machine ready for baling. Pile of pulverized hurds beside machine is seventy-seven per cent cellulose

238

POPULAR MECHANICS

February, 1938

BILLION-DOLLAR CROP

petition with coolie-produced foreign fiber while paying farmers fifteen dollars a ton for hemp as it comes from the field.

From the farmers' point of view, hemp is an easy crop to grow and will yield from three to six tons per acre on any land that will grow corn, wheat, or oats. It has a short growing season, so that it can be planted after other crops are in. It can be grown in any state of the union. The long roots penetrate and break the soil to leave it in perfect condition for the next year's crop. The dense shock of leaves, eight to twelve feet above the ground, chokes out weeds. Two successive crops are enough to reclaim land that has been abandoned because of Canadian thistles or quack grass.

Under old methods, hemp

(Continued to page 144A)

Top, modern version of linen duster made from hemp. Bottom, harvesting hemp with a grain binder. Hemp grows luxuriously in Texas

239

Links oben: Auf hoher See mit Segeln und Tauen aus Hanf. Links unten: Hanffasern verlassen die Maschine, fertig zur Ballenpressung. Das pulverförmige Werg neben der Maschine enthält 77 Prozent Zellulose. Rechts oben: Modern geschnittener Arbeitskittel aus Hanf. Rechts unten: Hanfernte mit einem Mähbinder. In Texas gedeiht Hanf hervorragend.

dringen in den Boden ein, lockern ihn und hinterlassen ihn in bestem Zustand für die Ernte des kommenden Jahres. Die dichten Blätterkronen, acht bis zwölf Fuß über dem Boden, ersticken das Unkraut. Zwei aufeinanderfolgende Ernten reichen aus, um Land wieder urbar zu machen, das wegen kanadischer Disteln oder Quecken aufgegeben wurde.

Früher verfuhr man so, daß man den Hanf nach dem Mähen wochenlang auf den Feldern liegenließ, bis er genug »geröstet« war, um die Fasern per Hand abziehen zu können. Rösten bedeutet ganz einfach Rotten als Ergebnis von Tau, Regen und Bakterientätigkeit. Man entwickelte Maschinen, um die Fasern, nachdem der Hanf geröstet war, mechanisch vom Halm zu trennen, aber die Kosten waren hoch, der Verlust an Fasern ebenfalls und die Faserqualität vergleichsweise gering.

Seit Erfindung der neuen Maschine, der »Schälmaschine«, wird der Hanf mit einem geringfügig veränderten Mähbinder gemäht. Dann wird er zur Maschine transportiert, wo er von einer automatischen Förderkette mit einer Menge von zwei oder drei Tonnen pro Stunde in die Braken befördert wird. Das Werg wird in kleine Stücke gebrochen, die in einen Füllschacht fallen, von wo aus sie mittels eines Gebläses in eine Presse oder zur losen Verfrachtung in Lastwagen oder Waggons befördert werden. Die Faser verläßt die Maschine an deren anderem Ende, fertig zur Ballenpressung.

Danach kann mit der Faser fast alles gemacht werden. Die Rohfaser kann zu starken Bindfäden oder Seilen verarbeitet, zu Packleinwand verwebt und für Teppichketten oder Linoleumrücken verwendet werden. Sie kann gebleicht und mit hochwertigen harzigen Nebenprodukten veredelt werden.

Mit ihr lassen sich in der Tat all die aus dem Ausland kommenden Fasern ersetzen, die heute unsere Märkte überschwemmen.

Fortsetzung »Neue Millarden-Dollar-Ernte«

Tausende Tonnen von Hanfwerg werden von einer Pulverfabrik jährlich für die Herstellung von Dynamit und TNT verarbeitet. Eine große Papierfabrik, die pro Jahr mehr als eine Million Dollar Zoll für Zigarettenpapier aus dem Ausland bezahlte, stellt dieses Papier nun aus Hanf her, der in Minnesota angebaut wird. Eine neue Fabrik in Illinois produziert feines Banknotenpapier aus Hanf. Ihre natürliche Zusammensetzung macht diese Nutzpflanze zu einer wirtschaftlichen Quelle von Zellstoff für jede Papierqualität, und der hohe Anteil von Alpha-Zellulose verspricht einen unbegrenzten Vorrat an Rohstoffen für die unzähligen aus Zellulose hergestellten Produkte, die unsere Chemiker entwickelt haben.

Man nimmt allgemein an, Leinen werde aus Flachs hergestellt. Tatsächlich wird jedoch die Mehrzahl aller Leinenmaterialien aus Hanf gefertigt. Sachverständige schätzen, daß dies für mehr als die Hälfte der von uns importierten Leinenstoffe gilt. Irrig ist auch die Annahme, daß Sackleinwand aus Hanf sei. Tatsächlich ist das für Sackleinwand verwendete Material normalerweise Jute, und nahezu die gesamte, von uns verwendete Sackleinwand wird von Arbeitern in Indien gewoben, die dafür nur 4 Cent pro Tag erhalten. Bindfaden wird normalerweise aus Sisal gemacht, der aus Yukatan und Ostafrika kommt.

All diese Produkte, die heute noch importiert werden, können aus einheimischem Hanf hergestellt werden: Fischernetze, Bogensehnen, Leinwand, feste Seile, Overalls, Damast, Tischtücher, feine Leinenbekleidung, Handtücher, Bettwäsche und Tausende anderer alltäglicher Gebrauchsgegenstände. Im Durchschnitt führen wir jährlich Stoffe und Fasern im Wert von 200 Millionen Dollar aus dem Ausland ein; 1937 importierten wir in den ersten sechs Monaten allein für 50 Millionen Dollar Rohfasern. Diese riesigen Geldsummen könnten den Amerikanern zugute kommen.

Die Papierindustrie bietet sogar noch größere Möglichkeiten. Dieser Industriezweig macht über eine Milliarde Dollar pro Jahr aus, wobei 80 Prozent importiert werden müssen. Aber aus Hanf kann jede Papierqualität hergestellt werden, und offizielle Schätzungen haben ergeben, daß man aus 10 000 Hektar Hanf genausoviel Papier herstellen kann wie aus dem Holz von 40 000 Hektar Wald.

Ein Hindernis, das dem Vormarsch des Fortschritts im Wege steht, ist die Abneigung der Farmer, neue Nutzpflanzen auszuprobieren. Das Problem wird weiterhin dadurch kompliziert, daß eine zweckmäßige Verarbeitungsanlage erforderlich ist, die in einer vernünftigen Entfernung zur Farm liegen muß. Eine Maschine kann nicht gewinnbringend betrieben werden, wenn keine ausreichende Anbaufläche vorhanden ist, und die Farmer können keinen gewinnbringenden Markt finden, wenn sie keine Maschinen haben, um die Nutzpflanze zu verarbeiten. Ein weiteres Hindernis ist, daß die Blüte der weiblichen Pflanze das Rauschgift Marihuana enthält und es unmöglich ist, Hanf anzubauen, ohne daß er blüht. Eine derzeit von der Bundesregierung konzipierte Verordnung schreibt vor, daß der Hanfanbau einer Meldepflicht unterliegt, und Bemühungen, die Herstellung von Rauschmitteln zu unterbinden, sind gewiß bitter nötig.

Der Zusammenhang von Hanf als Nutzpflanze und Marihuana scheint jedoch übertrieben zu sein. Die Droge wird normalerweise aus wildem Hanf oder Stechapfel hergestellt, den man in jedem Staat auf verlassenen Parzellen oder entlang den Bahngleisen finden kann. Wenn bundesstaatliche Vorschriften entworfen werden können, die die Öffentlichkeit schützen, ohne den legalen Anbau von Hanf zu verhindern, kann diese Nutzpflanze einen unermeßlich großen Beitrag zur Landwirtschaft und Industrie der USA leisten.

Die profitabelste Nutzpflanze, die man sich wünschen kann

Mechanical Engineering

»Flachs und Hanf: vom Samen zum Webstuhl« erschien in der Ausgabe des *Mechanical Engineering* vom Februar 1938. Vorlage für diesen Artikel war ein Referat gewesen, das der *American Society of Mechanical Engineers* [Amerikanische Gesellschaft der Maschinenbauingenieure] am 26. Februar 1937 anläßlich einer Tagung über die Verarbeitung landwirtschaftlicher Erzeugnisse in New Brunswick, New Jersey, von der Sektion Verarbeitungsindustrie vorgelegt worden war.

Flachs und Hanf: vom Samen zum Webstuhl, von George A. Lower

Mit Ausnahme von Baumwolle importiert unser Land praktisch alle Naturfasern. Die Whitney-Maschine und verbesserte Spinnmethoden haben es uns ermöglicht, Baumwollprodukte so viel kostengünstiger als Leinen herzustellen, daß man in den USA kaum noch Leinen produziert. Wir können unsere Fasern nicht billiger herstellen als andere Farmer der Welt und, von den höheren Lohnkosten einmal abgesehen, auch nicht so viel produzieren wie sie. So hatte zum Beispiel Jugoslawien, das europäische Land mit der höchsten Faserproduktion pro Hektar, in jüngster Zeit einen Ertrag von 800 Pfund pro Hektar. Vergleichbare Zahlen aus anderen Ländern nennen für Argentinien 680 Pfund, für Ägypten 550 Pfund und für Indien 360 Pfund. In den USA liegt der durchschnittliche Ertrag bei 350 Pfund.

Um auf dem Weltmarkt konkurrenzfähig zu sein, müssen wir unsere Produktionsmethoden vom Samen bis zum Webstuhl verbessern.

Flachs wird immer noch mit den Wurzeln herausgerissen, in einer Rottegrube geröstet, in der Sonne getrocknet und schließlich in einer Lauge aus Holzasche, Pottasche aus gebranntem Seegras oder Kalk gebleicht. Verbesserte Maschinen zum Pflügen, Pflanzen und Ernten haben den großen Farmern geholfen und bis zu einem gewissen Grad auch den kleinen, aber die Arbeitsprozesse von der Ernte bis zum Garn sind primitiv, aufwendig und laugen den Boden aus. Hanf, die stärkste Faserpflanze, bringt den höchsten Ertrag pro Hektar und erfordert die geringste Pflege. Hanf macht das Unkrautjäten nicht nur überflüssig, sondern erstickt sogar alles Unkraut und hinterläßt den Boden in einem hervorragenden Zustand für den nachfolgenden Anbau anderer Nutzpflanzen. Dies macht Hanf, ganz abgesehen von seinem Kapitalwert, zu einer Nutzpflanze, deren Anbau sich lohnt.

In bezug auf Klima und Anbau ist Hanf dem Flachs sehr ähnlich und sollte wie dieser geerntet werden, bevor er zu reif ist, am besten, wenn die unteren Blätter am Stengel verdörren und die Blüten ihre Pollen ausstreuen.

Wie beim Flachs laufen die Fasern an Blattansätzen aus und bestehen aus Bündeln, die durch pektinhaltigen Pflanzenleim zusammengehalten werden. Wenn Hanf auf die gleiche Weise wie Flachs chemisch behandelt wird, gibt er eine dem Flachs in schönster Weise ähnliche Faser ab, so daß schon ein Mikroskop mit sehr starker Vergrößerung nötig ist, um den Unterschied festzustellen – und auch dann wird der Unterschied nur dadurch deutlich, daß einige der Faserenden aufgespleißt sind. Die beiden Fasern lassen sich jedoch eindeutig voneinander unterscheiden, wenn man einige Faserbündel anfeuchtet und aufhängt, denn beim Trocknen dreht sich die Flachsfaser im Uhrzeigersinn, die Hanffaser gegen den Uhrzeigersinn.

Vor dem Ersten Weltkrieg produzierte Rußland 400 000 Tonnen Hanf, und noch heute wird diese Nutzpflanze dort von Hand gebrochen und geschwungen. Zur Zeit erzeugt Rußland nur noch die Hälfte und verbraucht wie Italien, das uns große Mengen zu liefern pflegte, das meiste selbst.

In unserem Land wirft Hanf, wenn man 2,5 Bushel [ein dem Scheffel entsprechendes Hohlmaß, etwa 35 Liter] pro Hektar anpflanzt, ungefähr 7,5 Tonnen trockenes Stroh pro Hektar ab. Zwischen 15 und 20 Prozent davon sind Fasern und 80 bis 85 Prozent holziges Material. Der rapide wachsende Markt für Zellulose und Holzmehl zur Herstellung von Plastik gibt Anlaß zu der Vermutung, daß das bislang verschwendete Material soviel Gewinn abwirft, daß sich einerseits die Ernte lohnt und andererseits aber die Kosten für die Fasern so niedrig bleiben, daß sie mit den 500 000 Tonnen Hartfasern konkurrieren können, die jährlich importiert werden.

Hanf, dessen Faser zwei- bis dreimal so stark ist wie jede andere Hartfaser, liefert bei wesentlich geringerem Gewicht die gleiche Lauflänge. Zum Beispiel hat Sisalschnur bei einer Reißfestigkeit von 18 kg eine Lauflänge von 135 m auf 450 g. Der hochwertigere Bindfaden aus Hanf hätte eine Lauflänge von 386 m auf 450 g. Hanf ist nicht den vielen wert- und qualitätsmindernden Einflüssen ausgesetzt wie die tropischen Fasern, von denen keine dieselbe Haltbarkeit in Süß- und Salzwasser hat wie Hanf.

In der Vergangenheit hat man die Theorie aufgestellt, daß Hanf zu Beginn seines Pollenfluges gemäht werden sollte; dagegen standen einige der besten Fasern, die in Minnesota verarbeitet wurden, bereits in vollem Samen. Die Theorie sollte schnellstmöglich dadurch bewiesen werden, daß man ein paar Hektar bepflanzt und das erste Viertel erntet, wenn der Pollenflug einsetzt, das zweite und dritte Viertel eine Woche oder zehn Tage später und das letzte Viertel, wenn der Samen ganz reif ist. Diese vier Posten sollten getrennt verarbeitet werden, damit die Qualitäts- und Quantitätsunterschiede von Fasern und Samen ermittelt werden können.

Es gibt in diesem Land verschiedene Maschinentypen zur Hanfernte. Einer davon wurde vor mehreren Jahren von der *International Harvester Company* auf den Markt gebracht. Vor kurzem haben Hanfanbauer im Mittleren Westen Mähbinder für die Hanfernte umgerüstet. Dieser Umbau ist nicht besonders teuer, und die Maschinen funktionieren gewöhnlich zufriedenstellend.

Das Entharzen von Hanf geschieht auf die gleiche Weise wie beim Flachs. Die Schalen setzen der Digerierung [dem Einweichen] vielleicht etwas mehr Widerstand entgegen. Andererseits lösen sie sich nach Beendigung des Digerierungsprozesses völlig, so daß auch aus Hanf eine hervorragende Faser gewonnen werden kann. Wenn Hanf mit einem bekannten chemischen Verfahren behandelt wird, läßt er sich auf Baumwoll-, Woll- und Kammgarn-Spinnmaschinen verspinnen und hat die gleiche Saugfähigkeit und Trageigenschaft wie Leinen.

Auch einige Hanfschwingmaschinen sind bereits auf dem Markt. In Illinois und Wisconsin wurden Schwingmühlen früher mit einem System von 8 Riffelwalzenpaaren betrieben, durch die das getrocknete Stroh getrieben wurde, um den holzigen Stengelanteil zu brechen. Von dort aus wurden die Fasern mit den anhaftenden Stengelteilen, auch Werg genannt, von einem Arbeiter auf ein Endlosband geleitet. Dieses wiederum befördert die Fasern über zwei hintereinander angeordnete Trommeln, die außen mit Schlagblechen bestückt sind, von denen die meisten Stengelteile und diejenigen Fasern, die nicht die volle Stengellänge erreicht haben, abgeschlagen werden. Das Verhältnis Seilfaser zu Packleinwandfaser ist etwa 50 Prozent. Die Packleinwand- oder Kurzfasern laufen dann über einen Vibrationsreiniger, der einen Teil der Stengelteile herausschüttelt. In Minnesota und Illinois hat man einen anderen Maschinentyp ausprobiert. Diese Maschine besteht aus einem Zuführtisch, auf den die Halme gelegt werden. Förderbänder führen die Stengel auf eine Greifkette, von der sie erfaßt und bis zur Mitte der Maschine transportiert werden.

Ein Paar ineinandergreifende Schlagklingen, ähnlich denen eines Rasenmähers, sind in einem Winkel von 45° zur Förderkette angebracht und brechen die Hanfstengel an der scharfen Kante einer Stahlplatte, wodurch erreicht werden soll, daß der holzige Teil des Strohs gebrochen wird und die Stengelteile von der Faser abgeschlagen werden. Auf der anderen Seite ist nahe dem ersten Satz der rasenmäherähnlichen Schlagklingen ein zweiter Satz in einem Winkel von 90° zu dem ersten Paar angebracht, der die Stengelteile abschlägt.

Die erste Greifkette transportiert die Stengel zu einer anderen, um die Fasern zu schwingen, die sich von Beginn an unter den Greifern befunden haben. Leider erzeugt diese Art Schwinger noch mehr Packleinwandfaser als der sogenannte Wisconsin-Typ. Diese Packleinwandfaser ist nur schwer wieder zu säubern, da die Stengelteile in lange Splitter gebrochen wurden, die hartnäckig an der Faser kleben.

Ein anderer Maschinentyp schickt die Stengel über eine Reihe von geteilten Riffelwalzen. Hier werden die Holzanteile in etwa 2 cm lange Stücke gebrochen, und die Fasern laufen durch eine Reihe geschlitzter Wurfförderschwingen, die zwischen feststehenden Schlitzplatten arbeiten.

Die anhaftenden Stengelteile werden von den Fasern entfernt. Diese laufen auf einem Förderband in die Ballenpresse. Da hierbei die Fasern nicht gegen den Strich geschlagen werden, produziert dieser Schwingertyp nur Seilfasern, die in der gleichen Weise weiterbehandelt werden wie Flachs.

Deswegen kann auch aus Hanf hervorragende Faser gewonnen werden.

Farben- und Lackhersteller sind an Hanföl interessiert, weil es gute Trockeneigenschaften hat. Wenn Märkte für diejenigen Pflanzenteile entwickelt worden sind, die bis jetzt nicht nutzbar sind, nämlich Samen und Werg, dann wird sich Hanf sowohl für die Farmer als auch für die Allgemeinheit als die einträglichste Nutzpflanze erweisen, die man sich nur wünschen kann, und sie wird amerikanische Produktionsbetriebe von Importen unabhängig machen.

Die Flutkatastrophen und Sandstürme der jüngsten Zeit sollten uns eine Warnung sein, unsere Waldbestände nicht weiter zu vernichten. Der Bedarf an Bauholz kann möglicherweise durch die bislang ungenutzt gebliebenen Pflanzenteile von Hanf und Flachs gedeckt werden, vielleicht auch der derzeit sprunghaft ansteigende Bedarf an Kunststoffen.

4 Das Ende des legalen Hanfanbaus

Die industrielle Revolution des 19. Jahrhunderts bedeutete einen Rückschlag für die kommerzielle Verwertung des Hanfs, denn es gab noch keine technische Möglichkeit, den Hanf maschinell zu ernten und zu brechen, was für die Massenproduktion Voraussetzung gewesen wäre. Aber dieser Naturstoff war viel zu wertvoll, als daß man ihn für lange Zeit ins Abseits der Geschichte hätte verweisen können.

Schon 1916 prophezeite das US-Landwirtschaftsministerium in seinem Bulletin Nr. 404, daß eine Schäl- und Erntemaschine entwickelt werden und Hanf seine Bedeutung als Amerikas größter landwirtschaftlicher Industriezweig wiedererlangen würde. Im Jahre 1938 stellten Fachzeitschriften wie *Popular Mechanics* und *Mechanical Engineering* einer neuen Investorengeneration die erste vollautomatische Hanf-Schälmaschine vor, die ein neues Kapitel der Geschichte der Hanfverwertungsmöglichkeiten einleitete.

Durchbruch bei der Papierherstellung

Würde Hanf legal und mit den technischen Hilfsmitteln des 20. Jahrhunderts angebaut und verarbeitet, wäre er heute die bedeutendste landwirtschaftliche Nutzpflanze in den Vereinigten Staaten und weltweit.[1]

Als die Artikel aus *Popular Mechanics* und *Mechanical Engineering* zu Beginn des Jahres 1937 verfaßt wurden, war es tatsächlich noch legal, Hanf anzubauen. Und diejenigen, die damals Geschäfte mit Hanf in Milliardenhöhe vorhersagten, hatten weder die Einkünfte aus der Herstellung von Arznei- und Lebensmitteln noch aus der Energiegewinnung (Brennstoff) berücksichtigt, die jährlich eine weitere Milliarde Dollar oder mehr für die angeschlagene Wirtschaft der USA eingebracht hätten. Die Vermarktung als Rauschmittel hätte wirtschaftlich nur eine untergeordnete Rolle gespielt.

Der wichtigste Grund, weshalb 1938 Gewinne in Milliardenhöhe vorausgesagt wurden, war die Nutzung von

Hanf als Rohstoff zur Herstellung von »Hanfzellstoffpapier« (im Unterschied zu Holzzellstoffpapier oder Hadernpapier). Große Bedeutung hatten auch seine Faserstruktur, sein Samen und die vielen verschiedenen Verwendungsmöglichkeiten seiner Zellmasse. Das bemerkenswerte neue Zellstoffverarbeitungsverfahren zur Herstellung von Hanfpapier wurde 1916 im Auftrag des US-Landwirtschaftsministeriums von dem Botaniker Lyster Dewey und dem Chemiker Jason Merrill entwickelt.

Dem US-Landwirtschaftsministerium zufolge sollte das Verfahren erst dann eingesetzt werden, wenn die Erfindung einer Schäl- und Erntemaschine seine Anwendung wirtschaftlich sinnvoll machen würde.

Bis zu diesem Zeitpunkt wurde Hanfpapier lediglich aus Lumpen und Stengelfasern hergestellt, und man verbrannte das faser- und zellulosereiche Werg, um damit den Boden zu düngen.

Ein Plan zur Rettung der Wälder

Manche Cannabissorten werden so groß wie Bäume; sie erreichen in einer Wachstumsperiode eine Höhe von 6 Metern oder mehr.

Bei dem neuen Papierherstellungsverfahren verwendete man Hanfwerg, das 77 Prozent des Hanfstengelgewichts ausmacht und bis dahin ein ungenutztes Nebenprodukt des Faserschälverfahrens war.

1916 berichtete das Bulletin Nr. 404 des US-Landwirtschaftsministeriums, daß man auf einer Fläche von 0,4 Hektar bei jährlichem Wiederanbau von Hanf über einen Zeitraum von 20 Jahren hinweg ebensoviel Zellstoffaser gewinnen könne wie durch die Rodung von 1,66 Hektar Wald im selben Zeitraum. Bei diesem Verfahren würde man nur ein Viertel bis ein Siebtel der umweltbelastenden schwefligen Säuren benötigen, um das klebrige Lignin aufzulösen, das die Zellstoffasern zusammenbindet, oder man könnte sogar ganz ohne Chemikalien auskommen, wenn kalzinierte Soda verwendet würde. Zudem ließe sich die Gewässerverseuchung mit Dioxin vermeiden, denn für dieses Verfahren benötigt man (im Unterschied zur Herstellung von Holzzellstoffpapier) keine Chlorbleiche, sondern kann diese durch das weniger schädliche Wasserstoffperoxid ersetzen.

Um Holzzellstoffpapier herzustellen, muß der gesamte Holzfaserstoff chemisch aufgeschlossen werden. Hanf enthält nur 4 bis 10 Prozent Lignin, Baumholz dagegen 18 bis 30 Prozent. Somit liefert Hanf viermal mehr Zellstoff bei gleichzeitiger Verminderung der Umweltverschmutzung um das Vier- bis Siebenfache.

Würde man das 1916 entwickelte Verfahren zur Herstellung von Papier aus Hanfzellstoff heute anwenden, so könnte man damit 40 bis 70 Prozent des gesamten Holzzellstoffs, der bei der Herstellung von Produkten wie Karton, Computerpapier und Papiertüten verbraucht wird, ersetzen.

Wie wir bereits gesehen haben, war die wirtschaftliche Herstellung von Zellstoffpapier erst mit der Erfindung und dem Einsatz neuer Hanf-Schälmaschinen möglich, mit denen die Faser auf rationelle Weise vom Halm getrennt werden konnte. Mit dieser Technik konnte man auch die Verwendung von Holz als Baumaterial verringern, die Kosten für den Wohnungsbau senken und gleichzeitig dazu beitragen, die Sauerstoffversorgung unseres Planeten zu sichern.[2]

Ein Beispiel: Wenn das 1916 entwickelte Verfahren zur Herstellung von Hanfpapier aus Zellmasse heute legal wäre und zum Einsatz käme, so könnte man 40 bis 70 Prozent des gesamten Holzzellstoffs, der bei der Herstellung von Produkten wie Karton, Computerpapier und Papiertüten verbraucht wird, ersetzen.

Zellstoffpapier, das zu 60 bis 100 Prozent aus Hanfwerg gefertigt wird, ist wesentlich reißfester und elastischer als Papier aus Holzzellstoff. Die Herstellung von Holzzellstoffpapier zerstört unsere Umwelt, die Papierherstellung aus Hanf hingegen nicht.[3]

Konservierung und Ursachenbekämpfung

Die Bekämpfung der Ursachen des Schadstoffausstoßes, der meist mit Herstellungsverfahren einhergeht, bei denen Petrochemikalien oder deren Derivate verwendet werden, ist ein kostendämpfender Weg der Abfallkontrolle, der von Umweltschützern immer wieder gefordert wird.

Ob es sich um FCKW (Fluorchlorkohlenwasserstoff) aus Spraydosen, Computern und Kühlschränken handelt,um für militärische Zwecke produziertes Tritium und Plutonium oder um in der Papierherstellung verwendete Schwefelsäure, Ziel muß es stets sein, die Ursachen der Umweltverschmutzung und des Schadstoffausstoßes zu bekämpfen.

Die ökologischen Vorteile der Hanfnutzung – nämlich die Erhaltung unserer Wälder! – machen die Papiererzeugung aus Hanfwerg unentbehrlich für die Bekämpfung der Ursachen des Schadstoffausstoßes.

Wenn man im Supermarkt zwischen einer Plastiktüte und einer Papiertüte wählen soll, steht man vor der Frage: Papier von abgeholzten Bäumen oder Plastik aus fossilen Brennstoffen und Chemikalien. Gäbe es eine dritte Alternative, nämlich Hanfwergpapier, so könnte man sich für biologisch abbaubares und zugleich haltbares Papier entscheiden, das sich aus einem immer wieder nachwachsenden Rohstoff, dem Hanf, gewinnen läßt.

Die ökologischen Vorteile einer jährlichen Hanfernte – nämlich die Erhaltung unserer Wälder! – machen die Papiererzeugung aus Hanfwerg unentbehrlich für die Bekämpfung der Ursachen des Schadstoffausstoßes, zu denen auch die Nutzung fossiler Brennstoffe als Energiequelle zählt, die man durch Hanf ersetzen könnte.

Ein Komplott zugunsten der Kunststoffhersteller

Als Mitte der dreißiger Jahre mechanische Hanfschälmaschinen und Maschinen zur Konservierung der zellulosereichen Hanfzellmasse in technisch ausgereifter Form und zu erschwinglichen Preisen verfügbar wurden, drohten Unternehmen wie Hearst Paper Manufacturing Division, Kimberley Clark (USA), St. Regis und nahezu allen anderen großen Holz-, Papier- und Zeitungsunternehmen milliardenschwere Verluste, wenn nicht sogar der Bankrott.

Zufällig hatte Du Pont im Jahre 1937 sowohl Verfahren zur Herstellung von Plastik aus Öl und Kohle als auch neue Sulfat-/Sulfitverfahren zur Papierherstellung aus Holzzellmasse patentieren lassen, die, den unternehmenseigenen Archiven wie auch den Erkenntnissen von Historikern zufolge,[4] über 80 Prozent seiner gesamten Produktion in den nächsten 50 Jahren ausmachen sollten.

Wäre der Hanfanbau in den USA nicht verboten worden, hätte Du Pont 80 Prozent seiner Geschäfte nicht gemacht; weiterhin hätte es den größten Teil der Schadstoffemissionen, die die Flüsse im Nordwesten und im Südosten des Landes belasten, nicht gegeben.

Unter den Bedingungen eines offenen Marktes hätte Hanf das Gros der bäuerlichen Familienbetriebe in den USA nicht nur retten können, sondern deren Zahl hätte sich trotz der Depression der dreißiger Jahre vermutlich sogar erhöht.

Die Konkurrenz des umweltfreundlichen Hanfpapiers und eines aus Naturstoffen hergestellten Plastikmaterials hätte die lukrativen Geschäfte von Hearst, Du Pont und dessen wichtigstem Geldgeber, Andrew Mellon von der Mellon Bank of Pittsburgh, gefährdet.

»Gesellschaftliche Reorganisation«

Zahlreiche geheime Treffen wurden abgehalten.

1931 ernannte Mellon in seiner Funktion als Hoovers Finanzminister den zukünftigen Mann seiner Nichte, Harry J. Anslinger, zum Leiter der gerade umorganisierten staatlichen Rauschgift- und Drogenbehörde FBNDD (Federal Bureau of Narcotics and Dangerous Drugs). Anslinger saß 31 Jahre lang auf diesem Posten.

Die Industriemagnaten und ihre Kapitalgeber wußten, daß Maschinen zum Mähen, Bündeln, Schälen (der Trennung der Faser vom zellulosereichen Werg) und zur Verarbeitung von Hanf zu Papier und Plastik Mitte der dreißiger

Kunstfaser, ... die giftige Alternative zur Naturfaser

In den späten zwanziger und dreißiger Jahren des 20. Jahrhunderts setzte sich die Konsolidierung der Macht in den Händen einiger weniger großer Stahl-, Öl- und Chemie-(Rüstungs-)Konzerne verstärkt fort. Die US-Regierung überließ einen großen Teil der Textilproduktion für die einheimische Wirtschaft Du Pont, dem wichtigsten Hersteller von Kriegsmaterial.

Das Verfahren, mit dem Nitrierzellulose zu Sprengstoff verarbeitet wird, ist dem Verfahren zur Herstellung von Chemiefasern und Plastik aus Nitrierzellulose sehr ähnlich. Reyon, die erste Chemiefaser, ist nichts anderes als stabilisierte Schießbaumwolle oder Nitrierstoff, der grundlegende Sprengstoff des 19. Jahrhunderts.

»Kunststoffe werden bei der Herstellung einer großen Bandbreite von Produkten verwendet, die in der Vergangenheit aus natürlichen Materialien gefertigt wurden«, verkündete Lammont Du Pont strahlend (Popular Mechanics, Juni 1939, S. 805).

»Man denke nur an unsere natürlichen Ressourcen«, fuhr der Generaldirektor von Du Pont fort. »Die Chemiker haben mit der Entwicklung synthetischer Produkte, durch die natürliche Produkte ergänzt oder völlig ersetzt werden können, dazu beigetragen, unsere natürlichen Ressourcen zu erhalten.«

Du Ponts Wissenschaftler waren in bezug auf ihre Forschungen zur Verarbeitung von Nitrierzellulose in der Welt führend, und in der Tat war Du Pont zur damaligen Zeit das größte amerikanische Unternehmen in der zelluloseverarbeitenden Industrie.

In dem 1938 in der Zeitschrift *Popular Mechanics* veröffentlichten Artikel war zu lesen: »Tausende Tonnen von Hanfwerg werden von einer Firma jährlich zur Herstellung von Dynamit und TNT gebraucht.« Die Geschichte hat gezeigt, daß Du Pont den Sprengstoffmarkt weitgehend monopolisierte, indem er gegen Ende des 19. Jahrhunderts die kleineren Sprengstoffhersteller aufkaufte und fusionierte. 1902 kontrollierte sein Unternehmen rund zwei Drittel der industriellen Produktion.

Du Pont, damals größter Schießpulverhersteller des Landes, war in der Lage, 40 Prozent des Munitionsbedarfes der Alliierten im Ersten Weltkrieg zu decken. Die auf Zellulose und Fasern spezialisierten Chemiker des Unternehmens wußten besser als irgend jemand sonst um den wahren Wert von Hanf, der sich keineswegs auf die Nutzbarkeit seiner Fasern beschränkt. Bekanntermaßen lassen sich aus ihnen Linnen, Leinwand, Netzwaren und Tauwerk herstellen, aber die langen Fasern machen nur 20 Pozent des Hanf-Stengelgewichtes aus. Die übrigen 80 Prozent werden von dem zu 77 Prozent aus Zellulose bestehenden Hanfwerg gebildet, das die reichste und sauberste Quelle für die Herstellung von Zellstoff-(Faser)Papier, Plastik und sogar Reyon ist.

Die in diesem Buch dargelegten empirischen Befunde zeigen, daß die US-Regierung durch das Marihuanasteuergesetz von 1937 den Munitionsherstellern ermöglichte, den heimischen Markt konkurrenzlos mit Chemiefasern zu versorgen. Der Erfolg dieses von Industrie und Regierung bewußt eingefädelten Komplotts liegt auf der Hand: 1991 war Du Pont immer noch der größte Chemieproduzent des Landes, während seit über 50 Jahren kein einziger US-Bürger auch nur eine Hanfpflanze legal geerntet hat.

1937, in dem Jahr, in dem Du Pont Nylon und das umweltschädigende Verfahren zur Herstellung von Holzzellstoffpapier auf Sulfitbasis patentieren ließ, hätten den US-amerikanischen Farmern unbegrenzte Mengen an Naturfaser und Zellulose verfügbar gemacht werden können. So aber war der gesamte potentielle Wert der Hanfpflanze verloren.

Zu Beginn des 20. Jahrhunderts wurden einfache Kunststoffe aus Nitrierzellulose hergestellt, und zwar mit einem Verfahren, das direkt etwas mit Du Ponts Munitionsherstellung zu tun hatte. Zelluloid, Azetat und Reyon waren die einfachen Kunststoffe jener Zeit, und Hanf als wichtigster Grundstoff für diese neue Industrie war Zelluloseexperten nur zu gut bekannt. Weltweit hätte das Hanfwerg den besten Rohstoff für einfache Kunststoffe, für Reyon und Papier bilden können.

Zwischen 1926 und 1936 entwickelte der berühmte Harvard-Chemiker Wallace Carothers auf der Grundlage deutscher Erfindungen die Nylonfaser. Dieses Polyamid besteht aus langen Fasern, deren Herstellung den Naturstoffen abgeschaut war. Carothers, dem Du Pont unbegrenzte Forschungsmittel zukommen ließ, führte eine umfassende Studie über natürliche Zellulosefasern durch. In seinem Labor kopierte er Naturfasern und entwickelte Polyamide, lange Fasern aus einem spezifischen chemischen Prozeß.

Auf Steinkohlenteer und Petroleum basierende Chemikalien wurden verwendet und verschiedene Vorrichtungen, Spinndüsen und Verfahren patentiert. Diese neue Textilfaser, Nylon, sollte vom Ausgangsstadium an, also von der Kohle und anderen Rohstoffen, bis zum fertigen Produkt kontrolliert werden; ein patentiertes chemisches Produkt. Der Chemiekonzern zentralisierte die Produktion und strich die Profite der neuen »Wunderfaser« ein.

Die Einführung von Nylon und der Hochleistungsmaschinen, mit denen die langen Fasern der Hanfpflanze vom zellulosehaltigen Werg getrennt werden konnten, sowie die Verunglimpfung und Kriminalisierung von Hanf als »Marihuana« gingen Hand in Hand.

Die neuen Chemiefasern lassen sich am besten als Kriegsmaterial beschreiben. Die Faserherstellung erfordert große Fabriken, Schornsteine, Kühlsysteme und giftige Chemikalien und geschieht nicht durch das Ausschälen der im Überfluß vorhandenen Naturfasern.

Die alten »chemischen Färbereien«, die sich einen Namen als Sprengstoff- und Munitionsfabriken gemacht haben, produzieren heute Strumpfwaren, »Leinen«, »Leinwand« aus Kunstfaser, Latexfarben und synthetische Teppiche. Die Fabriken vergiften mit der Herstellung von Leder-, Polster- und Holzimitationen die Umwelt, während ein wichtiges Glied im biologischen Kreislauf der Natur aufgrund gesetzlicher Verordnung ungenutzt bleibt.

Die Standardfaser der Weltgeschichte, Amerikas traditionelle landwirtschaftliche Nutzpflanze, könnte uns mit Textilien und Papier versorgen und der Hauptlieferant für Zellstoff sein. Die Kriegsindustrien - Du Pont, Allied Chemical, Monsanto, um nur einige zu nennen - sind durch die Marihuanagesetze vor Konkurrenz geschützt. Sie führen Krieg gegen den biologischen Zyklus der Natur und gegen die kleinen Farmer.

Shan Clark

Quellen:

Encyclopedia of Textiles, 3. Auflage der Redaktion des American Fabrics and Fashions Magazine, William C. Legal, Prentice-Hall, Englewood Cliffs, New Jersey, 1980; *The Emergence of Industrial America, Strategic Factors in American Economic Growth Since 1870,* Peter George State University, New York; Du Pont (regelmäßig veröffentlichte Firmenannalen der Firma Du Pont de Nemours) *The Blasting Handbook,* E. I. Du Pont de Nemours & Co., Inc., Wilmington, Delaware; *Mechanical Engineering Magazine,* Feb. 1938; *Popular Mechanics,* Feb. 1938; *Journal of Applied Polymer Science,* Bd. 47, 1984; *Polyamides, the Chemistry of Long Molecules* (Autor unbekannt) US-Patent Nr. 2.071.250 (16. Feb. 1937); Jerry Colby, *Du Pont Dynasties*; *The American Peoples Encyclopedia,* The Sponsor Press, Chicago, 1953.

Jahre verfügbar sein würden. Cannabishanf mußte also verschwinden.

Der Du Pont-Jahresbericht 1937 für die Aktionäre betonte die Dringlichkeit weiterer Investitionen in die neuen, aber noch nicht allgemein akzeptierten, synthetischen Erdölprodukte. Du Pont erwartete »radikale Einschnitte (...) bei der Steuergesetzgebung der Regierung. Sie könne in ein Instrument verwandelt werden, die Akzeptanz neuer Ideen des industriellen und sozialen Wiederaufbaus zu beschleunigen«[5].

In *The Marijuana Conviction* (University of Virginia Press, 1974) haben Richard Bonnie und Charles Whitebread diesen Vorgang eingehend erläutert:

»Im Herbst 1936 hatte Herman Oliphant (der Chefberater des Finanzministeriums) beschlossen, die Besteuerungsbefugnisse (der Bundesregierung) einzusetzen, allerdings in Form eines Gesetzes, das am nationalen Schußwaffengesetz (National Firearms Act) orientiert war und in keinerlei Zusammenhang mit dem Harrison-(Narkotika)-Gesetz von 1914 stand. Oliphant selbst war für die Vorbereitung des Gesetzentwurfs verantwortlich. Anslinger wies seine Armee an, ihre Kampagne gegen Washington zu richten.

Der Hauptunterschied zwischen dem Marihuanasteuergesetz und dem Harrison-Gesetz besteht in der Idee einer prohibitiven Steuer. Unter dem Harrison-Gesetz waren Kauf und Besitz von Narkotika für nichtmedizinische Zwecke auf legalem Weg unmöglich.

Den Gegnern des Gesetzentwurfs, der vom Obersten Gerichtshof befürwortet wurde, erschien dies als ein klarer Hinweis darauf, daß die Entscheidungen des Kongresses eher davon getragen waren, ein bestimmtes Verhalten zu verbieten, als die Steuern zu erhöhen. So ›erlaubte‹ der Kongreß mit dem Schußwaffengesetz, welches darauf zielte, den Handel mit Schnellfeuerwaffen zu verbieten, jedermann, eine Maschinenpistole zu kaufen, verpflichtete ihn jedoch gleichzeitig dazu, Erwerbssteuern[6] von 200 Dollar zu zahlen und den Kauf mit einem Bestellformular zu tätigen.

Das im Juni 1934 verabschiedete Schußwaffengesetz war das erste Gesetz, mit dem der Kongreß seine wahren Motive hinter einer ›prohibitiven Steuer‹ verbarg. Am 29. März 1937 bestätigte der Oberste Gerichtshof einstimmig dieses sogenannte Antischnellfeuerwaffengesetz. Zweifellos hatte Oliphant eine derartige Entscheidung des Gerichts erwartet, und das Finanzministerium brachte zwei

Wochen später, am 14. April 1937, seinen Entwurf für das Marihuanasteuergesetz ein.«

Vor diesem Hintergrund ist Du Ponts Entscheidung zu verstehen, auf der Grundlage einer »Erzwingung der Akzeptanz unerwarteter neuer Vorstellungen von industrieller und gesellschaftlicher Reorganisation« in neue Technologien zu investieren.

Eine Frage des Motivs

Auf den wahren Zweck des Marihuanasteuergesetzes spielte Matt Rens von der Rens Hemp Company anläßlich der Senatsanhörungen des Jahres 1937 an:

Mr. Rens: Eine solche Steuer würde alle Kleinbetriebe aus dem Hanfanbaugeschäft werfen, und der Anteil der Kleinbetriebe ist beträchtlich (...). Der wahre Zweck dieses Gesetzentwurfs ist doch nicht der, Geld aufzubringen, oder?

Senator Brown: Also, wir bleiben bei der Aussage, daß er es ist ...

Mr. Rens: Aber er wird eine Million kosten.

Senator Brown: Danke (Zeuge wird entlassen).

Hearst, sein Haß und seine hysterischen Lügen

Die Sorge um die Folgen des Hanfrauchens veranlaßte zwei großangelegte staatliche Studien. Der britische Vizekönig von Indien veröffentlichte den »*Bericht der indischen Hanfdrogen-Kommission 1893-1894*« über das Bhangrauchen auf dem Subkontinent.

Und 1930 finanzierte die US-Regierung die Studie der Siler-Kommission über die Folgen des Marihuanarauchens amerikanischer Militärangehöriger in Panama. Beide Berichte kamen zu dem Schluß, daß Marihuana unproblematisch sei, und schlugen vor, dessen Konsum nicht unter Strafe zu stellen.

Zu Beginn des Jahres 1937 teilte der stellvertretende Leiter der amerikanischen Gesundheitsbehörde Walter Treadway dem Cannabis-Unterausschuß des Völkerbundes mit, daß »es über einen relativ langen Zeitraum hinweg genommen werden kann, ohne soziale oder emotionale Zerrüttungen herbeizuführen. Marihuana ist gewohnheitsbildend (...) genau wie (...) Zucker oder Kaffee«.

Aber da waren noch andere Kräfte am Werk. Die Kriegshetze, die 1898 in den Spanisch-Amerikanischen Krieg mündete, wurde von William Rudolph Hearst entfacht und mittels seiner landesweit operierenden Zeitungskette geschürt. Sie ist der Beginn des Sensationsjournalismus, des »yellow journalism«[7], als einer treibenden Kraft amerikanischer Politik.

In den zwanziger und dreißiger Jahren des 20. Jahrhunderts führte Hearsts Zeitungskette eine gezielte Kampagne der Sensationspresse für das Verbot von Hanf an. Zwischen 1916 und 1937 machten beispielsweise Geschichten über Autounfälle, bei denen im Wagen des Unfallverursachers Marihuanazigaretten gefunden worden waren, oft wochenlang Schlagzeilen. Andererseits waren Unfälle, bei denen Alkoholgenuß eine Rolle spielte (welche zu den wegen Marihuana verursachten Unfällen im Verhältnis von 1000 zu 1 standen), allenfalls eine Meldung auf den letzten Seiten wert.

Das Thema der durch Marihuanagenuß verursachten Autounfälle wurde den Amerikanerinnen und Amerikanern regelrecht ins Bewußtsein gehämmert, indem zwischen 1936 und 1938 in Filmen wie »Reefer Madness« und »Marijuana – Assassin of Youth« immer wieder Schlagzeilen eingeblendet wurden, die diesen Zusammenhang hervorhoben.

Bigotterie und Apartheid

Schon mit Ausbruch des Spanisch-Amerikanischen Krieges im Jahre 1898 hatte die Hearst-Presse eine Hetzkampagne gegen Spanier, Mexikaner und Lateinamerikaner begonnen.

Die Beschimpfungen wurden immer krasser, nachdem die »Marihuana rauchende« Armee von Pancho Villa[8] 2 000 Hektar von Hearsts bestem mexikanischen Forstland beschlagnahmt hatte.

Während der nächsten drei Dekaden malte Hearst unermüdlich das Bild der faulen, potrauchenden Mexikaner und Mexikanerinnen an die Wand und setzte damit eines der übelsten Vorurteile in die Welt, das bis heute in unseren [US-amerikanischen, d. Ü.] Köpfen spukt. Eine ähnlich rassistische Schmutzkampagne brach er gegen die »gelbe Gefahr« (Yellow Peril) der Chinesen vom Zaun.

Zwischen 1910 und 1920 vermeldeten Hearsts Zeitungen, daß die meisten Schwarzen, die weiße Frauen vergewaltigten, unter dem Einfluß von Kokain stünden. Diese Theorie ließ Hearst zehn Jahre lang verbreiten, bis er zu dem Schluß kam, daß es nicht Kokain, sondern der Marihuanarausch sei, der die Schwarzen dazu treibe, weiße Frauen zu vergewaltigen.

Hearsts Sensationspresse und andere Boulevardblätter veröffentlichten Berichte, aufgemacht mit fanatisierenden Schlagzeilen, in denen Schwarze und Mexikaner als wahnsinnige Bestien dargestellt wurden, die unter dem Einfluß von Marihuana ihre gegen die Weißen gerichtete »satanische Voodoomusik« (Jazz) spielten und für den überwiegend weißen Leserkreis dieser Blätter durch ihre Respektlosigkeit und »Brutalität« bedrohlich seien. Zu dieser Flut ausgedachter »Jim-Crow«-(Apartheid)-Vergehen gehörten so fürchterliche Straftaten wie: auf den Schatten eines Weißen zu treten, einem Weißen drei Sekunden oder länger direkt in die Augen zu sehen, eine weiße Frau zweimal anzusehen, eine weiße Person auszulachen usw.

Hearst hämmerte das obskure mexikanische Slangwort »Marijuana« in das Bewußtsein der englischsprechenden Amerikanerinnen und Amerikaner und führte es in die englische Sprache ein.

Wegen solcher »Verbrechen« verbrachten Hunderttausende Mexikaner und Schwarze aufgrund von Rassentrennungsgesetzen, die in den gesamten USA bis in die fünfziger und sechziger Jahre dieses Jahrhunderts hinein in Kraft waren, zusammengenommen Millionen von Jahren in Gefängnissen und Strafkolonien. Permanent hämmerte Hearst das obskure mexikanische Slangwort »Marijuana« in das Bewußtsein der englischsprechenden Amerikanerinnen und Amerikaner. Das Wort »Hanf« wurde ausrangiert, »Cannabis«, der wissenschaftliche Fachausdruck, ignoriert.

Das spanische Wort für Hanf ist »Cánamo«. Aber die Verwendung des mexikanischen Slangwortes – »Marijuana«, oft zu »Marihuana« amerikanisiert – ermöglichte es, daß das wichtigste Naturheilmittel und der bedeutendste Industrierohstoff der Welt unbemerkt ausmanövriert, verboten und aus der Sprache verdrängt werden konnte.

Die prohibitive Marihuanasteuer

Zwischen 1935 und 1937 wurden in geheimen Sitzungen des Finanzministeriums prohibitive Steuergesetze entworfen und Strategien geplant. »Marihuana« wurde nicht grundsätzlich verboten; das Gesetz legte eine »Gewerbesteuer für Händler und eine Erwerbssteuer für den Kauf von Marihuana« fest.

Importeure, Erzeuger, Verkäufer und Händler mußten sich beim Finanzamt registrieren lassen und Gewerbesteuer zahlen. Der Handel mit Marihuana wurde mit 1 Dollar pro Unze besteuert; mit 100 Dollar pro Unze, wenn der Händler nicht registriert war. Verkäufe an nicht gemeldete Steuerzahler wurden mit einer prohibitiven Steuer belegt. Eine Unze der »Rohdroge« Cannabis kostete damals einen Dollar.[9] Man schrieb das Jahr 1937, der Staat New York beschäftigte zu dieser Zeit nur einen einzigen Beamten für Rauschgiftangelegenheiten.[10]

Nachdem der Oberste Gerichtshof am 29. März 1937 das Verbot des Verkaufs von Schnellfeuerwaffen mittels Besteuerung bestätigt hatte, war Herman Oliphant am Zuge.

Am 14. April 1937 brachte Oliphant den Marihuanagesetzentwurf direkt im Haushaltsausschuß ein – anstatt in anderen zuständigen Ausschüssen wie denen für Nahrung und Rauschgift, Landwirtschaft, Textil oder Handel.

Der Grund dafür könnte gewesen sein, daß der Haushaltsausschuß der einzige Ausschuß ist, der Gesetzentwürfe direkt ans Plenum weitergibt, ohne daß diese zuvor in anderen Ausschüssen debattiert werden müßten.

Der Vorsitzende des Haushaltsausschusses, Robert L. Doughton,[11] ein wichtiger Verbündeter Du Ponts, segnete den Geheimentwurf für das Besteuerungsgesetz ab und legte ihn, nachdem er ihn mit fliegenden Fahnen durch den Kongreß gebracht hatte, unverzüglich dem Präsidenten vor.

»Hat eigentlich jemand den Amerikanischen Ärzteverband (AMA) gefragt?«

Selbst in den von ihm geleiteten Ausschußanhörungen sprachen sich viele der geladenen Sachverständigen gegen die Verabschiedung dieser *ungewöhnlichen* Steuergesetze aus.

Der Arzt und Rechtsanwalt Dr. William C. Woodward beispielsweise erklärte stellvertretend für den Amerikanischen Ärzteverband (AMA), das ganze Anhörungsverfahren sei für ihn eine Farce und Sensationshascherei. Im Zusammenhang mit der Vorlage des Gesetzes sei nicht ein einziges fundiertes Sachverständigenurteil eingeholt worden. Mit diesem Gesetz enthalte der Gesetzgeber, möglicherweise aus Unwissenheit, der Welt ein potentielles Heilmittel vor, und das ausgerechnet zu einem Zeitpunkt, da die Medizin im Begriff sei, herauszufinden, welche Wirkstoffe Cannabis enthalte.

Er erklärte dem Ausschuß, die Ärzte der AMA hätten sich nur deshalb nicht schon früher gegen die Marihuanasteuer ausgesprochen, weil es in der Presse zwanzig Jahre lang als das »tödliche Kraut aus Mexiko« verschrien worden sei.

Erst »zwei Tage vor Beginn« der Anhörungen im Frühling dieses Jahres (1937) hätten sie erkannt, daß die Pflanze, die der Kongreß zu verbieten beabsichtigte, in der Medizin als Cannabis bekannt sei – eine heilende Substanz, die in Amerika seit 100 Jahren erfolgreich gegen unzählige Krankheiten eingesetzt werde.

»Wir verstehen noch nicht recht, Herr Vorsitzender, warum dieser Gesetzentwurf zwei Jahre lang beraten wurde«, protestierte Woodward, »ohne daß der medizinische Berufsstand auch nur andeutungsweise davon in Kenntnis gesetzt wurde.«

Woodward und die AMA[12] wurden von Anslinger und

dem gesamten Kongreßausschuß heftig angefeindet und ihre Kritik kurzerhand abgetan.[13]

Als der Entwurf für das Marihuanasteuergesetz dem Plenum des Kongresses zur mündlichen Beratung und Abstimmung vorgelegt wurde, kam aus dem Publikum nur eine einzige relevante Frage: »Hat irgend jemand die AMA konsultiert und zu ihrer Meinung befragt?«

Darauf antwortete der Abgeordnete Vinson für den Haushaltsausschuß: »Ja, das haben wir. Ein gewisser Dr. Wharton (fehlerhafte Aussprache für Woodward) und die AMA stimmen vollkommen mit uns überein!«

Mit dieser denkwürdigen Lüge wurde der Entwurf verabschiedet und erhielt im September 1937 Gesetzeskraft. Man richtete eine Spezialeinheit der Bundespolizei ein, die für Millionen im Gefängnis verlorener Jahre und sogar für den Tod einzelner Amerikaner und Amerikanerinnen verantwortlich ist, bloß um eine giftproduzierende und umweltfeindliche Industrie am Leben zu erhalten und den fanatischen Rassenhaß einiger weißer Politiker noch weiter zu schüren.[14]

Auch andere Stimmen meldeten sich zu Wort

Das *National Oil Seed Institute*, Repräsentant der Hersteller hochwertiger Schmieröle und Farben, sprach sich ebenfalls massiv *gegen* das Steuergesetz aus. 1937 gab deren Syndikus, Ralph Loziers, vor dem Haushaltsausschuß mit beredten Worten folgende Erklärung über das Hanföl ab, das man zu verbieten beabsichtigte:

»Anerkannte Fachleute bestätigen, daß im Orient mindestens 200 Millionen Menschen diese Droge konsumieren. Und wir sollten nicht vergessen, daß dies schon seit Hunderten, ja Tausenden von Jahren so ist. Es ist erstaunlich, daß in Asien und im übrigen Orient, in Gebieten also, in denen sehr große Armut herrscht und man auf alle Pflanzen zurückgreift, welche die Natur in ihrer Fülle hervorbringt – es ist erstaunlich, daß, von den Anfängen der Zivilisation an, nicht einer dieser 200 Millionen Menschen jemals den Samen dieser Pflanze oder das Öl als Rauschmittel verwendet hat.

Wenn also der Samen oder das Öl irgendwelche schädlichen Substanzen enthielten, sollte man vernünftigerweise wohl annehmen, daß diese Orientalen, die in ihrer Armut nach allem greifen, was ihren quälenden Hunger stillt, diese Substanzen entdeckt hätten (...).

Verehrter Ausschuß, der Hanfsamen oder der Samen von Cannabis sativa L. wird in allen orientalischen Ländern und auch in Teilen Rußlands als Nahrungsmittel verwendet. Seit Generationen wird er dort auf den Feldern angebaut und als Mehl genutzt, besonders in Zeiten der Hungersnot (...).

Worauf ich hinauswill: (...) Dieses Gesetz ist viel zu umfassend. Dieses Gesetz hat weltweite Konsequenzen. Dieses Gesetz wird Aktivitäten auslösen – die Knebelung eines bedeutenden Industriezweiges durch eine staatliche Behörde –, die der Vernichtung dieser Branche gleichkommen könnten. Im vergangenen Jahr importierten die USA 62 813 000 Pfund Hanfsamen, 1935 waren es 116 Millionen Pfund.«

»Dieses Gesetz ist viel zu umfassend. Dieses Gesetz hat weltweite Konsequenzen. Dieses Gesetz wird Aktivitäten auslösen – die Knebelung eines bedeutenden Industriezweiges durch eine staatliche Behörde –, die der Vernichtung der gesamten Branche gleichkommen könnten.«

Schutz von Sonderinteressen

Bei den Aussagen, die 1937 vor dem Kongreß zugunsten des Hanfverbots gemacht wurden, handelte es sich in der Mehrzahl um reißerische und rassistische Artikel aus den Boulevardblättern Hearsts und anderer Zeitungsverleger, die den Kongreßabgeordneten von Harry J. Anslinger,[15] dem Leiter des FBN (Federal Bureau of Narcotics, aus dem später die DEA, Drug Enforcement Agency, hervorging) vorgelesen wurden.

Vor 1931 war Anslinger stellvertretender Prohibitionsbeauftragter gewesen. Der Onkel seiner Frau, Finanzminister Andrew Mellon, hatte ihm, wie bereits erwähnt, zu seinem Posten als Leiter der Rauschgiftbehörde verholfen. Eben dieser Andrew Mellon war auch der Besitzer und Mehrheitsaktionär der sechstgrößten Bank (1937) der Vereinigten Staaten, der Mellon-Bank in Pittsburgh, einer von nur zwei Banken, deren Dienste Du Pont von 1928 bis in die Gegenwart in Anspruch genommen hat.[16]

1937 gab Anslinger vor dem Kongreß folgende Erklärung ab: »Marihuana ist die gewalterzeugendste Droge in der Geschichte der Menschheit.«

Solche Aussagen, gepaart mit Anslingers empörend rassistischen Äußerungen und Ansichten, wurden vor einem von Südstaatlern dominierten Kongreß gemacht und können den Leser von heute nur peinlich berühren.

Erwähnt sei an dieser Stelle auch Anslingers sogenannte »Blutakte«. Diese Akte war fast ausschließlich aus Zeitungsartikeln angelegt, die der Hearst-Presse und anderen Boulevardblättern entnommen waren – Geschichten wie die von einem Beilmörder zum Beispiel, der den Recherchen zufolge vier Tage vor der Bluttat einen Joint geraucht hatte. Als belegte Tatsache tischte Anslinger dem Kongreß die Behauptung auf, daß rund 50 Prozent aller Schwerverbrechen von Spaniern, Mexikanern, Lateinamerikaner, Filipinos, Schwarzen und Griechen verübt wurden und daß diese Taten unmittelbar auf den Konsum von Marihuana zurückzuführen seien.[17]

Keiner der Berichte aus Anslingers »Blutakten« der dreißiger Jahre wird von Wissenschaftlern, die die Fakten sorgfältig geprüft haben, für echt gehalten.[18]

Notorische Lügen

Die Statistiken des FBI, die Anslinger hätte einsehen können, zeigten, daß mindestens 65 bis 75 Prozent aller Morde in den Vereinigten Staaten unter dem Einfluß von Alkohol verübt wurden. Daran hat sich bis heute nichts geändert.

»Mörder der Jugend«: »Sachbuch« zur Hanf-Prohibition, 1943

Anslingers rassistische Tiraden gipfelten beispielsweise darin, daß er dem Kongreß, ohne bei diesem Widerspruch hervorzurufen, Geschichten über »Neger mit Wulstlippen« vorlas, die die weißen Frauen mit Jazzmusik und Marihuana verführten.

Er präsentierte einen Artikel über zwei schwarze Studenten der Universität von Minnesota, die nach diesem Strickmuster eine weiße Kommilitonin verführt hätten, »mit dem Ergebnis, daß diese schwanger wurde«. Die Ungeheuerlichkeit, daß diese Droge weiße Frauen offenbar so enthemmte, daß sie bereit waren, einen »Neger« anzufassen oder auch bloß anzusehen, verschlug den Kongreßabgeordneten den Atem.

In den USA wußte außer einer Handvoll reicher Industrieller und ihrer gedungenen Polizisten so gut wie niemand, worum es wirklich ging, daß nämlich der potentielle Hauptkonkurrent ihrer Geschäfte – Hanf – als »Marihuana« verboten werden sollte.

Genauso ist es. Marihuana war höchstwahrscheinlich nur ein Vorwand für die eigentlich gemeinte Hanfprohibition und die wirtschaftliche Unterdrückung dieses Produkts.

Und durch die Verwechslung von Marihuana mit Stechapfel wurde die Sache noch verworrener. Die Presse stellte diesen Irrtum niemals richtig, sondern fuhr bis in die sechziger Jahre damit fort, Fehlinformationen zu drucken.

Gegen Ende der achtziger Jahre zogen die absurdesten und lächerlichsten Attacken gegen die Hanfpflanze landesweit die Aufmerksamkeit der Medien auf sich; so veröffentlichten 1989 zahlreiche Gesundheitsmagazine eine Studie, in der behauptet wurde, Marihuanaraucher nähmen pro Tag ein halbes Pfund zu. Heute hüllen sich die Redaktionen in dieser Angelegenheit lieber in Schweigen.[19]

Ernsthafte Diskussionen über den gesundheitlichen Nutzen, das Grundrecht auf freie Entfaltung der Persönlichkeit oder ökonomische Aspekte in Zusammenhang mit der Hanffrage werden immer wieder mit der Bemerkung abgetan, daß sie nichts weiter als »ein Vorwand für das Potrauchen« seien, – als ob Menschen einen »Vorwand« brauchten, um über Tatsachen zu reden.

Man muß zugeben, daß die Taktik, die Öffentlichkeit über die wahre Natur von Hanf und dessen Bezug zum »Marihuana« durch Lügen im unklaren zu halten, sehr erfolgreich gewesen ist.

Die Hanfprohibition oder: wie Anslinger sein Gesetz bekam 5

Sollten wir den eigennützigen, für die Einhaltung der Drogengesetze verantwortlichen Bürokraten glauben, deren Zahl stets wächst und deren Bezahlung und Beförderung davon abhängt, daß immer mehr Leute verhaftet und gegen ihre »Sucht« behandelt werden? Es sterben mehr Amerikaner an einem Tag in Gefängnissen und Strafanstalten als jemals in der Menschheitsgeschichte an Marihuana gestorben sind. Wen schützen diese Gesetze? Wovor?

Fred Oerther, M.D., Portland, Oregon, September 1986

Schritte, Andersdenkende zum Schweigen zu bringen

Nachdem Harry J. Anslingers Behauptung, Marihuana mache gewalttätig, durch die Forschungsergebnisse des »New York City LaGuardia Marijuana Report« (1938-1944) ad absurdum geführt worden war, eröffnete Anslinger eine Hetzkampagne nach der anderen gegen Bürgermeister LaGuardia, die Medizinische Akademie von New York und deren Ärzte und Ärztinnen, die die Forschungsarbeiten für diesen Bericht geleistet hatten.

Der »New York City LaGuardia Marijuana Report« (1938-1944) widerlegte die Behauptung, Marihuana erhöhe die Gewaltbereitschaft.

Er erklärte, diese Ärzte würden im Gefängnis landen, sollten sie je wieder ohne seine persönliche Genehmigung Experimente mit oder Forschungsarbeiten über Marihuana durchführen.

Dann nutzte er – illegal – Vollmachten der US-Regierung aus, um praktisch die gesamte Marihuanaforschung lahmzulegen, und erpreßte den US-Ärzteverband AMA (American Medical Association)[1] und die Medizinische Akademie von New York, die Forschungsarbeiten ihrer Ärzte öffentlich bloßzustellen.

Um den LaGuardia-Bericht zu entkräften, führte die AMA auf Verlangen Anslingers zwischen 1944 und 1945 eine Studie durch, die zeigte, daß sich 34 schwarze GIs (der statistischen »Vollständigkeit« halber: auch 1 weißer GI), die Marihuana geraucht hatten, gegenüber weißen Soldaten und Offizieren in der nach Rassen getrennten Armee respektlos verhalten hatten.

Dieses Verfahren, die Ergebnisse einer Studie zu manipulieren, ist unter Forscherinnen und Forschern als »Tendenzwissenschaft« bekannt.

Pot und die Bedrohung des Friedens

Zwischen 1948 und 1950 unterließ es Anslinger, die Presse mit Schauergeschichten über die brutalisierende Wirkung von Marihuana zu füttern, und bediente sich statt dessen – ganz im Zeichen der McCarthy-Ära – der allgemeinen »Kommunistenhetze«.

Nun erfuhr die entsetzte Öffentlichkeit, daß Marihuana eine noch viel gefährlichere Droge sei, als er ursprünglich angenommen habe. 1948 behauptete Anslinger vor dem zutiefst antikommunistisch gesonnenen Kongreß und später ständig in der Presse, der Genuß von Marihuana mache die Menschen so friedlich – und pazifistisch! –, daß dieses Rauschgift von den Kommunisten dazu benutzt werden könne und auch würde, die Kampfmoral der amerikanischen Armee zu schwächen.

Dies war natürlich eine Kehrtwende um 180 Grad gegenüber dem ursprünglichen Vorwand, unter dem man das »gewalterzeugende« Marihuana 1937 verboten hatte. Einhellig stimmte der Kongreß nun für die Beibehaltung des Marihuanaverbotes und begründete dies mit dem genauen Gegenteil der ursprünglich vorgebrachten Behauptungen.

Anslinger versorgte US-Senator Joseph McCarthy jahrelang mit unerlaubten Morphinen.[2]

Es ist interessant und mutet fast absurd an, daß Anslinger und seine treuesten Anhänger – Kongreßabgeordnete aus dem Süden und sein bester Freund im Senat, Senator Joseph McCarthy aus Wisconsin, – ab 1948 bei der Verbreitung ihrer Schreckensvisionen von der Presse eifrig unterstützt wurden. Immer wieder war davon die Rede, daß die Kommunisten Marihuana an junge Amerikaner verkauften, um deren Kampfbereitschaft zu untergraben und Amerika in eine Nation von Zombie-Pazifisten zu verwandeln. Natürlich machte man sich in Rußland und China über diese Marihuanahysterie der Amerikaner lustig, so oft sich die Gelegenheit dazu bot – sei es in der Presse oder vor den Vereinten Nationen.

Bedauerlicherweise schenkte die Presse diesem vorgeblichen Zusammenhang zwischen Pot und Pazifismus während der folgenden zehn Jahre so viel Aufmerksamkeit, daß schließlich Rußland, China und die kommunistischen Länder des Ostblocks (wo man Cannabis in großen Mengen anbaute) den Marihuanakonsum unter Strafe stellten, weil sie befürchteten, die Kampfbereitschaft ihrer Soldaten könne mit Hilfe dieses Stoffs von den Amerikanern unterwandert werden.

Das war schon merkwürdig, denn in Rußland, Osteuropa und China war Cannabis über Jahrhunderte, ja, über Jahrtausende als Arzneimittel, Beruhigungs- und Stärkungsmittel angebaut und benutzt worden, und niemandem war auch nur der Gedanke gekommen, Marihuanagesetze zu erlassen.[3]

Der heimliche Angriff auf die Gedankenfreiheit

Durch einen 1983 verbreiteten Bericht, der sich auf das Gesetz über die Informationsfreiheit (Freedom of Information Act) berief, drang nach 40 Jahren Geheimhaltung an die Öffentlichkeit, daß Anslinger 1942 in ein Geheimkomitee berufen worden war, das dem OSS, Office of Strategic Services, dem Vorläufer des CIA, ein »Wahrheitsserum« beschaffen sollte *(Rolling Stone,* August 1983).

Die Wahl des ersten Wahrheitsserums der USA fiel auf eine »Honigöl« genannte, sehr reine und fast geschmacklose Sorte des Haschöls, das Spionen, Saboteuren, Kriegsgefangenen und anderen im Essen verabreicht werden sollte, damit sie, ohne es zu wissen, »die Wahrheit ausspuckten«.

Ab 1943 stellte die Anslinger-Gruppe die Verwendung von Marihuanaextrakten als erstem Wahrheitsserum der USA wieder ein. Es brachte nicht immer den gewünschten Erfolg. Menschen, die verhört wurden, fingen häufig an zu kichern, lachten die Beamten hysterisch aus, wurden paranoid oder bekamen unstillbaren Hunger.

15 Monate später, 1943, stellte man die Verwendung des Marihuanaextraktes als »erstem Wahrheitsserum der USA« wieder ein, weil man festgestellt hatte, daß er nicht immer den gewünschten Erfolg brachte:

Menschen, die verhört wurden, fingen häufig an zu kichern, lachten die Beamten hysterisch aus, wurden paranoid oder entwickelten einen unstillbaren Heißhunger. Zudem war bekannt geworden, daß die Agenten und Bediensteten des OSS inzwischen das »Honigöl« selbst konsumierten, anstatt es den Spionen zu geben. Im Abschlußbericht des OSS-Komitees über die Verwendung von Marihuana als Wahrheitsserum ließ Anslinger nichts darüber verlauten, daß die Droge die Gewaltbereitschaft erhöhe! Tatsächlich wurde auf das Gegenteil hingewiesen. OSS und später CIA setzten ihre Suche nach der Wahrheitsdroge fort und prüften in diesem Zusammenhang Drogen wie Psilocybin, Fliegenpilz und LSD auf ihre Eigenschaften.

Über 20 Jahre lang wurden diese Substanzen vom CIA an US-Bürgern ohne deren Wissen getestet.

Manche dieser ahnungslosen Versuchspersonen stürzten sich von Gebäuden herunter, weil sie glaubten, verrückt geworden zu sein.

Nachdem unsere Regierung 25 Jahre lang abgestritten hatte, diese Experimente durchgeführt zu haben, gab sie in den 70er Jahren endlich zu, unbeteiligte, nichtsahnende Bürgerinnen und Bürger, Soldaten und Regierungsbeamte ohne deren Zustimmung mit Drogen vollgepumpt zu haben – und das alles natürlich im Namen der nationalen Sicherheit.

Die amerikanischen »Sicherheitsbehörden« bedrohten einzelne Bürger, Familien und Organisationen, die auf diesen Drogenmißbrauch hinwiesen, und von denen einige sogar ins Gefängnis wanderten.

Es dauerte drei Jahrzehnte, bis die Gesellschaft CBS (Columbia Broadcasting System) mit Berufung auf das Informationsfreiheitsgesetz die Machenschaften des CIA – unter anderem in der Sendung »60 Minutes« – entlarvte und ihn dazu zwang, seine Lügen zuzugeben. Am 16. April 1985 entschied jedoch der Oberste Gerichtshof der USA, daß der CIA die Identität der in dieses Trauerspiel verwickelten Personen und Institutionen nicht bekanntgeben müsse.

Der Gerichtsentscheid stellte es dem CIA frei, selbst zu bestimmen, was im Rahmen des Informationsfreiheitsgesetzes veröffentlicht werden mußte und was nicht. Die Entscheidung des CIA war vor keinem anderen Gericht anfechtbar.

Übrigens war eines der Hauptziele der Reagan/Bush/Quayle-Regierung die Aufhebung des Informationsfreiheitsgesetzes.[4]

Kriminelle Verfehlungen

1948 begann Anslinger mit seiner Zombie-Pazifisten-Marihuana-Hetze, aber fünf bis sieben Jahre lang hatte er in der Presse, bei Konferenzen, Vorträgen und im Kongreß den Jazz, die Brutalität und die »Blutakte« als Argumente für das Hanfverbot benutzt.

Wir wissen heute, daß Anslinger beim Thema Hanf, der als Marihuana diskreditiert wurde, politisch opportune Lügen verbreitete.

Seit über fünfzig Jahren wachsen die Menschen in Amerika mit Anslingers Märchen über dieses Kraut auf und haben seine abenteuerlichen Thesen verinnerlicht – von der Gewaltbereitschaft, dem Pazifismus bis zum schädlichen Einfluß der Musik. Wir werden nie erfahren, ob das aus wirtschaftlichen oder rassistischen Beweggründen oder gar aus Angst vor der neuen Musik oder wegen irgendeiner vielschichtigen Hysterie geschah. Aber wir wissen sehr wohl, daß die Informationen, die im Auftrag der US-Regierung über den Hanf verbreitet wurden und weiter verbreitet werden, eine bewußte Irreführung waren und sind.

Wie aus den folgenden Kapiteln zu ersehen ist, weisen die empirischen Fakten und die Fülle unwiderlegbarer Beweise darauf hin, daß die Bush/Quayle-Regierung sich mit Hilfe ihrer engen Verbindungen zur Pharmaindustrie (siehe Kasten »Der faule Handel von Bush/Quayle/Lilly«) auf höchster Ebene verschworen hatte, Informationen zurückzuhalten und die Öffentlichkeit falsch zu informieren, was zu dem vermeidbaren und sinnlosen Sterben Tausender von Amerikanerinnen und Amerikanern geführt hat.

Und sie taten dies offenbar, um ihre eigenen Investitionen – und die ihrer Freunde – in der pharmazeutischen Industrie, der Energiewirtschaft und der Papierindustrie zu retten und um der giftproduzierenden Kunststoffindustrie einen aberwitzigen Vorteil gegenüber dem Naturstoff Hanf zu verschaffen und die Profite in Höhe mehrerer Milliarden zu sichern, die sie verloren hätten, wären die Hanfpflanze und Marihuana nicht verboten worden!

Als Ergebnis sind Millionen von Jahren in Gefängnissen

Der faule Handel von Bush/Quayle/Lilly

Einer der schärfsten Gegner von Marihuana in den USA ist niemand anders als George Bush, der unter Gerald Ford Direktor des CIA (1975-1977) und unter Präsident Reagan Direktor der Drogenverfolgungsbehörde (1981 bis 1988) war.

Nachdem Bush 1977 den CIA verlassen hatte, wurde er von Dan Quayles Familie, welche die Aktienmehrheit am Lilly-Konzern und dem Indianapolis Star hielt, zum Direktor von Eli Lilly ernannt.

Dan Quayle war später Vermittler zwischen Drogenhändlern, Waffenschiebern und Regierungsbeamten in den Iran-Contra-Skandalen.

Bushs Familie besaß beachtliche Anteile bei Unternehmen wie Lilly, Abbott, Bristo und Pfizer. Auch nach den Enthüllungen über Bushs Aktienvermögen im Jahre 1979 hält die Familie Bush weiterhin große Anteile an Pfizer und eine beträchtliche Anzahl von Aktien in den anderen oben erwähnten Pharmakonzernen.

Tatsächlich wurde Bush 1981 als Vizepräsident illegalerweise innerhalb und außerhalb der Regierung aktiv und unterstützte Bestrebungen der Pharmakonzerne, ihre veralteten oder in den USA verbotenen Produkte in den ahnungslosen Ländern der Dritten Welt abzusetzen.

Als Vizepräsident fuhr Bush damit fort, die Interessen pharmazeutischer Unternehmen zu vertreten, indem er sich persönlich und ungesetzlicherweise für die Gewährung besonderer Steuervergünstigungen für die Pharmakonzerne verwandte, die wie zum Beispiel Lilly in Puerto Rico produzierten. 1982 wurde Vizepräsident Bush vom Obersten Gericht der USA selbst aufgefordert, seine pharmafreundliche Einflußnahme auf die US-Steuerbehörde zu unterlassen.

Er hielt sich daran, aber die pharmazeutischen Unternehmen erhielten gleichwohl eine 23prozentige Steuervergünstigung für ihre Unternehmen in Puerto Rico, wo viele der in den USA verbotenen Erzeugnisse für den Verkauf in Länder der Dritten Welt produziert wurden.[5]

verschwendet und Millionen Menschenleben zerstört worden. Auch heute noch ist der Einfluß von Hearsts, Anslingers und Du Ponts schamlosen Wirtschaftslügen, bösartigen rassistischen Verleumdungen und bigottem Musikdiktat ungebrochen.

Ein uraltes Heilmittel 6

Das folgende Kapitel stützt sich auf das gesamte Korpus der medizinischen Literatur über Cannabis. Diese Literatur reicht von den alten chinesischen und hinduistischen Heilmittelbüchern über die Keilschrifttafeln des Mittleren Ostens bis hin zu den amerikanischen Cannabisstudien der Jahre 1966 bis 1976; es gibt Zigtausende eigenständige Arbeiten über die Verwendung von Hanf als Heilpflanze.

Als Quellen wurden für dieses Kapitel Gesamtdarstellungen herangezogen; darüber hinaus basiert es auf persönlichen Mitteilungen der an der aktuellen Forschung beteiligten WissenschaftlerInnen.

Eine leicht verfügbare und erschwingliche Heilpflanze

Für mehr als 3500 Jahre hatte Cannabis/Hanf/Marihuana einen hohen, in manchen Kulturen den höchsten Stellenwert unter den Heilpflanzen gehabt. Zu diesen Kulturen zählen China, Indien, der Mittlere und der Nahe Osten, Afrika und das vorchristliche Europa (bis 400 v. Chr.).

Dr. Raphael Mechoulam, NORML, die High Times und das Omni-Magazin (September 1982) kommen aufgrund der Forschungsergebnisse des Jahres 1976 zu dem Schluß, daß Marihuana im Falle einer Legalisierung unverzüglich 10 bis 20 Prozent aller verschreibungspflichtigen Medikamente ersetzen könnte. Mechoulam nimmt sogar an, daß Auszüge der Cannabispflanze – wenn sie erst einmal ausreichend erforscht sein werden – in 40 bis 50 Prozent aller Medikamente enthalten sein könnten.[1]

Superstar des 19. Jahrhunderts

In den 60 Jahren vor der Wiederentdeckung des Aspirins [die schmerzstillende Wirkung der aus Weidenrinde gewonnenen Salizylsäure war bereits im alten Ägypten bekannt – Anm. d. Ü.] war Marihuana in Amerika das Schmerzmittel Nummer eins. Zwischen 1842 und 1900 machten Cannabispräparate die Hälfte aller verkauften Medikamente aus – damals hatte offensichtlich niemand Bedenken wegen der berauschenden Wirkung.

Der im Jahre 1839 von Dr. W. B. O'Shaugnessy, einem angesehenen Mitglied der Königlich-britischen Akademie der Wissenschaften, erstellte Bericht über Cannabisanwendungen hatte für die damalige westliche Medizin eine ähnliche Bedeutung wie die Entdeckung der Antibiotika, beispielsweise Penicillin und Terramycin, für die Medizin im Zweiten Weltkrieg.

Zwischen 1850 und 1937 empfahlen die offiziellen US-amerikanischen Arzneimittelbücher bei über 100 verschiedenen Krankheiten Cannabis als wesentliches Heilmittel.

»Bei dem mit Essig und Galle (oder auch mit Myrrhe) versetzten Wein, der unserem Heiland vor der Kreuzigung gereicht wurde, hat es sich aller Wahrscheinlichkeit nach um eine Zubereitung aus Indischem Hanf gehandelt.«

Das Komitee für Indischen Hanf der Medizinischen Gesellschaft von Ohio resümierte im Jahre 1980, »bedeutende Kommentatoren der Bibel« seien der Ansicht, »bei dem mit Essig und Galle (oder auch mit Myrrhe) versetzten Wein, der unserem Heiland vor der Kreuzigung gereicht wurde, hat es sich aller Wahrscheinlichkeit nach um eine Zubereitung aus Indischem Hanf gehandelt.«[2]

Worin denn nun eigentlich die wirksamen Substanzen des Hanfs bestünden, davon hatte bis in die 40er Jahre unseres Jahrhunderts hinein niemand eine genaue Vorstellung – nicht einmal Forscher, Ärzte und Arzneimittelproduzenten wie Lilly, Parke-Davis, Squibb und andere. Das THC isolierte Dr. R. Mechoulam erst im Jahre 1964.

Die Forschung im 20. Jahrhundert

In den vorhergehenden Kapiteln wurde bereits erwähnt, daß die American Medical Association (AMA) und die Arzneimittelproduzenten gegen die 1937 erlassene Marihuanasteuer protestierten, weil bei Cannabis mit seiner Vielzahl therapeutischer Möglichkeiten noch nie Abhängigkeit oder gar Todesfälle infolge von Überdosen beobachtet worden waren.

Ihr stärkstes Argument war dabei, daß Cannabis zu einer wahren Wunderdroge werden könnte, wenn erst einmal sämtliche wirksamen Substanzen (wie etwa das Delta-9-THC) isoliert und genaue Dosierungen dafür bekannt wären.

Gleichwohl mußten 29 Jahre vergehen, ehe sich die amerikanische Forschung erneut der Untersuchung des Hanfs widmen konnte.

Das Delta-9-THC wurde 1964 von Dr. Raphael Mechoulam an der Universität von Tel Aviv isoliert. Seine Arbeiten bestätigten die Befunde von Professor Taylor, der in den 30er Jahren in Princeton die Erforschung und Identifizierung der natürlichen Vorläufer des Delta-9-THC leitete. Auch Kahn, Adams und Loewe arbeiteten 1944 über die Struktur der wirksamen Substanzen des Cannabis.

Seit 1964 konnten gut 400 der mehr als 1000 vermuteten Substanzen isoliert werden; wenigstens 60 davon sind von therapeutischem Nutzen. In den USA waren derartige Forschungen allerdings von Harry Anslinger behördlich untersagt worden und wurden erst wieder zugelassen, als Anslinger im Jahre 1961 zurücktreten mußte.[3]

Wachsende Akzeptanz

Um 1966 rauchten Millionen junger AmerikanerInnen Marihuana. Die besorgten Eltern und die Regierung wollten wissen, welchen Gefahren ihre Kinder sich dabei aussetzten, und gaben Dutzende, später Hunderte von Studien über das mit dem Marihuanakonsum verbundene Gesundheitsrisiko in Auftrag.

Die Vorstellungen der älteren Generation waren nachhaltig von Schauergeschichten à la Anslinger und Hearst geprägt: von Mord, Greueltaten, Vergewaltigungen und Zombie-Pazifismus.

Die Ergebnisse der staatlich geförderten Studien trugen ihren Teil zum Abbau dieser Vorstellungen bei und legten außerdem die Vermutung nahe, daß in den chemischen Strukturen des Hanfs ein Heilmittelarsenal von schier unglaublicher therapeutischer Kraft verborgen sein müßte. Die Regierung gab mehr und mehr Studien in Auftrag.

Der Forschung zufolge hilft Cannabis bei Asthma, grünem Star, gegen Übelkeitszustände nach der Chemotherapie, bei Epilepsie, Parkinsonscher Krankheit, Anorexie (Magersucht), multipler Sklerose, Dystrophie (Unter- bzw. Fehlernährung) und kann als Breitbandantibiotikum und bei der Tumorbehandlung eingesetzt werden. – Auf all diesen Gebieten wären weitergehende klinische Studien wünschenswert.

Es dauerte nicht lange, und ganze Legionen amerikanischer WissenschaftlerInnen konnten die ersten Erfolge beim Einsatz von Cannabis gegen Asthma, grünen Star, Anorexie, Tumore und Epilepsie verzeichnen; daneben bewährte es sich auch als Breitbandantibiotikum. Die Ergebnisse dieser Flut von Einzelstudien belegten die Wirksamkeit (oder zumindest eine günstige Beeinflussung des Krankheitsverlaufes) bei der Parkinsonschen Krankheit, bei Anorexie, bei multipler Sklerose und bei muskulärer Dystrophie (erblichem Muskelschwund). Diese und eine Unmenge eher nebensächlicher Ergebnisse führten zu weiteren klinischen Untersuchungen.

Bis zum Jahre 1976 verging kaum eine Woche, ohne daß medizinische Fachzeitschriften und die amerikanische Presse über neue therapeutische Anwendungen von Cannabis oder dessen positive Effekte berichtet hätten.

Der einhellige Appell einer wissenschaftlichen Tagung

Im November 1975 trafen anläßlich einer Tagung im Asilomar Konferenz-Zentrum in Pacific Grove, Kalifornien, fast alle Persönlichkeiten zusammen, die in der Marihuanaforschung und -diskussion der USA Rang und Namen hatten. Das Nationale Institut gegen Drogenmißbrauch (NIDA) förderte die Arbeitsgruppen, auf denen die bislang vorliegenden Erkenntnisse bilanziert werden sollten.

Nachdem die Arbeitsgruppen ihre Ergebnisse zusammengetragen hatten, gelangte die Konferenz angesichts der erarbeiteten Befunde zu der einhelligen Meinung, es sei dringend erforderlich, daß mit Steuermitteln der amerikanischen Bundesregierung die weitere Erforschung therapeutischer Anwendungsmöglichkeiten von Marihuana gefördert und ermöglicht werden müsse.

Ebenso wurde eine Aufklärungskampagne der Steuerzahler für notwendig erachtet. Es ging darum, klar zu machen, daß es im Interesse der öffentlichen Gesundheitsfürsorge gute Gründe für großangelegte Forschungsprojekte über Medikamente auf Cannabisbasis gebe. Offenbar gelangten so gut wie alle TagungsteilnehmerInnen zu dieser Ansicht. Nicht wenige, darunter Mechoulam, vermuteten sogar, daß Marihuana bis zur Mitte der 80er Jahre eine der weltweit bedeutendsten Heilpflanzen werden könnte.

Verbot der Marihuanaforschung

Dessen ungeachtet sorgte die Politik der US-Regierung schon 1976 für eine »Überraschung«: Als die interdisziplinären Forschungsprojekte schon fortgeschritten waren und zu Folgestudien geführt hatten, wurden die von der Bundesregierung unterstützten vielversprechenden Marihuanastudien kurzerhand eingestellt.

Diese plötzliche Kehrtwendung hat ihren Grund in einer erfolgreichen Petition der Pharmalobby. Sie hatte die Bundesregierung ersucht, die Marihuanaforschung finanziell und wissenschaftlich vollständig in eigener Regie durchführen zu dürfen.

Während des vorangegangenen Jahrzehnts hatte die Forschung ungeahnte therapeutische Einsatzmöglichkeiten für natürliches Cannabis erkennen lassen. Das gesamte Material wurde nun stillschweigend der Industrie übergeben. Dabei ging es natürlich weniger um das Gemeinwohl als vielmehr um die Gelegenheit, derartige Informationen zu unterdrücken.

Dieses Vorgehen, so behaupteten die Arzneimittelhersteller, würde es der Pharmaindustrie ermöglichen, nach einiger Zeit patentierbare synthetische Cannabiswirkstoffe auf den Markt zu bringen. Dem Staat würden dadurch keine Kosten entstehen; diese synthetischen Präparate würden darüber hinaus von jeglicher berauschenden Wirkung frei sein.

1976 verkündeten die Ford-Administration, das NIDA und das DEA, daß fortan keine unabhängigen (lies: von Universitäten durchgeführten) oder staatlichen Forschungsarbeiten über die medizinischen Verwendungsmöglichkeiten natürlicher Cannabisderivate mehr zugelassen würden.

Dieses Zugeständnis wurde gemacht, ohne daß die staatlichen Interessen an den Erträgen der industriellen Forschung irgendwie abgesichert gewesen wären. Die Pharmaindustrie konnte mit ihren Erkenntnissen ganz nach Gutdünken verfahren.

Gleichzeitig wurde das Spektrum der Forschungen stark eingegrenzt: Die industriellen Studien beschränkten sich ausschließlich auf das Delta-9-THC; Untersuchungen der berauschenden Wirkung blieben ebenso ausgeklammert wie die Untersuchung der restlichen 400 potentiell therapeutisch wirksamen Cannabis-Isomere.

Was hatte die Pharmaindustrie dazu veranlaßt, durch eine derartige Verschwörung die Kontrolle über die Marihuanaforschung zu erobern? Die staatlich geförderte Forschung der Jahre 1966 bis 1976 hatte in Hunderten von Studien eine Fülle von Beweisen dafür erbracht, daß selbst unbearbeitetes »natürliches« Cannabis für eine Vielzahl gesundheitlicher Probleme das »sicherste und beste Heilmittel« ist.

1988: DEA-Richter spricht Cannabis medizinischen Nutzen zu

Francis Young, ein dem DEA angehörender konservativer Verwaltungsrichter, hörte in einem von Aktivisten der Marihuanareform angestrengten Prozeß 15 Tage lang medizinische Gutachter an und beschäftigte sich mit Hunderten von Papieren, in denen DEA und NIDA die Argumente der Aktivisten zu widerlegen versuchten. Im September 1988 erging sein Urteil, daß es sich »bei Marihuana um eine der sichersten therapeutischen Substanzen handele, die der Menschheit bekannt sind«.

Diese schwerwiegenden Fakten hinderten jedoch DEA-Direktor John Lawn keineswegs daran, am 30. Dezember 1989 anzuordnen, daß Marihuana als Narkotikum ohne bekannten medizinischen Nutzen auf der schwarzen Liste zu verbleiben habe.

Wie die Profite der Pharmaindustrie geschützt werden

NORML, die High Times und das Omni-Magazin weisen im September 1982 darauf hin, daß Eli Lilly Co., Abbott Labs, Pfizer, Smith, Kline & French und andere Pharmaproduzenten im Falle der Legalisierung von Marihuana in den USA pro Jahr Verluste von einigen hundert Millionen oder gar Milliarden Dollar zu verzeichnen hätten; dazu kämen noch wesentlich höhere Gewinneinbußen in der Dritten Welt.[4]

In der Gesundheitsfürsorge wird der Bock zum Gärtner gemacht

Die Pharmaindustrie übernahm und finanzierte fortan sämtliche Forschungen zur Synthese von THC, CBD, CBN usw. und machte die Zusage, die Produkte erst dann zu vermarkten, wenn sichergestellt sei, daß sie keinerlei berauschende Wirkungen mehr hätten. Eli Lilly brachte zunächst Nabilone, später dann Marinol in den Handel – bei beiden Produkten handelt es sich um synthetische Delta-9-THC-Derivate zweiten Grades – und kündigte der Regierung weitere große Erfolge an.

Das Omni-Magazin berichtete 1982, im Vergleich zu echten, selbstgezogenen THC-reichen Cannabisblüten habe sich Nabilone neun Jahre nach seiner Markteinführung als praktisch wirkungslos erwiesen; darüber hinaus habe sich auch herausgestellt, daß Marinol nur bei 13 Prozent der PatientInnen den gewünschten Effekt zeige.

MarihuanakonsumentInnen lehnen einhellig Nabilone und Marinol ab. Warum? Um mit diesen Medikamenten die Wirkung einer einzigen Zigarette aus gutem Cannabis zu erzielen, muß ein drei- bis viermal stärkerer Rausch in Kauf genommen werden.

Das Omni-Magazin berichtet auch, daß die Pharmaindustrie trotz neun Jahren millionenschwerer Forschungen über den medizinischen Einsatz synthetischer Cannabiswirkstoffe »absolut erfolglos war« – obwohl schon unbearbeitetes, natürliches Cannabis ein »hervorragendes Heilmittel« ist, das sich gegen eine Vielzahl der unterschiedlichsten Krankheiten wirkungsvoll einsetzen läßt.

In diesem Zusammenhang legte das Omni-Magazin der Pharmaindustrie nahe, die Regierung im Interesse der öffentlichen Gesundheitsvorsorge um die Zulassung des Verkaufs »natürlicher Cannabisextrakte« zu ersuchen. Bis heute haben bezeichnenderweise weder die Regierung noch die Industrie auf diesen Vorschlag reagiert. Im Gegenteil: Die Regierung Reagan/Bush/Quayle verweigerte rigoros die Wiederaufnahme wirklicher (also von Universitäten betreuter) Cannabisforschung; einzig die unsinnige Suche der Pharmaindustrie nach synthetischen Derivaten wird weiterhin unterstützt.

Als Grund für die ausschließliche Legalisierung von synthetischem THC vermutet das Omni-Magazin (und wird darin von NORML und der High Times bestätigt) ein gemeinsames Interesse der Arzneimittelhersteller und der Regierung Reagan/Bush/Quayle: Natürliche und vergleichsweise einfach herzustellende Extrakte der über hundert Cannabiswirkstoffe ließen sich dann vermarkten, ohne daß die Pharmaindustrie sich dabei durch Patente und Monopole die üblichen immensen Gewinne sichern könnte.

Die unliebsame Konkurrenz eines Naturheilmittels soll ausgeschaltet werden

Eli Lilly, Pfizer und anderen Arzneimittelherstellern stünden beträchtliche Verluste ins Haus: gut ein Drittel ihrer profitablen Einkünfte aus dem Geschäft mit den Patenten auf Medikamente (wie beispielsweise Darvon). Außerdem müßten sie in ihren Tuinal- und Seconal-Produktlinien schwere Einbußen hinnehmen. Diesen und vielen anderen patentgeschützten Produkten wie Muskel- oder Brandsalben sowie einer Reihe anderer Präparate würde – wie der Forschung der Jahre 1966 bis 1976 bereits bekannt war – ein ernsthafter Konkurrent in Gestalt einer einfach anzubauenden Pflanze erwachsen: dem Indischen Hanf.

Ist es nicht merkwürdig, daß die amerikanischen Pharmahersteller und Apothekerverbände[5] nahezu die Hälfte der Gelder für die 4000 Organisationen vom Typ »Familien gegen Marihuana« aufbringen? Die andere Hälfte wird von Action (einem Zweig der VISTA auf Bundesebene) und den Tabak-, Likör- und Bierproduzenten wie Anhauser Busch, Coors, Philip Morris (oder auch als »öffentliche Dienstleistung« der diese vertretenden Werbeagenturen) bereitgestellt.

Die Vergiftung der Dritten Welt

El Tiempo, die in Bogotá erscheinende bedeutendste Zeitschrift Kolumbiens, berichtete im Jahre 1983, daß sich genau die Pharmahersteller, die in den USA federführend an dem Antimarihuanakreuzzug beteiligt sind, außerhalb der USA mit einer als »Product-Dumping« bekannten Marktstrategie hervortäten. »Sie versorgen die Märkte von Kolumbien, Mexiko, Panama, Chile, El Salvador, Honduras und Nicaragua ganz offiziell mit über 150 verschiedenen illegalen – und gefährlichen – Präparaten.« Weder die US-Regierung noch die Pharmaindustrie nahmen öffentlich von dieser Meldung Kenntnis.

In der Dritten Welt werden alljährlich über eine halbe Million Menschen mit Medikamenten und Pestiziden amerikanischer Herkunft vergiftet, die in den USA selbst nicht mehr zugelassen sind.

Einige dieser Präparate wurden in den USA und in Europa vom FDA beziehungsweise von den entsprechenden europäischen Institutionen bereits vom Markt gezogen, weil sie Stoffwechselstörungen, Mißbildungen und Krebs hervorrufen. Aber ahnungslosen, des Lesens und Schreibens unkundigen Menschen werden sie gleichwohl weiter über den Ladentisch verkauft.

Die Weltgesundheitsorganisation bestätigt diese Meldung mit einer eher zurückhaltenden Schätzung: Danach werden in den Ländern der Dritten Welt alljährlich über

Ein Schlag unter die Gürtellinie

Nach zwanzig Jahren Forschung überwarf sich der kalifornische Forschungsbeirat (RAP) mit dem Büro des Generalstaatsanwaltes und trat für die Re-Legalisierung von Cannabis ein.

»Es läßt sich nicht begründen, warum die Politik und die Gesetzgebung, die hinsichtlich der Verhütung der durch Drogenmißbrauch entstehenden persönlichen und gesellschaftlichen Schäden ganz offensichtlich ihre Ziele verfehlt haben, fortgeführt oder gar verschärft werden sollten.« Mit diesen Worten umriß der stellvertretende Vorsitzende des RAP, Frederick Mayers, M.D., mit Einverständnis seiner Mitarbeiter in einem offenen Brief die Position des Beirates. Zuvor hatte der Generalstaatsanwalt die Veröffentlichung eines Forschungsberichtes des RAP verhindert; die Gruppe hatte sich daraufhin entschlossen, mit ihren Ergebnissen auf eigene Kosten an die Öffentlichkeit zu treten.

Diese neue Position bedeutete eine vollständige Kehrtwendung in der langen Geschichte des RAP und seiner Ablehnung der medizinischen Cannabisanwendungen. Die Vorgeschichte dieses Gesinnungswandels erlaubt einen genaueren Blick auf die bisherigen Praktiken des RAP.

Edward P. O'Brien Jr., der vom Generalstaatsanwalt ernannte erste Vorsitzende des RAP, teilt in dieser Frage keineswegs die Ansichten seiner Mitarbeiter. Aufgrund seines Einflusses war es ihm jahrelang möglich, die Arbeit des Forschungsbeirates zu dominieren und die ihm nicht genehmen Forschungsprogramme äußerst rigide zu verhindern. Daß das Anwendungsspektrum von Cannabispräparaten praktisch auf die Behandlung von Übelkeit und Erbrechen (wie sie etwa als Nebenwirkungen der Chemotherapie bei Krebs auftreten können) reduziert wird, geht wesentlich auf seine Aktivitäten zurück.

Unter dem Vorsitz von O'Brien hatte der RAP seinen Einfluß dazu genutzt, das *Compassionate-Marijuana-Programm* (das Gesetz, das die kontrollierte legale Abgabe von Cannabis für medizinische Zwecke regelte) systematisch zu unterlaufen. Die Untersuchung weitergehender Anwendungsmöglichkeiten bei der Schmerzbehandlung, bei spastischen Nervenerkrankungen und vieler anderer Bereiche wurde strikt verweigert – obgleich seit langer Zeit bekannt ist, daß Cannabis bei der Behandlung von durch Gefäßverengungen oder Migräne bedingten Kopfschmerzen äußerst erfolgreich eingesetzt werden kann (Osler, 1916; O'Shaugnessey, 1839).

Ein charakteristischer Effekt von Cannabis ist die Förderung der Hirnhautdurchblutung; die geröteten Augen der Marihuanaraucher sind nur eine äußerlich sichtbare Nebenerscheinung dieser Wirkung.

Im Gegensatz zu anderen Drogen und Medikamenten läßt sich bei Cannabis – abgesehen von einer anfänglichen leichten Erhöhung des Herzrhythmus – allerdings kein weiterer Einfluß auf das Gefäßsystem nachweisen.

Der RAP hatte stets synthetischen Delta-9-THC-Präparaten den Vorzug vor dem Cannabisrauchen gegeben, obwohl dem Ministerium für Ernährung und Gesundheit Berichte vorliegen, denen zufolge in vergleichenden Studien mit unverarbeitetem Cannabis sehr gute Erfolge erzielt worden sind.

Diese Berichte wurden weder in den Gutachten für die Regierung noch in den Gutachten in dem Prozeß NORML gegen DEA ausreichend gewürdigt.

Hinweise auf solche Studien finden sich lediglich an versteckter Stelle im Anhang der Gutachten; zudem sind die Gutachten im gesamten Staat Kalifornien nur an vier Orten zugänglich!

Am 30. September 1989 schlief das medizinische *Compassionate-Marijuana-Programm* sang- und klanglos ein. Man hatte behauptet, die geringe Anzahl der behandelten Patienten hätte eine weitere Fortsetzung des Programms nicht gerechtfertigt.

eine halbe Million Menschen mit Medikamenten und Pestiziden US-amerikanischer Herkunft vergiftet – Erzeugnissen, die wegen ihrer gefährlichen Wirkungen in den USA nicht mehr zum Verkauf zugelassen sind.[6]

Die Vernichtung der öffentlich zugänglichen Dokumentationen

Bislang wurden mehr als 10 000 Studien über Cannabis durchgeführt, davon 4 000 in den USA. Nur ein knappes Dutzend dieser Studien, die übrigens nicht weitergeführt wurden, kam zu negativen Ergebnissen. Die Regierung Reagan/Bush streckte im September 1983 zunächst vorsichtig die Fühler aus, um zu erkunden, ob sich nicht die Beseitigung sämtlicher in Universitäten und Bibliotheken befindlicher Materialien und Protokolle der Forschung aus den Jahren 1966 bis 1976 bewerkstelligen ließe.

WissenschaftlerInnen und MitarbeiterInnen der Universitäten fanden diesen beispiellosen Anlauf zu einer staatlichen Zensur dermaßen lächerlich, daß man – vorläufig – von dem Vorhaben absah.

Allerdings ist seither eine beträchtliche Menge Material spurlos verschwunden; darunter auch das Original des vom US-Landwirtschaftsministerium (USDA) produzierten Pro-Marihuana-Films »Hanf für den Sieg«. Aber was weit schwerer wiegt: Bis in das Jahr 1958 zurück wurden selbst die beiläufigsten Erwähnungen dieses Films aus den offiziellen Dokumentationen getilgt; sie mußten unseren staatlichen Archiven erst in mühevoller Kleinarbeit wieder zugänglich gemacht werden. Auch Exemplare des vom USDA herausgegebenen Bulletins 404 sind nicht mehr auffindbar.

Es stellt sich die Frage, wieviel Wissen und wieviele unersetzliche Materialien inzwischen das gleiche Schicksal erlitten haben.

7 Was mit Cannabis alles zu kurieren ist

Im folgenden lesen Sie, welcher Gewinn es für uns alle wäre, wenn das Urteil und die Wünsche von ÄrztInnen und PatientInnen endlich wieder Gehör fänden und respektiert würden.

Cannabis enthält mindestens 60 Substanzen, die als wirksame Bestandteile von Medikamenten und Naturheilmitteln gelten. Am bekanntesten ist die Substanz THC; der Erfolg einer Cannabistherapie hängt direkt von der THC-Konzentration der verwendeten Pflanzen ab. Die jüngsten Berichte des DEA bilden deshalb genau genommen einen bedeutenden medizinischen Fortschritt. Es ist wirklich unfaßbar, daß die Regierung mit eben diesen Berichten für höhere Etats für die Cannabisbekämpfung und schärfere Strafen eintritt.

Vorweg möchte ich allerdings eine Warnung aussprechen. Von ärztlicher Seite wird zu Recht darauf hingewiesen, daß auch Cannabis unangenehme Nebenwirkungen haben kann – wie alle Medikamente. Allerdings reagieren nur wenige Menschen negativ oder allergisch auf Marihuana. PatientInnen mit Herzerkrankungen bilden eine solche Problemgruppe, obwohl Cannabis im allgemeinen streßabbauend wirkt, die Arterien erweitert und den diastolischen Blutdruck senkt. Vereinzelt können durch die Anwendung von Cannabis ein beschleunigter Herzrhythmus und Angstzustände auftreten; unter diesen Umständen ist unbedingt von der Verwendung abzusehen. PatientInnen mit Bronchialasthma bringt Cannabis gewöhnlich eine spürbare Erleichterung; bei wenigen kann es jedoch eine zusätzliche Reizung auslösen. Für die überwiegende Mehrzahl der Menschen hat sich Cannabis allerdings in vielen hundert therapeutischen Anwendungen als hilfreich erwiesen. Zu diesen Anwendungen zählen:

1. Asthma

Über 15 Millionen AmerikanerInnen leiden unter Asthma. Das Rauchen von Cannabis (also der »unverarbeiteten Droge«, wie es die AMA nennt) könnte über 80 Prozent der Betroffenen helfen und über die Wirkung der gängigen, legalen toxischen Antiasthmatika (darunter das bei Kindern angewandte Theophyline) hinaus die statistische Lebenserwartung aller AstmathikerInnen um insgesamt 30 bis 60 Millionen Jahre verlängern.

»Es ist bekannt, daß ein guter Zug Marihuana einen typischen Asthmaanfall stoppen kann.«[1] Die Anwendung von Cannabis gegen Asthma läßt sich über Jahrtausende in der Literatur zurückverfolgen. Im vergangenen Jahrhundert wagten es amerikanische Ärzte, in medizinischen Fachzeitschriften zu behaupten, daß unter Asthma leidende Menschen in aller Welt ihr Leben lang den Indischen Hanf »für seine Wohltaten« segnen würden.

Heutzutage wird keinem Menschen in den USA der Erwerb von Cannabis zur Bekämpfung von Asthma gestattet.[2]

2. Grüner Star

In den USA entstehen 14 Prozent aller Fälle von Erblindung durch den grünen Star – einen fortschreitenden Verlust des Sehvermögens durch erhöhten Augeninnendruck. 90 Prozent von den 2 500 000 US-amerikanischen Opfern des grünen Stars wäre mit Cannabis zu helfen; es hat verglichen mit den herkömmlichen Medikamenten zur Reduzierung des Augeninnendrucks die doppelte bis dreifache Effektivität. Außerdem hat Cannabis keine schädlichen Nebenwirkungen auf Leber und Nieren, und es besteht nicht die Gefahr plötzlicher Todesfälle, wie sie bei den legalen Präparaten der Pharmaindustrie wiederholt aufgetreten sind. Die meisten kalifornischen AugenärztInnen geben den diskreten Rat, sich doch zusätzlich zu den toxischen legalen Medikamenten »auf der Straße« illegales Marihuana zu beschaffen – zumal sich damit die Gefahren der Behandlung erheblich herabsetzen lassen.[3]

3. Tumore

Ein Tumor ist eine Wucherung des Gewebes. Studien am Medical College of Virginia kamen zu dem Ergebnis, daß sich mit Cannabis ungeahnte Erfolge bei der Eindämmung vieler gutartiger Tumore und bösartiger Krebsgeschwülste erzielen lassen.

Das DEA hatte diese Studien im Einvernehmen mit anderen Bundesbehörden in Auftrag gegeben, nachdem Gerüchte über möglicherweise durch Marihuanakonsum hervorgerufene Schädigungen des Immunsystems laut wurden. Im Jahr 1975 erwiesen sich diese Gerüchte schließlich als gegenstandslos; die Forschungen führten sogar zu einem ganz offenkundigen medizinischen Durchbruch bei der Tumorbehandlung. Daraufhin ordneten das DEA und das National Institute of Health umgehend an, daß allen weitergehenden Forschungsansätzen über die Tumorbehandlung mit Cannabis sowie der Veröffentlichung diesbezüglicher Forschungsberichte unverzüglich die finanziellen Mittel zu entziehen seien.[4]

4. Antibrechmittel (bei Seekrankheit und bei der Chemotherapie von Aids- und Krebskranken)

Mit einer Chemotherapie läßt sich der Krankheitsverlauf bei Krebs und Aids günstig beeinflussen; die dabei leider regelmäßig auftretende Übelkeit zählt zu den unangenehmen Nebenwirkungen dieser Behandlungsmethode. »Mit Marihuana läßt sich die Übelkeit während einer Krebs-Chemotherapie unzweifelhaft am besten in den Griff bekommen.« Dieser Ansicht ist jedenfalls Dr. Thomas Ungerlieder, der von 1979 bis 1984 die kalifornischen Studien über die Anwendung von Marihuana bei Krebserkrankungen leitete. Das gleiche gilt selbstverständlich auch für die AIDS-Chemotherapie; selbst bei See- bzw. Luft- oder Fliegerkrankheit läßt sich der nervöse Magen mit Cannabis beruhigen. Die herkömmlichen Antibrechmittel werden von der Pharmaindustrie in der Regel in Tablettenform auf den Markt gebracht; bei dieser Art der Verabreichung werden sie nicht selten unmittelbar nach der Einnahme wieder erbrochen. Cannabis hingegen wird üblicherweise in Zigaretten gedreht und geraucht; die mit dem Rauch inhalierten Wirkstoffe verbleiben im Körper und können ihre Wirkung selbst dann noch entfalten, wenn das Erbrechen zunächst andauert.

Während der zehn Jahre, in denen in Kalifornien das gesetzlich abgesicherte *Compassionate-Marijuana-Programm* lief, verhinderte George Deukmejian sowohl als Generalstaatsanwalt wie auch später als Gouverneur praktisch jede Vergabe von Cannabis an sterbende KrebspatientInnen – ohne Rücksicht auf deren Leiden.

John van DeKamp, sein Nachfolger im Amt des Generalstaatsanwaltes, fuhr damit fort, die PatientInnen, die aus medizinischen Gründen Cannabis brauchten, zu quälen und den Marihuanaanbau zu bestrafen. Er sperrte sich dagegen, sich mit der Geschichte medizinischer Cannabisanwendungen auch nur zu beschäftigen und lehnte es während einer Talk-Show im August 1983 sogar ab, ein Exemplar der Studie *Marijuana as Medicine* entgegenzunehmen.

5. Epilepsie, multiple Sklerose, Rückenschmerzen und Muskelkrämpfe

Bei 60 Prozent aller Epilepsien zeigt Cannabis eine positive Wirkung. Man kann mit Bestimmtheit sagen, daß es bei sehr vielen (wenn auch nicht allen) Formen der Epilepsie das beste Heilmittel ist; außerdem vermag Cannabis die nach einem Anfall auftretenden mentalen Traumata zu mildern. Cannabisextrakt wirkt besser als das gemeinhin als Antiepileptikum verschriebene Dilantin, das überdies zu gefährlichen Nebenwirkungen führen kann. Die Medical World News berichteten 1971: »Marihuana (...) ist vermutlich das wirkungsvollste, der Medizin gegenwärtig bekannte Antiepileptikum.«[5]

Die bei CannabisraucherInnen beobachteten epileptischen Anfälle waren längst nicht so heftig wie die der PatientInnen, die mit herkömmlichen Medikamenten behandelt wurden. Auch bei Menschen, die an multipler Sklerose erkrankt waren, ließ sich nach der Einnahme von Cannabis eine erhebliche Minderung der typischen nervösen Symptome (Muskelschwäche, Zittern) feststellen.

Schließlich ist Cannabis das denkbar beste morphinfreie

Das entschiedene Vorgehen eines Betroffenen

Daß in Kalifornien ein Gesetz verabschiedet wurde, das die medizinische Anwendung von Marihuana in bestimmten Fällen zuläßt, ist nicht zuletzt dem persönlichen Einsatz eines Mannes und dem von ihm vorgebrachten Zeugnis zu verdanken.

Patric Mayers verdankt sein Leben den strafbaren Ratschlägen seiner Ärzte, die ihm 1976 nahelegten, seine durch eine Chemotherapie verursachte Übelkeit mit Marihuana zu behandeln.

Damals wog Mayers nur noch knapp 43 Kilogramm. Das Marihuanarauchen linderte die Symptome seiner Übelkeit und regte auch wieder seinen Appetit an.

Wäre dieser lebensrettende Effekt von Cannabis in einem Laboratorium synthetisch entwickelt worden: die medizinischen Fachzeitschriften in aller Welt wären über diese wahrhaft nobelpreisverdächtige Entdeckung des Lobes voll gewesen. Aber weil dem nicht so ist und weil sich aus einem Naturheilverfahren kaum Kapital schlagen läßt, wird es totgeschwiegen.

Mayers erhielt kostenlos die »besten Blütenspitzen von Thai-Gras«; dafür sorgten Marihuanadealer und Studenten der San Francisco Law School, die Mayers besuchte, als er 1975 an Krebs erkrankte.

1981, er lebte inzwischen genesen und glücklich verheiratet in Los Angeles, mußte Mayers schockiert zur Kenntnis nehmen, daß der Generalstaatsanwalt die Versorgung der Krebspatienten mit Marihuana verweigerte, obwohl er eigentlich die legale Weitergabe von Marihuana aus staatlich kontrolliertem Anbau und aus polizeilich beschlagnahmten Beständen an Ärzte oder Sterbende gestatten durfte.

Nach einem Jahr wandte sich Mayers zornig an die Los Angeles Times und andere Medien sowie an Willie Brown, den Sprecher des kalifornischen Repräsentantenhauses, um die Durchführung des 1979 erlassenen kalifornischen Marihuanagesetzes einzufordern.

Während der folgenden Monate wurde den Möglichkeiten dieses Gesetzes zwar stattgegeben; doch dann kehrte die Politik wieder zu ihrer alten Praxis zurück. Wiederum war es kaum möglich, Marihuana für medizinische Anwendungen zu erhalten. Das im Ansatz gut gedachte Compassionate-Marijuana-Programm, das zehn Jahre lang angefeindet wurde, schlief schließlich ganz von alleine ein.

Marihuana, Medizin und engstirnige Juristen

Von 1979 bis 1989 gab es in Kalifornien unter der Bezeichnung Compassionate-Marijuana-Programm ein Gesetz, das die legale Verabreichung von Marihuana für medizinische Zwecke sicherstellen sollte. In einer ganzen Reihe von Bundesstaaten gibt es inzwischen besondere Cannabisprogramme, die von ausgewählten Ärzten betreut werden. (Vgl. z.B. die Los Angeles Times, 1982). In Kalifornien wurde das Compassionate-Marijuana-Programm allerdings nicht dem Gesundheitsministerium unterstellt, sondern dem Generalstaatsanwalt – der höchsten Strafverfolgungsbehörde.

Soweit wir informiert sind, hat kein Mensch in Kalifornien jemals Cannabis zur Behandlung von grünem Star erhalten, obwohl die versuchsweise medizinische Verwendung von Cannabis zehn Jahre lang auf staatlicher Ebene gesetzlich zugelassen war. Abgesehen vielleicht von der Behandlung von Übelkeit als Begleiterscheinung einer Chemotherapie dürfte Cannabis aufgrund der Bundespolitik in der Medizin kaum eingesetzt worden sein.

Als Generalstaatsanwalt und später als Gouverneur behinderte George Deukmeijan vorsätzlich die Versuche von ÄrztInnen und WissenschaftlerInnen, an das ihnen rechtmäßig zustehende Cannabis zu gelangen; er weigerte sich schlicht, das von der kalifornischen Gesetzgebung vorgesehene Cannabisprogramm durchzuführen. Als die staatliche Genehmigung der Vergabe von Cannabis für medizinische Zwecke im Juli 1989 abgelaufen war, hatte kaum jemand die Vorzüge des Cannabisprogramms kennengelernt – und kein Parlamentarier verschwendete auch nur einen Gedanken an dessen Fortführung.

Gleichzeitig hatte die Bundesregierung seit 1976 nichts mehr unternommen, um die inzwischen von 30 Bundesstaaten (gegen den Willen der Regierung und des DEA) verabschiedeten Marihuanagesetze zu koordinieren. Und was weit schlimmer ist: Die Bundesregierung genehmigte böswilligerweise den an derartigen Programmen beteiligten ÄrztInnen und PatientInnen nur das schlechteste, ungenießbarste und therapeutisch wirkungsloseste Marihuana, nämlich die bloßen Blätter der Pflanze.

Die therapeutisch nutzbaren Heilstoffe sind in den Blütenspitzen konzentriert. Die Schwarzmarktpreise für erstklassiges »Gras« liegen heute zwischen 200 und 400 Dollar pro Unze (etwa 28 Gramm). Als im Jahre 1937 die Marihuanasteuer eingeführt wurde, war die Unze Cannabis (was die AMA als »unverarbeitete Droge« bezeichnet) im Drugstore für einen Dollar zu haben.

Antispasmodikum: Als Zigaretten geraucht oder als Kräuterpackung angewandt, zeigt es – etwa bei Schmerzen durch Verspannungen der Rückenmuskulatur – eine hervorragende entkrampfende Wirkung.[6]

6. Antibiotische/antibakterielle Wirkung von CBD

Aus jungen, noch nicht erblühten Pflanzen lassen sich Cannabidiolsäuren (CBD) gewinnen. Diese Stoffe können als Antibiotika – etwa zur Behandlung von Tripper – eingesetzt werden; bei einer 1990 in Florida durchgeführten Studie wurden mit CBDs auch Erfolge bei der Behandlung von Herpes erzielt.

Cannabidiole sind die Säure-Pendants des Tetrahydrocannabinol; der CBD-Gehalt einer Pflanze ist umgekehrt proportional zu ihrem Gehalt an THC. Es dürfte auf diesen Umstand zurückzuführen sein, daß CBD den Prohibitionsaposteln vergleichsweise genehm ist: Schließlich macht es nicht »high«. Bei nahezu allen Erkrankungen und Infektionen, die sich auch mit Teramycin behandeln ließen, zeigten Cannabisderivate in tschechischen Studien der Jahre 1952 bis 1955 wesentlich bessere Ergebnisse.[7] In der ehemaligen ČSSR wurden noch 1989 Forschungsberichte über landwirtschaftliche Anbauverfahren von cannabidiolreichem Hanf veröffentlicht.[8]

7. Arthritis, Herpes, zystische Fibrose und Rheumatismus

Cannabis ist ein lokales Analgetikum.[9] Bis zum Jahr 1937 bestanden nahezu sämtliche Hühneraugenpflaster, Senfpflaster, Muskelsalben und Rheumapackungen in erster Linie aus Cannabisauszügen. In Südamerika war es bis in die 60er Jahre üblich, Rheumatismus mit den Blättern und/oder Blütenspitzen des Hanfs zu behandeln, die in Wasser oder Alkohol erhitzt und anschließend auf die schmerzenden Gelenke gelegt wurden. Diese Art der Kräutermedizin wird in den ländlichen Gebieten von Mexiko, Mittel- und Südamerika sowie bei den südamerikanischen Bewohnern Kaliforniens bis auf den heutigen Tag bei schmerzhaften Gelenkentzündungen gern angewandt.

In einer Studie der University of South Florida konnte 1990 nachgewiesen werden, daß Herpesviren abgetötet werden, wenn sie mit THC in Berührung kommen. Dr. Gerald Lancz, der diese Testreihe durchführte, machte allerdings darauf aufmerksam, daß sich Herpes nicht durch das Rauchen von Marihuana heilen lasse. Immerhin gibt es eine Reihe (unbestätigter) Berichte, nach denen die örtliche Anwendung einer Paste aus alkoholgetränkten THC-reichen jungen Blattspitzen nach dem Ausbruch von Herpes eine schnellere Austrocknung und Abheilung der befallenen Hautpartien bewirken soll.

8. Reinigung der Lungen und Sekretlösung

Cannabis ist der beste natürliche Schleimlöser, mit dem sich die Lungen von den durch Smog, Staub und Tabak aufgenommenen Schadstoffen befreien lassen.

Marihuana bewirkt eine deutliche Erweiterung der Bronchien und ermöglicht so eine erhöhte Aufnahme von Sauerstoff. Den gleichen Effekt hat es auf die Bronchiolen, den feinsten Verzweigungen der Bronchien, in denen die Atemluft unmittelbar zu den Lungenbläschen geleitet wird. Damit ist es für 80 Prozent aller betroffenen Menschen das beste bronchialerweiternde Medikament (bei 20 Prozent kommt es mitunter zu geringfügigen Nebenwirkungen).[10]

Vergleichende Statistiken belegen, daß TabakraucherInnen für gewöhnlich einen besseren Gesundheitszustand aufweisen und eine höhere Lebenserwartung haben, wenn sie gelegentlich und in Maßen Cannabis rauchen.[11]

Millionen AmerikanerInnen haben mittlerweile das Rauchen aufgegeben und ziehen Cannabis dem Tabak vor – keine gute Nachricht für die mächtige Tabaklobby um Senator Jesse Helms und seine Gefolgsleute. Einer Klausel der amerikanischen Tabakgesetze der Jahrhundertwende zufolge darf industriell hergestellter Rauchtabak mit 400 bis 6 000 chemischen Zusatzstoffen versetzt werden. Welche dieser Zusatzstoffe sich in einer gewöhnlichen Zigarette befinden, wird seither geflissentlich verschwiegen; die Öffentlichkeit scheint kein Recht darauf zu haben, dies zu erfahren.

Nicht wenige SportlerInnen nutzen beim Waldlauf und beim Marathon den lungenreinigenden Effekt von Cannabis: Eine freie Lunge bedeutet bessere Kondition und größere Ausdauer.

Es ist ganz offensichtlich, daß Cannabis den zu Outlaws gemachten amerikanischen MarihuanaraucherInnen ein oder zwei zusätzliche Lebensjahre schenkt. Sie gehen dafür nur ein paar geringfügige Risiken ein: den Verlust ihrer Freiheit, ihrer Rechte, ihres Eigentums oder ihrer Kinder. Und all das, weil sie sich der sichersten aller Substanzen bedienen: des Cannabis.

9. Schlaf und Entspannung

Cannabis erweitert die Arterien, dadurch wird der Blutdruck gesenkt und die Körpertemperatur um durchschnittlich 0,5 Grad verringert; auf diese Weise wirkt es streßabbauend. Wer abends Cannabis raucht, erfreut sich in der Regel eines erholsamen Schlafes.

Die meisten Menschen können sich unter dem Einfluß von Cannabis wesentlich tiefer entspannen; verglichen mit den Wirkungen der verschreibungspflichtigen Ein- und Durchschlafmittel läßt sich bei Cannabis die im Schlaf höchstmögliche Aktivität der für Entspannungszustände typischen Alpha-Wellen feststellen.

Bei den verschreibungspflichtigen Schlafmitteln, den sogenannten »legalen, sicheren und nützlichen« Drogen, handelt es sich meist um synthetisch hergestellte Wirkstoffe wahrhaft gefährlicher Pflanzen – etwa Mandragorawurzel (Alraune), Bilsenkraut und Tollkirsche. Und wie wir neuerdings der Presse entnehmen können, bekämpfen Ärzte,

Apotheker und die Pharmaindustrie energisch neue Gesetze, durch die die Verwendung dieser oft mißbrauchten Substanzen eingeschränkt werden soll.[12]

Im Gegensatz zu Valium verstärkt Cannabis nicht die Wirkung von Alkohol. Man vermutet, daß Cannabis mehr als die Hälfte der Beruhigungsmittel wie Valium, Librium, Thorazine, Stelazine usw. und die meisten Schlafmittel ersetzen könnte.

Daß sich zigtausend Eltern in den vergangenen beiden Jahrzehnten an ihren 11- bis 17jährigen Kindern schuldig gemacht haben, dürfen wir nicht einfach mit Schweigen übergehen: Auf Empfehlung von Elterngruppen, der Regierung und der vom Staat finanzkräftig unterstützten Rehabilitationszentren wurden den Kindern starke Dosen solcher Beruhigungsmittel verabreicht, bloß um sie vom Marihuanakonsum abzubringen.

Keine Frage, daß die Beruhigungsmittel oft den erwünschten Erfolg zeigten. Die Kinder interessierten sich nicht mehr für Cannabis. Aber sie interessierten sich anschließend genausowenig für ihre Lieblingstiere, – und die Chance, daß sie nach einem solchen »Entzug« für den Rest ihres Lebens unter unkontrollierbaren Zitteranfällen leiden, steht eins zu vier.[13]

Hunderte privater Rehabilitationszentren und deren Vorstände setzen trotzdem weiter auf diese Praxis und führen den Medien gegenüber gern die unglaubwürdigen Forschungsberichte des NIDA und des DEA an (vgl. auch Kapitel 16). Aus der Vermarktung ihrer unsinnigen und obendrein gefährlichen »Marihuanatherapie« für Kinder ziehen sie saftige Profite.

Damit nicht genug: Wer sich nach solchen »behördlich genehmigten Trips« wieder dem Marihuana zuwendet, gilt als »rückfällig«. Dies ist nichts anderes als Gesinnungsschnüffelei und der Versuch, den freien Willen eines Individuums zu unterdrücken.

10. Behandlung von Lungenemphysemen

Die medizinische Forschung belegt, daß schon sehr maßvolles Cannabisrauchen den meisten PatientInnen mit Lungenemphysemen – dies sind überdehnte und abgestorbene Partien der Lunge, zu denen es etwa nach langjähriger chronischer Bronchitis kommt – Linderung bringen würde. Die Lebensqualität von Millionen Betroffener könnte so verbessert, ihre Lebenserwartung erhöht werden.

Die US-Regierung und das DEA hatten auch dazu (seit 1976) eine andere Meinung. Ihrer Ansicht nach spricht der

Umstand, daß die Anwendung von Cannabis normalerweise mit einem »High« verbunden ist, für ein Verbot dieser Behandlungsmethode. Die Frage, wieviele Lebensjahre gewonnen und Menschenleben gerettet werden könnten, spielt bei ihrer Entscheidung offenbar keine Rolle. Ebenfalls keine Rolle spielt die Tatsache, daß über 60 Millionen AmerikanerInnen bereits Erfahrungen mit Marihuana gemacht haben und daß 25 bis 30 Millionen es regelmäßig zur Entspannung rauchen oder sich damit täglich auf höchst verantwortungsvolle Weise selbst therapieren, ohne daß je auch nur ein einziger Mensch durch eine Überdosis zu Tode gekommen wäre.

Alle Untersuchungen des Sauerstofftransportes im Blutkreislauf weisen darauf hin, daß sich Symptome wie Brust-, Lungen-, Glieder- und Kopfschmerzen und die bei stärkerem Smog häufig auftretende Kurzatmigkeit nach dem Genuß von ein wenig Cannabis für einen ganzen Tag deutlich bessern. (Durch stärkeren Marihuanakonsum wird die Wirkung übrigens nicht gesteigert.)

Dr. Donald Tashkin, der führende Experte der amerikanischen Regierung auf dem Gebiet der Lungenmedizin, teilte uns im Dezember 1989 mit, daß Cannabisrauchen keinesfalls zu Emphysemen oder der Vergrößerung bereits vorhandener Emphyseme führen kann.[14]

11. Erleichterung bei Streß und Migräne

Das Wichtigste zuerst: Cannabis hilft vorzüglich gegen die Todesursache Nummer eins – den Streß. Für Millionen von AmerikanerInnen wäre es ein sicherer Ersatz für Valium, Librium oder für Alkohol.

Die Wirkung von Cannabis hängt zwar stark von den psychischen und sozialen Voraussetzungen der KonsumentInnen ab; »die häufigste Reaktion« ist allerdings »ein ruhiger, leicht euphorischer Zustand, in dem die Zeit langsamer zu vergehen scheint und die Empfindung für Licht, Geräusche und Berührungen gesteigert ist«.[15]

Zwischen der sicheren, heilsamen Wirkung von Marihuana und den Effekten der Benzodiazepine (Valium usw.) ist ein himmelweiter Unterschied. Der Mißbrauch dieser Medikamente bildet mit Abstand das größte Drogenproblem Amerikas; diese Beruhigungsmittel führen in den USA häufiger zu Einlieferungen in die Intensivstationen als der gesamte Komplex des Kokain-, Morphium- und Heroinmißbrauchs.[16]

Während Tabak die Arterien verengt, werden sie von Cannabis erweitert. Und weil Migräne aus krampfhaften

Verengungen der Arterien bei gleichzeitiger übermäßiger Entspannung der Venen entsteht, lassen die gefäßerweiternden Effekte, mit denen Cannabis auch auf die Hirnhaut einwirkt, einen Migräneanfall für gewöhnlich abklingen.

Eine deutlich sichtbare Nebenwirkung dieser Effekte sind übrigens die sprichwörtlichen roten Augen der CannabisraucherInnen – die Augen sind, funktionell betrachtet, in der Tat »Ausstülpungen« des Gehirns. Darüber hinaus lassen sich bei Cannabis im Gegensatz zu den meisten anderen Drogen und Medikamenten keine weitergehenden Auswirkungen auf das Gefäßsystem nachweisen – abgesehen vielleicht von einer leichten Beschleunigung des Herzrhythmus zu Beginn des Rausches.

12. Appetitanreger

Den meisten MarihuanakonsumentInnen dürfte der »Freßtrip« bekannt sein. Diese freilich nicht immer auftretende Stimulation des Appetits macht Cannabis in vielen Fällen zu einem hervorragenden Mittel gegen Anorexie – eine Appetitlosigkeit, die zu lebensbedrohlichen Mangelerscheinungen führen kann.

Hunderttausende AmerikanerInnen leiden unter Anorexie; vornehmlich sind es ältere Menschen oder die PatientInnen von Sanatorien und Krankenhäusern. Der Mehrzahl dieser Menschen könnte mit Cannabis geholfen werden. Und doch verweigert die Regierung ihnen ein gesünderes Leben und zieht es vor, ihre Anti-Cannabispolitik mit Polizeigewalt durchzusetzen.

Der appetitstimulierende Effekt von Cannabis könnte auch das Leben derer verlängern helfen, die an Bauchspeicheldrüsenkrebs leiden; um länger zu leben, müssen sie besonders viel essen. Das DEA und die Bundesregierung haben allerdings seit 1976 untersagt, Cannabis zur Behandlung dieser Krankheit zu verabreichen. Die Forschungen zu dieser Frage sind ebenfalls blockiert worden.

Zehntausenden Menschen wird so das Recht verweigert, ihr Leben trotz schwerer Krankheit etwas zu normalisieren. Nach dem Buchstaben des Gesetzes bleibt ihnen nur ein Siechtum bis zum Tod.

13. Verringerung des Speichelflusses

Wer jemals Marihuana geraucht hat, kennt die eher unangenehme Begleiterscheinung, nämlich den trockenen Mund. Sogar dieser Effekt ließe sich in der zahnmedizinischen Praxis nutzbar machen.

Die kanadische Zahnärztekammer berichtet über Studien aus den 70er Jahren, wonach Cannabis die speichel-

Und was sagt das Feldhandbuch der amerikanischen Armee zum Thema »Cannabis«?

Im »Merck Manual«, dem vom US-Militär bei Einsätzen verwendeten medizinischen Handbuch, heißt es:

»Dauerhafte oder zeitweise Anwendung von Cannabis oder daraus gewonnener Substanzen führt zwar wegen des Verlangens nach dem gewünschten Effekt zu einem gewissen Grad psychischer Abhängigkeit, aber nicht zu körperlicher Sucht; es kommt zu keinerlei Entzugserscheinungen, wenn die Droge abgesetzt wird.

Bei gelegentlichem, aber regelmäßigem Konsum von Cannabis über längere Zeit lassen sich keine sozialen oder psychischen Verhaltensstörungen beobachten. Die meisten Konsumenten sind in diesem Sinne auch nicht ›abhängig‹.

Viele Behauptungen über ernstzunehmende biologische Schädigungen lassen sich mit heutigen Erkenntnissen nicht bestätigen; dies gilt allerdings nicht in jedem einzelnen Fall. Auch wenn wir die ›neuen‹ Gefahren des Marihuanakonsums bedenken, muß gesagt werden, daß selbst bei ziemlich starkem Konsum körperliche Schädigungen bislang kaum bekannt geworden sind. Dies gilt ebenfalls für diejenigen Bereiche, in denen bereits eingehende Studien durchgeführt wurden – etwa die Lungen- und Immunfunktionen und die Funktion der Sexualorgane.

Das derzeit in den USA gebräuchliche Marihuana weist einen wesentlich höheren THC-Gehalt auf als in früheren Zeiten. Viele Kritiker weisen warnend auf diesen Umstand hin. Aber die Ablehnung der Droge beruht generell eher auf moralischen und politischen als auf toxikologischen Argumenten.«[18]

reduzierenden Medikamente von Searle & Co. mit dem hochgiftigen Wirkstoff Probathine ersetzen könnte. Die speichelflußhemmende Wirkung von Cannabis könnte möglicherweise auch Verwendung bei der Behandlung von Magen-Darm-Geschwüren finden.

Aids, Depressionen und Hunderte weiterer grundsätzlicher medizinischer Anwendungsmöglichkeiten

Der bekannteste Effekt von Cannabis dürfte freilich dessen stimmungsaufhellende Wirkung, sein: das »High«. Die jamaikanischen CannabisraucherInnen preisen ihr Ganja für verschiedene Wohltaten: Sie können sich tiefer ihrer Meditation hingeben und sich besser konzentrieren, sie erleben ein gesteigertes Wohlgefühl und gewinnen eine positive Lebenseinstellung.[17] Würde Cannabis bei der Behandlung von Aids-Kranken eingesetzt, könnte die stimmungsaufhellende, appetitanregende und schlaffördernde Wirkung dieses Naturheilmittels hervorragend den Unterschied zwischen zwei entgegengesetzten Formen des Umgangs mit dieser Krankheit anschaulich machen: »an Aids zu sterben« oder »mit Aids zu leben«.

Daneben kann Cannabis auch zur Linderung leichter (und mitunter auch schwerer) Schmerzen dienen. Ältere Menschen, die häufig unter Arthritis, Schlaflosigkeit und anderen typischen Alterserkrankungen leiden, könnten mit Cannabis würdevoller und besser leben. Es heißt – und das ist von der medizinischen Forschung zu einem guten Teil belegt –, daß Cannabis in diesem Bereich die beste umfassende Wirkung zeigt: bei der Behandlung von mentalen Verfallserscheinungen alter Menschen, von Senilität und möglicherweise sogar der Alzheimerschen Krankheit; es wirkt dem Nachlassen des Langzeitgedächtnisses entgegen und kann bei einer Vielzahl weiterer Alterssymptome eingesetzt werden.

US-amerikanischen Statistiken zufolge können Menschen, die keinen Alkohol trinken und statt Tabak täglich Marihuana rauchen, ihre Lebenserwartung um 8 bis 25 Jahre steigern. Diese Statistiken sind freilich nicht auf dem neuesten Stand; zur Zeit wäre die Durchführung solcher Studien schlicht illegal.

Annehmbare Risiken

Sämtliche US-Ausschüsse und BundesrichterInnen, die sich eingehend mit dem betreffenden Material beschäftigt hatten, kamen einhellig zu der Überzeugung, daß es sich bei Cannabis um das sicherste aller bekannten Arzneimittel handelt. Bei all seinem therapeutischen Nutzen hat es lediglich eine Nebenwirkung, die allgemein Besorgnis erregte: es macht »high«. Und weil das DEA das unter gar keinen Umständen zulassen will, wird Cannabis ohne Rücksicht auf die Bedürfnisse von ÄrztInnen und PatientInnen verteufelt.

Niemand erwartet von unseren Ärztekammern, daß sie Gewaltverbrechen verfolgen. Warum also fühlen sich Polizei und Strafverfolgungsbehörden dazu verpflichtet, gegen die Anwendung eines Naturheilmittels vorzugehen, mit dessen Hilfe viele Menschen ihre gesundheitlichen Probleme in den Griff bekommen könnten?

8 Hanfsamen: ein Grundnahrungsmittel

Heute wissen wir, daß kein pflanzlicher Rohstoff soviel an lebenswichtigen Fettsäuren enthält wie der Hanfsamen. Aus Hanfsamen zubereitete Lebensmittel sind damit hervorragend zur Vorbeugung gegen Krebs- und Herzerkrankungen geeignet.

Ralph Loziers, der Rechtsberater des nationalen Instituts für Ölsamenprodukte, teilte 1937 dem mit der Beratung des Marihuanaverbotes beauftragten Kongreßausschuß mit: »Hanfsamen (...) gilt bei allen orientalischen Völkern sowie in einigen Gebieten Rußlands als Nahrungsmittel. Hanf wird dort angebaut und wie Hafergrütze zubereitet. Im Orient ist Hanfsamen für Millionen von Menschen ein Teil ihrer täglichen Nahrung. Man ernährt sich dort seit Generationen so – und vor allem in Zeiten von Hungersnöten.«

Hanfsamen – der beste Rohstoff für Lebensmittel, den die Menschheit besitzt

Kein pflanzliches Nahrungsmittel der Welt kann sich mit dem Nährwert von Hanfsamen messen. Durch sein besonders ausgewogenes Verhältnis von Proteinen und essentiellen Fetten ist der Hanfsamen geradezu ideal für unsere Ernährung.

Nur die Sojabohnen übertreffen den Hanfsamen mit ihrem Eiweißgehalt; aber mit seiner Zusammensetzung der verschiedenen Proteine ist Hanfsamen einmalig im Pflanzenreich. Allein 65 Prozent des Eiweißanteils bestehen aus dem Globulin Edestin[1] (edestin leitet sich vom griechischen edestos, genießbar, verdaulich her).

Es liegt an dem außergewöhnlich hohen Edestingehalt und dem gleichzeitigen Vorkommen bestimmter Eiweiße wie Albumin, daß der Hanfsamen sämtliche essentiellen Aminosäuren in einer für die Ernährung idealen Kombination enthält; darüber hinaus sorgt er im Körper für den Aufbau von Immunglobulinen[2] – das sind Eiweiße, die als Antikörper Infektionen abwehren, noch ehe deren Symptome spürbar werden können.

Bei Krankheiten, die die Aufnahmebereitschaft des Körpers für Nahrungsmittel herabsetzen (etwa die Tuberkulose), gewähren die Proteine des Hanfsamens die unter diesen Umständen bestmögliche Ernährung.[3]

Noch bedeutender für ein gut funktionierendes Immunsystem ist das im Hanfsamen einmalig reichhaltige Vorkommen essentieller Fettsäuren. Diese essentiellen Fette – Linol- und Linolensäuren – sind für den gesunden Glanz der Haut, der Haare und der Augen sowie für die höheren Hirnfunktionen notwendig. Sie reinigen die Arterien und stärken außerdem das Immunsystem.

Dr. Joanna Budwig – sie wird seit 1979 alljährlich für den Nobelpreis vorgeschlagen – setzte die essentiellen Fettsäuren erfolgreich bei der Behandlung von Krebspatienten im »Endstadium« ein; mit guten Ergebnissen behandelte Dr. Budwig auch Gefäßleiden, Drüsenatrophie, Gallensteine, Fehlbildungen der Nieren, Akne, trockene Haut, Menstruationsbeschwerden und Immunstörungen.

Diese und weitere Forschungen veranlaßten den Mediziner William Eidleman und den in der medizinischen und biochemischen Forschung tätigen, inzwischen emeritierten R. Lee Hamilton (beide von der University of California), sich zugunsten der »lebenspendenden Bedeutung« von Hanfsamen auszusprechen. Sie stellten am 29. Dezember 1991 fest:

»Die essentiellen Öle unterstützen das Immunsystem und schützen es unter anderem vor Schädigungen durch Viren. Studien, in denen gegenwärtig diese Öle zur Kräftigung des Immunsystems von HIV-Infizierten eingesetzt werden, haben sich bislang als sehr vielversprechend erwiesen.

Und wo finden wir die reichhaltigsten Quellen derartiger essentieller Öle? – Sie ahnen es schon: im Samen des Indischen Hanfs. (...) Dem unsinnigen Verbot dieser wertvollsten aller Pflanzen muß endlich öffentlich widersprochen werden. Die Verwendung von Cannabis verspricht uns eine ungeahnte Gesundheit und die Möglichkeit, die Ernährungsprobleme der Welt im Handumdrehen zu lösen.«

Extrakte aus Hanfsamen können ähnlich wie Sojabohnen unterschiedlich gewürzt werden; sie könnten mal

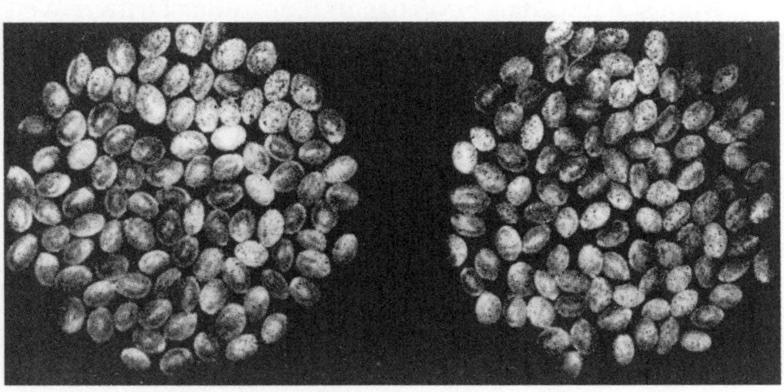

nach Geflügel, mal nach Rindfleisch oder Schweinefleisch schmecken. Außerdem lassen sie sich zu einem tofuartigen Quark und zu Margarine verarbeiten, und das kostet weniger als bei Sojabohnen. Angekeimte Samen haben schließlich einen noch höheren Nährwert. Hanfsprossen können wie andere Keimlinge und Sprossen bei der Zubereitung von Salaten oder zum Kochen verwendet werden.

Gemahlener Hanfsamen läßt sich wie gewöhnliches Mehl verarbeiten; geschrotet, gekocht, gesüßt und mit Milch angemischt ergibt er einen nahrhaften Frühstücksbrei ähnlich wie Hafer- oder Weizenschleim. Für die Samen gilt übrigens das gleiche wie für die Fasern; sie haben keinerlei berauschende Wirkung.

»Vögel bevorzugen ein Futter aus Hanfsamen wegen deren nahrhaften öligen Bestandteilen.«[4] Und diese sind schier unerschöpflich: Bei speziell zur Samenproduktion angebautem Hanf machen sie die Hälfte des Gewichts der erntereifen Pflanze aus!

Wenn das wertvolle Pflanzenöl durch Auspressen der Samen gewonnen wird, fällt als Nebenprodukt ein sehr eiweißreicher Ölkuchen an. Dieser wurde bis in unser Jahrhundert dem Viehfutter beigemischt.[5] Mit Hanfsamen läßt sich nahezu der gesamte Futtermittelbedarf für Haustiere (Katzen, Hunde usw.) bestreiten. Das gilt auch für die Viehzucht: Durch die Verfütterung von Hanfsamen ließen sich bei Rindern, Schweinen und Geflügel ohne den Zusatz wachstumsfördernder Steroide und ähnlicher Menschen wie Tiere gefährdender Stoffe optimale Mastergebnisse erzielen, – und das wäre sogar billiger als die gegenwärtig angewandten Verfahren.

Das Schreckgespenst einer weltweiten Hungersnot

In aller Welt sterben Kinder, weil sie unterernährt sind und an Eiweißmangel leiden. Proteinreicher Hanfsamen als Nahrungsmittel könnte vielen dieser Kinder das Leben retten. Man schätzt, daß 60 Prozent aller in der Dritten Welt geborenen Kinder verhungern, bevor sie das fünfte Lebensjahr erreicht haben, – Jahr für Jahr zwischen 12 und 20 Millionen. Und die Zahl der Menschen, die aufgrund ihrer schlechten Ernährung eine sehr kurze Lebenserwartung haben und/oder Hirnschäden davontragen, dürfte um ein Vielfaches höher sein.[6]

Erinnern wir uns, daß Hanf eine ausgesprochen anspruchslose Pflanze ist, die auch unter ungünstigen Umweltbedingungen fast überall gedeihen kann. Die Bevölkerung Australiens konnte im 19. Jahrhundert zwei lang andauernde Hungerkatastrophen überleben, indem sie sich auch mit Hanfsamen und -blättern ernährte.[7]

Neuere Studien deuten darauf hin, daß die Zerstörung der Ozonschichten sich schädlich auf den Sojaanbau auswirken und die Weltproduktion um 30 Prozent bis 50 Prozent verringern kann. Hanf aber ist robuster gegen die zunehmende UV-Strahlung; er kann unter ihrem Einfluß sogar eine größere Menge Cannabidiole bilden und sich auf diese Weise selbst gegen die Strahlung schützen.[8]

Es ist nicht wirklich verwunderlich, wenn es in Mittel- und Südamerika Menschen gibt, die die Nordamerikaner hassen und sie am liebsten aus ihren Ländern verjagen würden: Sie sehen in ihnen Ignoranten und Mörder. Über Jahre beharrte die US-Regierung darauf, die Felder der lateinamerikanischen Bauern mit hochgefährlichen Herbiziden zu vergiften, Felder, auf denen sie seit 1545 unter gesetzlichem Schutz Cannabis angebaut hatten. In diesem Jahr hatte nämlich König Philipp von Spanien in seinem ganzen Reich den Anbau von Cannabis befohlen, um den Bedarf an Nahrungsmitteln, Segeln, Tauen, Tüchern und Hemden zu decken und um eines der wichtigsten Volksarzneimittel gegen Fieber und Epilepsie, zur Versorgung Gebärender und zur Bereitung von Rheumapackungen zur Verfügung zu haben.

Wer heute in den Ländern Lateinamerikas diese uralte Pflanze und Handelsware anbaut, läuft Gefahr, von den USA-hörigen Regierungen oder Militärs enteignet zu werden. In den Augen der USA erweisen sich die Regierenden dieser Staaten umso höherer wirtschaftlicher Subventionen und Militärhilfen für würdig, je mehr sie sich als willfährige Handlanger der Antimarihuanapolitik auszeichnen – einer Politik, die sich gegen eine seit alters für die Bevölkerung als Erwerbsquelle, Heil-, Lebens- und Genußmittel unverzichtbare Pflanze richtet.

Ein notwendiges biologisches Glied in der Nahrungskette

Die Politiker, die nach Jahren gezielter Desinformation die Gesetze zum Verbot von Marihuana erließen, haben damit möglicherweise nicht nur die Vögel, sondern die ganze Menschengattung zum Aussterben verdammt.

Viele Tiere fressen Vögel oder deren Eier. Wildvögel sind für die Nahrungskette von großer Bedeutung; ihre Populationen aber nehmen nicht nur wegen des Einsatzes von Pestiziden, sondern vor allem wegen des Mangels an Hanfsamen dramatisch ab! Vögel, die ihren Nahrungsbedarf unter anderem auch mit Hanfsamen decken können, haben eine um 10 bis 20 Prozent höhere Lebenserwartung und legen mehr Eier; ihr Gefieder ist glatter und glänzender, weshalb sie auch weiter fliegen können.

Vor 1937 waren in den USA 400 000 Hektar mit wildwachsendem, samenschwerem Hanf bedeckt. Hunderte Millionen von Vögeln lebten von diesen Flächen, auf denen ihr bevorzugtes und wichtigstes Futter wuchs – bis die US-Regierung auf ihre Politik der restlosen Beseitigung dieses elementaren Gliedes der Nahrungskette verfiel.

Und ohne das geringste Gespür für die drohende Gefahr des Biozides (der Tötung allen Lebens), die ein solches Vorgehen mit sich bringt, fährt die Regierung damit fort, im eigenen Land wie auch anderswo die Pflanze zu vernichten, die weltweit ein Lebensspender ersten Ranges ist: den Hanf.

Die Samen des Indischen Hanfs enthalten alle essentiellen Amino- und Fettsäuren, die wir für ein gesundes Leben brauchen. Keine andere Pflanze enthält derartig leicht verdauliche Eiweiße und lebensnotwendige Fette in einer solchen der Gesundheit und Lebenskraft des Menschen förderlichen Ausgewogenheit:

Hanfsamen als Nahrungsmittel

Von allen Pflanzen hat Hanf den höchsten Gehalt an essentiellen Fettsäuren. Das aus Hanfsamen gewonnene Öl enthält mit nur acht Volumenprozenten den geringsten Anteil gesättigter Fette. Dafür enthält es 55 Prozent Linolsäuren und 25 Prozent Linolensäuren. Nur Flachs übertrifft mit einem Linolensäurenanteil von 58 Prozent den Hanf, der dafür allerdings mit 80 Volumenprozenten den höchsten Gesamtanteil an essentiellen Fettsäuren aufweist.

»Diese essentiellen Fettsäuren sind verantwortlich für unsere Immunreaktion. Im Mittelalter aßen die Bauern Hanfbutter und hatten dadurch eine höhere Widerstandsfähigkeit gegen Seuchen als der Adel.« Der Grund: Die oberen Stände lehnten den Hanf als bevorzugtes Nahrungsmittel des einfachen Volkes ab. So sieht es R. Lee Hamilton, emeritierter Professor der Medizin und Biochemie der University of California.

Linolsäuren und Linolensäuren sind bei der Umwandlung von Nahrungsmitteln in (Lebens-)Energie und am Transport dieser Energie durch den Körper beteiligt. Essentielle Fettsäuren beeinflussen Wachstum, Vitalität und geistige Beweglichkeit. Linol- und Linolensäuren spielen eine bedeutende Rolle beim Transport des Sauerstoffs in die einzelnen Körperzellen. Außerdem sind sie wichtig bei der Speicherung des Sauerstoffs in den Zellmembranen, wo er als Barriere gegen das Eindringen von Viren und Bakterien wirkt, die in einer sauerstoffreichen Umgebung nicht gedeihen können.

Die gekrümmte Form der essentiellen Fettsäuren bewirkt, daß sie sich nicht miteinander verknäueln können. Sie sind schlüpfrig und verstopfen nicht die Arterien – im Gegensatz zu den klebrigen, gerade geformten gesättigten Fetten und den in Koch- und Bratölen enthaltenen trans-Fettsäuren. Letztere sind auch in Bratfetten enthalten, die durch Raffinade unter hohen Temperaturen aus mehrfach ungesättigten Fetten gewonnen werden.

Linol- und Linolensäuren haben eine leicht negative Ladung und neigen dazu, sich zu sehr dünnen Schichten auszubreiten. Diese Eigenschaft bezeichnet man als »Oberflächenaktivität«; auf ihr beruht die Möglichkeit, Giftstoffe und andere Substanzen an die jeweilige Oberfläche der Haut, des Magen-

Darm-Traktes, der Nieren oder der Lungen zu transportieren, wo diese Substanzen dann entfernt werden können. Diese Säuren sind äußerst empfindlich und können relativ schnell in giftige Bestandteile zerfallen, wenn sie unter großer Hitze raffiniert oder bei unsachgemäßer Lagerung dem Licht oder der Luft ausgesetzt werden.

Samen haben von Natur aus eine äußere Schale, die die im Inneren enthaltenen Öle und Vitamine sicher schützt. Die Schale bildet einen perfekten Behälter, der obendrein auch noch gut verdaulich ist. Hanfsamen können zu einer Paste zerstoßen werden, die an Erdnußbutter erinnert, aber besser schmeckt. Der Ernährungswissenschaftler Udo Erasmus sagt: »Hanfbutter stellt unsere Erdnußbutter einfach in den Schatten.« Gemahlener Hanfsamen läßt sich bei der Zubereitung von Brot- und Kuchenteigen sowie Eintöpfen verwenden; auch Müsliriegeln gibt er eine herzhafte Geschmacksnote.

Die Pioniere der Biochemie und die Ernährungswissenschaft sind heute der Ansicht, daß Erkrankungen der Herzkranzgefäße und die meisten Krebsarten letztlich auf einen gestörten Fettabbau zurückzuführen sind: Sie entstehen durch die fortgesetzte übermäßige Ernährung mit gesättigten Fetten und raffinierten Pflanzenölen, deren essentielle Fettsäuren sich bei diesem Herstellungsverfahren in krebserregende Stoffe umwandeln. Jeder zweite US-Amerikaner stirbt heutzutage an den Folgen von Herzkranzgefäßerkrankungen; jeder vierte an Krebs. Die Forschung geht davon aus, daß Krebs entsteht, wenn die Reaktionsfähigkeit des Immunsystems geschwächt ist; und gegenwärtig leiden mehr Amerikaner denn je an einer Schwächung des Immunsystems. Zur Zeit werden vielversprechende Studien durchgeführt, bei denen das Immunsystem von HIV-Infizierten durch die Gabe essentieller Öle gestärkt werden soll.

Die in Hanfsamen enthaltenen Proteine versorgen den Körper mit sämtlichen essentiellen Aminosäuren, die für eine stabile Gesundheit notwendig sind. Die im Hanf vorkommenden Aminosäuren und deren Zusammensetzung entsprechen in der Tat genau dem Bedarf des menschlichen Körpers bei der Erzeugung der Hauptbestandteile des Blutplasmas, Albumin und Globulin, das etwa als Gamma-Globulin eine wichtige Rolle im Immunsystem spielt.

Die Fähigkeit des Körpers, Krankheiten abzuwehren und mit ihnen fertig zu werden, hängt davon ab, wie schnell er nach der ersten Attacke der Krankheitserreger große Mengen von Antikörpern bilden kann. Sind nicht genügend Grundstoffe zur Produktion von Globulinen vorhanden, dann kann es geschehen, daß die Armee der Antikörper zu schwach ist, um das Eindringen der Erreger wirksam zu verhindern.

Die einfachste und beste Art, den Körper ausreichend mit Aminosäuren zu versehen, besteht darin, ihm mit der Nahrung die entsprechende Menge an Globulin-Eiweißen zuzuführen. Die in Hanfsamen enthaltenen Eiweiße setzen sich zu 65 Prozent aus derartigen Globulinen und (allerdings auch in allen anderen Samen vorhandenen) Albuminen zusammen; sie sind leicht verdaulich und ähneln in ihrem Rohzustand schon den entsprechenden Eiweißen des Blutplasmas.

Hanfsamen wurden ebenfalls zur Behandlung von Stoffwechselschäden infolge von Tuberkulose eingesetzt; diese auch als »Schwindsucht« bekannte Krankheit führt zu schweren Störungen bei der Nahrungsverwertung und damit zu einem allmählichen Verfall des Körpers.[9]

Der Samen enthält die Lebensenergie. Aus Hanfsamen zubereitete Speisen sind wohlschmeckend und stellen unsere Versorgung mit essentiellen Amino- und Fettsäuren sicher; sie sorgen so für einen gesunden, kräftigen Körper, für ein funktionierendes Immunsystem, für seelisches Wohlbefinden und für Lebenskraft.

Aus: *Lynn Osburn, Hempseed Nutrition. Hergestellt von Access Unlimited, P. O. Box 1900, Frazier Park, CA 93225.*

9 Ein Wirtschaftsfaktor mit Zukunft: Energie, Ökologie, Handel

Wir haben dargestellt, welche wirtschaftliche Bedeutung der Hanf in der Vergangenheit für die USA hatte. Es ist an der Zeit, an seine Zukunft zu denken.

Wir behaupten, daß ein Ende des amerikanischen Marihuanaverbotes sich in sanften Wellen über die gesamte Wirtschaft ausbreiten würde: Eine gesunde Landwirtschaft würde Hanf anbauen und eine Vielzahl von Industriezweigen mit den Rohstoffen versorgen, die überall im Lande Millionen von Arbeitsplätzen sichern würden. Und der erarbeitete Wohlstand verbliebe in den jeweiligen Gemeinden.

Energie und Wirtschaft

Das 1980 erschienene Buch *Solar Gas*, der Science Digest, das Omni-Magazin, die Alliance for Survival, die bundesrepublikanischen Grünen und viele andere kommen zu dem Ergebnis, daß unsere wirklichen Lebenshaltungskosten zu 80 Prozent aus Energiekosten bestehen.

Es ist unbestreitbar: 82 Prozent aller Werte, die an der New Yorker Warenbörse und anderen Börsen der Welt gehandelt werden, stehen in direkter Abhängigkeit von

- der Öl- und Kohleindustrie (Exxon, Shell, Con Edison usw.),
- den Energieversorgungsunternehmen (den Betreibern von Pipelines, Öltankern u. ä.),
- den Raffinerien und Vertriebsgesellschaften (Exxon, Mobil, Shell u. a.).

Zweiundachzig Prozent! Das bedeutet, daß wir knapp 33 von 40 Stunden arbeiten, nur um den Energiekostenanteil der verbrauchten Güter und Dienstleistungen zu bestreiten (Transport, Heizung, Kochen, Licht). Die Einwohner Nordamerikas machen nur 5 Prozent der Weltbevölkerung aus. Aber in ihrer Gier nach dem ach so »reinen« Profit und in ihrer Produktivitätssteigerungswut verbrauchen sie 25 bis 40 Prozent des gesamten Weltenergiebedarfs. Mit welchen Kosten sich das zu Lasten der Umwelt niederschlägt, läßt sich nicht beziffern.

Die fossilen Energiequellen, die wir derzeit fast ausschließlich nutzen, verursachen rund 80 Prozent der Umweltverschmutzung zu Lande, zu Wasser und in der Luft. Sie tragen also erheblich zu der langsamen Vergiftung unseres Planeten bei.[1] Der günstigste Ersatz für diese teuren und unergiebigen Methoden der Energiegewinnung besteht weder in Windrädern und Sonnendächern noch im Einsatz geothermischer oder nuklearer Energie: Er besteht darin, das überall vorhandene Sonnenlicht zum Anbau von Biomasse auszunutzen.

Die Pflanze, mit der sich Biomasse im globalen Maßstab am effektivsten herstellen läßt, ist Hanf. Er ist der einzige nachwachsende Rohstoff, der sämtliche fossilen Brennstoffe ersetzen könnte.

Die ersten Ölmagnaten (Rockefeller von Standard Oil, Rothschild von Shell u. a.) beobachteten während der 20er Jahre mit einem an Paranoia grenzenden Argwohn Henry Fords kostengünstiges Verfahren zur Herstellung von Methanol.[2] Sie reagierten darauf, indem sie die Ölpreise senkten und während der folgenden 50 Jahre derartig niedrig hielten, daß kein anderer Energieträger damit zu konkurrieren vermochte. Der Preis für das Barrel Rohöl (das entspricht 42 Gallonen oder rund 142 Litern) belief sich bis zu Beginn der 70er Jahre auf unglaubliche ein bis vier Dollar. Als die Herren ihres Energiemonopols endgültig sicher waren, zogen die Preise plötzlich an und stiegen in 10 Jahren auf knapp 40 Dollar pro Barrel.

Im Jahr 2000 werden die USA 80 Prozent ihrer Ölvorkommen verbraucht haben; die Kohlevorräte dürften etwa 100 Jahre länger vorhalten. Die Umstellung der Energiegewinnung auf Kohle bringt allerdings ganz entschiedene Nachteile mit sich. Der hohe Schwefelgehalt der Kohle ist eine wesentliche Ursache des sauren Regens – und des Todes von jährlich 50 000 Menschen in den USA und weiteren 5 000 bis 10 000 Menschen in Kanada.[3]

Die Herstellung von Treibstoffen aus Biomasse sollte also unverzüglich in Angriff genommen werden. Der Umweltverschmutzung würde endlich ein Riegel vorgeschoben, und wir wären nicht abhängig von Energieimporten.

Ein sauberer, nachwachsender Rohstoff für Treibstoffe

»Treibstoff« bzw. »Brennstoff« ist keineswegs gleichbedeutend mit »Erdöl«. Mit Energiegewinnung auf der Basis von Biomasse läßt sich die Brennstoffversorgung ohne weiteres sicherstellen – und es ließen sich Millionen neuer Arbeitsplätze schaffen. Aus Hanf-Biomasse gewonnene Treib- und Brennstoffe können sämtliche fossilen Brennstoffe ersetzen.

Der Stoffwechsel der Cannabispflanzen ist wie bei allen

Mit dem Anbau von Hanf zur Gewinnung von Biomasse und Energie kann der CO_2-Zyklus ausgeglichen werden: Die Pflanzen »atmen« während ihres Wachstums ebensoviel CO_2 ein, wie später bei ihrer Verbrennung wieder frei wird.

Pflanzen so beschaffen, daß sie während des Wachstums CO_2 (Kohlendioxyd) »einatmen«. Aus diesem Gas entnehmen sie den für den Aufbau der Zellstrukturen notwendigen Kohlenstoff; der dabei freiwerdende Sauerstoff wird wieder »ausgeatmet« und spielt eine wichtige Rolle bei der globalen Stabilisierung der Atmosphäre. Wenn die kohlenstoffhaltige Biomasse bei der Energiegewinnung verbrannt wird, entsteht aus Kohlenstoff und Sauerstoff wiederum Kohlendioxyd. Der CO_2-Kreislauf schließt sich, wenn im folgenden Jahr wieder neuer Hanf angebaut wird; das Verfahren kommt dem Ideal eines ökologischen Gleichgewichts sehr nahe.[4]

Wird die Biomasse der Pyrolyse unterzogen – einem Verfahren, bei dem organisches Material in einer sauerstoffarmen Umgebung oder unter völligem Luftabschluß extrem hohen Temperaturen ausgesetzt wird –, dann entsteht reine Holzkohle, die sich sauberer verbrennen läßt als Steinkohle oder Braunkohle.

Die Schwefelemissionen aus den Schornsteinen kohlebefeuerter Dampfkessel und Kraftwerke bilden eine der Hauptursachen des sauren Regens. Was in Neuengland als Regen vom Himmel fällt, liegt in seinem pH-Wert nicht selten irgendwo zwischen Essig und Zitronensaft. Derartig saurer Regen schadet allen Zellmembranen, die mit ihm in Kontakt kommen; den größten Schaden fügt er den einfachsten Lebensformen zu. Holzkohle hingegen ist schwefelfrei; wenn die Industrie anstelle der Stein- und Braunkohle Holzkohle verwenden würde, ließen sich diese Schwefelemissionen aus Verbrennungsprozessen drastisch reduzieren.

Durch das »Cracken« der Biomasse lassen sich flüssige Brennstoffe gewinnen, die ebenfalls keinen Schwefel enthalten. Diese Brennstoffe können fossile Brennstoffe wie Kohle oder Erdöl ersetzen und bieten darüber hinaus noch den Vorteil, daß ihre Verbrennung die Atmosphäre nicht zusätzlich mit CO_2 belastet.

Bei der Pyrolyse wird in etwa die Cracking-Technik angewandt, die von der Herstellung fossiler Brennstoffe aus Erdöl bekannt ist. Und die Gase, die während der Extraktion der Holzkohle und der flüssigen Brennstoffe entstehen, lassen sich außerdem noch zur Stromerzeugung verwenden!

Bei der Umwandlung der Biomasse entstehen nicht nur Energieträger wie Holzkohle, Öle, Methanol und (als Nebenprodukt der Prozeßwärme) Dampf, es fallen auch weitere für die Industrie wichtige Substanzen an: Azeton, Azetylen, Teer, Pech und Kreosot. In den 30er Jahren betrieb die Ford Motor Co. in Iron Mountains, Michigan, erfolgreich eine Anlage zum Cracken von Biomasse.[5]

Hanfsamen enthält 30 Volumenprozente Öl. Aus diesem Öl wurden bereits qualitativ hochwertiges Dieselöl sowie Schmierstoffe für Flugzeuge und Präzisionsmaschinen gewonnen. Seit undenklichen Zeiten wurde Hanföl in Öllampen verbrannt. Der Sage nach brannte Aladins Wunderlampe genauso mit Hanföl wie die Lampe Abrahams. Und zur Zeit von Abraham Lincoln war höchstens Waltran ein ähnlich weit verbreiteter Brennstoff.

Biomasse für eine ausreichende Energieversorgung

Bei der Fasergewinnung aus Hanf fällt als Nebenprodukt eine breiige Masse an. Sie macht etwa 80 Prozent des verwendeten Rohmaterials aus, hat einen Zelluloseanteil von 77 Prozent und ist ein wichtiger Rohstoff für die Herstellung von Chemikalien, Kunststoffen und Kunstfasern. Die einschlägigen Berichte des US-Landwirtschaftsministeriums weichen zwar voneinander ab, legen aber immerhin nahe, daß der Zellulosegehalt von Hanf bei gleich großen Anbauflächen den der anderen einjährigen Pflanzen mit den nächstbesten Werten (Mais, Kenaf, Zuckerrohr) um das Vier- bis Fünfzig- oder gar Hundertfache übertrifft.

In vielen Gebieten könnten zwei Hanfernten pro Jahr eingebracht werden; in wärmeren Klimazonen – in Südkalifornien, Texas oder Florida – wäre sogar ein ganzjähriger Hanfanbau möglich. Hanf wächst schnell und kann als Zweitfrucht angebaut werden, nachdem das Getreide abgeerntet ist.

Ein unabhängiges, halb ländliches Netzwerk effizient arbeitender, selbständiger Farmer könnte zur Schlüsselindustrie der Energieversorgung dieses Landes werden.

Die US-Regierung subventioniert die Landwirtschaft mit Geld- und Naturalleistungen, damit alljährlich weit über 35 Millionen Hektar Ackerland – die sogenannten »Anbaureserven« – brach liegen. Würde nur auf einem Teil dieser Brachflächen Hanf (oder andere einjährige Pflanzen zur Erzeugung von Biomasse) angebaut, dann ließe die Energieversorgung sich nach ganzheitlichen Prinzipien organisieren. Dies wäre endlich einmal ein ernstzunehmender Ansatz zur Rettung der Erde.

Hanf ist der einzige nachwachsende Rohstoff, mit dem die USA von Energieimporten unabhängig werden können.

Aus jedem Hektar Hanf ließen sich 2 500 Gallonen (knapp 9 500 Liter) Methanol gewinnen. Durch die Verwendung von Brenn- und Treibstoffen aus Hanf könnten die USA im Verbund mit Recyclingmaßnahmen tatsächlich vollkommen auf Erdöl verzichten.

Wenn die Erdölvorkommen der USA um das Jahr 2000 auf etwa 20 Prozent ihrer ursprünglichen Größe geschrumpft sein werden, muß sich das Land entscheiden. Es gibt vier Wege, den wirtschaftlichen Zusammenbruch zu vermeiden:

- vermehrt Kohle einsetzen und die Umwelt noch mehr verschmutzen;
- zur Energiegewinnung die Wälder abholzen und damit dem Ökosystem einen irreversiblen Schaden zufügen;
- um die Ölquellen Krieg führen;
- Energiefarmen zum Anbau von Biomasse fördern.

Nur sechs Prozent der Bodenfläche der USA würden ausreichen, um durch den Anbau von Biomasse den Treibstoff- und Energiebedarf des ganzen Landes zu decken.

Würde auf nur 6 Prozent der Fläche der USA Biomasse angebaut, dann ließe sich der gesamtamerikanische Bedarf an Benzin und Öl unabhängig von der Petrochemie decken.[6]

Hanf ist weltweit die Biomassen-Ressource Nummer eins; mit Hanf lassen sich auf einem Hektar in vier Monaten fast 23 Tonnen Biomasse produzieren. Hanf laugt den Erdboden nicht aus, wirft einen Teil seines reichen Blattwerks über das Jahr ab und sorgt so für einen guten Mulch, der die Feuchtigkeit im Boden zurückhält. Hanf ist die ideale Frucht für die halbtrockenen Gebiete des Westens und die weiten Grasebenen.[7]

Hanf ist die einzige Ressource für Biomasse, die eine Unabhängigkeit der USA von Energieimporten gewährleisten kann. Was schließlich weltweite umweltpolitische Entscheidungen betrifft: Der Verzicht auf fossile Brennstoffe ist ohnehin unumgänglich.

Und wo ist der Haken?

Der Haken ist ganz offensichtlich die Lobby der Energieproduzenten! Diese Unternehmen besitzen einen Großteil der petrochemischen und pharmazeutischen Betriebe, der Alkohol- und Tabakindustrie; sie sind mit Versicherungsgesellschaften und Banken verflochten.

Den Medien ist zu entnehmen, wie viele Politiker in Amt und Würden heutzutage gekauft sind. Nicht wenige von ihnen stehen auf den Gehaltslisten der Energieversorger, und deren langer Arm innerhalb der Regierung ist die CIA. Die Regierung Bush/Quayle war mit der Ölindustrie, den Medienkonzernen und der Pharmaindustrie verfilzt – und natürlich mit der CIA, dem amerikanischen Geheimdienst. Nicht von ungefähr trägt sie den lapidaren Spitznamen »die Firma«.

Alle weltweiten Konflikte um's Geld sind heute Konflikte um Energie. Ohne Energie gäbe es keine Nahrung, keine Wohnungen, keinen Verkehr und keine Unterhaltung. Wegen solcher Konflikte kommt es nicht selten zu Kriegen. Wenn wir diese Ursache beseitigen, könnten damit auch die Kriege verschwinden. [8]

Sichere Energie

Würde Hanf-Biomasse in den Ländern der Dritten Welt angebaut, dann ließen sich nicht nur die Gelder für Entwicklungshilfe kürzen. Viele Anlässe für Kriege fielen einfach weg, weil in diesen Ländern durch einen quantitativen Sprung in der allgemeinen Versorgung gleichfalls die Lebensqualität steigen würde.

Überall würden neuartige, umweltfreundliche Industrien entstehen. Die Weltwirtschaft würde einen ungeahnten Boom erleben. Die gesamte Menschheit würde sich endlich der Rettung der Umwelt verschreiben, anstatt weiterhin wie unter Hypnose auf den Abgrund zuzustürzen und durch den Verbrauch fossiler Brennstoffe das Leben auf dem ganzen Planeten immer mehr in Gefahr zu bringen.

Freie Marktwirtschaft und hohe Gewinne

Der Business Alliance for Commerce in Hemp (Wirtschaftsvereinigung für den Handel mit Hanfprodukten – BACH) zufolge würde aus der Aufhebung des Cannabisverbotes und der Wiederentdeckung der Hanfprodukte ein Markt-

Als Amerikas Landwirte zum letzten Mal Marihuana anbauen sollten

Unsere Energieversorgung ist von höchster Bedeutung für die nationale Sicherheit. Im Folgenden wird berichtet, zu welchen Entscheidungen Uncle Sam fähig ist, wenn er nur dazu gedrängt wird.

Im Jahre 1942 schnitt Japan die USA von der Versorgung mit lebenswichtigen Hanf- und Rohfasern ab. Vier Jahre zuvor hatte man Marihuana noch als »Meuchler der Jugend« gebrandmarkt; und plötzlich war es für die Regierung unbedenklich, die Studenten im 4-H-Club der Universität von Kentucky darum zu bitten, für den Hanfbedarf des folgenden Jahres zu sorgen. Man legte jedem einzelnen nahe, mindestens einen viertel Hektar – besser aber noch einen ganzen Hektar – Hanf anzubauen. (Flugblatt der University of Kentucky vom 25. März 1943)

Während der Jahre 1942 und 1943 wurden die Farmer zum Besuch des USDA-Films »Hemp for Victory« aufgefordert. Sie mußten mit ihrer Unterschrift bestätigen, daß sie den Film gesehen hatten, und erhielten auch eine Broschüre über den Hanfanbau. Die für Anbau und Ernte notwendigen Maschinen wurden gegen geringe Gebühr oder vollkommen kostenlos bereitgestellt, und es wurden Steuermarken im Wert von fünf Dollar verkauft. Bis 1943 sollte auf einer Fläche von 140 000 Hektar Hanf angebaut werden. (Vgl. S. 231 f.)

Von 1942 bis 1945 wurden diejenigen Farmer, die sich am Hanfanbau beteiligten, gemeinsam mit ihren Söhnen vom Militärdienst freigestellt, so lebenswichtig war der Hanf im Zweiten Weltkrieg für Amerika.

stimulus resultieren, von dem viele Wirtschaftszweige profitieren könnten.

Legal angebauter Hanf würde als natürlicher Rohstoff für die Farmer Milliardenumsätze bedeuten und im Kernland der USA Tausende von guten Arbeitsplätzen in der Energieversorgung sichern. Die hanfanbauenden Betriebe wären nicht nur Energielieferanten, sondern gleichzeitig auch Rohstoffproduzenten, die den Inlandsbedarf teilweise abdecken können.

Familienbetriebe werden gesichert

Der Hanfanbau würde auf diese Weise zur Existenzsicherung kleinerer Familienbetriebe beitragen. Die jeweiligen Anbaumethoden lassen sich den Bedürfnissen der Nation anpassen. Der Anbau von Hanf als Rohstoff für die Erzeugung biologischer Brennstoffe dürfte knapp 30 Dollar pro Tonne kosten. Zur Samenproduktion angebaute Pflanzen können für die Farb- und Lackindustrie wieder eine natürliche Alternative zu den Produkten der Petrochemie werden. Das Hanföl ist in seinen chemischen Eigenschaften dem Leinöl sehr ähnlich. Und der Markt ist offen für wohlschmeckende und nahrhafte Lebensmittel, die auf der Basis von Hanfsamen mit seinen gesundheitsfördernden essentiellen Fettsäuren und Eiweißen hergestellt werden.

Zur Fasergewinnung angebauter Hanf kann die Papier- und Textilindustrie den Händen multinationaler Konzerne entreißen und wieder der Kontrolle der örtlichen Genossenschaften übergeben.

Untersuchungen der von Staat und Industrie unabhängigen BACH haben ergeben, daß sich aus Hanf (von seiner Verwendung als Rauschdroge einmal abgesehen) rund 50 000 konkurrenzfähige Produkte rentabel herstellen lassen. Wir werden im Folgenden näher darauf eingehen.

Die Moden ändern sich

Das Jahr 1989 markierte einen Wendepunkt in der sich schnell wandelnden Welt der Mode. In diesem Jahr wurde aus China[9] Kleidung importiert, die aus einem Hanf-Baumwoll-Mischgewebe bestand. Mittlerweile sind in China und Ungarn viele Textilien aus reinem Hanfgewebe erhältlich.

Wenn die Textilindustrie erst auf die speziellen Fasereigenschaften des Hanfs wie Saugfähigkeit, Isolation und Reißfestigkeit aufmerksam geworden ist, wird sie sicherlich wieder aus Hanffasern gewebtes Leinen verwenden und eine völlig neue Produktlinie haltbarer und attraktiver Textilien und Kleidungsstücke auf den Markt bringen.

Oberbekleidung, warme Bettlaken, weiche Handtücher (Hanf nimmt Wasser weit besser auf als Baumwolle), Windeln (natürlich wiederverwendbare, für deren Produktion keine Wälder abgeholzt werden müssen), Polstermaterial, Tapeten, Teppiche – all dies läßt sich bereits heute aus reinen Hanffasern herstellen. Und diese Produkte sind im allgemeinen besser, preiswerter und umweltverträglicher.

Die Handelsbarrieren und Gesetze gegen den Import von Cannabisfasern müssen unbedingt fallen.

Kleidung und Textilien bilden gegenwärtig mit 59 Prozent den größten Einfuhrposten der USA. 1989 machten die Textilimporte 21 Prozent des amerikanischen Handelsdefizits aus. In vielen Ländern wird die Textilindustrie staatlich subventioniert und unterliegt keinerlei Umwelt- und Gesundheitsschutzbestimmungen.[10] Aber Hanf verursacht bei weitem nicht die Umweltprobleme, die bei der Verarbeitung von Baumwolle auftreten.

Textilien stehen in den Vereinigten Staaten an der Spitze der Importlisten, und trotzdem behindert die Regierung die Einfuhr von Textilien aus Hanffasern. Jedoch zu wirklich konkurrenzfähigen Preisen können derartige Textilien ohnehin erst dann vertrieben werden, wenn der Hanf direkt im Lande angebaut und weiterverarbeitet werden darf. Nur so ließen sich die überhöhten Importzölle umgehen und die Transportkosten senken.

Robuste Papierrohstoffe

Die verheerende Umwelt- und Arbeitsmarktsituation im amerikanischen Nordwesten und anderen von der Forstwirtschaft abhängigen Regionen könnten von einer Wiedereinführung des Hanfs in die heimische Papierherstellung ungemein profitieren.

Jüngere Studien deuten darauf hin, daß sich die Erträge der Kiefernforste durch die Zerstörung der Ozonschichten um 30 Prozent bis 50 Prozent reduzieren werden (die Werte sind von der nicht exakt vorhersagbaren jeweiligen Dichte der Ozonschichten abhängig). Der aus den Erträgen dieser Forste hergestellte Holzschliff ist eine der wichtigsten Rohstoffquellen der Papierindustrie. Im Gegensatz zu Kiefern vermag Hanf nicht allein der erhöhten ultravioletten Strahlung zu widerstehen, er gedeiht unter ihrem Einfluß sogar außerordentlich gut.[11]

Die Papiermühlen könnten bei der Verarbeitung von Hanf ihre Kapazitäten weiterhin voll auslasten; die Waldarbeiter würden neue Arbeitsplätze im Hanfanbau und Handel finden.

Die mit Holzschliff für die Papiermühlen und mit Bauholz beladenen Lastwagen werden natürlich wie eh und je rollen. Nach Ansicht von Jim Evans von der Oregon Hemp Products Inc. dürften die Preise für Bauholz sogar sinken, sobald die Holzvorräte nicht mehr für Produkte verwendet werden, die sich auch aus den Erträgen des Hanfanbaus herstellen lassen.

Daneben wird auch in der Wiederaufforstung eine Menge zu tun sein, und schließlich können die Flüsse ihr ökologisches Gleichgewicht wiederfinden, wenn Hanf anstelle des Holzschliffs zur Papierherstellung verwendet wird. Auf diese Weise wären nämlich gut 60 bis 80 Prozent der Chemikalien, die zur Aufbereitung des Holzes notwendig sind und anschließend als Abwasser in die Flüsse eingeleitet werden, vollkommen überflüssig.

Und das bedeutet: größerer Fischreichtum, mehr Angler, gewinnbringender Tourismus. Die wunderschönen, gesunden und aufgeforsteten Wälder, selbstverständlich auch die durch den Hanfanbau vor dem Abholzen bewahrten alten Wälder, würden eine ganz natürliche Anziehungskraft auf Urlaubsreisende ausüben.

Natürlich abbaubare Kunststoffe statt Plastik

Hanfpapier ist kräftiger und bricht beim Falten weniger leicht als Holzschliffpapier.[12] Kartons und Tüten aus Hanf sind strapazierfähiger und länger verwendbar als die aus Holzschliff oder Plastik.

Hanf ist ebenfalls die ergiebigste Quelle für Zellulose – des ersten natürlichen Polymers, aus dem jemals Kunststoffe hergestellt wurden und werden. Zu den Zelluloseprodukten zählen Zellophan, Zelluloid und Rayon; bei entsprechender chemischer Behandlung läßt sich daraus noch eine Vielzahl weiterer Produkte herstellen.

Zellulose ist ein biologisch abbaubares natürliches Polymer. Synthetische Polymere hingegen sind sozusagen unverrottbar und können nur auf der Basis fossiler Grundstoffe hergestellt werden. Ein Beispiel dafür ist Nylon, das aus Steinkohlenteer gewonnen wird. Derartige Substanzen gelangen nicht mehr in die lebenden Kreisläufe der Natur. Zuletzt ersticken sie das Leben, wo immer sie endgelagert werden.

Auch Wirtschaft und Fiskus profitieren

Die biochemischen Möglichkeiten des Hanfs können für buchstäblich Zehntausende weiterer Verwendungszwecke nutzbar gemacht werden – von der Farbe bis zum Dynamit. Jedes dieser Produkte bedeutet: neue Marktchancen und neue Arbeitsplätze für die stagnierende Wirtschaft.

Sobald der Handel mit Hanfprodukten in Schwung

kommt, wird auch mehr Geld in vollkommen andere Wirtschaftszweige fließen. Findige Unternehmer werden die Chance nutzen, neue Produkte auf den Markt zu bringen – und wiederum neue Arbeitsplätze schaffen. Sichere Arbeitsplätze und sichere Einkommen werden dazu führen, daß Häuser, Autos und andere Produkte aus Branchen, die mit dem Hanf an sich nichts zu tun haben, gekauft werden. Der ökonomische Stimulus der Hanfindustrie wird nach und nach das gesamte Wirtschaftssystem anregen, Kapital im Wirtschaftskreislauf des ganzen Landes fließen lassen und sich als eine Wohltat für die Gesellschaft erweisen.

Eine Wiederbelebung der Landwirtschaft bedeutet auch vermehrte Investitionen in landwirtschaftliche Maschinen und Anlagen; jeder Aufschwung in einem speziellen Bereich wird sich ganz allgemein auf die Produktion, den Transport und den Absatz anderer Waren auswirken.

Farmen, Banken und Investmentgesellschaften würden beträchtliche Gewinne erzielen; durch die im Umlauf befindlichen Hanf-Dollarmilliarden würden die Steuereinnahmen steigen; das vorhandene liquide Kapital würde zu vermehrten Investitionen und einem erhöhten Absatz von Konsumgütern führen.

Den städtischen, bundesstaatlichen und staatlichen Behörden würden Steuermehreinnahmen in mehrstelligen Millionenbeträgen einfach in den Schoß fallen, ohne daß die Steuern erhöht werden müßten.[13]

Eine grüne Wirtschaftsblüte

Wenn die amerikanische Landwirtschaft Hanf anbaut, kann die Industrie ausreichend mit Rohstoffen versorgt werden, die für die Herstellung von Fasern, Textilien, Brenn- und Kunststoffen benötigt werden sowie für Medikamente und pflanzliche Heilmittel mit beruhigender und entspannender Wirkung. Es wird aber noch ein zusätzlicher Effekt eintreten: Nicht nur das Land, sondern auch die Wirtschaft werden – im wahrsten Sinne des Wortes – grünen und blühen.

Ein »grünes« Wirtschaftssystem beruht auf der Versorgung der Industrie mit landwirtschaftlichen Ressourcen und einem Netzwerk vielfältiger, unabhängiger Produktionsstätten. Ein derartig dezentralisiertes Wirtschaftssystem wird allen Menschen die Chance der Mitarbeit bieten und ihnen den Genuß des Wohlstandes einer wahrhaft freien und demokratischen Marktordnung bieten. Denn wirklich demokratische Zustände werden wir erst dann erreichen, wenn alle BürgerInnen der Nation auch am Wohlstand der Nation teilhaben.

Von Grund auf selbst (an)gebaut – Henry Fords Biomassen-Auto

Das nebenstehende Foto – es erschien im Dezember 1941 in der Zeitschrift *Popular Mechanics* – zeigt Henry Ford neben seinem aus Hanf hergestellten und mit Hanf betriebenen Automobil.

Das unten abgebildete Flußdiagramm illustriert Herstellungsverfahren chemischer Grundstoffe, von Brenn- und Treibstoffen, Elektrizität und Wärme für die Industrie. Hanf läßt sich durch Pyrolyse auf ideale Weise zu den in der Mitte des Diagramms aufgeführten Produkten verarbeiten. Bei Verarbeitung von Biomasse handelt es sich grundsätzlich um den gleichen thermochemischen Aufspaltungsprozeß, den man auch bei fossilen Energieträgern wie Erdöl anwendet. Dieses Verfahren ist übrigens auch für Hausmüll und landwirtschaftliche Abfälle geeignet; allein damit ließen sich bereits bis zu 10 Prozent unseres Energiebedarfs decken.

Stark wasserhaltige Pflanzen wie Zuckerrohr und Mais sind für die biochemische Aufbereitung am besten geeignet; die dabei durch Fermentation entstehenden Alkohole bilden wertvolle chemische Grundstoffe. Bei der Zersetzung von Biomasse durch Bakterien entsteht ebenfalls hochgradig methanhaltiges Biogas, mit dem sich beispielsweise Dampfkessel betreiben lassen.

Die (Re-)Kultivierung des Bodens

Ein weiteres in ökonomischer wie ökologischer Hinsicht zwingendes Argument für den Hanfanbau ist die Rekultivierung und Urbarmachung von Land.

Die ehemaligen Pioniere und ihre Ackerbau treibenden Nachkommen pflanzten bis ins 20. Jahrhundert hinein Hanf an, um den Boden für andere Pflanzen erst einmal vorzubereiten; sie benutzten Hanf auch als Zwischenfrucht zur Regeneration des Bodens. So wurde nach Waldbränden Hanf angebaut, um die Austrocknung des Bodens gering zu halten und Erdrutsche zu vermeiden.

Hanfsamen treiben in nur 30 Tagen 25 bis 30 Zentimeter lange Wurzeln. Wilde Gerste und Lolch (Weidelgras) – die gegenwärtig von der US-Regierung zur Rekultivierung verwendeten Pflanzen – bringen es auf Wurzeln von nur 2,5 Zentimetern Länge.

In Südkalifornien, Utah und anderen Bundesstaaten war es bis etwa 1915 üblich, Hanf aus den oben genannten Gründen anzubauen. Zudem ist Hanf auch in der Lage, Böden aufzulockern, die durch übermäßige Bearbeitung verdichtet wurden.

In den ehemals fruchtbaren Himalajaregionen von Bangladesch, Nepal und Tibet finden wir heute nur noch einen spärlichen Pflanzenbewuchs, der den Boden nicht davor schützen kann, daß bei jedem Sturzregen viele tausend Tonnen fruchtbarer Muttererde weggespült werden.

Aus Biomasse gewonnene Brenn- und Treibstoffe können den gesamten gegenwärtig aus fossilen Quellen gedeckten Energiebedarf der USA sicherstellen. Die USA haben bereits heute 80 Prozent ihrer bekannten Öl- und Gasvorräte erschöpft. Darüber hinaus würde die Energieerzeugung aus Biomasse den sauren Regen vermindern und dem Treibhauseffekt entgegenwirken.

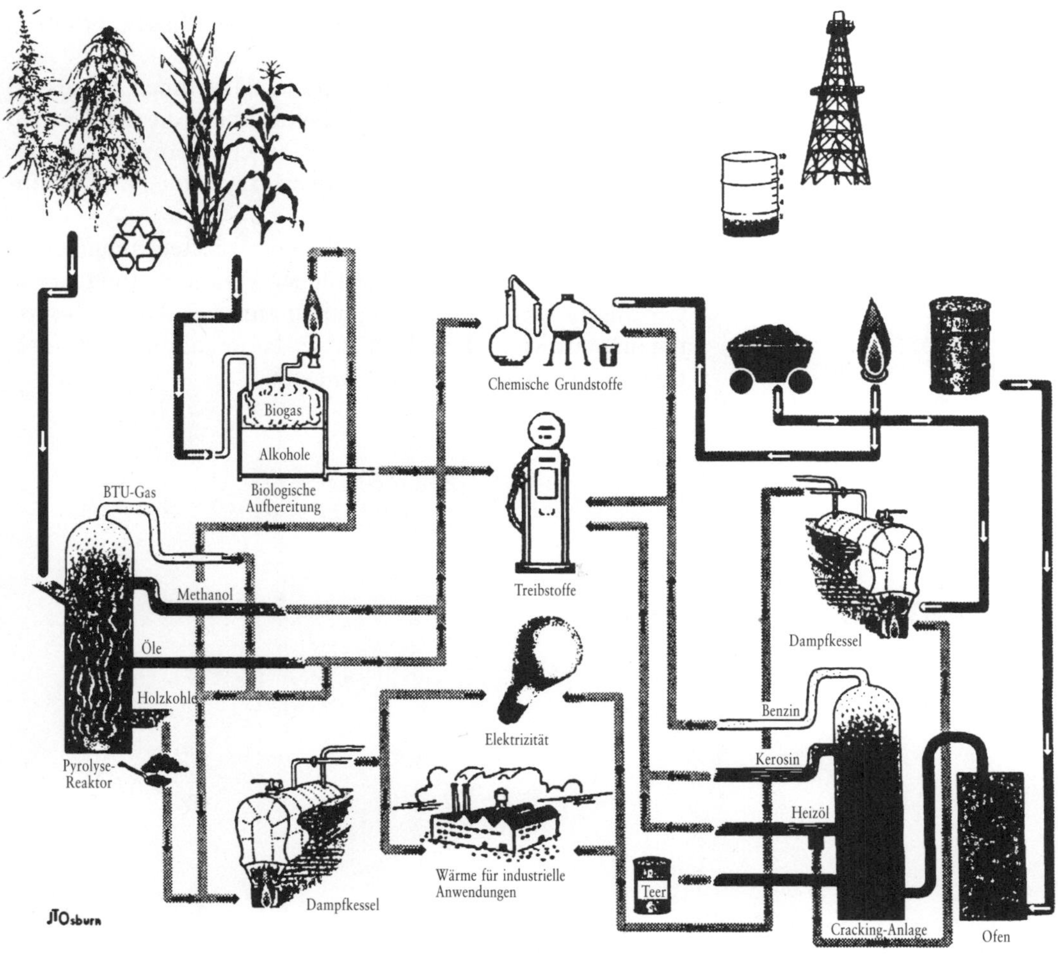

Im Jahr 1964 schloß Bangladesch (der Name leitet sich von *bhang* = Cannabis, *la* = Land und *desch* = Menschen her) ein »Anti-Drogen«-Abkommen mit den USA und verpflichtete sich, keinen Hanf mehr anzubauen. Seitdem leiden die »Menschen aus dem Marihuana-Land« unter Seuchen; sie hungern und sterben an Mangelernährung.

Die Aussaat von Hanf auf erosionsgefährdeten Böden könnte in aller Welt zur Rekultivierung von Anbauflächen beitragen. Unfruchtbaren Wüstengebieten könnten nach und nach wieder Erträge abgerungen werden. Auf diese Weise ließe sich nicht nur Hungersnöten und Massensterben vorbeugen, auch die Gefahr von Kriegen und gewaltsamen Umstürzen würde erheblich verringert.

»Natural Guarde«

In den USA gibt es eine Nationalgarde. Was hindert uns daran, auch eine Garde für die Natur ins Leben zu rufen? Ein Heer von »UmweltsoldatInnen«, die an vorderster Front für das Leben kämpfen, indem sie Bäume pflanzen und Biomasse (z. B. Hanf) ernten?

Und eine »Grüne Garde« von ElektrikerInnen, SchlosserInnen, TechnikerInnen und ArbeiterInnen, die am Umbau der amerikanischen Infrastruktur arbeiten, am Umbau der Straßen, Brücken, Kanäle, Abwassersysteme, Eisenbahngleise usw.

Wäre es nicht humaner und zivilisierter, zeugte dies nicht von höherer gesellschaftlicher Verantwortung, wenn wir unsere Kräfte und Fähigkeiten auf diese Weise einsetzten, anstatt Menschen dazu zu verdammen, ihre Zeit untätig und unproduktiv zu verbringen?

Aus der Kulturgeschichte des Hanfs 10

Im Gegensatz zu den landläufigen Ansichten liegen die Ursprünge des Phänomens »Marihuana« keineswegs in den 60er Jahren. Der Indische Hanf ist ein Teil unseres kulturellen Erbes; er ist das Fundament, auf dem die stabilsten Kulturen dieser Erde errichtet wurden, und der Mörtel, der sie zusammengehalten hat.

Was der Name bedeutet

Die Bezeichnung »Hanf« (althochdt. *hanaf*, altengl. *hamp*) ist in ihrer modernen Form seit einem knappen Jahrtausend in unserer Sprache geläufig (mittelhochdt. *han[e]f*, engl. *hemp*) und wird in erster Linie für *Cannabis sativa* verwendet. Gleichzeitig steht »Hanf« auch für das Hauptprodukt aus dieser Pflanze: die langen Fasern, der älteste und (bis in die jüngste Geschichte) auch am weitesten verbreitete Grundstoff für die Herstellung von Textilien.

Weil die Pflanze schon immer der Hauptlieferant langer Fasern war, wurde »Hanf« zum Oberbegriff für gleichartige Rohprodukte. Noch heute sind folgende Warenbezeichnungen üblich: *Manilahanf* (Abacá), *Sisalhanf* (Sisal und Henequen), *Mauritiushanf* (Furcraea-Fasern), *Neuseelandhanf* (Phormium), *Sun-* oder *Bombayhanf* (»Klapperschote«, Crotalaria L.) und *indischer Hanf* (Jute). All diese Pflanzen haben weder hinsichtlich ihres Aussehens noch hinsichtlich ihrer wirtschaftlichen Nutzungsmöglichkeiten etwas mit dem echten Hanf gemein. Eigenartigerweise war die Bezeichnung »Hanf« aber nie für den Flachs gebräuchlich, der dem Hanf mehr ähnelt als sämtliche anderen kommerziell genutzten Faserlieferanten.

Der echte Hanf trägt in aller Welt unterschiedliche, aber bei genauerem Hinsehen zumeist sehr ähnliche Namen: lateinisch *cannabis*, französisch *chanvre*, spanisch *cañamo*, portugiesisch *canhamo*, italienisch *canapa*, albanisch *canep*, russisch *konopli*, polnisch *konopi* und *penek*, flämisch *kemp*, deutsch *Hanf*, niederländisch *hennup*, schwedisch *hamp*, dänisch *hampa*, bulgarisch *kenvir*, chinesisch *ta-ma*, *si-ma* und *tse-ma*, japanisch *asa*, türkisch *nasha*, syrisch *kanabira*, arabisch *kannab*.[1]

Der früheste bekannte Hanfanbau

Die älteren und neueren Geschichtswissenschaften, die Archäologie, die Anthropologie und die Philologie können anhand ihrer Beobachtungen an Kunstgegenständen, Grabungsfunden, Textilien, Keilschrifttafeln und sprachlichen Zusammenhängen definitiv belegen, daß Hanf eine der ältesten Nutzpflanzen der Menschheit ist. Die frühesten aus den Fasern des Hanfes gewebten Stoffe lassen sich auf die Zeit um 8000 v. Chr. datieren; – etwa zur gleichen Zeit entstand die Töpferei. Die Metallbearbeitung wurde erst später erfunden.[2]

Um 2700 v. Chr. wurde in China *Ma* (Cannabis) als Faserlieferant und als Heilpflanze angebaut. 3700 Jahre später, also um 1000 n. Chr., wurde der Cannabis-Hanf *Ta-Ma* (großer Hanf) genannt, um ihn von den unbedeutenderen Faserpflanzen, die unter der Sammelbezeichnung *Ma* zusammengefaßt wurden, zu unterscheiden. Das chinesische Schriftzeichen für den echten Hanf ist ein großer »Mensch«; dies weist auf die enge Verbindung des Menschen zu dieser Pflanze hin.[3]

Zwischen 2300 und 1000 vor unserer Zeit

Vermutlich aus Zentralasien und Persien stammende Nomadenvölker – die sagenhaften »Arier« – drangen in den gesamten östlichen Mittelmeerraum und den Mittleren Osten ein und zogen über den Kaukasus in westlicher Richtung nach Europa.

Bei ihrer Wanderung führten diese Nomadenvölker die Cannabispflanze und ihre verschiedenen Anwendungsmöglichkeiten in die von ihnen berührten Landstriche ein, in den Norden und Westen Griechenlands, in Europa, dem Mittleren Osten, Ägypten (und möglicherweise auch in Afrika) und im Süden und Osten über den Himalaja nach Indien.

In den Kulturen des Mittleren Ostens und Indiens wurde Cannabis dank seiner vielfältigen Verwendbarkeit als Nahrungsmittel-, Öl- und Faserlieferant heimisch. Der Hanf diente allerdings nicht nur zur Deckung des täglichen Lebensbedarfs; wegen seiner berauschenden Wirkung wurde er auch als rituelles Bindeglied zu den Göttern geschätzt.[4]

Die Skythen und der Hanf

Die alten Skythen waren zweifellos mit vielen Anwendungsmöglichkeiten von Cannabis vertraut. Sie brachten ihre Hanfernte mit Sensen ein – daran erinnert noch heute das englische Wort für Sense: *scythe*. Der griechische Geschichtsschreiber Herodot (um 450 v. Chr.) berichtet von skythischen Bestattungsritualen aus dem 6. Jahrhundert v.

Chr., bei denen der Rauch von verbrennendem Cannabis eingeatmet wurde. Die nomadisierenden Skythen brachten diesen Brauch auch anderen Völkern, beispielsweise den Thrakern.[5]

Der rote Faden durch die Kulturen

Spätestens seit 2700 v. Chr. und bis in unsere Zeit gehörte Cannabis zu allen Kulturen des Mittleren Ostens, Kleinasiens, Indiens, Chinas, Japans, Europas und Afrikas. Man schätzte ihn sehr wegen seiner hervorragenden Eigenschaften zur Gewinnung von Fasern, zur Herstellung von Heilmitteln, Ölen und Nahrungsmitteln und auch wegen seiner euphorisierenden, beruhigenden und die Meditation fördernden Wirkung.

Cannabis ist seit fast 4000 Jahren Bestandteil aller Kulturen des Mittleren Ostens, Kleinasiens, Indiens, Chinas, Japans, Europas und Afrikas gewesen.

Die hanfverarbeitenden Gewerbe waren für unsere Vorfahren von gleicher Bedeutung wie die Herstellung von Werkzeugen, der Ackerbau und die Viehzucht.

Hanf als Gesetzeshüter

Die Cannabispflanze war immer und überall auf höchst eigenartige Weise mit den Rechtssystemen verbunden. Zu bestimmten Zeiten stand, wie schon erwähnt, der Anbau von Hanf unter Strafe, zu anderen Zeiten wurde er zugelassen und gefördert. Aber Hanf spielte mitunter auch eine wichtige Rolle in der Rechtsprechung.

Ein Beispiel: Bei vielen afrikanischen Stämmen gehört es zu den höchsten Strafen bzw. Resozialisierungsmaßnahmen für Kapitalverbrechen, die Gesetzesbrecher für einige Stunden in einer kleinen, abgeschlossenen Hütte einzusperren und sie dort so lange den Dämpfen von *dagga* (Cannabis) auszusetzen, bis sie in Ohnmacht fallen. Auf diese Weise nehmen sie in kürzester Zeit Dosen auf, mit denen selbst starke amerikanische KonsumentInnen gut zwei Jahre lang auskämen. Ob die Methode funktioniert? In Afrika heißt es, daß es nach einer *dagga*-Behandlung praktisch noch nie zu Rückfällen gekommen sein soll.

In Europa und Amerika diente der Hanf in einer wesentlich handfesteren Form als »Gesetzeshüter« bei der Bestrafung von Kapitalverbrechen: Die Henkersschlinge wurde meist in einen Strang aus Hanf geknotet.[6]

Cannabis in der Kräutermedizin

Die geheime Kunst der Zubereitung von Naturheilmitteln aus Hanf war ausgesprochen verbreitet. Man verabreichte die Arzneimittel zur Förderung der Wundheilung, zur Muskelentspannung, als Schmerzmittel, zur Fiebersenkung, bei der Geburtshilfe und für zahllose weitere Anwendungen.[7]

Die Tradierung des Wissens um diese heilige Pflanze

wurde über Jahrtausende hin streng von Priesterkasten bewacht. Menschen, die nicht zu diesen Kasten gehörten und trotzdem Drogenkenntnisse hatten, galten als Hexen und WahrsagerInnen, wurden als Gesetzlose betrachtet und nicht selten für ihr Wissen hingerichtet.

Mystische Kulte

In den großen Weltreligionen ist Cannabis ein fast überall wiederkehrendes Element in Ritus und Mythologie; überall sind Legenden zu finden, die sich darum ranken. Hier einige Beispiele:

Schintoismus (Japan). – Dem Cannabis wurde die bindende Kraft bei Eheschließungen zugeschrieben; er galt als Abwehr gegen böse Geister und als ein Mittel, das der Ehe Frohsinn und Glück gewährt.

Hinduismus (Indien). – Über den Gott Shiva wird erzählt, er habe »den Menschen zur Erbauung und Erleuchtung den Cannabis vom Himalaja gebracht«. Die Sadhus, heilige Bettler-Eremiten, reisen durch Indien und lassen *chillum* genannte Pfeifen herumgehen, die mit Cannabis gefüllt sind, dem manchmal auch andere Substanzen zugesetzt werden. In der Bhagavadgita sagt Krishna: »Ich bin das heilende Kraut« (Kap. 9, 16); der fünfte Gesang der Bhagarat-Purana spricht von Haschisch in einer eindeutig erotisch eingefärbten Sprache.

Buddhismus (Tibet, Indien, China). – Seit dem 5. Jahrhundert v. Chr. findet hier Cannabis rituelle Verwendung; in Initiationsriten und zur Beförderung mystischer Erfahrungen war und ist er bei vielen buddhistischen Gruppierungen Chinas in Gebrauch. Einige tibetische Buddhisten und ihre Lamas betrachten Cannabis als die heiligste Pflanze. In vielen buddhistischen Überlieferungen und Schriften heißt es, daß der Religionsstifter Siddhartha sechs Jahre lang nichts anderes als Hanf zu sich nahm, ehe er zum Buddha (»dem Erleuchteten«) wurde, die Wahrheit schaute und die Lehre von den vier edlen Tugenden und dem achtfachen Pfad verkündete.

Parsen (Persien, etwa vom 8. Jahrhundert vor bis zum 5. Jahrhundert nach Christus). – Unter vielen christlichen Gelehrten und Schriftstellern war die Ansicht verbreitet, daß es sich bei den »Heiligen Drei Königen«, die bei der Geburt Christi zugegen waren, um parsische *magi* (weise Männer) gehandelt hat. Die von Zarathustra reformierte parsische Religion hatte viel (zumindest oberflächlich betrachtet) mit der Cannabispflanze zu tun: Cannabis wurde bei der Geburtshilfe, als sakrales Räucherwerk, als Salb-

und Tauföl verwendet; daneben war sein Öl auch ganz profan als Leuchtöl in Gebrauch. Das Wort »magisch« wird heute allgemein als eine Ableitung von *magi*, dem Namen der Anhänger des Zarathustra, betrachtet.

In den asketischen Ordensgemeinschaften der jüdischen *Essäer* (Israel, 2. Jh. n. Chr.) war Hanf zu medizinischen Zwecken in Gebrauch; das gleiche gilt für eine 200 bis 300 Jahre jüngere jüdische Sekte von Einsiedlern in Ägypten, den *Therapeuten*. Von einigen WissenschaftlerInnen wird die These vertreten, daß beide Gruppen von den Lehren des Zarathustra beeinflußt wurden.

Bei den *Sufis*, einer im gesamten Mittleren Osten verbreiteten Gemeinschaft islamischer Mystiker, gilt Cannabis seit wenigstens tausend Jahren als Wegbereiter göttlicher Offenbarungen, höherer Erkenntnis und als Mittel, die Einheit mit Allah zu erlangen. Viele Gelehrte (darunter auch Moslems) glauben, auch bei den Sufis habe es sich ursprünglich um Anhänger des Zarathustra gehandelt, die zwar im Verlauf der islamischen Eroberungszüge des siebten und achten Jahrhunderts zum Glauben an den Koran bekehrt wurden, aber dennoch einige Züge ihres alten Glaubens bewahrten.

Einige Gruppen der *koptischen Christen* (Ägypten/Äthiopien) glauben, bei dem biblischen heiligen »grünen Kraut auf dem Felde« habe es sich um Cannabis gehandelt (»Und ich will ihnen eine herrliche Pflanzung aufgehen lassen, daß sie nicht mehr sollen Hunger leiden im Lande, und ihre Schmach unter den Heiden nicht mehr tragen sollen« Hesekiel 34, 29), ebenso bei den geheimen Räuchersubstanzen und den Salbölen in der Bibel.

Bei den afrikanischen *Bantus* gab es geheime Dagga-Kulte[8], die den Gebrauch von Cannabis einzig den Herrschern gestatteten. Pygmäen, Zulus und Hottentotten war Cannabis als Heilkraut gegen Krämpfe, Epilepsie und Gicht bekannt; außerdem verwendeten sie ihn als kultisches Sakrament.

Die aus Jamaika stammenden *Rastafari* benutzen Cannabis als heiliges Sakrament, um mit ihrem Gott (Jah) in Verbindung zu treten.

Hanf und die Physiologie des Menschen

Von der US-Regierung geförderte Studienreihen an der Medizinischen Hochschule von St. Louis (1989) und im National Institute of Mental Health (1990) eröffneten der Cannabisforschung neue Perspektiven. Sie ergaben, daß das menschliche Gehirn mit Rezeptoren ausgestattet ist, die nur und ausschließlich THC und dessen natürliche Verwandte aufzunehmen vermögen.

Wenn eine chemische Substanz die Hirntätigkeit beeinflussen soll, muß sie in der Lage sein, sich an spezielle Rezeptoren anzudocken.[9]

Zwar können auch Morphine einigermaßen von den Rezeptoren für die körpereigenen Beta-Endorphine gebunden werden, und die Strukturen von Amphetaminen stimmen entfernt mit denen der ebenfalls körpereigenen Dopamine überein, aber derartige Medikamente bilden (zusammen mit trizyklischen und anderen stimmungsbeeinflussenden Präparaten) eine ernsthafte Gefährdung für den Flüssigkeitshaushalt unseres Nervensystems. Weder das Omni-Magazin noch die New York Times berichteten im Zusammenhang mit natürlichem Cannabis über derartige Nebenwirkungen.

Ein wichtiger Grund, weshalb Cannabis eine so »sichere« Medizin ist, liegt darin, daß er sich nicht auf die unwillkürlichen Muskelfunktionen auswirkt, die unter anderem das Atmen besorgen. Statt dessen wirkt Cannabis über ganz spezielle Rezeptoren auf die Motorik und das Gedächtnis.

Die jüngsten psychopharmakologischen Studien haben bewiesen, daß unser Gehirn mit speziellen Rezeptoren für das THC ausgestattet ist. Der Gedanke an eine vor-kulturelle Wechselbeziehung von Mensch und Marihuana liegt somit nahe. Vielleicht stellt sich eines Tages heraus, daß in der symbiotischen Beziehung, die der Mensch zu dieser Pflanze unterhält, ein Schlüssel kultureller Blüte liegt.

Bei näherer Betrachtung der molekularen Strukturen stellt sich heraus, daß THC dermaßen genau in die entsprechenden Rezeptoren paßt, als wären sie eigens zu diesem Zweck geschaffen worden. Die Vermutung einer uralten Symbiose von Mensch und Pflanze drängt sich geradezu auf.

Vielleicht sind diese neuronalen Rezeptoren in der Tat das Produkt einer vorkulturellen Bindung der Menschheit an die Cannabispflanze. Carl Sagan führt die afrikanischen Buschmänner als Beispiel für die Tatsache an, daß Cannabis zu den ersten Pflanzen zählt, die Menschen anzubauen begannen. Einige WissenschaftlerInnen nehmen allerdings an, die Rezeptoren hätten sich nicht entwickelt, damit sich der Mensch in einen Rauschzustand versetzen kann. So spekulierte Allyn Howlett, Professor für Pharmakologie an der Universität von St. Louis im Jahr 1989: »Diese Andockstellen für Neurotransmitter im menschlichen Hirn sind sicherlich unabhängig davon entstanden, ob Cannabis vorhanden war oder nicht.«

Aber vielleicht verhält es sich auch ganz anders. Der für die University of California tätige Psychopharmakologe Ronald K. Siegel betrachtet das Verlangen nach anderen Bewußtseinszuständen in seinem Buch *Intoxication: Life in Pursuit of Artificial Paradise* als den vierten Grundtrieb neben Hunger, Durst und Sexualität. Und außerdem sind Menschen keineswegs die einzigen Wesen, die sich »high« machen können. Siegel weist auf viele Studien hin, bei denen beobachtet wurde, daß auch Tiere sich gezielt berauschen.

Hanf ist ein Teil unserer kulturellen, spirituellen und psychologischen Erbschaft; er ist Garant der stabilsten und langlebigsten Kulturen dieser Erde. Wenn Sie also etwas über die Langzeitwirkungen von Marihuana erfahren wollen – schauen Sie doch einfach in den Spiegel.

Geheimnisumwittert

Am Anfang aller mystisch-religiösen Glaubenssysteme standen bei den Völkern der ganzen Welt eine Fülle Beobachtungen aus dem alltäglichen Leben. Tod und Not – Hunger, Fasten, Durst, Fieber – sowie unkontrollierte Rauschzustände durch den Genuß zufällig vergorener Nahrungsmittel führten bei den Menschen zu außergewöhnlichen Erfahrungen. Aber auch nach dem Konsum von Wein, Bier und Cannabiswein (Bhang), von Psilocybin, Fliegenpilzen und anderen psychoaktiven Substanzen traten unerklärbare Bewußtseinserweiterungen auf. Die Wirkstoffe dieser heiligen Pflanzen und Kräuter verschafften unseren ahnungslosen Vorfahren die wunderbarsten Visionen, Reisen in die entlegensten Regionen des Bewußtseins und mitunter auch das Erlebnis allumfassender Brüderlichkeit.

Die Menschen wollten die durch Drogen herbeigeführten Bewußtseinszustände und ihre heilende Wirkung verstehen lernen; und diese großartigen Kenntnisse bildeten dann den wesentlichen Kern des spirituellen Wissens eines Stammes. Heilen! Aber mit welchen Substanzen? Und mit welchen Dosierungen?

Man mußte dieses Wissen vermehren und für die zukünftigen Generationen bewahren. Kenntnis zu haben, welche Erlebnisse sich mit welchen Pflanzen und Mischungen in welcher Stärke herbeiführen ließen, bedeutete Macht zu haben! Das »heilige Wissen« hüteten die Priester und Kräuterheiler wie ihren Augapfel und gaben es nur in geheimnisvoller Verschlüsselung weiter; den psychoaktiven Pflanzen, von denen in den Mythen die Rede ist, werden beispielsweise menschliche oder tierische Attribute zugeschrieben.

Der sagenhafte Kaiser She Nung (ca. 2700 v. Chr.) gilt in China als erster Entdecker des Heilmittels Hanf

In dem Bewußtsein, daß mit diesem Wissen auch Macht verbunden war, hielten Medizinmänner und die Kräuterheiler der Priester- und Schamanenkasten ihr Wissen vor den übrigen Stammesmitgliedern geheim. Auf diese Weise verhinderten sie auch, was sie zur gefährlichen »Sünde« erklärten, nämlich eine zufällige Einnahme derartiger Stoffe, deren Zubereitung auf eigene Faust sowie Drogenexperimente der Kinder des Stammes. Außerdem war man sicher, daß bei Stammensfehden die in Gefangenschaft geratenen Stammesmitglieder das heilige Wissen nicht den Feinden verraten konnten.

Schon zu Cäsars Zeiten nannten die Römer solche uralten Religionen, deren ekstatische Kulte und Rituale auf das Erlebnis körperlicher Entgrenzung zielten, »orientalische Mysterienkulte«.

Die jüdische Tradition

Der Anbau und die Verarbeitung von Hanf war im Palästina der biblischen Zeit eines der wichtigsten Gewerbe. Den Vertretern der hebräisch-mystischen Tradition (etwa den Kabbalisten) waren regionale Kulte, die in ihren Ritualen natürliche Rauschmittel verwendeten, durchaus bekannt; teilweise übernahmen sie sogar deren Einflüsse. Aber auch hier wurde dieses Wissen hinter Ritualen, Symbolen und geheimen Zeichen verborgen, um die natürlichen Sakramente (wie etwa »heilige Pilze«) und die Kräuter, die den Geist erhoben (darunter auch Cannabis) vor Unbefugten zu schützen.[10]

Und was sagt die Bibel?

Es ist nicht leicht, in der Bibel die verschlüsselten Anspielungen zu entdecken, in denen von Cannabis und anderen Drogen die Rede ist. Der Text kennt keine botanischen Bezeichnungen und überdies entstellen die Übersetzungen oft den ursprünglichen Wortlaut. Die einzelnen Bücher werden unterschiedlich benannt; den Originaltexten wurden Kommentare beigefügt; und der Klerus versuchte immer wieder auszusondern, was ihm nicht genehm war.

95 Prozent aller Menschen war es verwehrt, das Lateinische, die Sprache der Bibel, zu lernen. Dieser Wissensvorsprung war das Privileg der wenigen Priester, die lesen konnten und ihr Interpretationsmonopol eifersüchtig hüteten. Immerhin wird die Verwendung von Cannabis nirgendwo in der Bibel ausdrücklich verboten oder abgelehnt. Einige Passagen beziehen sich direkt auf die Wohltaten von Cannabis und ähnlichen Kräutern, und selbst deren späteres Verbot wird dort vorausgesagt.

»Und die Erde ließ aufgehen Gras und Kraut, das sich besamte, ein jegliches nach seiner Art [...]. Und Gott sah, daß es gut war« (1. Mose 1, 12).

»Gott läßt auf den Feldern heilkräftige Kräuter wach-

In Zeiten der Unterdrückung werden Hinweise auf Cannabis und andere spirituelle Drogen oftmals in Kunstwerken versteckt. Auf diesem Bild (Der dritte Tag der Schöpfung, San Marco, Venedig, 6. bis 7. Jahrhundert) sind die Köpfe der Engel von stilisierten Hanfblättern umgeben; die Heiligenscheine erinnern an die Hauben von Fliegenpilzen.

sen, die ein weiser Mann wohl verwenden soll« (Jesus Sirach 38, 4).

»Was zum Mund eingehet, das macht den Menschen nicht unrein, sondern was zum Munde ausgehet, das macht den Menschen unrein« (Matthäus 15, 11).

»Der Geist aber sagt deutlich, daß in den letzten Zeiten werden etliche [...] anhangen den Lehren böser Geister durch die Heuchelei der Lügenredner [...]. Sie gebieten [...] zu meiden die Speisen, die Gott dazu geschaffen hat, daß sie mit Danksagung empfangen werden von den Gläubigen und denen, die die Wahrheit erkennen« (1. Timotheus 4, 1 ff.).

Die frühchristlichen Gemeinden

Die frühchristliche Kunst, Buchmalereien, Handschriften, die Schriftrollen von Qumran, die gnostischen Evangelien, die Schriften der frühen Kirchenväter: all das deutet darauf hin, daß die meisten christlichen Gemeinschaften während der ersten 400 Jahre ihrer Geschichte vom Geist der Sanftmut und Liebe durchdrungen waren. Im allgemeinen waren sie offen, tolerant und als Gemeinde sozial nur wenig gegliedert: Es war eine Religion der armen Leute und der Sklaven.

In Rom hielt man das Christentum zunächst lediglich für einen der vielen orientalischen Mysterienkulte, von denen die Kulte des Mithras und der Isis zu dieser Zeit im Römischen Reich am weitesten verbreitet waren.

Das Heilige Römische Reich

Nach einer Reihe zermürbender Kriege mit den Barbaren steuerte das innerlich von politischer Korruption zerfressene Römische Reich auf eine Katastrophe zu und drohte auseinanderzubrechen. Die steife Förmlichkeit der römischen Staatsreligion, die bislang auch die politische Macht und Einheit der herrschenden Klasse des Reiches garantierte, führte dazu, daß die Mächtigen sich einem bunten Gemisch der verschiedensten Kulte und Religionen zuwandten.

Um sich aus dieser Krise zu retten, änderte das ehedem fremden Kulten gegenüber tolerante Rom den Kurs.

Seit dem Jahr 249 n. Chr. fanden blutige Verfolgungen statt, die – von verschiedenen Kaisern unterstützt – auch und besonders die Christen trafen. Im Jahr 306 wurde klar, daß dieses Vorgehen aussichtslos war. Kaiser Konstantin befahl, die Verfolgungen einzustellen und stellte sich schützend vor die Christen. Deren Priesterschaft dankte ihm das prompt, indem sie ein vom Mithraskult und anderen Religionen übernommenes Dogma verkündete: Nur wer von »königlichem Blute« abstamme, dem käme das »göttliche Recht der Herrschaft über die Menschen« zu.

Konstantin war ein ehrgeiziger Herrscher und hatte genau beobachtet, wie sich die Kirche während der Zeit ihrer Unterdrückung in eine intolerante, streng hierarchische Organisation gewandelt hatte; sie hatte ein Netzwerk geschaffen, das beinahe genausoviel Einfluß hatte wie der Kaiser selbst. Würde er also Kirche und Staat zusammenführen, dann ließe sich die Macht beider Seiten verdoppeln; zusammen könnten sie die Verbrechen/Sünden ihrer politischen Rivalen und Abtrünnigen mit der Unterstützung/dem Segen des anderen Partners verfolgen.[11]

Konstantin trat bald darauf zum Christentum über und führte die römisch-katholische Kirche als staatlich unterstützte, verpflichtende und einzige Religionsautorität ein; dieser Anspruch wird bereits im Namen deutlich: »katholisch« bedeutet etwa »allumfassend«. Das Christentum war nun also die offizielle und einzige römische Staatsreligion. Mit einem Schlag wurden alle Geheimgesellschaften verstoßen, die des Kaisers (und Roms) Anspruch auf die Herrschaft über die gesamte bekannte Welt hätten in Frage stellen können, – so wie sie es während der vergangenen 400 Jahre ja getan hatten.

Kirchenadel und weltliche Fürsten

Rom hatte fast 300 Jahre lang Jagd auf christliche Priester gemacht; nun mußten die Römer ihren Weisungen Folge leisten. Im 4. und 5. Jahrhundert setzte ein Prozeß ein, in dessen Verlauf die heidnischen Religionen und sämtliche nichtorthodoxen christlichen Gemeinschaften sich in die Hierarchie des offiziellen Christentums und dessen Dogmen eingliedern mußten, anderenfalls wären sie mit ihren Glaubensvorstellungen und Überlieferungen ausgestoßen worden.

Nach einer Reihe von Konzilien wurden bis zum frühen Mittelalter alle von der offiziellen Lehre abweichenden Glaubenssätze verboten und totgeschwiegen; darunter auch die Erkenntnisse, daß die Erde eine Kugel sei und daß die Sonne und die Sterne mehr als 17 Meilen von der Erde entfernt seien. Seit dem 10. und 11. Jahrhundert war praktisch alle Macht in die Hand der Kirche und des Papstes übergegangen – zunächst mit Unterstützung der deutschen Kaiser, dann der spanischen und französischen Könige und zuletzt der einflußreichen norditalienischen Kaufleute und Adeligen – der Borgia und Medici –, die sich im Gegenzug von der Kirche den Schutz ihrer Handelsgeheimnisse, ihrer Bündnisse und ihrer Einkommensquellen versprachen.

Alle Völker Europas wurden – notfalls mit Gewalt – der Politik des »Heiligen Römischen Reiches« unterworfen, der absoluten Intoleranz eines Kirchen- und Polizeistaates, der von dem blinden Glauben an eine allein seligmachende, nie angezweifelte Art des Gottesdienstes und an die Unfehlbarkeit des Papstes getragen wurde.

Die weltlichen Herrscher unterstützten die Kirche, beruhte doch ihre Macht nicht zuletzt auf dem neuen christlichen Dogma des sogenannten Gottesgnadentums.

Sie erließen Gesetze, mit denen die leisesten Anzeichen von Häresie[12] auf unvorstellbar grausame Weise verfolgt werden konnten. Wer von den Dogmen der Kirche abwich, galt als Ketzer, wurde von der Inquisition gnadenlos verfolgt und mit der Folter zum Widerruf oder einem »Geständnis« gezwungen.

Die Inquisition überzog viele westliche Länder mit ihrer Schreckensherrschaft und hielt die Menschen in Furcht um Leben und Freiheit, aber auch in Sorge um die Unsterblichkeit ihrer Seele. Denn die »Hölle« öffnete sich nur wenige Zentimeter unter den Füßen derer, die von der Kirche exkommuniziert wurden.

Das Geheimnis der Papierherstellung

Die Mehrheit der Bevölkerung, die sogenannten gemeinen Leute, wurde durch Angst und erzwungene Unwissenheit unterm Joch gehalten. Der Erwerb von Wissen wurde auf das Allernotwendigste beschränkt und vom Klerus streng überwacht.

Die »gemeinen Leute« – immerhin 95 Prozent der Bevölkerung – konnten weder lesen noch schreiben; selbst der Versuch, das Alphabet zu lernen, konnte sie das Leben kosten. Die Kenntnis der Bibelsprache, des Lateins, war für sie selbstverständlich ein absolutes Tabu. So konnte der lesekundige Klerus die Heilige Schrift für gut 1200 Jahre in seinem Sinne auslegen; erst die Reformation setzte dem ein Ende.

Die Kontrolle der Köpfe stützte sich auf die Kontrolle über das Papier. Ohne Papier war die Aufzeichnung und Verbreitung eigenständiger Gedanken eben nicht möglich. Die Methoden der Hanfverarbeitung wurden in den Klöstern aufbewahrt und wie Geheimnisse gehütet. Die Kirche wußte, welche Macht sie mit dem Geheimnis der Papierherstellung und der Zubereitung von Lampenöl in der Hand hielt. Es mußte etwas geschehen.

Die verbotenen Heilmittel

Während sie den Wein als Sakrament ehrte und Bier und schwere Alkoholika tolerierte, verbot die Inquisition im 12. Jahrhundert in Spanien und im 13. Jahrhundert in Frankreich die Einnahme von Cannabis. Im Zuge dieser Kampagne wurden auch viele andere Naturheilmittel verflucht und mit dem Bann belegt. Wer auch immer Hanf aus spirituellen Motiven, zum Heilen oder aus sonstigen Gründen benutzte, war fortan eine »Hexe« oder ein »Hexer«, jemand, der mit dem Satan im Bunde stand.

Die 1920 heiliggesprochene Johanna von Orléans (besser bekannt als Jeanne d'Arc) war 1430 von einem geistlichen Gericht beschuldigt worden, verschiedene »Hexenkräuter«, darunter auch Cannabis, genommen und daraufhin visionäre Stimmen gehört zu haben.

Die erlaubten Heilmittel

In Westeuropa gab es zuletzt nur noch wenige Heilmittel, die die Billigung der römisch-katholischen Kirche fanden. Dazu gehörten beispielsweise das Tragen einer Vogelmaske zur Abwehr der Pest oder der Aderlaß. Die meisten Patientinnen und Patienten, seien sie an Grippe, Lungenentzündung oder Fieber erkrankt, wurden Opfer dieser bis in unser Jahrhundert bei europäischen und amerikanischen Ärzten beliebtesten Behandlungsmethode, die darin bestand, den Kranken mitunter mehr als einen Liter Blut abzuzapfen. Diese Methode ist und war natürlich vollkommen wirkungslos – gleichgültig, wieviel Blut abgezapft wurde.

Die Kirche forderte auch dazu auf, bei bestimmten Krankheiten besondere Heilige um ein Wunder anzuflehen: bei Mutterkornvergiftung den heiligen Antonius, bei Blindheit die heilige Odilia, bei Epilepsie den heiligen Vitus. Aber Alkohol war erlaubt.

Im Jahr 1484 holte Papst Innozenz VIII. mit seiner Hexenbulle zu einem Rundumschlag gegen CannabisheilerInnen und andere Kräuterkundige aus. Er verkündete, daß Hanf ein unheiliges Sakrament der Satansmesse sei. Der anschließende Hexenwahn und die Hexenprozesse währten länger als 150 Jahre.

Für die mittelalterliche Kirche gab es drei Abarten des Satanskultes:

- Die Anrufung oder Verehrung Satans und
- den Besitz von Hexenwissen. Hier gerieten besonders Heilkräuterkundige und Alchimisten in Verdacht, die um die Herstellung und Verwendung von Salben und anderen Zubereitungen als Heilmittel oder als spirituelle Sakramente wußten, und diese Mittel, die auch Cannabis enthielten, weitergaben.
- Die sogenannte Travestie der Messe, die wir uns ungefähr wie eine Mischung aus den Simpsons, Mel Brooks, Monty Python und Rap vorzustellen haben. Es handelte sich dabei um eine ironisch-respektlose Verkehrung der

Die heutige Inquisition und ihr Wirtschaftsmodell

Über 300 Jahre hat die mittelalterliche Inquisition die Habe ihrer Opfer, die sie als Ketzer oder Hexen verfolgt hat, geraubt und mit ihren Helfershelfern geteilt: Ein Drittel erhielten die Denunzianten, ein Drittel die weltlichen Schergen, ein Drittel ging in die kirchlichen oder päpstlichen Besitztümer über.

»Hüte dich vor den Schriftgelehrten, [...] sie fressen der Witwen Häuser und verrichten zum Schein lange Gebete« (Lukas 20, 46f).

Eine derartige Strafverfolgung um des Profites willen wird heutzutage von den staatlichen Antidrogenkämpfern und ihren Spießgesellen auf Bundesebene mit der gleichen Selbstgerechtigkeit betrieben. Von den Informanten bis zu den Vollzugsorganen erhalten alle Beteiligten ihren Anteil an der Prämie für beschlagnahmte Güter.

Einerseits bildet das britische Gemeinrecht mit der Habeas-Korpus-Akte die Grundlage des modernen amerikanischen Rechtssystems, andererseits wird gleichermaßen auch die Konfiszierung praktiziert, die ein Relikt aus dem Mittelalter ist.

Damals galten Mörder als *deodand* (von lateinisch *deus*, Gott und *dare*, geben), also etwa als »gottgegeben«; sie waren mit ihrer gesamten Habe der Krone anheimgefallen.

Nach diesem Prinzip funktioniert noch heute eine Strafverfolgung, die sich mit Konfiskationen eher gegen das Eigentum als gegen den Menschen richtet.

Warum ist das so? Das ist leicht zu beantworten. Menschen haben ihre garantierten Rechte, ihr Eigentum hat sie nicht.

Dogmen, Sakramente und Riten der römisch-katholischen Kirche, wobei deren absolute Glaubenssätze verspottet wurden. Man sang obszöne Lieder, verzehrte statt der Hostien Blutwürste und wählte Narren oder Esel zum Bischof.

Weil sich die mittelalterliche Kirche nicht des Verdachtes erwehren konnte, daß sie bisweilen von ihren eigenen Untergebenen, nicht selten hochgebildeten Klerikern und angesehenen Bürgern, lächerlich gemacht und verspottet wurde, erklärte sie die Einnahme von Cannabis zur satanischen Ketzerei.

Widersprüche

Aber trotz aller Angriffe, denen der Hanf von Seiten der geistlichen und weltlichen Macht über mehrere Jahrhunderte ausgesetzt war, wurde in Nordeuropa, in Afrika und Asien weiterhin Hanfanbau betrieben. Während die Kirche in Europa CannabiskonsumentInnen verfolgte, ließen die spanischen Konquistadoren in aller Welt eifrig Hanf anpflanzen, den sie für Segeltuche und Tauwerk, für Werg und Kleidung benötigten.

Hanf – nicht auszurotten

Nachdem das Osmanische Reich Ägypten unter seine Herrschaft gebracht hatte, versuchte man im 14. Jahrhundert auch dort den Hanfanbau zu verbieten. Die ägyptischen Hanfbauern entlang des Nils hatten mehrfach Revolten gegen die Steuerzahlungen angezettelt, und die Türken führten Klage, die Einnahme von Cannabis reize die Ägypter zum Lachen und wiegele sie zu respektlosem Verhalten gegenüber ihrem Sultan und dessen Statthaltern auf. Ägypten war in der Moderne denn auch der erste Staat, der 1868 den Cannabiskonsum untersagte; 1910 folgte Südafrika, das die alten Dagga-Kulte und Naturreligionen der Urbevölkerung zu unterbinden suchte und unter Strafe stellte.

In Europa waren von der Krim bis zu den Britischen Inseln vielfältige gewerbliche und medizinische Verwendungen des Hanfs üblich. Die päpstliche Hexenbulle von 1484, die sich schon nördlich der Alpen kaum noch durchsetzen ließ, war in Osteuropa noch wirkungsloser: Rumänien, Ungarn und die ehemalige Tschechoslowakei nehmen bis auf den heutigen Tag eine weltweit führende Stellung in der Hanfproduktion ein. In Irland, das für sein Hanfleinen berühmt war, griffen die Frauen auch bei entscheidenden Fragen ihres Lebens zum Hanf: So versprachen sie sich etwa vom Cannabisgenuß einige Erhellung und Unterstützung bei der Frage der Gattenwahl.

Dann kam der Handel mit Hanf in den europäischen Staaten wieder in Schwung, und in Renaissance und Barock, im Zeitalter der Entdeckungen, also zwischen dem 14. und 18. Jahrhundert, spielte er bei den Manövern und Intrigen aller bedeutenden Mächte eine entscheidende Rolle.

Das Zeitalter der Aufklärung

Mit dem 18. Jahrhundert begann eine neue Ära des Denkens und der Kultur. Die amerikanischen Kolonisten erklärten »Leben, Freiheit und das Streben nach Glück« zu den höchsten Zielen; das französische Echo dieser Proklamation lautete »Freiheit, Gleichheit, Brüderlichkeit!«. Die Grundlagen moderner Verfassungen wurden vorbereitet,

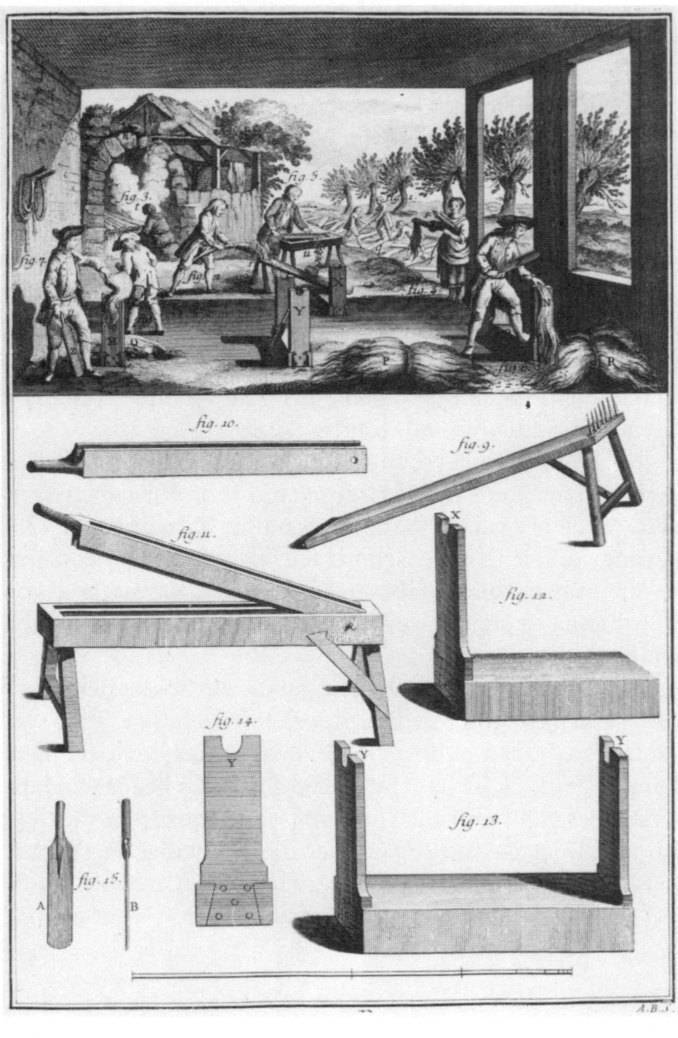

Geräte für das Schwingen, Brechen und Hecheln des Hanfs. Kupferstich von Antonio Baratti aus Diderots Enzyklopädie, 1771.

die Menschenrechte wurden niedergeschrieben, die Verflechtung von Kirche und Staat wurde aufgehoben. All dies geschah in der Absicht, eine neue Politik ins Werk zu setzen, unter deren Schutz die Bürger ohne Angst vor repressiven und intoleranten Gesetzen arbeiten und leben konnten.

John Stuart Mill, dessen Philosophie das demokratische Staatswesen der USA nachhaltig prägte, schrieb in seinem Essay *Über die Freiheit* (1859) »Die menschliche Freiheit beinhaltet an vornehmster Stelle die innere Domäne des Bewußtseins im umfassendsten Sinne: Die Freiheit der Gedanken und die Freiheit des Gefühls, [...] wissenschaftliche, moralische und theologische Freiheit, [...] die Freiheit des Geschmacks und des Strebens.«

Mill betonte, daß Gedankenfreiheit und Meinungsfreiheit das Fundament aller Freiheit ist. Den gleichen Gedanken finden wir auch in den historischen Worten des Gentleman-Farmers Thomas Jefferson, eingegraben in den Marmor seines Denkmals in Washington: »Vor dem Altar Gottes habe ich aller Tyrannei über den menschlichen Geist ewige Feindschaft geschworen.«

Abraham Lincoln war ein entschiedener Gegner der Prohibition. Als er einem Mordanschlag zum Opfer fiel, erhielt seine Gemahlin Cannabis zur Beruhigung ihrer zerrütteten Nerven. Von der Mitte des 19. Jahrhunderts bis zum Cannabisverbot nahm praktisch jeder Präsident der Vereinigten Staaten gewohnheitsmäßig Heilmittel auf der Basis von Cannabis (vgl. Kapitel 12).

Auch aus jüngerer Zeit gibt es solche Nachrichten. Aus dem engeren Kreis der Vertrauten um John F. Kennedy verlautete, der Präsident habe regelmäßig Cannabis zur Linderung seiner Rückenschmerzen genommen; für seine zweite Amtsperiode habe er sogar die Legalisierung von Marihuana geplant – ein Plan, den 1963 die Schüsse von Dallas vereitelten.[13]

Und vor noch kürzerer Zeit gaben die Söhne der Präsidenten Carter und Ford zu, im Weißen Haus »Gras« geraucht zu haben. Von George Bushs Vizepräsident Dan Quayle heißt es, er habe während seiner Collegezeit Marihuana geraucht und auch andere Drogen ausprobiert. Über Ronald Reagan und sogar über die ehemalige First Lady Nancy (»Just Say No«) wird berichtet, sie hätten im Amtssitz des Gouverneurs von Kalifornien Cannabis geraucht.[14]

Tabak und Hanf. Jeffersons Vergleich

Thomas Jefferson setzte sich wiederholt für die Sache des Hanfes ein; er schmuggelte kostbare Hanfsamen nach Amerika und er konstruierte eine neue Hanfbreche (das Gerät zur Fasergewinnung). Am 16. März 1791 notierte er:

»Der Anbau von Tabak ist schädlich. Diese Pflanze laugt den Mutterboden restlos aus. Sie braucht viel Dung, der dann anderen Kulturen fehlt. Sie ist als Futter für das Vieh unbrauchbar, so daß der aufgewendete Dung verloren geht.

Es ist gegen die Vernunft, Tabak anzubauen. Der Landwirtschaft ist bekannt, daß der beste Hanf und der beste Tabak auf Böden gleicher Qualität gedeihen. Nun ist aber ersterer von größter Notwendigkeit für Handel und Seefahrt, mit anderen Worten, für das Wohlergehen und den Schutz des Landes. Letzterer hingegen ist niemals nützlich und schadet sogar, auch entspringt sein Bestimmungszweck bloßer Laune und sein Preis allein den Steuern, mit denen er bislang belegt war.

Aus dem Vergleich beider läßt sich alsbald schließen, welchem der Vorzug zu geben sei: Der Hanf schafft, wenn er noch unbearbeitet ist, zwar mehr Arbeit als der Tabak, aber er bietet Grundstoffe für allerlei Gewerbe und kann Lebensunterhalt einer beträchtlichen Zahl von Menschen sein. Deshalb ist dem Hanf in einem bevölkerungsreichen Lande der Vorzug zu geben.

Amerika muß dieser Tage den Hanf einführen und wird es wohl weiterhin tun müssen, daneben auch verschiedene Artikel, die aus Hanf gemacht sind, wie Schnüre, Segeltuch, Stoffe aus Drillich und Strümpfe.«

11 Der britisch-amerikanische Krieg oder: als Napoleon in Rußland einfiel

Dieses Kapitel ist eine Zusammenfassung der Ihnen vielleicht unbekannten Hintergründe des britisch-amerikanischen Krieges. Worum ging es damals? Sie erfahren im folgenden, welche Ereignisse – ganze zwei Wochen nach dem offiziellen Friedensschluß – zur Schlacht von New Orleans geführt haben.

18. und frühes 19. Jahrhundert

Hanf ist seit Jahrtausenden eine wichtige Handelsware und die Grundlage bedeutender Gewerbezweige. Seine Fasern (vgl. Kapitel 2) bewegen im buchstäblichen Sinne den Welthandel, und die Weltwirtschaft ist auf Hanfprodukte angewiesen.

Nach 1740

Das zaristische Rußland deckt mit seinem auf Leibeigenschaft basierenden Wirtschaftssystem 80 Prozent des europäischen Bedarfs an Roh- und Fertigprodukten aus Cannabis.[1] Russischer Hanf wird in aller Welt wegen seiner hervorragenden Eignung zur Herstellung von Segeln, Tauen, Takelwerk und Netzen geschätzt.

Hanf ist für Rußland die bedeutendste Handelsware – wichtiger noch als Pelze, Holz und Eisenerz.

1740–1807

Großbritannien bezieht mehr als 90 Prozent des für seine Flotte benötigten Hanfs aus Rußland; die britische Kriegsmarine und der weltweite britische Seehandel sind ohne russischen Hanf nicht vorstellbar: Jedes britische Schiff verbraucht alle ein bis zwei Jahre zwischen 50 und 100 Tonnen Hanf.

Und es gibt keine Ersatzstoffe; aus Flachs gewebtes Segeltuch ist beispielsweise weniger dauerhaft als das aus Hanf hergestellte Material; wenn es der Salzluft und dem Meerwasser ausgesetzt ist, beginnt es bereits nach drei Monaten zu verrotten.

1793–1799

Der britische Adel ist der neuen französischen Regierung feindlich gesonnen. Man befürchtet, die Französische Revolution könne auf die Insel überspringen oder es könne zu einer französischen Invasion Englands kommen, in deren Gefolge der Adel nicht nur die Herrschaft über das Empire, sondern auch seine Köpfe verlieren würde.

Großbritannien beginnt mit seiner Seeblockade gegen Frankreich und dessen Verbündeten auf dem europäischen Kontinent. Die französischen Häfen am Ärmelkanal und an der Biskaya werden von britischen Schiffen abgeriegelt; außerdem kann Großbritannien von seiner Kolonie Gibraltar aus den Schiffsverkehr zwischen Atlantik und Mittelmeer kontrollieren. *1803–1814*

Die erstarkenden Vereinigten Staaten von Amerika verhalten sich in dem britisch-französischen Krieg offiziell neutral. Sie beginnen allerdings damit, ihre äußeren Angelegenheiten selbst in die Hand zu nehmen: Zwischen 1801 und 1805 entsenden sie einige Kriegsschiffe ins Mittelmeer, um die von Tripolis aus operierenden Piraten daran zu hindern, von Schiffen der amerikanischen Handelsmarine Tributzahlungen zu erpressen. »Millionen für die Verteidigung, keinen Penny als Tribut«, lautete der amerikanische Kriegsgesang, und die Hymne der Kriegsmarine fügte als zweiten Vers hinzu: »... an die Küste von Tripolis.« *1789–1812*

Napoleon braucht dringend Geld, um den Krieg gegen Großbritannien zu führen und um seinen Einfluß über Kontinentaleuropa zu stabilisieren. Er verkauft den USA das Territorium Louisiana für den unglaublich günstigen Preis von 15 Millionen Dollar –, das sind umgerechnet sechseinhalb Cent pro Hektar. *1803*

Dieses Gebiet ist ungefähr ein Drittel der heutigen kontinentalen Fläche der USA (ohne Alaska).

Der Erwerb Louisianas erweckt bei einigen Siedlern im Westen den Wunsch, daß die Vereinigten Staaten sich vom Norden Kanadas bis zum Süden Mexikos und vom Atlantik bis an den Pazifik ausdehnen sollen.

Großbritannien treibt mit Rußland weiter Handel und bezieht von dort 90 Prozent seines Bedarfs an Hanf. *1803–1807*

Nach dem siegreichen Feldzug gegen Rußland und Preußen vereinbart Napoleon mit Zar Alexander im Frieden von Tilsit, daß Rußland der Kontinentalsperre beitritt, also sämtliche Handelsbeziehungen zu Großbritannien, dessen *1807*

Verbündeten sowie zu allen neutralen Staaten, die weiterhin mit England Handel treiben, abbricht.

Im gleichen Vertrag wird das formell autonome, praktisch aber von Frankreich abhängige Großherzogtum Warschau als neutrales Gebiet zwischen den mit Napoleon verbündeten Mächten und Rußland gegründet.

Napoleons Strategie – und sein Hauptziel beim Frieden von Tilsit – ist, Großbritannien vom russischen Hanf abzuschneiden. Ohne diesen wäre die britische Marine dazu gezwungen, zur Deckung ihres Bedarfs an Segeln, Tauen und Takelwerk andere Schiffe auszuschlachten; auf diese Weise würde sie sich selbst mit der Zeit so schwächen, daß sie die Seeblockade nicht mehr aufrechterhalten könnte.

1807–1809 Napoleon betrachtet die Vereinigten Staaten als neutral, solange sie weder mit noch für Großbritannien Handel treiben. Auch die USA verstehen sich im britisch-französischen Krieg als neutrale Macht.

1806 erläßt der Kongreß ein Gesetz, das die Einfuhr solcher britischen Waren verbietet, die sich auch in den USA herstellen lassen. 1807 wird die Embargo-Akte verabschiedet, die den Handel mit Europa vollkommen unterbindet.

Im Gegensatz zur europäischen Wirtschaft fügen diese Gesetze der amerikanischen beträchtlichen Schaden zu; sie werden allerdings von vielen amerikanischen Kaufleuten nicht sonderlich genau beachtet.

1807–1814 Nachdem Großbritannien durch den Frieden von Tilsit vom Rußlandhandel abgeschnitten ist, erkennt es keine neutralen Staaten oder Schiffahrtsstraßen mehr an.

Alle Schiffe, die mit Frankreich oder seinen kontinentalen Verbündeten Handel treiben, gelten jetzt als feindlich und werden der Seeblockade unterworfen.

In dieser Situation geht Großbritannien dazu über, amerikanische Schiffe aufzubringen, deren Ladungen zu beschlagnahmen und die Besatzungen auf Kosten der Schiffseigner in die USA zurückzuschicken.

Dabei werden einige amerikanische Seeleute auch zum Dienst in der britischen Marine gezwungen. England behauptet aber, es handele sich ausschließlich um britische Staatsangehörige, deren amerikanische Arbeitgeber die Kostenübernahme für die Rückkehr in die USA verweigert hätten. [Viele Matrosen der britischen Marine sollen in der Tat wegen schlechter Heuer und Behandlung auf amerikanische Handelsschiffe desertiert sein; Anm. d. Ü.]

Insgeheim, sozusagen »unter dem Tisch«, macht Großbritannien den festgehaltenen amerikanischen Händlern aber ein Angebot für den Fall, daß sie sich bereit erklären, ein amerikanisches Schiff »zu übernehmen« und damit einen britischen Hafen anzulaufen. *1807–1810*

Das Angebot sieht folgendermaßen aus: Entweder sie würden ihr Schiff samt Ladung unwiderruflich verlieren oder sie würden nach Rußland fahren und dort heimlich Hanf für England kaufen. Dafür würde man ihnen einen Vorschuß in Gold bezahlen; und nach der Ablieferung des Hanfs würden sie nochmals Gold erhalten.

Ferner würde es ihnen gestattet sein, ihre in den USA an Bord genommene Ladung (Rum, Zucker, Gewürze, Baumwolle, Kaffee, Tabak) zu behalten und in Rußland gegen Hanf einzutauschen – ein doppelter Profit für die Amerikaner.

Sie haben die Wahl: Entweder sie laufen Gefahr, der Seeblockade zum Opfer zu fallen und dabei den Verlust von Schiff, Ladung und Mannschaft zu riskieren oder sie arbeiten als geheime und illegale Handelsagenten für Großbritannien, stehen unter dem Schutz der britischen Marine und streichen dabei garantierte Gewinne ein. Natürlich entscheiden die gerissenen Yankee-Kaufleute sich für letzteres. *1808–1810*

Der spätere amerikanische Präsident John Quincy Adams notiert im Jahre 1809 als amerikanischer Konsul in St. Petersburg:

»Innerhalb von zwei Wochen liefen 600 Klipper unter amerikanischer Flagge Kronstadt an.« Dort, im Hafen von St. Petersburg, nehmen sie für England und Amerika bestimmten Hanf an Bord, denn auch in den USA herrscht Mangel an qualitativ hochwertigem Hanf.[2]

1809 verabschieden die USA ein Gesetz, das die Bestimmungen von 1807 wesentlich entschärft: Der Handel mit allen europäischen Staaten – mit Ausnahme Englands und Frankreichs – wird wieder zugelassen. Wenig später wird dieses Gesetz durch die Macon-Bill, in der sämtliche Handelsbeziehungen für rechtmäßig erklärt werden, ersetzt.

Als England die amerikanischen Kaufleute zwingt, russischen Hanf illegal nach Großbritannien zu transportieren, verlangt Napoleon, daß Alexander sämtliche Handelsbeziehungen mit den USA abbricht. *1808–1810*

Er fordert die Zulassung französischer Handelsagenten und die Stationierung französischer Truppen in Kronstadt, um sicherzustellen, daß der Zar und dessen Hafenbehörden die Vereinbarungen des Friedensvertrages auch wirklich einhalten.

1808–1810 Trotz seiner vertraglichen Bindungen lehnt Alexander ab. Was die illegalen Geschäfte amerikanischer Kaufleute betrifft, drückt er ein Auge zu; offensichtlich will er nicht auf die beliebten und gewinnbringenden Handelswaren verzichten, die er und der russische Adel aus den USA beziehen – und natürlich auch nicht auf das britische Gold, das ihm aus dem illegalen amerikanischen Hanfhandel zufließt.

1809 Die Verbündeten Napoleons besetzen das Großherzogtum Warschau.

1810 Napoleon befiehlt dem Zar erneut, die Handelsbeziehungen mit den USA abzubrechen. Alexander reagiert diesmal, indem er diejenigen Passagen des Friedensvertrags von Tilsit widerruft, die das Handelsverbot mit unabhängigen amerikanischen Kaufleuten regeln.

1810–1812 Da der Zar nichts unternimmt und auch die britische Marine nicht von der lebensnotwendigen Versorgung mit russischem Hanf abschneidet, stellt Napoleon eine Armee auf und fällt, um den Englandhandel endgültig zu unterbinden, in Rußland ein.

1811–1812 Großbritannien ist inzwischen mit Rußland verbündet und hat die Handelsbeziehungen wieder in vollem Umfang aufgenommen. Die britische Marine hindert mit der Seeblokkade weiterhin amerikanische Schiffe am Handel mit dem übrigen Europa.

Aufgrund der veränderten Lage verwehrt England den US-Schiffen die für den Rußlandhandel unabdingbare Passage zur Ostsee und fordert nun von den amerikanischen Kaufleuten, in geheimer Mission andere strategisch wichtige Güter aufzukaufen. Diese Geschäfte sollen in erster Linie mit Frankreich und seinen Verbündeten am Mittelmeer betrieben werden, die sich zu dieser Zeit glücklich schätzen, überhaupt etwas verkaufen und ihre wirtschaftliche Lage stabilisieren zu können.

1812 Die Vereinigten Staaten, die inzwischen auf 80 Prozent ihrer russischen Hanflieferungen verzichten müssen, beraten im Kongreß über einen Krieg.[3]

Ironischerweise stimmen ausgerechnet die Repräsentanten der Weststaaten für den Krieg und berufen sich in ihrer Begründung auf die zum Dienst in der britischen Marine »gepreßten« amerikanischen Seeleute. Die Repräsentanten der östlichen Küstenstaaten fürchten, daß der Handel zurückgeht, und lehnen, obwohl gerade ihre Schiffsfrachten und -besatzungen am stärksten von der britischen Seeblokkade betroffen sind, den Krieg ab.

Nicht ein Senator dieser Küstenstaaten stimmt für den Krieg mit Großbritannien, während die Senatoren der Weststaaten praktisch geschlossen ihr Votum dafür abgeben. In dem irrigen Glauben, England sei zu sehr von den europäischen Kriegen gegen Napoleon eingenommen, um Kanada verteidigen zu können, hoffen sie, ihre Träume von Großamerika realisieren und Kanada den USA einverleiben zu können.

Interessant in diesem Zusammenhang ist, daß sich Kentucky als besonderer Kriegstreiber hervortut, denn der Handel mit Hanf würde ja zunächst vollständig zusammenbrechen. Und genau zu diesem Zeitpunkt ist man in Kentucky dabei, mit großem Eifer eine eigene Hanfindustrie aufzubauen.

Die Ursachen liegen auf der Hand: Der Transport von russischem Hanf auf dem Seeweg nimmt um das Jahr 1812 nur ein Drittel der Zeit in Anspruch, die man bräuchte, um Kentucky-Hanf auf dem Landweg nach Osten zu bringen. Das ändert sich erst 1825 mit der Eröffnung des Eriekanals.

Die Weststaaten gewinnen im Kongreß die Oberhand, und am 18. Juni 1812 erklären die USA Großbritannien den Krieg.

Amerika tritt an der Seite Napoleons in den Krieg, der im Juni des gleichen Jahres zum Rußlandfeldzug aufbricht.

Bald darauf erleidet Napoleon in Rußland eine katastrophale Niederlage. Der harte Winter, die russische Taktik der verbrannten Erde und die Unmöglichkeit, über mehr als 3 000 Kilometer lange Nachschubwege in Sumpf und Schnee aufrecht zu erhalten, tragen genauso zu der Niederlage bei wie Napoleons starres Festhalten an dem ursprünglichen Plan, kein Winterlager aufzuschlagen und die Armee vor dem endgültigen Angriff auf Moskau nicht zu reorganisieren.

Von den 450 000 bis 600 000 Soldaten, mit denen Napoleon nach Moskau aufbrach, kehren nur 180 000 zurück.

1812–1814 Nach anfänglichen Erfolgen im Krieg gegen die USA (darunter die Brandschatzung Washingtons als Vergeltung für die vorausgegangene Brandschatzung Torontos) lassen die Finanzkraft und die militärische Stärke Englands allmählich nach. Die Blockade, der Krieg in Spanien gegen Frankreich und das beherzte Auftreten der neuen Seemacht Amerika erschöpfen die britischen Ressourcen.

Im Dezember des Jahres 1814 unterzeichnet Großbritannien den Friedensvertrag mit den USA unter Bedingungen, die für beide Mächte leicht annehmbar sind.

Großbritannien willigt ein, den amerikanischen Handel nie wieder zu behindern. Und im Gegenzug verzichten die USA auf alle künftigen Ansprüche auf Kanada. (Woran sie sich bis auf den heutigen Tag gehalten haben.)

1813–1814 England zwingt die französischen Truppen 1813 zum endgültigen Rückzug aus Spanien. Eine aus nahezu allen europäischen Mächten bestehende Koalition besiegt Napoleon 1814 in der Völkerschlacht bei Leipzig. Napoleon wird auf die Insel Elba verbannt.

1815 Napoleon kann am 1. März 1815 von Elba nach Frankreich entkommen, aber nur hundert Tage später wird er in der Schlacht von Waterloo endgültig geschlagen.

Januar 1815 Weil die Nachrichten von dem am 24. Dezember 1814 in Genf geschlossenen britisch-amerikanischen Friedensvertrag auf der anderen Seite des Atlantiks erst später bekannt werden, kommt es zu einem für die britische Armee tragischen Zwischenfall: Noch am 8. Januar 1815 greift eine starke britische Streitmacht bei New Orleans amerikanische Truppen an, die unter der Führung von Andrew Jackson den Engländern eine empfindliche Niederlage bereiten.

20. Jahrhundert In den USA, in England, Frankreich, Kanada und Rußland lernen die Schulkinder im Geschichtsunterricht vollkommen unterschiedliche Versionen über den Ablauf dieser historischen Ereignisse. Die amerikanischen Fassungen zeichnen sich dadurch aus, daß die Bedeutung des Hanfs in diesem Krieg (und auch in allen anderen Epochen der Geschichte) vollkommen verschwiegen wird.

Nachbemerkung. Der Autor möchte alle ExpertInnen für Geschichte um Nachsicht bitten, wenn er bei der Auflistung dieser wenigen Eckdaten des britisch-amerikanischen Krieges von 1812 bis 1814 wichtige Einzelheiten beiseite ließ – die Rolle der Rothschilds etwa, die Machinationen der Illuminaten oder die Manipulationen der Warenbörse. Aber schließlich ging es hier nicht darum, einen Roman über diesen *Krieg und Frieden* zu schreiben. Das hat Tolstoi schon erledigt. Mit meiner Zusammenfassung hatte ich lediglich die Absicht, ein Korrektiv zu den noch heute in den Schulen üblichen Verzeichnungen und Verwässerungen zu liefern.

12 Hanf trumpft auf: die USA im 19. Jahrhundert

Der Anbau von Hanf und seine Weiterverarbeitung zu Textilien, Papier, Segeltuch, Tauen, Lampenöl, Nahrungsmitteln usw. bildeten um das Jahr 1839 in den USA und der gesamten westlichen Welt einen der bedeutendsten landwirtschaftlichen und gewerblichen Faktoren. Die vielen medizinischen Anwendungsmöglichkeiten hingegen, dem Orient und dem Mittleren Osten seit Jahrtausenden geläufig, hatten im Mittelalter zu dem von der Kirche unterdrückten Wissen gehört und waren über lange Zeit nahezu unbekannt geblieben. Im Verlauf des 19. Jahrhunderts änderte sich das schlagartig: Der medizinische Nutzen von Cannabis wurde wiederentdeckt, Cannabiselexiere und patentierte Cannabispräparate erfreuten sich in den USA wachsender Beliebtheit, luxuriöse türkische Rauchsalons wurden eingerichtet, selbst die Literatur erfuhr vom Cannabis bedeutende Anregungen.

Cannabisheilmittel im Amerika des 19. Jahrhunderts

Zwischen 1850 und 1937 empfahlen amerikanische Arzneimittelbücher die Verwendung von Cannabis als wesentliches Medikament bei mehr als 100 verschiedenen Krankheiten.

Gleichwohl tappte die Wissenschaft im dunkeln: Bis in die 40er Jahre unseres Jahrhunderts waren den Ärzten und Arzneimittelherstellern (Lilly, Parke-Davis, Squibb u. a.) die in Cannabis enthaltenen Wirkstoffe unbekannt.

Das änderte jedoch nichts daran, daß Marihuanaextrakte, die unter der Bezeichnung Cannabis Indica oder Indischer Hanf vertrieben wurden, zwischen 1842 und 1890 unter den patentgeschützten Medikamenten und den ärztlich verschriebenen Rezepturen nach Alkohol und Opium den dritten Platz einnahmen; in der Regel wurden sie in sehr hohen Dosen oral verabreicht.[1]

Der Alkoholkonsum wurde allerdings schon damals mit Gewalttätigkeit gleichgesetzt; für die Opiumsucht gab es die geläufige Bezeichnung »Soldatenkrankheit«. Cannabis wurde in dieser Zeit zunehmend beliebter und sogar zur

Unterstützung des Entzuges alkohol- und opiumsüchtiger Menschen eingesetzt. Die meisten therapeutischen Anwendungsmöglichkeiten von Cannabis allerdings waren in der westlichen Welt seit den Tagen der Inquisition in Vergessenheit geraten.

Das änderte sich erst mit dem Auftreten von W. B. O'Shaugnessy. Als 30jähriger kam er mit der britischen Armee als Militärarzt nach Bengalen[2] und hatte dort beobachten können, wie indische Heiler mit verschiedenen Hanfextrakten auch Krankheiten und Seuchen, beispielsweise den Wundstarrkrampf, erfolgreich bekämpften; in der westlichen Welt galten derartige Krankheiten zu dieser Zeit noch als unheilbar.

1839. – Die erste westliche Studie

Daraufhin führte er eine umfangreiche Studie durch, die erste der westlichen Welt, und veröffentlichte im Jahre 1839 eine 40seitige Abhandlung über die medizinische Verwendung von Cannabis.[3] Ein französischer Arzt namens Roche stellte zur gleichen Zeit im Mittleren Osten ähnliche Beobachtungen zur dortigen Heilkunde an.

O'Shaugnessys Abhandlung und seine (Wieder-)Entdekkung der Hanfextrakte versetzten die medizinische Welt des Westens in Erstaunen und verbreiteten sich wie ein Lauffeuer. Nach nur drei Jahren war Marihuana der absolute Superstar unter den Medikamenten.

Die Aufzeichnungen der amerikanischen Cannabisnovizen – der Menschen, die zum ersten Mal in ihrem Leben Cannabis zu sich nahmen – sowie der Ärzte, die es selbst konsumierten, damit experimentierten und es therapeutisch einsetzten, berichten übereinstimmend von folgenden Effekten: Für gewöhnlich wirkt Cannabis stimmungsaufhellend (gelegentlich allerdings auch stimmungsdämpfend); seine bewußtseins- und zeiterweiternden Eigenschaften zeigen sich bei Erwachsenen wie auch bei Kindern. Das gleiche gilt für die Fröhlichkeit und den gesteigerten Appetit, die vornehmlich bei den ersten Einnahmen auftreten.

Merkwürdigerweise ist es den Herstellern von Cannabispräparaten bis in die 30er Jahre unseres Jahrhunderts nicht gelungen, wirksame Methoden zur Verlängerung der Lagerfähigkeit dieser Präparate zu entwickeln; außerdem fiel es ihnen äußerst schwer, standardisierte Dosierungen herauszufinden.

Ein Beispiel für die hohe Beliebtheit, derer sich Cannabisheilmittel im vergangenen Jahrhundert in den USA (sogar bei einigen protestantischen Theologen) erfreuten, ist bereits in einem anderen Zusammenhang erwähnt worden:

Im Jahr 1860 kam das Komitee für Indischen Hanf der medizinischen Gesellschaft von Ohio zu dem Schluß, »bedeutende Kommentatoren der Bibel« seien der Ansicht, »bei dem mit Essig und Galle (oder auch mit Myrrhe versetzten) Wein, der unserem Heiland vor der Kreuzigung gereicht wurde«, habe es sich »aller Wahrscheinlichkeit nach um eine Zubereitung aus Indischem Hanf gehandelt.« Und weiter heißt es in dem Bericht des Komitees: »In den zitierten Bibelkommentaren wird auch die Verwendung von Indischem Hanf bei der Geburtshilfe erwähnt.«[4]

Daß Cannabispräparate in den USA allmählich wieder von anderen Medikamenten verdrängt wurden, dürfte zum Teil daran liegen, daß es recht schwer war, sie genau zu dosieren. Eine weitere Ursache ist darin begründet, daß die Ärzte im ausgehenden 19. Jahrhundert keine wirksamen Cannabisextrakte finden konnten, die sich mit den damals brandneuen Injektionsbestecken unter die Haut spritzen ließen; derartige Extrakte sind übrigens bis auf den heutigen Tag nicht entwickelt worden.

Einige Temperenzlergruppen sehen in Haschisch sogar einen Ersatz für den »Dämon Alkohol«.

Einige der in den USA am weitesten verbreiteten Ehehandbücher empfahlen um 1890 Cannabis sogar als außergewöhnlich wirksames Aphrodisiakum. Niemand jedenfalls wäre in diesen Tagen auch nur auf die Idee gekommen, den Hanf verbieten zu wollen. Und während allgemein über eine Alkoholprohibition nachgedacht wurde, empfahlen einige weibliche Temperenzlergruppen Cannabis sogar als Ersatz für den »Dämon Alkohol«, von dem sie sagten, er führe immer wieder zu Mißhandlungen der Frauen.

Eine Inspiration für die Literatur des 19. Jahrhunderts

Nicht wenige der bedeutendsten revolutionär-romantischen Schriftsteller befürworteten seit dem frühen 19. Jahrhundert den Genuß von Cannabis. Ihre Werke, in denen sie die Freiheit des Individuums und die Würde des Menschen feierten, gelten heute als »Klassiker« und stehen auf den Lehrplänen unserer Schulen:

Victor Hugo: *Les Misérables* (Die Elenden, 1862), *Notre Dame de Paris* (Der Glöckner von Notre Dame, 1831).

Alexandre Dumas: *Der Graf von Monte Christo* (1844), *Die drei Musketiere* (1845/1846).

Um diese Reihe nur halbwegs zu vervollständigen, sollen hier noch Coleridge, Gautier, De Quincey, Balzac, Baudelaire und Rimbaud erwähnt werden.

Von Cannabis und halluzinogenen Pilzen inspirierte Bilderwelten beeinflußten Lewis Carrolls *Alice im Wunderland* (1865) und *Alice hinter den Spiegeln* (1872).

Hugh Ludlow, mit nicht einmal 30 Jahren schon Bestsellerautor, in den 60er Jahren ein enger Freund und Förderer Mark Twains, hatte sich 1857 mit *The Hashish Eater* (Der Haschischesser) als Cannabisbefürworter hervorgetan.

Ludlow empfahl das Haschischessen als wunderbares Bewußtseinsabenteuer, warnte aber ausdrücklich vor einem übermäßigen Konsum von Haschisch und anderen Drogen. Von einer ähnlichen Grundhaltung war auch Baudelaire geprägt; seine *Künstlichen Paradiese* (1860) sind lange Prosagedichte, die um das Thema Haschisch kreisen.

In den Werken dieser Autoren stechen einige Züge besonders hervor: die unbändige Freiheitsliebe; der Respekt vor der Würde des Individuums und seiner Suche nach einem unabhängigen Bewußtsein; Spott und Verachtung für die herrschenden Klassen und Meinungen, die Bürokratie und die Ungerechtigkeiten der Zeit (am deutlichsten vielleicht in Victor Hugos *Les Misérables*).

Um 1845 begründete der französische Arzt J. J. Moreau die wissenschaftliche Pharmakologie; Cannabis wurde zum ersten Medikament, das bei der Behandlung geisteskranker und depressiver Menschen angewandt wurde. Moreau war eng mit Dumas, Hugo und Gautier befreundet; gemeinsam mit ihnen rief er im gleichen Jahr die erste Cannabisgesellschaft der westlichen Welt ins Leben, den *Club des Haschischins*.

»Nicht weit von ihr wuchs ein großer Pilz, ungefähr so groß wie sie selbst [...]. Sie stellte sich auf die Zehenspitzen und spähte über den Rand, und alsbald traf ihr Blick den einer großen blauen Raupe, die mit verschränkten Armen dort oben saß und ruhig aus einer langen Wasserpfeife schmauchte, ohne von ihr oder von irgend etwas anderem auch nur die geringste Notiz zu nehmen.« Illustration von Lewis Carroll zu »Alice im Wunderland«

Ahornsirup-Haschisch-Konfekt

Seit etwa 1860 stellte die »Ganjah Wallah Hasheesh Candy Company« ein Ahornsirup-Haschisch-Konfekt her, das bald zu den beliebtesten Süßigkeiten Amerikas zählte. Es wurde ganz legal im Laden verkauft und in den Zeitungen angepriesen; einige Warenkataloge führten es 40 Jahre lang als vollkommen harmloses Naschwerk.

Türkische Rauchsalons

Zwischen 1860 und den ersten Jahren des folgenden Jahrhunderts wurden auf Weltausstellungen und internationalen Messen immer wieder türkische Haschischpavillons gezeigt. Haschisch zu *rauchen* war in den USA bis dahin unbekannt gewesen; die berauschende Wirkung stellt sich dabei zwar wesentlich schneller ein, ist dafür aber um etwa zwei Drittel schwächer und hält weniger lang an als bei oral verabreichten Cannabisextrakten, die beispielsweise amerikanischen Kindern regelmäßig verschrieben wurden.

Im Jahr 1876 fand anläßlich der Hundertjahrfeier der Vereinigten Staaten von Amerika in Philadelphia eine gigantische Jubiläumsausstellung statt. Eine Stippvisite im türkischen Rauchsalon erfreute sich bei Ausstellungsbesucherinnen und -besuchern bald großer Beliebtheit; wenn sie vor ihrem Rundgang ein wenig Haschisch rauchten, so wurde ihnen versprochen, könnten sie den Ausstellungsrummel mit »gesteigerter Freude« genießen.

Um 1883 öffneten vergleichbare Rauchsalons in allen größeren Städten der USA ihre Pforten: in New York, Boston, Philadelphia, Chicago, St. Louis, New Orleans und an vielen anderen Orten. Polizeiberichten zufolge soll es während der 80er Jahre allein in New York City mehr als 500 dieser Haschischsalons gegeben haben; bis in die 20er Jahre unseres Jahrhunderts dürften noch einmal weitere 500 hinzugekommen sein. Es ist anzunehmen, daß die Anzahl der Haschischsalons in jenen Tagen die Anzahl der »Speakeasys« – der Kneipen, in denen während der Alkoholprohibition der 20er Jahre illegal Schnaps ausgeschenkt wurde – bei weitem übertroffen hat.

So amerikanisch wie Apple-Pie

Es hat nur vier Generationen gebraucht, bis der Cannabiskonsum dann am Anfang dieses Jahrhunderts in den USA heimisch geworden war.

Buchstäblich jeder Mensch in diesem Land hatte von Kindheit an Erfahrungen damit, wenn er nach Einnahme von Cannabisextrakten *high* wurde. Aber niemand kam auf die Idee, Cannabis als suchtbildend, gesellschaftszersetzend und gewaltfördernd darzustellen.

Wir stehen also vor einer wichtigen Frage: Wenn es nicht die Furcht vor gesundheitlichen oder gesellschaftlichen Folgeschäden gewesen ist, die in den USA zum späteren Verbot des Cannabiskonsums (das anschließend auch der übrigen Welt aufgezwungen wurde) führte, was hat dann dazu geführt?

Die Schmutzkampagne

Welche gesellschaftliche oder politische Macht könnte stark genug sein, die Bürgerinnen und Bürger der USA gegen eine unschuldige Pflanze aufzubringen? Eine Pflanze obendrein, an der sie ein so großes Interesse haben, da sie ihnen in ihrem Leben bei so vielerlei Dingen half.

Weiter oben habe ich schon berichtet, auf welcher Grundlage die ersten Gesetze gegen Marihuana in den USA zustande gekommen sind: Zuerst waren da die Lügen von Randolph Hearst und der Regenbogenpresse, die rassistischen Zeitungsartikel und die irrsinnigen Gerüchte, die dann anschließend von Harry Anslinger vor dem Kongreß als »Fakten« angeführt wurden.

Warum verfiel nun Hearst aber ausgerechnet auf das Cannabis und die rassistischen Horrorstories? Aus welchem Scharfsinn (wir können auch fragen: aus welcher Dummheit) wurden die Gesetze geboren, mit denen wir in den USA in den vergangenen 50 Jahren Gefängnisstrafen von insgesamt 12 Millionen Jahren verhängt haben? Allein 1990 wurden 390 000 Menschen wegen des Besitzes von Marihuana festgenommen!

Nun, der erste Schritt war, die Angst vor dem Unbekannten anzustacheln, indem man ein neues, bislang nie gehörtes Wort für den Hanf gebrauchte: Man kämpfte gegen »Marihuana«.

Der nächste Schritt bestand darin, alle Vorbereitungen unter Umgehung der Ärzteschaft und der Hanfindustrie zu treffen, die sicherlich Sturm dagegen gelaufen wären, und die meisten Anhörungen über das Marihuanaverbot unter Ausschluß der Öffentlichkeit durchzuführen.

Schließlich blieb dann nur noch eines zu tun: niedrige Instinkte zu mobilisieren. Dabei griff man auf etwas zurück, das ohnehin schon in der Gesellschaft gärte und sie mit Haß vergiftete: den Rassismus.

13 Rassismus: Marihuana und die »Jim-Crow«-Gesetze

Rassismus und Bigotterie haben seit der Abschaffung der Sklaverei in den USA Formen angenommen, die weniger drastisch und augenfällig sind. Wie massiv sich die Unterdrückung rassischer Minderheiten aber auch danach noch institutionalisieren ließ, belegen die Gesetze zum Verbot von Cannabis. An ihnen ist abzulesen, wie sich hinter schönen Reden und Gesetzen, die vorgeblich die menschenfreundlichsten und edelsten Absichten verfolgen, Vorurteile verbergen und Vorverurteilungen Gesetzeskraft erlangen können.

Cannabisrauchen in Amerika

Soweit bekannt ist, wurden Blütenspitzen der weiblichen Cannabispflanze in der westlichen Hemisphäre erstmalig in den 70er Jahren des 19. Jahrhunderts auf den Westindischen Inseln (Jamaika, Bahamas, Barbados etc.) geraucht.[1] Die Sitte des Cannabisrauchens gelangte mit der Einwanderung Tausender indischer Hindus dorthin, die als billige Arbeitskräfte angeworben worden waren. Mexikanische und schwarze Seeleute, die auf den Inseln Handel trieben, lernten diesen Brauch 1886 kennen und verbreiteten ihn überall in diesem Gebiet und in Mexiko.

In der Karibik rauchte man Cannabis, um sich die zermürbende Arbeit auf den Zuckerrohrfeldern zu erleichtern und um die Hitze zu ertragen. Nach der Arbeit konnte man sich damit entspannen, ohne die Nachwirkungen am nächsten Morgen befürchten zu müssen, die so häufig mit dem Genuß von Alkohol verbunden sind.

Geht man davon aus, daß das Marihuanarauchen im 19. Jahrhundert von den Westindischen Inseln der Karibik und von Mexiko seinen Ausgang nahm, ist es nicht überraschend, daß in den USA zuerst im Jahre 1903 Mexikaner in Brownsville, Texas, Marihuana geraucht haben sollen. 1909 wurde auch im Hafen von New Orleans geraucht und dort vor allem in dem von Schwarzen dominierten Bezirk »Storeyville«, den viele Seeleute aufsuchten.

Storeyville in New Orleans war ein Viertel voller Kleinkunstbühnen, Bordelle, Musik und all den anderen üblichen Begleiterscheinungen von »Rotlichtdistrikten« der ganzen Welt. Die Seeleute von den Inseln verbrachten in Storeyville ihren Landurlaub und versorgten sich hier auch mit Marihuana.

Blackface: »Jim-Crow« ...

Der für die öffentliche Sicherheit zuständige Beamte von New Orleans schrieb, daß »Marihuana die entsetzlichste und verwerflichste Droge [sei], die New Orleans je erreicht« habe. 1910 wies er warnend darauf hin, daß es allein in Storeyville 200 Menschen gebe, die regelmäßig Marihuana nehmen.

Von 1910 bis in die 30er Jahre hinein, so glaubten der Bezirksstaatsanwalt, die für die öffentliche Sicherheit zuständigen Beamten und die Zeitungen von New Orleans, habe sich der schlechte Einfluß von Marihuana darin gezeigt, daß es die »Schwarzen« denken ließ, sie seien so gut wie der »weiße Mann«.

Man machte Marihuana dafür verantwortlich, daß schwarze Unterhaltungskünstler es erstmalig ablehnten, vorschriftsgemäß ihre Gesichter einzuschwärzen.[2] Und wenn Schwarze hysterisch zu lachen begannen, weil ihnen befohlen wurde, die Straßenseite zu wechseln oder sich in den hinteren Bereich der Straßenbahn zu scheren etc., dann schrieb man das der Wirkung von Marihuana zu.

... und dieser ganze Jazz der »schwarzen Vögel«

Die Weißen in New Orleans waren schließlich auch darüber besorgt, daß schwarze Musiker, von denen es hieß, sie würden Marihuana rauchen, eine derart kraftvolle »Voodoo«-Musik machten, daß selbst anständige weiße Frauen mit ihren Füßen im Takt zu wippen begannen. Der Zweck dieser Musik, so fürchteten die Weißen, sollte wohl die Befreiung vom Joch ihrer Herrschaft sein. Diese Musik hat längst einen eigenen Namen. Es ist der Jazz!

Die Jazz- und Swingmusik der »Neger, Mexikaner und Unterhaltungskünstler« galt als Ausgeburt unkontrollierbarer wilder Haschischträume.

Die Schwarzen benutzten die Angst dieser Rassisten vor der »Voodoo«-Musik offenbar dazu, sich die Weißen vom Leibe zu halten. Als Wiege des Jazz bezeichnet man allgemein das Storeyville in New Orleans. Hier ist auch die Heimat seiner ursprünglichen Erfinder, Buddy Bohlen, Buck Johnson und anderer Jazzmusiker (1909-1917), sowie der Geburtsort von Louis Armstrong (1909).[3]

Amerikanische Zeitungen, Politiker und Polizeikräfte wußten über 15 Jahre lang tatsächlich nicht, daß es sich bei dem Marihuana, das die »Darkies« und »Chicanos« in Zigaretten oder Pfeifen rauchten, um eine schwächere Version der konzentrierten Cannabismedizin handelte, die viele von ihnen kannten, weil sie sie von Kindesbeinen an zu sich nahmen. Sie wußten auch nicht, daß es sich um dieselbe Droge handelte, wie sie in den luxuriös ausgestatteten Haschischstuben des »weißen Mannes« geraucht wurde. Diese Ahnungslosigkeit hielt sich bis in die 20er Jahre hinein, und auch danach verschwand sie nicht gleich.

Die weißen Rassisten hatten keine Ahnung, verfaßten aber zwei Jahrzehnte lang Artikel und erließen städtische Verordnungen und Gesetze, die gegen die aufsässige »Anmaßung«[5] der marihuanakonsumierenden Schwarzen und Mexikaner gerichtet waren.

Man kann sich vorstellen, wie das weiße Establishment auf die Weigerung der schwarzen Musiker, sich das Gesicht schwarz zu färben, reagierte. Sieben Jahre später, 1917, lag das kulturelle Leben in Storeyville jedenfalls völlig darnieder. Die Apartheid feierte traurige Triumphe.

Die rechtschaffenen ehrbaren weißen Bürger brauchten sich nun nicht mehr darum sorgen, daß weiße Frauen ins Storeyville gingen, um »Voodoo-Jazz« zu hören, und womöglich von marihuanaverrückten »Schwarzen« vergewaltigt wurden. Im Marihuanarausch sollen Schwarze sogar so aufsässig und respektlos gegenüber den Weißen und ihren »Jim-Crow«-Gesetzen gewesen sein, daß sie auf deren (der Weißen) Schatten traten und sich ähnliche Anmaßungen herausnahmen.

Schwarze Musiker zogen mit ihrer Musik und ihrem Marihuana den Mississippi hinauf nach Memphis, Kansas City, St. Louis, Chicago und weiter. Prompt erließen dort die (weißen) Stadtväter aufgrund der gleichen rassistischen Motive Marihuanagesetze, wie das zuvor die weißen Bürger von New Orleans getan hatten. Diese Gesetze sollten die »verwerfliche« Musik aufhalten und weiße Frauen davor bewahren, durch Jazz und Marihuana den Schwarzen zu verfallen.

Mexiko-Amerikaner

Kalifornien und Utah erließen 1915 Staatsgesetze, die Marihuana auf der Grundlage der »Jim-Crow«-Gesetze verboten – wobei man sich diesmal allerdings von den Hearst-Schriften über Chicanos leiten ließ.

1917 folgte Colorado. Die Gesetzgeber dieses Bundesstaates beriefen sich auf Ausschweifungen der Rebellenarmee Pancho Villas, dessen bevorzugte Droge Marihuana gewesen sein soll. Wenn das der Wahrheit entspricht, dann heißt das, daß Marihuana mit dazu beigetragen hat, eines

Das Blackface-Team McIntyre und Heath sorgte jahrzehntelang für Lachstürme beim weißen Publikum

der brutalsten und übelsten Regimes zu stürzen, unter denen Mexiko je zu leiden hatte.

Die Gesetzgeber von Colorado glaubten, daß nur ein Marihuanaverbot den unmittelbar bevorstehenden Rassenaufstand und die Zerschlagung ihrer (der Weißen) ignoranten und bigotten Gesetze und Institutionen verhindern konnte.

Der Kampf gegen das Marihuana, das »Mörderkraut« der Mexikaner, kam den Weißen gerade recht; einen besseren Vorwand, gewaltsam gegen die mexikanischen Arbeiter vorzugehen und sie zu unterdrücken, konnte es gar nicht geben.

Waren es nicht marihuanarauchende Mexikaner, die plötzlich menschenwürdige Unterkünfte und Behandlung verlangten? Und kam es nicht sogar vor, daß Mexikaner weißen Frauen hinterhersahen? Ließen sie nicht bereits verlauten, ihre Kinder hätten ein Recht darauf, öffentliche Schulen zu besuchen, während ihre Eltern auf den Zuckerrohrfeldern arbeiteten? Und bei diesen Forderungen

Anslinger ließ Dossiers anlegen über Thelonious Monk, Louis Armstrong, Les Brown, Count Basie, Jimmy Dorsey, Duke Ellington, Dizzy Gillespie, Lionel Hampton, André Kostelanetz, Cab Calloway, das NBC-Orchester, die Milton-Berle-Show, die Coca-Cola-Sendung, die Jackie-Gleason-Show und die Kate-Smith-Sendung.

allein würde es sicher nicht lange bleiben! Gegen solche endlosen Anmaßungen mußte eingeschritten werden. Da kam der Kampf gegen das Marihuana, das »Mörderkraut« der Mexikaner, den Weißen gerade recht; einen besseren Vorwand, gewaltsam gegen die mexikanischen Arbeiter vorzugehen und sie zu unterdrücken, konnte es gar nicht geben.

Der »Marihuanarassismus« hält bis heute an. Harry Anslinger berichtete 1937 dem Kongreß, daß es in den USA insgesamt 50 000 bis 100 000 Marihuanaraucher gebe und daß die meisten von ihnen »Neger und Mexikaner und Unterhaltungskünstler« seien.[6] Er bezeichnete ihre Musik, den Jazz und den Swing, als Folgeerscheinung des Marihuanagenusses und behauptete, daß diese »satanische« Musik und der Genuß von Marihuana weiße Frauen dazu brächten, »sexuelle Beziehungen mit Negern zu wollen«!

Südafrika heute

In Südafrika wurde ab 1911 aus denselben Gründen wie in New Orleans Marihuana verboten: um aufsässige Schwarze niederzuhalten![7] Gemeinsam mit Ägypten führte Südafrika später im Rahmen des Völkerbunds den internationalen Kampf zur weltweiten Ächtung von Cannabis an.

Im selben Jahr drängte Südafrika die Gesetzgeber der Südstaaten der USA dazu, Cannabis zu verbieten, das viele schwarze Südafrikaner als »Dagga«, ihr heiliges Kraut, kannten.

Dies ist der rassistische und religiöse Rahmen, in welchem unsere Gesetze gegen Hanf entstanden; er entspricht dem der mittelalterlichen katholischen Kirche. Kann man darauf stolz sein?

Insgesamt zwölf Millionen Jahre verbrachten AmerikanerInnen bisher aus diesen rassistischen und sicherlich auch aus ökonomischen Gründen in Gefängnissen und Zuchthäusern oder lebten unter strengen Auflagen oder auf Bewährung (vgl. Kapitel 4).

Ist es nicht interessant, daß die USA 1985 im Verhältnis zu ihrer Bevölkerung mehr Menschen in Gefängnisse gesperrt hatten als jedes andere Land der Welt, ausgenommen Südafrika? 1989 überholten die USA sogar Südafrika, und 1992 war der Prozentsatz der Gefangenen in den USA nahezu dreimal so hoch wie der von Südafrika.

Präsident Bush versprach in seiner großen Rede zur Drogenpolitik am 5. September 1989, daß er die Zahl der Inhaftierten erneut verdoppeln werde, nachdem dies schon unter Reagan geschehen war. Dieses Ziel erreichte er 1992,

Anslingers Haß auf Schwarze und den Jazz

Nach seinem Rücktritt vermachte Anslinger der Penn State University die gesamten Akten aus seiner 30jährigen Tätigkeit als weltweit führender Drogenfahnder.

Die Anslinger-Papiere und die DEA-Bibliothek in Washington (mit alten F.B.N.-Papieren und Memos) enthalten u. a. Folgendes: Von 1943 bis 1948 befahl Anslinger seinen Agenten im ganzen Land, so ziemlich alle Jazz- und SwingmusikerInnen zu überwachen und über sie Dossiers anzulegen. Es sollte niemand eingesperrt werden, bis Anslinger und seine Leute in der Lage wären, alle Jazz- und SwingmusikerInnen in einer Nacht gleichzeitig festzunehmen.

Anslingers Traum war es, die von ihm Verdächtigten in einem einzigen gigantischen landesweiten Vorstoß zu verhaften! Eine solche Aktion würde auf die Titelseite jeder Zeitung in Amerika kommen und Anslinger bekannter machen als seinen langjährigen Hauptrivalen J. Edgar Hoover, den berühmten Direktor des FBI. Die Jazz- und SwingmusikerInnen könnten der Jugend Amerikas als das gezeigt werden, was sie für Anslinger waren – »Drogensüchtige«.

Anslinger wies seine Agenten an, für eine permanente Überwachung dieser »heruntergekommenen« Amerikaner, ihrer Bands, Sänger und Schauspieler zu sorgen und über sie Akten zu führen. Anslinger ließ Menschen bespitzeln, die wir heute als wundervolle AmerikanerInnen und musikalische Neuerer schätzen.

Sie wurden fünf Jahre lang observiert, und die Akten wuchsen. Zwischen 1943 und 1948 standen die Bundesbeamten dauernd in Bereitschaft, endlich zuzuschlagen.

Folgende Akte eines »unbedeutenden« Jazzmusikers ist typisch: »Der Beschuldigte ist ein farbiger Mann, geboren in Camden, Texas, (...) ist 170 cm groß, 165 Pfund, schwarze Hautfarbe, schwarze Haare, schwarze Augen. Er hat Narben an der linken Stirn und eine Tätowierung mit einem Kreuz und dem Wort (...) auf seinem rechten Unterarm. Er ist Trompeter und spielt in kleinen ›Hot-Bands‹. Er hat einen sehr großen Mund und dicke Lippen, die ihm den Namen (...) eintrugen. Er raucht Marihuana.«

Andere Akten sind genauso lächerlich, rassistisch und jazzfeindlich.

Warum aber fand der große Schlag gegen die Musiker nicht statt? Als Anslinger seinen Vorgesetzten im Finanzministerium, den Abteilungsleiter Foley, über den geplanten landesweiten Rundumschlag gegen Jazzmusiker informierte, schrieb dieser zurück: »Mr. Foley ist dagegen!«

Dr. James Munch,[4] Anslingers langjähriger und engster Mitarbeiter seiner Dienststelle, möglicherweise auch sein bester Freund, wurde 1978 von Larry Sloman interviewt, und zwar über Anslingers Haß auf Jazzmusiker der 30er, 40er und 50er Jahre. Dieses Interview wurde 1979 in einem Buch veröffentlicht, das bei Bobbs-Merrill unter dem Titel »Reefer Madness« (Marihuanawahn) erschien.

Sloman: »Warum war er [Anslinger] so sehr hinter ihnen [den Jazz- und Swingmusikern] her?«

Dr. Munch: »Hauptsächlich beunruhigte sie [Anslinger, FBN], daß es [Marihuana] das Zeitgefühl ausdehnte. Sie [die Musiker] konnten auf diese Weise besser variieren und mehr Rhythmus in ihre Musik packen, als es ihnen möglich war, wenn sie einfach den Noten auf dem Papier folgten ...«

Sloman: »Was ist daran so schlimm?«

Dr. Munch: »Also, wenn Sie Musiker wären, spielten Sie die Sache [Musik] so, wie sie auf dem Blatt steht. Wenn Sie aber Marihuana nehmen, bringen Sie zwischen der ersten und der zweiten Note zweimal so viel Musik unter. Genau das taten Jazzmusiker. Verstehen Sie, sie hatten die Vorstellung, daß sie die Dinge ausjazzen, ausweiten könnten.«

Sloman: »Oh ja, ich verstehe.«

und bis 1996 wollte er die Zahl der Gefangenen ein weiteres Mal verdoppelt haben.

Hier sei an den öffentlichen Aufschrei im Jahre 1979 erinnert, als der ehemalige UNO-Botschafter Andrew Young der Welt mitteilte, daß es in den USA mehr politische Gefangene gibt als in jedem anderen Land (Amnesty International, ACLU).

Das lange Echo dieser Politik

Obwohl die gesetzliche Auflage zur Schwärzung des Gesichts in den späten 20er Jahren abgeschafft wurde, mußten schwarze Unterhaltungskünstler wie Harry Belafonte oder Sammy Davis Jr. bis in die 60er Jahre hinein Theater, Bars etc. durch die Hintertür betreten; das verlangte das Gesetz!

Sie konnten sich in Las Vegas oder Miami Beach kein Hotelzimmer mieten, selbst wenn sie die Hauptattraktion des Abends waren.

Ben Vereens Performance zur Amtseinführung von Präsident Reagan im Jahre 1981 stellte die Entwicklung der USA im Jahrhundert des Blackface und der »Jim-Crow«-Gesetze in einer großartigen Geschichte über den genialen schwarzen Komiker Bert Williams dar (um 1890 bis 1920).

Vereen war eingeladen worden, bei der Amtseinführung von Reagan aufzutreten, und hatte diese Einladung nur unter der Bedingung angenommen, daß er die Geschichte des wirklichen »Blackface« ohne Einschränkungen erzählen konnte. Die erste Hälfte von Vereens Show, die von Bert Williams und dem Blackface handelte, wurde jedoch von Reagans Leuten bei der Fernsehanstalt ABC zensiert – entgegen der ausdrücklichen Absprache, die Vereen mit den Beratern Reagans getroffen hatte.

Ein halbes Jahrhundert Schikane und Verbot

14

1937: Hanf wird verboten; im ganzen Land gibt es schätzungsweise 60 000 Leute, die »Marihuana« rauchen; dank der Desinformationskampagne von Hearst und Anslinger gibt es fast niemand, der nicht schon von Marihuana gehört hat.
1945: Newsweek berichtet, daß in Amerika inzwischen über 100 000 Menschen Marihuana rauchen.
1967: Millionen Menschen rauchen in Amerika regelmäßig und offen Hanfblätter und -blüten.
1977: Die Zahl der Menschen, die in Amerika regelmäßig Cannabis rauchen, geht in die Zigmillionen; viele von ihnen bauen ihn selbst an.
1987: In Amerika hat jede(r) dritte zumindest einmal im Leben Cannabis probiert, und ungefähr 10 bis 20 Prozent der Bevölkerung kaufen und rauchen es trotz Urintests und strengerer Gesetze weiterhin regelmäßig.

Die AmerikanerInnen haben im Verlauf ihrer Geschichte immer an der Tradition festgehalten, daß kein Mensch einem anderen seine von der Verfassung garantierten Rechte nehmen darf; Übergriffe dieser Art haben sie nie hingenommen. Wenn man heutzutage in Amerika in der Schule zu etwas verpflichtet wird, was nicht im Lehrplan vorgeschrieben ist, oder zu einer Arbeit, die nicht mit dem Mindestlohn bezahlt wird, kann man unter Berufung auf seine Grundrechte dagegen vorgehen. Zu den Grundrechten gehören unter anderem das Recht auf Privatsphäre, der Schutz vor Selbstbezichtigung und willkürlichen Durchsuchungen, Verhaftungen und Beschlagnahmungen, sowie die Annahme der Unschuld bis zur Urteilsverkündung durch ein ordentliches Gericht. Gehört es nun aber nicht zu den grundlegendsten Rechten von allen, die Verantwortung für sein eigenes Leben und Denken selbst und in eigener Person übernehmen zu können?

Marine und Militär entlassen jeden, der Marihuana raucht, – auch dann, wenn der Vorfall einen Monat zurückliegt und man damals gar nicht im Dienst war. Tests werden nach dem Zufallsprinzip vorgenommen, aber meist gelten sie nicht Beruhigungs- und Aufputschmitteln oder alkoholischen Getränken, obwohl nach den Erkenntnissen der OSHA, der Versicherungsstatistiken und der AFL-CIO zwischen 90 und 95 Prozent der auf Rauschzustände zurückzuführenden Arbeitsunfälle mit Alkohol zu tun haben.

Zahlreiche Studien des Militärs über die Auswirkungen von Cannabis auf Soldaten, die während der 50er und 60er Jahre im Edgewood Arsenal, Maryland, und an anderen Orten durchgeführt wurden, zeigten, daß starkes Marihuanarauchen über zwei Jahre (so lange wurde es vom Militär finanziert) sich nicht nachteilig auf die Motivation der Soldaten oder ihren Willen zur Pflichterfüllung auswirkte.

Unternehmen und Marine

Diese Untersuchungen wurden sechsmal vom Militär und noch öfter von Universitäten wiederholt und ergaben immer die gleichen oder ähnliche Ergebnisse[1] (siehe auch

Panama/Siler-Studie, Jamaika-Studie, den britischen Report über Indischen Hanf).

Südafrikanische Gold- und Diamantenminen ermunterten Schwarze sogar zur Einnahme von Cannabis/Dagga, damit sie härter arbeiten konnten.

Der Schutz der Privatsphäre

Vereinigungen wie unter anderen NORML, HEMP, ACLU, BACH und die Libertarian Party sind der Ansicht, daß es die alleinige Angelegenheit der Militärbediensteten oder der in Zivilunternehmen Beschäftigten ist, ob sie Marihuana rauchen oder nicht, solange sie das nicht im Dienst oder bei Alarmbereitschaft und mindestens vier bis sechs Stunden vor dem Dienstantritt tun. Diese Auffassung entspricht den Ergebnissen der Berichte der Siler- Kommission (1933) und der Shafer-Kommission der US-Regierung (1972), des LaGuardia-Reports (1944), der Studie der kanadischen Regierung (1972) und der Alaska State Commission (1989) sowie des California Reasearch Advisory Panel (1989). All diese Berichte kamen zu dem Ergebnis, daß der Genuß von Marihuana keine kriminellen Straftaten zur Folge hat.

Ungenaue Urinproben

Urinproben auf Marihuana, die in militärischen Einheiten oder Zivilunternehmen durchgeführt wurden, sind nur bedingt genau und geben keine Auskunft über das Wann und Wieviel des Marihuanagenusses. Sie weisen lediglich nach, ob die Betreffenden in den letzten 30 Tagen Cannabis geraucht haben oder Cannabisrauch ausgesetzt waren. Ob man Cannabis eine Stunde oder 30 Tage zuvor geraucht hat (oder eben manchmal auch gar nicht), das Testergebnis ist immer das gleiche: positiv.

Ob man nun vor einer Stunde oder vor 30 Tagen geraucht hat, die Ergebnisse des Urintests sind immer die gleichen: positiv.

John P. Morgan, M. D., schrieb in der Zeitung High Times (Februar 1989): »Die Tests sind bei weitem nicht verläßlich. Pfuschereien und ein hoher Prozentsatz von fälschlich positiven oder negativen Ergebnissen sind nicht ungewöhnlich, und außerdem sind die Laboratorien keinen anderen Standards verpflichtet als ihren eigenen.«

Die Tests können bei 20 bis 50 Nanogramm (milliardstel Gramm) THC-Karbonsäure (ein Metabolit oder Stoffwechselprodukt) pro Milliliter sowohl als positiv wie als negativ interpretiert werden, obwohl Ergebnisse in diesem Bereich der Skala bedeutungslos sind. Für das ungeübte Auge ist jedes positive Ergebnis alarmierend, und die meisten TesterInnen sind unerfahren und erhalten keine besondere Ausbildung. Aber aufgrund ihrer Testergebnisse wird sofort entschieden, ob man den Betreffenden einstellt, entläßt, verhaftet, erneut testet oder bei ihm eine Drogenbehandlung einleitet.

»Ich glaube, daß die Tendenz, den EMIT-Test [den Urintest auf THC-Metaboliten] auch unterhalb der Nachweisgrenze auszuwerten, einer der wichtigsten Gründe dafür ist, warum dieser Test nur selten durch veröffentlichte Untersuchungsberichte bestätigt wurde«, sagte Dr. Morgan.

Jugendliche der Milton Wisconsin High-School mußten sich im Jahre 1985 wöchentlichen Urintests unterziehen, weil man feststellen wollte, ob sie Marihuana rauchen. Die Forderung, diese Tests durchzuführen, kam von örtlichen Organisationen wie den »Familien gegen Marihuana«. Einen Test auf Alkohol und Beruhigungsmittel oder andere gefährliche Drogen hielt man andererseits natürlich nicht für erforderlich.

1988 warteten Hunderte von Gemeinden und High-Schools auf das Ergebnis dieser in Milton durchgeführten verfassungswidrigen Aktion, bevor sie ähnliche Testprogramme in ihren eigenen Schulbezirken durchführten. Das Testen von High-School-Schülern, die sich an Aktivitäten außerhalb des Lehrplans beteiligen, ist seitdem in vielen Landesteilen üblich.[2]

In Oregon zum Beispiel wurde das Testen von High-School-Sportlern per Gerichtsbeschluß auf alle Aktivitäten außerhalb des Lehrplans ausgedehnt. Mitglieder einer Gruppe, unter anderem auch solche, deren Einsatz teilweise davon abhängt, ob sie Marihuana genommen haben oder nicht, können jetzt nach Belieben getestet werden.

Der Baseballspieler »Babe« Ruth

Der ehemalige Baseballbeauftragte Peter V. Ueberroth verpflichtete alle Mannschaften, sich diesen Urintests zu unterziehen; davon ausgenommen waren lediglich gewerkschaftlich organisierte Spieler. Alle am Baseballsport beteiligten Personen, von den Besitzern bis zu den Erdnußverkäufern und den Schlägerträgern, müssen sich testen lassen, wenn sie ihrer Tätigkeit weiter nachgehen wollen. Diese Bestimmung wurde 1990 in alle Verträge, auch in die der Baseballspieler, aufgenommen.

Abgesehen von den Fragen nach den Bürgerrechten, die sich hier stellen, scheint man offenbar schon vergessen zu haben, wie »Babe« Ruth regelmäßig die Reporter einlud, ihm dabei Gesellschaft zu leisten, wenn er vor einem Spiel 12 Bier trank – während der Zeit der Alkoholprohibition.

Viele Organisationen »trockener« AlkoholikerInnen und selbst der Ligabeauftragte beschworen ihn, damit aufzuhören und an die Kinder zu denken, die ihn anhimmelten; aber »Babe« blieb stur.

Wenn Peter Ueberroth oder einer wie er während der Prohibition die Aufsicht über den Baseballsport gehabt hätte, wäre der »König des Baseballs« mit Schimpf und Schande entlassen worden, und Millionen Kinder hätten nicht stolz in »Babe-Ruth-Kinder-Ligen« gespielt.

Millionen normaler AmerikanerInnen konsumieren Cannabis, um sich während ihrer Freizeit zu entspannen, und riskieren damit strafrechtliche Verfolgungen. Einen Beschäftigten sollte man danach beurteilen, wie er seine Arbeit erledigt, nicht nach seinem persönlichen Lebensstil.

Die »Babe« Ruths des Sports, die Henry Fords der Industrie, die Pink Floyds, Beatles, Picassos und Louis Armstrongs der Künste und jeder zehnte Amerikaner sind zu Kriminellen abgestempelt worden, weil sie Cannabis geraucht haben, selbst wenn sie das ausschließlich in ihren eigenen vier Wänden taten.

Robert Mitchums Karriere als Filmschauspieler wäre beinahe mit seiner Inhaftierung wegen Marihuanarauchens im Jahre 1948 zu Ende gewesen. Als Bundesrichter Douglas Ginsburg 1987 für den Obersten Gerichtshof der USA berufen werden sollte, enthüllte man ein paar Tage vorher, daß er während einer Lehrtätigkeit an der Universität Marihuana geraucht hatte. Sein Name wurde prompt von der Nominierungsliste gestrichen. 1991 dagegen spielte das Bekenntnis des Richters des Obersten Gerichtshofes, Clarence Thomas, daß er im College Marihuana geraucht hatte, bei seiner umstrittenen Ernennung keine Rolle.

Gemeinden werden gespalten und Familienmitglieder aufeinandergehetzt

»Hilf einem Freund, bring ihn ins Gefängnis«, steht auf einem Anschlagbrett in Ventura, Kalifornien. Dies ist ein Beispiel für die »Informieren Sie uns über Ihren Nachbarn«-Taktik, wie sie in der »Keine Toleranz«-Kampagne eingeschlagen wurde. Mit dieser Kampagne wollte man das Gesetz für das Delikt des Cannabisrauchens verschärfen – ein Delikt ohne Opfer.

In diesem Zusammenhang wurden die Zuschauer über das Fernsehen aufgefordert: »Wenn Sie Kenntnis von einer Straftat haben, können Sie bis zu tausend Dollar verdienen. Ihr Name wird nicht erwähnt, und Sie müssen nicht vor Gericht erscheinen.«[3] Im Gefängnis erhielt ein Mann eine Postkarte mit der Aufschrift: »Unser Informant erhielt 600 Dollar dafür, daß er Sie hinter Gitter gebracht hat. Die Crimestoppers.«

Überwachung und Beschlagnahmungen

In den ländlichen Gegenden Kaliforniens, wo der Cannabisanbau für den Lebensunterhalt ganzer Gemeinden wichtig war, gehen schwer bewaffnete CAMP-Streitkräfte in einen dichten Wald, in dem sie viereinhalb Meter große, üppige und acht Monate alte Pflanzen entdecken. Diese werden abgeschlagen, niedergetreten und mit Benzin und Gummireifen angezündet. Wird nichts dagegen unternommen, verbrennen sie langsam.

Ein Hubschrauber kreist über einem Vorort, während der Pilot in eine Infrarotkamera blickt, die auf ein Haus gerichtet ist. »Wir suchen nach der häuslichen Sonne«, erklärt er treffend.

»Wir überwachen nur ganz bestimmte Ziele. Beispielsweise Läden, in denen Pflanzenlampen gekauft werden [Kunstlicht für Marihuanaanbau in geschlossenen Räumen; Anm. d. Red.], oder Häuser, zu denen irgendwelche Verdachtshinweise vorliegen, daß ›die Herstellung einer kontrollierten Substanz‹, eine Straftat, zu befürchten ist.«

»Sehen Sie, da ist das Licht.« Sein wärmeempfindlicher Bildschirm zeigt, daß unter der Dachrinne Wärme aus dem Haus herausstrahlt. Verdacht bestätigt.

Als nächstes beantragen sie eine Durchsuchungserlaubnis, dringen in das Haus ein, beschlagnahmen es nach dem Zivilrecht und stellen seine Bewohner nach dem Strafrecht unter Anklage.[4]

Unamerikanische Politik und politische Erpressung

Richard Nixon beauftragte 1971 das FBI, John Lennon sechs Monate lang 24 Stunden täglich illegal zu überwachen, weil dieser in Michigan ein Konzert für die Freilassung des Studenten John Sinclair gegeben hatte, der wegen des Besitzes von zwei Joints zu fünf Jahren Gefängnis verurteilt worden war.[5]

Die Drogen-, Öl-, Papier- und Alkoholhersteller wollen ein Marihuanaverbot für immer, und es ist ihnen völlig gleichgültig, wessen Rechte sie dafür beschneiden.

Liberalen Politikern wird nachspioniert, und wir glauben sogar, daß sie erpreßt werden, damit sie über dieses Thema Stillschweigen bewahren. Andernfalls müssen sie damit rechnen, daß Dinge aus ihrer Vergangenheit oder ihrem Familienkreis an die Öffentlichkeit kommen, die möglicherweise etwas mit Sexualität oder Drogen zu tun haben.

LaRouche erklärt dem Rock'n'Roll den Krieg

Wenn man glaubt, daß Anslingers Musikverfolgungswahn ein Ende fand, nachdem er in den dreißiger und vierziger Jahren den Jazz bekämpft hatte, dann hat man sich geirrt! Folgende Geschichte trug sich 1981 zu:

Eine der Hauptorganisationen der etwa 4 000 Gruppen in Amerika, die als »Familien gegen Marihuana« organisiert sind, ist heute Lyndon LaRouches Komitee »War on Drugs«. Diese Krieg-den-Drogen-Vereinigung wird von Nancy Reagan, Jerry Falwell, Jimmy Swaggart und anderen Aktivisten aus dem rechten Lager unterstützt.

Der Autor des vorliegenden Buches und fünf Mitglieder der California Marijuana Initiative (CMI) nahmen 1981 am Westküstentreffen dieser Organisation teil. Als Gastredner der Zusammenkunft trat Ed Davis auf, ein ehemaliger Polizeichef von Los Angeles und seinerzeit frischgekürter Senator von Kalifornien aus Chatsworth.

Während wir nacheinander in die Veranstaltungsräume hineingingen, bat man uns, eine Petition zur Unterstützung eines Detroiter Reporters zu unterzeichnen. Dieser Reporter hatte einen offenen Brief an den neuen Präsidenten Ronald Reagan geschrieben, in dem er ihn aufforderte, Mark Chapman zu begnadigen und ihn zum Nationalhelden zu erklären. Mark Chapman hatte sechs Wochen zuvor den Beatle John Lennon ermordet.

In dem Brief wurde behauptet, daß John Lennon der schlimmste Mensch auf Erden gewesen sei, weil er den Planeten nahezu im Alleingang mit dem Hang zu »unerlaubten Drogen« verseucht habe. In den Publikationen des Komitees »Krieg den Drogen« sind die Übel des Rock'n'Roll ein Dauerthema.

Um unsere Rolle weiterspielen zu können, unterzeichneten wir eben die Petition. (John möge uns unsere Rolle als geheime CMI-Drogenbekämpfer vergeben. Wir denken an sein »Give Peace a Chance«, »Imagine« und alle anderen Lieder.)

Nachdem wir die Petition unterzeichnet hatten, führten uns Mitglieder des Komitees in den hinteren Teil des Raumes. Dort wollten sie uns einige ihrer Ziele schildern, die sie durchsetzen wollten, wenn sie innerhalb der nächsten Dekade an die Macht kämen.

An der Rückseite des Los Angeles Marriott LAX Tagungsraumes waren fünf lange Tische aufgestellt, auf denen einige hundert Schallplatten mit Aufnahmen von Bach, Beethoven, Wagner, Chopin, Tschaikowsky, Mozart und anderen sowie Dutzende Pro-Kernenergie-Publikationen lagen.

Die Komiteeleute erzählten uns, daß sie erwarteten, neben neuen Marihuanagesetzen auch ihr wichtigstes Ziel verwirklichen zu können: Jeder, der in Zukunft im Radio, Fernsehen, in Schulen oder im Konzert Disco-, Rock-'n'-Roll- oder Jazzmusik spielte, einschließlich Musiklehrern, Discjockeys und Managern von Musikverlagen, sollte eingesperrt werden. Diese Maßnahme würde auch jeden treffen, der Aufnahmen mit Rock-'n'-Roll-Musik oder anderer Musik verkaufte, die nicht auf ihren empfohlenen Klassikerlisten stünden. Lehrer, die ihren Schülern das Hören solcher Musik erlaubten, müßten mit ihrer Entlassung rechnen. (Los Angeles Times; KNBC-TV.)

Sie meinten es todernst

Ihre Zeitschrift »Krieg den Drogen« hat schon immer mehr Platz darauf verwendet, gegen Musik mit dem »üblen Marihuana-Beat« zu wettern, als den Themen Heroin, Kokain und PCP insgesamt gewidmet wurde!

Ed Davis war über diesen Nebenaspekt ihres Antimusikdogmas ziemlich verärgert und sagte: »Nun, ich glaube nicht, daß wir die Gesetzgebung im Moment dazu bringen könnten, diese anderen Musikarten oder ihre Texte zu verbieten. (...) Aber mit der neuen Law-and-Order-Administration von Präsident Reagan werden wir in der Lage sein, einige neue und strengere Antimarihuanagesetze durchbringen zu können, die das persönliche

Eigentum betreffen. Vielleicht erreichen wir sogar, daß Bundesstaaten, die jetzt Gesetze haben, die Marihuana teilweise erlauben, es ganz unter Strafe stellen (...). Das ist erst der Anfang.«

Ich rief ein paar Tage später Davis' Büro an, und einer seiner Mitarbeiter sagte mir, daß Davis von der musikalischen Festlegung der Gruppe keine genaueren Vorstellungen gehabt habe. Er hätte die Einladung lediglich aufgrund ihres Namens »Krieg den Drogen« akzeptiert. Vieles, was Davis an diesem Tag prognostiziert hatte, ist später eingetreten. 1980 begann die Verwirklichung der Vision von einer neuen Gesellschaft, einer Gesellschaft ohne Marihuana, in der das Wort Marihuana noch nicht einmal mehr erwähnt werden darf. Erinnern Sie sich an James Watt und die Beach Boys 1986?

Von 1981 an wurden Fernsehsendungen schon dann zensiert, gekürzt oder abgesetzt, wenn sie nur unterschwellig eine Haltung pro Marihuana einnahmen oder bloß Witze über Marihuana machten.

In einer Episode von Barney Miller wurde Detektiv Fish (Abe Vagoda) mitgeteilt, daß einige der Schokoladenkuchen, die er jeden Tag aß, mit Pot durchsetzt gewesen seien. Er starrte einen Moment verzweifelt vor sich hin, dann sagte er aufatmend: »Sie können es sich nicht vorstellen, aber so gut habe ich mich noch nie in meinem Leben gefühlt – und es ist illegal.« Diese Episode wurde abgesetzt.

Der späte Sam Kinison stand 1986 auf der Bühne von NBC's Saturday Night Live und brüllte: »Macht weiter so, ihr könnt das Kokain haben! Aber laßt uns unser Pot!« Diese Zeile wurde bei späteren Wiederholungen gestrichen.

Der oberste Drogenjäger Carlton Turner, Hauptdrogenberater des Weißen Hauses während der Reagan/Bush-Ära, zitierte gegenüber der Presse Passagen aus dem »Aufstieg und Fall des Römischen Reiches« und erzählte Polizisten und Interviewern, daß Jazzmusiker und Rocksänger mit ihrer Marihuanadrogenbeatmusik das Amerika, das er liebte, zerstörten.

Polizei, Geheimnisse und Erpressung

Der Polizeichef von Los Angeles, Daryl Gates, befahl vor einigen Jahren die ständige Überwachung des Mitglieds des Stadtrats, Zev Yarslovsky, des späteren Staatsanwalts der Stadt, John Van DeKamp, des Bürgermeisters von Los Angeles, Tom Bradley, sowie anderer Personen des öffentlichen Lebens. Er ließ länger als ein Jahr deren Intimsphäre beobachten.[6]

Das gleiche machte J. Edgar Hoover als Direktor des FBI fünf Jahre lang mit Martin Luther King Jr. Die Schauspielerin Jean Seberg, die sich in einer schwierigen Lage befand, trieb er vorsätzlich in den Selbstmord: Ihr wurden fortgesetzt Drohbriefe der Bundespolizei gesandt, und man fütterte Boulevardblätter mit Informationen über ihre Schwangerschaften und privaten Verabredungen mit Schwarzen. Mit dem FBI belästigte Hoover über 20 Jahre lang bestimmte Zielpersonen und schränkte deren Bürgerrechte ein. Der ehemalige Direktor des FBI und direkter Aufsichtsbeamte der DEA, William Webster, antwortete auf die Frage, warum die Hälfte der Gelder der Drogenbekämpfung auf Bundesebene für die Cannabisverfolgung verschwendet werde, daß Marihuana eine extrem gefährliche Droge sei und Beweise dafür jetzt vorlägen (nämlich die Studien von Heath und Nahas über das Gehirn und Metaboliten).

Er forderte dann für den Kampf gegen Marihuana mehr Geld und uneingeschränkte Machtbefugnisse.[7]

Öffentliche Erniedrigung

UnterhaltungskünstlerInnen, die mit Cannabis erwischt wurden, mußten wie einst Galileo Galilei abschwören, sonst wären sie ins Gefängnis gekommen und hätten ihre Fernseh- oder Nachtclubverträge oder Aufenthaltsgenehmigungen verloren. Einige konnten einer Gefängnisstrafe nur dadurch entgehen, daß sie sich im Fernsehen gegen Marihuana aussprachen, so z. B. Peter Yarrow (von »Peter, Paul and Mary«) und die Schauspielerin Linda Carter. Die amerikanischen Gerichte und Gesetzgeber haben für ihre cannabisfreie Welt die »garantierten« Bürgerrechte verraten.

»Verdächtigen Sie Ihren Nachbarn nicht, bringen Sie ihn ins Gefängnis.« Jede verdächtige Bemerkung soll gemeldet werden. Scheinbar ist Alltagsrealität geworden, worüber man sich früher empörte, nämlich das Schreckgespenst der Nazis, die jeden aufforderten, den anderen zu bespitzeln und ihn zu denunzieren, oder Stalins Geheimpolizei, die die Menschen nachts aus ihren Häusern holte, sie betäubte und ihnen Informationen abpreßte. Wer es wagt, sich den Lügen der Politiker und der ausufernden Unterdrückung des Polizeiapparates zu widersetzen, riskiert seinen finanziellen Ruin.

Beschlagnahmung: Recht und Ordnung wie im Feudalismus

Wenn die amerikanische Bundesregierung Autos, Boote, Geld, Immobilien und anderen persönlichen Privatbesitz beschlagnahmt, rechtfertigt sie ihr Vorgehen mit Gesetzen, die auf der abergläubischen Denkweise des Mittelalters beruhen.

Das englische Gewohnheitsrecht des Mittelalters bestimmte, daß jeder Gegenstand, der den Tod eines Menschen verursachte, an die Krone fiel. Eine Waffe oder ein Ochsenkarren, der zur Flucht benutzt wurde, hieß nach dem Gewohnheitsrecht »Deodand«. Dieser Gegenstand wurde personifiziert, als verderblich oder als schlecht erklärt, und fiel dann an den König.

Heutige Beschlagnahmungen *in rem*, die gegen Dinge, nicht gegen Personen gerichtet sind, finden als Zivilverfahren gegen das Eigentum statt. In Analogie zum »Deodand«

erklärt eine juristische »fiktive Person« das Eigentum zum Beklagten. Es wird schuldig gesprochen und verurteilt, als ob es eine Person wäre, während die Schuld oder Unschuld des Eigentümers dabei ohne Belang ist.

Für die Enteignung von Besitz beruft sich die Regierung auf diese Maßnahme des Zivilrechts und umgeht damit fast alle Schutzmöglichkeiten, die die Verfassung für Einzelpersonen vorsieht. Der sechste Verfassungszusatz über das Recht auf Vertretung vor Gericht wird auf diese Weise irrelevant, und der Grundsatz »unschuldig bis zum Beweis der Schuld« wird in sein Gegenteil verkehrt. Jede Verletzung eines Bürgerrechts dient der Mißachtung eines weiteren.

Mit dem Verstoß gegen den fünften Zusatzartikel der amerikanischen Verfassung: »unschuldig bis zum Schuldbeweis« versucht man das Verbot, daß niemand wegen derselben Sache zweimal angeklagt werden kann, aufzuheben. Selbst ein Freispruch von den strafrechtlichen Beschuldigungen, auf denen die Beschlagnahmung beruht, verhindert nun nicht die nochmalige Verhandlung derselben Fakten. Der Angeklagte muß in einem zweiten Verfahren seine Unschuld beweisen, auch wenn die Regierung ihm im ersten Verfahren kein Verbrechen nachweisen konnte.

Der Oberste Gerichtshof hält es für verfassungsgemäß, Eigentum *in rem* von einer Person zu beschlagnahmen, die völlig unschuldig und nicht nachlässig in der Nutznießung ihres Eigentums ist. Untergeordnete Gerichte folgen dem Argument des Anklägers, daß der Schutz der Verfassung vor Enteignung nicht für jemanden gelten könne, der auch nur eines minder schweren Drogenvergehens für schuldig befunden wird, wenn es sogar erlaubt ist, Besitz von völlig unschuldigen Personen zu beschlagnahmen.

Die bei Zivilverfahren zwischen Individuen gegebene Möglichkeit der Gegenklage besteht gegenüber der Regierung nicht. Die Regierung hingegen kann ihre praktisch unbegrenzten Möglichkeiten voll ausschöpfen und wiederholt Prozesse anstrengen, in der Hoffnung, schließlich doch einen Richter davon zu überzeugen, daß der Angeklagte keinen hinreichenden Beweis für seine Unschuld erbracht hat.

Enteignungen seitens der englischen Krone veranlaßten die Gründer der amerikanischen Nation dazu, im ersten Artikel ihrer Verfassung parlamentarische Strafbeschlüsse ohne vorherige Gerichtsverhandlung (Enteignung als Folge einer Verurteilung) zu verbieten. Der Haupttext der Verfassung verbietet außerdem die Enteignung von Besitz wegen Hochverrats. Der erste Kongreß erließ eine bis heute geltende Gesetzesvorschrift, nach der »keine Verurteilung oder Rechtsprechung zum Schaden von Leben oder irgendeiner Enteignung von Besitz führen soll«. Die frühen Amerikaner hielten am *in rem*-Verfahren unter Admiralitäts- und Schiffahrtsrecht fest, um feindliche Schiffe auf See beschlagnahmen und die Bezahlung von Zollgebühren erzwingen zu können.

Beim Ausbruch des Bürgerkrieges wurden die Zollgesetze radikal geändert. Die Beschlagnahmungsverordnung vom 17. Juli 1862 erklärte es für rechtmäßig, jedes Eigentum, das Offizieren der Konföderierten oder Personen gehörte, die die Rebellen unterstützten, *in rem* zu beschlagnahmen. Der Oberste Gerichtshof der USA stellte fest, daß *in rem*-Beschlagnahmungen insoweit, als sie ein Ausfluß des von der Regierung ausgeübten Kriegsrechts seien und *nur auf Feinde* angewendet würden, der Verfassung entsprächen, da sie auf diese Weise dazu dienten, eine schnelle Beendigung des Krieges zu erreichen.

In der Hitze des »Krieges gegen die Drogen« begann der Kongreß erneut *in rem*-Maßnahmen anzuwenden, um Strafen unter Umgehung des als Ärgernis empfundenen Schutzes verhängen zu können, den die Verfassung und die Grundrechte garantieren. »Wir müssen unsere Verfassung retten«, sagt Vickie Linker, deren Ehemann wegen eines Cannabis»vergehens« zwei Jahre im Gefängnis zubrachte. »Die Wahrheit ist auf unserer Seite.«

Fallen, Intoleranz und Ignoranz

Wenn DEA und Polizei der Meinung sind, daß nicht genügend Verbrechen begangen werden, stellen sie Fallen, mit deren Hilfe sie Personen, die nichts Böses ahnen und nicht vorbestraft sind, zu Verbrechern stempeln. Nicht selten wurden Regierungsagenten bei von ihnen selbst eingefädelten Drogengeschäften gefaßt.[9]

Das ständige Schüren der Angst vor Marihuana in der Öffentlichkeit dient auch dazu, die Forderungen nach mehr Geld für den »Krieg gegen die Drogen« zu legitimieren. »Krieg gegen die Drogen« ist dabei Schönfärberei für einen Krieg gegen Menschen, deren freie Entscheidung es ist, bestimmte Substanzen zu verwenden. Gleichzeitig übt man mit der Angst vor Marihuana politischen Druck aus, um mit verfassungsmäßig nicht erlaubten Mitteln vorgehen zu können und die immer härteren Gesetze noch weiter zu verschärfen.

In Louisville, Kentucky, wurde im Oktober 1989 ein

Rundschreiben an die Polizeichefs dieses Landes versandt, in dem der oberste Drogenjäger William Bennett verkündete, daß das Rauchen von Marihuana die Menschen dumm mache. Bennett trinkt gern in Gesellschaft und ist stark nikotinsüchtig.[10] Für seine Behauptung legte er natürlich keine Beweise vor, erklärte aber, daß der Krieg gegen die Drogen noch mehr Geld koste, weil im Zusammenhang mit Marihuana eine neue Gefahr erkannt worden sei – die Dummheit! (Diese ist, soweit wir wissen, noch kein Verbrechen.) Als Bennett 1989 versuchte, eine ähnliche Botschaft unter Vertretern der Rundfunk- und Filmgesellschaften in Hollywood zu verbreiten, soll er sich an einem spätmorgendlichen Gin-Tonic festgehalten haben.[11]

PDFA:
Lügen haben kurze Beine

Eine weitere Entwicklung der jüngeren Zeit war die Formierung der PDFA (Partnership for a Drug Free America) durch Teile der Medien. Die PDFA bietet allen Funk- und Printmedien kostenlos einen geschickt aufgemachten öffentlichen Anzeigendienst an, der sich vor allem gegen Marihuana richtet.

Die PDFA bringt nichtssagendes Zeug heraus wie zum

Paul McCartney und sein Song »Band on the Run«

Timothy White interviewte das ehemalige Mitglied der Beatles Paul McCartney für ein Buch, das er später für eine Radiosendung mit dem Titel »McCartney: Die ersten 20 Jahre« benutzte. Er bat den Songschreiber, etwas über die Hintergründe seines Songs »Band on the Run« aus dem gleichnamigen Album zu sagen.

»Nun, Bands wie wir und die Eagles fühlten sich damals wie Geächtete und Desperados, und wir wurden auch so behandelt, wissen Sie«, erwiderte McCartney.

»Ich meine, Leute wurden kaputtgemacht – wegen Pot, so war das. Wegen sowas wurden sie fertiggemacht. Nie wegen irgendwas Ernstem.

Wir wollten aber keine Geächteten sein. Wir wollten einfach Teil der normalen Szene sein, wissen Sie, und unsere Musik machen und in Frieden leben. Wir sahen nicht ein, warum wir wie Kriminelle behandelt wurden, wo wir doch nicht mehr wollten, als nur Pot zu rauchen statt uns zu betrinken.

Davon handelte dieser Song; er war meine Reaktion auf diese ganze Angelegenheit ...«

»And the county judge /
who held a grudge /
will search forevermore /
for the band on the run.«[8]

McCartney schrieb auch die berühmte Zeile, die dafür sorgte, daß der Song »A Day in the Life« aus dem britischen Radio verschwand: »Had a smoke. Somebody spoke and I went into a dream.« Weil McCartney für die Legalisierung von Marihuana eintrat, wurde er wiederholt verhaftet und kam während einer Tournee durch Japan 10 Tage lang ins Gefängnis. Die Regierung sagte seine Auftritte ab und verbot ihm, in diesem Land zu spielen. Das kostete ihn Millionen Dollar. Zu seiner Ehre muß gesagt werden, daß er auch weiter zugunsten der Potraucher Stellung bezog.

Beispiel einen Werbespot, der ein Skelett zeigt (»Das sind Drogen«), auf dem ein Ei gebraten wird (»Das ist Ihr Gehirn. Alles klar?«), und sie scheut sich nicht, in ihren Werbespots rundheraus zu lügen.

In einem anderen Werbespot werden die Trümmer einer Eisenbahn gezeigt. Natürlich wird jeder zustimmen, daß niemand Züge fahren sollte, während er high von Marihuana ist. Aber in diesem Werbespot behauptet ein Mann, daß jeder lüge, der sagt, daß Marihuana harmlos sei, weil er seine Frau durch ein Zugunglück verloren habe, das durch Marihuana verursacht worden sei.

Diese Behauptung steht im Widerspruch zu der beeidigten Aussage des für das Unglück verantwortlichen Ingenieurs, wonach dieser »Unfall nicht durch Marihuana verursacht wurde«. Die PDFA setzt sich einfach über das Geständnis dieses Ingenieurs hinweg, während des Dienstes Alkohol getrunken, gegessen und ferngesehen zu haben. Abgesehen davon, daß hier jemand seiner Arbeit nicht die nötige Aufmerksamkeit gewidmet hatte, war vor dem Unglück auch noch die Sicherheitsüberprüfung des Zuges vernachlässigt worden.

Im nächsten Werbespot wird einem traurig dreinblikkenden Paar mitgeteilt, daß sie keine Kinder bekommen könnten, weil der Ehemann früher regelmäßig Marihuana geraucht hatte. Dies widerspricht zum einen den klinischen Erkenntnissen, zu denen Cannabisstudien während nahezu eines Jahrhunderts gekommen sind, und zum anderen auch der persönlichen Erfahrung von Millionen Amerikanerinnen, die Cannabis geraucht hatten und völlig gesunde Kinder zur Welt gebracht haben.

In einem weiteren Werbespot streute die PDFA derart arrogant Lügen, daß sie schließlich unter Druck geriet. Der Spot zeigte zwei Aufzeichnungen von Gehirnwellen, die nach der Aussage der Gruppe die Reaktion der Gehirnwellen eines 14jährigen »auf Marihuana« widergaben.

Die Hirnwellen einer Person in tiefem Schlaf oder im Koma.

Der Forscher Dr. Donald Blum vom UCLA-Zentrum für neurologische Studien teilte den KABC TV-News (Los Angeles) am 2. November 1989 empört mit, daß das Bild in Wirklichkeit die Gehirnwellen einer Person zeige, die in tiefem Schlaf oder im Koma liegt.

Er sagte, daß er und andere Forscher sich bereits bei der PDFA beschwert hätten, und fügte hinzu, daß die Gehirnwellen von Cannabisrauchern sich sehr von den in dem Werbespot gezeigten Gehirnwellen unterscheiden. Sie besäßen eine Ausformung, die aufgrund jahrelanger Forschung über die Auswirkungen von Cannabis auf das Gehirn wohlbekannt sei.

Der Fernsehsender und die PDFA brauchten nach dieser öffentlichen Widerlegung noch Wochen, um besagten Spot abzusetzen, und noch lange Zeit später waren weder eine Richtigstellung noch ein Widerruf des Betrugs vorgelegt worden.[12]

Die PDFA sollte besser eine Anzeige schalten, die ein Skelett mit der Unterschrift »Dies ist die PDFA« und ein gebratenes Ei mit dem Text »Das sind die Fakten« zeigt.

DARE: Polizeipropagandisten

Zu einem weiteren Mittel, die Öffentlichkeit über Hanf zu täuschen, hat sich das DARE-Programm entwickelt. Die Drug Abuse Resistance Education bietet Erziehung zum Widerstand gegen Drogenmißbrauch. Dieses staatliche Programm wurde 1983 von Daryl Gates, dem Polizeichef von Los Angeles, initiiert. Es beinhaltet normalerweise, daß ein Polizeibeamter einen 17wöchigen Kurs an einer örtlichen Grundschule leitet. Dieser Kurs hat zum Ziel, verantwortliches Verhalten von jungen Menschen zu fördern, vermittelt ihnen jedoch in verantwortungsloser Weise verzerrte Informationen und glatte Lügen über Cannabis.

Der größte Teil des Kurses befaßt sich nicht mit Drogen, sondern zeigt Verhaltensmöglichkeiten für die Fälle auf, in denen Jugendliche die Gelegenheit haben oder dazu aufgefordert werden zu trinken, zu rauchen, zu stehlen, zu lügen, Gesetze zu brechen etc. Die wirklich nützliche Unterstützung richtiger Verhaltensweisen, die das Programm bietet, wird von einem Gestrüpp von Lügen und versteckten Andeutungen über die Auswirkungen von Marihuana und über seine Anwender überwuchert.[13]

Lehrer, die an den Sitzungen teilnehmen,[14] berichten zum Beispiel, daß der Polizeibeamte sagt: »Ich kann euch nicht sagen, daß das Rauchen von Marihuana Gehirnschäden verursacht, weil ihr alle Menschen kennt, die Marihuana rauchen, die euch ganz normal erscheinen. Aber das ist es gerade. Man kann es nicht sagen – bis jetzt.«

Für solche Behauptungen werden keine Beweise vorgelegt. Die Literatur, die das Kind mit nach Hause nimmt (und die möglicherweise von Eltern gelesen wird, die über Marihuana informiert sind), ist tendenziell scheinbar ausgewogener, obwohl sie sich auf mysteriöse »neue Studien« beruft, die angeblich die Gefahren von Marihuana beweisen.

Die Polizeibeamten reden jedoch während des ganzen Kurses von durch Marihuana verursachten Lungenschäden, von Hirnschäden, Unfruchtbarkeit, Todesfällen und behaupten vieles, was sie nicht begründen können.

Oder sie berichten über authentische Studien, die die Herz- und Lungenrisiken bei Kokain aufzeigen, und erwähnen dann beiläufig das Rauchen von Marihuana. Der Beamte, der es ja so gut meint, erzählt bisweilen auch irgendwelche Anekdoten über Leute, die er zu kennen behauptet, Leute, die mit Marihuana »angefangen« und dann ihr Leben mit harten Drogen, Kriminalität und Lasterhaftigkeit zerstört haben. Schließlich wirft er Marihuana mit wirklich gefährlichen Drogen in einen Topf und malt den Kindern aus, wie Jugendliche oder seine eigenen Kameraden bei der Polizei von diesen hoffnungslosen, drogenabhängigen Kriminellen getötet wurden.

Am Ende werden die Schüler ermutigt, ihren drogennehmenden Freunden und Familien zu helfen, indem sie zu Polizeiinformanten werden. Indirekte Lügen durch versteckte Anspielungen und stillschweigend unterstellte Bezüge werden ganz beiläufig eingestreut. Sie sollen einen starken, dauerhaften Eindruck im Unterbewußtsein hinterlassen. Da sie sich nicht auf irgendwelche Untersuchungen oder andere Quellen stützen, die man objektiv beurteilen oder direkt kritisieren könnte, soll eben auf Dauer nur ein verschwommenes diffuses Bild zurückbleiben.

Das DARE-Programm ist deshalb so gefährlich, weil es einige richtige Informationen mit Lügen und versteckten Andeutungen über Marihuana vermischt.

Das DARE-Programm ist deshalb so gefährlich, weil es einerseits einige korrekte Informationen bietet und prinzipiell für junge Leute von Nutzen ist, andererseits aber sich und seinen Ruf auch dadurch ruiniert, daß es unverantwortliche, hinterlistige Taktiken verfolgt.

Wenn die für das DARE-Programm zuständigen Organisatoren von den Jugendlichen verantwortliches Verhalten verlangen, müssen sie selber verantwortlich handeln. Sollten sie Informationen über Marihuana besitzen, die dem Rest der Bevölkerung vorenthalten werden, sollen sie sie uns sehen lassen. Soweit bekannt, hat es bislang keine DARE-Organisation gewagt, mit einer Gruppe, die für die Legalisierung von Marihuana eintritt,[16] öffentlich zu diskutieren oder deren Literatur in ihrem Erziehungsprogramm zu verwenden.

Betäubte Medien

Obwohl den Medien in den 60er und 70er Jahren einiges an vernünftigen Argumenten und Tatsachen über Cannabis zugeflossen ist, haben sie es kaum vermocht, das Marihuanaverbot von der weitverbreiteten Hysterie zu trennen, die mit dem »Krieg gegen die Drogen« einherging (und ihnen in den 80er Jahren eine höhere Auflage bescherte). Hanf-Aktivisten wurden ignoriert, ihre Aktionen zensiert und ihre Termine nicht angekündigt; die Medien lehnen sogar bezahlte Anzeigen für Aktionen oder für legale, nicht zum Rauchen bestimmte Hanfprodukte ab.

Was ist aus der Verpflichtung, Fakten nachzugehen, geworden?

Statt die Regierung kritisch zu überwachen und als Anwalt der Öffentlichkeit zu dienen, betrachten sich die Rundfunkanstalten und Nachrichtenagenturen als profitbringendes Werkzeug zum Schmieden eines »Konsenses« in der nationalen Politik. Nach den Aussagen solcher Gruppen wie »Fairness and Accuracy In Reporting« (FAIR) und Forschern wie Ben Bakdikian und Michael Parenti verteidigen diese Vereinigungen das »nationale Interesse« und legen es in ihrem Sinne fest – womit häufig ihre eigenen finanziellen Interessen und politischen Auffassungen gemeint sind. Man sollte daran denken, daß viele der größten Zeitungsherausgeber Anteile an Waldgebieten für die Papierherstellung besitzen und die Hersteller pharmazeutischer Drogen, petrochemische Unternehmen usw. zu den wichtigsten Werbekunden der Medien zählen.

In einem Artikel, der am 7. Mai 1989 im Los Angeles Times Magazine erschien und den Titel trug »Nichts funktioniert«, beklagt Stanley Meiseler das Problem, Schulen für Drogenerziehungsprogramme zu gewinnen. Er enthüllt dabei unbeabsichtigt die Auffassungen und Vorurteile der Nachrichtenmedien: »Kritiker sind der Ansicht, daß einige Erziehungsprogramme dadurch verlören, daß sie die Gefahren der Drogen übertrieben. Direktoren und Lehrer, die von den städtischen Behörden streng beaufsichtigt werden, sehen sich gezwungen, den Schülern auf keinen Fall beizubringen, daß Marihuana, obwohl es schädlich sein kann,[17] weniger süchtig mache als Zigaretten (...). Das Ausbleiben solcher Informationen bedeutet, daß die Schulprogramme an Glaubwürdigkeit verlieren könnten. (...) *Aber ehrlichere Programme könnten noch schädlicher sein*«, hieß es in einem Nachsatz.

Der Schaden, den Meiseler voraussagt, ist ein vermehrter Konsum von Cannabis. Er könnte eintreten, wenn bekannt wird, welche gesundheitlichen Vorteile und wie wenige physische oder psychologische Risiken mit dem Konsum von Cannabis verbunden sind. Viele Menschen ziehen Cannabis, das offensichtlich keine Werbung braucht, dem Alkohol und Tabak vor, für die so viele Werbedollars ausgegeben werden müssen.

Die größte Heuchelei

Während die Reagan/Bush/Quayle-Administrationen ihren selbsterklärten »Krieg den Drogen« gegen die Bauern der Dritten Welt und gegen amerikanische Zivilisten führten, begünstigten und deckten sie gleichzeitig den Drogenschmuggel und -verkauf durch hochrangige Regierungsbeamte.

Auf der einen Seite befahl Bush die Invasion Panamas, um den angeblichen Drogenschmuggler und langjährigen Bediensteten von Bush/CIA, Manuel Noriega, in die USA und dort vor Gericht zu bringen, womit er internationales Recht brach; und auf der anderen Seite lehnte er es ab, Oliver North, John Hull, Admiral Poindexter, General Secord, Lewis Tambs und andere Amerikaner an Costa Rica auszuliefern. Diese Personen stehen unter der Anklage der Regierung Costa Ricas, dort eine Drogenschmuggel-Operation durchgeführt zu haben. (The Guardian, »Cocaine shipped by contra network«, 22. Juli 1989.)

Das Unterkomitee gegen Terrorismus und Betäubungsmittel des US-Senators John Kerry (Massachusetts) führte Anhörungen über die weitgestreuten Aktivitäten von CIA und National Security Agency (NSA) in den Jahren 1988 und 1989 durch. Diese Aktionen hatten zum Ziel, Untersuchungen der Zollbehörde und des FBI zu verhindern, die den Kokainschmuggel durch FBI-Agenten unter der Führung der nationalen Sicherheitskräfte betrafen. In keinem einzigen Fall wurde Anklage erhoben. Den aussagenden Zeugen wurde Immunität und ein geringes Interesse der Medien zugesichert.

Die vom Christic Institute herausgefundenen Informationen und Beweise, die eine Komplizenschaft der Regierung am Rauschgift-Terrorismus nahelegten, veranlaßten die Sonderermittler in der Iran-Contra-Affäre nicht zum Eingreifen. Als General Secord im Januar 1990 überführt wurde, im Zusammenhang mit der Iran-Contra-Affäre Verbrechen begangen zu haben, die den Tausch von Drogen gegen Waffen beinhalteten, bekam er eine Geldstrafe von 50 Dollar und eine kurze Bewährungsfrist. Ein Bundesrichter entschied, daß der arme Mann »schon genug gelitten« habe.

So sehen die Taten einer Administration aus, die für die Todesstrafe für Marihuanadealer, sogar für deren Enthauptung eintritt.[15]

Fortdauernde Ungerechtigkeit

Präsident Jimmy Carter sprach am 2. August 1977 im Kongreß über das Drogenthema und über Schäden, die die Verbote bewirken. Er sagte, daß »Strafen für den Besitz einer Droge dem einzelnen nicht mehr Schaden zufügen sollten, als der Gebrauch der Droge selbst. Aus diesem Grund befürworte ich ein Ergänzungsgesetz zum Bundesgesetz, wonach der Besitz von bis zu einer Unze Marihuana, was Bundesgesetze angeht, straffrei bleibt.«

»Strafen für den Besitz einer Droge sollten dem einzelnen nicht mehr Schaden zufügen als der Gebrauch der Droge selbst.« *Präsident Jimmy Carter*, 2. August 1977

Selbst dieser Vorstoß, die amerikanischen Marihuanagesetze mit ein bißchen Vernunft auszustatten, wurde vom Kongreß abgeblockt. Dieser war entschlossen, Härte gegenüber Straftätern zu demonstrieren, auch wenn deren Handlungen weder kriminell sind noch irgendeine wirkliche Gefahr für die Gesellschaft darstellen. Ihm war es gleichgültig, wie viele Menschen geschädigt werden.

Intoleranz und Unterdrückung seitens des Kongresses eskalierten in den Jahren nach Carter.

1990 hatten 18 Bundesstaaten »Special Alternative Incarceration« Camps (SAI), besondere Haftlager, eingerichtet, in denen nicht gewalttätige und erstmalig verurteilte Drogenstraftäter in einer den »Boot-camps« ähnlichen Einrichtung inhaftiert werden. Dort werden sie beschimpft und psychologisch zermürbt, um ihnen ihre positive Einstellung zum Drogenkonsum auszutreiben.

Die Insassen der Camps werden mit roboterhafter Präzision bearbeitet, und diejenigen, die sich nicht unterwerfen, müssen damit rechnen, daß man sie in den staatlichen Strafvollzug überführt. Die meisten dieser Straftäter sind wegen Marihuana inhaftiert. Mindestens 17 weitere Bundesstaaten wollen ähnliche Programme durchführen.[18]

Womit wurde diese antiamerikanische Politik gerechtfertigt? Mit einer Handvoll offizieller Regierungsberichte und Studien, die von der DEA, Politikern und den Medien verbreitet werden, um zu zeigen, daß Marihuana »wirklich zerstörerisch auf Menschen wirkt«.

Als nächstes wollen wir uns einige dieser berühmten Studien ansehen.

15 Hinter den Kulissen der »Wissenschaft«

»Die Ausführungen dieses Berichts beweisen klar und deutlich, daß Marihuana, wenn es unter ärztlicher Aufsicht verabreicht wird, die Schmerzen vieler sehr kranker Menschen zu lindern vermag. [...] Im Licht der vorliegenden Belege wäre es unvernünftig und ein Ausdruck bloßer Willkür, wenn sich die DEA weiter zwischen diese Leidenden und die Wohltaten dieser Substanz stellen würde. Marihuana ist unter medizinischen Gesichtspunkten weit sicherer als viele Nahrungsmittel, die wir gewöhnlich zu uns nehmen. [...] Marihuana in seiner natürlichen Form kann als eine der sichersten therapeutisch nutzbaren Substanzen bezeichnet werden, die den Menschen bekannt sind.«
Francis L. Young

Im Jahre 1988 fällte Verwaltungsrichter Francis L. Young ein Urteil, mit dem die DEA offiziell aufgefordert wurde, Ärzten die Erlaubnis zum Verschreiben von Marihuana zu erteilen. Er gelangte zu dieser Entscheidung, nachdem er 15 Tage lang Zeugen angehört und mehr als ein Jahr lang die rechtlichen Aspekte seiner Entscheidung umfassend überprüft hatte.

Der DEA-Beamte John Lawn lehnte es am 30. Dezember 1989 in seiner offiziellen Funktion ab, diesem Urteil nachzukommen; und seine Nachfolger im Amt verweigern weiterhin die Erlaubnis dafür, daß Cannabis als Medikament verabreicht werden darf. Dabei stützen sie sich auf eine Reihe immer wieder zitierter Antimarihuanastudien. Es lohnt sich, diese »wissenschaftlichen« Studien genauer anzusehen.

Fast 100 Jahre sind vergangen seit 1894 in der Studie der britischen Raj-Kommission über indische Haschischraucher berichtet wurde, daß Cannabiskonsum harmlos und sogar hilfreich sei. Seither sind zahlreiche weitere Studien zum gleichen Ergebnis gelangt. Die bekanntesten sind der Siler- und der LaGuardia-Report sowie die Berichte der Shafer-Kommission Nixons, der kanadischen LeDain-Kommission und der Kommission des kalifornischen Forschungsrats.

Verlorene Zeiten, verlorenes Leben

Früher einmal haben amerikanische Präsidenten das hohe Lied auf den Hanf gesungen, und das USDA hat viele Bände mit Daten gesammelt, die belegen, wie nützlich dieser natürliche Rohstoff ist. Die Roosevelt-Administration ließ 1942 den Film *Hemp for Victory* (»Hanf für den Sieg«) drehen, der unsere patriotischen Hanffarmer rühmte.

Gleichwohl wird heute die Verwendung von Hanf sogar für medizinische Zwecke verhindert. Als Richter Young Ende 1989 nach der Erfüllung seiner oben zitierten Entscheidung gefragt wurde, antwortete er, daß der Beamte John Lawn Zeit bekommen habe, sie umzusetzen.

Mehr als ein Jahr nach dem Urteilsspruch lehnte Lawn es in offizieller Funktion ab, Cannabis wieder als Arzneimittel zuzulassen. Er klassifizierte es erneut als äußerst »gefährliche« Droge, die noch nicht einmal für medizinische Zwecke eingesetzt werden dürfe.

Die »National Organization to Reform Marijuana Laws« (NORML), die für eine Reform der Marihuanagesetze eintritt, und der »Family Council on Drug Awareness« liefen hiergegen Sturm und forderten den Rücktritt dieses Beamten, der hilflose Menschen zu unnötigem Leiden verurteilt. Aber der Nachfolger Lawns verfolgt die gleiche politische Linie.

Wieviel Scheinheiligkeit gehört dazu, wenn sich Vertreter der öffentlichen Hand im Brustton der Überzeugung über die Tatsachen und selbst Gerichtsurteile hinwegsetzen? Wie ist es ihnen überhaupt möglich, sich dafür öffentlich rechtfertigen zu können? Sie berufen sich auf gewisse Experten, die ihnen die »wissenschaftlichen Beweise« für ihre Behauptungen liefern.

Die Doppelzüngigkeit der Regierung

Unsere Bundesbehörden – NIDA, NIH, DEA und Action –, die von ihnen unterstützten Gruppen – beispielsweise DARE – und Organisationen wie die PDFA, die ein besonderes Interesse an diesem Thema haben, predigen in ihrer Arbeit mit Elterngruppen und bei Pressekampagnen immer wieder, daß es bestürzende »hieb- und stichfeste Beweise« für die schädlichen Auswirkungen des Marihuanarauchens gebe.

Von der Regierung geförderte Untersuchungen, die vor 1976 durchgeführt worden waren, kamen zu dem Ergebnis, daß Cannabis harmlos bis nützlich sei. In den Berichten über diese Untersuchungen wurde die Methodik jeder durchgeführten Studie detailliert dargelegt. Wenn man zum Beispiel *The Therapeutic Potential of Marijuana* (1976) liest, wird man genauestens nachvollziehen können, mit welchen methodischen Voraussetzungen die einzelnen medizinischen Studien gearbeitet haben

Die gegen Marihuana gerichtete Marihuanaforschung wird von den Regierungsbürokraten freigebig unterstützt, aber NORML, die Zeitschriften Playboy oder High Times und andere konnten erst dadurch, daß sie sich auf den neuen »Freedom of Information Act« beriefen, Akteneinsicht erzwingen und herausbringen, welche Labormethoden diesen »Experimenten« zugrunde lagen.

Was sie herausfanden, war schockierend.

Die Studie der Herren Dr. Heath/Tulane 1974

Der Schwindel mit den Gehirnschäden der toten Affen. – Der Gouverneur Kaliforniens, Ronald Reagan, wurde 1974 aufgefordert, Marihuana zu entkriminalisieren.

Nachdem der sogenannte »Große Kommunikator« die universitäre Heath/Tulane-Studie hatte anfertigen lassen, verkündete er: »Die zuverlässigsten wissenschaftlichen Quellen besagen, daß eine der unleugbaren Folgen des Marihuanakonsums die dauerhafte Schädigung des Gehirns ist.« (Los Angeles Times.)

Dem Bericht von Dr. Heath war zu entnehmen, daß Rhesusaffen, die eine Rauchmenge inhalierten, die nur 30 Joints entsprach, zu verkümmern begannen und nach 90 Tagen starben.

Fortan tauchten in amtlichen Broschüren und in der von der Regierung geförderten Propagandaliteratur gegen Marihuana als beliebtes Schreckgespenst tote Gehirnzellen von Affen auf, die man Marihuana rauchen ließ.

Senator Eastland aus dem Bundesstaat Mississippi ging mit diesem Schreckgespenst Mitte der 70er Jahre hausieren, um die nationalen Gesetzgeber zu verschrecken und sie davon abzuhalten, die Entkriminalisierungsgesetze von NORML im Kongreß zu unterstützen; für diese Gesetze trat in den meisten Fällen Senator Jacob Javitts aus dem Staat New York ein.

Berichte über die Heath-Studie, die sich auf angeblich wissenschaftliche Forschungsergebnisse stützt, zog die Hierarchie der professionellen Drogenkrieger als Rechtfertigung dafür heran, daß sie Jugendliche vor Marihuana bewahren müßten. Mit diesen Berichten werden Elterngruppen, Kirchengruppen etc. terrorisiert, die dann ihrerseits auch Material verteilen, das auf der Heath-Studie beruht. Heath öffnete die Gehirne toter Affen und berechnete die darin enthaltenen toten Gehirnzellen. Dann tötete er sogenannte Kontrollaffen, die kein Marihuana geraucht hatten, und ermittelte, wieviele tote Gehirnzellen in ihnen vorhanden waren. Verglichen mit der Zahl toter Gehirnzellen, die »normale« Affen enthielten, war die Anzahl toter Gehirnzellen in den Affen, die Haschisch geraucht hatten, enorm.

Ronald Reagans Erklärung stützte sich vermutlich auf die Annahme, daß Marihuanarauchen der einzige Unterschied zwischen den beiden Affengruppen gewesen sei. Reagan vertraute möglicherweise darauf, daß die staatliche Forschung zutreffend und korrekt war. Vielleicht hatte er aber auch andere Beweggründe.

Was die Regierung der Presse und der PTA, die der Regierung vollkommen vertrauten, als »wissenschaftliche Ergebnisse« verkaufte, ist nicht sehr viel.

1980 erhielten Playboy und NORML – nachdem die Regierung sechs Jahren lang mit Eingaben und Anfragen bestürmt worden war – einen genauen Rechenschaftsbericht über die Methoden und Verfahren, die in dem berühmten Forschungsbericht angewendet worden waren.

Forscher, die von NORML und Playboy damit beauftragt wurden, die Resultate des Berichts mit der verwendeten Methode zu vergleichen, brachen in Gelächter aus.

Die »Beweise«: erstickte Versuchstiere. – Der Playboy berichtete, daß Heath eine absolut unseriöse Voodoo-Untersuchungsmethode anwendete: Rhesusaffen waren auf einem Stuhl festgebunden und mit dem Äquivalent von 63 kolumbianischen starken Joints vollgepumpt worden – »fünf Minuten, durch Gasmasken«, ohne frische Luft atmen zu dürfen.

Die Affen wurden regelrecht erstickt! Drei bis fünf Minuten Sauerstoffmangel führen zu Gehirnschäden – zu »toten Gehirnzellen« (Anleitung des Roten Kreuzes zur Lebensrettung und Sicherheit im Wasser).

Die Heath-Affenstudie war eigentlich eine Studie über das Ersticken und Vergiften von Tieren mit Kohlenmonoxid.

Heath hatte es in seiner Studie unter anderem einfach – in voller Absicht oder aus schierer Dummheit? – unterlassen, das von den Affen inhalierte Kohlenmonoxid zu berücksichtigen. Kohlenmonoxid ist ein tödliches Gas. Wenn es von einem brennenden Gegenstand abgegeben und eingeatmet wird, führt es zum Absterben von Gehirnzellen. Bei der verwendeten Rauchkonzentration ging es den Affen etwa wie jemandem, der in einer geschlossenen Garage lebt und täglich den Motor seines Autos 5, 10 oder 15 Minuten lang laufen läßt.

Alle Forscher sind sich darüber einig, daß die Resultate des Heath-Experiments für die Beurteilung von Marihuana ohne Wert sind, weil in dem Bericht die Kohlenmonoxidvergiftung und andere Faktoren nicht berücksichtigt wurden. Studien wie diese und die von Dr. Nahas aus dem Jahre 1970 versuchten, THC-Metaboliten mit den toten Gehirnzellen der erstickten Affen in einen kausalen Zusammenhang zu bringen.

Alle nachfolgenden Forscher hielten die Ergebnisse, die Heath bei seinen Forschungen über Marihuana herausfand, für wertlos, weil er die Vergiftung mit Kohlenmonoxid und andere Faktoren nicht berücksichtigt hatte.

Nahas' Rezept für aufgeblähte Polizeibudgets

Eine berühmte Studie, aufgrund derer sich am Ende herausstellte, daß Cannabis Tumore verringert (siehe Kapitel 7), war ursprünglich von der Bundesregierung bestellt worden, um womöglich den Verdacht zu erhärten, daß Marihuana das Immunsystem angreife. Der Irrtum beruhte auf den »Reefer Madness«-Studien, die 1972 der mittlerweile in Mißkredit geratene Dr. Gabriel Nahas von der Columbia University durchgeführt hatte.

Die Studien dieses Dr. Nahas ergaben angeblich, daß Marihuana neben vielen anderen auch Schäden an Chromosomen und am Testosteron bewirkt, die zum Zusammenbruch des Immunsystems führen. Nahas war für den OSS und die CIA und später für die UNO tätig, wo er eng mit Lyndon LaRouche und Kurt Waldheim zusammenarbeitete.

DEA und NIDA unterstützten Nahas auch dann noch, als klar war, daß keine seiner Antimarihuanastudien von irgendeiner anderen Untersuchung bestätigt wurden. Die Columbia University distanzierte sich 1975 ausdrücklich von Nahas' Marihuanaforschung und hielt zu diesem Zweck eigens eine Pressekonferenz ab.

Die DEA verteilt bis heute die alten in Mißkredit geratenen Nahas-Studien an uninformierte Elterngruppen, Kirchen und PTAs und bezeichnet sie ihnen gegenüber als unschätzbare Forschungsergebnisse über Marihuana, jenen Stoff des Bösen.

Nahas'[2] gefährliche Horrorgeschichten werden immer noch mit Steuergeldern verbreitet – Jahre, nachdem das National Institute of Health (NIH) 1976 untersagt hat, aus dem Budget der US-Regierung an Nahas weiterhin auch nur einen Penny für Cannabisstudien zu zahlen. Der Grund für diese Verfügung war Nahas' peinliche Forschung in den frühen 70er Jahren.

DEA, NIDA, VISTA und »War on Drugs« haben diese diskreditierten Studien gleichwohl weiter Elterngruppen wie den »Parents for a Drug Free Youth« (»Eltern für eine drogenfreie Jugend«) angedient. Bei Versammlungen trat Nahas oftmals als hochbezahlter Gastredner in Erscheinung, ohne ein Wort davon zu erwähnen, wie seine Studien von seinen Kollegen eingeschätzt werden. Auch die Schriftstellerin Peggy Mann bezog sich in Artikeln im Reader's Digest und in ihrem Buch »Marijuana Alert« auf Nahas' Studien. Das Vorwort zu Manns Buch stammt übrigens aus der Feder von Nancy Reagan.

All dies machte man mit den verängstigten Eltern, Lehrern, Gesetzgebern und Richtern wahrscheinlich nur deshalb, um mehr Urintest-Ausrüstungen verkaufen zu können und dafür zu sorgen, daß sogenannte Drogenrehabilitationskliniken und ihrem Personal die Klienten nicht ausgehen. Auch die finanzielle Unterstützung für die DEA und die örtliche Polizei sowie die Regierungszuschüsse für Rechts-, Strafverfolgungs- und Besserungsmaßnahmen und andere Interessen des Polizeistaats wurden mit Nahas' Studien gerechtfertigt. Die Verwendung wissenschaftlicher Begriffe und gefälschter pseudoklinischer Statistiken dienten dazu, einen Anschein von Seriosität zu erwecken.

Im »Krieg gegen die Drogen« geht es um viel Geld; schamlos werden immer noch mehr Polizeikräfte beantragt und weitere Gefängniszellen gebaut. Viele Richter, Gesetzgeber, Polizisten, Leser von Reader's Digest und Eltern haben Nahas' Studien jahrelang benutzt und zitiert. Seine Studien sind die wichtigste Rechtfertigungsgrundlage dafür, daß diese ungerechten Gesetze immer noch nicht gefallen sind und in Amerika im letzten Jahrzehnt Millionen Menschen ins Gefängnis gesteckt wurden.

Kriminellerweise benutzt die DEA Nahas' Studien auch nach dessen unrühmlicher Selbstdistanzierung im Jahre 1983 bewußt weiter, um Richter, Politiker, Presse und Elterngruppen zu beeinflussen, die davon nichts wußten. Diese Menschen vertrauten darauf, daß ihnen die Regierung, die sie mit ihren

Steuergeldern bezahlen, die Wahrheit sagt. Die Medien, Presse- und Fernsehkommentatoren zitieren Nahas' Studien nach wie vor als das Drogenevangelium, und viele der schrecklichen Märchen und Geschichten, die auf Schulhöfen die Runde machen, haben ihren Ursprung in dieser »wissenschaftlichen« Arbeit eines Scharlatans.

Widerlegte oder niemals bestätigte Ergebnisse werden bis heute verbreitet und propagandistisch verwertet. Forscher hingegen, die den medizinisch-therapeutischen Anwendungsbereich von Cannabis ausloten und prüfen wollen, haben mit Gefängnisstrafen zu rechnen.

Hysterische »Familien für eine drogenfreie Jugend« oder die »Just Say No«-Organisationen ließen über die Presse streuen, daß Marihuana Aids verursachen könne – eine Behauptung, die jeglicher Grundlage entbehrt.

Die Begründung dafür fanden sie in Nahas' widerlegten und unbestätigten, konstruierten Petrischalen-Studien über das Immunsystem. Indem die Presse solche Lügen veröffentlicht, heizt sie den Marihuanawahn weiter an!

Bleibende THC-Metaboliten

Die Lüge: Marihuana wird erst nach 30 Tagen vom Körper abgebaut. – THC-Metaboliten werden normalerweise im Fettgewebe des menschlichen Gehirns, in Reproduktionsorganen und anderen fetthaltigen Körperbereichen gefunden. Die Regierung behauptete, daß ein einziger Joint deshalb so gefährlich sei, weil »THC-Metaboliten« bis zu 30 Tage nach ihrer Aufnahme in den Fettzellen des Körpers verblieben. Sie leitete daraus ab, daß die langfristigen Schäden, die diese THC-Metaboliten der Menschheit zufügen könnten, gar nicht abzuschätzen seien, und hantierte im übrigen mit bedrohlich klingenden pseudowissenschaftlichen Andeutungen vom Typ »könnte sein«, »könnte durchaus bedeuten«, »möglicherweise«, »vielleicht« und so weiter.[1]

Die Fakten: selbst Fachleute der Regierung sagen, daß Metaboliten nichtgiftige, harmlose Rückstände sind. – Wir interviewten drei angesehene Ärzte, die einen landesweiten Ruf zu verlieren haben und teilweise noch heute für Regierungsforschungsprogramme über Marihuana arbeiten oder früher gearbeitet haben. Dies sind:

- Dr. Thomas Ungerlieder, M.D., UCLA, der 1969 von Richard Nixon in das »President's Select Committee on Marijuana« und erneut von Ford, Carter und Reagan für die gleiche Aufgabe berufen wurde. Er ist derzeit Vorsitzender des kalifornischen »Marijuana Medical Program«;
- Dr. Donald Tashkin, M.D., UCLA, der in den letzten 14 Jahren der weltweit führende Forscher der US-Regie-

rung auf dem Gebiet der Lungenkrankheiten war; und

- Dr. Tod Mikuriya, M. D., der in den späten 60er Jahren die gesamtstaatlichen Marihuana-Untersuchungsprogramme der US-Regierung leitete.

Diese Ärzte sagten im wesentlichen, daß die aktiven THC-Bestandteile während des ersten oder zweiten Durchganges durch die Leber abgebaut werden. Die verbleibenden THC-Metaboliten lagern sich normalerweise an Fettdepots an, um dem Körper später zur Verfügung zu stehen. Dies ist ein ungefährlicher natürlicher Prozeß.

Viele Chemikalien aus Nahrungsmitteln, Kräutern und Medikamenten reagieren im Körper genauso. Die meisten Metaboliten sind nicht gefährlich, und THC-Metaboliten entwickeln im Körper weniger toxisches Potential[3] als irgendwelche anderen bekannten Rückstände von Metaboliten.

THC-Metaboliten, die im Körper verbleiben, lassen sich mit der Asche einer Zigarette vergleichen: Sie sind nicht aktive Cannabinoide, die vom Körper metabolisiert werden. Genau diese nichtaktiven Metaboliten werden durch Urinanalysen nachgewiesen, aufgrund derer Angestellte des Militärs, von zivilen Unternehmen oder Sportvereinen entlassen werden, wenn sich herausstellt, daß sie innerhalb der letzten 30 Tage Cannabis geraucht oder sich in Gemeinschaft mit Cannabisrauchern aufgehalten haben.

Studien über Lungenschäden

Die Lüge: gefährlicher als Tabak. – Nach einer Statistik der American Lung Association sterben jährlich 434 175 Menschen in den USA an den Folgen des Tabakrauchens. 50 Millionen Amerikanerinnen und Amerikaner rauchen, und täglich fangen 3 000 Teenager mit dem Rauchen an.

Die Berkeley-Studien aus den späten 70er Jahren über krebserregenden Teer kamen zu dem Schluß, daß »Marihuana anderthalbfach so krebserregend wie Tabak« sei.

Die Tatsachen: nicht ein einziger dokumentierter Fall von Krebs. – Jeder Rauch führt zu Lungenreizungen. Cannabis verursacht leichte Reizungen der oberen Luftwege. Die Symptome verschwinden, wenn nicht weiter geraucht wird.

Anders als Tabakrauch führt Cannabisrauch zu keinerlei Veränderungen in den unteren Luftwegen der Lunge, dem Bereich, in welchem Tabak langfristige und chronische Schäden bewirkt. Außerdem raucht ein Tabakraucher 20 bis 60 Zigaretten am Tag, während ein starker Marihuanaraucher vielleicht fünf bis sieben Joints täglich oder sogar weniger raucht, wenn er Blüten hoher Qualität hat.

Zigmillionen AmerikanerInnen rauchen regelmäßig Marihuana, aber nach den Aussagen von Amerikas bedeutendstem Lungenexperten, Dr. Donald Tashkin, UCLA, geht auf Cannabis bis zum März 1992 *kein einziger Fall von Lungenkrebs* zurück. Er sieht das größte Gesundheitsrisiko für die Lungen einer Person, die täglich 16 oder mehr »große« Spliffs aus Blättern/Blüten raucht, darin, daß durch den Rauch und die damit einhergehende Unterversorgung mit Sauerstoff im Lungengewebe Sauerstoffmangel entsteht. Tashkin ist der Auffassung, daß ein Marihuanaraucher nicht befürchten muß, an einem Lungenemphysem (Lungenerweiterung) zu erkranken – ganz im Gegensatz zu Tabakrauchern.

Cannabis ist eine komplexe, hoch entwickelte Pflanze. Im Marihuanarauch sind ungefähr 400 chemische Verbindungen enthalten, von denen 60 einen therapeutischen Wert haben.

Durch den Verzehr von Cannabis können im übrigen die Reizungen, die beim Rauchen auftreten, vermieden werden. Allerdings nimmt der menschliche Körper beim Rauchen viermal so viele der aktiven Stoffe von Cannabis auf, als wenn die gleiche Menge Cannabis gegessen wird. Die durch das Verbot von Cannabis in die Höhe getriebenen Schwarzmarktpreise und die harten Strafen für Hanfanbau bewirken, daß sich nur wenige Menschen den Luxus einer zwar gesünderen, aber weniger wirkungsvollen Aufnahme von Cannabis leisten können.

Laboruntersuchungen und wirkliches Leben. – Das Rauchen mit einer Wasserpfeife hat den Vorteil, daß alle Karzinogene aus dem Rauch herausgefiltert werden können. Solche Informationen und ihre Bedeutung für die Ergebnisse der Studien verschwieg die Regierung in ihren Verlautbarungen an die Presse. Gleichzeitig verboten Politiker den Kauf von Wasserpfeifen und bezeichneten sie als »Drogenzubehör«.

Wie Gerüchte in die Welt gesetzt werden. – Dr. Tashkin sandte 1976 einen Bericht an Dr. Gabriel Nahas, der an einer Konferenz in Reims, Frankreich, über mögliche medizinische Gefahren von Cannabis teilnahm.

Tashkins Bericht war die Sensation dieser überwiegend

gegen Haschisch eingestellten Weltkonferenz über Cannabis.

Das überraschte ihn, denn er hatte den Bericht nur deshalb an die Konferenz in Reims gesandt, weil er einige nachträgliche Denkanstöße enthielt.

Tashkin legte der Reims-Konferenz einen Bericht vor, nach dem Marihuana auf einen von 29 Lungenbereichen, die er studiert hatte, eine 15mal größere Reizung ausübte als Tabak – nämlich auf die oberen Luftwege.[4]

Auf diesen Bereich wirkt sich Tabak nur wenig aus. In den meisten anderen Bereichen der Lunge aber verhält sich

Radioaktiver Tabak: die nicht erzählte Geschichte

Tabak tötet jährlich mehr Menschen als Aids, Heroin, Crack, Kokain, Alkohol, Autounfälle, Feuer und Mord zusammen. Er macht genauso süchtig wie Heroin, führt zu Entzugserscheinungen, und die Rückfallquote bei Tabakrauchern ist ebenso hoch (75 Prozent) wie die von Konsumenten des einen »Kick« auslösenden Kokains und Heroins.

In den USA ist das Rauchen von Tabak heute die häufigste Ursache für vermeidbare Todesfälle. Tabakraucher bekommen zehnmal so oft Lungenkrebs und doppelt so häufig Herzkrankheiten wie Nichtraucher, und die Wahrscheinlichkeit, daß sie dann an diesen Herzkrankheiten sterben, ist bei ihnen dreimal so hoch wie bei Nichtrauchern.

Obwohl Tabak den Tod so vieler Menschen verursacht, ist er völlig legal und erhält von allen Landwirtschaftsprodukten in den USA die höchsten Subventionen durch die US-Regierung. Welch abgrundtiefe Heuchelei!

Einer von sieben Todesfällen in den USA geht auf das Rauchen von Tabak zurück. Frauen, die rauchen, bekommen häufiger Lungenkrebs als Brustkrebs, und das Rauchen bei gleichzeitiger Einnahme der Pille steigert das Risiko dramatisch, an Herzkrankheiten oder Krebs zu erkranken.

Die Tabakindustrie gibt sieben Millionen Dollar täglich für Werbung aus. Man schätzt, daß die Zigarettenindustrie jeden Tag ungefähr tausend neue RaucherInnen braucht, um diejenigen zu ersetzen, die am Rauchen sterben.

Kentuckys Hauptgeschäft und wichtigstes Landwirtschaftsprodukt war 100 Jahre lang, bis 1890, der Anbau des gesunden, vielseitig verwertbaren und nützlichen Hanfs. An seine Stelle trat der nicht eßbare, nicht faserhaltige, den Boden erschöpfende Tabak, der auf Anweisung des Gesetzgebers auf Böden angebaut wird, die mit radioaktivem Material verseucht sind.

Studien der US-Regierung haben gezeigt, daß das Rauchen von eineinhalb Päckchen Zigaretten täglich über ein Jahr unsere Lungen genauso belastet, wie ungefähr 300 Röntgenuntersuchungen der Lunge unsere Haut belasten (bei Verwendung der alten, langsamen Röntgenapparate und ohne Bleischutz).

Röntgenstrahlen geben ihre Radioaktivität umgehend ab, aber die Radioaktivität des Tabaks hat eine Halbwertzeit, aufgrund derer sie noch 21,5 Jahre in den Lungen aktiv bleiben wird.

General C. Everett Koop sagte im staatlichen Fernsehen, daß diese Radioaktivität möglicherweise für die meisten Krebsfälle im Zusammenhang mit dem Genuß von Tabak verantwortlich sei.

Cannabisteer enthält keine Radioaktivität.[5]

Cannabis im Gegensatz zu Tabak positiv oder neutral (siehe Kapitel 7).

Nach dieser Konferenz begann die US-Regierung wieder mit der Förderung von Studien über die Auswirkung von Cannabis auf die Lunge. Zwei Jahre zuvor, als Tashkin über ermutigende therapeutische Resultate bei Marihuana/Lungen-Studien berichtet hatte, war die Förderung von Untersuchungen über die Auswirkung von Cannabis auf die Lunge eingestellt worden; jetzt begrenzte die Regierung sie auf die Erforschung der oberen Luftwege.

Wir haben Dr. Tashkin mehrmals interviewt. 1986 befragte ich ihn über einen Artikel, den er für das New England Journal of Medicine vorbereitete. Darin zeigte er auf, daß Cannabisrauch genausoviele oder mehr Veränderungen im Vorstadium von Krebs auslöst wie Tabak in »vergleichbaren« Mengen.

Es ist den meisten Menschen nicht klar, und es wird ihnen von den Medien auch nicht mitgeteilt, daß jede Gewebeanomalität (Ausschlag, Abschürfung oder sogar Rötung des Gewebes) als Veränderung im Vorstadium von Krebs bezeichnet wird. Anders als die durch Tabak hervorgerufenen Veränderungen enthalten die durch THC bewirkten keine Radioaktivität.

Wir fragten Tashkin, wieviele Menschen in dieser oder anderen Studien über Langzeitraucher von Marihuana, zu denen die Rasta und Kopten zählen, in der Folge an Lungenkrebs erkrankt seien.

Dr. Tashkin, in seinem UCLA-Labor, sah mich an und sagte: »Das ist ja das Seltsame. Bis jetzt hat kein einziger von denen, die wir beobachtet haben, Lungenkrebs bekommen.« »Wurde das der Presse mitgeteilt?«

»Nun, es steht in dem Artikel«, sagte Dr. Tashkin. »Aber niemand von der Presse hat auch nur danach gefragt. Sie nahmen einfach das Schlimmste an.«

Eine weitere Tatsache: Cannabis hilft bei Lungenemphysemen. – Während eines späteren Interviews dankte uns Tashkin für den Hinweis, daß an Lungenemphysemen leidende Menschen, die wir kennen, mit dem Rauchen von Marihuana gute Erfahrungen gemacht hatten.

Er war davon ausgegangen, daß Marihuana Emphyseme verschlimmern würde, stellte jedoch nach neuerlicher Durchsicht seiner Unterlagen fest, daß Marihuana bei Emphysemen im allgemeinen half, weil es die Bronchien freimacht und erweitert.

Damit war bestätigt, was uns cannabisrauchende Emphysempatienten berichtet hatten.

Aber Marihuana ist nicht das einzige Mittel gegen Lungenbeschwerden. Früher rauchte man auch Spitzwegerich, Huflattich, Andorn und andere Kräuter.

Tabak und seine Gesundheitsrisiken haben die Menschen ganz allgemein gegen das »Rauchen« eingestellt, so daß die meisten das Rauchen von Cannabis für genauso gefährlich wie oder noch gefährlicher als das Tabakrauchen halten. Und weil die Marihuanaforschung behindert wird, weiß man wenig über Fakten, die für die allgemeine Gesundheit von großer Bedeutung sind.

Und so weiter

Die Antimarihuanaliteratur, die wir gesichtet haben, zitiert meistens nicht mehr als eine einzige überprüfbare Quelle, und sonstige Publikationen beziehen sich lediglich auf die DEA oder das NIDA. Die wenigen Studien, die wir zurückverfolgen konnten, entpuppten sich am Ende als anekdotische Fallgeschichten oder Berichte, bei denen Daten kunstvoll arrangiert wurden oder gar nicht zu überprüfen waren.

Vereinzelt wird berichtet, daß Marihuana zu Brustvergrößerungen, Fettleibigkeit und ähnlichem führe oder süchtig mache, aber Wissenschaftler schenken dem kaum Beachtung. Berichte über eine zeitweise Herabsetzung der Spermienanzahl durch Marihuana werden zwar von den Medien ausgeschlachtet, sind aber statistisch zu vernachlässigen. Auch bei den relativ häufigen Kehlkopfkrebserkrankungen im Gebiet von Sacramento und der hohen Rate von Schädigungen, die aus einer psychotherapeutischen Station in Baltimore gemeldet werden, handelt es sich um singuläre Ereignisse, die allen anderen statistischen Daten zuwiderlaufen.

Die pseudowissenschaftlichen Forschungsergebnisse von Heath und Nahas tauchen in der wissenschaftlichen und medizinischen Literatur heutzutage überhaupt nicht mehr auf. Dies gilt ebenfalls für die Studien an trächtigen Mäusen und Affen, die an der Temple University und am Davis University College durchgeführt wurden, wo man Mäusen synthetische, entfernt verwandte THC-Analogien injizierte.

Obwohl diese Untersuchungen in der wissenschaftlichen Diskussion keine Rolle mehr spielen, erhalten Elterninitiativen Berge von Literatur, die vor möglichen Langzeitschädigungen des Gehirns und der Fortpflanzungsorgane durch THC-Metaboliten warnt. Diese Literatur wird meistens von der DEA und der Pharmaindustrie finanziert.[6]

Einige Studien, über die offiziell nicht gesprochen wird

Die Kopten-Studie (1981): Keine Schädigungen des menschlichen Gehirns oder der Intelligenz. – Hanf war schon immer ein Mittel, mit dem sich die Menschen zur Arbeit motiviert und das sie genommen haben, um kreative Energien zu steigern oder freizusetzen.[7]

Nach einer Studie von 1981 glaubten zehn der stärksten Marihuanaraucher Amerikas (Angehörige der koptischen Religion, die in Florida lebten), daß das Rauchen von täglich 16 hochwirksamen Spliffs[8] über einen Zeitraum von ungefähr zehn Jahren ihre Geisteskräfte vergrößert habe.

Sie wurden von Dr. Ungerlieder und Dr. Shaeffer (UCLA) untersucht. Weder zeigte ihr Gehirn Unterschiede zu dem von Nichtrauchern, noch ließ sich ein höherer IQ feststellen, was die Kopten behauptet hatten.

Höhere Lebenserwartung, weniger Alterserscheinungen. – Die meisten heutigen und früheren Studien über die Auswirkungen von Marihuana auf die unterschiedlichsten Bevölkerungsgruppen Amerikas zeigen, daß ein durchschnittlicher Cannabisraucher länger leben wird als ein Amerikaner, der in gleichen Verhältnissen lebt, aber überhaupt keine Drogen nimmt. Der Cannabisraucher hat weniger Falten, nicht so viel Streß und weniger Krankheiten, die sein Immunsystem aus dem Gleichgewicht bringen. Außerdem ist er ein friedlicherer Nachbar.[9]

Die Jamaika-Studie

Die Jamaika-Studie (1968-1974, 1975): klarer Nutzen für Marihuanaraucher. – Die umfassendste Studie über das Hanfrauchen in seinem ursprünglichen Umfeld ist wahrscheinlich »Ganja in Jamaika. Eine medizinisch-anthropologische Studie über den Dauerkonsum von Marihuana«, die Vera Rubin und Lambros Comitas erstellten.[10]

»Die Jamaika-Studie, die vom National Institute of Mental Health (NIMH) Center for Studies of Narcotic and Drug Abuse gefördert wurde, war das erste derartige Projekt auf dem Gebiet der medizinischen Anthropologie und die erste veröffentlichte intensive, interdisziplinäre Studie über Konsumenten und Konsum von Marihuana.

Der Gebrauch von Ganja ist trotz Verbot weit verbreitet. In Jamaika wird Ganja über einen längeren Zeitraum, in größeren Mengen und mit höherer THC-Wirkung geraucht, als das in den USA der Fall ist. Gleichwohl konnten keine sozial oder psychologisch schädlichen Auswirkungen festgestellt werden. Der Hauptunterschied zum Marihuanakonsum in den USA besteht darin, daß sowohl der Konsum als auch die erwarteten Verhaltensweisen von Ganjakonsumenten von einer fest etablierten Tradition kulturell vorgegeben und kontrolliert werden.«

Positive soziale Einstellungen. – Die Studie unterstreicht, daß Ganjaraucher in Jamaika gesellschaftlich eine positive Verstärkung erfahren und diese Praxis insgesamt bejahen. Sie rauchen Ganja, um sich für die Arbeit zu motivieren. Testpersonen erzählten, daß die Auswirkungen des Ganjarauchens sie »geistreicher«, lebendig, fröhlich, verantwortungsvoller und bewußter mache. Sie berichteten, daß das Rauchen von Ganja ihre Meditations- und Konzentrationsfähigkeit fördere und ein Gefühl von Wohlbefinden und Selbstbewußtsein bewirke.

Täuschungsmanöver der Verbotsapostel

Die Zeitschrift *Scientific American* berichtete 1990 in ihrer Märzausgabe: »Die alarmierenden Statistiken, die die Verteidiger der Notwendigkeit des Testens zitieren, um die hohen Kosten des Drogenmißbrauchs aufzuzeigen, [...] geben nicht immer exakt die Forschung wider, auf die sie sich berufen. Einige der Daten könnten auch als ›Beweis‹ dafür herangezogen werden, daß der Drogenkonsum nur geringfügig negative oder sogar positive Auswirkungen hat.«

Ein Beispiel, auf das sich der Artikel bezieht, ist die oft herangezogene Statistik, die auch Präsident Bush 1989 benutzte: »Drogenmißbrauch unter amerikanischen Arbeitern kostet die Unternehmen jedes Jahr 60 bis 100 Milliarden Dollar an verlorener Produktivität, an Abwesenheitszeiten, an mit Drogen zusammenhängenden Unfällen, medizinischen Behandlungen und an Diebstählen.« Nach einer Einschätzung des NIDA entstammen all solche Behauptungen einer einzigen Studie, die auf einer 1982 durchgeführten Untersuchung von 3 700 Haushalten beruht.

Das Research Triangle Institute (RTI) fand damals heraus, daß das Einkommen von Haushalten, in denen mindestens eine Person zugab, im Leben schon einmal Marihuana konsumiert zu haben, 28 Prozent niedriger lag als das Durchschnittseinkommen ansonsten vergleichbarer Haushalte. Diese Einkommensunterschiede führten die RTI-Forscher auf »Einbußen aufgrund des Konsums von Marihuana« zurück.

Das RTI rechnete dann die Kosten für Kriminalität, Gesundheitsprobleme und Unfälle auf die amerikanische Gesamtbevölkerung hoch. Die Summe dieser »Kosten, die der Gesellschaft durch Drogenmißbrauch entstehen«, belief sich dann auf 47 Milliarden Dollar. Das Weiße Haus glich diese Zahlen dem Anstieg der Inflation und der Bevölkerung an, und in dieser Form dienten sie als Grundlage für Bushs Aussagen.

In der RTI-Untersuchung wurden auch Fragen nach dem aktuellen Drogenkonsum gestellt. Die Antworten auf diese Fragen ergaben keine signifikanten Unterschiede zwischen dem Einkommen von Haushalten mit aktuellen Konsumenten illegaler Drogen, einschließlich Kokain und Heroin, und anderen Haushalten.

Dieselbe Statistik »beweist« also, daß sich der laufende Konsum harter Drogen nicht in »Verlusten« äußert, ein einziger Marihuanagenuß in der Vergangenheit aber doch!

Kein Zusammenhang mit kriminellem Verhalten. – Vera Rubin und ihre Kollegen konnten, von Exzessen abgesehen, keinen Zusammenhang zwischen Cannabisgebrauch und kriminellem Verhalten und keine Einschränkungen in den motorischen Fähigkeiten feststellen. Raucher und Nichtraucher zeigten einen gleichen Grad an Extrovertiertheit, und ihre Arbeitsleistung sowie ihre Anpassungsfähigkeit wurden gleich bewertet. Starker Gebrauch von Ganja/Marihuana schränkt die Motivation zur Arbeit nicht ein.

In psychologischer Hinsicht ergab die Bewertung des Verhaltens von Ganjarauchern, daß sie ihre Gefühle offener auszudrücken, insgesamt etwas sorgloser und irgendwie außer sich zu sein schienen. Es gab keinerlei Hinweise auf organische Hirnschäden oder Schizophrenie.

Keine physiologische Beeinträchtigung. – Marilyn Bowman ermittelte 1972 in einer Serie psychologischer Tests an Langzeitkonsumenten von Cannabis auf Jamaika »keine Beeinträchtigung von physiologischen, sensorischen und perzeptorisch-motorischen Abläufen in Tests über Fähigkeiten wie Begriffsbildung, Abstraktion und Wahrnehmung sowie in Gedächtnistests« ist festzustellen. Die von ihr untersuchten Jamaikaner hatten zwischen 6 und 31 Jahre lang Ganja geraucht (durchschnittlich 16,6 Jahre), und ihr Alter beim ersten Zug betrug im Durchschnitt 12 Jahre und 6 Monate.

»Keine Beeinträchtigung von physiologischen, sensorischen und perzeptorisch-motorischen Abläufen in Tests über Fähigkeiten wie Begriffsbildung, Abstraktion und Wahrnehmung sowie in Gedächtnistests«.

Die Studie von 1975 ergab bezüglich des Plasma-Testosterons und der Gesamternährung keinen Unterschied zwischen Konsumenten und Nichtkonsumenten. Bei untergeordneten Intelligenztests zeigten Raucher etwas (statistisch nicht signifikant) höhere Leistungen, und »ein grundlegendes Maß an zellenbezogener Immunität [...] war bei den Konsumenten nicht weniger vital«.

Schließlich »rauchten Cannabiskonsumenten bei unserem gleichartigen Musterpaar Marihuana zusätzlich zu genausovielen Zigaretten, wie sie ihre Partner rauchten. Dennoch waren ihre Atemwege eher etwas gesünder als die ihrer Partner [...].

Wir müssen vorläufig schlußfolgern, daß Marihuana entweder keine schädlichen Auswirkungen auf die Atemwege hat oder daß es sogar einen leichten Schutz gegen die schädlichen Auswirkungen von Tabakrauch bietet. Wenn das so ist, werden nur weitere Forschungen klären können, welche von beiden Vermutungen zutrifft.«

Keine Einstiegsdroge. – Bezüglich der Theorie, daß Cannabis als Sprungbrett oder Einstieg für härtere Drogen diene, heißt es: »Der Konsum harter Drogen ist unter den Arbeitern auf Jamaika bis jetzt noch weitgehend unbekannt – keiner in der Studie (Rubins) hatte jemals irgendwelche Narkotika, Stimulanzien, Halluzinogene, Barbiturate oder Schlaftabletten genommen.«

In den USA wurde Cannabis während des späten 19. Jahrhunderts zur Behandlung von Drogensucht verwendet. Opium-, Chloralhydrat- und Alkoholsüchtige konnten mit hochwirksamen Cannabisextrakten erfolgreich behandelt werden, wobei einige Patienten bereits mit weniger als einem Dutzend Dosen des Cannabisextrakts gesund wurden.[11] Cannabis hat sich auch in der heutigen Behandlung von Alkoholsüchtigen als wertvoll erwiesen.[12]

Die Costa-Rica-Studie (1980)

Die Resultate der Jamaika-Studie wurden durch eine andere karibische Studie von 1980 im großen und ganzen bestätigt. »Cannabis in Costa Rica. Eine Studie über Dauerkonsum von Marihuana« wurde von William Carter für das ISHI durchgeführt.

Auch die Forscher dieser Studie konnten in der einheimischen Bevölkerung bei denen, die dauernd Cannabis rauchten, keinerlei deutlich wahrnehmbare Schäden erkennen. Alkoholprobleme, wie sie auf den benachbarten cannabisfreien Inseln so offensichtlich sind, gibt es in Costa Rica nicht.

Die Studie betont, daß der dort gesellschaftlich gebilligte Konsum von Ganja (wenn es zur Verfügung steht) weitgehend den von Alkohol (Rum) ersetzt.

Das Amsterdamer Modell

Seit Holland gegenüber Cannabisrauchern eine Politik der Toleranz und Straffreiheit verfolgt – Cannabis ist in Cafés und Gaststätten frei erhältlich – und für Benutzer harter Drogen Rehabilitations- und Beschäftigungsprogramme anbietet, sinkt der Cannabiskonsum unter Teenagern,[13] und die Zahl der Heroinsüchtigen ist um 33 Prozent zurückgegangen. Die Strategie, den Cannabisverkauf vom Verkauf harter Drogen durch Dealer zu trennen und dadurch Cannabis aus dem Untergrund zu holen, hat sich, wie die Los Angeles Times vom August 1989 anerkennend berichtete, als ziemlich erfolgreich erwiesen.

Offizielle Korruption: Carlton Turner

Alle Nachforschungen, die der Autor über die Verschwendung von öffentlichen Geldern und Mitteln angestellt hat, haben nichts zutage gefördert, was der Handlungsweise von Bürokraten und Politikern in der folgenden Geschichte an Böswilligkeit gleichkommt. Sie handelt von der – absichtlich oder aus Gleichgültigkeit oder Dummheit – herbeigeführten Tötung vieler Amerikanerinnen und Amerikaner.

Ein Mann und seine Drogengangster. – Die Politik der amerikanischen Regierung – unter der Nixon- und Ford-Administration begonnen und fortgesetzt von Carlton Turner,[14] von 1981 bis 1986 oberster Drogenjäger der Reagan-Regierung – legte fest, daß das in den entsprechenden medizinischen Programmen der einzelnen Bundesstaaten zum Einsatz kommende Marihuana nur aus den Blättern der Marihuanapflanze gewonnen werden durfte. Deren Wirkung ist normalerweise nur ein Drittel so stark wie die der Blüten, und die Blätter enthalten nicht das ganze Spektrum der »reinen Droge«, das heißt kein THC und CBN.

Wenn statt der Blüten die Blätter genommen werden, dauert zum Beispiel die Verringerung des Augendrucks bei PatientInnen, die an grünem Star leiden, viel kürzere Zeit an und ist daher unbefriedigender; überdies führt das Rauchen von Blättern zuweilen auch zu Kopfschmerzen. Die Bundesregierung erlaubte bis 1986 lediglich die Verwendung der Blätter. Turner äußerte gegenüber Pharmaunternehmen und in Interviews, daß die Blätter das einzige seien, was die Amerikaner je bekämen – obwohl die Blüten sich besser für medizinische Zwecke eignen.

Turners Gründe. – Erstens seien, wie Turner anführt, Blüten zu hart, um mit einer Maschine zu Zigaretten gedreht werden zu können. Die 25 Millionen AmerikanerInnen, die täglich ohne Schwierigkeiten die Blüten rollen, wird das verblüffen. Und da es zweitens für das Extrahieren von Substanzen der »reinen Droge« aus der Blüte keine pharmazeutischen Patente gebe, ließe sich damit auch kein Geld verdienen. Turners Programm hätte also gegen seine ehemaligen Dienstherren, gegen die Vorschriften und die Finanzgeber der Universität Mississippi gearbeitet.[15] Turner sagte, daß die Amerikaner »niemals« Blüten erhalten würden, obwohl Blüten in der Chemotherapie, bei grünem Star und in anderen Bereichen besser wirken.

Es hat sich längst herumgesprochen, daß die berühmten »Munchies«, die Appetitanreger aus Marihuana, in der

Bush streicht wieder

Präsident Ronald Reagan machte 1981 Carlton Turner zum obersten Drogenjäger des Weißen Hauses. Dazu gedrängt hatte ihn unter anderen sein damaliger Vize, George Bush.

Turner, von 1981-1986 im Amt, versprach in Abstimmung mit den Pharmaunternehmen und ihren Lobbyisten, den amerikanischen Chemieunternehmen, das Verbot der Forschung über die 400 chemischen Verbindungen von Cannabis beizubehalten.

Bush setzte diese Politik fort, indem er NIDA oder NIH nicht erlaubte, Zuschüsse für private oder öffentliche Forschungen zu geben, die mit positiven Implikationen bezüglich Marihuana verbunden waren. Die Verwendung von Mitteln der FDA für Marihuanaforschungen billigte er nur dann, wenn sie Munition für die Marihuanagegner zu liefern versprachen.

Ein Vergleich mit Alkohol

Es gibt viele schreckliche Drogen. Die schlimmste von ihnen ist der Alkohol – und das betrifft sowohl die Zahl der TrinkerInnen als auch die Frage, inwieweit bei exzessivem Konsum der Droge unsoziales Verhalten gefördert wird. Alkoholismus ist in den USA die häufigste Ursache für den Tod von Teenagern. Durch Alkohol im Straßenverkehr werden jährlich 8 000 amerikanische Teenager getötet und 40 000 verkrüppelt. (Quellen: MADD, SADD, NIDA)

Die Statistiken der amerikanischen Regierung und Polizei bestätigen, daß jährlich 100 000 Menschen wegen Alkohol sterben. Der Genuß von Marihuana führte dagegen in 10 000 Jahren zu keinem einzigen Todesfall.

Mindestens 40 bis 50 Prozent aller Morde und Verkehrsunfälle hängen mit Alkohol zusammen. Die Zahl der Verkehrsunfälle in Verbindung mit Alkohol könnte sich nach Aussagen der Zeitungen Chicago Tribune und Los Angeles Herald Examiner sogar auf 90 Prozent belaufen.

Alkohol spielt auch in der Mehrzahl (69 bis 80 Prozent) der Fälle von Vergewaltigung von Kindern und Inzest eine Rolle. Das Verprügeln der Ehefrau ge-

Chemotherapie keine Wirkung zeigen, wenn sie aus Marihuanablättern gewonnen werden.

Studien über einen Vergleich zwischen Blättern und Blüten sind zwar nicht zugelassen, aber es gibt viele Ärzte, die inoffiziell empfehlen, nicht die Blätter, sondern die Blüten zu nehmen, und laut NORML berichten, man könne geradezu zusehen, wie ihre abmagernden Patienten dann wieder zunehmen.

Vergiftung von Cannabisrauchern. – Im August und September 1983 trat Turner im nationalen Fernsehen auf und rechtfertigte das illegale Besprühen von Marihuana mit dem Pestizid Paraquat (per Flugzeug), das die DEA in Georgia, Kentucky und Tennessee praktizierte. Er sagte, wenn ein Jugendlicher an mit Paraquat vergiftetem Marihuana sterbe, sei er selbst schuld daran. Im übrigen sei das für alle ein abschreckendes Beispiel.

Die Erforschung der therapeutischen Möglichkeiten von Cannabis wird scharf kontrolliert und behindert, aber jeder Test, der sich mit möglichen negativen oder schädlichen Auswirkungen von Cannabis befaßt, kann sich der Unterstützung durch die Regierung sicher sein. Da diese Tests meist fehlschlagen oder zu keinem Ergebnis führen, findet aber selbst eine solche Marihuanaforschung nur in bescheidenem Rahmen statt.

Turner, der mit Vorliebe den »Aufstieg und Fall des Römischen Reiches« zu zitieren pflegte, sah Jazz- und Rocksänger jenes Amerika, das *er* liebe, mit dieser Halluzinationsdroge zerstören, jenem Teufelskraut Marihuana, das er auszurotten beabsichtige.

Nachgemachte Paraquat-Testgeräte. – Während der mexikanischen Marihuana-Paraquat-Psychose im Jahre 1978 forderte Carlton Turner das Magazin High Times auf, eine Anzeige für ein Paraquat-Testgerät zu veröffentlichen; damals arbeitete er noch als Privatmann für die Marihuanafarm des Staates Mississippi.

Turner wußte nicht, daß High Times keine Werbung für Paraquat-Testgeräte machte, weil bewiesen war, daß diese Geräte nicht funktionierten. Dean Latimer (damals ein assoziierter Herausgeber von High Times) hielt Turner mit täglichen Telefongesprächen einen Monat lang hin. Er hörte sich an, wie Turner davon schwärmte, wieviel Geld mit dem Verkauf des Gerätes zu verdienen sei.

High Times verlangte, ein Muster zu sehen. Der Prototyp seines Paraquat-Testgeräts, den Turner übergab, stellte sich als ein simples, aber überdreht-verkompliziertes Gerät heraus (ein »Rube Goldberg«, wie man in Amerika sagt). Es war »genau so eines wie die dutzendweise nachgemachten Geräte, für die damals auch andere Unternehmen Anzeigen zu schalten versuchten«, schrieb Latimer in einem 1984 veröffentlichten Artikel.

Turner hatte offensichtlich nicht damit gerechnet, daß die Leute von High Times so gewissenhaft wären, den Mechanismus zu überprüfen. Er nahm wohl an, sie würden einfach das Geld für die Anzeige einstecken und loslegen, die Anzeige drucken und Turner reich machen.

Ihm war es egal, ob ein Jugendlicher zu Tode kam oder um sein Geld betrogen wurde, weil er auf das nachgemachte Paraquat-Testgerät vertraut hatte.

Nach diesem Betrugsversuch wurde Turner 1981 unter Präsident Reagan zum nationalen Drogenjäger Nummer eins. George Bush und Nancy Reagan hatten ihn für diese Aufgabe empfohlen.

Menschenverachtung. – Turner ließ sogar verlauten, daß es nichts mache, wenn ein paar hundert Jugendliche an dem Cannabis stürben, das die Bundesregierung ordentlich mit Paraquat besprühte.

Auf der Pride-Konferenz am 25. April 1985 in Atlanta, Georgia, bei der Nancy Reagan und 16 Frauen von ausländischen Staatsoberhäuptern, darunter Imelda Marcos, anwesend waren, forderte Turner die Todesstrafe für Drogendealer. Letztlich war Turner freilich nur eine Figur, die für Reagan, Bush und die Pharmaindustrie die Dreckarbeit zu besorgen hatte. Er sah seine Mission nicht nur im Kampf gegen Heroin, PCP (»Angel dust«) oder Kokain, sondern auch in der Vernichtung von Cannabis und der Jazz/Rock-Musik.

Carlton Turner mußte zurücktreten, nachdem ihn das Newsweek Magazine am 27. Oktober 1986 in einem langen Herausgeberkommentar massiv angegriffen hatte. Sein Rücktritt war die Konsequenz aus seiner öffentlichen Äußerung, daß das Rauchen von Marihuana Homosexualität, den Zusammenbruch des Immunsystems und deshalb Aids verursache. Daraufhin war er von der Washington Post und anderen so scharf angegriffen worden wie keine andere Person des öffentlichen Lebens in der jüngeren Geschichte.

Am 6. Dezember 1986 trat Turner schließlich zurück. Ein Vorgang, der eigentlich eine Schlagzeile auf der Titelseite wert gewesen wäre, wurde während der Iran-Contra-Affäre auf den hinteren Seiten ad acta gelegt.

schieht in den meisten Fällen (60 bis 80 Prozent) unter Alkoholeinfluß.

Heroin spielt mit 35 Prozent bei Einbrüchen, Raubüberfällen, bewaffneten Raubüberfällen, Banküberfällen und Autodiebstählen eine Rolle.

Andererseits wurden – laut der »Uniform Crime Reporting Statistics« des Federal Bureau of Investigation (Justizministerium) – im Jahr 1988 in den USA 324 000mal Gefängnisstrafen wegen des bloßen Besitzes von Marihuana verhängt.

Turner wurde zum Rücktritt gezwungen, nachdem er in der Öffentlichkeit geäußert hatte, daß Marihuana Homosexualität, den Zusammenbruch des Immunsystems und folglich Aids verursache.

Nach seinem Rücktritt schloß sich Turner mit R. L. Du Pont und dem ehemaligen Vorsitzenden der NIDA, P. Bensinger, zusammen. Sie hatten einen neuen Markt für sich entdeckt: das Geschäft mit Urintests.

Die Urintest-Company. – Nach seinem Rücktritt schloß sich Turner mit Robert Du Pont und dem ehemaligen Vorsitzenden des NIDA, Peter Bensinger, zusammen. Das Trio hatte sich vorgenommen, den Markt für Urintests zu erobern. Sie schlossen mit 250 der größten Unternehmen Verträge über Programme ab, deren Ziel die Entwicklung von Verfahren zum Trennen und Aufspüren von Drogen sowie von Urintests war.

Kurz nachdem Turner seinen Stuhl geräumt hatte, schlug Nancy Reagan vor, daß kein Unternehmen mit der Bundesregierung ein Geschäft abschließen dürfe, das seine staatstragende Gesinnung nicht unter Beweis gestellt hatte und die Politik des sauberen Urins an seinen Angestellten exekutierte.

Carlton Turner wurde in diesem aufstrebenden Industriezweig ein reicher Mann – nicht anders als G. Gordon, der nach seiner Haftstrafe [die er wegen Watergate verbüßte; Anm. d. Red.] seine speziellen Kenntnisse in der High-Tech-Sicherheitsbranche verwertete.

Dieser ganze Typus von Unternehmen lebt davon, die bürgerlichen Grundrechte auszuhöhlen: den Schutz der Privatsphäre, den Schutz vor Selbstbelastung (im fünften Verfassungszusatz), den Schutz vor unbilliger Durchsuchung oder die Unschuldsannahme bis zum Beweis der Schuld.

Erniedrigungen hinzunehmen, seine intimsten Körperteile und -funktionen von einem gedungenen Voyeur überprüfen zu lassen, gehört heute zu den Einstellungsbedingungen in ein Unternehmen und ist Voraussetzung für den Bezug des Existenzminimums.

Turners neue Art des Geldverdienens verlangt, daß alle AmerikanerInnen ihre grundlegenden Rechte auf Privatsphäre und Selbstachtung aufgeben.

Des Kaisers neue Kleider 16

Alternativen zum Verbot

Wir haben gesehen, wie durchsichtig die Lügen sind, mit denen die Regierung das Marihuanaverbot begründet. Im folgenden Kapitel präsentieren wir einige Forschungsergebnisse, die die Regierung gerne unter Verschluß hielte. Außerdem behandeln wir verschiedene realistische Alternativen zum Verbot von Marihuana. Den Anfang aber wollen wir mit einer kleinen Fabel machen.

Die Geschichte von des Kaisers neuen Kleidern[1]

Es war einmal ein böser Kaiser, der von seinen Untertanen schrecklich hohe Steuern verlangte, weil er so verschwenderisch war und immer ganz teure und besondere Kleider trug, wie sie sonst niemand hatte.

Eines Tages kamen zwei Schwindler, die um eine Audienz beim Kaiser baten, denn sie seien berühmte Schneider und von sehr weit her gekommen. Sie erzählten dem Kaiser, sie hätten ein wundervolles, aus einem Goldfaden gewirktes neues Gewebe erfunden, das nur die besten, edelsten und weisesten Menschen sehen könnten. Und als der Kaiser ganz aufgeregt ein Muster dieses Stoffes sehen wollte, holten die beiden Männer eine leere Stoffrolle, zeigten sie ihm und fragten: »Ist das nicht ein wunderschöner Stoff?«

Der Kaiser, der kein einziges Fädchen sehen konnte, fing an, den Stoff begeistert zu loben, denn schließlich wollte er ja nicht als gewöhnlicher und dummer Mensch gelten.

Nun ließ er seine Minister kommen. Als ihnen erklärt worden war, was es mit diesem Stoff für eine Bewandtnis habe, und sie nach ihrer Meinung gefragt wurden, beteuerten auch sie alle um die Wette, daß dies wahrlich das allerfeinste und schönste Tuch der ganzen Welt sei.

Jetzt befahl der Kaiser den beiden Schneidern, ihm neue Kleider zu machen. Und als sie an ihm Maß genommen hatten, ordnete der Kaiser an, ihnen das Gold aus der Schatzkammer zu geben, damit es zu Faden gesponnen werden konnte. Die Schneider begannen sofort zu arbeiten. Tag und Nacht saßen sie auf ihren Tischen und taten, als ob sie zuschneiden und nähen würden. Voller Ungeduld kam der

Kaiser mit seinen Ministern fast jeden Tag, um zu sehen, wie die Arbeit vonstatten ging.

Schließlich war er da, der große Tag, an dem sich das ganze Volk versammeln sollte, um die neuen Kleider des Kaisers zu sehen, für die die Leute so viel bezahlt und von denen sie so viel gehört hatten. Als sich dann der Kaiser zeigte und mit seinem Hofstaat vorbeistolzierte, starrten ihn alle mit offenen Mündern an. Aber weil sie sich nicht selber bloßstellen wollten, waren schließlich immer mehr Stimmen zu hören, die diese geheimnisvollen Kleider in den höchsten Tönen priesen. »Das ist das schönste Stück Arbeit, das ich je gesehen habe!« – »Herrlich!« – »Oh, solch ein Stöffchen, das hätte ich auch gerne!«

Der Kaiser, so stolz er auch vor seinen Untertanen paradierte, hatte mächtige Angst. Wenn sein Volk dahinterkäme, daß er selber die teuren neuen Kleider gar nicht sehen konnte, würde ihn das bestimmt seine Krone kosten.

Alles ging gut, bis er schließlich an einem kleinen Jungen vorbeikam, der mit dem Finger auf den Kaiser zeigte und rief: »Aber der hat ja gar nichts an!«

Was das unschuldige kleine Kind gesagt hatte, ging schnell von Mund zu Mund. Alle wußten jetzt, daß der Kaiser und seine Minister von Schwindlern überlistet worden waren. Manche lachten, andere fingen zu murren an. Waren es nicht die Steuern von ihnen allen, die da mit vollen Händen zum Fenster hinausgeworfen wurden? Zwar hörte der Kaiser, daß es in der Menge unruhig wurde, aber er konnte nicht zugeben, daß man aus ihm einen Narren gemacht hatte. Und so blieb er weiter der Narr. Nackt, wie er war, setzte er seine Parade fort. Seine Minister stolzierten hinter ihm her und hielten die Schleppe seines Umhangs, den niemand sehen konnte, womöglich noch höher als vorher. Ungläubig starrte ihnen das Volk hinterher. Aber niemand unternahm etwas.

Und die Moral aus der Geschicht' ...

Die Gesetze, die Hanf und Marihuana verbieten, sind wie der Kaiser, der keine Kleider trägt. Seine Krone behält er nur, weil er mit Polizeistaatsmethoden seine autoritäre Herrschaft verteidigt und zur Finanzierung seiner Wahngebilde die Schatzkammern des Volkes plündert.

Amerika, dieses großartige Land, wurde auf dem Grundsatz aufgebaut, daß jeder Mensch das »unveräußerliche Recht« auf »Leben, Freiheit und das Streben nach Glück« hat und daß jeder die Pflicht hat, diese Rechte zu verteidigen und alle »Kaiser« wegzujagen, die diese Rechte aushöhlen wollen. Es ist ein Verbrechen, daß Vertreter und Beamte der US-Regierung mit Steuergeldern eine Desinformationskampagne mit aalglatten Lügen und organisierter Vertuschung anzetteln und durchführen.

Ein Regierungsbeamter, der vorsätzlich in dieser Weise handelt oder plant – ob er nun Präsident, Vizepräsident, oberster Drogenjäger der Nation, der Kopf des FBI oder der CIA ist –, sollte dafür ins Gefängnis gebracht werden können. Die Bundesbehörden und der Oberste Gerichtshof der USA haben uns im Zuge der Marihuanaprohibition eine Vielzahl unserer – auf Hanfpapier geschriebenen – Bürgerrechte genommen. Einen Anlaß zu einem vergleichbar einschneidenden Verzicht auf Grundrechte hat es in der Geschichte der USA noch nie gegeben, niemand hielt das je für nötig, weder im Krieg, noch als es das Land vor Spionage oder anderen großen Verbrechen zu schützen galt. Und noch schlimmer ist, daß auf Druck und Veranlassung der USA in vielen Ländern auf der ganzen Welt eine ähnliche Politik verfolgt wird.

Die Folgen des Verbots

Wenn Ihnen Du Pont erzählt, daß uns allen »die Chemie ein besseres Leben« bringt, wird die Tatsache mit Schweigen übergangen, daß dies nur für 100 Jahre gelten kann und daß danach, wenn der Profit eingestrichen ist, der ganze Planet zum Untergang verdammt ist.

Wer in England oder Holland Drogen nimmt, wird als Mensch behandelt und kann sich Drogen verschaffen, ohne sich deshalb gezwungen zu sehen, das Leben anderer zu beeinträchtigen. Eine solche Politik hat sich in diesen Ländern inzwischen durchgesetzt, hat Erfolg und findet Anklang. Die Schweiz hat den Versuch unternommen, an bestimmten öffentlichen Orten den Drogenkonsum zu tolerieren.

Welchen Grund gibt es, Leute, die Hanf anbauen oder Haschisch rauchen, für ihr ganzes Leben als Kriminelle abzustempeln und zu verfolgen, während 35 Prozent aller Diebstähle und Raubüberfälle in Verbindung mit Heroindelikten stehen, 40 bis 50 Prozent der Morde, Vergewaltigungen und Verkehrsunfälle mit Alkohol zusammenhängen, und wenn Heroin in Gefängnissen leichter zu erhalten ist als auf der Straße?[2]

Wenn Dealern und dem organisierten Verbrechen die Geschäftsgrundlage für Heroin- und Drogenhandel genommen würde, käme es zu vielen Straftaten überhaupt nicht mehr. Während der Alkoholprohibition in den »Roaring Twenties« stieg die Anzahl der Morde stetig. Während der

10 Jahre, die auf ihre Aufhebung folgten, sank sie dagegen Jahr für Jahr.[3]

Wir sollten einen anderen Weg des Umgangs mit dem Drogenkonsum finden. Andernfalls werden wir unsere Freiheiten und unsere Kultur opfern müssen. Unsere Bücher und unsere Musik werden wir verlieren, nur die in die Höhe schießenden Energiekosten werden wir behalten. Wir sollten zur Einsicht kommen, daß Drogenverbrechen abnehmen, wenn man Süchtige wie Mitmenschen behandelt und nicht aus der Gesellschaft ausstößt. Ihnen sollte so geholfen werden, daß sie finanziell auf eigenen Füßen stehen können.

Unterdrückung auf High-Tech-Niveau

Um Amerika »marihuanafrei« zu machen, müßten wir alle, Kiffer und Nichtkiffer, nach und nach auf unsere Bürgerrechte verzichten, und zwar für immer! Wir müßten eine Mentalität entwickeln, wie sie Leute vom Schlage eines Lyndon LaRouche oder Edwin Meese, eines Jerry Falwell oder einer Nancy Reagan haben.

Mit dem Computer, der für uns alle von so großem Nutzen sein könnte, ist heute eine Gewissenserforschung und Bürgerausspähung möglich geworden, von der die Inquisitoren nur träumen konnten, als sie im Mittelalter gegen die Ketzer und das Aufmucken im »gemeinen Volk« zu Felde zogen und den Hexen das Handwerk legen wollten, weil diese die Geheimnisse der Hygiene oder von Heilkräutern wie dem Hanf kannten.[4] Mit den neuen Techniken des Computerzeitalters kann man das Intimleben von Politikern, Richtern oder anderer einflußreicher Leute ausspionieren, der Korruption, Erpressung und Bestechung wird Tür und Tor geöffnet. Und die, die Macht ausüben, sind immer weniger kontrollierbar: Orwells Alptraum »1984« droht heute in Erfüllung zu gehen.

Verschwendung unserer Steuergelder

Bereits heute wird jeder zweite Dollar, der im »Krieg gegen die Drogen« ausgegeben wird, für die Bekämpfung des Marihuanakonsums verwendet ...

70 bis 80 Prozent aller Personen, die in Bundes-, Staats- oder Gemeindegefängnissen sitzen, könnten als freie Menschen leben. Dieser Zustand dauert nun schon 60 Jahre. Mit anderen Worten: Amerika hat in seiner von Anslinger inspirierten Ignoranz schätzungsweise 700 000 (von insgesamt 1 000 000 inhaftierten) Menschen in Haftanstalten gesperrt und über sie wegen »Verbrechen« den Stab gebrochen, die bis zum Harrison Act von 1914 schlimmstenfalls

als eine dumme Angewohnheit galten. (Mit der Harrison-Verordnung verfügte der Oberste Gerichtshof 1924, daß Drogensüchtige nicht krank sind, sondern als gemeine Verbrecher zu behandeln seien.)

Daß wir Hearsts und Anslingers Propaganda und Lügen zum Evangelium haben werden lassen, hat den letzten drei Generationen von Amerikanerinnen und Amerikanern die Gehirne vernebelt und scheint ihnen den Mund gestopft zu haben. Radio- und Fernsehprediger haben Rockmusik als Werk des Satans bezeichnet; das sei »Voodoomusik«, hieß es. Eiferer wollen Rockmusik ganz verbieten, Schallplattenalben und Bücher verbrennen und jeden einsperren, der nicht mit ihnen übereinstimmt. Das will Carlton Turner. Das will Lyndon LaRouche. Das will William Bennett.

Obwohl es in der Geschichte des Landes noch nie so viele Gefängnisse gegeben hat, fordern politische Hardliner, noch mehr Gefängnisse zu bauen, die Steuern noch mehr zu erhöhen und diesen Wahnsinn immer weiter zu treiben ...

Zweierlei Maß

Was die körperliche Abhängigkeit und die psychisch-mentalen Auswirkungen betrifft, sind Opium, Morphium, Heroin, Dilaudad, Placidyl oder Quaaludes im Prinzip gleich; sie greifen alle in das Endorphin-Gleichgewicht des Körpers ein. (Endorphine sind körpereigene Schmerzdämpfer.)

Als der Vorsitzende Richter des Obersten Gerichtshofs, William Rehnquist, während einer Verhandlung »einnickte« – und andere Drogenabhängige für ihre Gewohnheiten ins Gefängnis schickte –, war das eine Folge seiner Gewohnheit, am Tag acht Placidyls zu nehmen. Sich mit Placidyl »high« zu machen und sich den mentalen Effekt zu verschaffen, an den sich auch Heroinuser gewöhnt haben, kostet genausoviel, wie ein Heroinabhängiger ausgeben muß, der seinen Stoff auf der Straße kauft – 70 bis 125 Dollar täglich.

Placidyl, das mit Quaaludes verwandt ist, ist ein starkes Betäubungsmittel, das auf den Straßen wegen seiner dämpfenden Eigenschaft beliebt ist. Nun wurde Rehnquist weder beim Ausplündern von Schnapsläden gesehen, noch ist etwa bekannt geworden, daß er Mitbürger körperlich verletzt oder sonst irgendeine der asozialen Verhaltensweisen an den Tag gelegt hätte, die man »Junkies« sonst zuzuschreiben pflegt.

Er konnte ohne Probleme das tun, woran er sich gewöhnt hatte, weil Placidyl frei erhältlich und zu einem Preis

Wie das Institut zur Förderung der Wissenschaften (Smithsonian) die Fakten über Cannabis unterdrückt

Es soll nicht unerwähnt bleiben, daß es das Smithsonian seit einiger Zeit unterläßt, bei Materialkennzeichnungen von Objekten Cannabis oder Hanf zu erwähnen; bei Kennzeichnungen von Papier- oder Textilbestandteilen beispielsweise erscheint Hanf nur noch unter der Rubrik »andere Materialien«. Und dies, obwohl 50 bis 80 Prozent der Materialien für Papier und Kleidung in den Smithsonian-Ausstellungen »Life in America; 1780s to the 1800s« und »American Maritime Exhibit, 1492-1850« aus Hanf hergestellt waren. Baumwolle, Wolle, Flachs, Sisal, Jute, Manilahanf etc. werden dagegen nach wie vor ausdrücklich benannt.

Der Kurator des Museums, Arkadero, antwortete auf die Frage, was sie zu diesem Vorgehen veranlaßt habe, daß »Kinder nichts Weiteres über Hanf wissen müssen, es verwirrt sie nur«. Als dem Direktor des Smithsonian vorgehalten wurde, daß Hanf die Hauptfaser in der Geschichte Amerikas war, sagte er: »Wir sind kein Fasermuseum.«

Er erklärte nicht, warum das Museum entschieden hatte, daß Kinder über die weniger wichtigen Faserpflanzen in der amerikanischen Geschichte Bescheid wissen müßten.

Waren den Führern des Smithsonians die unschuldigen Fragen von Kindern über Hanf und Marihuana unbequem?

In einem Brief vom 20. Juni 1989 schrieb der Sekretär der Einrichtung, das Smithsonian sehe »eine Katalogisierung der Fasern, die im frühen Amerika verwendet wurden, nicht als Teil der Aufgaben an«, die sich das Smithsonian mit seinen Ausstellungen stelle. Nur »gelegentlich veranlaßt die Darstellung bestimmter Vorgänge die Kuratoren dazu, einzelne Stoffe zu erwähnen – wie Leinen, Wolle oder andere«.

Er schickte uns die amerikanische Ausgabe des vorliegenden Buches und den Pro-Marihuana-Film der US-Regierung von 1942, Hemp for Victory, zurück, offensichtlich ohne sich weder das eine noch das andere angesehen zu haben.

zu haben ist, den er sich leisten kann. Seiner Droge liegt eine Beschreibung bei, wie oft und in welcher Dosis er sie zu sich nehmen kann, während Menschen, die verbotene Drogen nehmen, sich mit groben Schätzungen – Mengenangaben von der Art wie »so viel, wie auf ein Pennystück paßt« – behelfen müssen.

Selbst die Regierung gibt zu, daß 80 Prozent der Überdosen illegaler Drogen wahrscheinlich vermieden werden könnten, wenn sie portioniert und mit entsprechenden Gebrauchshinweisen und Warnungen versehen wären.

Die Ignoranz der Politik

Während wir an diesem Buch arbeiteten, haben wir auch mit Senatoren, Parlamentsabgeordneten, Richtern, Polizisten, Staatsanwälten, Wissenschaftlern, Historikern, Nobelpreisträgern, Zahnärzten und Ärzten gesprochen. Sie alle wußten ein wenig über die Geschichte und die Nutzungsmöglichkeiten von Cannabis, aber fast niemand war über die allgemeinen Hintergründe und Anwendungsmöglichkeiten informiert, abgesehen von Spezialisten, die wie Ungerlieder, Mikuriya und andere dazu langjährige Forschungen angestellt oder wie Ed Rosenthal, Dean Latimer und Michael Aldrich darüber geschrieben hatten.

Anläßlich einer großen NORML-Spendenaktion im Februar 1983 sprachen wir privat mit dem damaligen Senator von New Mexico, Michael Aldrich. Er gehörte eine ganze Dekade zu den führenden Pro-Marihuana-Politikern, und in bezug auf Hanf war er wahrscheinlich der kenntnisreichste Volksvertreter der Vereinigten Staaten. Angesichts all der medizinischen, wirtschaftlichen und historischen Fakten, die wir über Hanf zusammengetragen hatten, stellten wir ihm die Frage, warum die Regierung Hanf nicht einfach legalisiere.

Wir waren bestürzt, als er antwortete, daß er eigentlich nur einen Grund für die Legalisierung von Hanf kenne – eben daß dann weniger Leute kriminalisiert würden.

Und als wir ihm die verschiedenen Aspekte der Bedeutung von Hanf resümierten, stellten wir fest, daß er weit weniger Hintergrundwissen besaß, als wir angenommen hatten. Er war beeindruckt von dem, was wir ihm erzählten. Als wir mit unserer Geschichte am Ende waren, sagte er: »Wenn ich das Wissen zur Verfügung hätte, von dem Sie mir gerade erzählt haben, hätte ich bei der Regierung, Polizei und der Justiz mit Marihuana leichtes Spiel. – Aber ist das denn alles wahr?«

Dies war im Februar 1983. Amerikas Politiker hätten buchstäblich kaum ein paar Buchseiten mit Allgemeinplätzen über Hanf zu füllen gewußt; eher traten sie zurück, als öffentlich eine Lanze für Marihuana zu brechen – obwohl sie wissen, daß die heutigen Gesetze nicht zu rechtfertigen sind und daß die Regierungsargumente zu Marihuana nicht mehr Gewicht haben als die Schlagzeilen der Boulevardpresse.

Was sagt das Gesetz?

»Gesetze, die gebrochen werden können, ohne daß dabei jemand zu Schaden kommt, werden belächelt« (Spinoza, 1660).

Damit Marihuana unter Kontrolle bleibt, sollen wir unsere Freiheiten und die unserer Kinder und Kindeskinder aufgeben. Das, meine lieben Freunde, läuft auf nichts anderes als Faschismus hinaus. Wenn die Cannabisgesetze nicht umgehend abgeschafft werden, wird unser Planet – schlicht gesprochen – sterben, und zwar wegen der uneinsichtigen oder ignoranten Politiker, die das Recht zu haben glauben, immer drakonischere Gesetze zu verabschieden, nach denen immer drakonischere Gefängnisstrafen verhängt werden können, denen die ehrlichsten Leute zum Opfer fallen.

Warum aber in den USA nach 50 Jahren bis heute andauernder Desinformationspolitik Millionen Menschen Marihuana für ein solches Teufelszeug halten, kann man sich vielleicht am Beispiel von Daryl Gates, dem Polizeichef von Los Angeles, klarmachen.

Gates gab zu, er habe den systematischen und gezielten Versuch unterstützt, die Verbreitung korrekter Informationen über Hanf zu verhindern. Er ordnete an, Mitarbeiter der kalifornischen Marihuanainitiative zu schikanieren und zu verhaften, weil sie ihr Bürger- und verfassungsmäßiges Recht wahrgenommen hatten, Unterschriften unter eine Petition zu sammeln.

Gates wurde im Januar 1984 in der kalifornischen San Fernando Valley Public School von einem Elternteil gefragt: »Was kann ich tun, wenn ich herausfinde, daß mein Kind Marihuana genommen hat?« Er antwortete: »Es ist zu spät. Wenn sie erst einmal eine Marihuanazigarette geraucht haben, haben wir sie für immer verloren!«[5]

In einer im September 1983 ausgestrahlten Fernsehsendung bezeichnete ein Polizeisprecher im Auftrag von Gates die Menschen, die sich für eine Hanfreform einsetzten, als »wohlmeinende, aber schrecklich naive Menschen, die nicht viel darüber wissen«.

Nachdem der kalifornische Generalstaatsanwalt Van DeKamp den Report seines eigenen Beraterausschusses vom 17. August 1990 unter Verschluß hielt – er war zu der Empfehlung gelangt, Hanf zu legalisieren –, ließ Gates am 5. September vor dem Justizausschuß verlauten, Marihuanaraucher sollten am besten »aus dem Verkehr gezogen und erschossen« werden. Daran hielt er fast eine Woche lang fest. Erst auf öffentlichen Druck hin und als die Forderungen lauter wurden, ihn in die Wüste zu schicken,[6] sah er sich gezwungen, seine Position abzumildern und »nur« noch eine strengere Bestrafung für Marihuanaraucher zu fordern. Ein paar Monate später, am 3. März 1991, wurde die Welt durch eine Videoaufzeichnung schockiert, auf der zu sehen war, wie ein Polizist in Los Angeles wie wild auf Rodney King einschlug, der verdächtig war, unter Speed zu stehen. Ein Urintest wies später Spuren von THC nach.

Schlußfolgerung

Unter Berufung auf die Argumente und Fakten, die wir in diesem Buch zusammengetragen haben, fordern wir, keine weitere Verschärfung der Verbotsgesetze zuzulassen. Alle Gesetze, die den Anbau der Pflanze unterbinden oder behindern, einschließlich der einschlägigen UNO-Konvention von 1961, müssen abgeschafft werden.

Allen Menschen, die ihre Zeit im Gefängnis oder Zuchthaus verbracht haben, die ihren Ausbildungsplatz, ihre Familie, ihren Beruf oder ihr Vermögen verloren haben und deren Leben und Gesundheit ruiniert wurden, sind wir Abbitte schuldig.

Wir müssen uns bei den ehrlichen, in Unwissenheit gehaltenen Polizeibeamten und Richtern dafür entschuldigen, daß wir es zuließen, daß unsere Regierungsbürokraten uns allen wichtige Informationen vorenthalten konnten, indem sie wissenschaftliche Erkenntnisse über Hanf und Cannabiskonsum widerrechtlich zensiert oder geleugnet haben, und daß sie in den letzten 60 Jahren Steuergelder, mit denen über Hanf und Marihuana hätte aufgeklärt werden sollen, für das Gegenteil verwenden konnten.

Was die Gerechtigkeit erfordert

Die Gerechtigkeit erfordert nicht weniger als die Aufhebung aller (straf- und zivilrechtlichen) Strafen und die Billigung des Anbaus und Gebrauchs dieser bemerkenswerten Pflanze – zum Rauchen und zu anderen Zwecken.

Gefängnisinsassen, die wegen des Besitzes, Verkaufs, Transports oder des Anbaus von Cannabis verurteilt wurden, müssen umgehend entlassen werden. Beschlagnahmtes Geld und Eigentum müssen zurückgegeben werden. Strafakten müssen vernichtet werden, und für verbüßte Strafen müssen Wiedergutmachungen gezahlt werden. Diese Menschen sind die wirklichen Opfer des monströsen Verbrechens, das »Krieg den Drogen« genannt wird.

Politische Halbheiten dürfen wir nicht akzeptieren. Wir müssen erreichen, daß alle Versuche, die Hanfgesetze zu verschärfen, sofort auf Eis gelegt werden. Und wir müssen schnellstens dafür sorgen, daß die nationalen Archive und die Geschichtsschreibung das Wissen über Hanf und seine nutzbringenden Verwendungsmöglichkeiten wieder dokumentieren und zugänglich machen.

Was Sie tun können

Was wir in diesem Buch dargelegt haben, wird gegenüber dem, was Medien und staatliche Behörden verlauten lassen, Bestand haben. Davon sind wir überzeugt. Deshalb möchten wir Sie auffordern, das Thema Cannabis – Hanf –

Marihuana zu einem politischen Programmpunkt zu machen, der auf den Wahlzetteln erscheint und den Gesetzgeber beschäftigt. Auf der Bühne des Parlaments muß dieses Thema offen und unverhohlen verhandelt werden – wie es sich für eine Demokratie gehört.

Reden Sie mit über Hanf – jederzeit, überall. Erkundigen Sie sich nach Hanf, fragen Sie nach Hanf und kaufen Sie Hanf.

Schreiben Sie an Ihre Abgeordneten und an die Medien, um bei der politischen Führung und der Öffentlichkeit für Cannabis – Hanf – Marihuana zu werben. Unterstützen Sie gutes Abstimmungsverhalten und gute Berichterstattung, und beklagen Sie sich über schlechte.

Laßt uns nie wieder zulassen, daß uns unsere Politiker fanatische Verbotsgesetze gegen irgendeine Pflanze, irgendeine natürliche Substanz aufzwingen. Wir hätten fast den Samen und das Wissen zur Rettung des Planeten verloren.

II

Weshalb der Hanf vergessen werden konnte: ein Kapitel Industriegeschichte

von Mathias Bröckers

Von der »Milch der Götter« zum Paria der Nutzpflanzen

Wie die Menschen der Jungsteinzeit auf den Hanf kamen, kann nur vermutet werden. Vielleicht hatte jemand die überaus stabilen Fasern eines verrottenden Hanfstammes entdeckt und sie als Seil benutzt; oder die prächtigen, fetten Samen – die eigentlichen Früchte des Hanfs und das Lieblingsfutter aller Vögel – wurden als Nahrung ausprobiert und für gut befunden. Vielleicht aß aber auch einer unserer hungrigen Urahnen einfach von den sattgrünen Blättern der Pflanze, – um sich wenig später in euphorisierter Stimmung wiederzufinden. Fest steht jedenfalls, daß der Hanf zu den ältesten Kulturpflanzen überhaupt zählt. Wo immer sich Menschen ansiedeln und Ackerbau betreiben, da findet sich bald auch *Cannabis sativa.* »Wir haben Grund zur Annahme«, so der Botaniker William A. Emboden, »daß Hanf die Milch der Götter an der Wiege der Zivilisation war – Nahrung, Medizin und prophetische Pflanze; eine Pflanze, die sowohl Fasern für Stoffe und Papier liefert wie auch den Zauberstab für schamanistische Heilungen und Harz zum Verschließen der Wunden, die Kummer dauerhaft vertreibt, Asthmakrämpfe lindert und als Beruhigungsmittel dient. Lassen sich ähnliche Eigenschaften auch in einer anderen Pflanze finden? Ich bin sicher, daß dies nicht der Fall ist.«[1]

Wie diese »Milch der Götter« in unserem Jahrhundert als »Mörder der Jugend« in Verruf kam und wie das universale Überlebensmittel der Menschheit zum Paria der Nutzpflanzen wurde, davon berichtet dieses Buch. Es berichtet aus dem Blickwinkel der USA, doch ist diese Perspektive nahezu zwangsläufig auch die unsere: zum einen, weil angesichts des Treibhauseffekts und der ökologischen Krise alle Industrienationen gleich sind, zum anderen, weil im internationalen »War on drugs«, in dessen Rahmen der Hanf weltweit geächtet ist, die USA nach wie vor den Ton angeben. Und es ist immer noch jener Ton, den sich die Behörden beim Hearing zum »Marijuana Tax Act« 1937 herausnahmen, als sie das mexikanische Slangwort »Marihuana« in die Amtssprache übernahmen – gegen den Einspruch des ärztlichen Sachverständigen, der erfolglos auf dem korrekten medizinischen Terminus »Cannabis« bestand (vgl. Seite 391 ff.). Es war die Sprache der Denunziation und der Antiaufklärung, – und sie hält sich bis auf den heutigen Tag.

Würde in Hollywood auch ein Propaganda-Oscar für ausgefuchste Drehbücher von politischen Medienkampagnen ausgelobt, der geniale Bürokrat Harry J. Anslinger (siehe Seite 57 ff.) hätte zweifellos mehr als einen eingeheimst. Er ist einer der großen Propagandastrategen des Jahrhunderts. Der von ihm initiierte fundamentalistische Krieg gegen Cannabis tobt seit nunmehr über 50 Jahren, und die Zahl seiner Opfer geht in die Millionen: Über 50 000 Cannabisprozesse führt allein die bundesdeutsche Justiz jedes Jahr, meist gegen junge Menschen und in der weit überwiegenden Zahl wegen geringer bis verschwindend geringer Hanfmengen.[2] Daß der Schaden, der durch diese Verfolgung entsteht, ungleich größer ist als ein möglicher gesundheitlicher Schaden durch den Konsum der Pflanze selbst, diese Einsicht gewinnt zwar auch in Kreisen der Polizei und Justiz zunehmend an Gewicht[3]. Einer Reform der Cannabisgesetze aber steht nach wie vor die Propagandahetze vom »Mörderkraut« aus den 30er Jahren entgegen. Zu ihren modernen Interpreten zählen bei uns Politiker vom Zuschnitt eines Edmund Stoiber, der, wenn es sein muß – etwa als 1992 das Landgericht Lübeck eine Verurteilung wegen 1,2 Gramm

Cannabis sativa L.

Hanf; Hanfhahn, Sommerhanf, Femel, Fimmel, Staubhanf, Geige (männl. Pflanze); Hanfhenne, Winterhanf, Bästling, Bösling, Samling (weibl.Pfl.); Hemp (engl.); Chanvre (franz.); Canapa (ital.); Konapli (russ.); Hamp (dän.); Canamo (span.); Canhamo (port.); Kanab, Kannab, Kinnub, Bast (arab.); Bang (pers.); Bangi (Kashmir); Ganja (ind.) Bhang, Gur, Siddhi (Hindu); Sechaub (Bimra); Asa (jap.); Chu-tsao (chin.); da Hanf im Osten vornehmlich für das Narkotikum und Medikament angebaut wird (C. indica), sind Name für Pflanze und Narkotikum oft nicht zu trennen. – Pellhanf, Schleißhanf: die durch Handarbeit abgezogene Bastfaser. Hauptanbau in Rußland, Italien, Ungarn, Österreich, Frankreich, Serbien; in Deutschland neuerdings steigend. Bekannte Handelsfaser für Segeltuch, Säcke, Gurte, Seilerei, Bindfaden, Schustergarne, Netze usw. Die feinsten Sorten sind Bologneser-, Ferrara- und Grenoble-Hanf. Werg und Abfälle für Polstermaterial, auch Papierfabrikation; neuerdings kotonisierte Faser (»Hanfwolle«) für weichere Gewebe.

Ernst Schilling: Die Faserstoffe des Pflanzenreichs, Leipzig 1924

Cannabis ablehnte und die Frage nach einem »Recht auf Rausch« an das Verfassungsgericht überwies[4] –, einen Harry macht wie der alte Anslinger: Wer den unbestraften Genuß von Cannabis befürworte, warf Stoiber den Lübecker Richtern vor, nehme »in verantwortungsloser Weise den Tod von Tausenden junger Menschen in Kauf«.[5]

Nun weist die gesamte medizinische Literatur keinen einzigen Cannabistoten auf, eine tödliche Hanfdosis ist in der Pharmakologie nicht bekannt. Andererseits wurden die Blätter und das Harz der Pflanze seit Urzeiten als schmerzlindernde, krampflösende Medizin sowie als entspannendes, »bewußtseinserweiterndes« Genußmittel verwendet. Der früheste archäologische Fund von Cannabissamen wird auf 5500 vor Christus datiert und stammt aus einer Grabung bei Eisenberg in Thüringen, einer Gegend, in der noch bis Mitte dieses Jahrhunderts Hanf angebaut wurde.[6] In diesen 7500 Jahren war die psychoaktive Wirkung des Cannabis sehr wohl bekannt. Schon seine erste schriftliche Erwähnung, in dem auf das dritte Jahrtausend vor Christus zurückgehenden chinesischen Arzneibuch *Pen Tsao*, betont, daß Hanf »den Körper leicht macht«. In diesen Jahrtausenden menschlichen Hanfgebrauchs hat es zu keiner Zeit ein nennenswertes »Drogenproblem« gegeben. Noch im Jahre 1908 schätzt *Meyers Konversationslexikon*, daß »gegenwärtig 200 Millionen den Hanf als Berauschungsmittel anwenden«, und fährt vergleichsweise gelassen fort: »Haschisch in Maßen und in guter Qualität genossen, schadet kaum; übermäßiger, anhaltender Gebrauch von schlechtem Haschisch, namentlich bei dürftiger Ernährung, wirkt zerrüttend. (...) Man glaubt, daß sein Genuß zu harter anhaltender Arbeit befähige, Schmerz tilge und den üblen Wirkungen des Klimawechsels vorbeuge. Man schreibt ihm die Erzeugung eines heiteren, angenehmen Rausches zu.« Wenige Jahre zuvor war die britische »Hanfdrogen-Kommission« nach einer großen Untersuchung in Indien zu einem ähnlichen Ergebnis gekommen und sah wenig Anlaß, das traditionelle Rauschmittel der Kolonie zu verbieten. Vielmehr äußerte sie den Verdacht, »daß der Angriff auf die Hanfdrogen nur gestartet wurde, um an ihrer Stelle europäischen Schnaps zu verkaufen«.[7]

Daß der Hanf 1925 dennoch auf die Verbotsliste der Zweiten Internationalen Opiumkonferenz geriet, war denn auch weniger medizinischen als rassepolitischen Gründen geschuldet: Das Burenregime Südafrikas wollte seiner kiffenden schwarzen Bevölkerung Herr werden, indem es ihr

Der Ursprung der Cultur

Des Hanfes (...) wird in den ältesten chinesischen Werken, ganz besonders in dem 500 Jahre v. Chr. geschriebenen »Shu-King« Erwähnung getahn. Man kennt ihn vom Sanskritnamen *Banga* und *Gangika*, nach Piddington's Orthographie *Bhanga* und *Gunjika*. Die Wurzeln dieser Namen, *ang* oder *an*, finden sich in allen neueren indoeuropäischen und semitischen Sprachen wieder: *Bang* im Hindustani und Persischen; *Ganga* im Bengalischen, *Hanf* im Deutschen, *Hemp* im Englischen, *Kanas* im Keltischen, *Cannabis* im Griechischen und Lateinischen, *Cannab* im Arabischen. Nach Herodot (484 v. Chr.) gebrauchten die Skythen den Hanf, zu seiner Zeit war er aber den Griechen kaum bekannt. Hiero II., König von Syrakus, kaufte Hanf für die Taue seiner Schiffe in Gallien, und Lucilius ist der erste römische Schriftsteller (100 v. Chr.), bei dem wir die Pflanze erwähnt finden. In den hebräischen Büchern wird vom Hanf nicht gesprochen. Die alten Ägypter gebrauchten ihn nicht, um ihre Mumien damit einzuwickeln. Selbst gegen Ende des 18. Jahrhunderts wurde Hanf in Ägypten nur zur Gewinnung des Haschisch, einer berauschenden Substanz, angebaut. Die als »Mischna« bekannte Sammlung der judäischen Gesetze spricht von den textilen Eigenschaften des Hanfs als einem wenig bekannten Gegenstande. (...) Das hohe Alter der Cultur in China läßt mich annehmen, daß sich der ursprüngliche Wohnsitz der Pflanze ziemlich weit nach Osten ausbreitete.

Alphonse de Candolle: Der Ursprung der Culturpflanzen, Leipzig 1884

»Kraut« international ächtete. In Afrika, Asien und Amerika wurden Hanfblätter von jeher als billiger Tabakersatz geraucht, und auch der deutsche Bauer stopfte sich ganz selbstverständlich sein Pfeifchen mit »Knaster«, so genannt, weil die Hanfsamen darin »knasternd« explodierten. Hätte jemand unseren ländlichen Vorfahren vor hundert Jahren erzählt, sie hätten ihre Pfeifen mit einem mörderischen »Rauschgift« gestopft, sie hätten wahrscheinlich schallend gelacht: Es war doch nur der gute alte Hanf, mit dem sich schon der Großvater abends ein bißchen entspannte und der ihm im Unterschied zum Schnaps sehr gut bekam – so wie dem feinen Herrn im 18. Jahrhundert seine hanfhaltigen Orient-Zigaretten, die in Deutschland noch Anfang dieses Jahrhunderts verkauft wurden. Daß Sorten wie »Nil« (8 Prozent Cannabisgehalt), »Harem« (7 Prozent) etc. um 1910 vom Markt verschwanden, hatte allerdings weniger mit Drogenpolitik als mit einem frühen Trend zum »Leichtrauchen« zu tun; der »starke Tobak« war nicht mehr so gefragt.

Was die Mumien angeht, wurde de Candolle 1992 bestätigt: Deutsche Ägyptologen entdeckten Cannabisspuren in den Körpern ihrer Museumsstücke – und wunderten sich (taz, 8.10.92).
Da Cannabis das Aspirin der Antike war, ist dieser Fund freilich keine Überraschung.
Was allerdings die Nichterwähnung des Hanfs bei den Hebräern angeht, liegt de Candolle falsch: s. folgende Seite

Die Bedeutung, die Hanf als Genußmittel und Medizinalpflanze noch vor einem Jahrhundert in Deutschland hatte, mögen die Mengen an Hanfdrogen belegen, die im Hamburger Hafen monatlich gelöscht wurden: Im September 1885 waren es 3,5 Tonnen Ganja (indisches Marihua-

Der Hanfstab des Äskulap

Der detaillierteste frühe Bericht über den Gebrauch von *Cannabis* findet sich im »Shu King«, das 500 v. Chr. verfaßt wurde. Hier wird zum ersten Mal beschrieben, wie man den Stamm von Cannabis mit einer Schlange beschnitzt, um Ähnlichkeit mit einer um einen Stab geringelten Schlange herzustellen. Die Praxis, diesen Stab zum Austreiben böser Geister zu benutzen, wird ebenfalls beschrieben. Die Ähnlichkeit mit dem *caduceus*, dem Stab des Äskulap (dem traditionellen Symbol der Mediziner) drängt sich auf, der ja heute noch als Symbol üblich ist. War dies nicht der *kaneh* und das Schilfrohr des Alten Testaments? Benatowa (1936) argumentiert zwingend für diese These. Es ließe sich dann annehmen, daß Cannabis zu den Bestandteilen des heiligen Öls gehörte, wie es Moses nach Gottes Anweisungen herstellte. Er hätte dann ebenfalls als Ingredienz der Tempelwürzen eine Rolle gespielt. Eine Herleitung des *Cannabis* von *Kaneh* (Schilfrohr) und duftender »Schwellung« (*bosom*) scheint philologisch und etymologisch richtig zu sein. Das ergibt eine direkte Verbindung der Riten vom altertümlichen chinesischen magischen Stab über das semitische »wohlduftende Schilfrohr« bis zu dem Zeichen, das heute die westliche Heilkunst repräsentiert. (...)

Abschließend kann festgestellt werden, daß die Spezies *Cannabis* im Fernen Osten als magisches Mittel, als Medizin, als Nahrung, zur Produktion von Seilen, Kleidung und Fischnetzen, und zum Erreichen von Ekstase benutzt worden ist. Die Pflanze ist damit für die Entwicklung der östlichen Zivilisationen vielleicht von größerer Bedeutung gewesen, als jede andere Pflanze, berücksichtigt man die Vielzahl der angeführten Verwendungsmöglichkeiten.

William A. Emboden: Cannabis in Ostasien, 1981

Die Volksrepublik China zählt nach wie vor zu den drei größten Hanfproduzenten. 1991 wurden 60 000 Hektar angebaut, in Indien waren es 77 000 Hektar, in der ehemaligen Sowjetunion 58 000 Hektar. Zum Vergleich: 1910 wurden allein in Rußland noch 653 000 Hektar Hanf angebaut.

na), 12 Tonnen Bhang (marihuanahaltiges Getränk) und 3 000 Doppelzentner Charas (d. h. 300 Tonnen Haschisch).

Die 200 Tonnen Cannabisdrogen, die laut BKA derzeit pro Jahr in der Bundesrepublik konsumiert werden, wären mit einer einzigen damaligen Monatsration mehr als gedeckt. Ein Cannabisproblem aber oder gar Meldungen über den »Tod von Tausenden jungen Menschen« tauchen in den Veröffentlichungen dieser Zeit nirgendwo auf. Entsprechend zeigte der Vertreter des Deutschen Reichs bei der Opiumkonferenz wenig Interesse, dem von Südafrika geforderten und von der Türkei und Ägypten unterstützten Cannabisverbot zuzustimmen. Den Deutschen ging es bei dieser Konferenz vor allem darum, Schaden von zwei in Verruf geratenen internationalen Verkaufsrennern des pharmazeutischen Außenhandels abzuwenden: dem »Heroin« der Firma Bayer und dem »Kokain« der Firma Merck. Als sich bei einer Kampfabstimmung über Cannabis ein Patt abzeichnete, sicherte der Vertreter Ägyptens den Deutschen zu, keine Importbeschränkungen für Heroin zu erlassen. Deutschland stimmte daraufhin dem Verbot zu.[8] Bis zur Unterzeichnung eines nationalen Opiumgesetzes gingen allerdings noch vier Jahre ins Land; so ohne weiteres wollte die Pharmalobby ein Verbot ihrer lukrativen Wundermittel »Heroin« und »Kokain« nicht hinnehmen.

Am Ende aber fiel die uralte Pflanzendroge Hanf (zusammen mit dem Mohn) unter dieselbe Klasse der »unbedingten Verbote« wie die beiden »Turbo-Drogen« des pharmazeutisch-technischen Fortschritts. Von 1929 an waren Handel und Konsum von »Indischem Hanf und namentlich seinem Harz« in Deutschland strafbar. Allerdings spielte Cannabiskonsum vor Mitte der 60er Jahre als Delikt keine Rolle[9], abgesehen von einigen GIs, die nach 1945 nicht nur Kaugummi und Coca-Cola, sondern auch Marihuana importierten – jenes Kraut, das europäische Siedler einst aus der Alten Welt nach Amerika gebracht hatten. Und just zu jenem Zeitpunkt kam es als nunmehr illegales Rauschgift nach Deutschland zurück, als sein Anbau als universelle Nutzpflanze endgültig unterdrückt wurde. Seine Eigenschaft als »kriegswichtiger nationaler Rohstoff« hatte dem Hanf in der Maschinerie der Weltkriege noch einmal eine letzte Blüte beschert. Mitte der 50er Jahre wurde der Anbau in der Bundesrepublik eingestellt. 1971 wurden die Cannabisbestimmungen des Opiumgesetzes in das neue Betäubungsmittelgesetz übernommen; aber mittlerweile hatte eine neue Generation Cannabis als »Protestdroge« entdeckt –

A wengerl rauschig

Die Frage nach Cannabis scheint mittlerweile mit ebensoviel doppelmoralischer Verlegenheit belastet wie noch vor zwei Generationen die Sexualität. Manchmal gibt das originelle Situationen. Eine ergab sich an einem sonnigen Sonntagnachmittag im Dorfwirtshaus von Thalshausen in Bayern. Am langen Stammtisch saßen traditionsgemäß die Bauern, schwarze Sonntagsanzüge, zur politischen Philosophie passend, und Gesichter wie ihre Landschaft. In einer Ecke saß ein Häufchen naturtrunkener Hippies, unbayerisch bunt und provozierend langhaarig. Das Gesprächsthema war gegeben, und ich saß, wie so häufig, dazwischen. »Und a Haschisch rauchen die sicherlich aa no«, knurrte der klobigste Bayer, und dann, zu mir: »Wos is denn dös ieberhaupt fier a Zeug?« — »Hanf«, sage ich vorsichtig. Die Bauerngesichter wurden ungläubig lang. »A Haunf is dös?« glotzte der Bürgermeister. »Oba dös hamma ja sölber graucht alsa Junger.« Es stellte sich heraus: Damals war der Hanfbau in Bayern noch üblich, und die ganz Alten stopften sich die Blättchen als Tabakersatz in die Pfeife. »Kraut« hieß die Sache, und der Name hat sich als Gattungsbezeichnung für billigsten Tabak erhalten. »Und dös soll a Rauschgift sein?« staunt der Obmann der Freiwilligen Feuerwehr. »Nun ja«, frage ich, »haben Sie denn damals nichts gespürt?« – »Jooo – rauschig is ma halt a wengerl worden. Deswegen hammers jo aa geraucht.«

Hans-Georg Behr: Von Hanf ist die Rede, 1982

und Harry J. Anslinger auch schon eine neue Hanftheorie entwickelt. Während er als Leiter der amerikanischen Drogenbehörde 1937 noch bezeugt hatte, daß Marihuana »gefährlicher als Heroin und Kokain« sei, so behauptete er in den 50er Jahren, zum Leiter des UN-Drogenreferats befördert, daß es unweigerlich zum Heroin führen müsse.[10] Damit war die Theorie der »Einstiegsdroge« Cannabis geboren, deren inhärente Absurdität – die erste »Einstiegsdroge« ist Muttermilch, die zweite zuckersüßer Babytee usw. usw. –, für ihre weltweite Verbreitung genausowenig ein Hindernis darstellte wie ihre dutzendfache medizinische Widerlegung: Bis heute gehört sie, in immer neuen Varianten und Metaphern[11], zum festen Inventar der Cannabisprohibition. Bei der Entstehung des Betäubungsmittelgesetzes 1971 spielte die Theorie der »Einstiegsdroge« ebenso die entscheidende Rolle wie bei seiner verschärften Neufassung 1981, nach der nicht nur die Blätter und das Harz, sondern auch die Wurzeln, Stiele und Stengel des Hanfs unter das Betäubungsmittelgesetz fallen: Seit dem 1. Januar 1982 ist in Deutschland die gesamte Pflanze verboten und jeder Anbau von *Cannabis sativa* unter Strafe gestellt. Hanf, die »Milch der Götter«, die den Menschen seit Jahrtausenden Nahrung, Kleidung und Medizin gespendet hatte, wurde zum Paria unter den Nutzpflanzen.[12]

Hanfpapier – die Hardware der Gutenberg-Revolution

Die Spezies heißt *Cannabis sativa L.*, wobei *sativa* für »angebaut, kultiviert« steht und *L.* für Linnäus, den schwedischen Begründer der modernen Botanik, der vom angebauten Hanf noch eine zweite Art, *Cannabis indica,* unterschied. Über 200 Jahre lang meinte man deshalb, es gäbe zwei Arten von Hanf, und nur der »Indische Hanf« habe eine geistige Wirkung. Erst in neuerer Zeit geht die Wissenschaft von *einer* Spezies aus, deren unterschiedliche Varietäten – die wildwachsende *Cannabis ruderalis* und die harzreiche *Cannabis indica* – klima- und züchtungsbedingt sind.[13] Vom archaischen China aus, wo die Existenz von Hanftextilien spätestens seit der Yang-Shao-Kultur (4200 vor Christus) belegt ist und Hanfsamen zu den wichtigsten Nahrungsmitteln zählten, brachten Mongolen, Skythen und Arier die Kunde der Hanfnutzung nach Indien und in den Mittelmeerraum. Wie in den *Veden*, dem indischen Schöpfungsmythos, wo Gott Shiva »den Menschen zur Freude und zur Erleuchtung« den Hanf vom Himalaja bringt, wurde die Pflanze in zahlreichen frühen Kulturen als »göttliches Kraut« verehrt. Im ersten vorchristlichen Jahrtausend finden sich Spuren des Hanfgebrauchs überall in Europa. So berichtet der griechische Schriftsteller Herodot (um 450 vor Christus) außer von der Hanfdampfberauschung der Skythen auch von den Hanfkleidern der Thrakier (im heutigen Bulgarien), »welche ganz genauso aussehen wie leinene, so daß Leute, die sich nicht darauf verstehen, sie nicht voneinander unterscheiden können«. Die etwa aus derselben Zeit stammenden, im Grabhügel eines keltischen Fürsten von Hochdorf bei Stuttgart gefundenen Hanfstoffe sind hingegen noch nicht aus der aufbereiteten, reinen Faser, sondern aus schmalen, von der Stengelrinde abgezogenen Baststreifen hergestellt. Die Aufbereitung der Faser durch Rösten (Verrotten), Brechen und Hecheln, wie sie vom Flachs bekannt war, wurde offenbar von den Kelten für den Hanf nicht angewendet; auch später zeigen sich häufig geographische Unterschiede in der Nutzung und Verarbeitung des Hanfs: Wo er als einzige Faserpflanze angebaut wird, werden auch feine Leinengewebe, die andernorts eher aus Flachs gemacht werden, aus Hanf hergestellt. In anderen Ländern wiederum, wie in Ägypten, wurde Hanf weder als Faser noch als Ölfrucht, sondern ausschließlich zur Haschischgewinnung angebaut. Der griechische Arzt Galen berichtet um 200 nach Christus von dem weitverbreiteten Gebrauch von cannabishaltigem Gebäck, das bei Feierlichkeiten »Ausgelassenheit und Vergnügen« hervorrufe.

Der früheste europäische Fund eines voll aufbereiteten Hanfgewebes stammt aus dem Grab der Merowinger-Königin Adelgunde, die um 565 in Paris bestattet wurde. Für die Menschen des frühen Mittelalters wurden neben den nahrhaften Samen die textilen Qualitäten des Hanfs immer wichtiger. Vor allem bei den seefahrenden Völkern erfreute er sich größter Wertschätzung. Nicht von ungefähr statteten die Wikinger die Schiffsgräber ihrer Könige mit Hanftextilien aus und gaben ihnen Hanfsamen mit auf die letzte Reise; und erst die salzwasserfesten Taue und Segel aus Hanffasern ermöglichten ihren Schiffen, die Meere zu befahren.[14]

Das erste Cannabisgesetz in Europa wurde um das Jahr 800 erlassen. Karl der Große ordnete in seinem »Capitulare« den Anbau des Hanfs an. Dieses Dokument gilt als ältester schriftlicher Beleg für Hanf als Nutzpflanze. Erste Nachrichten über den Drogengebrauch der Pflanze bringt Ende des 13. Jahrhunderts der Reisende Marco Polo nach Europa. Er berichtet von den exotischen und barbarischen

Stoff ohne Stoff

Um Unklarheiten zu vermeiden, sei betont, daß es sich hier immer nur um echten Faserhanf (Cannabis sativa L.) handelt, nicht also um sonstige Kulturpflanzen, die im Sprachgebrauch gleichfalls als »Hanf« bezeichnet werden, jedoch anderer Abstammung sind, ebenso nicht um solchen Hanf, dessen wirtschaftlicher Nutzen in der Drogengewinnung (Haschisch) liegt. (...) Unter unseren Verhältnissen ist der Hanf jedoch an diesem Stoff zu arm, als daß sich eine Gewinnung lohnen könnte.

Herbert Backe: Der Hanfbau, Berlin 1936

Um weitere Unklarheiten auszuräumen, sei betont, daß es sich auch beim Hanfanbau zur Drogengewinnung immer nur um den echten Faserhanf (Cannabis sativa L.) handelt. Sein höherer Anteil an Harz ist ein Ergebnis besonderer Züchtung. Auch unter »unseren« Verhältnissen wurden Sorten gezüchtet, deren Wirkungsgehalt die der besten asiatischen Pflanzen übersteigt. Richtig ist unterdessen, daß die zur Fasergewinnung benutzten Sorten nur sehr geringe Wirkstoffe enthalten.

Praktiken der Assassinen, einer radikalen muslimischen Sekte, die von ihrem Kriegsherrn, dem »Alten vom Berge«, mit Haschisch betäubt und zu Raserei und Mordtaten getrieben würden. Daß Marco Polo den Einflußbereich des »Alten«, nämlich die persische Provinz Mazadaran, nie erreicht hat, tat dem durchschlagenden Erfolg dieser Geschichte ebensowenig Abbruch wie seine äußerst suspekten pharmakologischen Angaben. Zwar existierten die Assassinen wirklich und waren als terroristische Fanatiker seit dem 12. Jahrhundert gefürchtet; auch daß ihr Name sich von dem arabischen Wort *hashshashin* («Krautesser«) herleitet, ist etymologisch sicher. Aber dennoch ist es äußerst unwahrscheinlich, daß Hanfdrogen bei ihnen eine derartige Rolle spielten. Keiner der zeitgenössischen islamischen Berichte über die Assassinen jedenfalls erwähnt ein Wort davon. Allen Ungereimtheiten zum Trotz sorgte Marco Polos Reisebericht dafür, daß Haschisch nunmehr ein Begriff in Europa war und das Wort »assasin« in die Wörterbücher aufgenommen wurde, mit der Bedeutung »Mörder, fanatischer Gewaltverbrecher«.[15]

Der technologische Quantensprung der Renaissance: Hanfsegel ermöglichten die Entdeckungen des Kolumbus, Hanfpapier die Gutenberg-Revolution

Angesichts dieser früh in die Sprache und das Bewußtsein der Europäer eingegangenen Konnotation von »Haschisch« und »Mord« kann das Negativimage der Hanfdrogen nicht verwundern. Zwar spielten sie im neuzeitlichen Europa als Genußmittel erst eine Rolle, als Napoleons Soldaten Haschisch auf ihren Feldzügen in Nordafrika schätzengelernt hatten und es importierten; am Anfang aber steht die fantasievolle Denunziation des Marco Polo, und sie hat sich dank der Anslingers und Stoibers bis auf den heutigen Tag gehalten. Obwohl der Gebrauch des Hanfs als Genußmittel in Mitteleuropa erst relativ spät einsetzte, war seine psychoaktive Wirkung sehr wohl bekannt.

Als ältestes erhaltenes Zeugnis gelten die Schriften der Heilerin Hildegard von Bingen aus dem frühen 12. Jahrhundert. Bei den Ärzten des Mittelalters finden sich zahlreiche Anwendungen und Arzneien, die auf die antiken Mediziner Galen und Dioscorides zurückgehen, und auch für den Medizinreformer Paracelsus, der die klassische »Säftelehre« Galens scharf bekämpft, gilt Hanf wegen seiner psychoaktiven Wirkungen als eines der wichtigsten Heilmittel. Er gibt ihm als »leichtem opio« bei all jenen alltäglichen Beschwerden den Vorzug, bei denen der Einsatz seines geheimsten »Arcanums« (Heilmittels), des Opiums, nicht angezeigt war. Vom 16. Jahrhundert an finden sich dann genaue

Beschreibungen des Hanfs in fast allen Kräuterbüchern. Von einer Verwendung als Rausch- und Genußmittel allerdings ist, wenn überhaupt, nur am Rande und unter Verweis auf »die Perser«, d. h. Marco Polos Mordgeschichten, die Rede.

Vieles ist über den Ausgang des »finsteren« Mittelalters und den innovativen Quantensprung der Renaissance gesagt und geschrieben worden, über die neuen Werkzeuge, die Fernrohre, Schiffe und Buchdruckpressen, denen sich die Geburt neuer Weltbilder verdankte. Die Kulturpflanze aber, die diesen Innovationsschub erst ermöglichte, findet in der Geschichte der kulturellen Evolution selten Erwähnung: Es war der Hanf. Für das Zeitalter der Entdeckungen – die Seefahrten des Kolumbus und der ihm nachfolgenden Konquistadoren – war das hanfene Segel- und Tauwerk der Schiffe eine ebenso unverzichtbare Technologie wie das Hanfpapier für Gutenbergs geniale Erfindung, die der Welt die allgemeine Entdeckung der geistigen Kontinente ermöglichte. Ohne Hanfpapier hätte sich der Buchdruck, das erste Medium der Massenkommunikation, gar nicht derart ausbreiten können. Doch im Jahr 1390 hatte der Handelsherr Ulman Stromer in Nürnberg die erste Papiermühle eröffnet. 1500 Jahre nach der Entdeckung in China war damit die Technik der Papierherstellung aus Hanffasern in Deutschland angekommen, und sie breitete sich nach der Erfindung des Buchdrucks rasch aus.

Hanfpapier-Herstellung im alten China

Basis und wichtigster Rohstoff der aus dem Osten importierten High-Tech-Revolution des Mittelalters waren Lumpen (»Hadern«), und diese bestanden damals nahezu ausschließlich aus Hanf und Flachs. Die Hanfhadern, die sich wegen der Robustheit ihrer Fasern bei den Papiermachern besonderer Beliebtheit erfreuten, wurden in wassergetriebenen Stampfwerken zu einem Brei zerkleinert und in die Bütte abgefüllt. Mit einem Sieb wurden die einzelnen Bögen daraus geschöpft, wobei durch geschicktes Schütteln die Fasern auf dem Sieb verfilzten und das Wasser abfloß. Bis auf die weitere Mechanisierung des anschließenden Pressens und Glättens der Bögen änderte sich bis zum 18. Jahrhundert an dieser Technik der Papierherstellung wenig.

Die Papiermacher hatten sich für die Beschaffung ihres Rohstoffs mit feudalen Privilegien ausstatten lassen; Lumpen durften nur von autorisierten »Hadernsammlern« gehandelt werden, ein Monopol, das sich mit steigender Produktion als Hemmnis herausstellte. Trotz strenger könig-

Hanfgeld

Jetzt aber [1824] hat der preußische Staat die neuen Kassenanweisungen auf einem aus reinen, rohen Hanffasern bereiteten Papiere anfertigen lassen, wodurch dieselben viel dauerhafter, d.h. weniger zerbrechlich und viel glatter, also für den Gebrauch bei weitem geeigneter geworden sind.

Brockhaus Allgemeine Enzyklopädie, 1838

Bis heute wird Papiergeld aus diesen Gründen in einigen Ländern immer noch ein Hanfanteil beigemischt, in Deutschland wurde er in den 50er Jahren durch Baumwolle ersetzt. Erst Jack Herers Buch aber sorgte dafür, daß in den USA die »reine, rohe Hanffaser« wiederentdeckt wurde.

Am 19.4.1993 meldet die Tageszeitung »San Francisco Chronicle« unter der Überschrift »Ein Weg aus der Waldkrise: Hanf – Neue Märkte für eine alte Pflanze« über den Import von Hanfpapier aus China: »Kinkos's Copy-Shops und die Bank of America testen derzeit das baumfreie Ökopapier. Die ›Bank of America‹ untersucht den Gebrauch für ihre Archive, denn Hanfpapier ist säurefrei und hält hunderte von Jahren.«

licher Lumpenausfuhrverbote blühte der Lumpenschmuggel ins Ausland, da die aus dem Monopol resultierenden niedrigen Aufkaufpreise dort überboten wurden. Dies führte in den deutschen Papiermühlen zu ständigem Rohstoffmangel und zur Verschlechterung der Papierqualität sowie zu verstärkten Überlegungen, die Lumpen aus Hanf- und Flachsleinen durch andere Materialien zu ersetzen. So veröffentlichte J. C. Schäfer aus Regensburg zwischen 1765 und 1771 seine »Versuche und Muster ohne alle Lumpen oder doch mit nur einem geringen Zusatz derselben Papier zu machen«. Experimentiert wurde mit den verschiedensten Materialien; Rotkohl, Weinreben, Tannenzapfen und Tulpenblätter wurden als Papierbestandteile getestet sowie ein für die Zukunft äußerst bedeutsamer Rohstoff: die »Spreu vom Hanfe«. Die von Dewey Anfang dieses Jahrhunderts durchgeführten und im »Bulletin 404« des US-Landwirtschaftsministeriums (siehe Seite 377 ff.) veröffentlichten Versuche, aus dem Abfall des Hanfs Papier zu gewinnen, haben in Schäfers Experimenten ihren ersten Vorläufer. Die zeitgenössischen Papierhersteller reagierten auf diese Entdeckung so wenig begeistert wie 250 Jahre später der Wald- und Papierfabrikbesitzer Randolph Hearst. So sah sich der Erbpächter der Papiermühle Cröllwitz, Christoph Keferstein, 1766 genötigt, folgende »Gedanken von den neuen Papierproben des Herrn Schäfers zu Regensburg« zu veröffentlichen: »Was gewinnt nun die Welt, wenn sie weiß, daß sich auch dürre Blätter zermalmen und in eine Art untaugliche Maculatur verwandeln lassen? Nichts. Aber daß die Spreu vom Hanfe fein Holländisch Postpapier geben sollte, das ist wider alle Vernunft: So wenig die Schweden aus Haber Weizen und ein Adept aus Eisen Gold machen kann, eben so wenig ist auch dieß möglich!« Daß Schäfers Bemühungen zu keinerlei gewerblichen Anwendungen führte, lag freilich nicht nur am Widerstand der etablierten Papiermonopolisten. Mit der allmählichen Auflösung der feudalen Handelsstrukturen sorgte ein freier Lumpenhandel bald auch wieder für ausreichende Rohstoffversorgung, und bis Mitte des 19. Jahrhunderts bleiben Hadern, und damit der Hanf, der Basisrohstoff der Papierherstellung.[16]

Der Lumpenmangel des 18. Jahrhunderts hatte eine weitere zukunftsträchtige Entdeckung zur Folge: Justus Clapproth, hauptberuflich Professor der Rechtswissenschaft in Göttingen, kam auf den Gedanken, Altpapier als Rohstoff wiederzuverwenden. Seine 1774 veröffentlichte »Erfindung, aus gedrucktem Papier wiederum neues zu machen ...,«

legte den Grundstock zum modernen Papier-Recycling. Mit der Erfindung des Buchdrucks und dem steigenden Papierbedarf wird die ohnehin schon bedeutende Stellung des Hanfs als Nutzpflanze überragend. Nicht nur für den allgemeinen Bedarf an robusten Textilien und Seilerwaren und für den speziellen Bedarf der Seefahrt und Fischerei stellt er den Rohstoff Nummer eins dar, sondern auch für das neu entstehende Kommunikationswesen: Cannabis sativa war die Hardware der Gutenberg-Revolution.

Der Seiler.

Ich helff euch früh und spat die stärcksten Seile spinnen,
Und ihr habt selbsten mich ans liebes-Seil gebracht.
Ich helff euch euer Brod durch meinen Fleiß gewinnen.

Helfft ihr mir zu dem Fleisch, wornach mein Hertze tracht.
Hätt ich den Liebes-Gott, der mich so sehr thut krancken.
Ich wolt ihn heute noch mit diesem Strick aufhencken.

Mit dem Ausgang des Mittelalters geht die Bearbeitung des Hanfs von den Frauen auf fahrende Seiler über

Die Konkurrenten: Baumwolle, Jute und Holz

Dem Wortlaut unserer Bibelübersetzung zufolge war Jesus Surrealist: »Wahrlich ich sage Euch: Eher geht ein Kamel durch ein Nadelöhr als ein Reicher in den Himmel« – eine bizarre Metapher, wie sie eher auf einem modernen Bild von Dalí als aus dem Munde des Herrn zu erwarten wäre. Aber tatsächlich hat Jesus das nie so gesagt, noch haben die nach dem Hörensagen schreibenden Evangelisten das hinzugedichtet. Mit *kamelos*, wie es in der griechischen Vorlage von Luthers Übersetzung lautet, waren nicht Tiere, sondern die Taue aus Cannabis gemeint, an denen die Anker der griechischen Flotte hingen: »Eher geht ein Hanfseil durch ein Nadelöhr«. Das Bibelwort greift nicht zu einem surrealen Bild, sondern zu einem alltäglichen Vergleich. Ein harmloser Übersetzungsfehler, der typisch ist für die verborgene Geschichte des Hanfs, auch wenn die hier unterschlagenen Hanfseile das einzige Produkt sind, an das man heute noch denkt, wenn der Name der Pflanze genannt wird.

Alle anderen Verwendungsmöglichkeiten dieser Naturfaser sind nahezu vergessen. Bei der Blue-Jeans-Generation unserer Tage stößt es auf ungläubiges Staunen, daß der Stoff der ersten Levi's nichts anderes gewesen ist als Cannabis. Keine andere Faser, schon gar nicht die inzwischen verwendete Baumwolle, hätte die auf dem Warenzeichen der Firma dargestellte Zerreißprobe – eine Hose wird von zwei Pferden auseinandergezogen – heil überstanden; nur Segeltuch aus Hanf, wie es der aus Bayern nach San Francisco zugereiste Schneider Levi Strauss mitgebracht und mit nietenverstärkten Nähten versehen hatte, war dazu in der Lage. Als Strauss 1873 ein Patent auf seine neuartige Arbeitshose bekam, hatte die Hanfnutzung allerdings ihren Zenit bereits überschritten. Für Seilerwaren und Fischernetze, für Segel, Seesäcke und Zeltplanen war Hanf zwar weiterhin unverzichtbar. Im Bereich der Kleidung und Alltagstextilien allerdings hatte er Konkurrenz bekommen.

Ende des 18. Jahrhunderts war die »Cotton-Gin«, die Baumwollmaschine, erfunden worden, die die Verarbeitung der Baumwollfasern wesentlich erleichterte. Während die Fasergewinnung aus Flachs und Hanf arbeitsaufwendig blieb, weil die Faser in einem seit der Antike nicht veränderten Prozeß vom Stengel getrennt werden mußte, ließ sich die Baumwollernte nun sehr viel schneller verarbeiten und zu Garn verspinnen. Da gleichzeitig durch die ebenfalls zu dieser Zeit entwickelten mechanischen Spinn- und Webstühle die Nachfrage nach Textilrohstoffen stark anstieg, setzte die Baumwolle zu einem beispiellosen Siegeszug an. Noch Ende des 18. Jahrhunderts als Faserpflanze außer in Ägypten nur in einigen tropischen Ländern von Bedeutung, ist sie bereits Ende des 19. Jahrhunderts der dominierende Textilrohstoff in Europa. Zwischen 1836 und 1841 werden nach Deutschland 8 917 Tonnen Baumwolle importiert, fünfzig Jahre später (1886/1890) sind es bereits 201 046 Tonnen, 1912 in einem Jahr 501 660 Tonnen; der jährliche Pro-Kopf-Verbrauch an Baumwolle steigt in dieser Zeit von 340 Gramm auf 7,5 Kilogramm.

Was sind das für Textilien, die aus der billigen und mas-

Kupferstich, um 1750

Während der Westen seine Botschaften noch auf Steine ritzte und empfindliches Papyrus oder teures Pergament benutzte, verfügte das archaische China mit der Technik der Papierherstellung aus Hanfhadern über eine Kommunikations-Hardware, deren Bedeutung denen der Computer in unserem Zeitalter ebenbürtig ist. Entsprechend war das Wissen um den Hanf-High-Tech geheim und die Ausfuhr von Hanfsamen streng verboten. Das Staatsgeheimnis hielt offenbar bis ins Jahr 1846:

Hanf-High-Tech aus China

Im frühen 18. Jahrhundert begann Rußland Hanf in großem Rahmen anzubauen. Wie beim Flachs wurde es bald auch der größte Produzent von Hanffasern. Ursprünglich wurde Hanf in Europa aus einheimischen Samen angebaut, einen großen Fortschritt in der Kultur gab es 1846, als erstmals Samen aus China verwendet wurden und man entdeckte, daß sie größere Pflanzen und bessere Fasern produzierten. Danach wurden in Europa und später in Amerika für die besseren Hanfsorten Samen chinesischen Ursprungs benutzt.

L. Weindling: Long vegetable fibers, Boston 1947

senhaft importierten Baumwolle hergestellt werden? Das sind all jene, die bis dahin aus Hanf- und Flachsleinen gemacht wurden: Hemden und Jacken, Hosen und Schürzen, Tisch- und Bettücher. Der Anbau der heimischen Textilrohstoffe Hanf und Flachs schrumpfte ebenso schlagartig, wie der Import von Baumwolle stieg. Wurden im 18. Jahrhundert noch etwa 200 000 Hektar Hanf angebaut, waren es 1878 nur noch 21 000, 1913 dann noch 100 Hektar. Beim Flachs sah es kaum besser aus, von einst 250 000 Hektar Leinfeldern waren zu Beginn des Ersten Weltkriegs noch 7 000 Hektar übrig. Während der für feinere Gewebe verwendete Flachs allein durch Importbaumwolle ersetzt wurde, bekam der Hanf noch eine weitere Konkurrenz. Napoleons Seeblockade, die England 1810 von der lebenswichtigen Zufuhr russischen Hanfs abschnitt (siehe Seite 132 f.), hatte zur Folge, daß sich die Briten nach einer Alternative umsehen mußten, und in der indischen Kolonie wurden sie fündig: Sie entdeckten die Jute. Die vornehmlich im Mündungsgebiet des Ganges angebaute Jute hatte bis dahin kaum wirtschaftliche Bedeutung, nun aber forcierten die Briten den Anbau. Bis 1907 stieg die Anbaufläche in Indien auf 1,6 Millionen Hektar, und die Pflanze, die bis dahin nur von lokaler Bedeutung gewesen war, avancierte zum nach der Baumwolle zweitwichtigsten Faserrohstoff auf dem Weltmarkt.

Die ersten Jutefasern, knapp 400 Tonnen, wurden 1861 nach Deutschland importiert. Zur Jahrhundertwende beliefen sich die Juteimporte bereits auf über 20 000 Tonnen pro Jahr, 1913 waren es 154 000 Tonnen. Verarbeitet wurden die Jutefasern vor allem zu Säcken, Planen, Gurten und Verpackungsmaterial – Produkte, die bis dahin eine Domäne des Hanfs gewesen waren. Doch mit dem neuen Billigimport konnte er nicht mehr konkurrieren. Zwar waren Anbau- und Verarbeitungsaufwand der Jute keineswegs geringer als beim Hanf, aber wegen der Hungerlöhne in Indien war Jute trotz der Transportkosten billiger als Hanf: Ein Doppelzentner indische Jutefaser war 1904 für 38 Mark zu haben, während die gleiche Menge europäischen Hanfs 59 Mark kostete. Ähnlich lagen die Preisverhältnisse bei den anderen neuen Pflanzenfasern, die ab Mitte des 19. Jahrhunderts aus den sogenannten Schutzgebieten der Großmächte nach Deutschland gelangten: Sisalhanf, Manilahanf und neuseeländischer Hanf. Daß diese Fasern »Hanf« genannt wurden, hatte nichts mit ihrer botanischen Herkunft oder irgendeiner Verwandtschaft mit Cannabis sativa zu tun, sondern nur mit ihrer Verwendung. Sie dienten als Ersatzstoffe für den echten Hanf. Am Beginn des 20. Jahrhunderts ist die Hanfplanze, die seit der Steinzeit Kleidung, Nahrung und Medizin geliefert hatte, von den deutschen Äckern nahezu verschwunden. Die maschinenkompatible Baumwolle auf der einen und der vom Kolonialismus erzwungene Niedrigpreis der Jute auf der anderen Seite haben ihren Anbau unrentabel gemacht. Was noch gebraucht wird an echtem Hanf, 1913 immerhin noch 55 000 Tonnen, wird aus Italien, vom Balkan oder aus Ungarn importiert.[17]

Neben den Konkurrenzfasern aus den Kolonien und der Erfindung der Baumwollmaschine beschleunigt ein drittes Ereignis des 19. Jahrhunderts den Niedergang der Hanfkultur in Deutschland: die Erfindung der Papiermaschine. 1799 hatte der Franzose Louis Robert ein Patent auf eine »Papierschüttelmaschine« erhalten, die »Papier ohne Ende« fertigen konnte. Während bisher ein Bogen nach dem anderen, Stück für Stück, mit einem Sieb und von Hand geschöpft wurde, machte man jetzt Papier auf einem endlos umlaufenden Siebtuch. Die erste deutsche »Patentpapier«-Fabrik nahm 1819 in Berlin den Betrieb auf, und um 1840 war die maschinelle Papierherstellung in ganz Deutschland verbreitet. Die »weiße Kunst«, das Handwerk des Papiermachens, neigte sich ihrem Ende zu und mit ihr die Zeit des Flachs und Hanfs als Papierrohstoff. Die mit der Maschinisierung einhergehende Produktivitätssteigerung machte einen neuen Rohstoff unabdingbar, und mit der 1844 entwickelten Methode des Naßschleifens von Holz schien er gefunden. Aus dem geschliffenen Holz allein allerdings ließ sich kein brauchbares Papier machen, es taugte nur als Beimischung zu den traditionellen Textilfasern. Erst der chemische Aufschluß des Holzes in Zellstoff machte die Hadern vollständig überflüssig. Mit dem Verschwinden von Hanf- und Flachsfasern aus dem Papier hielt etwas Einzug, dessen Fluch sich erst über 100 Jahre später herausstellen sollte: die Chemie. Um aus Holz Papier zu machen, brauchte man neue Leimungsverfahren. Das 1805 entdeckte Alaun, ein in einem Baumharz enthaltenes Mineralsalz, schien hierzu geeignet und wurde ab 1850 allgemein eingesetzt. Erst mit dieser Leimungsmethode waren die neuen Papiermaschinen und der neue Rohstoff Holz voll einsetzbar, allerdings mit einem entscheidenden Nachteil: Das »chemische Milieu« des Papiers war nicht mehr neutral, sondern sauer. Und dieser Säurefraß ist die Ursache dafür, daß

Ätzend: Mit dem Verschwinden des Hanfs aus dem Papier hält die Chemie Einzug

Holzpapier langsam aber sicher zerfällt. So kommt es, daß den Bibliothekaren unserer Tage die nach 1850 entstandenen Bücher unter den Händen zerbröseln, während sich Werke aus dem 15. Jahrhundert blättern lassen wie am ersten Tag.

Als Gutenberg den ersten Bestseller der Geschichte, die lateinische Bibel, druckte, stand ihm außer dem teuren Pergament aus Tierhaut nur das damals übliche Schreibpapier aus Hanf zur Verfügung. Es war nachträglich mit Knochenmehl geleimt, um ein Auslaufen der Tinte zu verhindern. Im Verlauf des 16. Jahrhunderts konnte wegen des Einsatzes fetthaltiger Farben beim Buchdruck auch auf diese Leimung verzichtet werden. Die Farben verliefen nicht, und das Papier blieb auch ohne Leim stabil. Daß der starke Hanf dennoch aus seiner Rolle als Papierrohstoff verdrängt wurde, war ebenfalls einer Konkurrenzpflanze geschuldet: Was bei den Textilien der Baumwolle und der Jute zufiel, erledigte beim Papier das Holz. Die 1867 auf der Weltausstellung vorgestellte »Woodpulp-Machine« des Heidenheimer Fabrikanten Heinrich Voelter automatisierte den Holzschliff und machte der Papierindustrie damit einen Rohstoff zugänglich, der nicht nur in Massen, sondern in vielen Weltgegenden auch scheinbar völlig kostenlos vorhanden war: Wald.[18]

Maschinenbaumwolle, Jute aus den Kolonien und Holzpapier: Diese drei Neuerungen der industriellen Revolution machen dem Hanf nicht nur in Deutschland, sondern in ganz Europa den Garaus. Zwischen 1850 und 1913 geht der Hanfanbau in Frankreich von über 100 000 auf 13 000 Hektar zurück, in Italien von 150 000 auf 87 000 Hektar, in Ungarn und auf dem Balkan liegen die Verhältnisse ähnlich; nur in Rußland, seit dem Mittelalter der führende Hanfproduzent der Welt, wird Cannabis weiterhin großflächig angebaut, zur Jahrhundertwende sind es etwa 800 000 Hektar. Hanf ist einer der wichtigsten Exportartikel des zaristischen Rußland und trägt wegen seines niedrigen Preises mit dazu bei, daß der Hanfanbau in Westeuropa unrentabel wird.

Erster Weltkrieg: Hanf statt Baumwolle

Nach den Schüssen von Sarajewo im Jahr 1914 sieht sich das kriegführende Deutschland isoliert und von den Weltmärkten abgeschnitten. Nicht nur die amerikanische Baumwolle und die britisch-indische Jute bleiben plötzlich aus, auch die Zufuhr von Sisal aus den Kolonien ist unterbrochen. Abgesehen von etwas Flachs und ein wenig Wolle steht die deutsche Textilindustrie völlig ohne Faserstoffe da. Das Allernotwendigste muß für das Drei- bis Vierfache der Vorkriegspreise im Ausland eingekauft werden. Die Preise für Hanfprodukte steigen in schwindelerregende Höhen: Ein Meter Bindfaden wird für 10 Pfennig verkauft und Säcke, früher für 60 bis 80 Pfennig das Stück zu haben, nicht unter 10 Mark. In dieser Situation wird Cannabis plötzlich wieder interessant. Doch das Wissen und die Techniken des Anbaus und der Verarbeitung sind auf dem Stand des 18. Jahrhunderts.

In Deutschland war er meist in kleinbäuerlichen Betrieben angebaut worden. Zur Arbeit der Bauern gehörte selbst noch die Fasergewinnung. Nach der Ernte ließ man die Pflanzen auf dem Feld einige Wochen verrotten, um dann

»Kriegs-Hanf-Anbau 4 Meter hoch« Mark Brandenburg, 1916

Hanf statt Baumwolle

Von Benno Marquart, Geschäftsführer der Deutschen Hanfbau Gesellschaft m.b.H.

Einen Beweis dafür, was Hanf aushalten kann, hat Herr Schurig-Etzin durch ein etwas gewaltsames Experiment in diesem Jahre (1916) erbracht. Er hat Hanf zugemutet, unter folgenden Verhältnissen zu wachsen: Er hat den Hanfsamen auf eine Ödlandfläche, ein Moor, das nie berührt war, hinaufgestreut, und zwar mit dem Kunstdünger zusammen, hat dann einen Landmotor auf die Fläche geschickt und sie einmal, ich darf sagen durchwühlen lassen und sich dabei gesagt: wenn der Hanf das aushält, dann ist er die Pflanze, die ich gebrauchen kann. Merkwürdigerweise stand der Hanf ausgezeichnet, und das finanzielle Ergebnis dieser etwas starken Gewaltkur ist ein außerordentlich zufriedenstellendes gewesen.

Es ist danach gar nicht zweifelhaft, daß wir in Deutschland sehr wohl die Fläche zur Verfügung haben, auf denen wir Hanfanbau betreiben können, und zwar in dem Umfange, daß wir uns mindestens in bezug auf die Bastfaser vom Ausland unabhängig machen können. Nun haben neuere Versuche auch dazu geführt, aus der Hanffaser durch ein besonderes Aufschließungsverfahren einen wollartigen Stoff herzustellen, der der Baumwolle und dem Kammgarn ungemein ähnlich, um nicht zu sagen gleich ist. Es lassen sich daraus Feingarne und Gewebe herstellen, welche von Baumwollgeweben überhaupt nicht zu unterscheiden und in ihrer Haltbarkeit mindestens ebenbürtig sind. Damit ist die Möglichkeit gegeben, auch die bisher in Mengen von mehr als 400 000 Tonnen nach Deutschland eingeführte Baumwolle durch Hanf zu ersetzen und dem Reich damit eine Summe von jährlich 1/2 Milliarde zu erhalten. Allerdings müßte der Hanfbau dann noch eine Ausdehnung um 666 000 Hektar erfahren, so daß aber noch nicht einmal die gesamte, bisher unkultivierte Niederungsmoorfläche zum Hanfbau Verwendung finden würde, oder von den 32 Millionen Hektar landwirtschaftlich genutzter Fläche überhaupt noch kaum 3 Prozent.

Benno Marquart: Der Hanfbau, Berlin 1919, S. 37

Das wiedervereinigte Deutschland verfügt laut Statistischem Jahrbuch 1992 über 145 000 Hektar Moorland. Zum Anbau nachwachsender Rohstoffe stehen in der Europäischen Gemeinschaft etwa 30 Millionen Hektar Brach- und Stillegungsflächen zur Verfügung.

in aufwendiger Handarbeit die Faser vom Stengel zu lösen. Mit diesen archaischen Methoden freilich war an eine Wiederbelebung des Rohstoffs Hanf nicht zu denken. Und so wurde 1916 in Landsberg (Warthe) die »Deutsche Hanfbau-Gesellschaft« gegründet. Neben der allgemeinen Förderung des Hanfanbaus oblag dieser Gesellschaft vor allem die Errichtung fünf sogenannter »Hanffabriken«, die in Pommern (Lauenburg und Löcknitz), in Posen (Schneidemühl), in der Mark (Berger-Damm) und in Bayern (Moosburg) entstanden. Jede dieser Anlagen umfaßte vier oder acht Rösteeinheiten, in denen die frischen Stengel gewässert und getrocknet wurden, und eine Anzahl von Knickmaschinen, mit denen die Fasern von den Schäben (dem Stengelholz) getrennt und in der Hechelmaschine ausgekämmt wurden. »Der Vorzug des neuen Verfahrens«, so der Geschäftsführer der Hanfbaugesellschaft, Benno Marquart, »besteht darin, daß die ganze Arbeit zu jeder Jahreszeit vorgenommen werden kann, der Prozeß ein sauberer ist

Hanfbauernbub mit männlicher und weiblicher Pflanze, um 1910

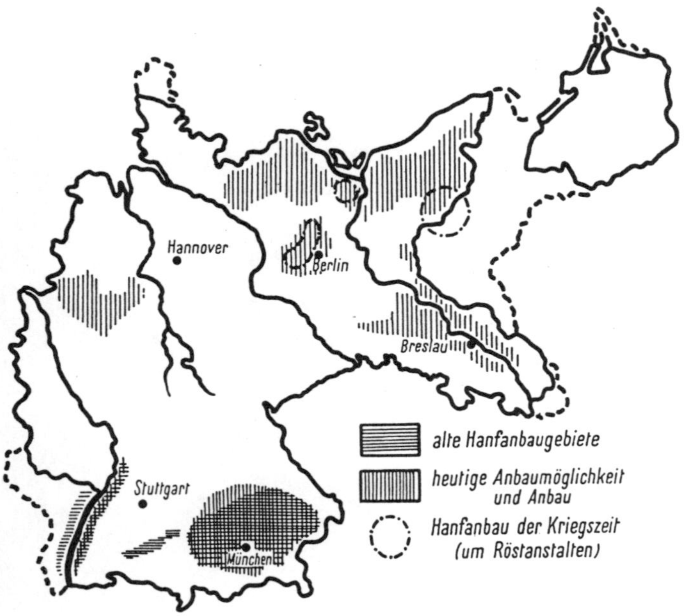

Hanfanbaugebiete im Deutschen Reich, aus: Mißbach 1938

und an Menschenkräften gespart wird. Die Faserausbeute ist eine höhere, besonders werden die wertvollen Produkte, also der Langhanf, in größerer Menge gewonnen. Während man bei dem alten Verfahren aus 100 kg Rohstengel etwa 2,8 Kilo Langhanf erhält, lassen sich bei dem neuen Verfahren 3,5 Kilo herstellen. Die weniger edlen und reinen Produkte des neuen Verfahrens, besonders das Rohknickwerg und das Abfallwerg, werden neuerdings zur Herstellung von Hanfwolle genutzt. Durch ein besonderes biologisches oder chemisches Verfahren ist es nämlich möglich, die Hanffaser in ihre einzelnen Zellen zu zerlegen, und es hat sich herausgestellt, daß die Hanfzelle (...) ein Gespinst ergibt, welches sich nur mikroskopisch von Baumwolle unterscheidet und ihr in Haltbarkeit und Möglichkeit der Verwendung mindestens ebenbürtig ist. (...) Soweit die Arbeiten auf diesem Gebiet sich bis jetzt übersehen lassen, liefern 1000 kg Hanffaser etwa 720 kg aufgeschlossene Hanfwolle. Das würde die Ernte von etwa 1 Hektar bei gutem Bestande sein. In Amerika erntet man nur 180 kg Baumwolle vom Hektar, also den vierten Teil.«[19]

Hanf ist die in Deutschland aussichtsreichste Textilpflanze, wegen ihres Massenertrags und der Unverwüstlichkeit ihrer Faser

Erstmals seit über hundert Jahren hatte man dem Stiefkind Hanf wieder ein wenig Aufmerksamkeit geschenkt. Und kaum hatte man ihn als Zeitgenossen ernstgenommen und ihm modernere industrielle Verarbeitungstechniken angedeihen lassen, zeigte er schon ungeahnte neue Seiten und Qualitäten: Der Faserabfall ließ sich als Baumwollersatz verwerten, und die Holzreste gaben, wie Dewey 1916 gezeigt hatte, einen ausgezeichneten Papierrohstoff ab. Was bis dahin als Abfall unverwertet geblieben oder verbrannt worden war, ließ sich nun zu hochwertigen Gütern verarbeiten. »Hanf«, resümiert Marquart die Aussichten für die Zukunft, »ist die in Deutschland aussichtsreichste Textilpflanze: wegen ihres Massenertrags und der Unverwüstlichkeit ihrer Faser.«

Dennoch war der Aufschwung nicht von langer Dauer. Bis 1918 stieg die Hanfanbaufläche zwar auf 3 650 Hektar, schon 1920 aber war mit 5 350 Hektar der Höhepunkt erreicht. Der wieder zugängliche Weltmarkt hatte nicht nur die Konkurrenten Jute und Baumwolle zurückgebracht, eine allgemeine Lebensmittelknappheit sorgte auch dafür, daß der Anbau von Nahrungsmitteln Priorität genoß und für die Landwirtschaft lukrativer war. Hanf wurde allenfalls als Lückenbüßer angepflanzt, doch auch seine allseits gelobten, geradezu idealen Eigenschaften als Zwischenfrucht konnten den Niedergang nicht aufhalten. Ende der 20er Jahre liegt die Anbaufläche schon wieder niedriger als vor Beginn des Ersten Weltkriegs, – nicht einmal zehn Jahre hatte die Renaissance des Hanfs gedauert. Mit dem Wahlsieg der NSDAP im Januar 1933 änderte sich die Situation.

Hanfanbau in Italien

Der »Wirkliche Geheime Oberregierungsrat Dr. Mueller, landwirtschaftlicher Sachverständiger in Rom« berichtet 1913 heim ins Reich:

Die Gesamtausdehnung des italienischen Hanfbaus ist zur Zeit auf etwa 90 000–100 000 Hektar zu veranschlagen. Weitaus im Vordergrund steht die Emilia und hier wieder die Provinz Ferrara, in welcher etwa 12 Prozent der Gesamtoberfläche mit Hanf bestellt ist. In den benachbarten Provinzen Bologna und Modena erreicht diese Kultur nur etwa 4,5 Prozent und 2 Prozent der Gesamtfläche. (...)

In älteren Schriften (Carlo Berti Pichat: Della coltivazione della canapa, Torino 1867) findet man die Angaben, daß ein gut bestandenes Hanffeld im Blütestand an grüner Masse zwischen 19 000 und 30 000 Kilogramm pro Hektar zu produzieren vermöge. Nehme man als Ertrag 19 000 kg, so ergeben sich nach der Ernte an Trockenverlust 6 000 kg, an Verlust an Blättern 5 000 kg, an Röstverlust 3 280 kg, so daß 4 720 kg verwertbare Masse verbleiben. Eine von einem erfahrenen Neapolitaner Exporteur, Konsul Steil, mir gegebene Auskunft bezeichnet als mittleres Ergebnis 1 350 kg Rohhanf, 210 kg kurzen Hanf und Werg und 1 700 kg Holz.

Berichte über Hanfbau und Hanfverarbeitung in Italien, hrsg. vom Reichsamt des Inneren, Berlin 1913.

Hanfdorf in Oberbayern, 1916

Die »deutsche Erzeugungsschlacht« wurde ausgerufen, und Hanf stand als »nationaler Rohstoff« plötzlich wieder oben auf der Prioritätsliste: »Ja, man kann sagen, daß Flachs und Hanf als das Kernstück des deutschen Befreiungsplans im Hinblick auf die naturgewachsenen Spinnstoffe zu gelten haben; sie sind dabei keine Konkurrenten, sondern ergänzen sich in den verschiedensten Punkten aufs Trefflichste. (...) Hanf stellt nämlich ganz andere Ansprüche an den Boden als Flachs; er ist vor allem genügsamer und eignet sich darüber hinaus vorzüglich als sogenannte Vorfrucht zum Kultivieren von Ödland.«[20] Der »Reichsnährstand«[21]

Hanfernte mit dem Grasmäher, 20er Jahre

startete einen Werbefeldzug »zur Wiedereinbürgerung der Hanfpflanze« und errichtete vier neue Hanfrösten. In einem Bericht des Landwirtschaftsministeriums von 1936 heißt es: »In der Hanfpflanze liegen, unmittelbar und mittelbar, so viele Werte vereinigt, daß man an ihr nicht vorübergehen kann. Grundsätzlich ist zunächst wichtig, daß unsere Hanfpflanze als Haupterzeugnisse drei ganz verschiedene Stoffgruppen liefern kann, welche drei großen Wirtschaftsgebieten zugute kommen: Fasern für die Textilindustrie, Öl für die Fettwirtschaft und Hanfkuchen für die Futtermittelwirtschaft. Hanf ist (abgesehen vom Flachs) hier die einzige wirklich ernsthaft in Deutschland in Betracht kommende anbauwürdige Kulturpflanze, die gleichzeitig alle drei genannten Wirtschaftszweige beliefern kann.«[22] Die Landwirtschaft, durch Festpreise und Abnahmegarantie animiert, zog mit bei der Hanferzeugungsschlacht: Nach 3 600 Hektar Hanf im Jahr 1935 stieg die Anbaufläche bis 1939 auf 16 000 Hektar; am Vorabend des Zweiten Weltkriegs wurde eine Rohhanfernte von 128 000 Tonnen eingefahren.

So wurde der Hanf getrocknet. Zwei Mieten mit je 100 t Hanfstengeln

Zweiter Weltkrieg: Hanf für den (End-)Sieg

Hanf war schon immer ein kriegswichtiger Rohstoff gewesen. So notwendig seine vielfältigen Produkte zum Überleben in Friedenszeiten waren, so unverzichtbar waren die starken Seile und die unverwüstlichen Segel und Hanftextilien im Krieg. Von den Phöniziern über die griechische Antike bis zum Zeitalter der Eroberungen: Die Reiche der

Erfahrungen eines alten Hanfbauern

Von Landwirt Ernst Zurek, Markee, Brandenburg

Der Anbau von Hanf ist denkbar einfach. Beachtet der Anbauer die elementaren Grundsätze des Ackerbaus, so gibt es keine Fehlschläge. Der Hanf muß selbstverständlich als Kulturpflanze behandelt werden. Er ist kein Lückenbüßer. Wo alle anderen Kulturgewächse versagen, wächst auch kein Hanf. Diese noch bei vielen Bauern und Landwirten vorhandene völlig falsche Ansicht muß restlos ausgerottet werden. Es verschwinden damit gleichzeitig auch die Meckerer und damit viel Ärger und Verdruß.

Meine jahrzehntelangen Erfahrungen im Anbau von Hanf sind hier im Havel- und Rhinluch gewachsen. Sie sind ohne weiteres auf andere Moore unter Berücksichtigung der lokalen Eigenarten übertragbar. (...)

Der Hanf ist für eine gründliche und saubere Bodenbearbeitung eine der dankbarsten Früchte. Saubere Ackervorbereitung ist für den gleichmäßigen Aufgang und damit dichten Bestand notwendig. Eine Pflege des Hanfs ist überflüssig. Er überwächst in kürzester Zeit auch das wildeste Unkraut und unterdrückt es restlos. Steht der Hanf schlecht und nimmt das Unkraut überhand, so kann Hakken und dergleichen auch nicht helfen. Es fehlen dann dem Hanf die Voraussetzungen für sein typisches, schnelles Wachstum. Es ist hier der Fehler festzustellen und zu beseitigen.

Das schwierigste Problem des Hanfbaus war bisher die Bewältigung der Ernte. Diese fällt im September in eine ohnehin schon arbeitsreiche Zeit. Jetzt aber ist mit dem Hanfselbstbinder eine Maschine vorhanden, die dieses Problem gelöst hat. Der Hanfselbstbinder hat sich in seiner Konstruktion bewährt. Durch seinen Einsatz erfordert die Hanfernte auch nicht mehr Aufwand als die Getreideernte. Die bei früheren Erntemethoden unvermeidbaren Verluste an Zeit und Erntegut fallen weg. Es ist dies ein sehr großer Vorteil für den Anbauer und auch für die abnehmende Fabrik. (...)

Die betriebswirtschaftlichen Auswirkungen des Hanfbaus sind für die Moorwirtschaft außerordentlich günstig. Durch den Hanfanbau erfolgt automatisch eine weitgehende Intensivierung der Grünlandwirtschaften unserer Moore. Will man auf Niederungsmooren Ackerbau betreiben, dann geht das nur mit Hanf. Dieser ist in seinem Gesamtanbau sehr einfach, er säubert den Boden von Unkraut, er verhindert das Puffigwerden des Bodens, er macht den Boden gar wie keine andere Pflanze. Er ist somit die beste Vorfrucht für alle anderen Früchte, vor allem für die Neuanlage von Wiesen und Weiden. Er verwandelt die bisherige einseitige Grünlandbewirtschaftung mit allen ihren Nachteilen und geringen Erträgen in eine in sich ausgeglichene Betriebsweise mit gesundem Verhältnis von Ackerland und Wiese. Dadurch ergibt sich eine sehr große Ertragssteigerung, da die im Moor ruhenden Reserven wirklich mobil gemacht werden. Die betriebswirtschaftlichen Auswirkungen des Hanfbaus haben hier im Havelluch zu einer nachweisbaren Gesundung der Betriebe in den letzten 6 Jahren geführt. Der beste Beweis hierfür ist direkt die ständige Zunahme der Hanfanbaufläche. Die Luchbauern sind begeisterte Hanfanbauer. Sie bezeichnen den Hanf als »Luchgold« bzw. »Luchweizen« und vergleichen ihn mit der Zuckerrübe. Sie kommen immer mehr dahin, dem Hanf unter ihren Früchten die größte Aufmerksamkeit und Liebe zu schenken, und stellen ihren Betrieb auf die Erfordernisse des Hanfanbaus ab. Man kann hier im Luch von »Hanfwirtschaften« wie anderswo von »Rüben-« oder »Kartoffelwirtschaften« sprechen. Faßt man diese Ergebnisse und Fortschritte aus dem Havelmoore zusammen, so ergibt sich hieraus, daß der Anbau von Hanf in allen anderen Gegenden Deutschlands mit ähnlichen Verhältnissen durchgeführt werden kann.

Der Hanf ist hier kein Lückenbüßer mehr, sondern Grundlage der Wirtschaft, die Pflanze, die bis jetzt gefehlt hat.

H. Koch: Gespinstpflanzenanbau, 1938

Großmächte wurden von Hanfseilen zusammengehalten. Über Sieg oder Niederlage entschied nicht selten die jeweilige Hanftechnologie. Als 1982 das 1545 gesunkene Flaggschiff »Mary Rose« des berühmten Königs Henry VIII. geborgen wurde, wurden zum Beispiel über 100 Langbögen der englischen Bogenschützenarmee entdeckt. Ihre Rekonstruktion ergab, daß sie über ein erstaunliches Zuggewicht von bis zu 80 Kilogramm verfügten und die Pfeile auf 200 km/h beschleunigten – eine für das Mittelalter geradezu unglaubliche Hochgeschwindigkeitswaffe. Damit ließ sich eine Frage beantworten, an der die Geschichtswissenschaft lange herumgerätselt hatte: Warum es im Jahre 1415 den 6 000 Fußsoldaten Heinrichs V. in der Schlacht bei Agincourt gelungen war, 15 000 berittene Franzosen zu besiegen. Das tödliche Geheimnis bestand in einer neuartigen Distanzwaffe: Langbögen aus »Eibenholz, gespannt mit Leinen«,[23] – und wir können sicher sein, daß dieses Leinen nicht aus Flachs, sondern aus dem Hanf gesponnen war, der spätestens seit Norman dem Eroberer (1066) auf den Britischen Inseln angebaut wurde.

Mit den Birnen des Herrn von Ribbeck auf Ribbeck wird im Havelland in Zukunft keine Agrar-Mark zu machen sein. Sehr wohl aber mit »Ernst Zureks einhäusigem Hanf«, der bis zur Reform des Betäubungsmittelgesetzes 1981 in der Bundesrepublik zugelassen war. Ernst Zureks einhäusigen Hanf charakterisiert W. Hofmann als »mittelspät, ebenfalls ein hochwüchsiger Langfasertyp; er kann auf allen tiefgründigen Mineral- und Moorböden angebaut werden«.

Auch nach der Entdeckung der Dampfschiffe, des Maschinengewehrs und des Dynamits blieb Hanf ein kriegswichtiger Rohstoff: Drillich und Uniformen, Tornister und Zelte, Lkw-Planen und Zugseile und das, was all dem militaristischen Wahnsinn voranflatterte – die Fahne –, waren aus Hanf gemacht. Und so wundert es nicht, daß es ausgerechnet die Nazis waren, die seinen Anbau mit allen Mitteln förderten. Er war nicht nur der am vielseitigsten nutzbare nachwachsende Rohstoff aus heimischer »Scholle«, der der deutschen Wirtschaft ein Stück Autarkie sichern sollte. Er lieferte auch das Tuch, mit dem die deutschen Landser eingekleidet wurden. Der mörderische Stiefel, den das deutsche Militär im September 1939 auf Europa setzte, war hanfgeschnürt.

Ein kriegswichtiger Rohstoff. Drillich und Uniformen, Tornister und Zelte, Lkw-Planen und Zugseile und das, was all dem voranflatterte – die Fahnen –, waren aus Hanf

Der steile Aufschwung, den der Hanfanbau bis dahin genommen hatte, reichte für die »allgemeine Mobilmachung« nicht aus. Bis zum Kriegsende wuchs die Anbaufläche – nicht zuletzt und gegen Ende nahezu ausschließlich durch den Einsatz von Zwangsarbeitern – noch einmal um mehr als das Doppelte auf etwa 40 000 Hektar im Jahr 1945. Der Hanfbedarf konnte damit bei weitem nicht gedeckt werden. 80 Prozent dessen, was deutsche Hanfspinnereien verarbeiteten, mußte auch während des Kriegs importiert werden, – das meiste davon aus dem faschistischen Bruderland Italien. Der größte Teil der heimischen Ernte wurde nicht

der klassischen Faseraufbereitung unterzogen, sondern als »Grünwerg« mechanisch entholzt und zu sogenanntem Flockenhanf verarbeitet, der auf Baumwollmaschinen zu Feingewebe versponnen werden konnte. Was sich der Direktor der Hanfbaugesellschaft 1919 von der eben entdeckten »Kotonisierung« des Hanfs erhofft hatte, daß Cannabiswolle die bessere, billigere Baumwolle abgeben könnte, wurde während der Kriegsjahre erstmals realisiert.[24] Nun ist zu Kriegszeiten schon immer mit allen möglichen und unmöglichen Bio-Rohstoffen experimentiert worden, und das »3. Reich« war bei dieser Substitutionswirtschaft derart erfolgreich, daß das deutsche Wort *Ersatz* als Fremdwort in allen Sprachen der alliierten Siegermächte Eingang gefunden hat. Was aber den Hanf angeht, der Baumwollersatz aus Cannabis war besser als das Original: genauso fein, aber sehr viel haltbarer. »Da konnte es nicht länger ausbleiben«, heißt es in einer zeitgenössischen Schrift, »daß der Hanf auch auf modischem Gebiet einen wahren Siegeszug antrat. Vielfarbige Decken mit Stickereien und Applikationen haben schon in verhältnismäßig kurzer Zeit gezeigt, daß man heute mit Hanf ein Maximum an Schönheit und gutem Geschmack erreichen kann.«

Das Wissen um den Hanf war verlorengegangen

Während beim Flachs die Werbefeldzüge des »Reichsnährstands« erfolgreich waren und 1941 nur noch 20 Prozent des verarbeiteten Flachses importiert werden mußten, tat sich die Hanfpropaganda schwerer: »Fast war es so«, vermerkt ein Bericht 1938, »als müßte man den Anbau einer völlig neuen Pflanze propagieren, denn das Wissen um den Hanf war verlorengegangen.«[25]

Hanfverarbeitung in der Hanfwerke AG Füssen, 40er Jahre

Diesem schnellen Vergessen entgegenzuwirken und der Kriegswirtschaft die dringend benötigten Rohstoffe zuzuführen, dienten die im folgenden Abschnitt präsentierten Hanfdokumente aus dem Jahr 1942: das Transkript des vom amerikanischen Landwirtschaftsministerium produzierten Films »Hemp for Victory« sowie die vom deutschen Reichsnährstand herausgegebene »Lustige Hanffibel«. Während in Amerika jeder Farmer diesen Film sehen und den Empfang einer eher trockenen schriftlichen Anleitung zum Hanfanbau quittieren mußte, mutet die von der »Deutschen Landwerbung« unters Volk gebrachte Hanffibel erstaunlich locker und amerikanisch an. Mit Zeichnungen, die die Tradition eines Wilhelm Busch schon in Richtung Walt Disney verlassen haben, und mit einem Text, der sich großer theatralischer Propagandatöne nahezu völlig enthält und bei der Sache bleibt: »Zweifelsfragen des Anbaus

zu lösen und eine alte Kultur des Niederungsmooranbaus zu neuer Blüte zu bringen«, wie es im Geleitwort heißt.[26]

Bevor wir nun den staatlichen Laudatores von Cannabis sativa das Wort geben, sei daran erinnert, daß beide Staaten die Pflanze kurz zuvor für ungesetzlich erklärt hatten. Gleich nach der Machtübernahme, im Mai 1933, und noch einmal im Januar 1934, wurde das Opiumgesetz überarbeitet und »Indischer Hanf« ausdrücklich als verboten spezifiziert – in einer Klasse mit den Opiaten und Kokain. Am 1. September 1937 war in den USA der »Marijuana Tax Act« in Kraft getreten. Doch als ob sie sich rächen wollte für diese Verleumdung als »Mörderin der Jugend«, kehrte Cannabis sativa in einer triumphalen Kampagne als Retter der Nation zurück: »Baut Hanf!« – »Hemp for Victory!«

Der badisch-elsässische Hanfanbau

Von Hans Körner, Karlsruhe

Es hat schon größere Zeiten für den Hanfanbau in Baden und im Elsaß gegeben als gerade jetzt, die wert gewesen wären, für spätere Zeiten festgehalten zu werden. Der Hanfanbau hatte beiderseits des Oberrheins einmal eine große Bedeutung. Tausende von Bauern und Hunderte von kleinen Verarbeitungsbetrieben und Handwerkern lebten vom Hanf. Eine alte Redensart ist aus jener Zeit übriggeblieben: Was der Raps für Brabant, was der Wein für die Mosel, das ist der Hanf für das Elsaß. Es ist hier nicht der Zweck dieser Zeilen, dem früheren Hanfanbau ein Denkmal zu setzen. Es sei nur schlicht und mit Anerkennung festgestellt, daß sowohl die badischen wie auch die elsässischen Bauern den Hanfanbau gerne und mit Hingabe betrieben haben und sich dadurch ein reger Handel in beiden Ländern entwickelte. »Hanf vom Oberrhein« wurde besonders gerne für Segeltuch und Schiffstaue gekauft. Nun ist aber schon fast ein halbes Jahrhundert seit jener Zeit verstrichen, da der Hanf seine wirtschaftliche Bedeutung verlor. Im Elsaß dürfte unzweifelhaft die Eingliederung des Landes in die Französische Republik schuld gewesen sein. Aber auch auf badischem Gebiet sah es nicht viel besser aus. Die Zeit, in der die Tore zum Weltmarkt weit aufgerissen wurden, richtete den Hanfanbau erbarmungslos zugrunde. Nur die alten Bäuerinnen und Bauern sprechen noch von der großen Blütezeit des Hanfbaus, und ab und zu sieht man noch als Zeugnis vergangener Zeiten die sogenannten Hanfrötzen, auch Reetzen genannt, alte Brechen und besonders in den Truhen der alten Bäuerinnen selbstgesponnenes und handgewebtes Leintuch, das oft rein aus Hanf gewebt wurde. Die Bäuerinnen hüten dieses Leinen, um es ihren Kindern als Zeichen einer arbeitsreichen Zeit zu vererben. (...)

Bei einer Ausdehnung des Hanfanbaus wird es wohl nie wieder so weit kommen, wie es vor 60 oder 70 Jahren war, daß der Hanfanbau etwas besonders Eigentümliches für das Land am Oberrhein bedeutete. Es wird auch nie wieder so weit kommen, daß der Hanfbau tausende von Hektar umfaßt. Es sollen auch die alten bäuerlichen Verfahren, den Hanf selbst aufzubereiten und die Faser zum Verkauf zu bringen, nie wieder aufleben. Auf der anderen Seite ist der Hanfanbau geeignet, die Kultur landwirtschaftlich genutzter Felder zu heben und eine Verarbeitungsindustrie neu aufleben zu lassen.

H. Koch: Gespinstpflanzenanbau, 1938

Hanfpropaganda in den USA und Nazideutschland: Dokumente

Hanf für den Sieg!

Textbuch des Hanfpropagandafilms »Hemp for Victory!« von 1942 Aus: High Times, Oktober 1989

Lange bevor im antiken Griechenland die ersten Tempel errichtet wurden, war Hanf der Menschheit als Nutzpflanze bekannt. Seit Tausenden von Jahren wurde in China und anderen Ländern des Ostens Hanf angebaut, um Fasern zur Herstellung von Seilen und Kleidern zu gewinnen. Jahrhundertelang – bis etwa 1850 – wurden alle Schiffe, die auf den westlichen Meeren segelten, mit aus Hanf gedrehten Seilen und aus Hanf gewobenen Segeln aufgetakelt. Ohne Hanf hätten weder Matrosen noch Henker arbeiten können.

60 Tonnen Hanf für die Takelung und das Ankerseil von 63 cm Umfang benötigte ein Schiff wie die berühmte 44-Kanonen-Fregatte »Old Ironsides«. Die Präriewagen der Pioniertage waren mit Planen aus Hanf bespannt. Das englische Wort für Segeltuch canvas ist sogar vom arabischen Wort für Hanf [quinnab – Anm. d. Übers.] abgeleitet. In Kentucky und Missouri war Hanf eine bedeutende Nutzpflanze, bis mit billigen Importen anderer Fasern wie Jute, Sisal und Manilahanf der Niedergang des Hanfanbaus in Amerika begann.

1942 brachte das amerikanische Landwirtschaftsministerium den Propagandafilm »Hemp for Victory« heraus. Jeder Farmer mußte quittieren, daß er diesen Film gesehen hatte. In den 80er Jahren leugneten offizielle Stellen die Existenz eines solchen Films. Erst Jack Herers hartnäckige Recherchen brachten dieses Dokument wieder ans Licht der Öffentlichkeit.

Heute jedoch, wo sich die Anbaugebiete auf den Philippinen und in Ostindien in den Händen der Japaner befinden und die Jutetransporte aus Indien eingeschränkt sind, muß der Bedarf unserer Armee und Marine durch amerikanischen Hanf gedeckt werden. Auf 36 000 Morgen Land wurde im Jahr 1942 von patriotischen Farmern Hanf an-

gebaut, das bedeutet einen Zuwachs von einigen tausend Prozent gegenüber den Vorjahren. Ziel für das Jahr 1943 ist die Ausdehnung des Hanfanbaus auf 50 000 Morgen.

In Kentucky wird Hanf hauptsächlich in Flußtälern angebaut. Einige dieser Felder sind nur mit dem Boot erreichbar. Im Rahmen des Kriegsprogrammes ist eine enorme Steigerung der Produktion von Hanf und seiner industriellen Verarbeitung geplant. Dieser Film soll den Farmern zeigen, wie man mit dieser alten, aber heute außerhalb von Kentucky und Wisconsin nur noch wenig bekannten Pflanze umgehen muß.

Dies ist Hanfsamen, achten Sie darauf, wie man ihn behandeln muß. Um Hanf legal anbauen zu dürfen, müssen Sie dies bei Ihrem Bundesstaat anmelden und eine Steuermarke besorgen, dies ist in Ihrem Vertrag bereits vorgesehen. Vergessen Sie nicht, Ihren Bezirksvertreter danach zu fragen.

Hanf braucht fruchtbaren, gut entwässerten Boden wie hier in der »Blue Grass« Region Kentuckys oder in Zentral-Wisconsin. Er sollte locker und humusreich sein, magere Böden sind nicht geeignet. Auf Boden, der gutes Getreide erzeugt, gedeiht gewöhnlich auch Hanf.

Hanf laugt den Boden nicht aus. In Kentucky wurde mehrere Jahre hintereinander auf dem gleichen Boden Hanf gezogen, empfohlen wird dies jedoch nicht. Als dichtwachsende Pflanze unterdrückt Hanf alles Unkraut. Hier sieht man eine abgestorbene kanadische Distel, die der Konkurrenz nicht gewachsen war. Hanf hinterläßt einen guten Boden für nachfolgende Pflanzen.

Zur Fasergewinnung sollte Hanf sehr dicht gesät werden, je enger die Reihen verlaufen, desto besser. Bei den hier gezeigten Reihen beträgt der Abstand etwa 10 cm. Hanf kann auch als Streusaat ausgebracht werden. Auf jeden Fall sollte so dicht gesät werden, daß sich ein schlanker Stengel bildet. So sieht ideal gewachsener Hanf aus: genau die richtige Höhe für eine leichte Ernte, dichter Stand mit schlanken Stengeln, die gut verarbeitet werden können.

Stengel wie die hier links gezeigten liefern die meisten und besten Fasern, rechts sind sie zu grob und holzig. Zur Gewinnung von Saatgut wird Hanf – manchmal von Hand – auch in Streusaat gesät. Hanf ist eine zweihäusige Pflanze. Die männliche Blüte ist im Gegensatz zur unscheinbaren weiblichen leicht gefleckt. Zur Saatgewinnung werden die männlichen Pflanzen entfernt, hier sieht man die Samen einer weiblichen Pflanze.

Hanf, aus dem Fasern gewonnen werden sollen, ist erntereif, wenn sich der Samen aussät und die Blätter fallen. In Kentucky geschieht dies im August. Hier eine alte Mähmaschine, die schon seit mehr als einer Generation benutzt wird.

In Kentucky wächst der Hanf so üppig, daß er manchmal schwer zu ernten ist, wahrscheinlich ist deshalb dieser automatische Rechen hier mit seinem seitlichen Hub so populär. Auf normalen Feldern läßt sich auch mit einem modifizierten Reisbinder gut arbeiten. Vor kurzem wurde diese verbesserte, in Wisconsin seit vielen Jahren benutzte Mähmaschine in Kentucky eingeführt, die den geernteten Hanf in gleichmäßigen Reihen ablegt. Es ist eine große Erleichterung, mit so einer modernen Maschine zu ernten, die auch mit dem schwierigsten Hanf fertig wird.

In Kentucky wird teilweise erst ein Stück von Hand gemäht, um die Felder für die maschinelle Ernte zugänglich zu machen. Der Hanf wird hier so bald wie möglich, also direkt nach der Ernte, geschält, und erst später im Herbst zum Rösten ausgelegt.

In Wisconsin wird im September geerntet. Die Mähmaschine mit automatischem Verteiler ist hier Standard. Achten Sie bitte darauf, wie vorsichtig die rotierenden Rechen den Hanf in Reihen zum Rösten auslegen! Hier ist es üblich, um die Hanffelder herum schmale Landstreifen freizulassen und mit niedrigem Getreide zu bepflanzen, damit die Mähmaschine Platz hat, ihre erste Runde zu fahren, ohne daß vorher von Hand gemäht werden muß. Die Maschine fährt dann über ein Stoppelfeld. Wenn der Messerbalken der Maschine kürzer ist als der Hanf hoch steht, kommen die Stengel übereinander zu liegen, was sich auf den späteren Rösteprozeß ungünstig auswirkt. Die Schnitthöhe liegt üblicherweise bei 2,40 m bis 2,70 m.

Wie lange der Hanf rösten muß, hängt vom Wetter ab. Um ein gleichmäßiges Ergebnis zu erzielen, müssen die Reihen gewendet werden. Wenn der hölzerne Kern sich – wie hier – leicht brechen läßt, kann man den Hanf sammeln und bündeln. Gut gerösteter Hanf ist hell- bis dunkelgrau. Die Faser löst sich leicht vom Stengel. Sind bereits einzelne Stengel in diesem Stadium, ist der Rösteprozeß in vollem Gange. Wenn der Hanf zu kurz ist, sich verheddert hat oder der Boden zu naß ist, muß er von Hand gebündelt werden. Dazu nimmt man einen hölzernen Kübel. Es kann mit Schnur gebunden werden, aber auch Hanf selbst eignet sich gut dafür.

Unter günstigen Bedingungen wird normalerweise ein Selbstsammler- und binder benutzt. Hierfür müssen die Reihen glatt und gerade sein und die Stengel parallel liegen. Bei verheddertem Hanf funktionieren die Sammler nicht gut. Nach dem Binden muß der Hanf so schnell wie möglich geschält werden, sonst geht die Röste weiter. 1942 wurden in den USA 14 000 Morgen Hanf geerntet. Die Pflanze, seit Urzeiten für alle Arten von Tauwerk genutzt, feiert ihr großes Comeback.

Hier sieht man, wie Hanf aus Kentucky in den Trockner der Mühle von Versailles geschoben wird. Früher wurde der Hanf von Hand gebrochen, das war eine der härtesten Arbeiten, die es gab. Heute erledigen Maschinen diese Aufgabe und das viel schneller.

In dieser Wassermühle am Kentucky in Frankfort, einer alten Anlage aus Pioniertagen, wird amerikanischer Hanf zu Seilen und Garn versponnen. All diese Betriebe werden in Zukunft Produkte aus amerikanischem Hanf erzeugen: verschiedene Arten von Garn zum Binden und Polstern, Seile und Taue für die Seefahrt, für Heuwender, Krane und Schwerlastaufzüge, Gewebe für leichte Feuerwehrschläuche, Schnürsenkel für Millionen Paar amerikanischer Soldatenstiefel und Fallschirmstoff für unsere Fallschirmspringer. Jedes Schiff der US-Marine benötigt 10 360 Meter Tau. Hier in der Bostoner Marinewerft, wo schon seit langem Tauwerk für Fregatten hergestellt wird, arbeitet die Belegschaft Tag und Nacht an der Produktion von Tauwerk für die Flotte. In alten Zeiten wurde das Garn von Hand gesponnen, hier läuft es durch Löcher in einer Eisenplatte. Dies ist Manilahanf aus den rapide schrumpfenden Reservebeständen der Marine. Wenn er verbraucht ist, muß amerikanischer Hanf an seine Stelle treten: Hanf für Schiffstau, für Takelage und für Maschinen, Hanf für tausenderlei Zwecke der Marine, auf See und an Land – wie in jenen Tagen, als die »Old Ironsides« mit ihren Segeln und Wanten aus Hanf die Weltmeere befuhr. Hanf für den Sieg!

Die lustige Hanffibel

DIE
LUSTIGE
HANFFIBEL
Preußische
Staatsbibliothek
Berlin

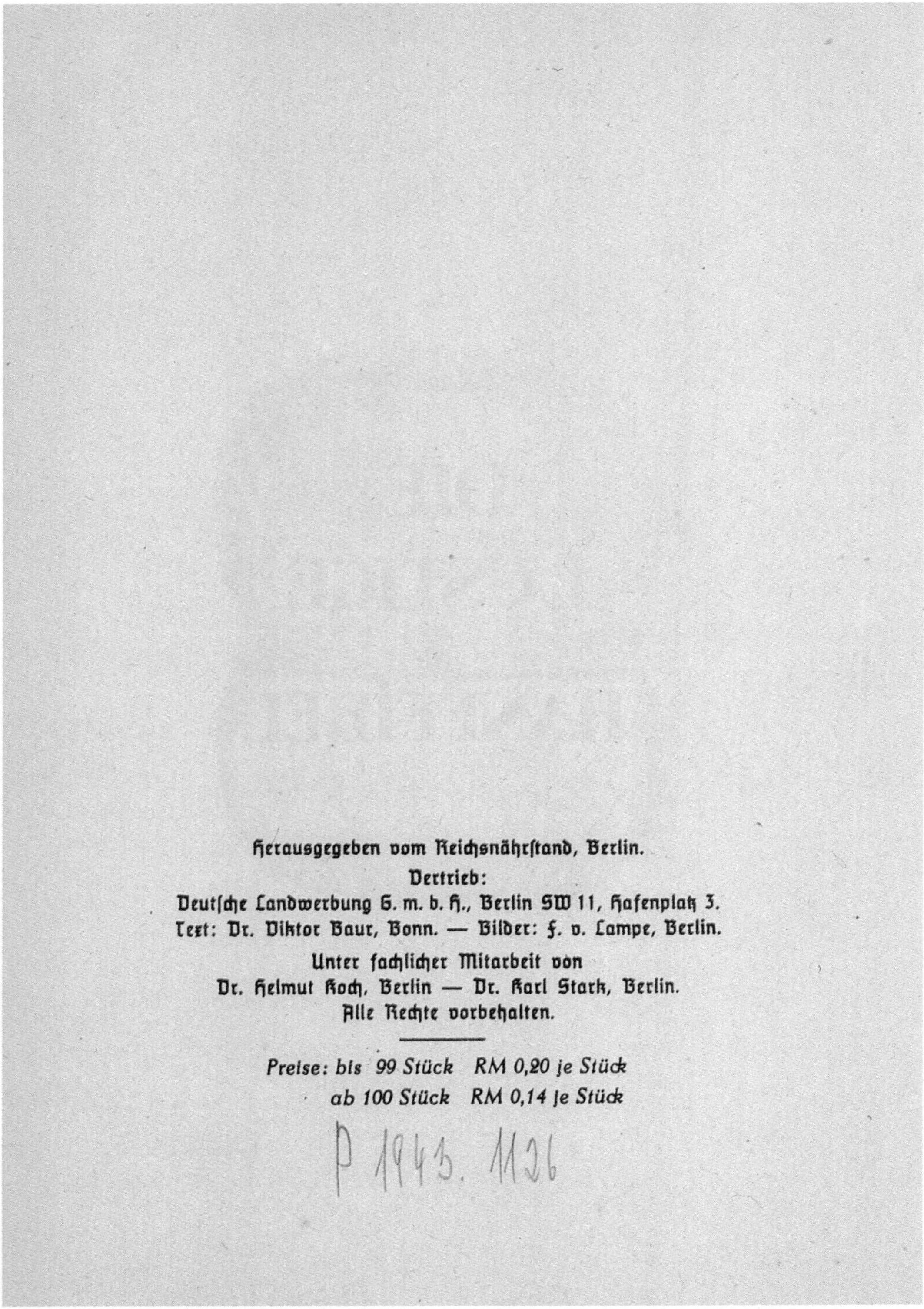

Herausgegeben vom Reichsnährstand, Berlin.
Vertrieb:
Deutsche Landwerbung G. m. b. H., Berlin SW 11, Hafenplatz 3.
Text: Dr. Viktor Baur, Bonn. — Bilder: F. v. Lampe, Berlin.
Unter fachlicher Mitarbeit von
Dr. Helmut Koch, Berlin — Dr. Karl Stark, Berlin.

Preise: bis 99 Stück RM 0,20 je Stück
ab 100 Stück RM 0,14 je Stück

Zum Geleit.

In bewegter Zeit erscheint die Hanffibel und beweist damit die Wichtigkeit des Hanfanbaues. In lustiger, aber eindringlicher Form soll sie mithelfen, Zweifelsfragen des Anbaues zu lösen und eine alte Kultur des Niederungsmoorbodens zu neuer Blüte zu bringen. Wer sie sorgfältig beachtet, hilft mit zum Gelingen.

Reichshauptabteilungsleiter II
des Reichsnährstandes

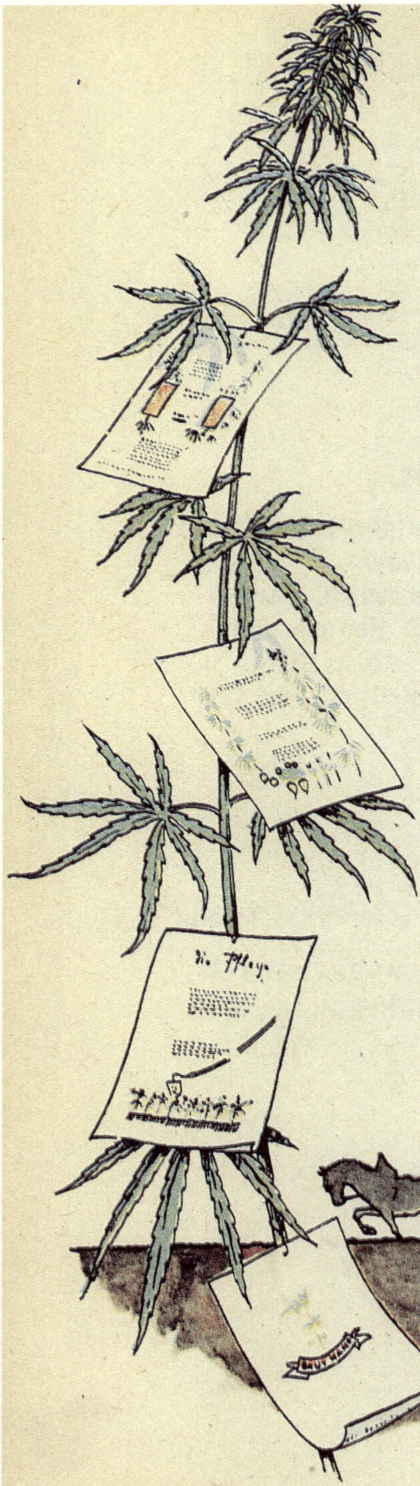

Einleitung

Das deutsche Volk ist in der Welt
vornehmlich auf sich selbst gestellt.
Zu oft getäuscht ward sein Vertrauen,
auf fremde Hilfe nur zu bauen.
Was heut es leistet, was es schafft,
verdankt es seiner eignen Kraft,
und diese Kraft wächst urgesund
aus deutschem Geist und deutschem Grund.

Jedoch der deutschen Scholle Schoß
schenkt nicht allein die Nahrung bloß.
In großer Menge spendet sie
auch Rohstoff für die Industrie.

Zu solchem Rohstoff, hoch an Wert,
auch unser guter Hanf gehört!
Was er erbringt, wo man ihn baut,
und was man macht aus seiner Haut,
was man beim Anbau muß verstehen,
kann man aus dieser Fibel sehen.

4

Erzeugnisse des Hanfbaues

Die Pflanze Hanf, groß und gewaltig,
ist in der Leistung vielgestaltig,
sie wächst ja höher als ein Mann
recht schnell und üppig auch heran.
Aus ihrem Leib, dem unversehrten,
sind alle Teile zu verwerten:
Der Faserstrang, der Same glatt,
der Holzteil und das schmale Blatt.
Ein jedes Stück ist angetan,
zu dienen dem Vierjahresplan!

Der Same, immer hoch an Wert,
zunächst das Saatgut uns beschert,
auch wird verzehrt als Lieblingsspeise
besonders gern er von der Meise,
denn ist von Hanf ihr Kröpfchen voll,
wird laut ihr Lied und liebestoll.

5

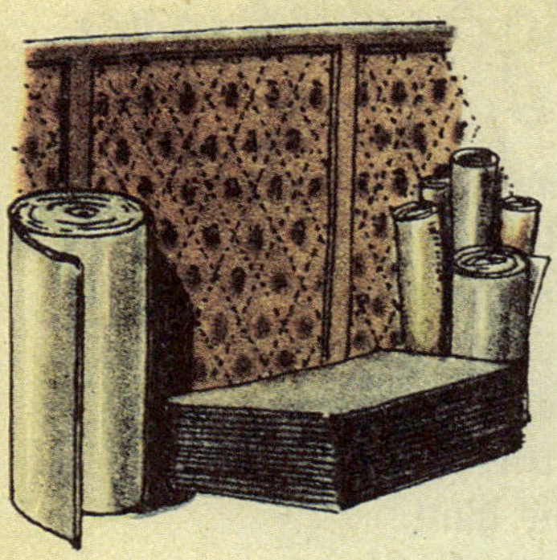

Den Holzteil dieser großen Pflanze
soll man nicht schlagen in die Schanze,
aus ihm läßt leicht sich fabrizieren
Belag, um Böden zu garnieren.
Auch liefert er Papier und Pappe
und Leichtbaustoff und Wandattrappe,
auch kann aus ihm als weitre Sachen
Holzzucker man und Holzgas machen.

Jedoch das all verblaßt sehr weit
vor seiner Faser Brauchbarkeit.
Nur selten ist ein Seil zerronnen,
das aus dem Hanf zurechtgesponnen!

Wer Wäsche seilt bei Wind und Wettern,
wer mit dem Bergseil hoch will klettern,
wer weben will und feste binden,
wer segelt unter starken Winden,
wer mit dem Tau am Kai hantiert,
wer mit dem Strick den Bullen führt,
wer Pferde muß mit Lasso fangen,
wer will, daß Fisch' im Netze hangen,
wer mit dem Schlauch bekämpft die Brände,
wer baumelt an des Schwimmgurts Ende,
wer auf Strickleitern klettert steil,
wer tanzt und turnt hoch auf dem Seil,
wer in dem Boxring, arg zerhauen,
sich retten muß zu Seil und Tauen,
wer abseilt tief in finstre Schächte —
der nehme nur die
Hanfgeflechte!

Auch Friedlicheres läßt sich spinnen
und aus dem Faserhanf gewinnen,
zum Beispiel: Teppich für die Wohnung
und Riemen für des Bauches Schonung.
Kommt's Wochenend im Waldesschatten,
träumt es sich schön in Hängematten,
liegt man allein, so fern der Welten,
am Flusses Strand in kühlen Zelten,
wenn gegen Neugier, Sonn' und Wind
sie dicht aus Hanf gewebet sind.

Hanf gibt auch Drillich, Wäsche, Tücher,
und starken Einband für die Bücher,
auch Barchent, Gurte, Plane, Säcke —
kurz, Dinge für gar viele Zwecke!
Ein Hanfgewebe kaum verschleißt,
ein fester Hanfstrick nie zerreißt!

8

Ausdehnung des Hanfbaues

Šo iſt der Hanf es alſo wert,
daß man im Anbau ihn vermehrt,
zumal die Faſer und der Samen
bisher meiſt aus dem Ausland kamen,
obwohl der Hanf auch allezeit
auf unſerer Scholle gut gedeiht,
denn noch vor ſechzig Jahren trug
der deutſche Boden Hanf genug [1]).

So iſt uns Hanf kein fremder Gaſt,
Man pflanze ihn, wohin er paßt!
Doch ſei, ſoll der Ertrag genügen,
die Vorbereitung recht gediegen.
Der Hanfbau iſt gewiß nicht ſchwer,
jedoch er geht nicht nebenher.
Du mußt ihn, ſoll er dich erfreuen,
wie jede andre Frucht betreuen!

[1]) Die Anbaufläche betrug 1878 rd. 21 000 ha, 1932 war ſie auf 200 ha geſunken und ſtieg dann 1939 auf 16 000 ha an. Sie iſt während des Krieges noch weiter geſtiegen.

9

Eins muß jedoch beachtet bleiben:
der Hanfbau darf n i e m a l s vertreiben
die Brot- und Hackfrucht von den Flächen —
ein solches würd' sich bitter rächen!
Man geb' dem Hanfbau dorten statt,
wo er den rechten Standort hat!
Wo diese Flächen sind zu finden,
das soll euch jetzt die Fibel künden!

10

Boden und Standort

Hanf wächst — das stehe hier zuvor —
am besten auf dem Niedrungsmoor,
das ihm, da humusreich und feucht,
als idealster Standort deucht.
Es braucht der Hanf, der böse Prasser,
in seinem Leben recht viel Wasser,

das mit der tiefen Wurzel Mund
er saugt aus Moores frischem Grund.

Jedoch, so sehr er Wasser liebt,
zuviel an Wasser ihn betrübt,
denn, ist der Boden stauend naß,
dann bleibt der Hanf recht klein und blaß.

Wer Hanf baut auf der Moore Flur,
treibt ferner echte M o o r k u l t u r,
denn eng begrenzt ist hier die Wahl
in unsrer Nutzgewächse Zahl:
der Moorwirt baut Kartoffeln, Kohl,
zuweilen auch Getreide wohl,
auch etwas Mais und Futterknollen —
Viel mehr ist nicht im Moor zu wollen!

Und ist der Saatauflauf geglückt,
wird er vom Unkraut arg bedrückt,
man hackt und hackt, ohn' Rast und Stocken,
das Moor wird dadurch dürr und trocken.
Die Feuchtigkeit gar schnell versiegt,
das Moor wird mullig und verfliegt.
Auch wird des Moorwirts Müh' und Walten
stets durch das Unkraut aufgehalten.

12

Hier springt der starke Hanf allein
als Retter für das Moorland ein.
Er wächst sehr schnell und groß heran
weist der Kultur die rechte Bahn,
denn jede Frucht sich froh gestaltet,
wenn Hanf im Wechsel eingeschaltet,
er gibt dem Acker Schirm und Schatten,
bringt schnell das Unkraut zum Ermatten,
er hält des Moores dunklen Grund
schön sauber, gar und recht gesund.
Und auch des Moors Spätfrostgefahr,
die krümmt dem Hanf kein einzig Haar.
Hilfe!!
Wir ersticken!
13

Auch Grünland in dem Moorgebiet
ist im Ertrag oft karg und müd',
hier wird, sofern es gut entwässert,
durch Hanf die Leistung schnell verbessert.
Kurzum, die Moorkultur erhöht,
wer auf dem Moor mehr Hanf aussät!

Und auch auf manchen andren Flächen
beseitigt Hanf des Bodens Schwächen,
sofern zuvor, ob Tal, ob Hügel,
man gut gesenkt den Wasserspiegel [2]).

Wo das Getreide häufig lagert,
durch Frost, Rost oder Unkraut magert,
wo frischgebrochner Wiesenboden,
wo man den dichten Wald tat roden,
wo Wiesentäler gut drainiert,
wo einst ein Flußarm hergeführt,
wo Land man schuf aus Seen und Teichen —
da ist mit Hanf was zu erreichen!

[2]) Der Grundwasserspiegel soll vor der Saat auf etwa 50 bis 80 cm tief gesenkt sein.

Fruchtfolge und Vorfruchtwert

Das Vorgesagte läßt ersehen,
auf welchen Böden Hanf soll stehen,
und an die Vorfrucht auf dem Feld
er nur geringen Anspruch stellt.
Er steht nach Hackfrucht, Korn, Gemüse,
auch gern nach Weide oder Wiese.

Der schatt'ge Hanf, und das ist klar,
stellt selbst die beste V o r f r u c h t dar,
denn sein Bestand, groß, breit und dicht,
erwürgt des Unkrauts schlimm Gezücht.
Er läßt, wenn er vom Acker weicht,
zurück ihn sauber, gar und feucht.

Nach Hanf fühlt, frei von allen Sorgen,
Getreide sich recht wohl geborgen.

Auch Hackfrucht, die dem Hanf folgt nach,
bringt hohe Ernten allgemach,
und auch die Grassaat, zart und fein,
legt gern sich in sein Bett hinein.

Kurz, jede Saat in Hanfes Feld
bringt reiche Ernten, reiches Geld!

Und eines noch, was nicht alltäglich:
Hanf ist auch mit sich selbst verträglich;
wenn man auf gleichem Feld ihn bringt,
sein Anbau dennoch gut gelingt.

16

Bodenbearbeitung

Bodenbearbeitung

Der Hanf, der ist kein Krumenhocker,
er liebt ein S a a t f e l d tief und locker,
aus dem mit seiner Wurzel Schaft,
er kräftig sich die Nahrung rafft,
um dann in jugendlichem Walten
sein üppig Wachstum zu entfalten.
Um diesem Anspruch zu genügen,
soll tief im H e r b s t das Feld man p f l ü g e n.

Soll unser Hanf auf G r ü n l a n d stehen,
mußt du im Herbst zum Umbruch gehen,
damit der Frost füllt jede Lücke
und sprengt den Boden mürb in Stücke.

Im Frühjahr sollst du dich beeilen,
die alte Narbe zu zerteilen,
hier ist, um gut es zu vollenden,
die S c h e i b e n e g g e zu verwenden.

17

Je feiner Egg' und Scheibenmesser
die Klumpen schneiden, um so besser!
Sind klein die dicht verfilzten Narben,
dann braucht die Hanfsaat nicht zu darben.

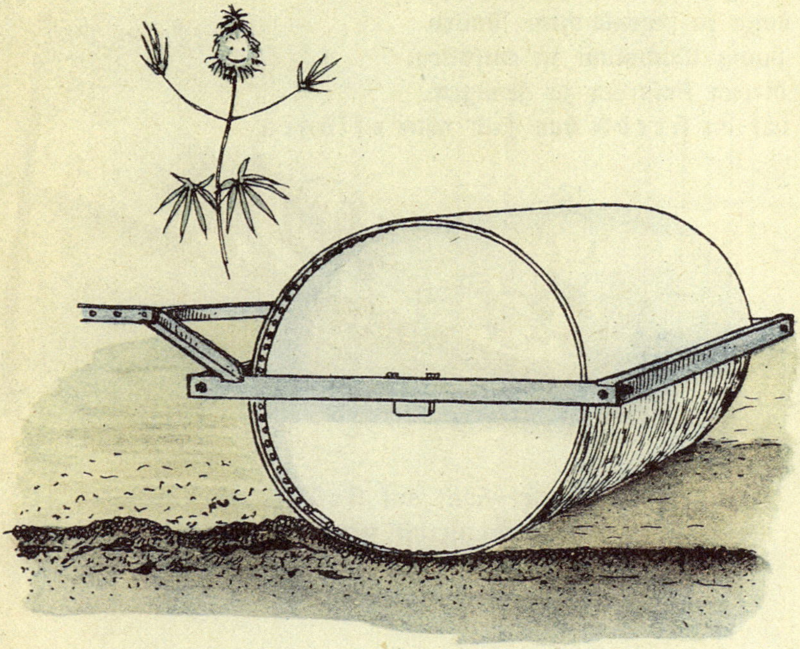

Will man den Boden gut bereiten,
nehm' man die W a l z e auch beizeiten.
Mit ihrem schwersten Exemplar
macht sie den Acker mürb und klar.
Man nehm' zuerst die Walze vor
besonders auf dem Niedrungsmooor,
weil dessen lockeres Gefüge
gefestigt wird dann zur Genüge.
Die Walze gibt dem Boden Schluß,
das ist dem Hanf ein Hochgenuß;
er möchte mit der Zunge schnalzen —
so dankbar ist er für das Walzen!

18

Die Düngung

Wer schnelle wächst vom Kind zum Knaben,
muß gut und reich zu essen haben,
daß Säfte sammeln Blut und Bauch —
so ist es mit dem Hanfe auch!
Es muß, soll er recht schnell gedeihn,
viel Nahrung ihm verfügbar sein,
und, da sein Appetit enorm,
auch in leicht aufnehmbarer Form.

Will man ihm gute Nahrung bringen,
muß man ihn stark mit Stickstoff düngen,
wofür er sich recht dankbar zeigt
und niemals auch zum Lagern neigt.
Auch Kalk, in mancher Form gegeben,
befördert schnell und stark sein Leben,
desgleichen will hinreichend haben
er Kali- und auch Phosphorgaben[3]),
die seinen hohen Stengelteilen
verhelfen zu recht starken Seilen.

[3]) Man gebe etwa 3 bis 4 dz Phosphorsäure und 40 %iges Kali je ha.

19

Auf eines aber habe acht,
daß früh der Dünger ausgebracht!
Die beste Zeit ist vor der Saat,
damit der Dünger Muße hat
sich noch vor den Bestellungszeiten
recht fein im Boden auszubreiten.

Den Dünger auf den Kopf zu streuen,
das kann den Hanf nur selten freuen,
weil dieser ihm nur wenig frommt,
da er zu spät zur Wirkung kommt.
Ist schlecht sein Wuchs an Blatt und Stengeln,
dann liegt das meist an andren Mängeln;
zum Beispiel, daß die Nässe staut,
daß ward der Boden arg versaut,
daß fehlt dem Acker guter Schluß,
wodurch der Hanf nicht kommt zum Schuß.
Kopfdüngung aber hilft hier nie
und bleibt verlor'ne Liebesmüh'!

Auch *Stallmist* kann, im Herbst gegeben,
des Hanfes Wachstum kräftig heben,
weil der Bakterien große Schar
ihm bietet reiche Nahrung dar.

Doch, welcher *Dünger* auch genommen —
er muß *früh in den Boden* kommen,
denn was hilft allen Düngers Pracht,
wenn's Wasser ihn nicht löslich macht!

Drum streue früh die Düngergabe,
das ist dem Hanf die liebste Gabe,
dann wächst er in recht kurzer Zeit
zu ausgedehnter Üppigkeit!

Sorte und Saat

Soll Hanf genügen im Ertrage,
beacht' man auch die Sortenfrage:
der späte Hanf wird selten trocken,
trotz noch so schön gebauter Hocken.

Die deutschen Sorten, durchgezüchtet,
sind alle frühreif ausgerichtet,
sie sind vor jeder Auslandssaat
drei Wochen früher reif zur Mahd.
Auch sollst zu solcher Sort' du greifen,
bei der die Samen sicher reifen,
und die nebst guten Fasersträngen
auch bringen reiche Samenmengen.

22

Daß finde unser Hanf im Moor
zur Keimung reichlich Wasser vor,
sä' mit der Drillmaschin' ein jeder
auf Tiefe von fünf Zentimeter,
dann kann dich auch kein Vogel narren
und ihn frech aus dem Boden scharren!
Ist so die Saat sorgsam bestellt,
führ noch die Egge übers Feld,
und dann zum Schluß ein Walzenstrich –
so ist der Saat gedeckt der Tisch!

Zur Aussaat gehe mit Frohlocken,
sobald der Boden warm und trocken.
Hält Auslandssaat man nur bereit,
ist's End' April so an der Zeit,
doch Mitte Mai ist's nicht zu spät,
wenn man nur deutsche Sorten sät.

23

Von Wichtigkeit beim Säenswerke
ist auch die rechte Aussaatstärke.
Die dichte Saat bringt Ackerreinheit
und ganz besondre Stengelfeinheit.
Wenn Stengel hoch und dünn gelingen,
sie auch die beste Faser bringen.

Doch schieße man nicht übers Ziel,
denn ungesund ist allzuviel,
bei wahllos draufgesäten Mengen
die Pflanzen alle sich bedrängen.
Drum drille man, sonst wird es pleite,
auf etwa zwanzig Reihenweite
und bring an Saat dem Boden dar
so achtzig Kilo je Hektar!

24

Die Pflege

Kaum sind drei Wochen erst verflossen,
ist schon der Acker dicht geschlossen,
und was das Feld an Unkraut birgt,
wird durch den Hanf schnell abgewürgt.
Drum ist auch auf des Moores Land
die Pflegearbeit kaum bekannt.

Baut man den Hanf auf bind'gem Boden,
soll hacken man und Unkraut roden,
doch rühre man hier schnell die Hände,
sonst sind zu groß schon die Bestände!

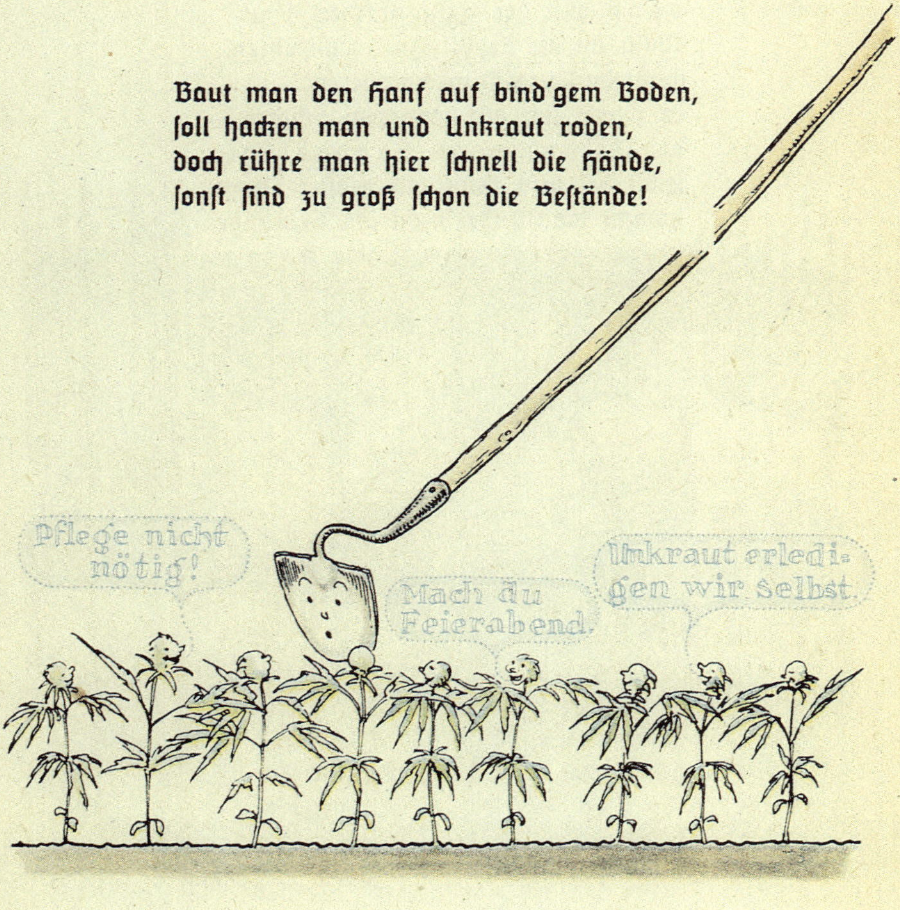

25

Die Ernte

Schon geht der Sommer durch das Land,
schnell reift des Hanfes Samenstand,
dann mählich sanft von unten her
die Körner werden reifeschwer.
Willst taubes Korn du hier vermeiden,
darfst du den Hanf jetzt noch nicht schneiden,
erst wenn der halbe Samenstand
erhält ein reif-graubraun Gewand,
und wenn die Körner prall sich füllen
und schaun aus ihren Blütenhüllen,
und wenn der Same bräunt sich fein —
d a n n will der Hanf geerntet sein!
Willst du die Ernte schnell vollführen,
mußt du sie wohl mechanisieren;
es eignet sich auf manchem Schlage
die Mähmaschin' mit H a n d a b l a g e,
selbst bei dem Hanf mit großer Länge
kommt man dabei nicht ins Gedränge.

Mähmaschine mit Handablage

26

Der Nachteil doch bei dem Geschäfte:
man braucht noch viele Arbeitskräfte,
die binden müssen und sich regen,
den Hanf schnell aus der Bahn zu legen.

Es spart viel Arbeit, Zeit und Kraft,
wer mit dem Bindemäher schafft,
er ist jedoch nur zu verwenden
bei kleingewachsenen Hanfbeständen,
drum schufen unsere Erfinder
in Deutschland einen Hanfmähbinder,
der sauber, schön und unentwegt
den größten Hanf zu Boden legt,
mit dem sich nebenher aufs best'
auch das Getreide mähen läßt.

Damit die Ernte schnell wird trocken,
stellt sorgsam man den Hanf auf Hocken,
auf daß der Haufe schön sich runde,
mach' man an sechzehn Garbenbunde,
wenn fest sie aufgerichtet sind,
dann trotzen sie dem stärksten Wind.

27

Lagerung und Drusch

Die Faserteile schnell zergehen,
läßt man zu lang' die Hocken stehen,
sie können äußerst schlecht vertragen
den Regen in des Herbstes Tagen:
die Fasern schrumpfen und verleimen,
die Körner fangen an zu keimen,
auch picken sie die Vögel aus —
drum fahr den Hanf recht bald nach Haus!
Doch mangelt hierzu Raum und Zeit,
mach eine Miete dann bereit[4])
mit hoch und steil gestellten Traufen,
dann wird der Regen abwärts laufen!

Der Hanf in Mieten oder Scheunen
muß nun im Schwitzprozeß sich bräunen,
dies Stadium in seiner Bahn
hält fast sechs ganze Wochen an,
doch heilsam ist ihm diese Kur,
weil auch das Korn, das halbreif nur,
jetzt erst des Daseins Zweck begreift
und schön zu vollem Samen reift.

So ward vollbracht sein kurzes Leben —
erwünscht ist, jetzo abzugeben
den Hanf mit Samen und mit Stengel,
das spart viel Arbeit und Gedrängel.
Doch wo man nicht gleich liefern kann,
fang man den Hanf zu dreschen an.

[4]) Grundfläche 30 × 12 m, Höhe 10 m. Mietensohle ist nach innen eingezogen, um Fäulnis durch Traufwasser zu vermeiden.

Jedoch mit dem normalen Drescher
da gäb es Splitter, Scherben, Brecher,
weil der Maschine Hals und Magen
das Hanfgebund nicht kann vertragen.
Dem Drusch des Hanfes heute dienen
die Hanfdresch-Spezialmaschinen.

Und blieb der Samen auf der Strecke,
füll' man ihn keineswegs in Säcke,
er würde furchtbar sich erhitzen
und jetzo sich zu Tode schwitzen,
du mußt vielmehr nach alter Sitten
ihn sorgsam auf den Boden schütten [5])
und durch der Hände fleißig Walten
ihn schaufeln und lebendig halten,
was anfangs er in seiner Lage
verlangt an jedem zweiten Tage.
Um das Zertreten zu vermeiden,
soll man die Schuh mit Filz bekleiden.
Derselbe Zweck wird auch erfüllt,
wenn sie mit altem Sack umhüllt.

Hanfsamen ist erst lagerfest,
wenn ihn die Feuchtigkeit verläßt,
das heißt, wenn sank zum guten End'
die Feuchtigkeit auf acht Prozent!

[5]) In etwa 25 cm Höhe.

Ablieferung und Preis

Des Hanfes weiteres Geschick
vollzieht sich in der Hanffabrik,
mit ihr, zwecks Absatz und Verkauf,
nimm zeitig die Verbindung auf!

Ist die Fabrik in nahen Lagen,
dann lad den Hanf auf deinen Wagen
und fahre selber, gut gebunden,
das Hanfstroh hin in ein paar Stunden,
nur Hanf, von ferne hergebracht,
erhält vergütet seine Fracht [6]).

[6]) Die Bahnfracht wird gewöhnlich erst bei einer Entfernung von 10 km vergütet.

30

Ein jeder, der heut Hanfbau treibt,
nie auf den Stengeln sitzen bleibt,
weil Hanf zu aller Nutz und Frommen
wird einem jeden abgenommen.

Wie's nach der Ordnung sich gebührt,
ist auch ein Festpreis garantiert,
wobei die gute Qualität
auch höher noch im Preise steht.
Drum soll ein jeder danach sinnen,
nur beste Faser zu gewinnen!

So bringt der Hanf, der groß und stark,
viel Rohstoff uns und manche Mark!

Wer Hanf heut baut mit fleiß'ger Hand,
hilft selbst sich und dem Vaterland!

BAUT HANF!
43. 20873
43. 20874
43. 20875

Die neuen Konkurrenten aus der Chemie: Perlon, Nylon und Konsorten

Wenn die Gürtel enger geschnallt werden und der Staat Ressourcen mobilisiert, greift er auf den Hanf zurück: Das war so in Deutschland im Ersten Weltkrieg und in der Wirtschaftskrise der 30er Jahre, aber auch in den USA, als sie 1942 in den Krieg eintraten.

Von den knapp 40 000 Hektar Hanffeldern 1945 waren 10 Jahre später weniger als ein Viertel übrig, 2 000 Hektar in der Bundesrepublik und 7 500 Hektar in der DDR. Eine Differenz, die zeigt, daß die Not im Ostteil Deutschlands noch nicht ganz zu Ende war; die Hilfe des Hanfs wurde noch gebraucht. Im Westen Europas wird der Anbau Mitte der 50er Jahre nahezu völlig eingestellt, nur in Italien wird noch eine nennenswerte Menge Hanffasern produziert. Einmal mehr in diesem Jahrhundert scheint die Spezies Cannabis zu den aussterbenden Arten zu gehören.[27]

Wie es kam, daß der Hanf nach dem Zweiten Weltkrieg so schnell verschwand wie nach dem Ersten, ist wieder die gleiche Geschichte: Jute aus Indien, Manila-Hanf von den Philippinen, Sisal aus Afrika und Baumwolle aus den USA waren wieder da. Zwar schnitt Hanf dank des Technologieschubs in der Verarbeitung jetzt im Vergleich mit den importierten Pflanzenfasern viel besser ab als 1918, doch in der Zwischenzeit war in den Labors der I. G. Farben in Deutschland und der Du Pont Company in Amerika eine neue Konkurrenz erwachsen: die Chemiefaser. Das meiste, was wir heute an synthetischem Material und Kunststoffen benutzen, wurde in den 20er und 30er Jahren von diesen beiden Konzernen entwickelt und kam als »Nylon«, »Rayon«, »Perlon« auf den Markt. Basis der neuen Fasern war Erdöl, und seit Du Pont – dank der Hilfe des Bankers, Ölmagnaten und Anslinger-Schwiegeronkels Andrew Mellon (siehe Seite 57 ff.) – in den 20ern General Motors übernommen hatte, war klar, welchem Gundstoff sich die Autoindustrie verschreiben würde: dem Öl.

Da mochte Henry Ford auf seiner Versuchsfarm in Michigan noch soviel mit Hanf als Biomasse und dem »Auto, das vom Acker wächst«, experimentieren (siehe Seite 113). Schon einmal, 1919, hatte er versucht, Bioalkohol als Alternativkraftstoff auf dem Markt zu etablieren, doch die Alkoholprohibition machte ihm einen Strich durch die Rechnung. Diesmal sollte es die Hanfprohibition sein, die seine neuen Ideen am Durchbruch hinderten. Denn Du Pont hatte nicht nur Sulfitprozesse für die Papierherstellung aus Holz, sondern auch neue Additive für Ölkraftstoffe entwikkelt und wollte sich dieses Geschäft nicht verderben lassen.

Zwar beklagt der »Annual Report« der Company 1937 noch eine »von Unsicherheiten bewölkte Zukunft«, doch eine Lösung ist offenbar in Sicht: »Steuererhebungen der Regierung könnten in ein Instrument verwandelt werden, die Akzeptanz neuer Ideen des industriellen und sozialen Wiederaufbaus zu beschleunigen.«[28] Die neuen Ideen, das waren Fasern wie »Nylon«, chemische Prozesse zur Papierherstellung aus Holz oder zur Aufbereitung von Benzin, – und die ins Auge gefaßten »Steuererhebungen« traten noch am 1. September des Jahres in Kraft: Es war der »Marijuana Tax Act« (siehe Seite 410 ff.). Nun haben diese von September 1937 an erhobenen 100 Dollar Transfersteuern für Hanf nie wirklich Geld in die Staatskassen gespült; sie sorgen aber dafür, daß der Anbau in den USA schlagartig zum Erliegen kommt und die »Akzeptanz« der neuen Du Pont-Ideen beschleunigt wird.

1939 hat der Präsident der Firma, Lammont Du Pont, bereits allen Grund zum Jubel: »Synthetische Kunststoffe finden Anwendung bei der Herstellung einer Vielzahl von Artikeln, von denen viele früher aus natürlichen Stoffen hergestellt wurden.« Mit »synthetisch« meinte er Produkte, die auf Erdöl oder Kohle basierten und ihn von einer Welt ohne Natur träumen ließen: »Der Chemiker trägt dazu bei, natürliche Ressourcen zu erhalten, indem er synthetische Produkte entwickelt, die die Produkte der Natur ergänzen oder völlig ersetzen können.«[29] Die Patente, mit denen Du Pont bei der Schaffung dieser Ersatznatur arbei-

Ulbricht, Erich und Konsorten haben wie so vieles auch diese Dissertation nicht zur Kenntnis genommen: Die Hanfanbaufläche in der DDR ging von 7 833 Hektar 1956 auf 4 781 Hektar 1962 zurück. 1971 wurde der Hanfanbau eingestellt.

DDR: Hanf statt Plaste und Elaste

Eine bisher zu wenig beachtete Nutzungsmöglichkeit (...) besteht darin, daß außer der Bastfaserzellulose weitere Zellulose im Holzkörper der Pflanze in hohem Prozentsatz vorhanden ist, deren Verwendung zur Herstellung von Pappen und Faserplatten feststeht und durch Züchtung und Anbaumethoden verbessert werden kann. Diese Zellulosemengen sind flächenertragsmäßig oft so hoch, daß sie den jährlichen Zuwachs eines Waldbestands erreichen. Den Hanf, der infolge seiner Massen- und Schnellwüchsigkeit und seiner gleichzeitigen Mehrfachnutzung als wertvolle Faser-, Zellulose-, Öl- und Eiweißpflanze eine hohe wirtschaftliche Bedeutung besitzt, kann man daher als Gattung bezeichnen, die der Weiterentwicklung durch züchterische Bearbeitung und verbesserte Anbaumethoden große Möglichkeiten bietet. (...)

Bei einem Gesamtfasergehalt von etwa 20 Prozent beträgt die Ausbeute an gereinigten Schäben (Holzabfall) im praktischen Betrieb 41,2 Prozent. Seitdem die Hanfpflanze für die Produktion von Spanplatten Verwendung findet, wird die Hanfpflanze zu 62,2 Gewichtsprozent in Form von Fasern, Samen und Schäben genutzt.

Gerhard Bartholomäus: Züchtung und Großanbau von monözischem Hanf (Cannabis sativa), Bernburg (Saale), 1963 tete, stammten, sofern sie nicht selbst entwickelt worden waren, von der deutschen I. G. Farben. Wie Du Pont über ihren Bankier Mellon mit Gulf Oil, so war auch die I. G. fest mit der Ölindustrie liiert, u. a. über eine Beteiligung an Standard Oil, und darüber hinaus über diverse Auslandstöchter mit Du Pont verbunden.[30]

Bei der Betrachtung des Tüftlers Henry Ford mit seinem »Pflanzenauto« im Jahr 1941 kann einen Wehmut überkommen. Wie würde die Welt, wie der Verkehr, heute aussehen, wenn sich statt der »fleischfressenden« Öldinosaurier diese vegetabilen Fortbewegungsmittel durchgesetzt hätten? Wie wären der Wald und die Atmosphäre beschaffen, wenn diese Weichenstellung für die technologische Zukunft nicht durch die »dirty tricks« der Petrochemie manipuliert worden wäre? In einem Punkt können wir sicher sein: Ein Grüngürtel von Hanf würde die Erde überziehen, und auf diesen Feldern würden nicht nur Autos und ihr Treibstoff wachsen, sondern auch 50 000 andere Produkte – von Zellophan und Papier über das biologisch abbaubare Plastik unserer Computerkisten bis hin zum Baumaterial unserer Häuser. In der Notzeit der Wirtschaftskrise und des Zweiten Weltkriegs waren alle diese Verwendungen angedacht und auch schon ansatzweise realisiert worden; nicht zufällig steht der »Holzteil dieser starken Pflanze« in der »Hanffibel« des »Reichsnährstands« ganz am Anfang der Verwertungsmöglichkeiten. Die neuartige Gewinnung von »Holzzucker und Holzgas« (Zellulose und Kraftstoff) aus Hanf machte ihn nicht mehr nur als Faser- und Öllieferant attraktiv, sondern auch als Energiepflanze.

Keine andere Pflanze, so hatte Dewey bei seinen Experimenten für das US-Landwirtschaftsministerium herausgefunden, bringt in gemäßigten Klimazonen bei gleichen Kosten höhere Erträge als Hanf: 10 Tonnen getrocknete Biomasse pro Hektar, 80 Prozent davon sind Holz, das zwischen 77 und 85 Prozent Zellulose enthält. Damit ist Hanf nicht nur die preiswerteste Möglichkeit zur Zellulosegewinnung – Wald wächst langsamer, und sein Holz enthält nur 65 Prozent Zellulose –, sondern auch der beste Lieferant von nachwachsender Energie.[31] Hanf war somit ein klarer Konkurrent für den Stoff, auf den die petrochemische Industrie setzte: Erdöl.

Der Technologievorsprung der Baumwolle, der kolonialistisch erzwungene Preisvorsprung der Importfasern und die chemische Aufbereitung von Holz als Papierrohstoff hatten Hanf seit Mitte des 19. Jahrhunderts überflüssig werden lassen. Der Ausnahmezustand der Weltkriege sorgte jedoch dafür, daß man sich seiner universellen Qualitäten wieder erinnerte und diese mit neuen Verarbeitungsmethoden weiter steigern konnte. Statt des aufwendigen Verrottungsprozesses konnten nun mit neuen Maschinen die Fasern direkt vom Stengel gelöst werden und der Abfall von einst – die hölzernen Schäben – stellte einen hervorragenden und nahezu kostenlosen Industrierohstoff dar. Auf diesem Hintergrund wird es verständlich, warum eine Seilschaft von Industriebaronen – die Herren Hearst (Zeitungs-, Holz- und Papierindustrie), Mellon (Ölindustrie, Banken) und Du Pont (chemische Verfahren für die Papier- und Ölindustrie) – begann, einen neuen Begriff in der Öffentlichkeit zu etablieren: Statt von Hanf (»Hemp«) war in den Medien plötzlich dauernd von »Marihuana« die Rede. Die Sensationspresse des Randolph Hearst machte damit in den 20er Jahren den Anfang, und den Rest erledigte in den 30ern Mellons Schwiegerneffe Anslinger mit seiner Mörderkrautkampagne im eigens dafür gegründeten »Bureau of Narcotics«. Es war nicht die verschwindende Minderheit von 60 000 damals geschätzten Marihuanarauchern, die diese Staatsaktion notwendig machte. Sicher, der mit dem Ende der Alkoholprohibition arbeitslose Polizei- und Verwaltungsapparat mußte weiterbeschäftigt werden, doch daß er sich ausgerechnet dem Hanf zuwandte, war weniger den Interessen der Gesundheit und des Jugendschutzes geschuldet als denen des ehemaligen US-Finanzministers und Ölmilliardärs Andrew Mellon und seiner Partner. An säure- und chlorfreiem Papier aus Hanfschäben, an schwefel- und bleifreiem Cannabiskraftstoff, an biologisch abbaubarem Plastik aus Hanfzellulose, an organischem Asbestersatz aus Hanffasern: An all diesen Produkten aus der ertragreichsten und pflegeleichtesten Pflanze des Planeten konnte den Herren Du Pont und Mellon nicht gelegen sein. Und so schalteten sie die Konkurrenz aus – mit einer Rufmordkampagne, die in der modernen Industriegeschichte ihresgleichen sucht.

In Deutschland hatte dies nach 1945 zur Folge, daß statt feinen Geweben aus »kotonisiertem« Hanf, wie sie seit den 30ern produziert werden konnten, nun Textilien aus »Nyltest«, »Dralon«, »Trevira« auf den Markt kamen, und auch die hanfenen Schwergewebe, wie Planen für Lkws, Kirmeszelte und dergleichen, wurden nun aus petrochemischen Fasern gemacht. Das Perlonseil, ebenso reißfest, aber wesentlich leichter als Hanfseile, verdrängte die Seilerwaren aus Cannabis. Der Stolz der Hausfrauen der 50er Jahre, die »modernen« Hemden, Socken und Hosen aus Kunstfasern, flatterten bügelfrei an Plastikwäscheleinen. Die ersten mechanischen Hanfspinnereien in Deutschland – 1860 in Füssen und Immenstadt gegründet – stellten Mitte der 50er Jahre ihre Maschinen um, die »Hanfwerke AG« verspannen, außer einem Anteil Flachsfasern, fortan nur noch Chemie.

Hier, auf dem Höhepunkt des öl- und kohlebefeuerten Wirtschaftswunders der 50er Jahre, hätte die Geschichte der Nutzpflanze Hanf in der westlichen Welt zu Ende sein können; gebraucht wird Hanf nur noch dort, wo auch millionenteure Forschung keinen besseren synthetischen Ersatz zustande bringt, etwa als Dichtungsmaterial. Bis heute werden die Gewinde unserer Wasserleitungen gehanft, es gibt keine andere Faser, die so viel Wasser aufnehmen und so lange im Feuchten bleiben kann, ohne zu faulen. Doch einmal mehr will sich der »schlaue Hanf«, wie Cannabis in einer französischen Redewendung heißt, mit seinem Niedergang nicht abfinden; auf billiges Klempnermaterial reduziert zu werden, ist für die Königin der Nutz-

Verbandssignet und Sortiment aus den 40er Jahren

Sortiment der Hanfwerke Füssen-Immenstadt AG

1. Bindfäden in allen Sorten aus Langhanf und Hanfwerg – naturfarbig, gebleicht, gefärbt und meliert;

a) für Verpackungszwecke b) für technische Zwecke (Spezialfäden) z. B. Garnier- und Aufnähfaden, Pinselfaden, Latschenzwirn (für Pantoffeln), Hopfenfaden, Tabakfaden (Fädel- und Bündelgarn), Buchbinderfaden, Rezepturbindfaden (Apotheke) usw.

2. Schnüre aus Langhanf und Hanfwerg – naturfarbig, gebleicht, gefärbt, unpoliert, poliert u. vorpoliert;

z. B. Zeltschnüre, Angelschnüre, Lotschnüre, Sägeschnüre, Netzschnüre, Plombenschnüre, Geschirrschnüre, Harnischschnüre, Peitschenschnüre, Schnürfaden, Formschnüre, Markisenschnüre, Reepschnüre, Jalousienschnüre usw.

3. Seile und Leinen vorwiegend aus Hanf;

z. B. Fangleinen »Wassertrutz« für Feuerwehr und Luftschutz, Bergseile »Wassertrutz«, Kaminkehrerleinen, Wäscheleinen, Pflugleinen, Ackerleinen, Gerüststricke, Flaggenleinen, Seilstruppen (für Hebezwecke) usw.

4. Kordel nur aus Hanfwerg – in zwei- und mehrfach, letzteres glatt und vorpoliert;

5. einfache Garne aus Langhanf und Hanfwerg – trocken, halbnaß und maßgesponnen – naturfarbig, gebleicht, gefärbt; roh und poliert;

z. B. Schuhgarn, Seil- und Kordelgarn, Webgarn für Schläuche, Teppiche, Möbelstoffe, Segeltücher, Gurte, Packstoffe, Hüte (Formschnur), Treibriemen, Preßtücher, Flechtwaren, Netze, Säcke, Kästücher, Stramine usw.

6. Gezwirnte Garne;

z. B. Sattlergarne, Wurstgarne – natur und kochecht –, Netzgarne, Sacknähgarne, Bindegarne für Strohpressen, Liderungsgarne für Dichtungshanf, Schockergarne, Keul- und Harmengarne, Störgarne.

pflanzen unter aller Würde. Und es mutet wie Ironie an, was just in dem Augenblick, wo mit Hanf nur noch Wasserhähne und Klospülungen gedichtet werden, geschieht: Eine neue Generation in den USA entdeckt ihn zum Dichten von Lyrik und Romanen. Mit den »Beat-Autoren« (Kerouac, Burroughs, Ginsberg) geht das Rauchen von Cannabis »on the road«; in den 20er und 30er Jahren im wesentlichen auf Künstlerkreise von Schwarzen und Latinos beschränkt, wird es nun von der weißen Mittelschicht entdeckt. Und zehn Jahre später – der Hanfanbau wird in der gesamten westlichen Welt gerade endgültig eingestellt – ist die Pflanze weltweit zum Symbol der Gegenkultur avanciert: Das Signet der Hippiekultur ist das Hanfblatt, die Power-Blume der Flower-Power-Bewegung nichts anderes als Cannabis sativa.

Konkurrenz für das Heilmittel: Aspirin und Heroin

Es ist hier nicht der Ort, die Geschichte des Cannabis als Treibstoff der Gegenkultur zu erzählen. Alle Interessierten seien auf Hans-Georg Behrs hervorragendes Buch *Von Hanf ist die Rede* verwiesen. Es schließt mit dem Satz von Nowliss »Die Geschichte des Hanfs ist noch nicht geschrieben«, und ist *das* deutschsprachige enzyklopädische Werk zur Geschichte und Kultur der Hanfdrogen. Sein Titel macht klar, worum es geht: nicht um »Hasch« oder »Marihuana«,

ČSSR

Leinen und Hanf haben für unsere Nationalökonomie eine hohe Bedeutung, da sie hochwertige Fasern liefern, die selbst bei einer Erhöhung der Chemiefaserproduktion ein unverzichtbarer Rohstoff für die Textilindustrie sind. Außerdem liefert der Same beider Pflanzen schnell festwerdende Öle. Leinen- und Hanfgewebe sind sehr dauerhaft, strapazierfähig und relativ schimmelresistent. Aus Leinen werden Bettwäsche, Kleidung und Heimtextilien hergestellt, die Hanffaser wird besonders bei der Herstellung von Seilen, Segeln, Wasserschläuchen, Zeltbahnen und für Spezialfäden verwendet. Außerdem wird eine Menge minderwertiger Hanf- und Leinenfasern zur Herstellung von Qualitätszigarettenpapier, zur Reinigung von Maschinen und als Füllmaterial verwendet. (...) Leinsamenöl wird wegen seiner guten Eigenschaften in der elektrotechnischen-, Gummi-, Leder-, Seifen-, Pharma- und Lebensmittelindustrie eingesetzt. Auch Hanföl läßt sich zur Herstellung von Farben und Lacken, in der Seifenherstellung und in der Lebensmittelindustrie, etwa bei der Herstellung von Fischkonserven, verwenden. Aus dem Hanfsamen wird auch Fytin hergestellt, welches ein wichtiges Heilmittel bei Blutarmut und Nervenleiden ist. (...) Wertvoller Abfall sind die Samenkapseln des Hanfes, welche bei der Ölgewinnung entstehen. Sie enthalten die wertvolle Cannabinolsäure, welche sich durch eine starke bakterizide Wirkung auszeichnet, analog zu Penicillin, Streptomycin und anderen Antibiotika.

Vasa A Kol: Pradne rostliny (Faserpflanzen), Prag 1965

sondern um Hanf, nicht um »kulturfremdes«, exotisches Rauschgift, sondern um eine heimische und uralte Pflanze. In einer frühgermanischen Graburne in Wilmersdorf (Brandenburg) aus dem 5. Jahrhundert vor Christus wurden Samen von Cannabis sativa gefunden. Max Höfler stellt in der »Volksmedizinischen Botanik der Germanen« (1908, Repr. 1990) die Vermutung an, daß die medizinische Wirkung von Hanfräucherungen wie bei den Skythen auch schon in der germanischen Nomadenperiode bekannt war, weil in Zelten Hanfgras zur Feuerung benutzt wurde.[32] Hanf war die heilige Pflanze der Liebesgöttin Freya, das Symbol der Fruchtbarkeit und wurde als solches rituell verwendet. Nur Frauen durften Hanf aussäen, pflegen und ernten, und sie dürften auch die ersten gewesen sein, die Erfahrungen mit seiner narkotischen Wirkung machten, von der, so Friedrich Tobler 1938, »man auch in deutschen Hanffeldern durchaus eine Vorstellung bekommen (konnte)«. Daß es Frauen waren, die das Wissen um die geistigen Wirkungen des Hanfs hüteten, entspricht durchaus der Rolle, die ihnen damals zukam: »Sie glauben«, schrieb der römische Geschichtsschreiber Tacitus im 1. Jahrhundert über die Germanen, »den Frauen eigne sogar etwas Heiliges und Seherisches; ihre Ratschläge mißachten sie daher nicht, noch mißachten sie ihre Bescheide.« Diese besondere Rolle der Frau bei den Germanen hielt sich bis ins späte Mittelalter, und ihre »heidnische« Verwurzelung – das Wissen um die Kräuter und die »Pflanzen der Götter« – brachte sie an der Wende zur Neuzeit als Hexe auf den Scheiterhaufen.[33]

Das erste schriftliche Zeugnis über die bewußtseinsbewegenden Eigenschaften des Hanfkrauts stammt von einer Frau, Hildegard von Bingen (1098-1179), die heute gern als »erste deutsche Seherin« dargestellt wird. Die Vorläuferinnen der katholischen Mysterikerin und Ärztin indessen waren jene altgermanischen Frauen, deren Erfahrung mit den heilenden und prophetischen Kräften der Kräuter sie als Heilerinnen prädestinierte. »Wer ein leeres Gehirn hat und Hanf ißt, dem bereitet er etwas Schmerz im Kopf. Aber dem gesunden Kopf und dem vollen Gehirn schadet er nicht«, heißt es in den medizinischen Schriften Hildegards über die geistigen Wirkungen des »Cannabus«. Ihre ungewöhnlichen Zusatzbemerkungen über die Wachstumsbedingungen der Pflanze haben der Hildegard-Forschung zu der Vermutung Anlaß gegeben, daß die rheinische Klosterärztin auch Hanfpflanzen beobachtet habe, »die gelegentlich in kleinen Mengen Haschisch produzierten«. Daß Hildegard ihre Visionen durch die »grüne Kraft« verstärkte, muß allerdings Spekulation bleiben.[34] Dennoch wird der Hanf in den meisten Büchern, die im Zuge der jüngsten Renaissance der Hildegardschen Klostermedizin erscheinen, »aus medizin-politischen Gründen totgeschwiegen« (Christian Rätsch).

Wegen seiner krampflösenden, schmerzstillenden und antibakteriellen Wirkung war Hanf eines der wichtigsten Heilmittel der Menschheit: das Aspirin der Antike

Damit sind wir bei einem weiteren Kapitel der Geschichte des Hanfniedergangs angelangt, dem allmählichen Verschwinden der Cannabismedizin, das wie die Verdrängung der Faser- und Nährpflanze Hanf in die Zeit der Industrialisierung fällt. Vom archaischen China über die klassische Antike bis zum Anfang des 19. Jahrhunderts war Cannabis wegen seiner schmerzstillenden, krampflösenden und antibakteriellen Eigenschaften eine der wichtigsten Heilpflanzen der Menschheit – das Aspirin der Antike. Die Bedeutung des Hanfs als Medizin war mindestens ebenso wichtig wie sein Status als Lieferant von Fasern und Öl. Noch in *Zedlers Universallexikon* von 1735 sind von vier langen Spalten über den »Hanff« mehr als zwei Drittel den medizinischen Verwendungen gewidmet. Auch in der *Encyklopädie der gesammelten Volksmedizin* von Georg Friedrich Most – unter dem Titel »Der Hausarzt« eines der populärsten Bücher des 19. Jahrhunderts – nehmen die Anwendungen des Hanfs einen breiten Raum ein, darunter auch präzise Anweisungen, wie die Pflanze als Rauschmittel und Aphrodisiakum benutzt wird.[35]

Doch nicht nur in der Volksmedizin und der Selbstmedikamentierung der Bevölkerung spielte Cannabis im 19. Jahrhundert eine Rolle, auch die offizielle Medizin verordnete Haschisch »als leichtere Arznei (...) in Fällen, wo Opium nicht bekömmlich sein sollte«. Allgemein wurden jedoch Probleme bei der Dosierung beklagt, die sich allerdings durch die Arbeit des schottischen Arzts William O'Shaugnessy erledigten, der für die britische »East India Company« 1839 Cannabistinktur hergestellt und erforscht hatte. Als neues Wundermittel trat der alte Hanf nun zu einem Siegeszug in den europäischen Apotheken an, und die gerade erwachende pharmazeutische Industrie mixte »Indisch-Hanf-Tinktur« in unzählige ihrer Präparate. Der Technologievorsprung, der im Bereich der Faserwirtschaft zur selben Zeit die Baumwolle nach vorn brachte, machte den Hanf, dank O'Shaugnessys potenter Tinktur, nun zu einer der einträglichsten Medizinalpflanzen.[36] Doch dieser »Erfolg« der Pflanze vermochte gegen das drohende Vergessenwerden

Anzeigen, um 1900

nichts auszurichten. Etwa zur selben Zeit, als mit der Erfindung der Papier- und der Baumwollmaschine Hanf als Nutzpflanze ins Hintertreffen gerät, bahnt sich auch das Ende der Medizinalpflanze Hanf an.

1803 hatte der junge Apotheker Friedrich Wilhelm Sertürner den aktiven Wirkstoff des Opiums, Morphin, isoliert und damit den Grundstein zur Industrialisierung des Arneimittelwesens gelegt. Waren bis dahin die Heilmittel auf Anweisung des Arztes in den Apotheken zusammengestellt worden, so wurde für die Herstellung von Pflanzenalkaloiden nun die fabrikmäßige Herstellung notwendig. Kleine Färbereibetriebe und Apotheken stiegen innerhalb weniger Jahrzehnte zu mächtigen Pharmaunternehmen auf. Die 1827 gegründete Firma Merck & Co. in Darmstadt nahm 1828 die Produktion von Morphin auf, ab 1862 wurde der neu entdeckte Wirkstoff der Cocapflanze, Kokain, kommerziell produziert und ab 1880 auch eine hochpotente Cannabistinktur vertrieben.[37] Das simple und wenig profitable Pflanzenkonzentrat wurde freilich erst ins Programm genommen, als der Pharmazeut Louis Lewin 1879 endgültig nachgewiesen hatte, daß der Merck-Verkaufsrenner Morphin suchtbildend war. Doch die Rolle des Cannabis als milder und nicht suchtbildender Ersatzstoff für das starke Betäubungsmittel Morphin währte nicht allzulange. Einmal mehr nimmt die Geschichte des Hanfs eine ironische Wendung, denn das neue Mittel, durch welches er um die Jahrhundertwende aus seiner Rolle als Universalmedizin verdrängt wird, ist nichts anderes als der Stoff, zu dem zwangsläufig zu führen dem Hanf später vorgeworfen wird: Heroin.

Ein »vorzügl. Beruhigungsmittel von spezifisch hustenstillender Wirkung«: das Heroin der Firma Bayer

1898 erklärte der Chefpharmakologe der Firma Bayer auf einem Ärztekongreß, das von seiner Firma neu entwickelte Medikament sei als Hustenmedizin zehnmal wirksamer als Kodein, das stärkste bis dahin in Hustensäften verwendete Opiat, sei aber zehnmal weniger toxisch. Heroin, so der Bayer-Mann, sei vor allem die Lösung für das wachsende Problem der Morphinabhängigkeit; es sei ungefährlich, erzeuge keinerlei Abhängigkeit und sei bei einer Vielzahl von Krankheitsbildern, einschließlich Darmkoliken von Säuglingen, ausgesprochen wirksam. Die Firma verschickte Tausende von Gratisproben an Ärzte. »Die Nachbestellungen übertrafen alle Erwartungen.«[38] 1900 startete Bayer eine in der Geschichte der Pharmazie bis dahin beispiellose Werbekampagne, in zwölf Sprachen wurde Heroin rund um die Welt als »Vorzügl. Beruhigungsmittel von spezifisch hustenstillender Wirkung« gepriesen. Der phänomenale Erfolg dieser Kampagne pflasterte den Aufstieg der kleinen Elberfelder Farbenfabrik zum Weltkonzern, zusammen mit einem zweiten Wundermittel, das zwei Jahre später auf den Markt gebracht wurde: Aspirin. So verschieden diese beiden Präparate in ihrer Wirkung auch waren, beide waren sie eine Novität im sich entwickelnden Geschäft mit der Gesundheit. Sie sind die ersten Medikamente der Arzneigeschichte, die nicht mehr nach der pflanzlichen Substanz oder der chemischen Zusammensetzung bezeichnet wurden, sondern einen Markennamen bekamen. Gemeinsam ist ihnen aber auch, daß ihre so lautstark beschworenen Indikationen – bei Heroin über 40 und bei Aspirin kaum weniger – bis dahin zu den angestammten Domänen der Cannabismedizin zählten.

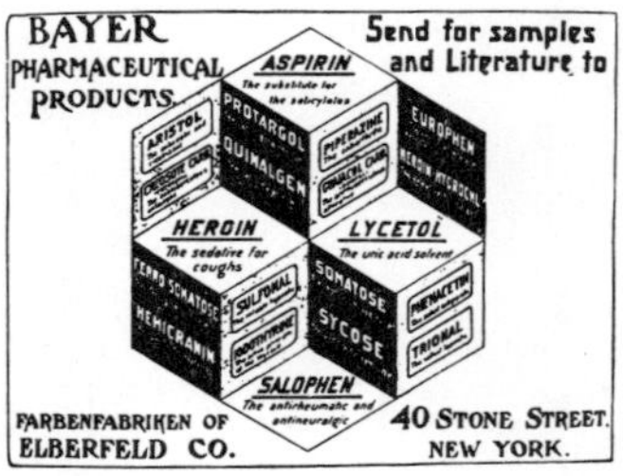

Heroin-Reklame der Firma Bayer

Der Traum der Pharmakonzerne: eine synthetische Arzneimittelwelt ohne Heilpflanzen

Pharmakologisch betrachtet ist das Hanfkraut ein merkwürdiger Zwitter: Es hat sedative *und* stimulierende Wirkung. Und deshalb wurde es sowohl als krampflösendes Husten- und Beruhigungsmittel wie auch als anregende und schmerzstillende »Kopfwehtablette« verwandt. Sir John Russel Reynold, Leibarzt von Queen Victoria, verordnete Cannabistinktur u. a. gegen Husten, asthmatische Zustände, Migräne, Neuralgie, »Krämpfe aller Art« und Schlafstörungen bei älteren Menschen. Charles Dodgson (Lewis Carroll), Mathematiklehrer und Autor von *Alice im Wunderland*, wurden 1855 von seinem Hausarzt »zur Hebung des allgemeinen Befindens« täglich drei Teelöfel »Indian Soothing Syrup« verschrieben; und bis zu seinem Lebensende 1898 verbrauchte er von der 12prozentigen Hanftinktur regelmäßig ein Fläschchen pro Woche.[39] Hätte der Vater des weißen Kaninchens noch ein paar Jahre länger gelebt, der pharmazeutische Fortschritt hätte ihn wahrscheinlich noch zum Junkie gemacht, denn mit der Jahrhundertwende sind auch die Tage des Hanfs als Universalmedizin und sanftem Morphinersatz gezählt; als solcher fungiert ab 1900 allenthalben der neue, garantiert nicht süchtig machende Bayer-Stoff Heroin.[40]

»Wir haben Drogenprobleme«, so der Pharmakologe Ronald Siegel, »weil wir mit Mutter Natur herumspielen, wir nehmen relativ sichere Medizin, relativ milde Rauschmittel und verwandeln sie in Gifte.« Der Übergang vom Hanf- zum Heroinhustensaft um die Jahrhundertwende ist ein Beispiel für eine solche Verwandlung. Das Herumspielen an der Mohnpflanze hatte aus dem relativ milden Opium das starke Morphin herausgezogen, das Herumspielen am Morphin bescherte das wiederum vielfach stärkere Heroin. Doch je tiefer die pharmazeutische Forschung in die Details vorstieß, desto heftiger wurde sie zurückgeworfen: Die Morphinsucht war schlimmer als die Opiumabhängigkeit, von der sie heilen sollte, und die »Therapie« Heroin gefährlicher als die Krankheit Morphinismus. Den Profiten der Pharmaindustrie tat diese Beelzebub-Strategie der Teufelsaustreibung genauso wenig Abbruch wie dem naiven Glauben der Wissenschaft, einfach nur immer winzigere Details der Pflanze in ihrer Wirkung künstlich aufzublasen, um so alle Nebenwirkungen auszuschalten. Den Vollzug des vorläufig letzten Schritts konnte die I. G. Farben 1941 dem Führer melden: Das Methadon war erfunden worden, ein völlig synthetisches Opiat, unabhängig von ausländischen Pflanzenrohstoffen herzustellen, billig, achtmal so stark wie Morphin und – logisch – nicht süchtig machend.[41] Im selben Jahr verschwindet die »Indisch-Hanf-Tinktur« aus dem deutschen Arzneibuch, und in Amerika beeidet einer von Anslingers Medizinern, daß Cannabis »keinerlei therapeutischen Wert« habe. Wie Lammont Du Pont im Bereich der Fasern eine schöne neue petrochemische Plastikwelt ohne Natur halluzinierte, so können die Chemiekonzerne jetzt auch im Pharmabereich von einer synthetischen Arzneimittelwelt ohne Heilpflanzen träumen.

Vom Paria der Nutzpflanzen zum Schwarzmarktkönig des Drogenhandels

Die Segnungen der pharmazeutischen Industrie in Form von Heroin und Aspirin verdrängten den Hanf mit Beginn des 20. Jahrhunderts von seinem Spitzenplatz als Universalmedizin; dennoch war seine Bedeutung als Heilmittel nach wie vor unbestritten. Seine berauschende Wirkung war zwar allgemein bekannt und spätestens seit Mitte des 19. Jahrhunderts, als die Creme der französischen Intellektuellen im *Club des Haschischins* davon geschwärmt hatte, durchaus berüchtigt – ein »Drogenproblem« freilich gab es damit nicht. Die Nutzung des Hanfs als Genußmittel, das als »starker Tobak« oder »Orient« in die Pfeife kam, war vielmehr schon um 1800 in Deutschland eingebürgert. »Rauch nit zuviel Orient, weil dich sonst der Schädel brennt« oder »Misch' nicht Orient und Bier, sonst werden deine Träume wirr« lauten zwei Sprichworte, die Hans-Georg Behr auf Tabakdöschen dieser Zeit entdeckte. Derartige Konsumregeln und »Rauchsprüche« belegen in ihrer Selbstverständlichkeit, in welchem Maß Cannabis – im Zuge der Prohibition heutzutage als »kulturfremd« deklariert – in die Genußkultur der Deutschen eingebettet war.[42] Derartige Genüsse waren wohlweislich den Erwachsenen vorbehalten. Wilhelm Busch hat dazu eine Schmunzelbildergeschichte gemacht. Anlaß zur Panik, das zeigt aber »die Moral von der Geschicht«, gibt selbst der Haschischmißbrauch nicht: Mit einer Tasse Kaffee sind die bösen Geister schnell vertrieben.

Als Heilpflanze blieb Cannabis für die Apotheken trotz Heroin auch nach 1900 unverzichtbar. Die Versorgung oblag der »Deutschen Hanfbau-Gesellschaft«, die sich nicht nur um die Verbreitung des Faserhanfanbaus, sondern auch um die Sicherstellung der Lieferungen von Medizinalhanf an die Apotheken zu kümmern hatte. Um für die mit dem Ausbruch des Weltkriegs abgeschnittene Versorgung mit Ganja aus Britsch-Indien Ersatz zu schaffen, wurden ab 1917 in der »Versuchsstation für technischen und offizinellen Pflanzenbau GmbH« in Happing bei Rosenheim (Oberbayern) Zuchtversuche mit indischen Drogensorten durchgeführt. Bei dieser Studie ging es um die Frage, ob die harzreichen asiatischen Züchtungen, wie allgemein angenommen, bei dauerhaftem Anbau unter hiesigem Klima ihre Wirkung verlieren. Nach sieben Jahren stellten die Hanfforscher das Gegenteil fest: Die Wirkstoffe der indischen Pflanzen waren steil angestiegen und hatten sich auf hohem Niveau stabilisiert. Nach ihren Ausführungen wurde »die Hanfdroge aus eigener Züchtung für noch besser gehalten als die ›Sansibar-Ware‹, so daß man sich mit ihr als Ersatz für die ›echte Droge‹ indischer Herkunft damals voll begnügen konnte«. Als in den 30er Jahren wieder einmal die Entdeckung des Rohstoffs Hanf anstand, gab es auch Untersuchungen zur heimischen Haschischherstellung; auch diese Studie kam damals zu dem Schluß, daß die selbstgezüchteten Hanfprodukte den im Handel befindlichen »zum mindesten gleich oder sogar überlegen« waren: »Die deutschen Forscher bemerkten übereinstimmend, daß sich indische Drogensorten und europäischer Hanf in ihren Merkmalen, insbesondere morphologischen, kaum unterscheiden.«[43] Damit war einmal mehr und auch für die Heilpflanze bewiesen, was die wissenschaftliche Literatur für die Faserpflanze Cannabis schon länger staunend konstatierte: die bemerkenswerte Anpassungsfähigkeit des Hanfs an die verschiedensten Klima- und Selektionsbedingungen. Auch im gemäßigten Klima ließ sich die Pflanze erfolgreich auf Harzreichtum züchten, ebenso wie sie im tropischen Klima als harzarmer, langstieliger Faserproduzent wuchs.

Wilhelm Busch
Krischan mit der Piepe (1864)

De Vader segt: Ick mot nu gahn!
Krischan! Lat de Piepen stahn!
Kum awer geiht he ut der Doer,
Krigt Krischan all de Piepen her.

Min Krischan steckt ok gar nich fuul
De Smoekepiepen in dat Muul.
He smoekt! – Wat, Deuker, is denn dat?!
Mi dücht, dar achter rögt sick wat.

De Stock is mit den Schirm in Gange,
De Aben danzet mit der Tange.

De Slaprock danzt mit den Stohl, juhe!
Un de Disch mit den olen Kanapee.

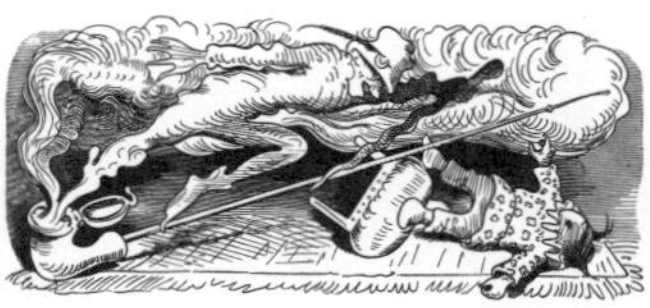

Up eenmal – puff! – do werd et dunkel:
Dat is de ole Runkelmunkel?

Un – puff! – kummt no'n Keerel an:
Dat is de swarte Morian.

Damit war zwar die in der Hanfliteratur immer wieder mit unterschwelligem Rassismus vertretene These vom »nordischen« Hanf als bravem Faserproduzenten und dem südlichen, »orientalischen«, als böser »Rauschgift«-Pflanze widerlegt, doch die Arbeiten von Sabalitschka und Hitzemann wurden nirgends zitiert und erst 1985 durch den Schweizer Hanfforscher Thomas Kessler wieder ausgegraben.

Mit der Herstellung synthetischer Schmerz- und Beruhigungsmittel wie Methadon im Jahre 1941 waren pflanzliche Stoffe überflüssig geworden, auch das im selben Jahr bekannt gewordene »deutsche« Haschisch, das Hitzemann gewonnen hatte. Die Züchtungsforschungen zum Drogenhanf werden nach dem Zweiten Weltkrieg außer in einigen osteuropäischen Ländern weltweit eingestellt. Und auch für den Anbau der Faser- und Ölpflanze interessiert sich wissenschaftlich bald niemand mehr. Die letzte Monographie in deutscher Sprache, *Der Flachs- und Hanfanbau* von Professor W. Hoffmann, erscheint 1957 im Deutschen Bauernverlag der DDR.

Was »Polamidon«, »Valoron«, »Valium«, »Librium« und Konsorten auf dem Schmerz- und Beruhigungsmittelmarkt erledigen, dafür sorgen »Nylon«, »Perlon«, »Dralon« und Co. auf dem Faser- und Textilmarkt. Mitte der 50er Jahre ist Cannabis als Nutzpflanze und Heilmittel in Deutschland ausgestorben. Doch einmal mehr läßt sich die Pflanze nicht unterkriegen; am 3. März 1954 zählte *Die Welt* genau nach und titelte: »17 340 rauchen Marihuana.« Unter dieser Überschrift hieß es dann: »Neben der Marihuanazigarette ist vor allem das Kokain in Westdeutschland verbreitet. Endstation solcher Spaziergänge in ein künstlich erzeugtes ›Paradies‹ sind fast immer das Zuchthaus, die Irrenanstalt oder der Friedhof.« Fünfzehn Jahre vor der »Haschwelle« der 60er Jahre wird hier schon die Stoßrichtung festgeklopft, in der sich die Drogendiskussion bis heute bewegt. Die Pflanzendroge Hanf wird mit ungleich stärkeren Chemieprodukten in einen Topf geworfen und seine BenutzerInnen als Kriminelle und Verrückte denunziert. Anslingers Mörderkrautmärchen hatten in der Bundesrepublik Fuß gefaßt.[44] Und die Prohibition sorgte dafür, daß in Deutschland das gleiche geschah wie in den USA.

Als universeller Rohstoff Nummer eins wurde der Hanf nachhaltig unterdrückt, als illegale Droge aber nahm er einen phänomenalen Aufschwung. Aus den 17 000, die 1954

Se danzet un springet un dreihet sick,
Den Krischan werd so wunderlick.

Se danzet, dildi, se trampelt, schrum, schrum!
Wupp! dreiht sick de ganze Stube um!

Jüst tret de Moder in de Doer,
De Krischan ligt ganz krumm un quer.

He ligt to Bed; de Keerels winkt,
Als Moder swarten Kaffee bringt.

He drinkt den swarten Kaffee ut,
Dat deiht min lewen Krischan gut;

Un Vader sitt dabi un lacht
Un segt: »Dat heb ick lange dacht!
Jaja, min Jung! so mot et gahn!
Krischan lat de Piepe stahn!!«

kifften, waren 15 Jahre später 1,7 Millionen geworden; bis heute hat sich die Zahl nochmals verdoppelt, auf 3,5 Millionen, wie das BKA schätzt. Ihr geschätzter Jahresverbrauch von 150-200 Tonnen ergibt bei einem Kleinverkaufspreis von 10 bis 15 Mark pro Gramm einen Schwarzmarktumsatz von über 2 Milliarden Mark pro Jahr. Hanf ist damit das einträglichste Agrarprodukt hierzulande. In den USA wurde er 1985 sogar schon wieder zur profitabelsten einheimischen Nutzpflanze gekürt: Mit einem geschätzten Jahresumsatz von 18,5 Milliarden Dollar lag illegal angebautes Marihuana vor dem legal angebauten Mais.[45]

Die profitabelste Nutzpflanze der USA

Daß sich der Paria der Nutzpflanzen zum Schwarzmarktkönig der Agrarprodukte entwickeln konnte, verdankte er vor allem der »Protestgeneration« der 60er, jenem »Haufen verlotterter, schmuddeliger Gestalten, die sich gewöhnlich nur durch das bessere Milieu, aus dem sie kommen, vom Landstreicher unterscheiden und die vor allem eines miteinander verbindet: daß sie nichts mehr hassen als Arbeit. Daß sich die Zeitungen und Illustrierten dieser Gammler- und Hippiefiguren liebevoll annehmen und jede ihrer – diffizilen – Seelenregungen mit epischer Breite aufzeichnen, ändert nichts an der Tatsache, daß es diese Typen zu allen Zeiten und bei allen Völkern gegeben hat, ohne daß man es jemals für notwendig hielt, ihnen Beachtung zu schenken. Trotzdem verdienen sie unsere Aufmerksamkeit, aber lediglich als mögliche *Infektionsherde* für andere Jugendliche. (...) Wesentlich ist, daß auch die Justiz in einem Gammler, der 10 g Haschisch veräußert, einen gefährlichen Rechtsbrecher sieht (...).«

Soweit ein Porträt dieser Generation aus der Feder des BKA-Direktors Günter Labitzke; der Text wurde für die Entwicklung des Betäubungsmittelgesetzes 1971 als »essentielles Gutachten« und für die Neufassung 1981 »als immer noch richtungweisend« bezeichnet.[46] Die verlotterten Hippies und Studenten brachen nicht nur bei der Wahl ihrer Rauschmittel mit den Konventionen der Zeit, auch politisch und sozial entdeckten sie neue Werte – und setzten eine Kulturrevolution in Gang. Ein neuer Lebensstil entwickelte sich, neue Musik, ein neues Bild der Frau, der Partnerschaft, der (Groß-)Familie, eine neue Wahrnehmung der Natur, – und Cannabis, anfangs noch Mythos und Geheimtip für Eingeweihte, wird als Rauschmittel zur Alltagsdroge dieser Kultur. »Die Drogen langweilen uns mit ihrem Paradies. Lieber sollen sie uns ein wenig Wissen hergeben.

Wir leben in keinem Jahrhundert für Paradiese. Die Beziehungen zum Unterbewußten vermehren, darauf kommt es an«, hatte der Schriftsteller Henri Michaux geschrieben, und eben wegen dieser Eigenschaften – Selbsterkenntnis, Sensibilität und Wahrnehmungsfähigkeit, Bewußtseinserweiterung – sprachen die Hippies dem Hanf zu. Er galt als »entkonditionierende« Droge, die die Überwindung überkommener Denkschablonen und der vom »System« manipulierten Alltagserfahrungen und Gewohnheiten erleichterte. In ihrer Grundhaltung entsprach diese Generation ziemlich genau dem, was Baudelaire hundert Jahre zuvor vom Haschisch behauptet hatte, daß es »weder Krieger noch Bürger« produziere, – Gewaltlosigkeit und Befreiung vom Spießertum lauteten die Essentials der neuen Bewegung. Und Hanfdampf war in allen Gassen.[47]

So wie der Kaffee bei seiner Einführung in Europa im 18. Jahrhundert vom Feudalsystem als »Getränk der Demokratie« verfolgt worden war – der Fürst von Waldeck setzte 1775 für die Denunziation von Kaffeetrinkern einen durchschnittlichen Monatslohn als Belohnung aus –, geriet der Hanf nun als radikaldemokratischer Aufruhr- und Unruhestifter ins staatliche Visier. Und wie seinerzeit im »Kampf gegen den Kaffee« erscheint eine Flut medizinischer und politischer Propagandaschriften, die vor der neuen Droge warnen. Während in den Bibliotheken unter dem Stichwort »Hanf« seit den 30er Jahren kaum Neuerwerbungen zu verzeichnen waren, füllt die Hanfliteratur von 1965 an mit atemberaubender Geschwindigkeit ganze Regale; eine inzwischen längst überholte Bibliographie aus den 80er Jahren verzeichnet 16 000 Arbeiten über Cannabis, auch dies wahrscheinlich ein Rekord im Pflanzenreich. Keine einzige dieser Studien ist indessen der Nutzpflanze Hanf gewidmet, sie alle beziehen sich einzig und allein auf die Droge Marihuana, und die überwiegende Mehrzahl hat nur eines im Sinn: die Gefährlichkeit des Hanfs ins rechte Licht zu rücken. Hans-Georg Behr, der sechs laufende Meter Druckwerke und 32 Kilo Fotokopien wissenschaftlicher Hanfliteratur durchforstet hat, kam zu dem deprimierenden Schluß, daß wissenschaftliche Objektivität wohl »nicht immer möglich« gewesen sei, weil die Wissenschaft als Kostgänger politischer Instanzen lebt und »die meisten Publikationen von Stellen gefördert werden, die mittelbar oder unmittelbar *gegen* Cannabis tätig sind«.[48] Daß es der gute alte Hanf war, um den es in diesem Wust zweifelhafter Literatur und einer noch zweifelhafteren Hysterie in den

Medien ging, war im Wirbel der ersten »Rauschgift«-Debatte Ende der 60er Jahre schon in Vergessenheit geraten. Selbst seine Verteidiger – die Jugend der Woodstock- und APO-Generation – wußten nicht, was sie auf den »Legalize it!«-Fahnen vor sich hertrugen; es war nicht nur »ihre« sanfte und inspirierende Droge, es war viel viel mehr: die nützlichste Pflanze der Welt.

Der Rohstoff der Zukunft

Seit ich Jack Herers Buch zum ersten Mal las, suche ich den Haken an dieser Hanfgeschichte, irgendeinen Punkt, der die herausragenden universellen Qualitäten der Pflanze relativiert. So, wie die Geschichte da stand, schien sie mir einfach unglaublich. Bei der Suche nach Spuren der Hanfgeschichte in Deutschland allerdings wurde sie noch unglaublicher; statt eines Hakens fand ich Bestätigung über Bestätigung. Deshalb ist es an der Zeit, die Hanfpflanze völlig neu zu bewerten – in jeder Hinsicht und mit allen ihren Eigenschaften.

Daß der Hanf angesichts unserer heutigen ökologischen Krise wieder ins Spiel kommt, ist nicht erstaunlich. Das war in historischen Situationen, in denen man sich gezwungen sah, auf letzte Reserven zurückzugreifen, schon wiederholt der Fall gewesen. Vor zwei Generationen haben die Nazis eine »Erzeugungsschlacht« für nachwachsende Rohstoffe proklamiert, um abgeschnitten vom Weltmarkt und so autark wie möglich den Krieg (weiter-)führen zu können. Plötzlich gab es wieder Hanf auf den Feldern. Wenn die Pflanze nun heute abermals vor einer Neuentdeckung steht, dann entspringt dies zwar ebenfalls einer äußerst kritischen Notlage, hat aber ganz andere Gründe: Im Hanf haben wir einen der Rettungsanker, um die Biosphäre zu erhalten und zu schützen. Der Grund, weshalb mit den Ressourcen besser und strenger hausgehalten werden muß, ist diesmal ein ganz und gar friedlicher. Es geht gerade nicht um irgend einen militärischen Durchhaltewillen, alles für den Sieg oder gar für einen »Endsieg« zu mobilisieren. Der Hanf kommt am Ende des Jahrhunderts deshalb wieder, weil die wachsende ökologische Krise uns immer gebieterischer nötigt, endlich jenen alten Krieg abzubrechen, den wir seit zehn oder 15 Generationen immer gnadenloser und bornierter führen: den Krieg gegen die Natur.

30 Millionen Hektar Anbaufläche stehen nach Angaben der EG im europäischen Raum auf stillgelegten Äckern für nachwachsende Rohstoffe zur Verfügung. Würden nur

6 Millionen Hektar, das wäre gerade ein Fünftel dieser nicht mehr genutzten Fläche, im nächsten Jahr mit Hanf bestellt, könnten nach hundert Tagen von diesen Feldern geerntet werden:
– *24 Millionen Tonnen Öl.* Das wäre eine Energie, die denselben Brennwert hat wie Heizöl oder Diesel, aber im Unterschied zu den fossilen Brennstoffen die CO_2-Bilanz nicht belastet. Der ganze Dieselverbrauch der BRD (1989 waren es 17 Millionen Tonnen) wäre mit dieser Ernte zu decken. Der derzeit bei uns als Öllieferant favorisierte Raps bringt nicht nur weniger als die Hälfte der Hanferträge, er ist darüber hinaus im Anbau arbeitsintensiver, braucht große Mengen Pflanzenschutzmittel und laugt die Böden aus. Außerdem ist Raps nach der Ölgewinnung nur noch zum Verbrennen geeignet. Hanf hingegen bringt nicht nur die doppelte Menge Öl, sondern nach der Ölgewinnung fielen weiterhin:
– *36 Millionen Tonnen »Hanfkuchen«* an. Diese bei der Öl-Pressung zurückbleibenden Samenreste sind ein protein- und eiweißhaltiges Nahrungsmittel. In der angefallenen Form kann es direkt als hochwertiges Viehfutter verfüttert oder in der Lebensmittelproduktion weiterverarbeitet werden. Übrigens läßt sich aus den Samenkapseln auch noch ein natürliches Antibiotikum gewinnen. Nach alledem, der Energie, den Eiweißen und dem »Penicillin«, liefern die übriggebliebenen Hanfstengel:
– *4,8 Millionen Tonnen Fasern*, die auch bei den besonderen Anbauformen zur Samen- und Ölgewinnung als Nebenprodukt anfallen. Da der Samenhanf in größerem Abstand gepflanzt wird, liegt die Faserausbeute zwar niedriger. Aber auch dieser »Abfall« liefert die stabilste Textilfaser, die in unseren Breiten wächst. Außer den Fasern liefern die Hanfstengel
– *6 Millionen Tonnen Hanfschäben.* Schäben sind der verholzte Anteil der Stengel und mit ihrem hohen Zellulosereichtum ein optimaler Grundstoff für die Papierherstellung. Dieses Papier und die vielen anderen Stoffe, die aus der Zellulose hergestellt werden können, zeichnen sich allesamt durch eines aus: Sie sind umweltfreundlich herzustellen und biologisch abbaubar.

Dies alles, wie gesagt, auf einem Fünftel der in der EG brachliegenden Fläche, und von einer Pflanze, die zu einem Bruchteil der Kosten – für Arbeitsaufwand, Pflege, Schädlingsbekämpfung, Auszehrung der Böden – angebaut werden kann, die bei Raps, Mais, Zuckerrüben und den anderen derzeit als nachwachsende Rohstoffe angebauten Pflanzen anfallen. Dies gilt unter anderem auch für das neuerdings von Franz Alt propagierte China-Schilfgras.[49] Schilf wächst zwar noch schneller als Hanf und ist von Natur aus ebenso schädlingsresistent, in größerem Stil aber ist sein Anbau nur mit aufwendigen Bewässerungssystemen möglich. Zudem handelt es sich um eine exotische Pflanze, die als Lieferant von Bioenergie im Großanbau erst noch erprobt werden müßte. Hanf hingegen ist in Europa seit Jahrtausenden heimisch und gedeiht von Finnland bis Sizilien auf jedem Acker. Zudem ist er eine denkbar gute Zwischenfrucht, da er den Boden verbessert. Auch wenn er wieder in größerem Stil eingebürgert würde, müßte dies also nicht um den Preis geschehen, daß neue Monokulturen entstehen, die unweigerlich zu den bekannten ökologischen Verheerungen führen.

In den italienischen Hanfgebieten beispielsweise galt die Regel, daß Weizen in Fruchtfolge auf Hanf 10-20 Prozent höhere Ernten ergibt. Wenn nun bereits ein Fünftel der in der EG stillgelegten Fläche den gesamten bundesdeutschen Bedarf an Dieselöl, den gesamten Viehfutterbedarf sowie die Grundversorgung mit Textilfasern sicherstellen würde, welche Energie- und Rohstoffmengen könnten erst erzeugt werden, wenn Hanf europaweit wieder eine gängige Zwischenfrucht werden würde! Jedes Hektar Faserhanf kann 2,5 Tonnen beste dioxinfreie Textilfasern liefern und nebenbei noch fünf bis sechs Tonnen zellulosereichen Bio-»Abfall« für die Papierherstellung. Aus einem Hanffeld läßt sich nicht nur die vierfache Menge Papier gewinnen wie aus einer gleichgroßen Waldfläche (das hat Dewey schon 1914 berechnet), sondern nach neuesten ungarischen Studien auf einen Zeitraum von 15 Jahren mehr als die 50fache Menge (siehe Seite 325). Unter diesen Umständen den Papierhunger der Welt weiter mit Bäumen zu stillen, ist nicht nur ökologischer Wahnsinn, sondern auch ökonomisch unsinnig.

Weltweit werden 93 Prozent des erzeugten Papiers aus Holzpulpe hergestellt; im Jahr 1988 wurden dafür Bäume mit einem Gewicht von 225 Millionen Tonnen gefällt. Nordamerika, von wo auch die deutsche Papierindustrie beliefert wird, hat seit der Hanfprohibition in den 30er Jahren 70 Prozent seiner Wälder abgeholzt. Mittlerweile werden auch zur Gewinnung von Papierrohstoff zunehmend tropische Regenwälder angegangen, trotz der zentralen Rolle, die diese Wälder für das Weltklima spielen. Für jede Tonne Papier, die künftig aus dem einjährigen Hanf hergestellt wird, können zwölf ehrwürdige ausgewachsene Bäume stehen bleiben.[50] Zudem brauchen die heftig reagierenden Chemikalien auf Schwefelbasis erst gar nicht hergestellt zu werden, die man benötigt, um den organischen Leim, das Lignin, in der Holzpulpe aufzubrechen. Hanf enthält nur einen Bruchteil des Lignins von Holz und kann mit einem umweltfreundlichen Sodaprozeß aufbereitet werden. Um die Hanfpulpe zu bleichen, reicht das ungiftige Wasserstoffperoxid, während für Holzpulpe Chlorbleichmittel eingesetzt werden.[51] Dasselbe gilt für die Bleichung der Textilfasern. »Hanf«, heißt es in einem Buch über die »Hemp Industry in Kentucky«, »bleicht weißer als Flachs oder Baumwolle und ergibt die feinsten Stoffe, von Spitzen und Feingewebe bis hin zu gutem Hemdenstoff, und das weit billiger als alles andere.«[52]

»Hanf bleicht weißer als Flachs oder Baumwolle und ergibt die feinsten Stoffe ... und das weit billiger als alles andere.«

Die Aussage stammt aus dem Jahr 1905 und ist noch heute so wahr wie damals. Historisch war ein Großteil aller »Leinen« genannten Stoffe nicht aus Flachs, sondern aus Hanf, und auch in Deutschland wurden feine Tischdecken und Bettlaken aus Hanf gewebt. Die Fasern von Flachs und Hanf lassen sich nur mikroskopisch voneinander unterscheiden, auch der Verarbeitungsprozeß ist bei beiden Pflanzen ähnlich. Hanf ist freilich sehr viel einfacher anzubauen[53] und bringt etwa die dreifache Menge an Fasern. Außerdem ist Hanf mit sich selbst verträglich und kann ohne Schaden für den Boden sogar in dauernder Fruchtfolge angebaut werden, beim Flachs dagegen muß man nach einer alten Bauernregel mindestens sieben Jahre warten, bevor auf dem Feld wieder Flachs angebaut werden darf.[54]

Noch offensichtlicher werden die Vorzüge des Hanfs, wenn wir uns derjenigen Textilpflanze zuwenden, die ihm (wie auch dem Flachs) im vorigen Jahrhundert den Garaus machte: der Baumwolle. Muß der Flachs verglichen mit Cannabis schon als empfindliches Pflänzchen gelten, so ist die Baumwolle geradezu eine Mimose: 50 Prozent aller Schädlingsbekämpfungsmittel in den USA werden allein für Baumwollfelder eingesetzt (siehe Seite 32 f.), und wer die Nachrichten über den völlig verseuchten Aralsee vernommen hat, ahnt, wie es beim Baumwollanbau in der ehemaligen Sowjetunion zugehen mag. Trotz dieser gigantischen Gifteinsätze (in den USA liefert das meiste davon die Firma Du Pont) gehen durch Schädlinge, Krankheiten und Unkrautkonkurrenz jährlich 50 Prozent der Baumwollwelternte verloren.[55] Durch die schon in den 20er und 30er Jahren praktizierten Kotonisierungsverfahren, die mittlerweile völlig ohne toxische Stoffe durchzuführen sind,[56] kann Hanfwolle eine hochwertige Alternative zur Baumwolle sein – nicht nur weil aus einem Hanfacker die nahezu dreifache Menge T-Shirts, Unterhosen oder Babystrampler gewonnen werden kann wie von einem gleich großen Baumwollfeld, sondern vor allem weil diese Textilien pestizid- und dioxinfrei auf die Haut kommen. Weder während des Wachstums noch bei der Verarbeitung sind sie auf die Schützenhilfe der Chemieindustrie angewiesen.

Hanf wurde nicht trotz, sondern wegen seiner vorzüglichen Eigenschaften verboten

Nicht erst an dieser Stelle taucht die Frage auf, wie es denn möglich sein kann, daß der Hanf trotz seiner vorzüglichen Eigenschaften verdrängt, vergessen und verboten wurde. Die Antwort liegt auf der Hand. Er wurde nicht *trotz*, sondern *wegen* seiner vorzüglichen Eigenschaften verboten. Die Schwierigkeiten, die mächtigen Hanfbäume zu ernten, die Probleme, die langen Stengel zu bearbeiten und die Fasern zu gewinnen: all dies war durch neue Maschinen und technischen Fortschritt in den 20er und 30er Jahren beseitigt. Damit stand der Pflanze, die vom Beginn des 19. Jahrhunderts an immer mehr zurückgedrängt worden war, eine Renaissance bevor, und zwar in zentralen Bereichen der Weltökonomie: den Energie-, den Papier-, den Kunststoff- und den Textilmärkten, Bereiche, die allesamt fest im Griff der petrochemischen Industrie und in den USA namentlich der Firma Du Pont waren. Du Pont, bis heute der größte Chemiekonzern der Welt, lieferte die Bleiadditive für das Benzin, die Sulfite und Sulfate für die Holzpapierherstellung, die auf Öl basierenden Kunststoffe, die chemischen Textilfasern sowie die Pestizide und Herbizide für die Baumwollfelder. In allen diesen Bereichen war Hanf die grüne Alternative. Und daß sich maßgebliche Leute – vom US-Landwirtschaftsministerium bis zu Henry Ford – für diese Alternative stark machten, mußte den Chemieherren in der Tat als Bedrohung erscheinen. So inszenierten ihre Lobbyisten diese beispiellose Kampagne, die unter dem Schlachtruf »Marihuana!« den Rohstoffkonkurrenten »Hanf« ausschaltete. Daß dieser petrochemische Coup so problemlos über die Bühne ging, hatte nicht nur mit dem nach der Alkoholfreigabe nach einem neuen Feind Ausschau haltenden staatlichen Prohibitionsapparat zu tun, sondern mit einem allgemeinen Wachstums- und Profitwahn, dem Fragen der Ökologie, der Umweltschonung und des sanften Wirtschaftens nachgerade lächerlich erscheinen mußten.

Heute hat sich diese Situation vollkommen umgedreht.

Einer überwiegenden Mehrheit ist klar, daß nicht die grünen Alternativen lächerlich sind, sondern das bornierte, immer noch auf Öl, Kohle und Atom setzende Denken der Industriedinosaurier. Und wenn sie, wie unlängst der Siemens-Chef in der »Tagesschau«, eine »Pause im Umweltschutz« fordern, wird deutlich, daß diese Herren nicht nur einfach lächerlich sind, sondern auf gemeingefährliche Weise selbstmörderisch. Als der Einschlag eines gewaltigen Himmelskörpers vor 220 Millionen Jahren unseren Planeten traf, hatten die damaligen Herren der Erde keine Chance, sich auf das von der Katastrophe völlig veränderte Klima umzustellen: Die Saurier starben aus. Heute, wo wir es mit einer vom Menschen verursachten Klimaveränderung zu tun haben, gibt es eine Chance, die Katastrophe abzuwenden. Die Wege dazu sind bekannt: nachwachsende Rohstoffe, sanfte Energie, Kreislaufwirtschaft. Und die Pflanze, die zur Realisierung einer solchen Wende in der Weltökonomie geeigneter scheint als alle anderen, taucht nach über 50 Jahren Verbannung wieder auf: Es ist die archaische »Pflanze der Götter«, die schon den Babyloniern als »Lebensbaum« galt, Hanf.

»What hempen home-spuns have swaggering here?« Shakespeare, *A Midsummer Night's Dream*, III, 1

In einer alten arabischen Fabel kommen die Herren Opium, Haschisch und Wein zu einer Stadt, deren Tore verschlossen sind. Der Alkohol beginnt zu schreien und gegen das Tor zu poltern, das Opium sagt: »Ach, laß uns doch hier unter dem Baum schlafen bis morgen früh«, worauf Herr Hanf meint: »Was regt ihr euch auf, wir gehen einfach durch's Schlüsselloch!« Die kurze Geschichte sagt alles über die Wirkung dieser drei Hauptdrogen der menschlichen Zivilisation. Der unerschütterliche Humor, den der Hanf hier an den Tag legt, hat ihn bis heute nicht verlassen. Die Geschichte seiner Aufstiege und Niedergänge ist voller Witz, und der tollste wird seit 1981 in der Bundesrepublik Deutschland inszeniert: Die gesamte Pflanze ist diskriminiert, ihr Anbau gesetzlich verboten, mit einer einzigen Ausnahme: »Wenn sie als Schutzstreifen bei der Rübenzüchtung gepflanzt und vor der Blüte vernichtet wird« (Betäubungsmittelgesetz, BtmG, Anlage I). Ein paradoxer Witz ist das nicht deswegen, weil es zum Schutz der Rübenfelder vor Pollenflug und Schädlingen eben noch keine billige Chemie gibt und immer noch eine klassische Landwirtschaftsmethode, eben der Hanf, dafür eingesetzt werden muß, sondern deshalb, weil die Königin der Nutzpflanzen auf deutschem Boden ausschließlich als Bodyguard für niedere Untergebene mißbraucht wird. Damit soll nichts ge-

Die Königin der Nutzpflanzen: Bodyguard für deutsche Rüben

gen köstliche Rüben gesagt sein, aber was das Input/Output-Verhältnis angeht, wirken sie im Vergleich zum Hanf nachgerade erbärmlich. Daß Hanf, über die Anlage des Betäubungsmittelgesetzes hinaus, neuerdings auch als Schutzzaun für gentechnisch manipulierte Aussaaten genehmigt wird, gibt diesem paradoxen Witz mittlerweile etwas Makabres,[57] vor allem angesichts der Tatsache, daß wir mit dem Hanf eine von Natur aus mit genetischen Eigenschaften geradezu perfekt und universell ausgestattete Pflanze bereits besitzen. Eine Pflanze, die Medizin und Genußmittel ebenso reichlich liefert wie Nahrung und Textilien, Papier und Energie – der perfekte Rohstoff schlechthin. Es gibt nichts zu verbessern an diesem wunderbaren Gewächs, allenfalls seine Spezialeigenschaften für die jeweiligen Verwendungsgebiete können gefördert werden.

Von der Vielzahl dieser Verwendungen konnten wir hier nur einiges andeuten, jeder einzelne Aspekt verdiente eine ausführliche Untersuchung, so auch die beiden Bereiche, die durch neue Forschungen in jüngster Zeit aktuell geworden sind: die Rolle des Hanfsamens als Lieferant hochwertiger, proteinreicher Nahrung, die ein Gutachten der Universität von Kalifornien herausgestellt hat (siehe Seite 429 f.), sowie die Neubewertung und Ent-Diskriminierung der Cannabismedizin, die der Harvard-Professor Lester Grinspoon fordert.[58] Auch hier, wie in den anderen Bereichen der Hanfökonomie, ist Big Business im Spiel, die Nahrungsmittel- und die Pharmaindustrie, und auch hier steht eine ökologische Wende an, sowohl was den in diesem Jahrhundert krankhaft gestiegenen Fleischkonsum als auch was den milliardenschweren Suchtmarkt der Tranquilizer und Psychopharmaka angeht. Daß Hanf in der Lage ist, eine grüne Alternative zu bieten, hat er seit Jahrhunderten bewiesen. Von Aristokraten als Fraß der Armen verachtet, lieferte Hanfsuppe in vielen Ländern der Welt die Basisernährung mit Proteinen und Fettsäuren, und als Kraut der Armen war Hanf bis zur Erfindung des Heroins das weitverbreitetste Entkrampfungs- und Beruhigungsmittel überhaupt. Sein Nachteil, aus der Sicht der Pharmaindustrie, bestand nur darin, daß es sich nicht in ein lukratives Patent verwandeln ließ. Seine vielfältigen Wirkstoffe blieben der Forschung bis 1964 verborgen.

Erst in diesem Jahr gelang es, den Hauptwirkstoff Tetrahydrocannabinol (THC) zu isolieren, der sich kurz darauf als eine ganze Gruppe von Stoffen entpuppte. Verschiedene synthetische THC-Varianten, die seitdem entwickelt wurden, waren dem simplen Kraut nur in einer Hinsicht überlegen: Sie waren sehr viel teurer. Raphael Mechoulam von der Universität Jerusalem, der das THC 1964 entdeckt hat und seitdem erforscht, meint dazu: »Vielleicht haben wir zu lange nach *einem* Wirkstoff gesucht und vielleicht gar in eine falsche Richtung. Möglicherweise besteht die zu untersuchende Wirkung auf einem Zusammenspiel verschiedener Substanzen, von der Natur so raffiniert ausbalanciert, daß wir ihr immer noch nicht auf die Schliche kommen. Aber dann müßten wir ja viele klassische Begriffe der Wissenschaft völlig neu überdenken.«[59]

Der Zwang zum Neu-Überdenken besteht nicht nur für eine ausschließlich detaillistisch vorgehende Pharmazie. Als ganze Pflanze fordert der Hanf nahezu alle Bereiche der Wissenschaft heraus, zuallererst aber die Politik, den Gesetzgeber und alle Vertreter der Hanfprohibition. Wer die in diesem Buch dargelegten, über ein halbes Jahrhundert vergessenen Fakten über Cannabis sativa zur Kenntnis genommen hat, kann an einer Verbotspolitik nicht mehr festhalten – jedenfalls nicht aus Vernunftgründen. Und selbst das letzte Gefechtsargument des Drogenkriegs, daß eine Freigabe von Cannabis einer »Kapitulation vor der Kriminalität« (Stoiber) gleichkäme, zieht nicht mehr: Daß Hanf, seit Jahrtausenden in Bayern einheimisch, ein Krimineller gewesen sein soll, muß vielmehr ab sofort als größter Justizirrtum der Naturgeschichte gelten. Und wie das so ist, wenn große Irrtümer endlich eingesehen werden: Die Aufräum- und Umlenkungsarbeiten sind gewaltig. Die nach Ende des kalten Krieges notwendig gewordenen Anstrengungen zur Verwandlung der Rüstungsproduktion in Zivilgüterproduktion sind ein Beispiel dafür. Auch ein Ende des Hanfkriegs müßte eine solche Konversion zur Folge haben: Eine milliardenschwere Hanfverfolgungsindustrie, die Truppe des internationalen Drogenkriegs, muß in die milliardenschwere Hanfindustrie der Zukunft verwandelt werden – Drogen-Schwerter zu Hanf-Pflugscharen!

Die Welt braucht Hanf

Seit fast 40 Jahren ist in Deutschland kein Buch über Hanf als Nutzpflanze erschienen.[60] Zwei Dissertationen in der DDR beschäftigten sich Anfang der 60er Jahre noch einmal mit besonderen Aspekten des Hanfanbaus, seitdem muß Cannabis sativa als »flora non grata« in den landwirtschaftlichen Bibliographien gelten. Ein Aufsatz aus dem Jahr 1986, der der Frage nachgeht, ob Hanf eine agrarpolitische Alternative darstellen könnte, bezieht sich ausschließlich auf Literatur aus den 20er und 30er Jahren.[61] Statt Landwirten, Agrarplanern und Ökologen interessieren sich in Deutschland nur noch Staatsanwälte, Polizisten und Drogenbeauftragte für Cannabis. Diese Interessenkoalition muß gewendet werden, und wir hoffen, daß der Wendepunkt mit diesem Buch markiert ist.

Der vorliegende Überblick über die erstaunliche Geschichte dieser Pflanze kann – sowohl was Jack Herers umfassende Recherche als auch was diese Skizze der Geschichte des Hanfs in Deutschland angeht – nur ein erster Schritt sein. Die Felder, auf denen die Wiederentdeckung des Hanfs auf der Tagesordnung steht, sind abgesteckt. Zu bestellen und zur Blüte zu bringen sind sie aber nur unter einer Voraussetzung: Die gesetzliche Diskriminierung der Hanfpflanze muß aufgehoben werden. Ohne eine Reform des Betäubungsmittelgesetzes ist an eine Wiedereinbürgerung und Nutzung des Hanfs nicht zu denken; weder Forschung noch Industrie oder Landwirtschaft werden das Risiko eingehen, sich ernsthaft einer Pflanze zuzuwenden, die nur mit Ausnahmegenehmigung oder hinter Stacheldraht angebaut werden darf. Was ansteht, ist eine internationale Rehabilitierung der Hanfpflanze und das Ende der von Geschäftsinteressen manipulierten »Rauschgift«-Hysterie in Sachen Cannabis. Hanf ist so viel oder so wenig ein »Rauschgift« wie Wein, Tabak oder Kaffee und seine Prohibition so absurd wie die Vorstellung eines Anbauverbots für Weintrauben. Nicht auszumalen, was geschehen wäre, wenn sich am Ende der amerikanischen Alkoholprohibition herausgestellt hätte, daß sich Weinstöcke optimal zur Papier-, Plastik- und Energiegewinnung eignen und Du Pont & Co. sich diese Pflanze als »Mörder der Jugend« vorgeknöpft hätten. Wahrscheinlich würde uns dann heute pures Glykol als ungiftiger Ersatzstoff für das natürliche Teufelszeug verkauft, und auf den sonnigen Hängen am Oberrhein und im Badischen würde, wer weiß, vielleicht Hanf wachsen. Mit der Ernte auf ein- bis zweihundert Hektar »Staatshanfgütern« wäre der Bedarf an hochwertigem Hanfkraut für die Bundesrepublik gedeckt,[62] – und Probleme mit der Mafia gäbe es nur, weil sie die absolut einzige Quelle für illegalen Frascati und Chianti darstellte. Die Polizei indessen hätte alle Hände voll zu tun, professionelles und privates Winzertum zu unterbinden und einzelne Rebstöckchen aus Vorgärten und Balkontöpfen zu beschlagnahmen. 50 000 schmachteten neben den Brüdern Pieroth in den Gefängnissen, und wer ein gutes Wort für sie und ihre verketzerte Weinpflanze einlegt, muß sich vom Innenminister »menschenverachtend und zynisch« schimpfen lassen.[63] Eine irrsinnige Vorstellung, – doch sie entspricht exakt dem Irrsinn der Hanfprohibiton. Wäre schon allein dies Grund genug, ein sofortiges Ende der Verbotspolitik zu fordern, so wird mit den in diesem Buch erstmals dargelegten Fakten zu seinem überragenden Wert als Nutzpflanze eine Rehabilitierung des Hanfs unausweichlich. Eine Fortsetzung der Prohibition produziert nicht nur weitere Opfer in einem längst verlorenen Drogenkrieg, sie behindert auch die Forschung, Lehre und vor allem die Nutzung der universellsten Pflanze dieses Planeten – und damit jede Wende in eine ökologische Zukunft. Ohne Hanf aber, wagen wir zu behaupten, wird eine naturgemäße Kreislaufwirtschaft des 21. Jahrhunderts nicht zu haben sein.

Ohne Hanf aber wird eine naturgemäße Kreislaufwirtschaft nicht zu haben sein.

Ist dieser wahre Segen des Cannabis nur mit dem gleichzeitigen Fluch des Marihuana zu haben? Die Antwort lautet »Ja – aber«. Eine Hanfpflanze, die auf ihren Blättern kein THC-haltiges Harz absondert, ist so wenig vorstellbar wie ein Mensch, der nicht schwitzt. Je mehr Blätter die Pflanze produziert und je heftiger die Sonne scheint, desto mehr Harz sondert sie ab. Wird Hanf jedoch zur Fasergewinnung angebaut, ist das leidige THC-Problem schon entscheidend reduziert: Die dicht stehenden Pflanzen wachsen als nackte Stengel in die Höhe und produzieren sehr wenig Blätter, nur etwa 10 Prozent des Gesamtgewichts. Zudem sind seit den 60er Jahren speziell THC-arme Sorten gezüchtet worden, die selbst in heißen Sommern kaum nennenswerte Mengen Harz abgeben: »Davon müßten Sie schon einen halben Sack rauchen, bevor es ein bißchen kitzelt«, erläuterte mir ein Botaniker am Telefon. Doch nicht einmal der Anbau solcher Cannabissorten wird hierzulande vom Bundesgesundheitsamt genehmigt, obwohl ihre Rauschwirkung gleich null ist. Was diese Hanfhysterie angeht, ist die Bundesrepublik einzig unter den europäischen Staaten.[64] Die Niederlande, die Anfang der 80er Jahre den Anbau auch zum privaten Konsum sowie den Besitz von bis zu 30 g Hanf straffrei stellten, sind seitdem das einzige Land in Europa, das einen deutlich gesunkenen Konsum an Hanfdrogen verzeichnet. Der Hanf, aus dem dieses Buch hergestellt ist, wuchs in Spanien, das Cannabiszellstoff unter anderem für die Herstellung von Zigarettenpapier nach Westeuropa und in die USA exportiert. In Frankreich, wo seit 1990 wieder verstärkt Hanf angebaut wird (auf derzeit etwa 4 000 Hektar) und bestimmte Fasersorten zugelassen sind, hatte dieser Nutzpflanzenanbau keine Auswirkungen auf den nach wie vor verbotenen Konsum von Hanfdrogen.

Statt dessen entwickelten französische Architekten aus Hanfschäben und Kalk einen Baustoff, der baubiologisch besser (und preiswerter) ist als alle bisher üblichen Naturbaustoffe. In England wurde nach über 20 Jahren Totalprohibition im Februar 1993 die erste Lizenz zum kommerziellen Anbau einer THC-armen Hanfsorte erteilt: Seitdem produziert eine Farm in Essex auf 400 Hektar Cannabis zur Papierherstellung, und »Hemp UK« baut auf seiner Farm bei Oxford den Bedarf für sein »tree free paper« an. Und in den Vereinigten Staaten, dem Ursprungsort der Hanfdiskriminierung, ist ein regelrechter Importboom zu verzeichnen – nicht von Marihuana, das wie immer megatonnenweise aus Mexiko hereingeschmuggelt wird, sondern von Hanftextilien aus China. Hosen, Hemden oder Baseballmützen aus 100 Prozent Cannabis sind nicht nur in San Francisco und Venice ein Renner. Jack Herer, um aktuelle Auskunft über das Ausmaß des Booms befragt, schätzte: »Vor zwei Jahren gab es *einen* Laden in Kalifornien, der Hanfkleidung verkaufte, heute gibt es in den ganzen Staaten bestimmt *einhundert*.« Keine Frage: Einmal mehr in seiner Geschichte ist der Hanf wieder da, – auf dem Gipfel des Drogenkriegs bringt er sich plötzlich, unerwartet und witzig wie immer, als neue Ökofaser und alte Universalpflanze ins Spiel. Dieses Mal spricht alles dafür, daß er lange bleiben wird. Wir haben für das 3. Jahrtausend gar keine andere Chance: Grün werden oder sterben.

Es gibt viel zu tun. Pflanzen wir's an.

Dies ist die Geschichte einer sehr merkwürdigen Symbiose, derjenigen von Homo sapiens und Cannabis sativa. Merkwürdig und anders als bei allen anderen Verbindungen des Menschen mit seinen Nutzpflanzen ist dabei die Tatsache, daß nicht nur Magen und Darm auf den »Empfang« dieser Pflanze eingestellt sind, sondern auch das menschliche Gehirn.[65] Cannabis ist offenbar nicht nur ein materieller, sondern auch ein geistiger Rohstoff des Menschen, und nach der Entdeckung eines einzig auf den Hanfwirkstoff THC reagierenden, neuronalen Rezeptors fahnden die Forscher jetzt nach körpereigenem Marihuana. Die irgendwo in unübersichtlichen Hirnwindungen versteckte Guerillapflanzung wurde allerdings bis dato noch nicht aufgespürt.

Aber auch so scheint die Symbiose der Spezies Homo sapiens und Cannabis sativa eng genug, eine seit Steinzeiten erprobte Seilschaft – und das Rettungsseil für die Zukunft. Daß es stark ist und zugkräftig – und keineswegs nur ein aus zuviel Hanfdampf gesponnener »Fimmel« –, zeigt die folgende Studie, die das Umweltforschungsinstitut *Katalyse* für dieses Buch erarbeitet hat. Die Zahlen und Daten über die Cannabiserträge, der Überblick über den aktuellen Stand der Hanfforschung sowie die Perspektiven, die sich daraus ergeben, sprechen für sich. Es gilt, einer Pflanze ihre Unschuld wiederzugeben. Es gibt viel zu tun. Pflanzen wir's an.

Ich danke allen, die mir mit Rat, Tat und Informationen weitergeholfen haben, besonders: Hans-Georg Behr, Eva Hodge, Michael Karus, Roger Liggerstorfer, Herrn Müller von der Füssener Textil AG, Werner Pieper und Thomas Schenkelberg.
Der größte Verdienst gebührt meiner Frau Rita und unseren Kindern Hannah und Boris, die meinen Hanf-Fimmel in den letzten Monaten so selbstverständlich ertragen haben.

Mathias Bröckers,
30. Juni 1993

Weshalb der Hanf wiederkehren wird:

III

Über die universelle Nutzpflanze Hanf

Eine Studie
von Katalyse-Institut für angewandte Umweltforschung, Köln,
durchgeführt von Michael Karus, Dr. Wolfgang Linden, Christian Murr, Frank Waskow (Juli 1993),
überarbeitet und erweitert
von Michael Karus (März 1994)

An dieser Stelle möchten wir einem Mißverständnis vorbeugen: Wenn in dieser Kurzstudie immer wieder von Höchsterträgen die Rede ist, dann nur deshalb, um das Potential der Hanfpflanze mit anderen »nachwachsenden Rohstoffen« in Relation bringen zu können.

Bei einer zukünftigen landwirtschaftlichen Nutzung der Hanfpflanze kann es nicht darum gehen, aus jedem Hektar Land durch Einsatz großer Gaben von Kunstdünger den maximalen Ertrag zu pressen. Interessant sind dagegen Konzepte, die das heutige Brachland in der EU in eine nachhaltige, ökologische Nutzung überführen. Als robuste Pflanze, die auf nahezu allen Böden gedeiht und auch ohne Düngung eine ertragreiche Nutzpflanze bleibt sowie aufgrund ihrer günstigen Fruchtwechseleigenschaften nicht auf Monokulturen angewiesen ist, scheint Hanf ein geeigneter Kandidat für eine solche nachhaltige Landwirtschaft zu sein.

Zu untersuchen, welche Erträge mit umweltschonenden Anbaumethoden zu erzielen sind, wird zu den vordringlichsten Aufgaben einer künftigen Studie gehören.

Historische Bedeutung des Hanfs in Deutschland und Europa 1

1.a Eine der ältesten Kulturpflanzen

Hanf gehört zu den ältesten, wertvollsten und vielfältigst zu nutzenden Kulturpflanzen der Menschheit. Da dies in Teil I und II bereits ausführlich diskutiert worden ist, soll an dieser Stelle die kurze Aufzählung der wichtigsten Fakten genügen (hauptsächlich nach Körber-Grohne 1988).

In China kann die Nutzung des Hanfs bis in die Jungsteinzeit zurückverfolgt werden. Schon aus der Zeit von 4200 bis 3200 vor Christus wurden gewebte Stoffe und Schnüre aus der Bastfaser des Hanfs gefunden. Hanfsamen wurden in China bis ins 6. Jahrhundert nach Christus als Nahrungsmittel und für medizinische Zwecke gebraucht. Auch die Rauschwirkungen blieben nicht verborgen, Hanf war früh schon Bestandteil sozialer Praktiken und religiöser Riten.

Die ältesten Funde von Hanfseilen und Hanfstoffen in Europa stammen vom Beginn der vorrömischen Eisenzeit (800-400 v. Chr.) aus dem Raum Stuttgart. Die Stoffe wurden allerdings noch nicht aus den aufbereiteten, reinen Fasern, sondern aus schmalen, von der Stengelrinde abgezogenen Baststreifen hergestellt. Im frühen Mittelalter wurde das Verfahren des Faseraufschlusses durch Röste vom Flachs auf den Hanf übertragen, danach wurden Bekleidungsstücke häufiger aus Hanf gemacht. Die nahrhaften Früchte des Hanfs wurden im Mittelalter als Nahrungsmittel genutzt, und ab dem 16. Jahrhundert ist Hanf in Kräuterbüchern als Heilpflanze aufgeführt.

Für lange Zeit bildeten Lumpen aus Flachs und Hanf die Basis für die Papierherstellung. Die Gewinnung von Papier aus Holz ist erst eine Erfindung der chemischen Industrie im Zusammenspiel mit großen Waldbesitzern.

Im 17. Jahrhundert, zu den Hochzeiten der Segelschifffahrt, erlebte der Hanf in Europa seine Blütezeit. Fast alle Schiffssegel und fast alles Takelwerk, Seile, Netze, Flaggen bis zu den Uniformen der Seeleute wurden aufgrund der

Reiß- und Naßfestigkeit der Faser aus Hanf hergestellt. Handel und Kriegsführung waren vom Hanf abhängig; 50 bis 100 Tonnen wurden für die Grundausstattung eines Schiffes benötigt und mußte alle ein bis zwei Jahre ersetzt werden. So spielte der Hanfanbau und -handel beispielsweise in Holland mit seinen 11 000 Segelschiffen eine sehr bedeutende Rolle (Cannabis Info Museum Amsterdam).

Diese früher so wichtige Nutzpflanze spielt heute in Westeuropa fast nur noch als Droge eine Rolle. Die vorliegende Studie orientiert sich an folgenden Fragen:

Weshalb geriet Hanf als Nutzpflanze in Vergessenheit und ging verloren? Warum wurde Hanf bei der Wiederentdeckung alter Nutzpflanzen übersehen? Und vor allem: Welche Nutzungspotentiale besitzt die Hanfpflanze für heutige Anwendungen? Wie schneidet Hanf im Vergleich mit anderen Nutzpflanzen (Flachs, Raps, Sonnenblume etc.) ab? Wäre es sinnvoll, Hanf als nachwachsenden Rohstoff wieder anzubauen? Gibt es aus heutiger Sicht, in der die Aspekte ökologischer und sozialer Verträglichkeit eine wichtige Rolle spielen, neue Argumente für die Nutzung von Hanf?

1.b Der Niedergang des Hanfanbaus

Der Niedergang des europäischen Hanfanbaus begann im 18. Jahrhundert und beschleunigte sich im 19. Im 18. Jahrhundert wurde die Baumwollmaschine entwickelt, die die Verarbeitung der Baumwollfaser wesentlich erleichterte und Hanf und Flachs, deren Fasergewinnungsprozeß arbeitsaufwendig blieb, mehr und mehr vom Textilmarkt verdrängte. Gleichzeitig verloren die Hanffasern durch den Niedergang der Segelschiffahrt im 18. Jahrhundert einen weiteren wichtigen Absatzmarkt.

Im 19. Jahrhundert gelangten neue Faserpflanzen aus den damaligen Kolonien nach Europa: Jute und Sisal. Insbesondere die Jute konkurrierte mit der Hanffaser in deren typischen Domänen: Säcke, Planen, Gurte und Verpackungsmaterial. Nicht qualitative, sondern Kostengründe führten zur Verdrängung des Hanfs. Die Hungerlöhne in den Kolonien sorgten dafür, daß Jutefasern in Europa um fast die Hälfte billiger waren als Hanffasern. Schließlich wurden im 19. Jahrhundert die Papiermaschine sowie chemische Aufschlußverfahren für Holz zur Papierherstellung entwikkelt und Flachs und Hanf aus dem Papiermarkt verdrängt.

Aus ökologischer Sicht wäre es wünschenswert gewesen, die technischen Verfahren zur Gewinnung und Verarbeitung von Flachs- und Hanffasern zur Textil- und Papierherstellung weiterzuentwickeln, anstatt auf die ökologisch und sozial bedenklicheren Grundstoffe Baumwolle und Holz umzusteigen. Während Baumwolle erst durch den massiven Dünger- und Pestizideinsatz ökologisch bedenklich wird, ist dies die Holzwirtschaft – wegen des Abholzens natürlicher Bestände, wegen der anfallenden Abfallströme und wegen des geringen Flächenertrags (siehe Abschnitt 3.a) – schon immer gewesen.

Zwischen 1850 und 1913 ging der Hanfanbau in Frankreich von 100 000 Hektar auf 13 000 Hektar zurück. Neben den beschriebenen Verdrängungen waren hierfür auch preiswerte Hanffaserimporte aus dem Russischen Reich die Ursache, die den Hanfanbau in Europa unrentabel machten.

Zu den besten Zeiten wurden in Deutschland etwa 150 000 Hektar Hanf angebaut. Bis 1878 sank die Hanfanbaufläche auf 21 238 Hektar, 1915 lag die Anbaufläche bei nur noch unbedeutenden 417 Hektar (vgl. Abbildung 1).

Abbildung 1: Hanfanbau in Deutschland

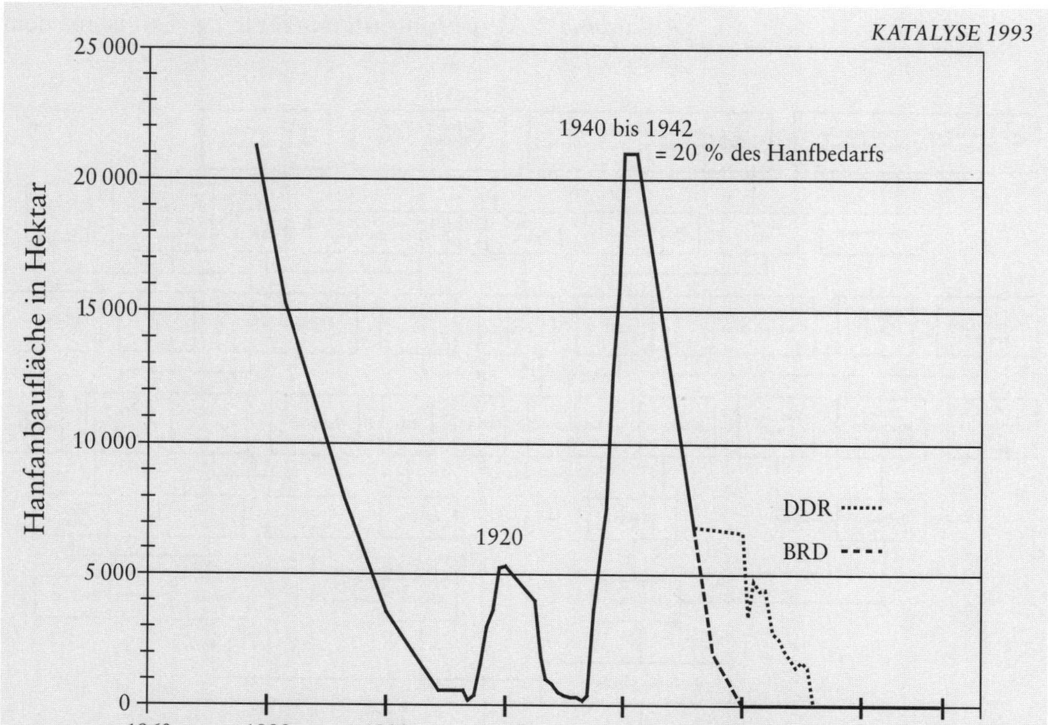

Quellen: Marquart 1919, Backe 1936, Koch 1942, FAO 1975, Baden 1986, Reuter 1987, Körber-Grohne 1988, Statistisches Jahrbuch der DDR 1975

In den beiden Weltkriegen (1914-1918 und 1939-1945) wurde der Hanf in Deutschland zum Kriegsgewinnler. Abgeschnitten von den überseeischen Importfasern Jute, Sisal, Manila und Ramie, besann man sich wieder auf den Hanf und verbesserte Anbau-, Ernte- und Nutzungstechniken (vgl. Abbildung 2). Im Zweiten Weltkrieg wurde der Hanf über den Prozeß der Kotonisierung (vgl. Abschnitt 3.a) sogar als hochwertiger Baumwollersatz verwendet. Ende des Zweiten Weltkrieges verarbeiteten die deutschen Baumwollmühlen mehr Hanf als Baumwolle.

Obwohl die Anbauzahlen zwischen 1933 und 1940 von 210 auf 21 000 Hektar emporschnellten (geplant waren bis 1945 30 000 Hektar), reichte dies nicht zur Deckung des Bedarfs: Selbst 1941, dem Jahr der höchsten Hanfernte während des Krieges, mußten von der benötigten Hanf-Bastfasermenge von 67 966 Tonnen über 80 Prozent vorwiegend aus Italien importiert werden (Statistik der Reichsstelle für Textilwirtschaft 1936-1943).

Abbildung 2: Verwertungsstammbaum des Hanfs aus dem Jahre 1936

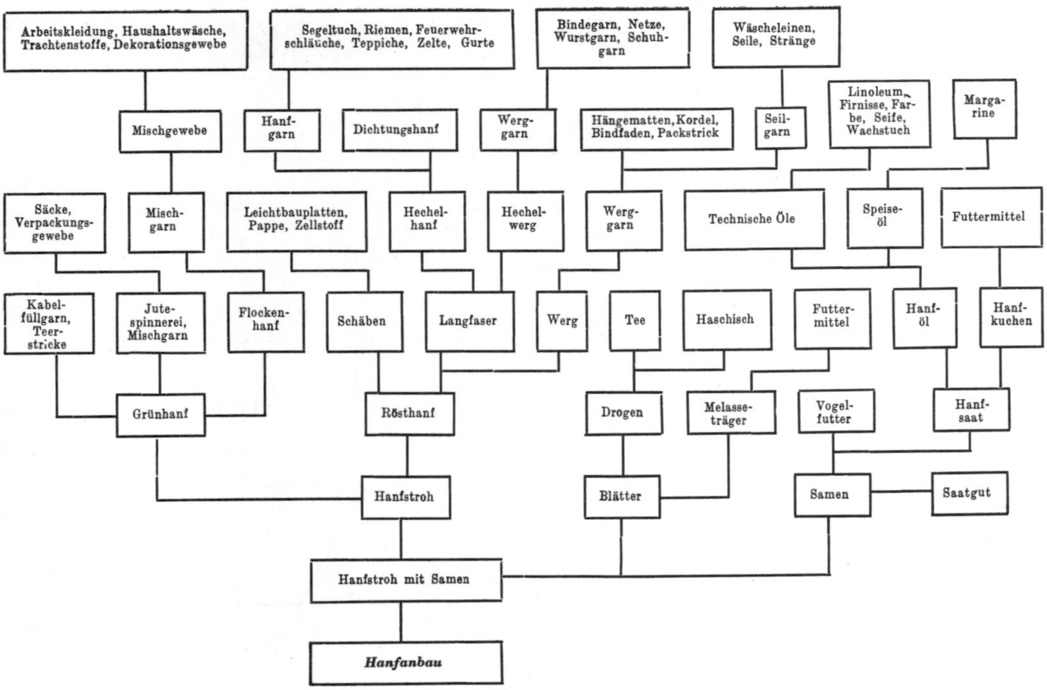

Quelle: Backe 1936

Zu einer Wiederentdeckung des Hanfs von ähnlich kurzer Dauer kam es während des Zweiten Weltkrieges in den USA, als diese von seiten Japans von den asiatischen Faserbezugsquellen abgeschnitten worden waren und ein Landwirtschaftsprogramm *Hanf für den Sieg*! (»Hemp for Victory«) auflegten.

Nach dem Zweiten Weltkrieg war es der Siegeszug der Kunstfasern, der zur fast vollständigen Verdrängung von Flachs und Hanf aus dem Textilbereich führte. Kunstfasern konnten die Hanffaser bezüglich Reiß- und Naßfestigkeit übertreffen und damit auch den Bereich der technischen Textilien wie Planen, Seile, Taue etc. übernehmen. Der Petrochemie gelang es dann, Pflanzenöle als Grundstoffe der Farben- und Lackherstellung mehr und mehr zu ersetzen. Damit wurde das Aus für Lein- und Hanföl im technischen Ölsektor eingeläutet.

Der Anbau nachwachsender Rohstoffe geriet in der Nachkriegsgeneration fast völlig in Vergessenheit. Fasern und Öle kamen entweder aus Übersee oder waren Produkte der chemischen Industrie. In Europa ließen sich mit dem Anbau von Nahrungsmitteln erheblich bessere Profite erzielen als mit pflanzlichen Rohstoffen für die Industrie.

In der Folgezeit hielten sich Hanfanbau und -nutzung in Westeuropa nur in wenigen Nischen, beispielsweise bei der Herstellung von Zigaretten- und Teebeutelpapier, Dichtungsmaterial, spezieller Arbeitskleidung oder Bindfäden.

Während in Westdeutschland der Hanfanbau bereits in den 50er Jahren wirtschaftlich bedeutungslos geworden war, hielt er sich in Ostdeutschland noch bis Anfang der 70er Jahre. Von Bedeutung blieb der Hanf lediglich in Osteuropa, unter anderem in den Staaten der ehemaligen UdSSR, in Rumänien und Ungarn (vgl. Kapitel 4). Insbesondere die Fasern wurden hier nach wie vor für technische Gewebe genutzt, beispielsweise für Lkw-Planen. In der Regel wurde das alte Verfahren der Röste (vgl. Abschnitt 3.a) beibehalten, das zwar eine sehr gute Faserqualität liefert, jedoch ohne moderne Abwasserbehandlung lokal zu beträchtlichen organischen Belastungen der Flüsse führen kann.

In Westdeutschland kam der Hanfanbau nach der verschärften Neufassung des Betäubungsmittelgesetzes (BtMG) praktisch vollends zum Erliegen. Seit dem 1.1.1982 verbietet es den Anbau von Hanf generell. Anbaugenehmigungen werden nur ausnahmsweise und nur zu wissenschaftlichen Zwecken erteilt oder nur dann, wenn das Amt ein »öffentliches Interesse« im Anbau erkennen konnte. Die antragstellenden Wissenschaftler müssen in einem aufwendigen Genehmigungsverfahren ihre Sachkenntnis, ihre Gründe und ihre Schutzmaßnahmen nachweisen (§§3-10 BtMG). Eine Dauersondergenehmigung zum Anbau der Hanfpflanze als Blütenstaubisolator erhielten lediglich die Rübenzüchter, da keine andere Pflanze diesen Zweck auch nur annähernd so gut erfüllen kann (vgl. Abschnitt 2.b).

Schwer zu verstehen ist, warum der Anbau von Faserhanfsorten, die praktisch THC-frei und zum Drogenkonsum ungeeignet sind, ebenso verboten ist wie der Anbau von THC-reichem Drogenhanf. Denn die Feststellung des THC-Gehaltes ist problemlos möglich. Praktisch THC-freie Sorten sind in den 50er und 60er Jahren auch in Deutschland gezüchtet worden.

Die Freigabe des Anbaus THC-armer Sorten wird daher immer häufiger gefordert (vgl. Kapitel 4).

Der Fall Martin Butter

Die Neufassung des BtMG führte dazu, daß Ende 1981 der letzte westdeutsche Hanfbauer, Martin Butter, den Hanfanbau auf der Schwäbischen Alb aufgeben mußte. Butters Hanfbetrieb hatte eine lange Tradition: »Da sich meine Vorfahren mit dem Hanfanbau und dessen Verarbeitung seit Generationen beschäftigt hatten, war auch meine berufliche Tätigkeit voll mit dem Hanf verbunden. Anbau, Ernte und Verarbeitung von Hanf waren mein Lebensweg. Seit dem Jahr 1950 war ich in der BRD selbständiger Hanfanbauer und -verarbeiter« (Butter 1994). In den 70er Jahren erlebte der Kleinbetrieb sogar eine bescheidene Blüte: 15 Arbeiter ackerten auf der größtenteils angepachteten Fläche von 150 Hektar. Die Fasern der Hanfstengel wurden an Seilereien und Textilfirmen geliefert und später auch zur Herstellung von Zigarettenpapier verwendet. Aus den Schäben wurden vor Ort loses, körniges Isoliermaterial für den Hausbau sowie hochdämmende Spanplatten hergestellt. Die Blätter nutzten Landwirte als Einstreu für ihre Viehställe.

Als in den 60er und 70er Jahren Cannabis zur bekanntesten Droge wurde, brachte das die Hanfbauern in Schwierigkeiten. Sobald im Spätsommer der THC-Gehalt der THC-haltigen Hanfsorten stieg, suchten Diebe die Felder heim. »Auch amerikanische Soldaten lagerten bei Manövern zuhauf (...) im Hanf auf der Alb und jagten den nachwachsenden Rohstoff durchs Hasch-Pfeifchen.« Weil er angeblich eine »Gelegenheit zum Genuß von Betäubungsmitteln«

gewährt habe, mußte sich der Hanfbauer vor dem Amtsgericht verantworten.

Der nervenzehrende Spießrutenlauf vor Gerichten und Behörden endete für Butter am 31.12.1981 mit einem Vergleich: Martin Butter, der »immerhin auf die Marktordnung der Europäischen Gemeinschaft verweisen konnte, die den Hanfanbau erlaubt und notfalls bei etwaigen Preisnachteilen einzelner Länder sogar subventioniert«, verzichtete auf den Hanfanbau und erhielt 800 000 DM Schadenersatz. Butter: »Ich wollte nicht bis an mein Lebensende Prozesse führen.«

Der Bonner Regierung war das recht. Hätte Butter seinerzeit in höheren Instanzen der EG sein Anbaurecht eingeklagt, wäre der Gesetzgeber vielleicht gezwungen gewesen, das gerade erst geänderte Betäubungsmittelgesetz erneut zu ändern. »Es bleibt also dabei: Im EG-Gebiet darf Hanf angebaut werden – nur nicht in der Bundesrepublik.« (»Schwäbische Zeitung«, Ausgabe Ehingen, 31.1.1982; 18.12.1993; 13.1.1994)

1.c Bei der Wiederentdeckung von Nutzpflanzen vergessen

In den 80er Jahren begannen sich Landwirtschaft, Umweltschützer und auch die Industrie wieder für nachwachsende Rohstoffe zu interessieren. Ursachen waren auf der einen Seite die europäische Nahrungsmittelüberproduktion, die dazu führte, daß immer größere Anbauflächen zu Brachland wurden (1994 fast 4,5 Millionen Hektar stillgelegte landwirtschaftliche Flächen in Deutschland), und auf der anderen Seite wachsende Probleme mit den Produkten der erdölbasierten Chemie, insbesondere im Sektor Kunststoffentsorgung.

Nachwachsende Rohstoffe schienen die Probleme mit einem Schlag lösen zu können: Die Landwirtschaft erhält neue Einnahmequellen durch Nutzung von Brachland, und die Industrie bezieht natürliche Rohstoffe, die sich, solange sie nicht zu weitgehend verändert werden, durch gute biologische Abbaubarkeit auszeichnen.

Auf diese Weise wurden als Ölpflanzen der Raps und später – in geringerem Umfang – der Öllein wiederentdeckt und bei den Faserpflanzen der Flachs. Durch Entwicklung neuer Ernte- und Aufschlußverfahren sowie entsprechende Kostenreduzierungen hofft man, in Deutschland eine Fläche von 65 000 Hektar für Flachsanbau nutzen zu können. Lag die Flachsanbaufläche 1987 noch bei bescheidenen 627 Hektar, so ist sie 1989 auf 2 085 Hektar und 1991 auf 7 994 Hektar (Renze-Westendorf 1991) angestiegen. (Aufgrund von Absatzproblemen, die sich aus Fehlern bei der Wiedereinführung von Flachs ergaben, ging 1992 und 1993 die Flachsanbaufläche wieder deutlich zurück). Rapsanbau wird im Jahr 1993 bereits auf einer Fläche von 1 Million Hektar betrieben (Agra-Europe 44/93).

Eine ganze Reihe weiterer Pflanzen wurden Untersuchungen unterworfen, die klären sollten, inwiefern sie als nachwachsende Rohstoffe geeignet seien. Nachfragen kommen heute verstärkt aus der Industrie, die an neuen Produktlinien auf Basis nachwachsender Rohstoffe interessiert ist; auch auf Verbraucherseite ist eine steigende Nachfrage nach natürlichen Produkten zu verzeichnen.

Was hätte nun näher gelegen, als auch den Hanf wiederzuentdecken und ihn heute wie Raps und Flachs in den Wettbewerb zu schicken?

Daß der Hanf vergessen wurde, liegt einzig und allein am Betäubungsmittelgesetz und seiner restriktiven Handhabung durch das Bundesgesundheitsamt. Weist man heute Wissenschaftler auf den Hanf hin, so müssen diese meist kurz darüber nachdenken, warum sie den früher so verbreiteten Hanf einfach nicht beachtet haben. Aber dann fällt es ihnen ein. Das Bundesgesundheitsamt macht es einem in Deutschland so schwer, die Genehmigung für den Hanfanbau zu erlangen, daß die meisten Forscher gleich abwinken. Und vor allen Dingen, was hilft es, gute Seiten am Hanf zu entdecken, wenn man ihn dann später ohnehin nicht kommerziell anbauen darf?

1993 liegen etwa 10 Genehmigungen für den Anbau in Deutschland vor, die sich allerdings fast ausschließlich auf Museen und botanische Gärten sowie einzelne (!) Pflanzen beziehen. Genehmigungen für größere Flächen sind besonders schwer zu bekommen und mit strengen Auflagen verbunden; an eine Vereinfachung der Verfahren wird derzeit nicht gedacht (vgl. Kapitel 4).

In der heutigen Suchtprävention wird seit langem diskutiert, ob das Betäubungsmittelgesetz nicht sein Ziel verfehlt hat. In bezug auf nachwachsende Rohstoffe ist dies keine Frage: Das Betäubungsmittelgesetz hat es geschafft, Hanf als Nutzpflanze nicht wieder aufkommen zu lassen und gleichzeitig den Genuß von Hanf als Rauschmittel auf nie gekannte Höhen zu führen; nach einer Schätzung gibt es 2 bis 4 Millionen Hanfraucher in Deutschland (Rippchen 1993).

Soweit die geschichtliche Entwicklung in Deutschland. Eine Übersicht über den aktuellen Stand von Hanfanbau,

-nutzung und -forschung in West- und Osteuropa gibt Kapitel 4.

Zum Abschluß des ersten Kapitels einige Zahlen zum weltweiten Naturfaser- und speziell zum Hanfanbau. Tabelle 1 zeigt die Entwicklung des Hanfanbaus in Europa und weltweit im Zeitraum von 1913 bis 1991. Die Weltanbaufläche für Hanf war Ende der 80er Jahre an ihrem Tiefpunkt angekommen (etwa 240 000 Hektar) und hat sich seitdem leicht erholt (1991: 279 000 Hektar). Auch in Frankreich, dem einzigen westeuropäischen Land mit nennenswerten Anbauflächen, ist 1991 erstmalig die Anbaufläche wieder gestiegen, und zwar von 3 000 auf 4 000 Hektar (FAO 1991); 1993 wurden bereits wieder 5 850 Hektar Hanf angebaut (Gsell 1993; vgl. auch Kapitel 4).

Tabelle 1: Entwicklung des Hanfanbaus zur Fasergewinnung in Europa und weltweit (Angaben: in 1000 Hektar)

	1913	1926	1948	1958	1968	1978	1981	1991
Westeuropa	ca. 110	ca. 120	73	30	8	11	ca. 3	ca. 4
Osteuropa	ca. 70	ca. 150	201	150	98	72	ca. 60	ca. 50
Europa	ca. 180	ca. 270	280	180	106	83	ca. 63	ca. 54
Rußland/SU	679	925	556	355	321	130	113	58
Welt	?	?	?	820	636	ca. 500	ca. 450	279

Quellen: Mathieu 1980, Körber-Grohne 1988, FAO 1957 und 1991

Der heutige (1991) Weltanbau von Hanf verteilt sich auf folgende Kontinente: Asien 58,8 Prozent (vor allem China und Indien), die ehemalige UdSSR 20,8 Prozent, Europa 19,4 Prozent (Rumänien, gefolgt mit großem Abstand von Frankreich und Ungarn) und Südamerika (vor allem Chile) 1,4 Prozent (FAO 1991). Zum Vergleich seien die weltweiten Anbauflächen anderer Faserpflanzen kurz aufgeführt: Flachs 1 051 000 Hektar, Hauptanbaugebiete sind die ehemalige UdSSR und seit wenigen Jahren China; Jute und juteähnliche Fasern 2 260 000 Hektar, fast ausschließlich in Asien (FAO 1991).

2 Allgemeine Pflanzendaten

2.a
Botanik

Die folgenden botanischen Informationen zur Hanfpflanze sind, soweit nicht anders vermerkt, der Diplomarbeit von Reuter (1987) entnommen: »Der Hanf bildet zusammen mit dem Hopfen die Familie der Cannabaceae (Cannabinaceae), die zur Ordnung der Urticales zählt. Neuerdings ist die Familie der Cannabaceae eingezogen worden, und ihre Gattungen werden zur Familie der Moraceae gestellt.« Die Frage, ob die Gattung Cannabis mehrere Arten umfaßt oder nur aus einer sehr variablen Spezies besteht, ist strittig. Teils werden Cannabis sativa, C. indica und C. ruderalis unterschieden, teils C. sativa mit Subspezies und C. indica, teils nur Subspezies von C. sativa.

Als Ursprungsgebiet des Hanfs gilt Zentralasien, von wo aus er sich über die ganze Welt – mit Ausnahme von Wüste, Tropen und Polargebiet – verbreitete. Hanf ist eine einjährige Pflanze, die nur einen Stengel bildet, der je nach Sorte und Standort eine Höhe von über 5 Metern erreichen kann und mehr oder weniger verzweigt ist.

Hanf ist eine diözische (zweigeschlechtliche) Pflanze. Die männlichen Pflanzen (Femelhanf) sind schwächer entwickelt als die weiblichen (Hanfhenne), die verzweigter und dichter belaubt sind sowie später reifen. Nicht selten treten geschlechtliche Zwischenformen (Intersexe) auf, die erblich sind. Es lassen sich weibliche Wuchsformen mit weiblichen und männlichen Blüten (feminine Monözisten) bzw. mit ausschließlich männlichen Blüten (feminine Männchen) und männliche Wuchsformen mit weiblichen und männlichen Blüten (maskuline Monözisten) bzw. ausschließlich weiblichen Blüten (maskuline Weibchen) unterscheiden.

Von der 30 bis 40 cm langen, stark verholzten, spindelförmigen Pfahlwurzel zweigen zahlreiche, teils sehr kräftige Seitenwurzeln ab. Sie erreichen eine Länge von 200 cm und durchwurzeln den Boden bis in eine Tiefe von 115 cm, bei guten Böden auch bis 200 cm. Obwohl das Wurzelsystem kräftig erscheint, ist es im Verhältnis zum Ausmaß und der Schnelligkeit, mit der die oberen Teile wachsen, relativ schwach entwickelt.

Der grüne, im Alter verholzende Stengel ist mit Haaren und Drüsen besetzt und hat eine eckige Form. Der Durchmesser beträgt je nach Saatdichte 6 bis 60 mm. Im Phloem (Bastteil) entstehen durch primäres Wachstum 15 bis 35 Faserbündel, die in ein bis zwei Reihen den gesamten Holzteil umschließen. Die primären Faserbündel durchziehen den ganzen Sproß, während die sekundären, die erst später angelegt werden, nur bis zur Hälfte des Stengels reichen und geringerwertig sind. Die Ausbeute an Langfaserbündeln mit bis zu 200 cm Länge und somit der Ertrag an hochwertigem Fasergut hängt also vom Anteil der Primärfaserbündel ab. Durch züchterische Maßnahmen wurde der Faseranteil bereits in den 60er Jahren von etwa 10 Prozent Ausgangsgehalt auf 40 Prozent gesteigert (Themagroep Regionale Ontwikkeling 1982). Heute eingesetzte Sorten haben Fasergehalte von etwa 30 Prozent, mit denen aber hohe Hektarerträge erzielt werden (Du Bois 1981, Gauca 1984, Gauca et al. 1987).

Die langgestielten, tiefgefingerten Blätter mit dunkelgrüner Ober- und blaßgrüner Unterseite setzen sich aus 1 bis 11, in der Regel 5 bis 9 gezähnten, schmal lanzettlichen Blattfingern zusammen. Ober- und Unterseite sind mit Drüsen und Haaren besetzt.

Die kleinen unscheinbaren Blütenstände (Trugdolden bzw. Rispen) befinden sich in den Achseln der oberen Laubblätter. Die männlichen Blüten bestehen nur aus je fünf hängenden Staubblättern und ebensovielen Hüllblättern. Die weiblichen Blüten besitzen ein reduziertes Perianth (Blütenhülle), das den oberständigen, aus zwei Fruchtblättern gebildeten Fruchtknoten basal becherartig umgibt. Sie werden von einem Tragblatt auch bei der Reife kapuzenartig umschlossen. Zwei lange Griffeläste ragen aus dem Tragblatt heraus. Die Bestäubung erfolgt durch den Wind.

Die einsamige, oberständige, rundlich gestielte Schließfrucht wird als Nuß bezeichnet. Sie ist 2 bis 6 mm lang und hat einen Durchmesser von 2 bis 4 mm. Der sowohl bei Licht als auch bei Dunkelheit (tagneutral) keimende Samen besitzt einen hakenartig gekrümmten Embryo, der den größten Teil des Samens einnimmt.

Auf der ganzen Oberfläche der Pflanze, außer auf Samen und Wurzeln, befinden sich Drüsen, besonders dicht auf der Unterseite der Tragblätter entlang der Blattadern und der Blätter im Bereich der Blütenstände, die Harz bilden, das zu 80 bis 90 Prozent aus Cannabinoiden sowie

Querschnittschema eines Hanfstengels.
In den unteren Stengelteilen werden oft zwei, bei sehr dicken Stengeln sogar mehrere Bastfaserringe angelegt.
(Nach: Hofmann, 1957)

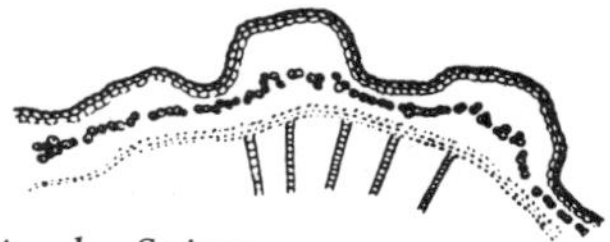

An der Spitze

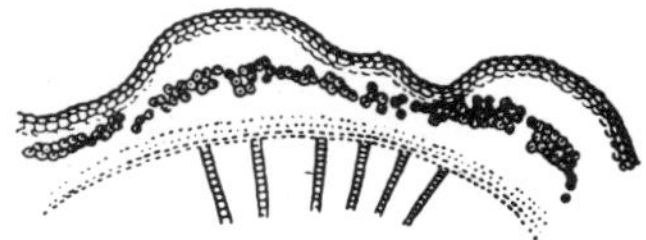

Oberes Drittel

Stengelmitte

Unteres Drittel

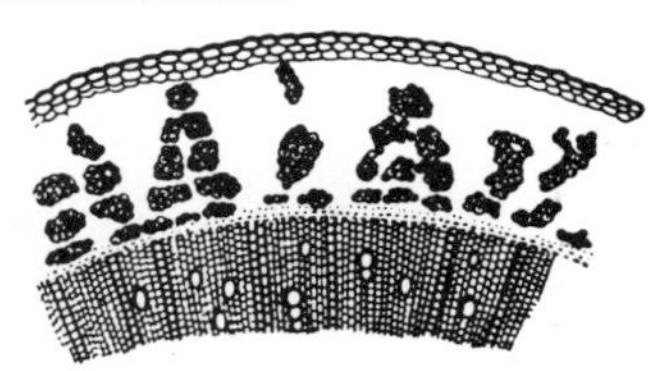

Stengelgrund

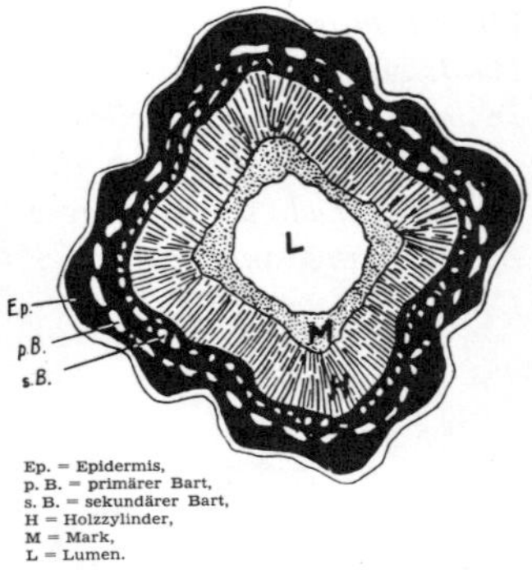

Die Bildung des »sekundären Bastfaserrings« (s. B.) hat für die Festigkeit und Elastizität der Pflanze entscheidende Bedeutung. (Nach: Hofmann, 1957)

ätherischen Ölen, hochpolymeren Phenolen, Terpenen und Wachsen besteht (Reuter 1987). Zur Zeit sind über 61 Cannabinoide bekannt, und noch immer werden neue entdeckt. In größeren Anteilen kommen Cannabidiol (CBD) und Cannabinol (CBN) vor, wobei CBD pharmakologische Verwendung findet (vgl. Abschnitt 3.e). Aus der Gruppe der Tetrahydrocannabinole (THC) stammen die psychoaktiven Cannabinoide des Hanfs.

Die Hüllblätter der Samen enthalten besonders viele Cannabinoide, während der Samen und auch die Fasern frei davon sind (Reuter 1987, Körber-Grohne 1988). Die Sorten, die zur Samen- und Fasergewinnung eingesetzt werden, enthalten nur geringe Mengen des psychoaktiven THC. In der EU sind Hanfsorten zum Anbau zugelassen, deren THC-Gehalt im oberen Blattdrittel unter 0,3 Prozent liegt (EG 1984/1986); bei solchen Sorten kann selbst beim Konsum großer Mengen eine Rauschwirkung ausgeschlossen werden (Katalyse 1994).

Hanf, der zur Fasergewinnung angebaut wird, zeichnet sich gegenüber Drogenhanf nicht nur durch seinen niedrigen THC-Gehalt aus, sondern auch durch seinen vergleichsweise hohen CBD-Gehalt; CBD wirkt als psychischer Antagonist zu THC (Katalyse 1994). Small & Beckstead unterscheiden drei Phänotypen in Abhängigkeit von den jeweiligen THC- und CBD-Gehalten (zitiert nach De Meijer et al. 1992):

Phänotyp		Delta-9-THC	CBD
I	Drogenhanf	über 0.3%	unter 0.5%
II	Zwischentyp	über 0.3%	über 0.5%
III	Nichtdrogenhanf	unter 0.3%	über 0.5%

Eine aktuelle Analyse von knapp 100 Hanfsorten des Drogen-, Zwischen- und Nichtdrogentyps zeigte bei über 60 Sorten THC-Gehalte unter 0,3 Prozent (De Meijer et al. 1992). Die Sorten mit den niedrigsten THC-Gehalten lagen zwischen 0,06 und 0,1 Prozent. Bei 40 Nichtdrogen-Hanfsorten lag das Verhältnis THC zu CBD unter 1:5.

Zur Drogengewinnung geeigneter Hanf weist üblicherweise THC-Gehalte von 1,5 bis 8 Prozent auf (Reuter 1987), das Verhältnis THC zu CBD liegt bei diesen Sorten über 2:1 (De Meijer et al. 1992).

Faser- und Drogenhanf können schon als Jungpflanzen am THC-Gehalt unterschieden werden. Untersuchungen kamen zu dem Ergebnis, daß es anhand von THC-Messungen an Jungpflanzen möglich ist, den späteren THC-Gehalt der reifen Pflanzen vorauszuberechnen (Cortis et al. 1985).

2.b Landwirtschaft

Klima

Hanf wächst am besten in Zonen mit gemäßigtem Klima (13 bis 22 Grad Celsius), verträgt aber auch höhere oder niedrigere Temperaturen. Junge Pflanzen vertragen leichten Nachtfrost von -3 bis -5 Grad Celsius (Themagroep Regionale Ontwikkeling 1982).

Hanf ist für den Anbau in gemäßigten Zonen, im Mittelmeergebiet und in den Subtropen geeignet (Körber-Grohne 1988).

Von der guten Qualität des deutschen Hanfs berichtet Meyer's Konversationslexikon aus dem Jahre 1868: »In Deutschland wird der Hanf vorzüglich in Baden, in der Rheinebene und in den Thälern des Schwarzwaldes gebaut. (...) Auch in Westphalen, Hannover, Thüringen, Schwaben und mehreren Gegenden Deutschlands wird viel und guter Hanf gebaut, versponnen und zu Leinwand verarbeitet.« Selbst weiter im Norden gedeiht Hanf: »Der Königsberger Hanf ist von vorzüglicher Güte (...), die daraus gefertigten Taue oder Netze verfaulen nicht, und er ist deshalb sehr gesucht.«

In Brandenburg finden wir heute verwilderten Hanf, der noch aus dem Anbau zu DDR-Zeiten stammt. Im Sommer 1993 hat die Polizei an mehreren Standorten im Norden Berlins etwa 11 000 wild ausgesamte Hanfpflanzen gerodet und verbrannt (Schillo 1994).

Kurz, das in Deutschland herrschende Klima ist für den Anbau von Faserhanf sehr gut geeignet.

Boden

Hanf stellt keine besonderen Ansprüche an die Bodenqualität und gedeiht fast überall. Er ist als Pionierpflanze und auf Grenzertragsböden kultivierbar. Soll die Hanfpflanze allerdings optimalen Ertrag bringen, so muß man wegen ihres relativ schwachen Wurzelsystems und ihrer schnellen Entwicklung auf reiche Nährstoffzufuhr achten (Reuter 1987). Am besten geeignet sind tiefgründige, humöse, kalkhaltige und stickstoffreiche Böden mit guter Wasserversorgung. Der pH-Wert sollte neutral bis leicht basisch sein. Ungeeignet sind arme Sandböden, schwere Tonböden und stauende Nässe (Körber-Grohne 1988).

Anbau

Zur Fasergewinnung werden bevorzugt monözische Sorten angebaut, weil diese gleichzeitig reifen. Bei diözischen Sorten ist es schwierig, den richtigen Erntezeitpunkt zu bestimmen, weil die männlichen vor den weiblichen Pflanzen reifen (Reuter 1987). Faserhanf wird in Reihenabständen von 15 bis 17 cm und mit einer Saatstärke von 55 bis 70 kg/ha angebaut (Reuter 1987; vgl. auch Tabelle 4).

»Unter normalen Umständen hat Hanf nach der Saat keine Pflege mehr nötig. (...) Das Unkraut hat in diesem dichten Gewächs keine Chance, es wird erstickt« (Themagroep Regionale Ontwikkeling 1982).

Faserhanf unterdrückt bei dichter Saat aufgrund seiner Schnellwüchsigkeit und Konkurrenzkraft sowie seiner schnellen Jugendentwicklung in der Regel alle Unkräuter, so daß Pflegemaßnahmen nur ausnahmsweise im frühen Wachstumsstadium notwendig werden (Reuter 1987).

Nach Dambroth (Hessenbauer 7/1994) ist ein »Herbizideinsatz nicht notwendig. Die Pflanze wächst und schließt den Bestand sehr schnell, daß Unkräutern nicht mehr genügend Licht verbleibt.«

Seine starke Unkrautunterdrückung und der sich damit anbietende völlige Verzicht auf Herbizide machen Faserhanf für eine nachhaltige, ökologische Landwirtschaft interessant.

Wird Hanf primär zur Samengewinnung angebaut, ist wegen des größeren Reihenabstandes (30 bis 40 cm und 12 bis 25 kg Saatgut/ha) mechanische Unkrautbekämpfung nötig (Reuter 1987).

Eine Vegetationsperiode, das heißt die Zeit von der Aussaat bis zur Ernte, dauert beim Hanf etwa 100 Tage (Themagroep Regionale Ontwikkeling 1982), ist also gleich lang wie die von Lein und Raps (CMA 1989, Fischbeck et al. 1982). Seine Aufzucht hingegen ist erheblich unproblematischer. Denn: »Raps ist aufgrund seiner geringen Konkurrenzkraft im Jugendstadium durch Unkräuter besonders gefährdet« (Götz und Konrad 1987). Und auch Lein bedarf größerer Pflege; um Unkrautdurchwuchs entgegenzuwirken, wird er in der Regel mit Herbiziden behandelt (Henrichsmeyer und Tschmarke 1991), auch wenn er im übrigen, wie angemerkt werden soll, auch statt mit Herbiziden mit mechanischer Beikrautregulierung anzubauen ist. Ökolin hat in Deutschland Leinengarn aus ökologischem Flachsanbau hergestellt (Keller 1993).

Vergleichende Untersuchungen zeigten, daß der Hanf von allen Faserpflanzen den geringsten Arbeitsaufwand pro Hektar und Jahr erfordert. Der Arbeitsaufwand bei Baumwolle und Flachs ist etwa doppelt so hoch wie bei Hanf (Andreae 1980).

Zusammenfassend kann man sagen, daß Hanf eine Reihe günstiger landwirtschaftlicher Eigenschaften aufweist, die ihn auch für eine nachhaltige, ökologische Landwirtschaft geeignet erscheinen lassen. Hanf ist:
- sehr gut an das mitteleuropäische Klima angepaßt;
- sehr robust;
- unkrautunterdrückend (auf Herbizide kann vollständig verzichtet werden);
- kaum anfällig für Schädlingsbefall (auf Pestizide zu verzichten, ist weitgehend möglich);
- bodenverbessernd;
- sehr gut zur Erweiterung der Fruchtfolge als Vor- und Zwischenfrucht geeignet
- und hat außerdem relativ hohe Erträge.

Zur Frage, ob auch mit einer ökologisch verträglichen Düngung hinreichend hohe Erträge erzielt werden können, liegen derzeit noch keine empirischen Untersuchungsergebnisse vor.

Pionierpflanze

»Für Neuumbruch und als Pionierpflanze zur Niedermoor- und Ödlandkultivierung hat sich Hanf nach Hoffmann (1957) hervorragend bewährt, auch deswegen, weil alles Unkraut in einem Hanffeld vollständig unterdrückt wird (allein durch die Höhe und Dichte des Bestandes)« (Körber-Grohne 1988); außerdem wird dadurch die Bodenstruktur verbessert. Seine Eignung als Pionierpflanze ist in Deutschland heute allerdings nicht von Bedeutung.

Bodenverbesserer

»Die Pflanze wächst hoch auf und hat oben eine geschlossene Blätterdecke. Durch diese Wuchsweise entsteht ein ideales feuchtes Klima für allerlei Schimmelpilze. Dies wirkt sich positiv auf die Stimulierung der Bodenflora und -fauna aus. Der Boden trocknet nicht aus, das Milieu in und auf dem Boden ist stabil. Dies wird einer der Faktoren sein, der für die gute Bodenstruktur verantwortlich ist, die der Hanf zurückläßt.« Der Hanf verbessert durch seine tiefgehenden und feinverzweigten Wurzeln die Bodenqualität. (Themagroep Regionale Ontwikkeling 1982)

Selbstverträglichkeit

Hanf zeichnet sich durch sehr gute Selbstverträglichkeit aus, er kann also mehrmals hintereinander an derselben Stelle angebaut werden (Fischbeck et al. 1982). Schlipfs (1908) schreibt dazu: »Der Hanf ist eine mit sich selbst sehr verträgliche Pflanze; in vielen Gegenden hat man besondere Äcker, welche alle Jahre mit Hanf angebaut werden.«

Dagegen ist beispielsweise Lein selbstunverträglich, er sollte nur alle 5 bis 7 Jahre an derselben Stelle angebaut werden (BML 1990). Auch Baumwolle ist selbstunverträglich. »Spätestens im dritten Jahr wäre der Anbau auch bei hohen Handelsdüngergaben und 12maligem Spritzen auf Grund von Ertragsdepressionen unrentabel« (Enquête-Kommission 1993).

Die hohe Selbstverträglichkeit von Hanf darf allerdings nicht dazu verführen, ihn in Monokulturen anzubauen. Da er hervorragende Vor- und Zwischenfruchteigenschaften aufweist, macht sein Anbau in Monokulturen wenig Sinn.

Fruchtfolgeeigenschaften

Hanf paßt sich als Vor- und Zwischenfrucht sehr gut in Fruchtfolgen ein. »Als Vorfrucht ist Hanf sehr zu loben. Er hinterläßt infolge seiner dichten Beschattung den Boden in der Regel frei von Unkraut und in einem Zustand der Gare, wie wir ihn nicht besser wünschen können« (Becker-Dillingen 1928 nach Themagroep Regionale Ontwikkeling 1982).

Allgemein wird der hohe Vorfruchtwert des Hanfs hervorgehoben. Er unterdrückt durch seine Schnellwüchsigkeit das Unkraut, lockert aufgrund seines großen Wurzelsystems den Boden, fördert die Gare, ist frühräumend und hinterläßt den Boden in gesundem Zustand, gut aufbereitet zur Direktsaat des Wintergetreides (Reuter 1987).

Schlipfs (1908) schreibt: »Hanf gerät gut nach Hackfrüchten. (...) Nach Hanf stehen Raps und Lein sehr günstig. (...) Er hinterläßt ein ganz reines Feld, weil er kein Unkraut unter sich aufkommen läßt.«

Hanf wurde beispielsweise in folgenden Fruchtfolgen angebaut (Andreae 1980):
Mittelrussische Waldsteppe: Hanf / Zuckerrüben / Hanf / Kartoffeln / Hanf / Ackerbohnen
Untere Poebene: Hanf / Winterweizen / Luzerne / Hanf / Rüben oder Tabak
Kampanien: Hanf / Körnermais oder Bohnen mit Lupinengründüngung / Hanf

Aktuelle Erfahrungen aus Polen bestätigen die hervorragenden Eigenschaften des Hanfs als Zwischenfrucht (Lingen 1993). Auch wird wiederholt berichtet, daß man Hanf im Fruchtwechsel als Stickstoffsammler einsetzen kann (Lingen 1993, Ayres 1993).

Ohne Zweifel kann Hanf die Fruchtfolge in Mitteleuropa bereichern, da er mit praktisch allen Nutzpflanzen verträglich ist und die Bodenstrukturen für Folgepflanzen sogar verbessert. Es liegt daher nahe und ist aus ökologischer Sicht unbedingt zu empfehlen, Hanf nicht in Monokulturen, sondern im räumlichen und zeitlichen Wechsel mit anderen Nutzpflanzen anzubauen.

Seine Eignung zur nachhaltigen, ökologischen Landwirtschaft unter Fruchtfolgegesichtspunkten ist hoch einzuschätzen.

Dünge- und Wasserbedarf

Aufgrund seines schnellen Wachstums und seiner hohen Erträge gehört Hanf nicht zu den bescheidenen Nährstoffzehrern. Welche Düngegaben jedoch in der Praxis unter Ertrags- und Qualitätsgesichtspunkten bzw. unter ökologischen Aspekten notwendig und vertretbar sind, kann derzeit nur unzureichend abgeschätzt werden. Die Angaben in der Literatur gehen weit auseinander, wie Tabelle 2 zeigt.

Tabelle 2: Der Düngerbedarf von Hanf im Vergleich

Pflanze	N (kg/ha)	P_2O_5(kg/ha)	K_2O(kg/ha)
Hanf	85 - 150	40 - 120	70 - 200
Lein	0 - 60	70 - 100	80 - 120
Baumwolle	80 - 120	20 - 40	0
Raps	180 - 220	120	140 - 180
Sonnenblume	60	?	?
Mohn	60 - 80	?	?
Winterweizen	100 - 180	90 - 120	120 - 160

Quellen: Reuter 1987, CMA 1989, Enquête-Kommission 1993, Fischbeck et al. 1982, Götz 1987, Gsell 1993, Gauca et al. 1987

Rumänische Arbeiten zeigen, daß der Ertrag pro Hektar in Abhängigkeit von der Düngezufuhr steigt. Gauca et al. (1987) fanden ohne Düngung einen Stengelertrag (grünes, trockenes Stroh) von 7,44 t/ha und mit Düngung (150 kg N, 120 kg P_2O_5, 120 kg K_2O/ha) von 9,34 t/ha. An einem anderen Standort lag der Ertrag ohne Dünger bei 4,32 t/ha und mit denselben Düngergaben bei 7,54 t/ha. In der Regel sind die hohen Düngegaben allerdings mit schlechterer Faserqualität und der Gefahr von Sturmschäden verbunden.

Neue Untersuchungen aus dem Westen nennen geringere Mengen. Gsell (1993) schreibt: »Der Nährstoffbedarf liegt je nach Ertragsniveau innerhalb folgender Werte: N: 85 bis 145 Kilo pro Hektar, P_2O_5: 40 bis 60 Kilo pro Hektar, K_2O: 70 bis 120 Kilo pro Hektar, CaO: 130 bis

200 Kilo pro Hektar, MgO: 14 bis 25 Kilo pro Hektar. Flüssiger Hofdünger eignet sich besonders gut im Frühsommer, weil der Hauptbedarf für Stickstoff und Kali vor allem in den ersten zwei Wachstumsmonaten liegt.«

Dambroth, der umfangreiche Untersuchungen über Stickstoffdüngung und Ertrag/Faserqualität durchführt (siehe Kapitel 4.), deren Ergebnisse im Sommer 1994 vorliegen sollen, teilte vorab dem Hessenbauer (7/1994) mit: »Die Ansprüche an Mineraldüngung sind geringer als bei Getreide. Die FAL (in Braunschweig) hat mit einer Düngung von 40 kg N/ha die besten Erfahrungen gemacht.«

Bezüglich Ernährungsstörungen zeigt sich Hanf – im Gegensatz zu den meisten anderen Kulturpflanzen – nur gegenüber Stickstoff- und Kupfermangel empfindlich. (Spar et al. 1990)

Hanf hat einen hohen Wasserbedarf. In niederschlagsarmen Gebieten in Spanien werden zur Bewässerung 9 000 bis 10 000 Kubikmeter Wasser/ha benötigt (Reuter 1987).

Definitive Aussagen über den Düngerbedarf in der Praxis und eine Eignung des Hanfs in einer nachhaltigen, ökologischen Landwirtschaft sind derzeit nicht möglich. Weitere Untersuchungen hierzu sind erforderlich.

Schädlingsbefall

»Bei Hanf gibt es in Frankreich keine Unkrautbekämpfung, keine Parasiten und keine besonderen Krankheiten« (Beherec 1993). »Gegenüber Pilzkrankheiten zeigt Hanf eine sehr geringe Anfälligkeit« (Reuter 1987, S. 35).

Hanf wird gelegentlich von parasitären Samenpflanzen befallen: Cuscuta europea und Orobancha ramosa. Sorgfältige Saatgutreinigung, Kalidüngung und resistente Sorten schränken einen möglichen Befall ein (Reuter 1987).

Tierische Schädlinge treten selten und vereinzelt auf und sind leicht in den Griff zu bekommen. Die wichtigsten Schädlinge sind Aphidiae-, Halticinae- und Noctuidenarten, die Larven von Ostrinia nubilalis und Tipula oleraceae (Reuter 1987).

Auch das Bundeslandwirtschaftsministerium schreibt in seiner Antwort auf eine Anfrage der Grünen (Deutscher Bundestag 7.12.93): »Im großen und ganzen ist der Hanf eine Pflanze, die wenig von Krankheiten und Schädlingen heimgesucht wird. In der älteren Literatur wird über einige Pilzkrankheiten (z.B. Fußkrankheiten, Mehltau, Fusariosen) und unspezifische tierische Allgemeinschädlinge (Drahtwurm, Larven der Wiesenschnake) berichtet.«

Das *Katalyse-Institut* wird im Sommer 1994 eine umfassende Analyse über potentielle Schädlinge der Hanfpflanze vorlegen.

Ob und in welchem Umfang Fungizide oder Insektizide in der Praxis notwendig sind, kann erst nach Versuchen auf größeren Anbauflächen abschließend beurteilt werden (Dambroth, in: Hessenbauer 7/1994).

Andere Faserpflanzen sind für Schädlinge wesentlich anfälliger. Die Ernteverluste können etwa bei Flachs, insbesondere durch Pilzbefall, beträchtlich sein (Henrichsmeyer und Tschmarke 1991). Bei Baumwolle gehen weltweit trotz Pflanzenschutzmitteln etwa 50 Prozent der Ernte durch Schädlinge verloren (Schütt 1972).

Die Eignung von Hanf zur nachhaltigen, ökologischen Landwirtschaft unter dem Gesichtspunkt Schädlingsbefall/Pestizide ist vermutlich hoch.

Erfahrungen des letzten deutschen Hanfbauers

Martin Butter, der als letzter Hanfbauer in Westdeutschland den Hanfanbau 1982 aufgeben mußte (vgl. Kapitel 1.b), faßt seine Erfahrungen folgendermaßen zusammen (Butter 1994):

»Dort, wo der Hanf in der Landwirtschaft heimisch war, gab es fast nur positive Urteile in bezug auf Fruchtfolge, Ertragsergebnisse sowie der Wertung der Eigenschaften des Hanfs in der Ökobilanz.«

Als wesentliche Voraussetzungen eines erfolgreichen Hanfanbaus nennt er:

- tiefgründige, humusreiche, durchlässige Anbauflächen;
- eine tiefe Winterfurche vor dem Anbau;
- vor der Saat eine ausgewogene Düngung, ein etwas höherer Stickstoffanteil für das erste Drittel der Vegetationszeit (Kalkamonsalpeter, kein Kalkstickstoff);
- Aussaat Anfang Mai auf den trockenen Acker, Aussaattiefe ca. 4 cm, sofortiges Walzen der bestellten Fläche;
- für die Hanfpflanzen ist eine Höhe von 200 bis 250 cm optimal;
- Hanf zur Samengewinnung schließt einen guten Faserertrag aus.

Schlecht für den Hanfanbau seien:

- Böden, die stauende Nässe aufweisen (z.B. Lehm, Ton);
- verdichtete Oberflächen;
- zu frühe Aussaat (Anfang April);
- zu hohe Stickstoffgaben, um die in der Literatur genannten Wachstumshöhen von 300 bis 400 cm zu erreichen;
- Hanf mit einer Länge von über 250 cm ist für die Fasergewinnung nicht geeignet;

- lückenhafter Pflanzenbestand ermöglicht Unkrautbewuchs oder eine Verästelung der Pflanzen, was eine enorme Wertminderung und Ertragseinbußen mit sich bringt;
- Überdüngung mit Stickstoff kann dazu führen, daß die Pflanzen, wenn sie noch nicht verholzt sind, bei Sturm und Hagel umknicken und nicht mehr verwertet werden können.

Ernte

Nach etwa 100 Tagen kann der Hanf geerntet werden. Bei diözischen Pflanzen ist es schwierig, den optimalen Erntezeitpunkt zu bestimmen, weil die männlichen Pflanzen zwischen einer bis vier Wochen vor den weiblichen Pflanzen erntereif sind, während monözische Sorten gleichzeitig reifen (Reuter 1987).

»War früher die Ernte mit dem Haumesser üblich, werden heute entweder Mähbalken mit einem Teilerzusatz oder spezielle Hanfmähbinder, die eine Flächenleistung von 1,4 ha/h besitzen, eingesetzt« (Reuter 1987, S. 36).

Man unterscheidet drei Verfahren:

»1. Schnitt mit einem Hanfmähbinder. Sodann werden 15 bis 20 Garben zu einer Puppe zusammengestellt und auf dem Feld mehrere Tage trocknen gelassen. Anschließend werden sie entweder an eine Fabrik geliefert, wo die Samen ausgedroschen und die Fasern gewonnen und verarbeitet werden, oder der Hanf wird auf dem Feld gedroschen, nochmals getrocknet, nach Stengellänge sortiert und zu Bündeln mit einem Durchmesser von 13 bis 15 cm zusammengebunden. Diese werden nach dem Abschneiden der obersten 20 cm, die nur kurze Fasern enthalten, der Wasserröste unterworfen.

2. Hierbei wird der Hanf im Schwad gemäht, zwei bis vier Tage getrocknet und anschließend mit einem Mähdrescher gedroschen. Nun wird das Hanfstroh gleichmäßig dünn verteilt und eventuell mehrmals gewendet, so daß durch Pilze und Bakterien die Tauröste vollzogen werden kann.

3. Der zur Papierproduktion angebaute monözische Hanf wird 100 bis 120 Tage nach der Saat, am Ende der Blüte, bei möglichst wenig Wind geschnitten. Hierzu wird entweder ein Mähbalken mit angebautem Hanfteiler oder ein mit einem Knickzetter kombinierter Kreiselmäher verwendet. Nach mehrmaligem Wenden wird das trockene Hanfstroh gepreßt. Hierzu wird entweder eine normale robuste HD-Presse oder eine Rundballenpresse benutzt. Bei Verwendung von ersterer müssen aufgrund der starken Be-

lastung Messer, Gegenmesser und Kolben öfter kontrolliert und die Messer häufig geschliffen werden. Wird eine Rundballenpresse benutzt, ist eventuell eine Erhöhung der Messerzahl erforderlich« (Reuter 1987, S. 38).

Den geernteten Hanf bewahrte man früher in Scheunen auf. Der Raumbedarf ist dabei erheblich, 60 bis 90 Kilo Hanfstengel erfordern einen Lagerraum von 1 Kubikmeter (Schönefeld 1955).

In der UdSSR wurden 1990 neue Maschinen für die mechanische Ernte von Hanf vorgestellt. Die Stengel werden von der Erntemaschine ZhK-1.9 abgeschnitten und in Schwaden ausgebreitet, von einem Hanfaufnehmer eingesammelt und zu Bündeln verschnürt. Mit einer Ballenpresse werden die Bündel zu Ballen mit einem Gewicht bis zu 200 Kilo für den Transport in die Hanfmühle geformt (Galygin et al. 1990).

Ebenfalls 1990 wurde in Ungarn die selbstfahrende Erntemaschine HNB-1400 entwickelt. Sie kann die Stengel schneiden, bündeln und transportieren (Harangozo und Takacs 1990).

In einer aktuellen Arbeit aus Holland werden acht unterschiedliche Erntemethoden in Bezug auf Kosten, Ausbeute und Qualität miteinander verglichen (Bolkestein et al. 1991).

Erträge

Typische Erträge einer Hanfernte in Holland zeigt Tabelle 3. Während der Faserertrag um die Jahrhundertwende 700 bis 800 kg Faser/ha betrug, liegen gute Erträge heute bei 2 500 bis 2 600 kg Faser/ha (Bredemann 1961, Du Bois 1981, Gauca et al. 1987, Shcherban' 1992). Die FAO weisen in ihrem Bericht von 1991 weltweit Fasererträge zwischen 400 und 5 700 kg/ha aus. Erträge zwischen 1 200 und 1 600 kg/ha werden in vielen Gegenden der Erde mit verschiedenen Sorten erzielt. Sofern es sich dabei nicht um einen Erhebungsfehler handelt, liegen die welthöchsten

Tabelle 3:
Ernteertrag und gewonnene Rohstoffe aus Faserhanf

Feuchtgewicht Gesamtpflanze	50 000 - 60 000 kg/ha
Grünes Stroh (trocken)	9 600 kg/ha
Stroh nach Tauröste	7 680 kg/ha
Fasern	2 370 kg/ha
Schäben	3 920 kg/ha
Blattspreu, Samen, Schmutz, Staub	860 kg/ha

Quelle: Du Bois (1981)

Fasererträge 1989 in Spanien sogar bei 5 694 kg/ha (FAO 1991).

Backe (1936) erzielte durchschnittliche Samenerträge zwischen 0,8 und 1,2 Tonnen pro Jahr und Hektar. Laut Dambroth (Hessenbauer 7/1994) liegt in unseren Breiten der Faserertrag bei 2500 bis 3000 kg/ha. Es scheint möglich, den Gesamtfaserertrag auf 4000 kg/ha zu steigern.

Selbst wenn man nur die vielfach belegten Werte von 2 500 bis 2 600 kg Faser/ha zum Vergleich heranzieht, zeichnet sich deutlich ab, daß Hanf höhere Hektarerträge als beispielsweise Flachs oder Baumwolle erbringt. Die Fasererträge von Flachs (CMA 1989, Seehuber 1993, Keller 1993) und Baumwolle (Franke 1992) liegen unter guten Bedingungen bei etwa 1500 bis 2000 kg/ha (Flachs, Gesamtfaser) und bis zu 1000 kg/ha, meist jedoch eher bei 800 kg/ha (Baumwolle).

Die Tausendkorngewichte verschiedener Hanfsorten und anderer Pflanzen zeigt Tabelle 4. Aus Tausendkorngewicht, Gesamtsamenertrag und Saatdichte läßt sich abschätzen, welcher Anteil der Samenernte zur erneuten Aussaat abgezweigt werden muß.

Sonstige Eigenschaften

Hanf wird seit Jahrhunderten in der Rübenzucht als Isolationspflanze (Blütenstaubisolator) eingesetzt. Dank schnellen Wachstums, hoher Blätterdichte und klebriger Blätter bildet Hanf den idealen pflanzlichen Schutzwall gegen un-

Tabelle 4: Tausendkorngewichte verschiedener Nutzpflanzen

Pflanze	Tausendkorngewicht	Saatdichte (1000 Samen/ha)
Hanf Wildform	3 - 15 g	–
Hanf monözisch (Faser)	12 - 16 g	3 700 - 5 000
Hanf diözisch (Samen)	16 - 26 g	500 - 1 000
Hanf monözisch tetraploid	25 - 26 g	?
Raps	4 - 6,5 g	800
Rübsen	2 - 4 g	1300
Flachs	4 - 7 g	16 000 - 22 000
Öllein	5,4 - 14 g	8 000 - 11 000
Sonnenblume	60 - 120 g	1 800
Senf	6 - 9 g	1 000
Mohn	0,6 g	1700 - 2 500

Quellen: Reuter 1987, Sidorenko und Shcherban' 1987, Fischbeck et al. 1982, Henrichsmeyer und Tschmarke 1991 gewollte Fremdbestäubung der Rüben. Da der Hanf in unseren Breiten für diese Aufgabe von keiner anderen Pflanze ersetzt werden kann, gibt es explizite Anbausondergenehmigungen für Rübenzüchter. Anfang der 90er Jahre waren auf Initiative eines bayrischen Politikers selbst diese gefährdet. Der derzeitige Stand ist, daß Sondergenehmigungen weiterhin erteilt werden, aber die Hanfwälle und der rechtzeitige Erntezeitpunkt mit der örtlichen Polizei abgestimmt werden müssen.

Früher wurden Hanfhecken um die Felder herum gepflanzt, um Schädlinge fernzuhalten. Diese Wirkung mag damit zusammenhängen, daß Hanföl sich als biologisches Schädlingsabwehrmittel eignet (vgl. Abschnitt 3.e).

Neue Untersuchungen bezeichnen Hanf als bislang besten Blattlieferanten für hochwertigen Kompost für die Pilzzucht: Die Hanfblätter senken den Nematodenbefall und fördern die Myzelbildung (Grewal 1989).

Dank seines hohen Kieselgurgehalts kann der Hanfzellsaft bei Schleifmitteln Verwendung finden (Chènevotte Habitat 1993).

Hanf kann auch auf schwermetallbelasteten Böden angepflanzt werden. Ohne zu wissen, daß der Anbau in Deutschland genehmigungspflichtig ist, begann Professor Megnet, Universität Oldenburg, Anfang der 80er Jahre mit Hanfanbauversuchen. Nach kurzer Zeit gab es nicht zu lösende Probleme mit der Polizei, obwohl die angebauten Sorten nur sehr geringe THC-Gehalte aufwiesen; Megnet brach bald darauf seine Arbeiten zur Hanfforschung (Megnet 1993) wegen der kaum erfüllbaren Auflagen ab.

Dennoch war eine Diplomarbeit zustande gekommen, die interessante Ergebnisse zutage förderte. Megnet und seine Studenten betrieben Hanfanbau auf schwermetallbelasteten Klärschlammböden, auf denen keine Nahrungsmittelpflanzen angebaut werden durften. Das Ergebnis: Hanf holt große Mengen Schwermetalle aus den Böden und reichert sie in den nicht verwertbaren Teilen, vor allem den Blättern, an. Die Faser selbst bleibt schwermetallfrei und kann wie üblich genutzt werden, während die Blätter, hochangereichert mit Schwermetallen, auf Deponien verbracht werden müssen.

Hanf eignet sich also zum Anbau auf Böden, die wegen ihrer Belastung nicht für den Nahrungsmittelanbau zugelassen sind.

Fazit Hanf bietet vielfältige Vorteile für die Landwirtschaft: Er zeichnet sich – je nach Sorte – durch seine hohen Erträge als Faser- bzw. Ölpflanze aus. Da die Hanfpflanze sehr robust und widerstandsfähig ist, sind nur in Ausnahmefällen Pflanzenschutzmittel notwendig, auf Herbizide kann vollständig verzichtet werden. Hanf ist gut an unser Klima angepaßt, fügt sich vorzüglich in Fruchtfolgen ein und verbessert die Bodenstruktur. Der Arbeitsaufwand für den Hanfanbau ist vergleichsweise niedrig, der Ernteaufwand liegt bei Verwendung moderner Maschinen auf Normalniveau. Durch Züchtung lassen sich die ohnehin guten Erträge wahrscheinlich noch verbessern beziehungsweise ohne umweltschädigenden Kunstdüngereinsatz erzielen.

Insgesamt bietet Hanf interessante Möglichkeiten für die deutsche und mitteleuropäische Landwirtschaft, insbesondere auch für eine nachhaltige ökologische Anbauweise.

Nutzung 3

3.a Fasernutzung

Der heute in Europa genutzte Faserhanf wird hauptsächlich in den ehemaligen Ostblockstaaten Rumänien, Bulgarien, Ungarn und in Ländern der GUS angebaut. In Westeuropa gibt es in Frankreich und Spanien und neuerdings auch in England kleine Anbaugebiete (vgl. Kapitel 4).

Wie in Abschnitt 2.b berichtet wurde, kann heute bei optimiertem Anbau mit Fasererträgen von 2500 bis 3000 kg/ha ausgegangen werden. Pro Hektar wird also bei Hanf deutlich mehr geerntet als bei Flachs oder Baumwolle (vgl. Tabelle 6). Hanf ist ohne Frage die ertragreichste Faserpflanze, die in unseren Breiten angebaut werden kann.

Tabelle 5: Welternteertrag natürlicher Zellulosefasern aus Hanf (Angaben: in 1 000 Tonnen)

1950	1955	1960	1965	1971	1984	1989	1991
948	460	340	330	269	164	163	205

Quellen: Ullmann 1975, Reuter 1987, FAO 1991

Hanffasern gehören wie die Fasern von Jute und Flachs zu den Bastfasern, die in den Stengeln zwischen Holz und Rinde der Pflanzen eingebettet sind. Die Hanffaser ähnelt in ihrem Aussehen der Flachsfaser. Durch primäres Wachstum entstehen im Phloem (Siebteil der pflanzlichen Leitbündel) 15 bis 35 Faserbündel, die bis zu 42 mm lang werden können. Die Ausbeute an Langfaserbündeln hängt vom Anteil der Primärfasern ab. Früher wurden zur Herstellung von Textilien und Papier ausschließlich Langfasern genutzt. Aufgrund der technologischen Weiterentwicklung in der Papierindustrie wäre es heute technisch möglich, die gesamte Pflanze zu nutzen. Zur Fasergewinnung werden hauptsächlich monözische (einhäusige) Sorten angebaut, da diese einen bis zu 50 Prozent höheren Faserertrag als diözische (zweihäusige) Sorten erzielen.

Tabelle 6 zeigt die Bastfaser des Hanfs im Vergleich mit anderen Pflanzenfasern.

Tabelle 6: Pflanzenfasern im Vergleich

	Länge der Faser (cm)	Durchm. der Faser (mm)	Länge der Zelle (mm)	Durchm. der Zelle (µm)	Faser-feinheit (Denier)	Faser-festigkeit (MPa)	E-Modul (MPa)	Bruch-dehnung (%)	guter Jahres-ertrag pro Hektar (kg Gesamtfaser)
Hanf	100 - 300	?	5 - 55	10 - 51	3 - 20	580	12,7	4,7	3000
Flachs	20 - 140	0,04 - 0,62	4 - 77	5 - 76	1,7 - 17,8	254 - 390	12 - 26	1,3 - 2,8	2000
Sisal	60 - 100	0,1 - 0,46	0,8 - 8	7 - 47	9 - 406	507 - 835	16 - 37	2,8	2800
Jute	150 - 360	0,03 - 0,14	0,8 - 6	5 - 25	13 - 27	320	19 - 35	2,4	2200
Baumwolle	Größenord. wie Zelle	-	15 - 56	12 - 25	1 - 3,3	350	11	6 - 10	800 - 1000

Quellen: Andreae 1980, Batra 1985, Fölster/Daimler Benz 1993, Seehuber 1993, Keller 1993, ergänzt

Fasergewinnung

Hanffasern werden durch biologischen oder chemischen Aufschluß oder auf rein mechanischem Wege gewonnen. Unter dem biologischen Aufschluß werden die sogenannten Rösteverfahren zusammengefaßt, die schon seit dem Mittelalter praktiziert werden. Hierbei wird der Hanf durch die auf dem Material befindlichen Taurösteerreger (verschiedene Bakterien und Pilze) von den Pektinstoffen befreit, die Faserbündel werden freigelegt und vom Holzkörper getrennt sowie die in der Mittellamelle enthaltenen Stoffe fermentativ abgebaut.

Bei der *Tauröste* werden die Hanfstengel in gleichmäßig dünner Schicht auf dem Boden ausgebreitet und der fermentative Prozeß durch den natürlich vorkommenden Tau in Gang gesetzt. Der Vorgang dauert je nach Temperatur und Witterung einige Wochen oder Monate. Aufgrund der langen Röstdauer hat dieses Verfahren in der Vergangenheit kaum Verbreitung gefunden. Unter heutigen ökologischen Gesichtspunkten gewinnt die Tauröste aber wieder Bedeutung, in Deutschland beispielsweise beim Flachsanbau. Dazu trägt auch bei, daß transportable Maschinen entwickelt wurden, mit denen die Faserabtrennung direkt auf dem Feld bewerkstelligt wird (Keller 1993).

Die *Kaltwasserröste* wird in fließenden oder stehenden Gewässern oder Kanälen und Gräben durchgeführt, wobei die Hanfbündel getaucht werden. Je nach Temperatur dauert die Röste zwischen acht Tagen und einigen Wochen. Dieses Verfahren findet heute modifiziert in Stahlbetonkammern (die bis zu 9 Tonnen Hanfstengel aufnehmen können) in geschlossenen Räumen unter Verwendung von warmem Wasser (30-40 °C) statt. Eine solche *Warmwasserröste* dauert drei bis vier Tage und verursacht beträchtlichen Gestank.

Der Hanf wird nach der Röste getrocknet, anschließend gebrochen und gehechelt. Beim Hecheln werden die Hanfstengel mechanisch bearbeitet, wobei eine Entholzung durch Schaben und Schütteln vorgenommen wird, bei welcher man am Ende etwa 30 bis 40 Prozent Langfasern (Hechelhanf) und 55 bis 65 Prozent Kurzfasern (Hechelwerg) gewinnen kann (Schönefeld 1955).

Tabelle 7: Moderne Faseraufschlußverfahren im Überblick

Aufschlußverfahren	Chemikalien	Faserausbeute	Abfallaufkommen
Thermomechanisch (TMP)	keine	ca. 95 Prozent	ca 5 % biologisch abbaubar
Chemisch-thermomechanisch (CTMP)	wenig; zur Vorbereitung Natronlauge	ca. 80 Prozent	ca. 20 Prozent aufgelöst im Chemikalienrest
Aufschluß mit Enzymen und Schimmelpilzen (moderne Röste)	keine	80 Prozent der Bastfasern mit niedrigem Energieverbrauch, hohe Faserqualität	Reststoffe können für andere Verwendungen genutzt werden (Kompost, Bauplatten, Brennstoff)
Organosolv	organische Lösungsmittel (Ethanol, Methanol)	80 Prozent	organische Lösungsmittel werden zurückgewonnen; Abfälle können möglicherweise verwertet werden
Extrusion	Natronlauge oder organische Lösungsmittel	40 - 95 Prozent, abhängig vom angewendeten Verfahren	5 - 60 Prozent, abhängig vom angewendeten Verfahren
Alkalisch	Natronlauge	40 - 70 Prozent, abhängig von der Prozeßsteuerung	30 - 60 Prozent; Abfälle werden verbrannt; Mineralien können z. B. als Bauplatten genutzt werden

Quelle: de Groot / de Smet 1990 (modifiziert)

Abbildung 3: Mechanische Bastfasergewinnung

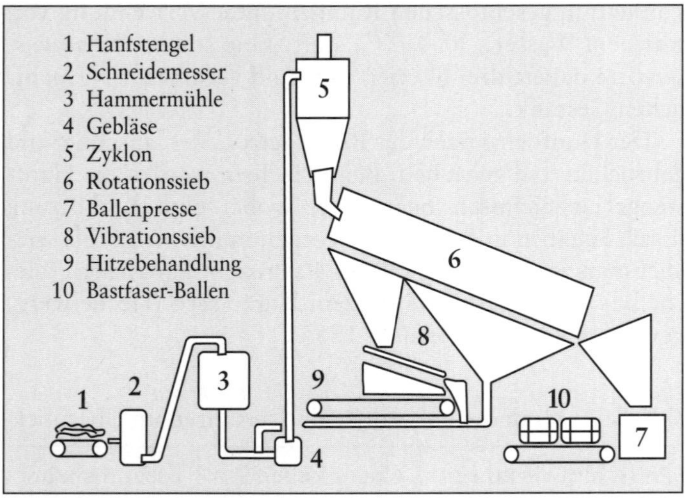

Quelle: N.N., Tappi 1991

Kalt- und Warmwasserröste sind unter ökologischen Gesichtspunkten negativ zu bewerten aufgrund ihrer hohen organischen Abwasserbelastung (hoher chemischer Sauerstoffbedarf CSB), die früher in Deutschland zu regelmäßigen Fischsterben führte. In Verbindung mit einer modernen Abwasserbehandlung kann die Röste durchaus zu einem umweltfreundlichen Verfahren werden, was von Interesse ist, da die Röste eine sehr hochwertige Faser liefert.

In den letzten Jahrzehnten wurden neue Verfahren zum Faseraufschluß entwickelt. Die Verfahren beziehen sich zwar häufig zunächst nur auf Flachs, können aber in der Regel auch auf Hanf übertragen werden. In Holland und Frankreich wurde dies teilweise schon realisiert. Tabelle 7 zeigt die wichtigsten modernen Faseraufschlußverfahren für die Textil- und Papierherstellung im Überblick.

Ein neues, in Deutschland entwickeltes Verfahren arbeitet mit Ultraschall und soll bald praxistauglich sein und zum Einsatz kommen.

Textilbereich

Bei den natürlichen Zellulosefasern gibt es viele Arten, man unterscheidet zwischen Pflanzenhaaren, Bast- und Hartfasern. Baumwolle, die zur Gruppe der Pflanzenhaare gehört, kommt die größte Bedeutung bei der Herstellung von Textilien zu, sie hat einen Anteil von über 50 Prozent. Neben dem Flachs kommt dem Hanf die größte Bedeutung unter den Bastfaserpflanzen in den gemäßigten Zonen zu.

Die gröbere Hanffaser ist auch heute noch für einige Zwekke in der technischen Industrie unersetzlich.

Die Hanffaser gehört zu den Bastfasern und liefert eine der festesten und dauerhaftesten Naturfasern, die vor allem zur Herstellung von Segeltüchern, Tauen und Seilen und wegen ihrer großen Feuchtebeständigkeit geschätzt werden. Hanf ist heute von billigeren Naturfasern wie Jute und Kunstfasern weitgehend verdrängt worden.

Schönefeld (1955) beschreibt die Eigenschaften der Hanffaser wie folgt:

Faserfestigkeit: »Bei 10 mm Einspannlänge im Reißprüfer konnten Einzelfaserfestigkeiten von 46 bis 72 Reißkilometer festgestellt werden. Bei Hanf handelt es sich also um die festeste einheimische Naturfaser.«

Dehnung: »Die Dehnung beträgt, genau wie beim Flachs, etwa 2 Prozent. Von einer elastischen Dehnung des Hanfs kann ebenfalls nicht gesprochen werden.«

Hygroskopizität: »Hanf kann bis zu 30 Prozent Feuchtigkeit aufnehmen, der handelsübliche Feuchtegehalt beträgt 12 Prozent. Hanf ist gegen Wasser außerordentlich widerstandsfähig.«

Hanf liefert eine grobe, feste Faser, die in der Textilindustrie für Oberbekleidung, Arbeitskleidung (die frühen Jeans waren aus Hanf) und andere stark beanspruchte Textilien, Socken beispielsweise, eingesetzt wurde.

Um Hanffasern auch als Baumwollersatz verwenden zu können, wurde die Kotonisierung entwickelt, bei der der sogenannte Flockenbast entsteht. »Diese Bezeichnung gibt man Flachs- oder Hanffasern, die durch Kochen in alkalischen Bädern (Soda, Ätznatron und Seife) ein baumwollähnliches Aussehen erhalten haben. Dabei wird der Pflanzenleim, der bei gerösteten Langfasern die Einzelfasern in Bündeln zusammenhält, gelöst. Das Material wird dadurch feiner und weicher, also baumwollähnlicher. Kotonisieren ist ein altes Verfahren, das nach dem Ersten Weltkrieg von Gminder in Reutlingen erneut aufgegriffen wurde. Man verwendet für das Kotonisieren keine Langfasern, sondern Werge oder samenreife Stengel« (Adebahr-Dörel 1972).

Der Flockenbast, auch Hanfwolle genannt, wird nach dem Baumwollspinnverfahren direkt oder im Gemisch mit Baumwolle oder Zellwolle versponnen. Auf diese Weise können aus Hanffasern auch hochwertige Feintextilien hergestellt werden. Die Kotonisierung wird heute noch in der ehemaligen Tschechoslowakei bei der Flachsverarbeitung angewendet. Fraglich ist allerdings, ob die Koto-

Tabelle 8: Zusammensetzung von natürlichen Zellulosefasern in Prozent bei 10 Prozent Feuchtigkeit

	Zellulose	Hemizellulose	Pektin	Lignin	wasserlösliche Substanzen	Fett und Wachs
Baumwolle	82,7	–	5,7	–	1,0	0,6
Flachs	56,5	15,4	3,8	2,5	10,5	1,3
Hanf	67,0	16,1	0,8	3,3	2,1	0,7
Jute	64,4	12,0	0,2	11,8	1,1	0,5
Sisal	65,8	12,0	0,8	9,9	1,2	0,3

Quelle: Ullmann 1975

nisierung aufgrund des hohen Aufwandes ökonomisch sinnvoll ist.

Heute werden in Deutschland keine Hanffasern mehr zur Herstellung von Feintextilien eingesetzt. Der Rohstoffmarkt wird von der Baumwolle beherrscht und bei besonderen Anforderungen hat Flachs den Hanf bereits vor Jahrzehnten verdrängt.

In Frankreich werden noch heute Oberbekleidung (Jaketts), Socken, Stoffschuhe und Taschen aus den Langfasern des Hanfs hergestellt. Bei Socken aus Mischgarn wird die Ferse mit Hanf verstärkt, damit sie länger hält (Böck 1993).

Folgende Produkte wurden früher unter Verwendung von Hanffasern und -gewebe hergestellt:

Schläuche, Segeltuch, Teppiche (Untergarn), Schuhmacher- und Sattlernähgarne, Bindfäden, Schnüre, Kordeln, Einlagestoffe, Matratzendrillich, Netzgarne, Erntebindegarne, Jalousiegarne, Seile, Packkordeln, Trossen, Wäscheleinen, Säcke, Verpackungsstoffe, Dekorationsstoffe, Bespannungen, Planen, Gurte usw. – kurz: alle Einsatzgebiete, bei denen es auf hohe Festigkeit ankommt (zu weiteren, heute relevanten Einsatzgebieten vgl. auch Abschnitt 3.b).

Weiterhin hat sich bis heute die Nutzung von Hanf als Dichtungsmaterial gehalten, beim Abdichten von Wasseranschlüssen ist Hanf immer noch erste Wahl.

Papierherstellung

Hanf spielte von Beginn an eine wichtige Rolle als Rohstoff für die Papierherstellung. Erst durch den Siegeszug von Holz verlor er seine Bedeutung als Papierrohstoff. – Vielleicht kann er sie in absehbarer Zeit wiedergewinnen.

Geschichte des Papiers

Papierartige Materialien zur Informationsspeicherung gehören zu den ältesten Errungenschaften der Zivilisation. Ausgangsstoff für Papier ist – neben Pergament – seit eh und je pflanzliches Material (Zellulose). Die Bezeichnung Papier geht auf das altägyptische Wort »Papyrus« zurück. So heißt ein Riedgras, dessen Stengelmark in Streifen geschnitten, kreuzweise geschichtet und zu Bögen verarbeitet wurde; diese klebte man dann zu langen Rollen zusammen (Greenpeace 1991).

Papyrus war der bekannteste Schriftträger im alten Ägypten. »Die Technik der Papyrusherstellung reicht weit zurück, etwa bis zum Jahre 3000 v. Chr.« (Sandermann 1992). Auch im alten Griechenland und in Rom spielte Papyrus bis ins 3. Jahrhundert n. Chr. die zentrale Rolle als Schriftträger und wurde erst im 4. Jahrhundert von Pergament (Tierhäute) verdrängt. Pergament war beidseitig beschreibbar und konnte zu Büchern (im heutigen Sinne) gebunden werden, in denen sich Textstellen schneller wiederfinden ließen als auf Papyrusrollen.

Die eigentliche Papierherstellung wurde etwa 100 v. Chr. in China erfunden. Rohstoff für die Papierherstellung waren »Baumrinde oder Bastfasern, Hanf und alte Lumpen und Fischnetze« (Fan Yeh 5. Jahrhundert n. Chr.). »Die in der Nähe von Xian gefundene Papierprobe aus der Zeit 140 bis 87 v. Chr. bestand aus Hanffasern und dürfte das älteste Papier der Welt sein« (Sandermann 1992). Hergestellt wurde es mit einem schwimmenden Sieb, aus dem sich dann das Schöpfsieb entwickelte. In China wurde der Bast des Papiermaulbeerbaums zum wichtigsten Papierrohstoff.

Im 13. Jahrhundert gelangte die Technik der Papierherstellung nach Italien, nach Deutschland erst im 14. Jahrhundert. Als Rohstoff wurden praktisch ausschließlich Hadern, Lumpen aus Flachs- und Hanfstoff verwendet. »Wenn schon bald nach Gründung der ersten Papiermühlen eine gewisse Verknappung an Hadern eintrat, stieg der Bedarf an Lumpen nach der Erfindung der Buchdruckkunst ins Unermeßliche« (Sandermann 1992). In England wurde 1666 verboten, Tote in Leinenhemden zu bestatten. »Stattdessen empfahlen die Behörden wollene Totenhemden. Man versprach sich davon einen Anfall von 200 000 Pfund Leinenlumpen. (...) Vieles an dem (Lumpen-)Schwarzmarkt jener Zeit erinnert an den heutigen Drogenhandel« (Sandermann 1992).

Papier wurde stets nach der gleichen Methode hergestellt: Die Hadern wurden zu Einzelfasern zerstampft, und aus deren Suspension in Wasser wurde mit einem Sieb das Papierblatt geformt, entwässert und getrocknet. Eine wichtige Erfindung war der »Holländer«, ein Mahl- bzw. Mazerisierungsgerät, das das Stampfwerk zunächst ergänzte und im 18. Jahrhundert zunehmend ersetzte. Als Antrieb dienten vor allem Windmühlen und Wasserräder.

»All die Versuche und Vorschläge (für eine Papierrohstoffbasis ohne Hadern) in verschiedenen Ländern führten nicht zu einem Ersatz oder auch nur zu einer Einschränkung des Bedarfs an Lumpen. (...) Die durch den Mangel an Lumpen bedingte Versorgungskrise der Papierwirtschaft währte von der Zeit Gutenbergs bis etwa zur Mitte des 19. Jahrhunderts, also etwa vier Jahrhunderte« (Sandermann 1992).

1844 erfand der sächsische Webermeister Friedrich Gottlob Keller den Holzschliff. Damit wurde es 1845 möglich, das erste Papier aus Holzfasern (bei einem Zusatz von 50 bis 60 Prozent Lumpen) herzustellen. Die Erfindung des Holzschliffs gab der Papierindustrie starke Impulse; Holz allein war für die Papierherstellung nicht ideal, es mußte mit 20 Prozent langfaserigem Lumpenzellstoff versetzt werden. Erst als aus dem Holzschliff mittels chemischer Verfahren Lignin und Harze abgetrennt und Holzzellstoff hergestellt werden konnte, war dies nicht mehr nötig. »Der erste so gewonnene Zellstoff wurde von den englischen Chemikern Hugh Burgess und Charles Watt im Jahre 1851 durch Kochen von Holzschnitzeln in Alkalilauge bei hoher Temperatur unter Druck gewonnen« (Sandermann 1992).

Kellers Erfindung war nach etwa 20 Jahren betriebsreif, und schon nach 10 weiteren Jahren war Holz zum primären Rohstoff für Papier geworden. Die Papierknappheit hatte ein Ende, Holz konnte in praktisch beliebigen Mengen zu geringen Kosten in naturnahen Wäldern geschlagen werden.

Mit dem Holz fand die Chemie Eingang in die Papierproduktion. Dies hatte, neben Abwasserbelastungen, zur Folge, daß sich die Haltbarkeit von Papier verschlechterte. Während aus Hadern gewonnenes Papier Jahrhunderte schadlos übersteht, zerfallen Holzpapierbücher aus der zweiten Hälfte des 19. Jahrhunderts bereits heute. Das liegt weniger daran, daß man von Flachs- bzw. Hanffasern zu Holzschliff übergegangen ist, sondern daran, daß bei der industriellen Fertigung nicht mehr wie bei handgeschöpften Papieren mit tierischer Leimung gearbeitet wird, sondern in starkem Umfang Chemikalien zum Einsatz kommen (Schlegelmilch 1994).

Papier heute

Im Jahre 1989 betrug die Weltzellstoffproduktion für Papier über 160 Millionen Tonnen, 92 Prozent der weltweit verarbeiteten Zellulose stammen aus Holzrohstoffen (Bäumen), nur knapp 13 Millionen Tonnen von Gräsern, einjährigen Pflanzen – hierunter Hanf – und Bambus (Judt 1992).

Holz als Hauptpapierrohstoff wird mehr und mehr zum Umweltproblem. Die Zellstoffindustrie gehört zu den größten industriellen Frischwasserverbrauchern; mehr Abwässer mit umweltgefährdenden Organochlorverbindungen setzt keine andere Branche frei. Zur Herstellung von Papier aus Zellstoff werden Hunderte verschiedener Chemikalien eingesetzt, darunter auch schädliche, schwer abbaubare und zudem überflüssige Stoffe (Greenpeace 1991).

Dem wachsenden Papierhunger der Menschheit fallen zunehmend naturnahe und Urwälder zum Opfer. Der Großteil des Zellstoffs, der für den deutschen Papierbedarf (derzeit 230 kg pro Kopf und Jahr) benötigt wird, stammt aus Kanada und Skandinavien. »In Kanada werden durch einzelne Unternehmen ökologisch wertvolle Urwälder von der Größe Englands erbarmungslos kahlgeschlagen, die in dieser Form nie wieder nachwachsen. Indianervölker haben durch diesen Raubbau ebenso das Nachsehen, wie viele seltene Tier- und Pflanzenarten. Ähnliches spielt sich in Skandinavien ab, wo derzeit die beiden letzten Urwälder Finnlands außerhalb der Nationalparks – Kessi und Hammastunturi – gerodet werden. Und in der sibirischen Taiga werden ebenfalls riesige Waldgebiete für die Herstellung von Zellstoff geopfert« (Klapp 1994). In Finnland werden in jedem Jahr 50 000 Hektar Wald allein für den deutschen Papiermarkt abgeholzt, darunter auch viele alte naturnahe Wälder und sogar Urwälder (taz 17.6.1993). Die internationale Umweltorganisation »Friends of the earth« nennt in einer aktuellen Studie die nachhaltige Forstwirtschaft einen Mythos. Eine solche Forstwirtschaft findet praktisch nirgendwo statt und ist in vielen Fällen auch gar nicht möglich (Ökologische Briefe 26/1993).

Auch wenn sich der Altpapieranteil bei der Papierherstellung ständig erhöht, werden auch künftig große Waldgebiete für die Papierproduktion gerodet, um so mehr, als erwartet wird, daß der Weltpapierbedarf bis zur Jahrtausendwende auf 300 Millionen Tonnen und im Jahr 2005 sogar auf 350 Millionen Tonnen ansteigen wird (Jivmark, Bild der Wissenschaft 7/93).

Getreidestroh, Zuckerrohrabfälle, Bambus oder auch Faserpflanzen wie Hanf, Flachs und Kenaf spielen derzeit am Weltpapiermarkt – auch wenn sie an Bedeutung gewinnen – nur eine geringe Rolle. 1992 wurde in 45 Ländern der Erde Papier aus Alternativrohstoffen hergestellt; nach einer Studie der FAO hält es neun Prozent am Weltpapiermarkt. Lediglich in Ländern wie Indien oder China, wo Holz bereits zum teuren Mangelprodukt geworden ist, liegt der Anteil an baumfreiem Zellstoff erheblich höher. »In China wurden im vergangenen Jahr mehr als 80 Prozent des Papiers aus Zellstoff hergestellt, der aus Getreidestroh, Hanf, Bagasse (Zuckerrohrabfälle) und Bambus gewonnen wurde« (Ayres 1993). In Indien wird die weltgrößte Hanfmühle mit einer Kapazität von 20 000 Tonnen pro Jahr betrieben. Brasilien baut bereits seit den 60er Jahren Hanf für die Papierproduktion an.

In der westlichen Welt wird Hanfzellulose heute lediglich für Spezialprodukte eingesetzt, bei denen sich die hohe Reißfestigkeit der Hanffaser – insbesondere auch bei Nässe – bewährt: technische Filterpapiere, Teebeutel (z. B. von Schoeller Hoesch, Gernsberg), Zigarettenpapiere (OCB, Frankreich), Banknoten, Glühstrümpfe usw. Die einzige größere Hanfzellstoffabrik in Westeuropa arbeitet in Spanien; 1994 soll ein Werk in Deutschland in Betrieb gehen, 1993 wurde hier, erstmalig seit Kriegsende, Buchpapier und 1994 auch graphisches Papier auf der Basis von Hanfzellulose gefertigt. Trotz höherer Preise lassen sich hochwertige Papiere gut absetzen (siehe Kapitel 4). In Australien und Tasmanien wird derzeit geprüft, ob beispielsweise Zeitungspapier aus Hanffasern hergestellt werden soll (Judt 1992).

Hanf, der zukünftige Papierrohstoff?

In einer aktuellen Analyse des internationalen Papiermarktes sagt das World Watch Institute Faserpflanzen wie Kenaf und Hanf eine große Zukunft als Papierrohstoffe voraus (Ayres 1993): »Im TAPPI Journal, einer Fachzeitschrift der Technischen Vereinigung der Zellstoff- und Papierindustrie, erschien im Oktober 1992 ein Bericht des australischen Papiermanagers Andrew Kaldor, demzufolge etwa 13 Millionen Hektar Wald benötigt werden, um den derzeitigen Zellstoffbedarf der Welt zu decken. Etwa 70 Prozent des Papiers werden nach Schätzungen heute aus sogenannten Primärfaserstoffen – frischem Holz- und Zellstoff – hergestellt. Angesichts des wachsenden Einsatzes von Recyclingpapier rechnet man mit einem Rückgang des Primärfaseranteils auf 55 Prozent bis zum Jahre 2010. Der Papierverbrauch wird allerdings in den kommenden Jahren so stark zunehmen, daß – trotz vermehrter Wiederverwertung – auch der Waldverbrauch ansteigen wird: auf etwa 32 Millionen Hektar im Jahr 2010.

Da Bäume nur langsam wachsen, müßten, um die Nachfrage zu decken, von heute an jedes Jahr zehn Millionen Hektar Wald neu aufgeforstet werden – was nicht geschieht. Folglich wird Holz gegen Ende des Jahrhunderts weltweit knapp und damit teuer werden. Das Ergebnis wird sein, prophezeit Andrew Kaldor, daß ›die verbleibenden Naturwälder vermehrt ausgebeutet werden‹, es sei denn, die Industrie kann die Flächen effizienter nutzen, von denen sie ihre Rohstoffe bezieht.«

Alternative Zellstofflieferanten sind also gefragt. Das World Watch Institute nennt hier Agrarabfälle wie Getreidestroh, Bagasse (Stengel des Zuckerrohrs), getrocknete Samengräser, Sorghumstengel, Kassava, Ananasblätter und Baumwollpflanzen. Eine weitere wichtige Quelle für besonders hochwertigen Zellstoff sind Faserpflanzen wie Kenaf, Hanf, Bambus, Jute, Flachs, Sisal, Nessel (Ramie), Abaca-Palme, Hibiskus. Faserpflanzen zeichnen sich durch einen 2- bis 4fachen Zellstoffertrag pro Hektar gegenüber schnellwachsenden Bäumen wie Pinien aus.

Umfangreiche Studien aus den USA, China und den Niederlanden fanden unter den Faserpflanzen vor allem zwei aussichtsreiche Kandidaten: an erster Stelle den Kenaf – eine Hibiskusart aus Afrika und Vorderindien, die allerdings sehr viel Wärme braucht – und an zweiter Stelle den auch in unseren Breiten anbaubaren Hanf.

Hanf, kleinräumig angebaut auf dem heutigen Brachland der EU, könnte also dazu beitragen, die natürlichen Wälder zu schonen und Versorgungsengpässe zu vermeiden. Ökologisch bietet der Hanfanbau – in einer nachhaltigen, ökologischen Landwirtschaft – perspektivisch eine Reihe von Vorteilen; perspektivisch deshalb, weil einige der notwendigen Verarbeitungsschritte im Hinblick auf Effektivität und Umweltbelastung noch modernisiert werden müssen.

Potentielle ökologische und Qualitätsvorteile von Hanfpapier gegenüber Holzpapier (nach Ayres 1993, Schlegelmilch 1994, Kovacs/Rab/Rusznak/Annus 1992 und Katalyse):

- Schonung der naturnahen und natürlichen Waldbestände;
- etwa 2- bis 4facher Zelluloseertrag pro Hektar gegenüber Pinien (bei Ganzpflanzennutzung);
- Kombinationsnutzung mit Textilien und Baumaterialien (bei Hanfwergnutzung);

- flexible Anpassung an den Bedarf durch jährlichen Anbau und Ernte;
- Erweiterung der Fruchtfolge;
- höhere Qualität des Zellstoffes, insbesondere höhere Reißfestigkeit;
- sehr gute Recyclingeigenschaften (da Hanfzellstoff die etwa 5fache Faserlänge von Holzzellstoff hat, ist er besonders geeignet, die Qualität von Zellstoff aus Altpapier zu verbessern bzw. mehr Recyclingdurchläufe zu ermöglichen);
- geringerer Ligningehalt mit entsprechend geringeren Abwässerbelastungen;
- geringerer Chemikalieneinsatz bei der Zellstoffherstellung;
- die Produktion des Hanfzellstoffs erfordert erheblich weniger Energie;
- aufgrund der relativ weißen Fasern kann die Bleiche reduziert werden.

Aber natürlich gibt es auch Nachteile:

- Monokulturen und Düngemitteleinsatz können zu Umweltschäden im ländlichen Raum führen;
- Hanfstroh ist sperrig und schlecht zu transportieren;
- Hanfstroh/Hanfwerg fällt nur saisonweise an und erfordert bei unter Umständen beschränkter Lagerfähigkeit hohe Lagerkapazitäten;
- aus ökonomischer Sicht: Hanf kann nicht kostenfrei in Raubbau an der Natur geschlagen werden.

Technische Aspekte der Nutzung von Hanf als Papierrohstoff

Verschiedene Untersuchungen in den USA und den Niederlanden (z. B. Du Bois 1981; 1982) haben gezeigt, daß die Herstellung unterschiedlichster Papier- und Kartonqualitäten aus Hanffasern möglich ist. Gegenüber der Zellulosegewinnung aus Hart- und Weichhölzern weist Hanf einen geringeren Ligningehalt auf. Zusätzlich kann der Ligningehalt durch einen optimalen Erntezeitpunkt unmittelbar

Tabelle 9: Chemische Zusammensetzung von Papierrohmaterialien

Anteil (%)	Weichholz (Stamm)	Hartholz (Stamm)	Weichholz (Äste)	Hartholz (Äste)	Faserhanf (ges. Pflanze)	Faserhanf (Bastanteil)
Zellulose	75 - 85	60 - 70	65 - 70	80 - 85	79,6	81,2
Hemizellulose	58 - 61	45 - 55	40 - 50	50 - 55	54,5	66,6
Lignin	23 - 26	20 - 25	18 - 20	15 - 16	17,5	8,4
Asche	0,3 - 0,4	0,2 - 1,0	5 - 6	2 - 4	3,4	4,7

Quelle: Kovacs/Rab/Rusznak/Annus 1992

nach der Blüte des Hanfs beeinflußt werden. Bei holländischer Hanffasergewinnung konnten Ligningehalte von nur 5,2 Prozent erzielt werden. Mit weniger Lignin vergilben Papiere nicht so leicht und müssen deshalb weniger gebleicht werden. Der Ligningehalt ist entscheidend für die Wasserbelastung bei der Papierproduktion. Durch den Einsatz von Hanf könnte der Ligninanteil im Papierrohstoff also reduziert werden und dadurch zu weniger Belastungen des Abwassers führen.

In einer 1992 veröffentlichten ungarischen Untersuchung der Universität und des Papierforschungsinstituts Budapest wurde festgestellt (Kovacs et al. 1992), daß
- unter Berücksichtigung der chemischen Zusammensetzung Hanf eine hervorragende Zellulosequelle mit hohem Faseranteil und geringem Ligningehalt ist;
- Hanf ein bleichbares Faserrohmaterial liefert, das gute Erträge bei traditionellen Pulping-Methoden (Sulfat, Sulfit, Natronlauge) aufweist;
- der typische morphologische Aufbau der Fasern (3/4 bis 4/5 enthalten kleine Zellen und 1/4 bis 1/5 enthalten lange, dünne Zellen) bei der Papierproduktion berücksichtigt werden muß (neue technische Verfahren, die das Problem der Faserverklumpung und der langsamen Entwässerung mit der traditionellen Papierherstellung ergänzen und optimieren, werden benötigt);
- Hanffaserstoffe die Möglichkeit bieten, ein breites Sortiment qualitativ hochwertiger Papiere (25-120 g/m^2 Flächengewicht) herzustellen. Hierzu gehören beispielsweise Kalenderpapiere, Papiere mit geringem und hohem Aschegehalt, Druck- und Schreibpapiere sowie Verpackungspapiere. In Mischung mit Weichholzfaserstoff können die nachteiligen Eigenschaften beider Faserrohmaterialien weitgehend kompensiert werden.

Hanf liefert über das Papier hinaus praktisch sämtliche Grundstoffe für den Offsetdruck: Aus Hanföl können sowohl Druckfarben als auch Reinigungsmittel für die Druckmaschinen gewonnen werden (vgl. Abschnitt 3.b).

Grundsätzlich kann Hanf über zwei Wege als Papierrohstoff genutzt werden. Zum einen kann die gesamte Pflanze der Zellstoffgewinnung zugeführt werden; auf diese Weise wird der 2- bis 4fache Zellstoffertrag wie bei schnellwachsenden Bäumen erzielt. Der andere Weg ist eine Kombinationsnutzung: Die Fasern werden aufgeschlossen, und die Langfasern werden der Textilindustrie, die Kurzfasern (Werg) der Zellstoffindustrie und die zurückbleibenden Schäben der Baustoffindustrie zugeführt.

Tabelle 10: Kumulierter jährlicher Ertrag von Hanfstengeln und Holz (Angaben: in Tonnen pro Hektar)

Nutzungsdauer	Faserhanf	Samenhanf	Baum	Baum (Anteil für Papierherstellung)
1 Jahr	9,5	4,0	2,5	0,2
5 Jahre	47,5	20,0	12,5	1,0
10 Jahre	95,0	40,0	25,0	2,0
15 Jahre	142,5	60,0	37,5	3,0

Quelle: Kovacs/Rab/Rusznak/Annus 1992

Aus Hanfwerg entsteht besonders hochwertiger, reißfester Zellstoff. Es wird z.B. in Rotationstrommeln auf eine Länge von 2 bis 6 mm geschnitten und anschließend in Natronlauge gekocht, um das restliche Lignin zu extrahieren.

Bei der traditionellen Papierherstellung aus ganzem Hanf wird der Stengel der Länge nach in Stücke gebrochen und gehechelt. Für die weitere Hanfverarbeitung zum Papierrohstoff wurde häufig ein sogenannter »Holländer«, eine periodisch arbeitende Mahlmaschine, eingesetzt. Mit dieser Mahlmaschine können alle technologischen Grundprozesse von der Suspendierung bis zur Zusammenstellung des Maschinenstoffes ausgeführt werden. Da die Holländer-Mühle eine hohe Leerlaufleistung (etwa 50 Prozent der Leistung) hat, arbeitet sie energetisch relativ ungünstig (Autorenkollektiv 1987). Das Holländer-Mahlwerk ist in Europa kaum noch in Gebrauch. Meistens wird mit einer modifizierten Scheibenmühle gemahlen, die energetisch wesentlich effektiver arbeitet.

Mit der Entwicklung verschiedener chemischer und mechanischer Aufschlußverfahren haben sich auch die Möglichkeiten und Chancen enorm verbessert, daß Hanf wieder Rohstofflieferant für die Papierindustrie wird. Für den Aufschluß der Hanffasern können grundsätzlich alle chemischen Verfahren angewendet werden, die auch zum Holzaufschluß geeignet sind. Beim Sulfitverfahren entstehen jedoch zu spröde Zellstoffe, so daß für Hanf die alkalischen Aufschlußverfahren (Soda- oder Sulfataufschluß) besser geeignet sind.

Andere Verwendungen im technisch-industriellen Wirtschaftsbereich

Die Hanffaser kann in einer Vielzahl von technischen Anwendungsbereichen Verwendung finden.

Zunächst können die technischen Einsatzbereiche der ähnlich gearteten Flachsfaser weitgehend übertragen werden. Nach einer 1987 angefertigten Studie der CMA ließen sich Flachsfasern, vor allem die billigen Kurzfasern, in folgenden Produkten des industriell-technischen Bereichs einsetzen (CMA 1989):

Bau- und Dämmstoffe (siehe auch Abschnitt 3.d), Faserzementplatten (Fasern als Armierungsmittel und Asbestersatz), Trockenmörtel für Maschinenputz, Bedachungsmaterial, Fließ-Estrich und Gips, feuerfeste Türen, Formpreßteile (in Kombination mit Kunstfasern beispielsweise Türverkleidungen in Kraftfahrzeugen), Papier, Beläge, Vliesstoffe, Filtermaterial, Bindegarne und Asphalt. Aus den Flachsschäben können Spanplatten und Hohlraumsteine hergestellt werden.

Konkrete Forschungen über mögliche Einsatzgebiete der Hanffaser im technisch-industriellen Bereich werden derzeit nur in Frankreich unternommen. Dort wird die Verwendung der Hanffaser für Brems- und Kupplungsbeläge untersucht; ähnliche Versuche laufen in Deutschland mit Flachs (vgl. hierzu Abschnitt 4.)

Hanffasern können auch im Verpackungssektor eingesetzt werden. Für Wurstverpackungen wird ein Verbundwerkstoff aus Papier und Folie auf der Basis von Zellulose verwendet, welche viskosinierte Hanffasern enthält. In der UdSSR wurden Leinen-Jute-Hanf-Fasern, teilweise in Verbindung mit Polyethylen, für die Herstellung von Zuckersäcken getestet (Brenman 1971 und Prilutskii 1975).

Die Industrie ist zunehmend interessiert, für technische Gewebe Naturfasern bzw. Kombinationen von Natur- und Kunstfasern einzusetzen. Je nach Anwendung werden verschiedene Naturfasern favorisiert, wobei die Auswahl der am besten geeigneten Naturfasern noch im Gange ist. Internen Quellen nach ist die Flachsfaser, auf die sich bei uns die Forschung ausgerichtet hat, für eine Reihe von Einsatzgebieten durchaus nicht unproblematisch. Es gibt einige Hinweise, daß die Hanffaser aufgrund ihrer höheren Reiß- und Naßfestigkeit für manche technische Zwecke besser geeignet sein könnte als Flachs. Beim jetzigen Forschungsstand muß dies aber Vermutung bleiben. Detaillierte Vergleichsuntersuchungen hierzu wurden in Westeuropa bislang nur in Frankreich begonnen.

Letztendlich gibt es *die* ideale Pflanzenfaser natürlich

nicht, sondern je nach Anwendungsanforderung ist die eine oder andere Faser besser geeignet. Insbesondere kann aber mit der geeigneten Kombination verschiedener Fasern das Einsatzspektrum von Naturfasern insgesamt erheblich erweitert werden. Hanf und Flachs werden sich in Kombination gegenseitig zusätzliche Märkte erschließen.

3.b Hanföl
Speiseöl

Aus den Samen der Hanfpflanze, die einen hohen Fettgehalt von etwa 35 Prozent aufweisen, kann durch Pressen ein hochwertiges Speiseöl mit bräunlichgelber, grüngelber oder dunkelgrüner Farbe gewonnen werden. Tabelle 11 zeigt die Zusammensetzung des Öls im Vergleich.

In allen Speiseölen ist stets ein Gemisch von Fettsäuren vorhanden. Der Anteil der ungesättigten Fettsäuren liegt bei vielen Pflanzenölen bei 80 Prozent und mehr. Die wichtigste ungesättigte Fettsäure ist die zweifach ungesättigte (cis-)Linolsäure. Linolsäure ist essentiell, da sie vom Menschen nicht aufgebaut werden kann. Wichtig ist dabei, daß bei der Verarbeitung ein Teil der cis-verknüpften Doppelbindungen nicht in die trans-Form umgewandelt wird, damit der Körper daraus die notwendigen Botenstoffe produzieren kann, die aus der stabilen trans-Form nicht mehr herstellbar sind (Steinegger/Hänsel 1988).

Je nach Sorte und Anbaugebiet variiert der Anteil Linolsäure im Hanföl zwischen 46 und 70 Prozent (Körber-Grohne 1988) und liegt damit im gleichen Gütebereich wie Sonnenblumen- und Sojaöl. Kaltgepreßtes Hanföl schmeckt angenehm nussig und eignet sich damit gut für Salate, Gemüse und Süßspeisen (Katalyse 1994 b). Bei den gesättigten Fettsäuren finden wir beim Hanföl Palmitinsäure (4 - 10 %) und Stearinsäure (4 - 10 %) (Schuster 1992).

Tabelle 11: Die Zusammensetzung von Hanföl. Vergleich mit anderen Speiseölen (Angaben: in Prozentwerten; grau unterlegt sind die jeweils dominanten Ölbestandteile)

Bestandteile in Prozent	Hanföl	Sonnenblumenöl	Sojaöl	Rapsöl	Olivenöl	Erdnußöl	Leinöl
gesättigte Fettsäuren	9,5	7,5	14	6	14,5	17,5	13
ungesättigte Fettsäuren	83,4	86,5	85	92	84	80	90
davon Linolsäure	48,8	63	56	20	7,5	25	24
Linolensäure	22,8	0,5	8	9	1	–	49
Ölsäure	11,8	23	21	63	75,5	55	17

Quellen: Reuter 1987, Oetker 1983, Franke 1981

Hanföl ist wie alle Öle, die einen hohen Linolsäuregehalt aufweisen, sehr anfällig für Autoxidation und eignet sich insbesondere als hochwertiges kaltgepreßtes Speiseöl. Für den praktischen Gebrauch günstig ist, daß Hanföl bis zu Temperaturen von -15 °C flüssig bleibt (Schönefeld 1955). Da die als Pflanzenmargarine bezeichnete Margarinesorte mindestens 30 Prozent Linolsäure enthalten muß, eignet sich Hanföl auch zur Herstellung von Margarine (Katalyse 1990).

Jüngste Untersuchungen aus Japan haben gezeigt, daß Hanföl eine cholesterinsenkende Wirkung bei Ratten besitzt (Kemmoku 1992; vgl. auch Abschnitt 3.e).

Es soll auch nicht unerwähnt bleiben, daß man die THC-freien Hanfsamen auch direkt verspeisen kann, wie dies früher durchaus üblich war (vgl. Abschnitt 1.a). Die Samen könnten heute wie Leinsamen beispielsweise Müslispeisen beigemischt werden. Hanfsamen wird im übrigen traditionell als Vogelfutter verwendet und geschätzt.

Verwendung in technischen Produkten

Ob und wie weit nachwachsende Rohstoffe bei der Herstellung technisch-industrieller Produkte tatsächlich auch eingesetzt werden, hängt vor allem von zwei Faktoren ab: Erstens vom Informationsfluß und der Zusammenarbeit zwischen Rohstofferzeuger und Rohstoffabnehmer; Kontakte und Verständigung zwischen Landwirtschaft und verarbeitender Industrie sind aber traditionell eher schwierig. Zweitens darf der nachwachsende Rohstoff nicht oder nicht erheblich teurer sein als der bisher eingesetzte, an dessen Stelle er treten soll.

Wie Leinöl, das mit dem Differenzbetrag zwischen Ziel- und Weltmarktpreis bezuschußt wird (BML 1992), könnte auch Hanföl durch Bezuschussung konkurrenzfähig gemacht werden. Solche Finanzhilfen fördern das Interesse für nachwachsende Rohstoffe auf beiden Seiten, beim Erzeuger wie beim Abnehmer: Die Landwirtschaft muß sich darauf verlassen können, daß sich der Anbau in übersehbaren Zeiträumen lohnt, und die verarbeitende Industrie, daß der neue Rohstoff in ausreichender Menge lieferbar sein wird. Förderung des Informationsflusses und finanzielle Bezuschussung sind die geeignetsten Instrumente, um das Einsatzpotential nachwachsender Rohstoffe auszuloten und die Umstellung von konventionellen, nichtregenerierbaren Rohstoffen auf nachwachsende in Gang zu setzen.

Die Lebenslinie von nachwachsenden Rohstoffen beginnt mit der Aussaat und endet auf der landwirtschaftlichen Seite

Tabelle 12: Ölpflanzen im Vergleich (technische Nutzung)

	Hanf	Lein	Raps	Sonnenblume	Soja	Rizinus	Ölpalme	Purgiernuß
Mittlerer Ölgehalt der Samen/Früchte in %	35	38	43	39,7	20,3	48	33,3	35,9
Maximaler Ölertrag in kg/ha · Jahr	800	523	1702	1902	600	2750	4426	4000
Viskosität (39,7 °C) cSt	?	?	43,5	35,5	36,2	285,5	39,8	29,0
Jodzahl	158	186	99	130	131	101	51	105
Säurezahl	?	?	181	197	194	4	206	9
Verseifungszahl	192	192	176	190	190	168	207	185

Quellen: R. Seidel, Firma Elsbett Pflanzenkatalog 1993, ergänzt

mit Ernte und Bereitstellung der Rohstoffe. In wenigen Verarbeitungsschritten können aus den Rohstoffen Produkte hergestellt werden, die nach Einbau, Nutzung und Gebrauch in der Regel der stofflichen Verwertung oder einer Kompostierung zugeführt werden können. Produkte, die nicht zu weitgehend verarbeitet sind, zeichnen sich durch gute Abbaubarkeit aus, ob sie nun als Waschmittel im Klärschlamm vorliegen, oder als Bauschuttbestandteile verfüllt werden.

Tabelle 13 vergleicht einige der wichtigsten Verwendungsmöglichkeiten von Hanföl mit denen von Lein-, Sonnenblumen- und Rapsöl, welche im Gegensatz zu Hanföl bereits als Rohstoffe eingesetzt werden. Bei diesem Vergleich wird aus der Gesamtlebenslinie nur die Phase des Gebrauchs betrachtet. Wegen der Vielzahl möglicher Nutzungen muß diese Zusammenstellung unvollständig bleiben.

Wozu sich Hanf- und andere vergleichbare Pflanzenöle eignen, hängt von ihrer chemischen Zusammensetzung ab, insbesondere von den relativen Gehalten an den diversen organischen Fettsäuren (vgl. Tabelle 11). Art und prozentualer Anteil ungesättigter Fettsäuren bedingen beispielsweise die Trocknungseigenschaften. Überhaupt bestimmt die Fettsäurezusammensetzung fetter Öle weitgehend ihre physikalischen Eigenschaften wie Viskosität und Schmelzpunkt (siehe Tabelle 14) sowie ihre chemischen Eigenschaften, die durch Jod-, Säure- und Verseifungszahl ermittelt beziehungsweise ausgedrückt werden. Ferner können Begleitstoffe die Haltbarkeit der oxidationsempfindlichen Fettsäuren günstig beeinflussen, sie können aber auch, wie

Tabelle 13: Einsatzmöglichkeiten ausgewählter Pflanzenöle in technischen Produkten

Einsatzzweck	Hanföl	Leinöl	Sonnen-blumenöl	Rapsöl
Ölfarben Anstrichstoffe	in Kombination mit Leinöl gut geeignet / trocknet etwas langsamer / weichere Anstrich-filme / gut wetterfest	gut geeignet als Ölfarbe und Lackrohstoff für Alkydharze	geeignet als Lackrohstoff für Alkydharze	nicht geeignet, trocknet zu langsam
Firnisse	in Kombination mit Leinöl gut geeignet / trocknet etwas langsamer	gut geeignet (Leinölverkochung)	geeignet in Kombination mit Leinöl	nicht geeignet
Kitte	für weiche Kitte geeignet	geeignet	nicht geeignet	nicht geeignet
Linoleum	nicht geeignet / zu geringe Zahl an Doppel-bindungen / trocknet zu langsam	ausreichende Zahl an Doppelbindungen / trocknet ausreichend schnell	nicht geeignet	nicht geeignet
Druckfarben Zeitungsdruck	wenig geeignet, zu schlechte Deinkbarkeit	nicht geeignet, zu schlechte Deinkbarkeit	wenig geeignet, zu schlechte Deinkbarkeit	geeignet, Trocknungs-verhalten ?
Druckfarben Offsetdruck	gut geeignet / trocknet etwas langsam / immer in Gemisch mit Mineralöl	sehr gut geeignet / immer in Gemisch mit Mineralöl	geeignet	nicht geeignet
Reinigungsmittel Druckindustrie	gut geeignet für ölmodi-fizierte Druckfarben	gut geeignet für ölmodi-fizierte Druckfarben	gut geeignet	geeignet
Sägekettenöl	mit Konservierungs-stoffen geeignet	mit Konservierungs-stoffen geeignet / anfällig gegen Oxidation	nicht eingesetzt	als Schmierölzusatz mit Konservierungsstoffen geeignet
Hydrauliköl	nicht geeignet	nicht geeignet	nicht geeignet	geeignet
Seifen	grüne Schmierseife	Schmierseife	nicht eingesetzt	
Speiseöl Margarine	kalt gepreßt geeignet / hoher Gehalt an essen-tiellen Fettsäuren, muß gegen Oxidation geschützt werden	kalt gepreßt geeignet / hoher Gehalt an essen-tiellen Fettsäuren, muß gegen Oxidation geschützt werden	gut geeignet / leicht bitter, muß desodoriert werden / wird in großen Mengen verwendet	geeignet als Margarine-rohstoff / muß gehärtet werden / Senföle müssen durch Raffination beseitigt werden / erucasäurearm
Kautschukindustrie, z. B. Herstellung von Wachstüchern	möglicherweise nicht geeignet	wahrscheinlich nicht geeignet	nicht geeignet	mit Schwefel Füllmaterial für Kautschuk
Nutzungsmöglichkeiten der Kuppelprodukte	weitgehend	weitgehend	wenig	möglich
Preßrückstand	hochwertiges Futtermittel	hochwertiges Futtermittel	nicht als Futtermittel geeignet	eingeschränkt geeignet als Futtermittel

Quellen: Ullmanns Encyklopädie 1976, Steinegger 1988, Franke 1976, BML 1992, Ökologische Briefe 1993, Seehuber, Dambroth 1984, Hondelmann 1984
Zusammenstellung und Ergänzung KATALYSE 1993

es beim Raps ist, die Nutzbarkeit des Preßrückstandes erheblich einschränken.

Weitere Verwendungszwecke von Hanföl

In der Papierindustrie für die Papierausrüstung. In der pharmazeutischen Industrie für die Herstellung von Salben gegen Ekzeme, Milchschorf, Psoriasis (Wagner 1982; vgl. auch Abschnitt 3.e).

In der Oleochemie zur Herstellung von Waschmitteln, Emulgatoren, Antischaummitteln, in der Kunststoffverarbeitung als Weichmacher, Stabilisatoren und Gleitmittel. In der Textilindustrie beispielsweise bei der Vorbehandlung der Fasern für verbessertes Gleiten bei der Textilherstellung.

Mit oder auch ohne weitere Verarbeitung der Öle als Treibstoffe für Verbrennungsmotoren (vgl. Abschnitt 3.c).

Darüber hinaus können auch die neben der Ölgewinnung anfallenden Kuppelprodukte wie Fasern, Schäben und Wachs in einer großen Anzahl von Produkten Verwendung finden, was sich günstig auf eine Gesamtökobilanz auswirkt.

Die bei der Ölgewinnung anfallenden Preßrückstände sind ein hochwertiges Viehfutter. Der Hanfkuchen besteht aus 4,3 Prozent Fett, 23,9 Prozent Protein und 10,3 Prozent Kohlenhydraten (Schönefeld 1955).

Fazit

Bei der Recherche über die Verwendungszwecke von Ölen aus nachwachsenden Rohstoffen und insbesondere von Hanföl fällt auf, daß eine Anzahl von Massenprodukten und eine schier unerschöpfliche Fülle von Spezialanwendungen gefunden werden können, für die bereits praktische Erfahrungen vorliegen oder potentielle Anwendungen im Bereich des Möglichen liegen. Insbesondere der Sektor Beschichtungen mit seiner unüberschaubaren Zahl von Spezialprodukten bietet sich neben der Verwendung im Nahrungsmittelsektor an. Verbrauchsprodukte mit geringer Verarbeitungstiefe wie grüne Schmierseife (ihre grüne Farbe hat sie vom Chlorophyll der Hanfpflanze) sind im allgemeinen leicht abbaubar. Die Gebrauchsprodukte, die sich durch langen Gebrauchsnutzen auszeichnen, binden das während des Wachstums aufgenommene Kohlendioxid langfristig und haben daher einen deutlich positiven Klimaeffekt.

In Ölfarben verbreitert Hanföl in Kombination mit Leinöl oder anderen nachwachsenden Ölen durch Variation der Eigenschaften die Palette potentieller Anwendungen.

Im Bereich Druckfarben können sie bei gleichzeitiger Nutzung als Reinigungsmittel eine umweltfreundliche integrierte Gesamttechnologie für den Offsetbereich bieten.

Die Kombination ungesättigter Fettsäuren ist für die Nutzung als Speiseöl ausgesprochen günstig; allerdings müßte die Nahrungsmittelindustrie ein Verfahren entwikkeln, mit dem die Fettsäuren schonend und ohne denaturiert zu werden haltbar gemacht werden können.

Insgesamt gesehen konkurrieren die Öle heimischer nachwachsender Rohstoffe miteinander nur wenig, sondern ergänzen sich geradezu in ihren chemisch-physikalischen Eigenschaften und decken nebeneinander eine breite Palette von Anwendungsmöglichkeiten ab. Zu einer ähnlichen Einschätzung gelangt man bei den Fasern, die man teilweise kombiniert aus den gleichen Pflanzen gewinnen kann (vgl. Abschnitt 3.a).

Wenn die vielfältigen Subventionierungen der chemischen Industrie – Ausnahme von der Mineralölsteuer, niedrigere Strompreise – gestrichen würden, dann wären Hanföl und andere nachwachsende Rohstoffe auch preislich konkurrenzfähig. In ihrer Qualität, ihrer Gebrauchstauglichkeit und Umweltverträglichkeit sind sie überlegen.

3.c *Bioenergie*

Wege, aus Pflanzen Energie zu gewinnen

Prinzipiell gibt es verschiedene Wege, aus Pflanzen Energie zu gewinnen. Die wichtigsten sind: Bioethanol als Motorkraftstoff, Pflanzenöle als Kraftstoffe und das Verbrennen von Biomasse (einschließlich Pyrolyse).

Für die Hanfpflanze kommt die Nutzung als Pflanzenöl-Kraftstoff (»Biodiesel«) und das Verbrennen der Gesamtpflanze bzw. der Schäben in Frage; eine Ethanolherstellung ist aufgrund der fehlenden Zucker- und Stärkeanteile nicht sinnvoll.

Es soll aber an dieser Stelle ausdrücklich darauf hingewiesen werden, daß der Sinn einer energetischen Nutzung von Pflanzen sehr umstritten ist, da bei praktisch allen Verfahren nur relativ geringe positive Umwelteffekte bei relativ hohen Kosten erzielt werden können. Darauf kommen wir noch zurück. Beim Hanf kommt hinzu, daß die Pflanze, wie in den vorangegangenen Kapiteln gezeigt wurde, eine Reihe wertvoller Rohstoffe liefert und somit für eine energetische Nutzung eigentlich zu schade ist. Einzig und allein die Verwertung der bei verschiedenen Nutzungen zurückbleibenden Schäben und Reststoffe als Brennmaterial sollte in

Betracht gezogen werden. Diese Art der »Abfallverwendung« wurde im übrigen auch in der Vergangenheit praktiziert.

Da aber gerade amerikanische Quellen auf die energetischen Aspekte der Hanfpflanze großen Wert legen, soll der Vergleich mit anderen Nutzpflanzen durchgeführt werden.

Zuvor jedoch soll eine kurze Übersicht über die wichtigsten Argumente zur energetischen Pflanzennutzung gegeben werden, aus der die prinzipielle Fragwürdigkeit dieser Verwertung hervorgeht (de Boo 1993):

- Energiebilanz: Neben dem eigentlichen Energiegewinn durch Nutzung der Pflanzen muß der Energiebedarf für Saatgutbeschaffung, Anbau, Ernte, Transport und Weiterverarbeitung betrachtet werden. Insgesamt ergibt sich, daß dann die Energiebilanz bei manchen Verfahren nur noch ganz knapp positiv ausfällt. Am schlechtesten schneidet die Gewinnung von Bioethanol aus Weizen und Zuckerrüben ab (bei heutiger Technik mit einem Erntefaktor von 1,02-1,3), am besten die Verbrennung von Stroh (10,3) und Pappeln (15,1). Die Gewinnung von Rapsölmethylester belegt einen Mittelplatz (2,5).
- Treibhausrelevanz: Während früher ausschließlich der bei Bioenergienutzung geschlossene Kohlendioxid-(CO_2)-Kreislauf betrachtet wurde, der einen beträchtlichen Vorteil nachwachsender Rohstoffe gegenüber fossilen Brennstoffen bedeutet, weisen neue Studien auf die klimarelevanten Distickoxid-(N_2O)-Emissionen infolge der notwendigen Düngung hin. Je nach Düngung kann hierdurch ein Großteil des CO_2-Vorteils aufgehoben werden, so daß schließlich das Ersetzen fossiler Brennstoffe durch Biobrennstoffe nur noch eine relativ geringe Entlastung für den Treibhauseffekt bringt. – Der Preis zur Bereitstellung von Bioenergie liegt deutlich über dem von fossilen Brennstoffen und wird entsprechend subventioniert. Die Herstellung von Rapsölmethylester kostet beispielsweise das 4- bis 5fache von Diesel (ohne Steueranteil). Ölhaltige Pflanzen wie Raps, Sonnenblumen oder Sojabohnen gehören zu den in der EU am höchsten subventionierten Pflanzen.

  Das Geld könnte erheblich effektiver im Bereich Energieeinsparungen, Wind- und Sonnenenergie investiert werden. Hinzu kommt, daß beispielsweise die Solartechnik das Sonnenlicht erheblich effektiver nutzt als Energiepflanzen. Der Energieertrag pro Hektar liegt um ein Vielfaches höher, und der Boden unter den Solarzellen bleibt zusätzlich nutzbar.

- Schadstoffabgaben an die Umwelt: Beim Anbau von Energiepflanzen gelangen Nitrate und Pestizide ins Grundwasser. Es ist zu befürchten, daß gerade bei Energiepflanzen in besonderem Umfang Dünge- und Pflanzenschutzmittel eingesetzt werden, da hier keine futter- oder lebensmittelrechtlichen Einschränkungen vorliegen und aufgrund der nicht konkurrenzfähigen Bioenergiepreise der Ertrag mit allen Mitteln emporgetrieben wird. Allerdings zeigt sich immer wieder, daß der intensive Einsatz von Düngemitteln wie beispielsweise Nitraten wegen unverhältnismäßig geringer Ertragssteigerung nicht lohnt.
  Beim Verbrennen entstehen Schadstoffemissionen, die denen fossiler Brennstoffe ähneln. So emittiert beispielsweise der Elsbett-Pflanzenölmotor Schadstoffe in der gleichen Größenordnung wie ein Dieselmotor. Bei einigen Schadstoffen weist der Pflanzenmotor Vorteile auf, bei anderen Nachteile. Mit anderen neuen Technologien, beispielsweise dem Wasserstoffmotor, kann, was Schadstoffemissionen betrifft, der Pflanzenölmotor in keiner Weise mithalten.
- Einzig und allein das thermische Verwerten ohnehin anfallender pflanzlicher Reststoffe, beispielsweise des Strohs beim Weizenanbau, scheint sinnvoll zu sein, da hierzu auch keine zusätzlichen Flächen benötigt werden. Allerdings ist auch dabei die ständige Entnahme von Biomasse – statt diese beispielsweise über Kompostierung wieder zuzuführen – kritisch zu sehen. Zur Minderung des Treibhauseffekts ist zudem eine Nutzung in dauerhaften Bauprodukten immer sinnvoller als eine Verbrennung.

Insgesamt ist also die Nutzung von Bioenergie aus ökologischer Sicht kaum oder nur in Spezialfällen sinnvoll. Diese allgemeine Aussage gilt sicher auch für die Hanfpflanze, selbst wenn diese beispielsweise durch den geringeren Bedarf an Pflanzenschutzmitteln in Teilbereichen durchaus ökologische Vorteile gegenüber anderen Pflanzen aufweisen mag.

Hanföl als Kraftstoff

»Von den möglichen Energieträgern aus agrarischer Produktion zeichnen sich Pflanzenöle dadurch aus, daß sie in flüssiger Form und mit einer hohen Energiedichte leicht gewinnbar sind. [...] Die meisten Pflanzenöle können unter gewissen technischen Voraussetzungen in reiner Form oder in beliebiger Mischung mit Dieselöl in selbstzündenden Motoren als Kraftstoff eingesetzt werden« (Bundesministerium für Ernährung, Landwirtschaft und Forsten 1990).

Bei der Nutzung werden zwei Wege unterschieden: zum einen die technische Anpassung der Motoren an die Pflanzenöle (Elsbett-Motor) und zum anderen die züchterische oder synthetische Anpassung des Pflanzenöls an herkömmliche Dieselmotoren (z. B. Rapsölmethylester). Letzteres führt zu deutlich höheren Kosten des Biotreibstoffs.

Hanföl kann ohne Probleme ebenso wie beispielsweise Rapsöl im Elsbett-Motor verbrannt werden (Seidel 1993) oder auch als Heizölersatz Verwendung finden.

Tabelle 14 schlüsselt auf, welche Werte der energetischen Nutzung Hanf im Vergleich mit anderen Ölpflanzen hat.

Die hier angesetzten Ölanteile von 35 Prozent konnten nach russischen Untersuchungen mit russischen und nichtrussischen Hanfsorten immer wieder übertroffen werden (Gorbacheva 1989). Eine holländische Studie gibt sogar Ölgehalte bis zu 45 Prozent an (Themagroep Regionale Ontwikkeling 1982).

Ob bei deutschen Witterungsverhältnissen niedrigere Werte oder nach entsprechender Züchtung sogar noch Ertragssteigerungen möglich sind, kann auf Basis des aktuellen Forschungsstandes nicht entschieden werden, da in Westeuropa in den letzten Jahrzehnten die Beschäftigung mit Hanf als Ölpflanze noch erheblich spärlicher ausfiel als die ebenfalls schon spärliche Faserhanfforschung.

Derzeit wichtigste Ölpflanze in der EU ist der Raps (Anbaufläche in Deutschland 1993: 1 Million Hektar; Agra-Europe 44/93), der – bei Übersehen der Hanfpflanze – als

Tabelle 14: Energetische Nutzung von Ölpflanzen im Vergleich

	Hanf	Lein	Raps	Sonnenblume	Soja	Rizinus	Ölpalme	Purgiernuß
Mittlerer Ölgehalt der Samen/Früchte in %	35	38	43	39,7	20,3	48	33,3	35,9
Maximaler Ölertrag in kg/ha · Jahr	800	523	1 702	1 902	600	2 750	4 426	4 000
Oberer Heizwert in MJ/l	36,2	33,3	33,4	35,5	36,8	36,3	37,1	39,1
Schmelztemperatur in °C	21,0	22,5	8,0	16,8	11,7	15,3	21,6	10,7
Dichte (20 °C) in g/cm³	0,914	0,927	0,915	0,925	0,923	0,959	0,916	0,91

Anmerkung: Die Schmelztemperatur zeigt, ab welchen Temperaturen eine Kraftstoffvorheizung erforderlich ist.

Quellen: R. Seidel, Firma Elsbett Pflanzenkatalog 1993, ergänzt produktivste heimische Ölfrucht gilt: »Für die Bundesrepublik Deutschland ist Winterraps die Ölpflanze mit dem höchsten Ertragspotential. Das durchschnittliche Ertragsniveau von rund 3 t/ha weist große jährliche und räumliche Schwankungen auf. Spitzenerträge im Praxisanbau gehen deutlich über 4 t/ha hinaus, das Ertragspotential derzeit verfügbarer Sorten wird bei der Mehrzahl der Landwirte bei weitem nicht ausgeschöpft« (BMFT 1990).

Aus 3 t/ha resultieren bei einem Ölgehalt von 43 Prozent etwa 1300 kg/ha, aus 4 t/ha jährlich 1700 kg/ha Rapsöl (unter Vernachlässigung der Preß- und Extraktionsverluste). Der Rekordertrag liegt bei Raps bei 6 t/ha (Fischbeck 1982), was 2 580 kg/ha Rapsöl entsprechen würde.

Das theoretisch maximale Produktionspotential an Rapsöl in Deutschland wird auf etwa 10 Prozent des derzeitigen Diesel- und Heizölverbrauchs geschätzt (Bundesministerium für Ernährung, Landwirtschaft und Forsten, 1990).

Fazit

Nach der eingangs diskutierten generellen Problematik energetischer Pflanzennutzung ist allerdings kaum zu erwarten, daß das Hanföl derzeit rentabel produziert werden kann und eine echte ökologische Alternative zum fossilen Treibstoff ist.

Hinzu kommt, daß Hanföl ein wertvolles Speise- und technisches Öl ist und diese Verwertungen sicher ökologisch wie auch finanziell attraktiver sind.

Stroh und Schäben als Brennstoff

Der Heizwert von Stroh, Getreideganzpflanzen, Schilf und sicher auch Hanfstroh liegt zwischen 14 000 und 15 000 kJ/kg und damit in derselben Größenordnung wie Holz, Torf und Braunkohle (Bundesministerium für Ernährung, Landwirtschaft und Forsten, 1990). Die Pflanzen können als Ganzes oder entsprechend zerkleinert in speziellen Feuerungsanlagen verbrannt oder auch einer Pyrolyse unterzogen werden. Unter Pyrolyse wird im allgemeinen die thermische Zersetzung kohlenstoffhaltiger Substanzen unter Sauerstoffabschluß verstanden. Dabei werden die flüchtigen Bestandteile zu Pyrolyseöl kondensiert und die festen Bestandteile in Holzkohle überführt. Das Pyrolyseöl kann als Heizölersatz Verwendung finden, die Holzkohle als Grillkohle und Aktivkohle genutzt werden.

Entscheidend für die Brennstoffnutzung von Pflanzen ist der jährliche Biomassezuwachs pro Hektar. Entgegen anderslautenden Behauptungen aus dem amerikanischen Raum hat Hanf in diesem Punkt höchstens mittlere Werte, wie die Tabelle 15 zeigt.

Unter Umständen kommen die besten Hanfpflanzen in Rumänien auf noch etwas höhere Erträge, die bei 15 t/ha liegen könnten. Das läge aber immer noch nicht über den Stroherträgen des Getreideanbaus, die ohne zusätzlichen Flächenbedarf anfallen. Die in amerikanischen Quellen oft angegebenen 40 bis 50 t/ha beziehen sich auf das Naßgewicht der Hanfernte, das um etwa den Faktor 5 über dem Trockengewicht liegt.

Ein näherer Vergleich des Hanfs mit der C4-Pflanze und Riesenchinaschilf (»Elefantengras«), das als die Pflanze mit dem höchsten Hektarzuwachs gilt, erübrigt sich anhand dieser Zahlen. Erst bei etwa ähnlichen Erträgen kämen die Nachteile des Riesenchinaschilfs zum Tragen, beispielsweise schwierigerer Anbau, höherer Einsatz von Dünger, Pestiziden und Herbiziden sowie kein Einfügen in Fruchtwechsel aufgrund Mehrjährigkeit.

Ebenso sind bei der Pyrolyse keine Vorteile des Hanfs gegenüber anderen Pflanzen zu erkennen.

Verglichen mit anderen Pflanzen weist Hanf zudem den Nachteil auf, daß das Häckseln – ein notwendiger Schritt bei der energetischen Biomassenutzung – Probleme bereitet. So kommt es beim Häckseln, vermutlich aufgrund elektrostatischer Aufladung und/oder flüchtiger Öle, leicht zur Selbstentzündung (Pröpster 1993).

Vor allem ist Hanf wegen seiner Faser einfach technisch und finanziell zu wertvoll, um als Ganzpflanze verbrannt zu werden.

Hanf anzubauen, um Biomasse für die Energiegewinnung zu erzeugen, macht im Hinblick auf den Ertrag keinen Sinn.

Tabelle 15: Biomassezuwachs verschiedener Pflanzen (Angaben: in Tonnen Trockenmasse pro Hektar und Jahr)

Schnellwachsende Hölzer (Europa)	15
Stroh von Massengetreide	12 - 18
Riesenchinaschilf	15 - 25
Raps und Senf	8 - 12
Hanf	10 - 12

Quellen: A. Strehler 1991, Bericht des Bundes 1990, ergänzt

Etwas anderes ist es natürlich, wenn Reststoffe, die bei der Gewinnung der Langfaser beim Faserhanf oder der Samen beim Samenhanf anfallen, verwertet werden sollen. Zwar ist auch hier die Verbrennung nicht der einzige und vielleicht auch nicht der sinnvollste Verwertungsweg, aber auf jeden Fall sind hier nähere Analysen notwendig. Sinnvoll – und in der Vergangenheit schon praktiziert – könnte beispielsweise die energetische Nutzung der Schäben sein, die bei der Langfasergewinnung übrigbleiben und an Ort und Stelle als Energielieferant den Faserwerken zur Verfügung stehen. Der Anteil der Schäben am Hanfstroh liegt bei etwa 51 Prozent (du Bois 1981), ihr Brennwert bei 3500 kcal/kg (Reuter 1987). Die Schäben können ansonsten beispielsweise als Baumaterial genutzt werden (s. u.).

Aus Indien liegen Untersuchungen vor, daß die Ausbeute an Biogas aus Kuhmist durch das geeignete Hinzufügen von Hanf gesteigert werden kann (Biogas 1990).

3.d Verwendung im Bausektor

Schon früher wurden Hanffasern und Hanfschäben sowie aus ihnen hergestellte Produkte im Bausektor eingesetzt (vgl. Abschnitt 1.b). Geschätzt wurden das gute Feuchteabsorptionsvermögen und ihre guten Wärme- und Schalldämmeigenschaften. Heute könnte eine Vielzahl von Bauprodukten aus Hanf hergestellt werden (vgl. Abbildung 4 in Abschnitt 5).

Etwas Besonderes und Neues hat die französische Firma Chènevotte Habitat – France Périer (F-72260 René) entwikkelt, die in Frankreich und Belgien bereits 200 bis 300 Häuser überwiegend mit Baustoffen aus Hanfschäben gebaut hat. Die Firma vertreibt Hanfschäben unter dem Namen »Isochanvre« (Isohanf), die als Bau- oder Isolationsmaterial verwendet werden können (Chènevotte Habitat 1993).

Die Hanfschäben werden in einem nicht näher erläuterten Prozeß mit einer mineralisierten Matrix umgeben. Das fertige Produkt besitzt laut Hersteller folgende Eigenschaften: Gute Wärmedämmung (Wärmeleitfähigkeit von 0,12 W/mK, vergleichbar mit Strohplatten und besser als Blähton), hohe Wärmespeicherkapazität, hervorragende Schallisolierung, Dampfdiffusionsoffenheit, Feuerfestigkeit, Unverrottbarkeit, natürliche Fungizidität, Elastizität, entwässernd und wasserabweisend, geringes Gewicht, nichtfreßbar für Nager, Termiten und andere Insekten.

Als Baumaterial wird Isochanvre mit hydraulischem Kalk und Zement ohne Zusatzstoffe gemischt und eingesetzt für Fundamente, Mauern, Böden, Decken und Verputz. Als Isolationsmaterial wird unvermischtes Isochanvre eingesetzt, das in Verkleidungen geschüttet wird. Es eignet sich für Böden, Innen- und Dachstuhlisolation.

Die baubiologischen Qualitäten von Isochanvre sollen laut Firmenangaben sehr hoch sein. Die Firma erwartet, noch im Jahr 1993 in Frankreich eine Ökoauszeichnung zu erhalten (Bröckers 1993).

Die geschilderte Verwertung von Hanfschäben im Bausektor dürfte zu der ökologisch sinnvollsten Nutzung der bei der Faser- oder Samengewinnung anfallenden Schäben gehören. In Bauprodukten wird der Kohlenstoff langfristig gebunden und trägt nicht mehr als Kohlendioxid zum Treibhauseffekt bei.

3.e Hanf als Heilmittel und Droge

Rauschwirkungen und medizinische Anwendungen des Hanfs sind nicht Gegenstand dieser Untersuchung, sollen aber aufgrund ihrer Wichtigkeit kurz angerissen werden.

Medizin

»Die Verwendung von Hanf in der Medizin hat eine tausendjährige Tradition und spielt auch heutzutage in der Volksmedizin einiger Länder noch eine beträchtliche Rolle. Seit 1980 ist (synthetisch hergestelltes, die Red.) THC in den USA als klinisch brauchbares Medikament klassifiziert und darf dort in 27 Staaten als erlaubtes Heilmittel vertrieben werden. Folgende Anwendungsgebiete zeichnen sich ab:

Antibiotika: Untersuchungen haben ergeben, daß CBD und eventuell auch andere Cannabinoide wirksam gegen grampositive Bakterien sind.

Antibrechmittel: Bei der chemischen Krebstherapie leiden viele Patienten unter Nebenwirkungen (Brechreiz, Übelkeit, Schwindel, Appetitlosigkeit), die durch eine THC-Behandlung bei 60 bis 70 Prozent der Patientinnen und Patienten entweder verschwanden oder sich deutlich verringerten.

Asthma: THC erweitert die Bronchien und ist, da Asthma auf einer Verengung der Atemwege beruht, damit pharmakologisch wirksam.

Augenleiden: THC bewirkt eine Senkung des Augeninnendrucks. Dieser Effekt ist bei der Behandlung des grünen Stars erwünscht, bei dem die Grundstörung in einer Erhöhung des Augeninnendrucks besteht.

Epilepsie: THC und CBD erhöhen die Krampfschwelle und entfalten somit antiepileptische Wirkung. Versuche ergaben, daß THC mindestens so wirksam ist wie die zur Zeit eingesetzten chemischen Medikamente.

Auch aufgrund ihrer beruhigenden und schmerzstillenden Wirkungen sind Hanfdrogen medizinisch einsetzbar« (Reuter 1987). Eine ausführliche Monographie zu diesem Themenkomplex ist gerade im Erscheinen (Grenspoon/Bakalar 1994).

Hanföl besitzt einen hohen Anteil Linolsäure und ist damit ein hochwertiges, gesundes Speiseöl (vgl. Abschnitt 3.b). Jüngste Untersuchungen aus Japan haben gezeigt, daß Hanföl eine cholesterinsenkende Wirkung bei Ratten besitzt (Kemmoku 1992). Des weiteren wird Hanföl medizinisch für die Herstellung von Salben gegen Ekzeme, Milchschorf und Psoriasis (Schuppenflechte) genutzt (Wagner 1982). Hanföl kann gegen verschiedene Bakterien eingesetzt werden, wie beispielsweise Staphylokokken, Streptokokken und Mykobakterien (Fournier 1978a). Es eignet sich zudem als biologisches Schädlingsbekämpfungsmittel beispielsweise gegen Planarien (Strudelwürmer), die in Aquarien Fischeier und die schlüpfende Brut befallen oder in Gewächshäusern an Pflanzen Schäden anrichten können (Fournier 1978b).

Die Gewinnung von THC und CBD aus den Blättern der Pflanze beeinträchtigt eine Faser- oder Samennutzung nicht und kann somit eine zusätzliche Einnahmequelle sein. Die THC-Gewinnung ist allerdings nur bei THC-reichen Sorten sinnvoll (die aufgrund internationaler Drogengesetze in der Regel nicht für die Faser- und Samengewinnung angebaut werden), CBD hingegen kann aus Faserhanf sehr günstig gewonnen werden.

Rauschmittel

Hanf in Form von Marihuana (Zweigspitzen und Blätter) und Haschisch (Harz) gehört zu den beliebtesten Alltagsdrogen in Deutschland. Nach Alkohol, Kaffee, Tee und Zigaretten folgt Hanf mit geschätzten 2 bis 4 Millionen Cannabiskonsumenten, die pro Jahr etwa 50 bis 300 Tonnen Marihuana bzw. Haschisch konsumieren (Neskovic und Behr, in: Rippchen 1992, sowie Thamm 1989). 300 Tonnen Marihuana entsprechen bei einem Endkundenverkaufspreis von 10 DM/g etwa 3 Milliarden DM. Beim Anbau von Drogenhanf können in warmen Ländern pro Hektar und Jahr 2 bis 4 Tonnen Zweigspitzen (Marihuana) geerntet werden (Ebert 1982), in unseren Gegenden etwa 1 Tonne (Kessler 1987).

Zur Deckung des deutschen Cannabiskonsums wäre

demnach maximal eine Anbaufläche von lediglich 300 Hektar THC-reichen Hanfs notwendig.

Nach einem Vorstoß des Richters Neskovic vom Lübekker Landgericht muß das Bundesverfassungsgericht prüfen, ob das Betäubungsmittelgesetz mit dem Gleichbehandlungsgrundsatz im Grundgesetz vereinbar ist. Der Richter stellte nämlich in seinem detailliert begründeten Beschluß 1992 fest: »Alkohol und Nikotin sind sowohl für den einzelnen als auch gesamtgesellschaftlich evident gefährlicher als Cannabisprodukte« (die vollständige Begründung des Urteils Jz.-713Js 16817/90 StA Lübeck – 2 Ns Kl. 167/90 ist zu finden in: Rippchen 1992).

Seit Jahren wird in Europa über eine Entkriminalisierung des Cannabiskonsums nachgedacht, und führende Drogenexperten gehen davon aus, daß die Cannabisprohibition in Deutschland noch vor der Jahrtausendwende gelockert werden wird, vor allem deshalb, weil die Cannabisprohibition, genauso wie Anfang des Jahrhunderts die Alkoholprohibition in den USA, verantwortlich gemacht wird für einen großen Teil der Drogenprobleme sowie für den wachsenden Einfluß illegalen Kapitals. Spätestens nach Lockerung der Prohibition würden auch die Anbauverbote für THC-armen Faser- und Samenhanf jeglichen Sinn verlieren und fallen.

Hanf ist ein Genußmittel

Die derzeitige Drogenpolitik basiert auf Fehlinformationen, Tabus und Ideologisierung, und es werden kaum Wege zur Entschärfung gesucht. Die Frage der Verfassungsmäßigkeit der Anwendung des Strafrechts hinsichtlich Besitz und Konsum von Cannabisprodukten ist nicht neu und wird seit den 70er Jahren in Literatur und Rechtsprechung diskutiert. Mit dem Lübecker Beschluß des Richters Neskovic im Februar 1992 gab es ein erstes Urteil, das die Verfassungsmäßigkeit in Frage stellte und die Befürwortung der Straffreiheit für Cannabisprodukte forderte. Die Kammer war der Auffassung, daß das Recht auf Rausch im Rahmen der freien Entfaltung der Persönlichkeit geschützt ist. Das Urteil entfachte einen wahren Boom der Berichterstattung um die verbotene Hanfpflanze und deren Konsumprodukte und eine intensive öffentliche Diskussion. Im April 1994 erließ das Bundesverfassungsgericht ein Urteil, nach dem der Umgang mit Hanf zwar weiterhin verboten bleibt, der gesetzliche Rahmen aber überdacht und geändert werden soll. So sprechen sich SPD und GRÜNE für eine Liberalisierung aus, während FDP und CDU/CSU auf Altbewährtes verweisen und am Verbot als Präventivmaßnahme festhalten. Über ein Jahr ist seit dem Urteil vergangen, in dem keine Vereinheitlichung der Rechtsprechung erzielt werden konnte. Das Gegenteil wurde erreicht; durch die äußerst unterschiedliche Auslegung in verschiedenen Bundesländern ist eine große Rechtsunsicherheit, die sich zunehmend auch bei behördlichen Stellen ausbreitet, entstanden.

Das Bundesverfassungsgericht hat in seinem Urteil vom 9. März 1994 den Besitz von Cannabis weiterhin verboten, wobei im Normalfall (geringe Menge, gelegentlicher Konsum) von einer Bestrafung abgesehen werden muß. Bestraft werden soll nur noch der Genuß bei Fremdgefährdung. Da die Begriffe »geringe Menge« und »gelegentlich« vom Bundesverfassungsgericht nicht definiert wurden, tagten am 5. Mai 1994 die Innenminister der Bundesländer, um eine einheitliche Meinung festzusetzen, was jedoch nicht gelang. So steht man nun vor dem Dilemma unterschiedlicher Bewertungen, was als »geringe Menge« anzusehen ist. Nach § 31 des Betäubungsmittelgesetzes können Verfahren unter gewissen Voraussetzungen eingestellt werden.

Deutlich muß gesagt werden, daß die Verfahrensweise (Ermittlung, Vernehmung, Anzeige usw.) weiterhin bestehen bleibt und daß nur bei Vorliegen der Kriterien (geringe Menge und gelegentlicher Konsum) von einer Bestrafung abgesehen wird. Tatsache ist und bleibt, daß die allermeisten Cannabiskonsumenten ihren Konsum zum Zwecke des Genusses betreiben, damit ist Hanf ein Genußmittel im Sinne der Definition. Angesichts der weitgehenden faktischen Unbedenklichkeit von Cannabisprodukten wäre es nur konsequent, eine Regelung des Besitzes und Konsums von Cannabisprodukten im Lebensmittel- und Bedarfsgegenständegesetz (LMBG) zu verankern, wie es auch für andere Genußmittel üblich ist. Cannabis durch das LMBG zu regeln, wirft keine größeren Schwierigkeiten auf, da mit Tabak (respektive Nikotin) bereits ein Genußmittel geregelt wird, das durch Inhalation in die Lunge aufgenommen wird – ebenso wie dies bei Cannabis in der Regel der Fall ist.

4 Aktueller Stand von Anbau, Nutzung und Erforschung der Hanfpflanze in Europa

Osteuropa

In Osteuropa haben sich Anbau, Nutzung und Erforschung der Hanfpflanze bis heute auf relativ hohem Niveau halten können; in den letzten Jahren kam es hier zu einer – vermutlich nur vorübergehenden – Destabilisierung der Hanfwirtschaft.

Wichtigste Hanfanbauländer sind Rumänien, das Gebiet der ehemaligen UdSSR, Ungarn und Polen. Auch in der Hanfforschung liegen diese Länder vorne. Rumänische Wissenschaftler konzentrieren sich vor allem auf die Züchtung faser- und ölertragsreicher Pflanzen. Sie experimentieren mit verschiedenen Sorten, Pflanzabständen und Düngemitteln (Gauca 1987). In Rußland sind neue Erntemaschinen in der Entwicklung; man versucht, tetraploide Sorten zu züchten und mit gentechnischen Eingriffen und anderen Techniken höhere Erträge zu erreichen (Sidorenko 1987, Golovii 1990, Galygin 1990, Shcherban' 1992). Die Forschungen in Ungarn konzentrieren sich auf Probleme der Papierherstellung aus Hanf (Nemeth 1992, Kovacs 1992; vgl. auch Abschnitt 3.a).

In Polen kommt man insbesondere aus Gründen des Wasserschutzes wieder auf den Hanf zurück. Gesucht werden Nutzpflanzen, bei deren Anbau auf Pestizide verzichtet werden kann, um die Schadstoffbelastung von Flüssen und Grundwasser zu verringern. Die deutsche Firma Oregon, die Wasseraufbereitungsprojekte in Polen betreut, hält dazu Hanf für besonders gut geeignet und empfiehlt, den Hanfanbau in Polen wieder auszudehnen (Lingen 1993).

Ungarn

In den letzten Jahren ist der ungarische Hanfanbau stark zurückgegangen. Zum einen kam es zu einer ähnlichen Entwicklung wie im Westen – Hanftextilien und -seile wurden zunehmend von synthetischen Produkten verdrängt – zum anderen hatte der politische und wirtschaftliche Zusammenbruch der Sowjetunion auch Folgen für die ungarische Hanfindustrie. Von der Sowjetarmee, ehemals Hauptabnehmer von Hanftextilien, kamen immer weniger Aufträge. In der sowjetischen Armee spielten Hanfprodukte eine große Rolle. Hanftextilien wurden beispielsweise in Gebieten extremer Kälte verwendet, wo synthetische Fasern untauglich sind, da sie schnell spröde werden und brechen.

Die Anbaufläche schrumpfte 1991 auf 6 500 Hektar, 1993 waren es sogar nur noch 300 Hektar. Die Arbeitslosigkeit im ländlichen Bereich liegt heute bei 40 Prozent.

Aber in der ungarischen Hanfwirtschaft herrscht wieder Aufbruchstimmung. Man hat im Westen neue Absatzmärkte ausfindig gemacht und finanzstarke Partner gefunden, die die Verarbeitungstechnologien modernisieren und auf ein umweltfreundliches Niveau heben wollen. Zu nennen ist hier vor allem die englische Firma Green Machine, die umfangreiche Investitionen in die ungarische Hanftextilindustrie tätigt. Bereits 1994 wird es eine komplette Hanftextilkollektion geben, vom leichten Sommerstoff bis zum unverwüstlichen »heavy-duty«-Stoff für Liegestühle, Hängematten, Sitzbezüge und vieles mehr. Wichtigstes Produkt sollen die weltweit vertriebenen Hanfjeanshosen und -jacken werden. In Deutschland sind die Stoffe und Textilien über das HanfHaus (siehe Adressenteil am Ende des Buches) zu beziehen.

Green Machine legt generell großen Wert auf ökologische Aspekte – vom Anbau über die Fasergewinnung und -verarbeitung bis zum Endprodukt. Hanfkleidung kann und soll als die ökologische Textilie schlechthin präsentiert werden; damit, so hofft man, wird sich ein Zugang zu den Märkten Westeuropas und der USA erschließen lassen, wo das hohe Umweltbewußtsein zur Wiederentdeckung des Hanfs beitragen wird. Neben Textilien soll 1994 auch die Produktion von Hanfpapier, die Gewinnung von Hanföl und die Herstellung hochdämmender, leichter Spanplatten aus Hanfschäben aufgenommen werden.

Ungarn hat gute Chancen, weltweit zum Vorreiter einer neuen, umweltverträglichen Hanfindustrie zu werden. (High Times 3/1994, Bröckers 1994)

Rumänien

Rumänien ist nach wie vor das Land mit den größten Hanfanbauflächen in Europa.

In den Jahren 1980 bis 1989 wurden hier jährlich zwischen 35000 und 47000 Hektar Faserhanf angebaut und hauptsächlich für Textilien genutzt. Danach kam es – aufgrund der zusammenbrechenden osteuropäischen und GUS-Märkte, der neuen Bodenverteilung und Auflösung der LPG – zu einer drastischen Abnahme der Hanfanbauflächen:

1990 wurden nur noch 16600 und 1991 nur 14000 Hektar angebaut (Fabritius 1994).

Aber die Nachfrage aus Westeuropa führte bereits 1994 wieder zu einer Zunahme der Anbauflächen. Für Sommer 1994 wird schon mit Lieferengpässen gerechnet. Englische, deutsche, amerikanische und auch ungarische Firmen kaufen, was sie bekommen können und sichern sich bereits die Ernte 1995.

Eine besondere Rolle beim Wiederaufbau der rumänischen Hanfindustrie wird der Know-how-Transfer zwischen Ost und West spielen. Die rumänische Hanfwirtschaft und -forschung kann den westeuropäischen Ländern ihr umfangreiches Wissen über Zucht und Anbau liefern, während der Westen mit Technik und Kapital dafür sorgen kann, daß moderne, umweltfreundliche Technologien bei Anbau und Verarbeitung zum Zuge kommen.

Statt auch in Rumänien Hanf durch synthetische Produkte zu ersetzen, sollte es angesichts der einheimischen Tradition doch gelingen, eine fortschrittliche ökologische Hanfwirtschaft zu entwickeln. Das Katalyse-Institut arbeitet derzeit entsprechende Projekte aus.

Westeuropa

In Spanien, Frankreich und England wird man 1994 Faserhanf kommerziell anbauen. In diesen Ländern ist ein zunehmendes Interesse an der Nutzung der Hanfpflanze zu beobachten, das sich in konkreten Forschungsvorhaben, in der Ausweitung der Hanfanbauflächen und der Entwicklung neuer Produktlinien zeigt. In Ländern wie den Niederlanden, Belgien, Irland und der Schweiz wird erwogen, 1994 oder 1995 den Hanfanbau wieder aufzunehmen.

In der EU dürfen Hanfsorten mit einem THC-Gehalt unter 0,3 Prozent im oberen Blattdrittel angebaut werden (EG 1984/86). Während sich die meisten Mitgliedstaaten mit ihren nationalen Vorschriften an diesen EU-Verordnungen orientieren, ist in Deutschland kommerzieller Hanfanbau immer noch generell untersagt.

Die EU unterstützt den Anbau von Faserhanf mit 339,42 ECU/ha, den Anbau zu Saatgutgewinnung mit 245,90 ECU/t (Kommission der EG 1993).

Spanien

In Spanien betreibt die Firma Celesa in der Nähe von Barcelona den Anbau einer Reihe von verschiedenen nachwachsenden Rohstoffen, darunter auch Hanf. Seine Fasern werden im bislang einzigen größeren Zellstoffwerk für Hanf in Europa verarbeitet. Dieser Zellstoff findet in Spezialpapieren für Banknoten, Teebeuteln oder technischen Filtern Verwendung, also in Bereichen, in denen Hanf dem Holz qualitativ überlegen ist.

Seit 1993 wird spanischer Hanfzellstoff nach Deutschland exportiert, wo man daraus Buch- und Schreibpapiere herstellt. Die bisherige Anbaufläche von 650 Hektar (Gsell 1993) soll aufgrund der deutschen Nachfrage erweitert werden; es wird eine Jahresproduktion von 4 000 Tonnen Hanfzellstoff anvisiert. Die Bleiche dieses Zellstoffs wird 1994 vollständig auf Wasserstoffperoxid umgestellt.

Der spanische Hanfzellstoff kostet (1994) um 4 000 DM pro Tonne, das ist etwa das 5fache wie Holzzellstoff. Der hohe Preis resultiert, abgesehen von der vergleichsweise geringen Produktionsmenge, aus der Monopolstellung von Celesa am westeuropäischen Markt.

Die Anbaumethoden, die praktiziert werden, sind ein Beispiel dafür, wie Hanfanbau *nicht* betrieben werden soll: als Monokultur und mit starker Düngung – mit entsprechenden Folgen für Boden und Grundwasser (Lingen 1994).

Italien

»Die italienische Administration erteilt Anbaubewilligungen. Die Schwierigkeiten, eine solche Erlaubnis zu erhalten, scheinen aber zahlreich zu sein. Das Land mit der einst zweitgrößten Anbaufläche der Welt (Anfangs des 20. Jahrhunderts) produziert nur noch unbedeutende Mengen« (Gsell 1993). Uns ist nicht bekannt, ob die früheren Höchstqualitätsorten in irgendwelchen Nischen noch angebaut werden oder ob sie bereits endgültig verlorengegangen sind.

Österreich

Die Firma Fritz, Herstellerin von Naturkosmetika, stellt 1994 eine komplette Serie zur Körperpflege auf Basis von Hanföl vor: Seife, Shampoo, Haarbalsam sowie eine Schaum- und eine Duschbadlotion. Die Produkte werden auch in Deutschland vertrieben.

Schweiz

In der Schweiz sind Abklärungen im Gange, ob Hanf als nachwachsender Rohstoff zugelassen werden soll. BLW-Vizepräsident Josef Achermann ist »zuversichtlich, daß der Anbau in den nächsten Jahren möglich wird«. 1993 wurden wissenschaftliche Anbauversuche im Hinblick auf ökologische Verträglichkeit, Ertrag und psychotrope Bestandteile durchgeführt (Schädeli 1993, Gsell 1993). Auch die Industrie hat bereits ihr Interesse bekundet, um neue, umweltfreundliche Hanfproduktlinien zu entwickeln (Grether 1993).

Laut Thomson (1994) wird in der Schweiz bereits im Jahr 1994 erstmals wieder Hanf angebaut, der für Herstellung technischer Textilien Verwendung finden soll.

Frankreich

In Frankreich ist der Hanfanbau nie ganz eingestellt worden. Insbesondere in der Gegend um Le Mans haben sich Hanfanbau und -nutzung als traditionelle Erwerbszweige gehalten. Die Fasern finden für die Herstellung von Textilien (Oberbekleidung, Stoffschuhe, Taschen) und vor allem Spezialpapieren (z. B. Zigarettenpapier) Verwendung. Der Zellstoff für das Hanfpapier wird in kleineren Fabriken hergestellt, die ausschließlich französische Spezialpapierhersteller beliefern, nicht den übrigen europäischen Markt. In den letzten Jahren wurden aber auch neue erfolgreiche Produktlinien entwickelt, wie die Nutzung der Hanfschäben als vielseitiges Baumaterial (»Isochanvre«, vgl. Kapitel 3.d).

Le Mans ist auch der Sitz des französischen Hanfinstituts, dem Comité Du Chanvre, 72003 Le Mans CEDEX. Das Institut betreibt Anbauversuche, entwickelt neue Verfahren zum Faseraufschluß (mit Dampf und enzymatisch), führt Spinnversuche mit Hanf- und Mischgarnen (Hanf, Flachs usw.) durch und untersucht den technischen Einsatz von Hanffasern in Brems- und Kupplungsbelägen. Im November 1992 nahm das Hanfinstitut ein mit EG-Mitteln finanziertes, dreijähriges Projekt in Angriff.

Aber auch in anderen Regionen Frankreichs findet der Hanf Interesse. Im Elsaß werden, wie die Süddeutsche Zeitung (28.2.94) berichtet, jährlich mehrere Tonnen Hanf produziert, die unter anderem zu Dämmaterial und Katzenstreu verarbeitet werden.

1993 betrug die gesamte französische Anbaufläche für Hanf 5 850 Hektar (Gsell 1993). Seit etwa fünf Jahren steigt sie kontinuierlich. Der durchschnittliche THC-Gehalt der in Frankreich kultivierten Pflanzen liegt zwischen 0,1 und 0,2 Prozent (Gsell 1993).

Niederlande

In den Niederlanden laufen seit 1982 Untersuchungen zur Einführung der Hanfpflanze in die holländische Agrarwirtschaft.

Die Hanfforschung begann damals mit einer Studie, die unter den für den Standort Niederlande am besten geeigneten neuen Nutzpflanzen die Hanfpflanze zur Papierherstellung favorisierte (Themagroep Regionale Ontwikkeling 1982).

Daran schloß sich ein vierjähriges Projekt an, das mit etwa 10 bis 12 Millionen Gulden vom niederländischen Staat finanziert wurde und Ende 1993 auslief. Durchgeführt wurde das Projekt am Instituut voor Agrotechnologisch Onderzoek (ATO-DLO, 6700 AA Wageningen). Knapp vier Jahre wurde untersucht, ob es technologisch und ökonomisch sinnvoll ist, aus in den Niederlanden angebautem Hanf Papier herzustellen. Dabei geht es um Anbau, Aufschlußverfahren, mögliche Produzenten und Abnehmer. Die Chancen für eine großtechnische, holländische Hanfpapierproduktion stehen indes nicht gut, da sich Papierproduzenten und Abnehmer auf eingefahrenen Bahnen bewegen und ein neuer Papierrohstoff so nur sehr schwer auf dem Markt Zutritt erlangen wird (van der Veen 1993).

Auf der Basis des Abschlußberichtes soll 1994 entschieden werden, ob der Hanfanbau zur Papierproduktion weiterverfolgt werden soll. Unabhängig davon wollen einige holländische Landwirte 1994 oder 1995 mit dem kommerziellen Faserhanfanbau wieder beginnen.

Großbritannien

In England wurde 1993 zum erstenmal seit 30 Jahren wieder legal Hanf angebaut. Die Firma Hemcore Ltd. hat 32 Bauern unter Vertrag, die mit Genehmigung des Innenministeriums auf einer Fläche von 600 Hektar Hanf anbauten (Farmers Weekly vom 17.9.1993). Aufgrund der guten Erfahrungen mit Anbau und Absatz soll die Anbaufläche 1994 auf über tausend Hektar erweitert werden. Hemcore betreibt die einzige Faseraufbereitungsanlage in England, eine Fabrik in Felsted (Essex). Ian Lowe, Marketingdirektor der Firma, sagt zu den anvisierten Produkten: »Wir sind dabei, neue Endprodukte wie Textilien oder Faserplatten zu entwickeln, aber das braucht Zeit« (Farmers Weekly vom 17.9.1993).

1993 wurde in Großbritannien – nach Jahrzehnten – erstmalig wieder Hanfpapier hergestellt. Die traditionsreiche Papierfabrik James Rivers bezog die Hanfzellulose aus Spanien, da in Großbritannien noch kein entsprechender Zellstoff hergestellt werden kann. Das feine, mit Wasserzeichen versehene Briefpapier besteht aus 70 Prozent Stroh und 30 Prozent Hanf – ein höherer Hanfanteil ist unter qualitativen Gesichtspunkten nicht erforderlich und wäre technisch zur Zeit noch problematisch. Das »baumfreie« Briefpapier kostet derzeit in Deutschland 39 Mark pro 500 Blatt.

Irland

»In Irland hat die Behörde für Agrarentwicklung den Anbau von Hanf befürwortet, um eine größere Vielfalt der landwirtschaftlichen Erzeugung zu erreichen. Man wolle für eine Forschungsplantage in Carlow die Genehmigung der Justizbehörden erwirken, teilte ein Sprecher mit.« (Süddeutsche Zeitung, 20.4.94)

Deutschland

In Sachen Hanf unterscheidet sich die Situation in Deutschland grundsätzlich von derjenigen in anderen EU-Ländern. Einerseits gibt es wohl in keinem anderen westeuropäischen Land ein derart großes Interesse der Industrie, Hanf wieder in den Wirtschaftskreislauf einzuführen, und eine so lebhafte Verbrauchernachfrage. Andererseits sorgt eine unverständlich restriktive Gesetzgebung dafür, daß in Deutschland im Gegensatz zu allen anderen Ländern der Europäischen Union (Dambroth 1993) jeglicher kommerzieller Hanfanbau – unabhängig vom THC-Gehalt der Pflanzen – untersagt ist. Es ist schwer zu verstehen, warum man sich in Deutschland so schwer damit tut, den Anbau THC-armer Hanfsorten zuzulassen. Alle anderen EU-Länder orientieren sich in dieser Hinsicht an den EU-Verordnungen, die den Hanfanbau mit weniger als 0,3 Prozent THC zulassen und sogar finanziell fördern.

BGA gegen Hanfanbau

Das Bundesgesundheitsamt (BGA) – in Deutschland für die Genehmigung des Hanfanbaus gemäß Betäubungsmittelgesetz zuständig – sieht ein »hohes Risiko einer Gefährdung der Öffentlichkeit, die nach wie vor durch den Anbau von Cannabis gegeben ist, da nach allen uns vorliegenden Gutachten auch als THC-arm oder THC-frei deklarierte Pflanzensorten THC-Gehalte von 0,1 bis 0,2 Prozent aufweisen, die eine mißbräuchliche Verwendung zulassen. (...) Dies bedeutet, daß Anträge von Landwirten zum Anbau von Cannabis zu kommerziellen Zwecken grundsätzlich abschlägig beschieden werden müssen« (Schinkel 1993).

Das BGA steht mit dieser Einschätzung in Europa allein. In einem wissenschaftlichen Gutachten, das in den anstehenden gerichtlichen Auseinandersetzungen eine wichtige Rolle spielen wird, heißt es: »Faserhanf mit einem THC-Gehalt von unter 0,3 Prozent ist – aus pharmakologischen Gründen – nicht dazu geeignet, die vom Marihuanakonsumenten erwünschten Rauschzustände zu erzielen. Dies gilt selbst dann, wenn der Konsument seine Konsumgewohnheiten in Hinblick auf THC-armen Hanf vollkommen umstellt und ungewöhnlich große Mengen zu sich nimmt« (Katalyse 1994).

Derzeit liegen etliche Genehmigungsanträge auf Hanfanbau beim BGA vor. Die ersten Anträge für eine Gesamtfläche von 110 Hektar haben eine Agrargenossenschaft aus Brandenburg und ein einzelner Landwirt aus Berlin gestellt. Mit anderen Landwirtschaftsunternehmen, Agrarwissenschaftlern der Humboldt-Universität, Berlin, und Umweltschützern haben sie sich zur Gesellschaft für Arbeit, innovativen Landbau und Ausbildung (GAIA) zusammengeschlossen (Schillo 1994). Die Brandenburger Landwirte streben die universelle Nutzung der Hanfpflanze für Papier, Textilien, Öl, Bau- und Dämmstoffe sowie Arzneimittel an (Schillo 1993). Ihr Antrag wurde abgelehnt, wogegen GAIA bereits Widerspruch eingelegt hat. Sobald auch dieser Widerspruch abschlägig beschieden wird, beabsichtigt GAIA vor das Berliner Verwaltungsgericht zu ziehen.

Für die Agrarwirtschaft kann das – möglicherweise noch jahrelang dauernde – juristische Tauziehen bis zur Erteilung von Anbaugenehmigungen unangenehme Folgen haben. So schreibt der Hessenbauer (Nr. 7/1994): »Bis dann verrinnt jedoch wertvolle Zeit für die Forschung und das Gewinnen von Anbaupraxis. Die deutschen Landwirte drohen wieder einmal durch Bürokratie und überzogene Gesetzgebung abgehängt zu werden. (...) Damit Chancen nicht vertan und Entwicklungen nicht verpaßt werden – man denke nur daran, daß die EU-Kommission eines Tages Quoten für den Hanfanbau vergibt und Deutschland hat für eine bestimmte Referenzzeit null Hektar nachzuweisen –, ist die Initiative des Deutschen Bauernverbandes zu begrüßen.«

Initiativen für den deutschen Hanfanbau

Der Deutsche Bauernverband setzt sich seit Ende 1993 für eine »Freistellung bestimmter Hanfsorten mit geringem Rauschmittelgehalt von den Vorschriften des Betäubungsmittelgesetzes« ein und regt ein »Verbundprojekt zwischen Züchtern, Vermarktern, Verarbeitern, Verwendern und Verbrauchern durch die Fachagentur Nachwachsende Rohstoffe« an (Bertram 1993).

Eine Vielzahl von Initiativen setzt sich derzeit für Freigabe des Anbaus THC-armer Sorten ein. Die Naturschutzjugend verfaßte Anfang 1994 ein Schreiben, das Anbaubefürworter an das BGA und BMFT schicken können, in dem es heißt: »Ich fordere Sie aus diesen Gründen auf, den Anbau von Hanf wieder zu genehmigen und die Innovationskraft nachwachsender Rohstoffe durch neue Prioritäten in der Forschungspolitik nutzbar zu machen. Aus ökologischen und arbeitsmarktpolitischen Gründen können wir es uns nicht erlauben, diese Zukunftsbranche zu ignorieren. Eine massive staatliche Förderung von Forschungsprojekten im Bereich nachwachsender Rohstoffe und speziell die Aufhebung des Anbauverbotes für Hanf ist aufgrund des öffentlichen Interesses (...) dringend erforderlich.«

Ebenso setzt sich eine Vielzahl von Wissenschaftlern für die Freigabe des Anbaus ein, beispielsweise die Professoren Plarre (FU Berlin), Metz (Humboldt-Universität Berlin), Franke (Universität Bonn) und Dambroth (FAL Braunschweig). Dambroth forderte auf einer Pressekonferenz am 10.2.1994 »eine Novellierung des Betäubungsmittelgesetzes, um den Hanfanbau gemäß dem von der EU vorgegebenen Spielraum zu ermöglichen« (Agra-Europe 7/94).

Landwirte, Agrargenossenschaften und vor allem Unternehmen, die in der Herstellung und Vermarktung von Hanfprodukten ein Marktpotential sehen, haben Anfang 1994 in Berlin die Hanfgesellschaft gegründet. Ziel des Vereins ist »die Wiedereingliederung der Nutzpflanze Hanf (Cannabis sativa) in den landwirtschaftlichen Anbau und die industrielle Verarbeitung« (aus der Pressemitteilung vom 28.2.1994).

Auch die Bevölkerung scheint dem Hanfanbau gegenüber positiv eingestellt zu sein: »Unlängst wurde von SAT1 die ›Frage des Tages‹ gestellt: ›Sollen wir in Deutschland wieder Hanf anbauen?‹ (...) Gegen den Hanfanbau sprach sich ein Kripo-Beamter aus, der sich sorgte: Zwischen den THC-armen Sorten könnten Hascher zum Horror der Hasch-Häscher THC-reiche Sorten anbauen. Als Protagonist für den Hanfanbau kam Jürgen Schlegelmilch vor die Kamera, vorgestellt als ›knallharter Manager‹ und Geschäftsführer des größten deutschen Papiergroßhändlers. Er erklärte, wie nützlich der Hanf für Umwelt und Papiergeschäft gleichermaßen sei. SAT1 schritt zur Reality-Demokratie, der TED-Umfrage. Ergebnis: 90 Prozent der Anrufer waren pro Hanf. Schlegelmilch sah seine Absatzprognosen bestätigt« (Merkheft, Frankfurt: Zweitausendeins, März-April 1994).

Industrie

Auch wenn 1994 vermutlich noch kein Hanf in Deutschland angebaut werden darf, wächst das Interesse der Industrie, neue Hanfproduktlinien zu entwickeln und zu realisieren. Der bundesdeutsche Bedarf wird zunächst aus

Spanien, Frankreich, England und vor allem aus Osteuropa gedeckt werden müssen.

Den größten Umsatz werden Hanfprodukte 1994 im Bereich Zellstoff und Papier erzielen. Im Oktober 1994 wird die erste deutsche und, neben der spanischen Celesa, einzige westeuropäische Zellstoffabrik in Ortrand (30 km nördlich von Dresden) in Betrieb gehen, in der Hanf, Flachs und Öllein weiterverarbeitet werden. Die Chemische Bleicherei Eugen Jetter Nachfolger GmbH besitzt eine Jahreskapazität für 6 000 Tonnen Zellstoff und kann leicht auf 7 500 Tonnen erweitert werden (Hofmann 1994). 6 000 Tonnen Hanfzellstoff haben derzeit einen Marktwert von 18 bis 24 Millionen Mark. Abnehmer für seinen Hanfzellstoff hat der Inhaber Hofmann bereits gefunden: die Firma Schneidersöhne Papier, das größte Papierhaus Deutschlands, und Hersteller technischer Filterpapiere. Schneidersöhne wird auf Hanfbasis (50 Prozent Hanf, 50 Prozent deinktes Altpapier) Basispapier für Bücher sowie vier verschiedene Sorten graphische Papiere unter den Namen Sativaprint (Brief/Schreibpapier) und Luxosativa (Kunstdruckpapier) auf den Markt bringen (Schlegelmilch 1994). Der geplante Umsatz von 500 Tonnen, die einem Warenwert von 4 bis 5,5 Millionen DM entsprechen, dürfte eine untere Absatzgrenze markieren.

Besonderes Interesse an Hanfzellstoff haben die Hersteller technischer Filterpapiere. Bei Holzzellulose können bestimmte Reißfestigkeiten unter Nässe nur mit Kunstharzbeimischungen realisiert werden. Anders bei Hanfzellstoff, der sich gerade durch hohe Reißfestigkeit auch bei Nässe auszeichnet. Mit Hanfzellulose können im Bereich technischer Filterpapiere umweltfreundlichere Produktlinien entwickelt werden, wie sie mit Holzzellulose nicht möglich sind (Bettelhäuser 1994).

Andere Firmen untersuchen derzeit in ihren Entwicklungsabteilungen den Einsatz von Hanfprodukten im Bereich Baustoffe, Bekleidungstextilien, Geotextilien, Teppiche und Formpreßteile etc.

In Deutschland entsteht ferner eine Vertriebskette für Hanfprodukte. Das erste HanfHaus wird in Berlin im April 1994 eröffnet. An Firmen und Endverbraucher werden Hanfstoffe aus Ungarn, Textilien (z. B. Jeans) und Taschen aus Ungarn, Hanf/Stroh-Papier aus England, Zigarettenpapier aus Hanf, Hanfölkosmetika und vieles mehr vertrieben. Das Berliner HanfHaus erwartet 1994 einen Umsatz von mindestens einer halben Million Mark (Schenkelberg

1994). 1994 und 1995 sollen in vielen deutschen Großstädten HanfHäuser eröffnet werden.

Katalyse prognostiziert für 1994 in Deutschland im Bereich neuer Hanfprodukte einen Umsatz von mindestens 20 bis 40 Millionen DM.

Hanfforschung in Deutschland

In Deutschland gab es nach 1960 und erst recht nach der Änderung des Betäubungsmittelgesetzes zum 1.1.1982 keine Hanfforschung im eigentlichen Sinne mehr. Nur vereinzelt haben sich Wissenschaftler mehr oder weniger sporadisch mit Hanf zu beschäftigen begonnen, brachen die Arbeiten aber meist wieder ab, als sie merkten, welche Hürden das Bundesgesundheitsamt vor jeder Anbaugenehmigung aufbaut (vgl. z. B. Prof. Megnet, Kapitel 2.b).

1993 wurde in Deutschland lediglich an der FAL in Braunschweig und im Katalyse-Institut Hanfforschung betrieben. Angeregt durch das vorliegende, bei Zweitausendeins erschienene Buch über Hanf, die darin enthaltene Studie des Katalyse-Instituts sowie durch die Aktivitäten der FAL begannen Ende 1993 eine Reihe weiterer Institutionen mit der Hanfforschung. Seminar- und Diplomarbeiten zum Thema Hanf – von Anbau bis Marketing – sind vergeben worden, erste Ergebnisse liegen vor. Praktische Anbauversuche möchte das Institut für agroindustrielle Forschung in Großbeeren bei Berlin 1994 starten; man hofft, nach entsprechenden Schutzvorkehrungen auf dem institutseigenen Gelände eine Anbaugenehmigung vom BGA zu erhalten. Einen ähnlichen Antrag stellte auch die Humboldt-Universität, Berlin, die zu Forschungszwecken auf 10 Hektar diverse Hanfsorten mit dem Ziel anbauen will, THC-arme Sorten für die Landwirtschaft bereitzustellen (Schillo 1994).

Bundesforschungsanstalt für Landwirtschaft Braunschweig-Völkenrode (FAL), Institut für Pflanzenbau

Die FAL war 1993 bundesweit das einzige Institut, das Hanfforschung (unter Leitung von Professor Dambroth) betrieb und auch dies erst seit kurzer Zeit (Höppner 1993). In erster Linie werden folgende Fragekomplexe bearbeitet:
- genetische Variabilität des THC-Gehaltes bei Hanf;
- Entwicklung des THC-Gehaltes bei Hanf während der Vegetationszeit;
- Einfluß von Stickstoffdüngung und Bestandsdichte auf Faserqualität, Zelluloseanteile, Faser- und auch Samenertrag.

1992 und 1993 wurde in Braunschweig Hanf angebaut. Die Auswertung der Versuche ist noch nicht abgeschlossen.

Die mit Spannung erwarteten Ergebnisse sollen im Frühsommer 1994 der Öffentlichkeit vorgelegt werden. Einige Vorabinformationen finden sich in Kapitel 2.b.

Katalyse – Institut für angewandte Umweltforschung, Köln

Das Katalyse-Institut erforscht eine Vielzahl von Problemen entlang der gesamten Wertschöpfungskette, vom Saatgut, Anbau über Verarbeitung bis zum Endprodukt. Dazu gehören Marktanalysen für Hanfzwischen- und Endprodukte, die Entwicklung neuer Produktideen und -linien sowie das Zusammenführen der verschiedenen potentiellen Akteure aus Agrarwirtschaft, Technologieentwicklung, verarbeitender Industrie und Marketing. Im Mittelpunkt steht dabei die Entwicklung ökologischer Produktlinien; Untersuchungen haben gezeigt, daß die Umweltverträglichkeit ein entscheidender Faktor für die Wiedereingliederung nachwachsender Rohstoffe in den Wirtschaftskreislauf ist.

Was Forschung im engeren Sinn betrifft, sind Anträge auf nationaler und europäischer Ebene zur Untersuchung des Markt- und Agrarpotentials der Hanfpflanze in Deutschland und Europa gestellt worden. Gibt es relevante Märkte für Hanf im Zellstoff-, Textil- oder Ölbereich? Wovon hängt es ab, ob die Märkte erschlossen werden können? Eignet sich Hanf für eine nachhaltige, ökologische Landwirtschaft? Welche Gebiete innerhalb der EU eignen sich für den Hanfanbau?

In Zusammenarbeit mit der Produktmarketingfirma TriTec plant Katalyse für Frühjahr 1995 eine Hanfproduktmesse mit begleitendem Fachsymposium. Absicht ist, die relevanten Akteure aus Agrarwirtschaft und verarbeitender Industrie miteinander ins Gespräch zu bringen und synergetische Effekte zur Wiedereingliederung von Hanf in den Wirtschaftskreislauf auszulösen.

5 Schlußfolgerungen

Die Studie hat gezeigt, daß Hanf eine vielseitig zu nutzende Pflanze ist, die hochwertige Rohstoffe mit hohen Erträgen liefert. Die wichtigsten Eigenschaften und Nutzungsmöglichkeiten der Hanfpflanze faßt Abbildung 4 zusammen. Um abschließend einen Überblick zu geben, soll sie kurz erläutert werden.

Abbildung 4: Diagramm zur heutigen Hanfnutzung

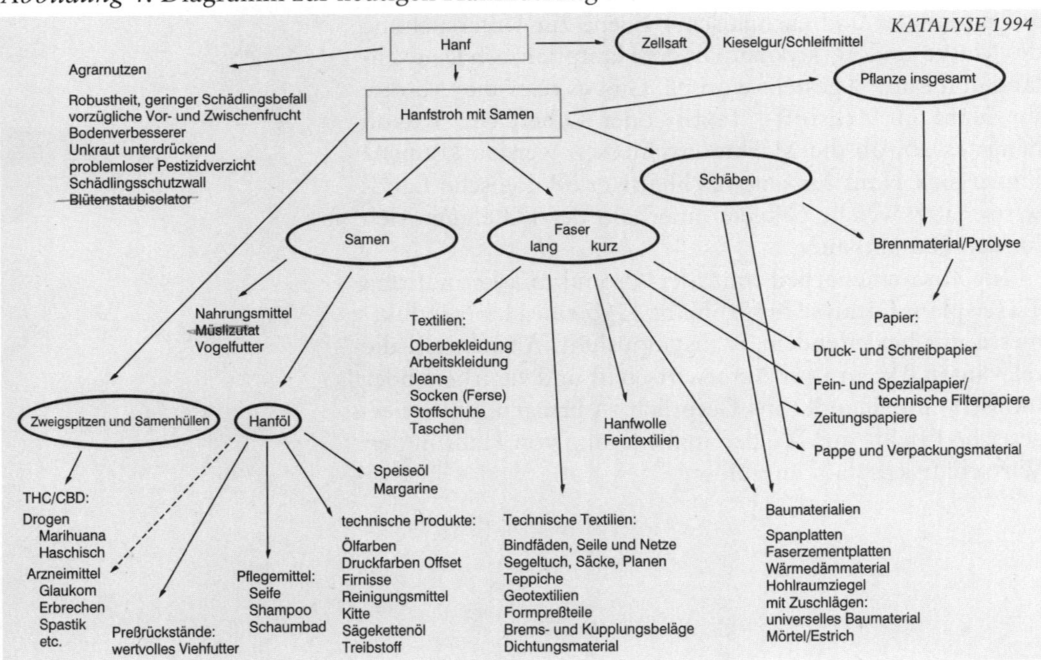

Landwirtschaft. – Landwirtschaftlich bietet Hanf eine Reihe ausgesprochen günstiger Eigenschaften: Aufgrund der großen Robustheit der Pflanze kann auf Pflanzenschutzmittel nahezu und auf Herbizide vollständig verzichtet werden. Hanf ist gut an unser Klima angepaßt, fügt sich vorzüglich in Fruchtfolgen ein und verbessert die Bodenstruktur.

Hanföl. – Das aus den Samen der Hanfpflanze gewonnene Hanföl ist ein hochwertiges Pflanzenöl, das sowohl als linolsäurereiches, essentielles Speiseöl als auch als Ausgangsstoff verschiedenster technischer Produkte Verwendung finden kann. Von der Ölqualität und Zusammensetzung her gehört Hanföl in die Reihe von Sonnenblumen-, Soja-, Lein- und Rapsöl.

Der bei der Ölgewinnung zurückbleibende Preßkuchen ist ein wertvolles Viehfutter.

Fasern. – Die Hanfpflanze liefert eine hochwertige Langfaser, die sich insbesondere durch sehr hohe Reißfestigkeit und Feuchteresistenz auszeichnet. Die Einsatzbereiche liegen neben Textilien vor allem im technischen Bereich: technische Gewebe, Planen, Seile, Formpreßteile, Brems- und Kupplungsbeläge sowie Baumaterialien. Gerade für den technischen Einsatz scheint die Hanffaser sich potentiell besser zu eignen als Flachs und durch den deutlich höheren Hektarertrag auch geringere Kosten zu versprechen.

Papierherstellung. – Aus der Hanfpflanze können, je nach Nutzung der Gesamtpflanze oder nur des Kurzfaseranteils, Papiere unterschiedlichster Qualität hergestellt werden: Pappe, Zeitungspapier, Druck- und Schreibpapiere sowie Fein- und Spezialpapiere, insbesondere auch technische Filterpapiere.

Aufgrund des geringen Ligningehalts ergeben sich bei der Papierherstellung aus Hanf geringere Umweltbelastungen als bei der Papierherstellung aus Holz. Die zu Zellulose verwertbare, jährlich zuwachsende Pflanzenmasse pro Hektar liegt bei Hanf um den Faktor 2 bis 4 höher als bei schnellwachsenden Bäumen. Hanffasern können dem Altpapier zugesetzt werden, um die Faserlänge beim Recyclingpapier zu erhöhen.

Insgesamt weist Hanf als Grundstoff für die Papierindustrie gegenüber Holz Vorteile in Qualität, Umweltverträglichkeit und Ertrag pro Hektar auf und stellt damit die vorherrschende Papiergewinnung aus Holz, die meist mit schweren Eingriffen in Ökosysteme verbunden ist, in Frage.

Schäben. – Die als Reststoff anfallenden Hanfschäben können als hochwertiges Bau- und Dämmaterial eingesetzt werden.

Hanfblätter. – Sie eignen sich als hochwertiger Pilzkompost oder auch als Einstreu in Viehställe.

Pharmakologie. – Hanföl, Tetrahydrocannabinol (THC) und Cannabidiol (CBD) sind in vielfältiger Weise pharmakologisch einsetzbar. Da die Gewinnung dieser Substanzen andere Nutzungen nur unwesentlich einschränkt, sind hier zusätzliche Einnahmen zu erzielen.

Kombinationsnutzung. – Eine geschickte Kombinationsnutzung von Fasern, Samen, Schäben und medizinisch wirksamen Stoffen könnte die Hanfnutzung unter Umständen rentabler machen als hochoptimierte Einzelnutzungen. Praktiziert wird bereits eine Kombinationsnutzung, bei der die Langfaser für Textilien, die Kurzfaser für die Zellstoffindustrie, die Schäben für Baustoffe und die Blätter als Einstreu in Viehställen verwandt werden.

Fazit

Hanf ist eine vielseitige Nutzpflanze, die hochwertige Rohstoffe für die Textil-, Papier-, Bau-, Pflanzenöl- und Pharmaindustrie liefert. Hanf gehört zu den ertragreichsten und landwirtschaftlich vorteilhaftesten Nutzpflanzen in unserer geographischen Zone und könnte schon bald wieder seinen Platz neben Raps, Sonnenblume und Flachs/Lein, einnehmen.

Ökobilanz

Aufgrund des ungenügenden Datenmaterials ist es derzeit nicht möglich, eine vergleichende Ökobilanz für die Hanfpflanze und ihre Produkte zu erstellen, in vorliegender Studie zeichnen sich nur *erste Ansätze* ab. Das größte Datendefizit herrscht bei den einzelnen technischen Verfahrensschritten, von der Ernte bis zum Endprodukt. Technische Verfahren müssen zum Teil erst noch entwickelt oder an den Hanf angepaßt werden, um zu Quantifizierungen zu kommen, die für praktische Umsetzungen aussagekräftig sind.

Es muß jedoch betont werden, daß Produkte und Produktlinien auf Basis nachwachsender Rohstoffe nicht a priori umweltverträglich sind. Ein Anbau in Monokultur bei starkem Dünger- und Pestizideinsatz, umweltbelastende Technologien bei der Rohstoffgewinnung und -verarbeitung, aber auch die Herstellung von Endprodukten, die aus natürlichen und synthetischen Verbundmaterialien bestehen, können dazu führen, daß der Einsatz nachwachsender

Rohstoffe vom ökologischen Gesichtspunkt aus womöglich mehr Nach- als Vorteile mit sich bringt. Allein schon aus marktstrategischen Gesichtspunkten ist es erforderlich, auf allen Ebenen der Wertschöpfungskette ökologischen Aspekten eine zentrale Rolle einzuräumen. Nur so haben nachwachsende Rohstoffe – trotz anfänglicher Nachteile bei den Kosten – eine Chance bei Industrie und Verbraucher.

Backe 1936: »In der Hanfpflanze liegen, unmittelbar und mittelbar, so viele Werte vereinigt, daß man an ihr nicht vorübergehen kann. [...] Hanf ist, abgesehen vom Flachs, die einzige wirklich ernsthaft für Deutschland in Betracht kommende anbauwürdige Kulturpflanze, die gleichzeitig alle drei genannten Wirtschaftszweige (Textilindustrie, Fett- und Futtermittelwirtschaft) beliefern kann. Gerade auf diese Vielseitigkeit muß im volkswirtschaftlichen Interesse nachdrücklich hingewiesen werden.«

Hanf hat eine Reihe von Eigenschaften, die ihn für die Realisierung einer Vielzahl von ökologischen Produktlinien geeignet machen:

- Aufgrund seiner günstigen landwirtschaftlichen Eigenschaften kann beim Hanfanbau sowohl auf Monokulturen wie auf den Einsatz von Pestiziden verzichtet werden. Hanf scheint sich für eine nachhaltige, ökologische Landwirtschaft gut zu eignen.
- Durch die vielfältigen Verwendungsmöglichkeiten aller anfallenden Pflanzenteile ist eine restlose Nutzung der Hanfpflanze möglich.
- Aufgrund der relativ hohen Erträge sind vergleichsweise geringe Anbauflächen erforderlich.
- Hanfproduktlinien tragen wegen ihres weitestgehend geschlossenen CO_2-Kreislaufs zur Eindämmung des Treibhauseffekts bei.
- Aktuelle Entwicklungen in Ungarn zeigen, daß es im Textilbereich möglich ist, Hanfstoffe mit ungewöhnlich geringen Schadstoffrückständen zu produzieren.
- Für die Papierindustrie liefert Hanf einen hochwertigen, ligninarmen Rohstoff, der zu geringeren Umweltbelastungen führt als der Rohstoff Holz.
- Durch die hohe Eignung als technische Faser können in vielen Bereichen Kunststoffe und gesundheitsschädliche Stoffe wie Asbest ersetzt werden.
- Durch den hohen Dämmwert der Hanfschäben können mineralische Dämmstoffe ersetzt werden.

Es ist erfreulich, daß ein Großteil der im Hanfbereich tätigen Akteure aus Landwirtschaft und Industrie ökologischen Aspekten großes Gewicht einräumt. Im Bereich technischer Filterpapiere ist die Möglichkeit, mit Hanfzellulose umweltfreundlichere Produktlinien entwickeln zu können, sogar die maßgebliche Triebfeder.

Ausblick

Was ist zu tun, um Hanf wieder in den Wirtschaftskreislauf zu integrieren, welche Hemmnisse müssen überwunden werden?

Zunächst ist es erforderlich, die unsinnigen Anbau-

Bredemann 1961: »Es wäre daher zu empfehlen, auch dem Hanf die gleichen Chancen wie den anderen Nutzpflanzen zu geben. Hierdurch wäre der Landwirtschaft ein guter Dienst erwiesen.«

Körber-Grohne 1988: »Trotzdem ist wegen der Zunahme der Rauschgiftsucht zum Schutze der menschlichen Gesundheit in vielen Ländern der Anbau von Hanf verboten worden, nachdem über zweieinhalb Jahrtausende lang Menschengenerationen nur Nutzen aus dieser Pflanze gezogen haben, ohne ihre Gaben im großen zu mißbrauchen. Im Handbuch der Pflanzenzüchtung von 1961 werden Forschungsvorhaben aufgezeigt, um haschischarme oder -freie Hanfsorten zu züchten, damit auf Dauer nicht auf diese wertvolle Nutzpflanze verzichtet werden muß.«

verbote für THC-arme Hanfsorten aufzuheben und die nationale Gesetzgebung den Verordnungen der Europäischen Union anzupassen, die den Anbau von Sorten mit einem THC-Gehalt unter 0,3 Prozent gestatten und sogar finanziell fördern. Denn das gegenwärtig geltende Verbot blockiert nicht nur den Anbau, sondern hemmt auch die Forschungs- und Entwicklungsarbeit und stellt die Weichen, daß es innerhalb der EU – wieder einmal – zu Ungleichgewichten kommen wird.

Da das Bundesgesundheitsamt seinen – unseres Erachtens vorhandenen – Spielraum zur Erteilung von Anbaugenehmigungen nicht ausschöpft, sondern im Gegenteil alles daran setzt, dem Hanf den Weg in die deutsche Agrarwirtschaft zu erschweren, bleibt nur eine Änderung des Betäubungsmittelgesetzes (BtMG) übrig. Es wird Zeit, daß sich Bundeslandwirtschafts- und Gesundheitsministerium zusammensetzen, um eine entsprechende Änderung des BtMG auszuarbeiten, die den Anbau THC-armer Hanfsorten legalisiert.

Ist diese Hürde genommen, beginnt die eigentliche Arbeit. Zur Wiedereingliederung eines nachwachsenden Rohstoffs in den Wirtschaftskreislauf werden normalerweise 5 bis 10 Jahre angesetzt. Das unerwartet hohe Engagement der Industrie sollte nicht darüber hinwegtäuschen, daß nur eine gezielte Forschungs- und Förderpolitik diesen Vorgang beschleunigen und auf eine solide Basis stellen kann. Nationaler Ansprechpartner für Forschungsmittel ist die 1993 ins Leben gerufene Fachagentur für nachwachsende Rohstoffe. Aufgrund der Anbauverbote, des angeblich fehlenden Interesses der Industrie und der negativen Erfahrungen bei der Flachsförderung ist die Fachagentur bislang sehr zurückhaltend, was die Bereitstellung von Forschungsmitteln für Hanf betrifft. Dabei lassen sich gerade aus dem Flachsbereich wertvolle Schlüsse ziehen, wie eine effektive Forschungspolitik aussehen könnte.

An erster Stelle sollte eine umfassende Analyse des Marktpotentials für Hanfrohstoffe und -endprodukte stehen. Kommt die Marktanalyse zu dem Ergebnis, daß wirtschaftlich tragfähige Produktlinien für Hanfprodukte realisiert werden können, so steht die Frage an, in welchem Umfang und mit welchen ökologischen und strukturellen Folgen Hanf in die deutsche Agrarwirtschaft integriert werden kann.

Die Ergebnisse der Analyse von Markt- und Agrarpotential stellen eine fundierte Entscheidungsgrundlage für die Frage dar, ob mit der Entwicklung technischer Verfahren unter ökonomischen und ökologischen Gesichtspunkten begonnen werden soll. Die Marktanalyse gibt dabei vor, in welchen Sektoren sich Technologieentwicklungen für die Weiterverarbeitung von Hanfrohstoffen und -zwischenprodukten lohnen. Es genügt hier nicht, einzelne technologische Schritte zu optimieren; sämtliche technologischen und ökologischen Schwachstellen und Engpässe entlang der Produktlinie müssen identifiziert und Lösungen entwickelt werden.

Von großem Nutzen können hierbei Technologien sein, die bereits für andere nachwachsende Rohstoffe entwickelt wurden. So ist beispielsweise zu prüfen, ob und mit welchen Vor- oder Nachteilen Verarbeitungstechnologien aus dem Flachsbereich auf Hanf übertragen werden können. Dies ist vor allem auch deshalb geboten, weil einigen vielversprechenden Technologien im Flachsbereich aufgrund fehlender Marktimpulse das Aus droht, aber das Knowhow und Interesse von Forschungsinstituten und Firmen derzeit noch vorhanden ist.

Nach Abschluß dieser Phase wird sich zeigen, welche Produktlinien bis hin zum verkaufsfähigen Produkt realisiert werden können. Um diese Produkte dann auch wirklich am Markt einzuführen, ist die Ausarbeitung von Strategien zur Erschließung des Marktes erforderlich. Diese basieren vor allem auf den Ergebnissen der vorangegangenen Marktanalysen in Verbindung mit der konkreten Produktentwicklung.

Nach erfolgreicher Umsetzung steht der letzte Schritt an, die Konzeptionierung eines deutschen Hanfanbau- und -nutzungsprogramms.

Es steht außer Frage, daß ein solches systematisches Vorgehen nur mit Fördermitteln realisierbar ist.

Die Unternehmen werden jedoch nicht warten, bis die Anbauverbote aufgehoben und eine solche Forschungspolitik verabschiedet ist. Sie werden vielmehr – zunächst auf Basis importierter Hanfrohstoffe – einzelne Produktlinien, für die sie ein Marktpotential sehen, entwickeln. Um diesen Prozeß wissenschaftlich und technologisch zu unterstützen, haben sich eine Reihe von Unternehmen in der Hanfgesellschaft zusammengeschlossen. Über einen Förderverein sollen Geldmittel akquiriert und unabhängig von staatlichen Mitteln der Forschung zur Verfügung gestellt werden. Neben dem geplanten Aufbau eines wissenschaftlichen Hanfarchivs sind für 1994 und 1995 Produktmessen

Franke 1993: »Ihrem Institut [Brief an *Katalyse*] kann ich nur beipflichten, wenn es den Hanfanbau unter den dargelegten Begründungen empfiehlt. Die mutige Studie hilft vielleicht, bei zuständigen Behörden und wissenschaftlichen Institutionen Einsicht zu wecken und Anstoß zu geben, diese alte Nutzpflanze Hanf wieder zum Anbau zuzulassen und die Forschung zu ermuntern, zumal auf stillgelegten Flächen Deutschlands genügend Raum für den Hanfanbau gegeben sein dürfte und der ökologische Vorteil, soweit wie derzeit möglich, klar herausgearbeitet worden ist.«

und Fachsymposia vorgesehen, die Forschung, Agrarwirtschaft, verarbeitende Industrie und Marketingfirmen an einen Tisch bringen sollen. Synergetische Effekte bei der Wiedereingliederung von Hanf in den Wirtschaftskreislauf sind nur auf diese Weise auszulösen. Einer der inhaltlichen Schwerpunkte wird der Wissens- und Technologietransfer zwischen West- und Osteuropa sein.

Schlußbemerkung

Landwirtschaft und Industrie haben in den 80er Jahren die nachwachsenden Rohstoffe wiederentdeckt. Dabei haben sie eine der vielversprechendsten Nutzpflanzen unserer Breiten vergessen, den Hanf. Wegen der vielfältigen Nutzungsmöglichkeiten, wegen des großen Interesses bei Landwirtschaft und Industrie sowie der starken, die Nachfrage nach Hanfprodukten stimulierende Aufmerksamkeit, die diese verbotene und vieldiskutierte Pflanze heute in einem Klima allgemeiner ökologischer Sensibilisierung findet, ist die Chance äußerst günstig, daß der nachwachsende Rohstoff Hanf relativ schnell in den Wirtschaftskreislauf zu integrieren sein wird.

Diese Chance sollte durch politische Schritte unterstützt werden. Wir sollten sie nützen!

IV

Anhang
Dokumente und Materialien

Hanfschäben als Material zur Papierherstellung

DOKUMENT 1

1916 – Hanfschäben, ein neuer Papierrohstoff vor dem Durchbruch

Agrarwissenschaftler des Landwirtschaftsministeriums der Vereinigten Staaten von Amerika berichteten 1916 von Studien und Versuchsreihen, in denen sie einen neuen Papierrohstoff untersucht hatten: Hanf. Neuartig war bei ihrem Verfahren zweierlei, zum einen, daß sie das Papier nicht mehr aus den Hanffasern herstellten, sondern aus einem bisherigen Abfallprodukt, den Schäben. Zum anderen zeichnete sich schon in der Erprobungsphase ab, daß dieser neue Papierrohstoff im Vergleich zur bisherigen Papierherstellung aus Holz mit einem Bruchteil der Chemikalien auskommen würde.

Lyster H. Dewey, »The production and handling of hemp hurds« und Jason L. Merrill, »The manufacture of paper from hemp hurds« aus: United States Departement of Agriculture, Bulletin No. 404. Contribution from the bureau of Plant Industry, Washington 1916

UNITED STATES DEPARTMENT OF AGRICULTURE

BULLETIN No. 404

Contribution from the Bureau of Plant Industry
WM. A. TAYLOR, Chief

Washington, D. C. PROFESSIONAL PAPER October 14, 1916

HEMP HURDS AS PAPER-MAKING MATERIAL.

By LYSTER H. DEWEY, *Botanist in Charge of Fiber-Plant Investigations*, and JASON L. MERRILL, *Paper-Plant Chemist, Paper-Plant Investigations*.

CONTENTS.

	Page.
The production and handling of hemp hurds, by Lyster H. Dewey:	
What hemp hurds are	1
Pith, wood, and fiber	2
Character of hurds affected by retting	2
Proportion of hurds to fiber and yield per acre	3
Hurds available from machine-broken hemp	3
Present uses of hemp hurds	4
Present supplies of hurds available	5
Baling for shipment	5
Cost of baling	5
Summary	6
The manufacture of paper from hemp hurds, by Jason L. Merrill:	
Introduction	7
Factors justifying an investigation of hemp hurds	8
Character of the material	11
Character of the tests	12
Operations involved in a test	13
Description of tests	16
Comparison of the tests and commercial practice	21
Physical tests of the papers produced	24
Conclusions	25

In preparing the report on the manufacture of paper from hemp hurds it became evident that a short discussion of the agricultural aspects of this material should be included in the publication. Such an article was prepared, therefore, and the two reports are here presented together.

THE PRODUCTION AND HANDLING OF HEMP HURDS.

By LYSTER H. DEWEY, *Botanist in Charge of Fiber-Plant Investigations.*

WHAT HEMP HURDS ARE.

The woody inner portion of the hemp stalk, broken into pieces and separated from the fiber in the processes of breaking and scutching, is called hemp hurds. These hurds correspond to shives in flax, but are much coarser and are usually softer in texture.

NOTE.—This bulletin should be useful to all persons who are interested in the economic phases of paper making, especially to print and book paper manufacturers. It also should be of interest to scientific investigators and chemists.

61617°—Bull. 404—16——1

Bei der Vorbereitung des Artikels über die Herstellung von Papier aus Hanf ergab sich die Notwendigkeit, einige kurze Ausführungen zur Bedeutung dieses Materials in der Landwirtschaft vorauszuschicken. Beide Texte werden hier gemeinsam veröffentlicht.

Gewinnung und Verarbeitung von Hanfschäben

von Lyster H. Dewey, Botaniker, Forschungsbereich Faserpflanzen

Die durch Brechen und Schwingen des holzigen inneren Hanfstengels von den Fasern getrennten Teile nennt man Schäben. Sie entsprechen den Schäben beim Flachs, sind aber gröber und meist weicher.

Die Stengel von Hanf, der großflächig zur Gewinnung von Fasern angebaut wird, haben einen Durchmesser von 0,3 bis 0,9 cm und sind 1,20 bis 3 m lang. Der Hohlraum innerhalb des Stengels wird von einer zylindrischen, holzigen Hülse gebildet, die sich nach unten verdickt, wo die Pflanze sehr fest ist, und nach oben dünner wird, so daß sich der Hohlraum vergrößert. Während des Brechens wird dieses Rohr innerhalb der faserführenden Rinde in viele kleine Splitter von 3,8 bis 7,6 cm Länge gebrochen. Die dickeren Stücke vom unteren Ende des Stengels zersplittern hierbei weniger als die dünneren an der Spitze und bleiben häufig sehr hart.

Mark, Holz und Faser

Meistens findet sich auf der Innenseite der Schäben noch eine Schicht Mark, die aus dünnwandigen, runden oder eckigen, nie jedoch langgestreckten Zellen besteht. Diese sind mehr oder weniger gequetscht oder gerissen und von geringem Wert für die Papierherstellung, machen jedoch nur ein Prozent des Gewichts der Schäben aus. Der größte Teil besteht aus langgestreckten, holzigen Zellen. Die Außenseite der Schäben ist mit feinen Fasern bedeckt, die aus schlanken, länglichen Zellen bestehen. Sie sind fester als die des holzigen Teiles, aber weicher als die für Handelszwecke genutzten Fasern. Bislang gibt es keine Methode, die Schäben vollständig von allen Langfasern zu befreien. Der Anteil von Fasern – die in Strähnen von 7 cm bis 2,40 m Länge an den Schäben haften – am Gesamtgewicht liegt zwischen fünf und fünfzehn Prozent. In den Strähnen hängen noch dunkle Rindenstückchen aus kurzen, kubischen Zellen.

Die Auswirkung des Rösteprozesses auf die Schäben

Bei fast allem in den Vereinigten Staaten produzierten Hanf wird das Taurösteverfahren angewandt. Die Hanfstengel werden – wie Getreide von der Mähmaschine – in Bahnen auf dem Boden ausgelegt. Wind und Wetter, Tau und Regen, unterstützt von Bakterien, waschen den grünen Farbstoff (Chlorophyll) und die Kittsubstanzen fast vollständig aus, so daß nur die faserige Rinde und das holzige Innere übrigbleiben. Während dieses Prozesses verlieren die Pflanzen 60 Prozent ihres Erntegewichts bzw. 40 Prozent des Gewichts in luftgetrocknetem Zustand.

Manchmal werden die Stengel in Garben zum Trocknen aufgestellt, bevor sie zum Rösten ausgelegt werden. Bei jedem Arbeitsgang werden die Bündel auf den Boden gestoßen, um die Enden auf eine gleichmäßige Höhe zu bringen. Dies führt häufig dazu, daß Sand und Lehm in den Hohlraum an der Stengelbasis eindringen, eine hartnäckige und bei der späteren Papierherstellung außerordentlich störende Verschmutzung.

In Italien und den meisten Gebieten in Rußland, Österreich und Ungarn, wo man Hanf in großem Umfang anbaut, wird das Verfahren der Wasserröste angewandt, das bis zur Mitte des letzten Jahrhunderts auch in den Vereinigten Staaten hin und wieder praktiziert wurde, heute jedoch nicht mehr üblich ist. Schäben von wassergeröstetem Hanf sind sauberer und weicher als von solchem, der im Taurösteverfahren behandelt wurde.

Gelegentlich – aber äußerst selten in Amerika – wird trockener Hanf gebrochen, ohne daß die Stengel vorher geröstet wurden. Die Schäben enthalten dann einen geringen Prozentsatz der zur Pektingruppe gehörenden löslichen Kittsubstanzen.

Selten ist hier auch die Röstung von Hanf in heißem Wasser unter Beifügung schwacher chemischer Lösungen und Öle. Wahrscheinlich enthalten die Schäben des so behandelten Hanfs mehr Rückstände dieser Chemikalien oder auch löslicher Kittsubstanzen, als dies bei tau- oder wassergeröstetem Hanf der Fall ist.

Faser- und Schäbenertrag pro Morgen Land

Der Ertrag von Hanffasern variiert zwischen 180 und 1100 kg pro Morgen, unter günstigen Bedingungen erzielt man etwa 500 kg. Etwa die fünffache Ausbeute ergibt sich für die Schäben, diese Menge erhöht sich bei Hanf von torfhaltigen Böden. Durchschnittlich kann man mit 2,5 Tonnen Schäben pro Morgen rechnen.

Verwendbarkeit von Schäben maschinengebrochenen Hanfs

Es können nur Schäben von solchem Hanf verwendet werden, der mit der Maschine gebrochen wurde, da nur in diesem Fall die Schäben in großen Mengen anfallen. In Kentucky wird Hanf meist noch von Hand gebrochen, die kleinen Handbrechmaschinen werden dabei von Garbe zu Garbe transportiert, so daß die Schäben in kleinen Haufen von vielleicht 50 Pfund über das ganze Feld verteilt sind; nach dem Hanfbrechen werden sie dann verbrannt. Diese Schäben zur Papierherstellung aufzulesen, dürfte zu teuer sein.

Wo Hanf maschinell gebrochen wird, werden die Stengel zu den Maschinen – wie Korn zur Dreschmaschine – gebracht; durch das Gebläse dieser Maschinen entstehen große Haufen mit Hanfschäben.

In Wisconsin, Indiana, Ohio und Kalifornien wird – anders als in Kentucky – ausschließlich maschinell gebrochen. Fünf Arten von Brechmaschinen werden gegenwärtig in Amerika benutzt, weitere Typen gibt es in Europa. Italienischer Hanf, der die beste Qualität hat und den höchsten Preis erzielt, wird ausschließlich maschinell gebrochen. Die dabei eingesetzten Maschinen bereiten die Fasern besser und schneller für die weitere Verarbeitung vor und werden sicher überall dort eingeführt werden müssen, wo der Anbau von Hanf sich als neuer Wirtschaftszweig etablieren soll. Wenn sich solche Maschinen soweit verbilligen, daß sie mit dem Brechen von Hand konkurrieren können, wird auch ihrer Einführung in Kentucky nichts mehr im Wege stehen.

Nur wenn hier gute Maschinen gebaut und überall eingesetzt werden, kann sich der Hanfanbau weiterentwikkeln. Die profitable Verwendung von Hanfschäben kann hierfür gegebenenfalls einen zusätzlichen Anreiz bieten.

Derzeitige Verwendung von Hanfschäben

Schäben werden heute in begrenztem Umfang für den Eigenbedarf auf Bauernhöfen als Streu, als Ersatz für Sägespäne bei Verpackungen und seltener zur Gewinnung von Treibstoff verwendet; einen Handelswert haben sie nicht. Nur bei der Verwertung als Streu kann man einen Preis von etwa einem Dollar pro Tonne ansetzen. Sie sind also ein wertloses Abfallprodukt und allenfalls als Rohmaterial zur Papierproduktion zu nutzen.

Derzeitig verfügbare Vorräte an Hanfschäben

In der letzten Saison, 1915, wurden außerhalb von Kentucky etwa 1500 Morgen Hanf in Gebieten geerntet, wo maschinell gebrochen wird. Nimmt man einen Ertrag von

2,4 Tonnen pro Morgen an, ergibt sich eine Gesamtmenge von 3 750 Tonnen. Riesige Hanfvorräte aus der Ernte des Jahres 1914, die noch unverarbeitet sind, und Unmengen von Hanfschäben dort, wo in den letzten zwei bis drei Jahren maschinelle Brechmaschinen eingesetzt worden sind, erhöhen die Gesamtmenge auf mehr als 7 000 Tonnen. Hanf wird heute außer in Kentucky noch in der Gegend von McGuffey, östlich von Lima (Ohio), angebaut, bei Nappanee, Elkhart County, bei Pierceton und in Kosciusko County (Indiana), bei Waupun und Brandon (Wisconsin), am Rio Visto und in Stockton (Kalifornien).

In Kentucky wird Hanf vor allem im Umkreis von 80 km rund um Lexington angebaut. Genaue Statistiken zu den Anbauflächen gibt es nicht, aber die Ernte des Jahres 1915 läßt sich auf 7 000 Morgen schätzen. In Kentucky werden Hanfbrechmaschinen nur vereinzelt in den Bezirken Bourbon und Clark verwendet, meist wird der Hanf dort jedoch von Hand gebrochen.

Transportverpackung

Die Hanfschäben müssen in Ballen verpackt werden, damit sie bequem zu transportieren sind und sich in den Papiermühlen platzsparend lagern lassen. Die Ballen sollten mit Sackleinen oder einem anderen Stoff umgeben sein, um ein Herausschütteln der Schäben zu verhindern. Man kann dazu die gleichen Maschinen benutzen, mit denen die Hanffasern zu Ballen gepreßt werden; dabei muß allerdings darauf geachtet werden, daß die Maschine nicht beschädigt wird, da die Schäben härter sind als die Fasern. Ein Ballen Hanf mit den Maßen 60 x 90 x 120 cm wiegt etwa 228 kg, ein Ballen Schäben der gleichen Größe ein Drittel weniger, sechs Ballen wiegen etwas weniger als eine Tonne (912 kg).

Rohe Hanffaser, wie sie vom Hof kommt, wird nicht verpackt, daher muß das Verpackungsmaterial für die Schäben eigens angeschafft werden. Ein Stück Sackleinen von 90 x 120 cm auf jeder Seite des Ballens dürfte genügen, das kostet bei einem Gewicht von 3 bis 4 Pfund pro Stück 40 Cent pro Paar. Hinzu kommen die Kosten für die Verschnürung von etwa 5 Cent pro Ballen, was insgesamt Kosten in Höhe von 2 Dollar 70 pro Tonne Schäben ergibt. Gegebenenfalls kann auch Spanholz zum Preis von 33 Dollar pro Tonne genommen werden, das sind nicht mehr als 5 Cent pro Ballen. Spanholz, Segeltuch und Schnur können auch zur Papierlagerung benutzt werden, Segeltuch kann mehrfach, Spanholz jedoch nur einmal verwendet werden.

Verpackungskosten

Wird Segeltuch zur Verpackung genutzt, betragen die Kosten für Verpackung inklusive Material, Benutzung der Ballenpresse, Energie und Arbeit 60 Cent pro Ballen oder 3 Dollar 75 pro Tonne. Wird Spanholz benutzt, können die Kosten auf 2 Dollar pro Tonne reduziert werden. Die Kosten für Transport und Verladen schwanken zwischen 1 Dollar und 3 Dollar pro Tonne, je nach Straßenzustand und Entfernung. Der Farmer muß daher 4 bis 6 Dollar pro Tonne transportfertiger, verladener Schäben erhalten.

Zusammenfassung

Als Hanfschäben bezeichnet man die Stücke des holzigen inneren Teils des Hanfstengels, die durch das Brechen des Stengels zur Gewinnung der Faser entstehen.

Bislang wird dieses Material nicht in nennenswertem, mit der Papierherstellung vergleichbarem Umfang genutzt.

Nur Schäben von maschinell gebrochenem Hanf lassen sich verwenden, da die Kosten für das Sammeln bei Brechen von Hand zu groß sind.

Etwa 7000 Tonnen Schäben sind zur Zeit in begrenzten Gebieten in Ohio, Indiana, Wisconsin und Kalifornien verfügbar.

Diese Menge wird in dem Maße ansteigen, wie der Einsatz von Hanfbrechmaschinen zunimmt.

Die Schäben können in den für die Verpackung von Hanffasern vorgesehenen Maschinen zu Ballen gepreßt und wie Baumwolle in Sackleinen oder Spanholz verpackt werden.

Der Preis für eine Tonne in Ballen gepackten, verladenenen Hanfs wird auf 4 bis 6 Dollar geschätzt.

Die Herstellung von Papier aus Hanfschäben

von Jason L. Merrill, Chemiker, Forschungsbereich Papierherstellung aus Pflanzenfasern

In dieser Veröffentlichung wird über Vorversuche zur Untersuchung der Verwendungsmöglichkeiten von Hanfschäben, einem Abfallprodukt der Hanffasergewinnung, berichtet.

Die weltweite Suche nach Pflanzenmaterialien, die sich zur Papierherstellung eignen, ist eine vergleichsweise neue Erscheinung. Die Notwendigkeit eines sparsameren Umgangs mit den gegenwärtig für die Papierherstellung zur Verfügung stehenden Ressourcen führt dazu, daß überall nach neuen Materialien gesucht wird, die die knappen, immer teurer werdenden Rohstoffe ersetzen können.

Ob hierfür ein Abfallprodukt genutzt werden kann, hängt vor allem davon ab, wie weit seine Nutzung wirtschaftlich sinnvoll ist. Bei der Beurteilung der Rentabilität kommt es auf drei grundlegende Faktoren an: Es muß einen Markt für das Produkt geben, die Materiallieferungen müssen in ausreichender Menge möglich sein, die Kosten müssen in angemessenem Verhältnis zum Gewinn stehen.

Soll, wie hier, die Verwendung von Hanfschäben als Rohmaterial für die Herstellung von Buch- und Druckpapier untersucht werden, müssen neben der erreichbaren Qualität des Endproduktes die gegenwärtigen und zukünftigen Liefermöglichkeiten sowie die Materialkosten mit denen von Holz verglichen werden, das als Grundstoff ersetzt werden soll. Ohne Zweifel können die derzeitigen Holzlieferungen die Nachfrage nicht befriedigen, infolgedessen wird mit zunehmender Knappheit ein ökonomischerer Umgang mit diesem Material unumgänglich werden.

Dies zeigt sich bereits in vielen holzverarbeitenden Industriezweigen; die Papierindustrie wird hiervon nicht verschont bleiben, auch wenn sie nur 3 Prozent des gesamten gefällten Holzes verbraucht. Unsere Wälder werden dreimal so schnell gefällt, wie sie nachwachsen, Holz wird immer teurer, so daß der Wiederaufforstung und Pflege mehr Aufmerksamkeit geschenkt werden muß. Ein Gleichgewicht zwischen Produktion und Verbrauch kann sicherlich hergestellt werden, aber wenn die Grenzen von Produktion und Verbrauch erreicht sind, werden die Preise in eine solche Höhe kommen, daß die Nachfrage nach anderen Rohmaterialien entsprechend steigen wird.

Die Verwendung von Altpapier in Verbindung mit chemisch gewonnenem Holzzellstoff ist enorm gestiegen; wahrscheinlich hält diese Tendenz weiter an. Obwohl dieses Rohmaterial billiger als Holz ist, kann man davon ausgehen, daß die mit dem Rückgang der Holzlieferungen einhergehende Verteuerung von Holzschliff auch zu Preissteigerungen bei Altpapier führt.

In dieser Lage erscheint es ratsam, die in Frage kommenden Pflanzenmaterialen auf ihren Wert für die Papierherstellung zu prüfen, bevor eine kritische Lage entsteht. Durch diese Untersuchungen sollten nicht nur Qualität und Menge von Zellstoff und Papier, die aus diesem Material hergestellt werden können, bestimmt werden, sie sollten auch Überlegungen zu anderen relevanten Gesichtspunkten – den landwirtschaftlichen Produktionsbedingungen, den praktischen Erfahrungen der Farmer und den Bedingungen, unter denen das Material gesammelt, transportiert und geliefert werden kann – einschließen.

Einige Kulturpflanzen scheinen hierfür besonders geeignet, da schon während der Ernte der Teil der Pflanze, der zur Papierherstellung genutzt werden kann, ganz oder teilweise gesammelt wird. Zu dieser Gruppe gehören Getreide, Hirse, Sorghumhirse, Zuckerrohr, Bagasse (ausgepreßtes Zuckerrohr – Anm. d. Übers.), Flachs, Hanf und Getreidestroh.

Der Einsatz neuer Rohmaterialien führt natürlich zu Produkten, die andere Eigenschaften haben als die derzeit auf dem Markt gängigen Papiere. Dieser Einwand dürfte aber wegen der Vielzahl der Papiersorten und der Bedürfnisse, für die Papiere hergestellt werden, nicht von Bedeutung sein. Noch vor zehn Jahren haben Manufakturen, die nach dem Sulfitverfahren arbeiten, Lieferungen von Fichtenstämmen abgelehnt, wenn sie mehr als 5 Prozent Tannenholz enthielten, heute werden 50 Prozent toleriert. (Der Harzgehalt von Tannenholz ist sehr hoch – Anm. d. Übers.)

Papiere aus Tauwerk enthalten nicht nur Jute, sondern, wenn dieses Material knapp ist, auch verschiedene Arten chemisch hergestellten Zellstoffs. »Leinen«-Papier ist häufig nicht mehr als eine Handelsklassifizierung. Vor nicht allzu langer Zeit wurden Druckpapiere ausschließlich aus chemisch gewonnener Holzzellulose hergestellt; heute werden Papiere gewünscht, die keinen Holzschliff enthalten, also müssen entsprechende Bestimmungen festgelegt werden. Schreibpapiere, die früher nur aus Lumpen hergestellt wurden, enthalten alle möglichen Chemikalien und Holzschliff, obwohl die Vorschriften dies verbieten. Zweifelsohne haben viele Papiermanufakturen bei einigen Papiersorten einen hohen Standard gehalten, andererseits ist die Qualität sehr vieler anderer Papiere durch die starke Konkurrenz gesunken. Der Einsatz von Pflanzenfasern und die

Entwicklung von Produkten, deren Qualität von der unserer sogenannten Standardpapiere abweicht, muß nicht notwendigerweise bedeuten, daß diese Produkte schlechter sind oder daß sich kein Markt dafür findet.

Faktoren, die eine Untersuchung von Hanfschäben rechtfertigen

Das bei der Gewinnung von Hanffasern entstehende Abfallprodukt Hanfschäben findet zur Zeit noch wenig Verwendung, entsprechend gering ist sein Wert.

Das Sammeln der Schäben ist nur in Regionen rentabel, wo maschinelle Hanfbrecher eingesetzt werden. Zur Zeit genügt die jährliche Ausbeute nicht, um die Einrichtung einer Papiermühle zu rechtfertigen; auch der Transport zu bereits existierenden Mühlen scheint noch nicht realisierbar. Es wird erwartet, daß die Liefermenge pro Jahr in einigen Gebieten mit dem zunehmenden Einsatz von Brechmaschinen steigen wird. Die gegenwärtig pro Jahr lieferbare Menge beträgt in den Gebieten Ohio und Indiana 2500 Tonnen, in Wisconsin 1000 Tonnen, in Kalifornien 1400 Tonnen.

In Jahren mit ungünstigen Witterungsverhältnissen werden riesige Gebiete wegen der schlechten Qualität des Hanfs nicht abgeerntet, oder der geerntete, aber wegen des rauhen Wetters überröstete Hanf wird nicht weiterverarbeitet. Die Vorstellung mancher Hanfbauern, dieses Material zur Papierherstellung nutzen zu können, ist jedoch nicht realisierbar. Dieses Material ist teurer als die Schäben, da entweder alle oder zumindest ein Teil der Kosten für die Ernte und die vollen Kosten für das Brechen von der Papiermanufaktur getragen werden müßten. Wegen der großen Qualitätsunterschiede und der unsicheren Ertragsmenge besteht für den Papierhersteller kein Anreiz, alle diese Kosten zu übernehmen.

Hanf wird sicherlich eine der wichtigsten Kulturpflanzen der Vereinigten Staaten bleiben. Die großflächige Zerstörung von über mehrere Jahrzehnte gewachsenen Beständen durch Feuer, wie dies bei Holz häufig der Fall ist, ist beim Hanfanbau ausgeschlossen. Wenn das Wachstum eines Jahres auch jährlich geerntet werden kann, kann die benötigte Menge relativ genau kalkuliert werden. Das bei Holz entstandene Problem des »Überfällens«, das so sehr zu den gegenwärtig hohen und ständig wachsenden Kosten von Holzschliff beigetragen hat, wird vermieden. Gleichmäßiger Nachschub von Hanfschäben scheint daher gesichert.

Ein wichtiger Faktor ist eine günstige geographische

Lage der Hanfanbaugebiete zu den Papierindustrien. Kentucky ist zur Zeit nicht in der Lage, Hanfschäben zu liefern, da maschinelle Hanfverarbeitung sich dort nicht in nennenswertem Umfang etablieren konnte. Ohio und Indiana, wo zur Zeit der höchste jährliche Ertrag mit steigender Tendenz erzielt wird, liegen südlich der holzschliffproduzierenden Gebiete in Wisconsin und Michigan und weit weg von den östlichen holzschliffproduzierenden Regionen. Hieraus ergibt sich eine günstige Position auf den großen Märkten von Ohio und Indiana.

Da das Verhalten von Hanfstoff, wie noch gezeigt werden wird, bei der Verarbeitung eher dem von Soda-Pappelholz-Stoff als dem von Sulfitstoff entspricht, ist die härteste Konkurrenz von den östlichen Mühlen zu erwarten. Tatsächlich wird sich Hanfzellstoff in den Papiermühlen von Michigan und Wisconsin, die inmitten der sulfitfaserstoffproduzierenden Region liegen, als Grundstoff für Buchdruckpapiere gut durchsetzen können. Letztere werden wegen der geographischen Nähe eher auf die Hanfanbaugebiete Wisconsins setzen, wo eine Ausweitung der Hanfindustrie bereits begonnen hat.

Materialeigenschaften

Die aus Pierceton, Indiana, gelieferten Schäben enthielten eine Mischung von wirren Bastfasern und Holzstückchen des Hanfstengels. Über den Anteil von Bastfasern in der gesamten Lieferung von vier Tonnen ließen sich keine verläßlichen Daten ermitteln, allerdings ergab sich bei zwei handverlesenen Proben ein Anteil von etwa 8 Prozent. Die chemische Zusammensetzung des Materials und die geringe Menge lassen darauf schließen, daß eine nennenswerte Veränderung des Verhältnisses weder das schließlich angewandte Bearbeitungsverfahren beeinflussen noch die erzielte Papierqualität entscheidend verändern dürfte. Bei einer Länge der Bastfasern von 22 mm und der holzigen Fasern von 0,7 mm wird der Bastfaseranteil allerdings die Härte des aus Hanfschäben hergestellten Papiers beeinflussen.

Die Länge der Holzstückchen in den Hanfschäben variierte von Teilchen, die feiner als Sägemehl waren, bis zu solchen mit einer Länge von etwa 9 cm, maximal 15 cm. Der größte Teil der langen Stücke war zwischen 5 und 7,5 cm lang. Der Durchmesser schwankte zwischen 0,3 und 0,04 cm bei solchen Teilchen, die von der Spitze bzw. den Ästen des Hanfstengels stammten. Ein Querschnitt ergab, daß es sich bei den Stückchen im allgemeinen um ein

Viertel oder die Hälfte der abgerundeten, rechteckigen Hülse des Stengels handelte.

Vom Standpunkt des Papierherstellers spricht die große Unregelmäßigkeit in Dicke, Länge und Masse der Holzpartikel gegen eine wirtschaftliche Verwendung in der Papierproduktion. Die kleineren Teile werden bei der chemischen Behandlung schneller aufgeschlossen als die größeren und daher leicht überbehandelt. Das führt zu einem niedrigen Ertrag von Zellulosefasern und einem Produkt aus zu wenig und zu stark behandelten Fasern, dessen Herstellungs- und Verwendungsmöglichkeiten auch unter wirtschaftlichen Gesichtspunkten nicht befriedigend sind.

An den Schäben hafteten auch geringe Mengen von Spreu und Schmutz, der sich hauptsächlich aus Sand, Erde und Teilen von Hanfblättern und -blüten zusammensetzte. Die Verschmutzungen durch Sand und Erde entstehen durch die übliche Praxis, den Hanf in Garben auf den Feldern aufzustellen; dabei berühren die Enden der Hanfstengel ständig die Erde. Spreu und Schmutz lassen sich leicht durch Sieben der Schäben entfernen, was bei den meisten durchgeführten Tests auch geschehen ist.

Beschreibung der Tests

Wegen der Ähnlichkeit von Hanfschäben mit anderen Materialien, die das Institut zur Erforschung von Papierpflanzen testete, wurden diesmal in Zusammenarbeit mit einem Papierhersteller halbkommerzielle Tests ohne vorbereitende Laborversuche durchgeführt. Laboruntersuchungen von Stoff und Papier sind im Zusammenhang mit solchen Tests nur dann angezeigt, wenn das zu untersuchende Material neue Aspekte erwarten läßt, die vor der Durchführung solcher Versuche eine Untersuchung rechtfertigt.

Die Zusammenarbeit mit einer Papiermühle hat viele Vorteile: Management und Angestellte bringen ihre Erfahrungen ein, spezialisierte Facharbeiter stehen zur Verfügung, die Herstellungsprozesse und die Ergebnisse der Versuche können mit üblichen Verarbeitungsmethoden und Ergebnissen verglichen werden, die notwendigen Maschinen stehen bereit. Solche Versuche unterscheiden sich von Labortests vor allem dadurch, daß die Ergebnisse relativ zuverlässige Angaben auch für eine betriebswirtschaftliche Analyse zulassen. Insgesamt kann festgehalten werden, daß die Kosten eines in dieser Art durchgeführten Versuchs 500 Dollar nicht übersteigen. Demgegenüber würde eine ausreichende, eigens installierte Anlage 50 000 Dollar oder mehr kosten. Für Papierfabrikanten, denen die Ergebnisse solcher Tests vorgestellt werden, haben die in Zusammenarbeit mit einer produzierenden Papiermanufaktur erzielten Resultate ein sehr viel größeres Gewicht.

Es ist allgemein bekannt, daß die gewählte Versuchsmethode von der Größe des durchzuführenden Versuchs abhängig ist. Bei einer Ertragsanalyse können Labortests auf einer so schmalen Basis durchgeführt werden, daß das Sammeln und Ermitteln des Anteils von Zellulosefasern unter Laborbedingungen realisiert werden kann; bei Versuchen, in denen größere Materialmengen von etwa 5 bis 10 Pfund verarbeitet werden, sind andere und größere Geräte erforderlich. Bei einer Größe von 300 bis 400 Pfund sind wieder völlig andere Geräte für die Verarbeitung des Materials und die Ermittlung des Ertrages notwendig. Und liegen die Tests bei einer Größenordnung von mehreren Tonnen des zu untersuchenden Materials, muß mit großen Maschinen gearbeitet werden. Die Genauigkeit bei der Kontrolle der Versuche und der Ergebnisse hängt ebenfalls von der Größe des Versuchs ab. Bei einer Vergrößerung werden sich einige Faktoren positiv, andere negativ auswirken, so daß jeder Wissenschaftler unter Einbeziehung aller Faktoren entscheiden muß, in welcher Größenordnung eine Versuchsreihe durchgeführt werden muß, um die besten Ergebnisse zu erzielen. Insgesamt ergab sich in unserem Fall, daß bessere Resultate durch Versuche großen Umfangs erreicht werden konnten, auch wenn Kontrolle und Ertragsbestimmung schwieriger als bei kleinen Versuchen waren.

Bei den beschriebenen Versuchen wurde vom Landwirtschaftsministerium ein eigens entwickelter rotierender Kocher[1] verwendet, der aus einem 1,60 m hohen Kessel mit einem Durchmesser von 1,20 m besteht und etwa 270 Pfund lufttrockener Hanfschäben faßt. Es wurde angenommen, daß ein Versuch dieser Größenordnung befriedigende Ergebnisse bringen würde, die sich unter betriebswirtschaftlichen Gesichtspunkten interpretieren lassen, daß dieser Versuch außerdem klein genug ist, um sich gut kontrollieren zu lassen, und Ertragszahlen ergibt, die genau und gut vergleichbar sind. Zwei Kocherladungen ergaben genug Faser für einen vollständigen Durchlauf bis zum fertigen Papier.

[1] Eine Beschreibung dieses Kochers bei: Brand, C. J. und Merrill, J. L., Zacaton als Material zur Papierherstellung. US-Dept. Agr. Bul. Nr. 309, 1915, S. 28

Die für einen vollständigen Versuch notwendigen Arbeitsgänge

Ein vollständiger Test besteht aus sieben verschiedenen Arbeitsgängen, die hier in der Reihenfolge ihrer Durchführung beschrieben werden sollen.

Sieben: Die Schäben des ersten Tests wurden nicht gesiebt, um Sand und Erde zu entfernen. Deshalb war das daraus hergestellte Papier so schmutzig, daß das Material bei allen weiteren Tests gesiebt wurde. Die Schäben wurden auf einem waagrechten Sieb aus galvanisiertem Eisen mit den Maßen 4,50 m x 0,90 m und einem Gitter von 0,25 cm Maschendichte ausgebreitet. Das Sieb wurde von Hand bewegt. Wieviel Schmutz entfernt wurde, hing davon ab, wie stark und lange das Sieb bewegt wurde; schließlich ergab sich, daß bei einer Entfernung von mehr als 3 Prozent des Materials nur noch kleine Holzstückchen und kaum Sand oder Schmutz übrig waren, so daß bei den meisten Versuchen bis zu einer Reduzierung von 3 Prozent des Materials gesiebt wurde. Die Verwendung eines feineren Siebes würde den gleichen Zweck erfüllen, hätte aber den Vorteil, daß die kleinen, aber guten Schäben noch erhalten blieben.

Kochen: »Kochen« ist der technische Ausdruck für den Vorgang der Reduzierung des faserigen Rohmaterials durch chemische Prozesse zu einem Zellulosebrei. In den vorliegenden Versuchen wurden etwa 270 Pfund Schäben in den Kocher gefüllt und ätzende, 85prozentige Ätznatronlösung in einer Konzentration von 109,5 gr Ätznatron pro Liter, wie sie gewöhnlich in den Papiermühlen verwendet wird, hinzugefügt. Es wurde soviel Lösung hinzugegeben, daß eine Konzentration von 25 bis 30 Prozent, berechnet nach dem Gewicht knochentrockener Hanfschäben, erreicht war. Nach Schließung des Deckels wurde der Kocher mit eineinhalb Umdrehungen pro Minute in Rotation versetzt, und nach fünf Minuten wurde Dampf mit einem Druck von 120 Pound pro $Inch^2$ eingelassen, so daß sich die Ladung innerhalb einer Stunde auf 170 °C erhitzte; das entspricht theoretisch einem Druck von 100 Pound pro $Inch^2$. Es stellte sich heraus, daß der tatsächliche Druck bei 170 °C wegen der im Kocher befindlichen Luft und der Gase 115 bis 120 Pound pro $Inch^2$ betrug. Der Kocher wurde gestoppt und Dampf und Luft bis zu einem Druckabfall auf 100 Pound bzw. einem gleichmäßigen Druck abgelassen. Diese Temperatur wurde mehrere Stunden bis zur vollständigen Reduzierung der Schäben gehalten, was etwa 5 Stunden dauerte. Dann wurde der Kocher wieder angehalten und Dampf bis zur Reduzierung des Drucks auf Null abgelassen, der Deckel geöffnet und die Kocherfüllung in einen darunter befindlichen Tank mit den Maßen 168 cm x 183 cm x 60 cm abgelassen, wo sie gespült wurde. Aus der bei der Entleerung des Kochers abfließenden Schwarzlauge entnahm man bei einigen Kocherfüllungen Proben.

Ertragsbestimmung: Um den Zelluloseertrag zu bestimmen, wurde die Kocherfüllung in dem Entwässerungstank zunächst mit Wasser so lange gespült, bis keine Schwarzlauge mehr vorhanden war; danach saugte man mit Hilfe einer Vakuumpumpe das Wasser ab. Zurück blieben die gleichmäßig feuchten Fasern in einem zum Weitertransport, zur Entnahme von Proben und zum Wiegen geeigneten Zustand. Versuche haben ergeben, daß hieraus der Ertrag von knochentrockener Faser mit einer Genauigkeit von +/-0,05 Prozent berechnet werden kann.

Es stellte sich heraus, daß der Halbstoff aus den einzelnen Kocherfüllungen große Abweichungen in der Eigenschaft, im Entwässerungstank zu verfilzen, zeigte, so daß bei manchen Füllungen ein Vakuum von 63 cm Höhe erreicht werden konnte, bei anderen nicht mehr als 13 cm. Der Feuchtigkeitsgehalt der Zellulosemasse schwankte dabei zwischen 65 und 85 Prozent.

Waschen und Bleichen: Dieser Prozeß war notwendig, um aus dem bräunlichen Zellulosebrei ein weißes Produkt herzustellen, das entsprechend der geplanten Verwendungsmöglichkeit eine für die Herstellung von Buchdruckpapier notwendige Qualität haben sollte.

Die farbige Zellulosemasse wurde in eine Wasch- und Stampfmaschine von 365 Pfund Fassungsvermögen üblicher Bauart gefüllt und eine Stunde lang gewaschen und die Waschtrommel mit Drahtgewebe (60 Maschen) bedeckt, um feinen Schmutz und Chemikalienrückstände zurückzuhalten. Die Trommel wurde gestoppt, die Masse mit Dampf auf 40 °C erhitzt und eine Lösung aus handelsüblichem Bleichmittel in der notwendig erscheinenden Menge beigefügt. Anschließend wurde alles in einen großen hölzernen Tank gefüllt, um darin über Nacht zu bleichen. War der Stoff genügend gebleicht, wurde er entwässert und das rückständige Bleichmittel ausgespült, gegebenenfalls noch einmal nachgebleicht. Das verwendete Bleichpulver enthielt, wie handelsüblich, 35 Prozent Chlor, die notwendige Menge wurde nach dem Trockengewicht ungebleichter Masse berechnet. Ist der Stoff zu wenig gekocht worden, benötigt man mehr Bleichmittel, daher ist der Prozentsatz des beizufügenden Bleichmittels ein Indikator für die Qualität des gekochten Zellulosebreis. Da das Bleichen teurer ist als das Kochen, ist es empfehlenswert, soweit zu kochen, daß der Bleichmittelverbrauch sich innerhalb bestimmter Grenzen hält, die von dem verwendeten Rohmaterial und der zu produzierenden Papierqualität abhängen. Bei den hier vorgenommenen Versuchen wurde nach Möglichkeit so lange gekocht, daß das verbrauchte Bleichmittel nicht mehr als zehn Prozent des Faseranteils betrug.

Füllen: »Füllen« nennt man den Vorgang, bei dem der *Holländer* mit der gewünschten Sorte bzw. den Sorten von Fasern in angemessenem Verhältnis und mit verschiedenen Füllstoffen beladen wird. Wie dem Bericht der Versuchsergebnisse zu entnehmen ist, wurden verschiedene Versuche mit wechselnden Anteilen von Hanffasern und von mit Sulfit bzw. Soda behandelter Holzzellulose vorgenommen. Der im Untersuchungsbericht angegebene Prozentsatz an Füllstoffen bezieht sich auf die gesamte Stoffmenge, die wiederum von den Füllstoffen abhängt. Wurde sulfit- oder sodabehandelte Holzzellulose beigemischt, wurde diese in trockenem Stadium in den *Holländer* gefüllt und zerfasert und anschließend der Hanfzellstoff in feuchtem Zustand hinzugefügt.

Die Verarbeitung des Halbstoffs im *Holländer* ist nach Meinung vieler Papierhersteller der Arbeitsgang, in dem im eigentlichen Sinne das Papier »gemacht« wird. Diese etwas vereinfachende Behauptung erklärt sich daraus, daß die Qualität des Endproduktes Papier stärker von diesem Verarbeitungsprozeß als von allen anderen Schritten abhängt. Bei diesem Arbeitsgang werden die Fasern voneinander getrennt, auf die richtige Länge gebracht und in einen physikalischen und chemischen Zustand versetzt, in dem sie sich gut zu Papierbogen verarbeiten lassen. Eine wäßrige Lösung des Stoffs wird in einen rotierenden Trog gefüllt, in dem ein Mahlwerk aus stumpfen Messern arbeitet, einem Grundwerk auf dem Boden des Troges und einer Messerwalze, die sich knapp darüber bewegt. Während dieses Prozesses werden die leimenden und füllenden Zutaten eingearbeitet und der Stoff gegebenenfalls gefärbt, um ein zufriedenstellendes Weiß oder eine andere gewünschte Farbe zu erzielen.

Der Begriff »Papierherstellung«, wie er in dieser Publikation benutzt wird, bezeichnet das Verfahren der Herstellung von Papierbogen aus dem Grundstoff, der im *Holländer* mit Füllstoffen versehen und vorbereitet wurde. Hier wurde eine Foudrinier-Maschine üblicher Bauart, Breite

30 Inch, benutzt, wie sie zur Herstellung von Papier häufig verwendet wird. In dieser Maschine fließt der Papierbrei über ein bewegliches Drahtsieb, durch das Wasser abfließt; weitere Flüssigkeit wird dadurch entfernt, daß die feuchte Papierbahn durch eine Reihe von Preßwalzen geführt, anschließend auf dampfbeheizten Trommeln getrocknet und durch polierte Eisenrollen geleitet wird (»Kalander« – Anm. d. Übers.), die dem Papier Glanz geben. In Verbindung mit dieser Maschine wurde eine Jordanmühle (eine spezielle Mahlmaschine – beim Mahlen von Papierfaser-

Tabelle I: Daten zu den Kochvorgängen

Partie Nr.	Verwendete Menge Ätznatron (%-Anteil trockener Fasern)	Stärke der Lösung (g pro l)	Ätzwirkung	Zeit (Stunden)	Temperatur (°C)	Ertrag trockener Fasern (%-Anteil der trockenen, ungesiebten Schäben)
293	20,6	100	75,3	3	166	...
294	21	100	75,3	3	166	...
295	21,6	100	75,3	3	166	...
296	20,3	100	75,3	3	166	...
301	21,9	100	82,5	4	166	nicht verwendet, schmutzig
302	24,4	100	82,5	4	166	...
303	24,2	100	84,3	4	166	44,1
304	25	100	84,3	4	170	39,5
305	25	100	84,3	5	170	39,4
306	27,8	107,5	84,3	4	166	36,5
307	26,7	107	84,4	5	170	38,1
308	26	107	84,4	5	170	37,3
309	27,3	107	84,4	5	170	37,3
310	27,1	107	84,4	6	170	37,0
311	27,2	107	84,4	6	170	36,8
312	28,3	116,5	85,5	5	170	35,9
313	29,1	113,1	84,9	5	170	35,2
314	29,1	109	83,9	5	170	35,2
315	29,4	109	83,9	5	170	34,9
316	30	109,5	84,9	5	170	37,2
317	29,6	109,5	84,9	5	170	37,0
318	29,6	107	84,8	5	170	37,7
319	29,4	107,5	84,2	5	170	35,4
320	29,3	107,5	84,2	5	170	35,4

stoffen sollen wegen der Filzfähigkeit faserige, nicht körnige Teile – wie z. B. bei Kaffee – entstehen – Anm. d. Übers.) benutzt, um die Qualität der Fasern weiter zu verbessern, sowie ein Stoffsieb, um grobes und überflüssiges Material von den Fasern zu entfernen.

Versuchsbeschreibung

Die Art der Versuche und die Abhängigkeit der einzelnen Arbeitsschritte voneinander ließen es nicht sinnvoll erscheinen, die Ergebnisse der sieben Tests in eine Tabellenform zu bringen. Die zahlreichen Kochvorgänge jedoch, die den Faserstoff für die Papierherstellungssversuche vorbereiteten, sind in Tabelle I in allen Details dargestellt.

Diese Ergebnisse werden im folgenden bei der Beschreibung der Versuche, in denen die jeweiligen Partien verwendet worden sind, erläutert, da die Qualität der Partien und die Bedingungen des Kochens erst nach Durchlaufen des gesamten Herstellungsprozesses beurteilt werden können.

Der erste Durchlauf bestand aus Stoff von vier verschiedenen gekochten Partien, den Nummer 293, 294, 295 und 296 von jeweils etwa 274 Pfund; der gesamte hierbei entstehende Grundstoff wurde halbiert, und dann wurden zwei verschiedene Herstellungsversuche durchgeführt. Der erste Durchgang diente zunächst nur dazu, das Verhalten und die Qualität des Materials kennenzulernen und die Maschinen entsprechend einzustellen. Der Faserertrag wurde bei diesen Durchläufen nicht bestimmt, da er in diesem Stadium der Arbeit nicht von Bedeutung war. Das gekochte Material wurde in den Spültank geleert, um die Schwarzlauge zu entfernen; es war noch mit ganzen Stücken von Hanfschäben durchsetzt, die sich aber durch leichten Druck mit den Fingern zerbrechen ließen. Bei Holz würde sich daraus schließen lassen, daß zuwenig gekocht wurde, das mußte im Falle der Hanfschäben nicht unbedingt der Fall sein. Weitere Beobachtungen zum Verhalten dieses Materials mußten während der nächsten Produktionsschritte folgen, um Aussagen zu Qualität oder gegebenenfalls Veränderung des Kochvorganges machen zu können. Die gesamte Partie von etwa 456 Pfund wurde in zwei Portionen von 183 bzw. 273 Pfund geteilt, die jeweils getrennt weiterverarbeitet wurden. Der 183-Pfund-Test, Durchlauf Nr. 135, wurde in eine Waschmaschine mit etwa 320 Pfund Fassungsvermögen gefüllt, eine Stunde gewaschen und 2 1/4 Stunden leicht gemahlen. Durch diese Wäsche wurde Schmutz in großen Mengen entfernt, das Material insgesamt aber nicht genügend reduziert. Im Holländer wurde die Masse auf 40 °C erhitzt und mit Bleichlösung behandelt, 427,3 l à 202,82 gr Bleiche pro Liter, das entspricht 19,7 Prozent des Fasermaterials. Da dieser Anteil an Bleichmittel für die Herstellung von Buchdruckpapier als zu hoch angesehen wird, wurde das Kochen im folgenden intensiviert, um diesen Prozentsatz zu senken. Nach dem Ausspülen des Bleichmittels wurde der Stoff im Holländer mit 14 Prozent Clay, einem Prozent Harzleim und 2,5 Prozent Alaun aufgefüllt, blau gefärbt, eine Stunde leicht gemahlen und in den Stoffauflauf der Papiermaschine gepumpt. Die eingesetzte Jordanmühle konnte die Holzsplitter nur wenig reduzieren, es zeigte sich, daß stärkeres Kochen erforderlich wurde. Der Stoff verhielt sich auf der Maschine gut, allerdings etwas zu »frei« auf dem Sieb. Das in diesem Durchlauf produzierte Papier ist wegen der schlechten Vorbereitung des Stoffes von sehr geringer Qualität. Durch die Blaufärbung und den hohen Verschmutzungsgrad mit Dreck, Sand und Splittern ist es kaum zu gebrauchen. Für die weiteren Versuche ergab sich daraus die Notwendigkeit, die Hanfschäben vor dem Kochen gründlich zu sieben, was bei allen folgenden Versuchen auch geschah.

Die Oberfläche des Papiers ist sehr rauh, da der Kalander mit leichten Rollen, die zudem keine gute Oberfläche hatten, bestückt war. Bei gutem Stoff produziert dieser Kalander allerdings auch bessere Oberflächen.

Durchlauf Nr. 136 wurde mit der zweiten Portion (273 Pfund) der Partien Nr. 293, 294, 295 und 296 in gleicher Weise wie Nr. 135 durchgeführt. Der Stoff wurde eine Stunde gewaschen, allerdings drei Stunden etwas stärker als bei Durchlauf 135 gemahlen. Bleichmittel in Höhe von 19,8 Prozent sowie 0,56 l Schwefelsäure wurden beigefügt, das Farbergebnis war hierdurch besser als bei Nr. 135. Der Stoff wurde mit 13,5 Prozent Clay und 1,1 Prozent Harzleim eineinhalb Stunden lang gemischt, gefärbt und zur Maschine gepumpt, die auf eine Geschwindigkeit von 70 Fuß (213 m) pro Minute eingestellt wurde. Dieser Stoff verhielt sich auf dem Sieb besser und machte auf der Maschine keine Schwierigkeiten, aber es war nicht möglich, die Holzsplitter durch die Jordanmühle zu entfernen. Im Ergebnis ist dieses Papier zwar eine Verbesserung gegenüber dem des Durchlaufs Nr. 135, ist jedoch noch weit von einer zufriedenstellenden Qualität entfernt.

Durchlauf Nr. 138 stammt von Schäben, die, wie in allen folgenden Tests, auf einem Drahtsieb mit 11 $^1/_2$ Maschen pro Inch^2 gesiebt wurden, bis nahezu der gesamte lose Sand und Schmutz entfernt worden waren. Hierdurch gingen etwa 3 Prozent Material verloren. Für diesen Durchlauf wurde der Stoff aus den Partien Nr. 302 und 303 verwendet; der erhöhte Ätznatronanteil zusammen mit der verlängerten Kochzeit gaben diesem Stoff ein besseres Aussehen gegenüber dem der vorhergehenden Tests.

Der Stoff mit einem Trockengewicht von 211 Pfund wurde gewaschen und gleichzeitig eine Stunde lang leicht gemahlen, danach mit 17 Prozent Bleiche ohne Zusatz von Säure gebleicht. Da das vorhergehende Papier etwas weich und von geringer Reißfestigkeit war, wurde eine Mischung von 15,7 Prozent Sulfitzellstoff und 84,3 Prozent gebleichtem Hanfstoff für sinnvoll erachtet. Hinzugefügt wurden 13,1 Prozent Clay und 1,1 Prozent Harzleim; die Mischung wurde mit mittlerer Stärke gemahlen, gefärbt und dann mit einer Geschwindigkeit von etwa 21 m pro Minute in die Maschine geleitet. Es gab dort mit dem Stoff keine Probleme. Die Wirkung der Jordanmühle zu beurteilen, war jedoch unmöglich, weil die Maschine versehentlich nach dem vorhergehenden Durchlauf mit ungebleichtem Yucca-Stoff nicht gereinigt worden war. Man kann aber davon ausgehen, daß eine Verbesserung bei der Bearbeitung des Hanfstoffs in Durchlauf Nr. 138 erkennbar ist.

Durchlauf Nr. 139 wurde aus Material der Partien Nr. 304 und 305 hergestellt, bei denen eine größere Menge Ätznatron eingesetzt und Zeit und Temperatur des Kochens erhöht wurden. Es ergab sich ein Ertrag von 40,7 Prozent der gesiebten bzw. 39,4 Prozent der ungesiebten Schäben. Der gekochte Stoff schien immer noch zu wenig bearbeitet zu sein; es muß aber berücksichtigt werden, daß es bei der Arbeit mit neuem Rohmaterial unmöglich ist, im voraus zu wissen, wie der optimal bearbeitete Stoff aussehen soll. Eine Stunde lang wurde der Stoff gewaschen und die Geschwindigkeit der Walze von geringer zu mittlerer Geschwindigkeit gesteigert, danach der Stoff mit 17,1 Prozent Bleiche ohne Zuhilfenahme von Säure gebleicht. Da eine Mischung mit Sulfitzellstoff bei dem vorhergehenden Durchlauf zu einer Verbesserung der Papierqualität geführt hatte, wurde der gebleichte Stoff im Verhältnis von 16,6 Prozent Sulfitstoff und 83,4 Prozent Schäben gemischt, mit 16,7 Prozent Clay und 1,4 Prozent Harzleim versetzt, zwei Stunden bei mittlerer Geschwindigkeit verfeinert und dann mit einer Geschwindigkeit von 21 m pro Minute in die Papiermaschine geführt. Die Jordanmühle hatte nur eine geringe Wirkung auf die Verringerung des Splitteranteils und wurde deshalb nicht benutzt. Der Stoff verhielt sich auf der Maschine unproblematisch, das Papier hatte eine bessere Qualität als das der vorangegangenen Versuche.

Durchlauf Nr. 140 wurde aus den Kochvorgängen Nr. 306 und 307, allerdings mit höherem Ätznatronanteil, hergestellt, der Stoffertrag ergab 37,3 Prozent der ungesiebten Schäben. Intensiveres Kochen hatte keine große Verbesserung ergeben. Er wurde gewaschen und eine Stunde lang bei mittlerer Stärke gemahlen und unter Zusatz von 11,9 Prozent Bleiche und 0,71 l Vitriol im Verhältnis von 85,1 Prozent Hanfstoff zu 14,9 Prozent Sulfitzellstoff gemischt. Nach Hinzufügung von 14,7 Prozent Clay und 1,28 Prozent Harzleim wurde der Stoff nochmals zwei Stunden bei mittlerer Stärke gemahlen, anschließend gefärbt und mit einer Geschwindigkeit von 21 m pro Minute auf die Papiermaschine geleitet. Auch hier hatte die Jordanmühle hinsichtlich der Verringerung des Anteils von Splittern nur eine geringe Wirkung, so daß sie ausgeschaltet wurde. Keine Probleme ergaben sich mit dem Stoff auf der Papiermaschine. Die Farbe des entstandenen Papiers wies auf einen zu geringen Blauanteil der Färbung hin, möglicherweise war auch das Bleichmittel zu niedrig dosiert.

Durchlauf Nr. 141 wurde aus dem Material der Kochvorgänge 308 und 309 in der gleichen Weise wie Test Nr. 140 durchgeführt. Der Stoff wurde gewaschen, eine Stunde gemahlen, gebleicht (die Angaben über die Menge des Bleichmittels sind verlorengegangen), im Verhältnis 14,7 Prozent Sulfitstoff und 85,3 Prozent Hanfzellstoff gemischt, 14,9 Prozent Clay und 1,26 Prozent Harzleim hinzugefügt, eineinhalb Stunden gemahlen und gefärbt und in die Maschine gepumpt. Die Jordanmühle konnte hier die Holzsplitter stärker reduzieren als zuvor und wurde daher mit mittlerer Geschwindigkeit eingesetzt. Der Stoff verhielt sich auf der Maschine sehr gut, die Papierqualität war besser als bei allen vorherigen Durchgängen mit Ausnahme der Farbe; es wurde eine zu geringe Menge Blau benutzt.

Bei den für Durchlauf Nr. 142 verwendeten Partien, den Nr. 312 und 313, wurde die Ätznatronkonzentration auf 113 bzw. 116 Gramm pro Liter erhöht, desgleichen der Prozentsatz im Verhältnis zur Gesamtstoffmenge. Trotzdem zeigte der Stoff keine deutliche Verbesserung, als er aus dem Kocher kam. Das Material der Partien 310, 311 und 312 wurde mit mittlerer Stärke gemahlen und eine Stunde gewaschen, mit 10,95 Prozent Bleiche behandelt und im Verhältnis 15,2 Prozent Sulfitstoff zu 84,4 Prozent Hanfzellstoff gemischt, mit 15,2 Prozent Clay und 1,28 Prozent Harzleim ergänzt, mit mittlerer Geschwindigkeit eine Stunde gemahlen, gefärbt und in den Stoffauflauf der Maschine gefüllt. Stoff der Partien Nr. 313 und 314 wurde in der gleichen Weise behandelt, mit Ausnahme der Tatsache, daß 11,4 Prozent Bleichmittel benutzt wurden. Er wurde in die Stoffbütte gepumpt und mit dem aufgefüllten Stoff der Partien Nr. 310, 311 und 312 gemischt. Die Jordanmühle wurde bei mittlerer Geschwindigkeit eingesetzt, der Stoff verhielt sich sehr gut auf der Papiermaschine, die auf eine Geschwindigkeit von 22,86 m eingestellt wurde. Der Stoff schien auf der »Dandy Roll« (Vordruckwalze – Anm. d. Übers.) etwas zu stauen; die dadurch entstandenen Unregelmäßigkeiten konnten durch den in diesem Test eingesetzten Kalander nicht beseitigt werden. Es wurde jedoch festgestellt, daß ein Dreh auf dem Superkalander (Glättkalander) diese praktisch unsichtbar macht und eine richtige Einstellung des Kalanders sie völlig verschwinden läßt. Alle bis zu diesem Zeitpunkt produzierten Papiere hatten Mängel hinsichtlich des für Buchdruckpapier erwünschten Volumens, deshalb wurde bei den beiden folgenden Durchläufen Soda-Pappelzellstoff beigemischt.

In Durchlauf Nr. 143 wurden die Partien Nr. 315 und 316 mit mittlerer Stärke gemahlen und gewaschen und anschließend nochmals eine Stunde gemahlen, mit 11,3 Prozent Bleiche und 0,71 l Vitriol gebleicht, im Verhältnis 16,5 Prozent Sulfitzellstoff, 22,3 Prozent Soda-Pappelzellstoff und 61,2 Prozent Hanfzellstoff gemischt, eine Stunde lang stark gemahlen, sehr stark gefärbt und in die Stoffbütte gefüllt. Dieser Stoff wurde stärker gemahlen als bei den vorhergehenden Durchläufen. Er wurde mit einer Geschwindigkeit von 22,86 m pro Minute über die Papiermaschine geschickt, verwendet wurde die Jordanmühle in mittlerer Stärke, es gab keine Probleme mit dem Stoffdurchlauf. Weniger als ein Kilo »Bruch«, der zudem durch die Maschine verursacht war, wurde produziert. Die Farbe genügte vielen Verwendungszwecken. Der Holzschliffanteil konnte auf ein zufriedenstellendes Maß reduziert werden. Erfahrene Papiermacher äußerten sich zu diesem Stoffdurchlauf und dem entstandenen Papier sehr positiv.

Durchlauf Nr. 144 war als Zweitdurchlauf wie Nr. 143 geplant. Stoff der Partien 317 und 318 wurde mit mittlerer Stärke gemahlen, eine Stunde lang gewaschen und dann nochmals mit mittlerer Stärke gemahlen, mit 11,4 Prozent Bleiche behandelt und im Verhältnis 15,5 Prozent Sulfitzellstoff, 23,5 Prozent Soda-Pappelzellstoff und 61 Prozent Hanfzellstoff gemischt, eine Stunde hart gemahlen, vom Fachmann der Firma gefärbt und in die Stoffbütte gepumpt. Stoff der Partien Nr. 319 und 320 wurde in der gleichen Weise behandelt, mit Ausnahme des Bleichens, hier wurde mit 12,1 Prozent Bleiche gearbeitet. Dieser Stoff verhielt sich auf der Maschine, die mit einer Geschwindigkeit von 22,86 m pro Minute lief, sehr gut. Die Jordanmühle wurde bei mittlerer Stärke eingesetzt. Das Papier wurde genausogut wie, wenn nicht besser als das des Durchlaufs Nr. 143 und ist ein gutes Beispiel dafür, wie richtiges Färben das Erscheinungsbild des Papiers verbessern kann. Das etwas dürftige Aussehen des Papiers aus den vorhergehenden Tests hat vornehmlich mit der mangelnden Färbung zu tun. Wie auch immer – die Wirtschaft verlangt nach Papier verschiedener Weißstufen.

Vergleich der Testergebnisse und ihrer Auswirkungen auf Praxis und Handel

Die Art dieser Untersuchung und ihr Abbruch in einem vorläufigen Stadium machen es praktisch unmöglich, betriebswirtschaftlich überprüfbare Kostenangaben zu ermitteln. In der vorliegenden Veröffentlichung soll der Verarbeitungsprozeß von Hanfschäben zur Papierherstellung mit dem üblichen Verarbeitungsprozeß von Pappelholz verglichen werden, darüber hinaus können keine Aussagen gemacht werden.

So soll auch die schließlich vorgenommene Verarbeitung der Hanfschäben nicht als abgeschlossener Prozeß, als optimale oder im Ergebnis besonders befriedigende Methode betrachtet werden, da sich bis zum Schluß, wie gezeigt wurde, Verbesserungsmöglichkeiten ergeben haben.

Vergleicht man die Verarbeitungsmethoden von Hanfschäben und Pappelholz, so ergibt sich ein erster Unterschied schon bei der Beschaffung des Materials. Normalerweise wird das Pappelholz an die Papiermühlen in Stämmen von etwa 1,20 m Länge geliefert, die im Freien gestapelt werden. Hanfschäben dagegen kommen in Ballen an, die am besten überdacht gelagert werden, und zwar aus folgenden Gründen: a) Die in Ballen gepackten Schäben werden bei nassem Wetter wahrscheinlich mehr Wasser aufnehmen und speichern als die Holzstämme; das hat zur Folge, daß die später eingesetzten Chemikalien stark verdünnt werden. b) Nicht ausreichend geröstete Schäben können sich während andauernder Feuchtigkeitsperioden erwärmen und verderben. c) Nasse Hanfschäben können nicht gesiebt und so von Sand und Spreu befreit werden. Sollten die unter a) und b) genannten Probleme sich in späteren Versuchen als zu vernachlässigende Faktoren erweisen, kann man dem dritten Problem möglicherweise dadurch begegnen, daß man die Schäben vor dem Verpacken siebt. Aber auch dann ist es möglich, daß im Freien gelagerte Hanfschäben Schmutz aus Fabrikschornsteinen, Lokomotiven oder sonstigen durch Wind verbreiteten Dreck aufnehmen. Untersuchungen haben ergeben, daß der Stoff aus Material, das Wind und Wetter ausgesetzt ist, unter diesen Verschmutzungen unweigerlich leidet.

Bei der Vorbereitung des Rohmaterials für den Kocher ergeben sich natürlich erhebliche Unterschiede zwischen Hanfschäben und Pappelholz. Erstere müssen nur ein wenig gesiebt werden, um Sand und Spreu zu entfernen. Dieser Prozeß erfordert einen geringen Einsatz von Arbeitskraft und einfache Maschinen. Bei Holz müssen die 1,20 m langen Stämme von einer großen, vergleichsweise teuren Hackmaschine mit hohem Energieverbrauch zersplittert, anschließend gesiebt und dann die größeren Splitter nochmals zerkleinert werden. Dieser bemerkenswerte Unterschied in Herrichtung, Bearbeitung und Kosten zwischen Holz und Hanfschäben wiegt die höheren Lagerhaltungskosten von Hanfschäben auf.

Beim Gebrauch des Speichers für die Späne ist bei Hanfschäben möglicherweise größere Sorgfalt angezeigt, da dieses Material dazu neigt, sich zu stauen, aber dies sollte keine unüberwindliche Schwierigkeit sein.

Ein entschieden ungünstiger Faktor ist die geringe Menge von Hanfschäben, mit denen ein Kocher beschickt werden kann. Das Gewicht eines Kubikmeters Hanfschäben beträgt, mit Schwankungen wegen des unterschiedlichen Faseranteils, etwa 87 kg, ein Kubikmeter Pappelholzspäne wiegt demgegenüber 143,80 kg; das bedeutet eine Auslastung des Kochers von 60,5 Prozent bei der Verarbeitung von Hanfschäben gegenüber einer Füllung mit Pappelholzspänen. Bezogen auf den Faserertrag sind das 38,6 Prozent. Unter Umständen kann das Ergebnis dadurch verbessert werden, daß die Schäben schon bei der Verpackung in Ballen stärker gebrochen und gequetscht, durch Dampf erhitzt oder eingestampft werden. Das geringe Beschickungsgewicht ist einer der wichtigsten Einwände gegen die Verwendung von Hanfschäben in der Papierherstellung.

In den Versuchen mit den besten Ergebnissen wurde der

Stoff mit 29,5 Prozent 84prozentiger Ätznatronlösung in einer Konzentration von 107 Gramm insgesamt sieben Stunden, davon fünf Stunden bei einer Temperatur von 170 °C, gekocht. Die Kondensierung des Dampfes in dem hier benutzten Kocher war ungewöhnlich hoch, weil der Kocher selbst und das Rohr für die Dampfzufuhr über eine beträchtliche Distanz nicht isoliert waren. Es wird angenommen, daß deshalb eine größere Menge Ätznatron erforderlich war, als es ohne diesen Umstand der Fall gewesen wäre. Diese Annahme wird durch die Beschaffenheit der Schwarzlauge aus einer der späteren Partien bekräftigt, deren Analyse folgendes ergab: 16,58 Prozent freies Ätznatron mit einer Ätzwirkung von 27,75 Prozent. Diese Daten zeigen, daß nur 67,3 Prozent des hinzugefügten Ätznatrons während des Kochens aktiv waren, ein Prozentsatz, der niedriger als sonst üblich ist. Der Stoff dieser Partie wurde mit 11,5 Prozent Bleichmittel gebleicht. Der Vergleich mit Pappelholzzellstoff ergibt folgendes: 29,5 Prozent Ätznatron wurden gegenüber üblicherweise 22 bis 25 Prozent benötigt, 107 Gramm pro Liter gegenüber sonst 100 bis 110 Gramm mit einer 84prozentigen Ätzwirkung, diese differiert kaum von der sonst üblichen. Die Temperatur von 170 °C ist praxisüblich, fünf Stunden Kochen unter Druck gegenüber den üblichen 4 bis 6 Stunden, sieben Stunden Kochzeit insgesamt gegenüber sonst 6 bis 8 Stunden, 11,5 Prozent Bleiche wurde gegenüber sonst 8 bis 10 Prozent eingesetzt. Es zeigt sich also, daß der neue Stoff etwas stärker gekocht werden muß, als das bei Pappelholzstoff praktiziert wird.

Der Faserertrag hängt von der Qualität der verwendeten Hanfschäben ab, kann aber mit 35 Prozent knochentrockenem Faserstoff am Gesamtgewicht von knochentrokkenen Hanfschäben oder 33,1 Prozent von lufttrockenen Hanfschäben berechnet werden. In dieser Untersuchung wurde der Ertrag gebleichter Fasern nicht bestimmt, er kann aber mit einiger Sicherheit auf etwa 30 Prozent geschätzt werden; verglichen mit Pappelholzstoff, der ein Ergebnis von 47 Prozent knochentrockener, gebleichter Faser von knochentrockenem Holz erzielt, ist der Ertrag von Hanffaserstoff eher niedrig. Es wird sicher möglich sein, die Bedingungen des Kochvorganges so weit zu verbessern, daß hier ein besseres Ergebnis erreicht werden kann. Der Stoff läßt sich gut bleichen, 11,4 Prozent Bleichmittelanteil ist ein leicht erhöhter, aber noch akzeptabler Wert.

Um die Kosten zu senken, wurde der Stoff in den letzten

beiden Versuchen, das sind die Tests mit den besten Ergebnissen, insgesamt drei Stunden gewaschen und gemahlen; das dürfte etwa eine Stunde mehr sein, als das üblicherweise bei der Herstellung von Papier gleicher Qualität der Fall ist, allerdings ist die Praxis hier auch nicht einheitlich.

Beim Füllen des Stoffs gibt es so viele verschiedene Methoden, daß ein Vergleich schwerfällt. Sollte Hanfzellstoff einmal so billig wie Soda-Pappelzellstoff hergestellt werden können, dürften die Füllstoffmengen in den letzten beiden Tests für die Papierhersteller akzeptabel sein.

Die Qualität des fertigen Papiers ließ noch zu wünschen übrig, dies war aber hauptsächlich auf den benutzten Kalander zurückzuführen, der aus neun leichten Rollen mit einem Durchmesser von 6 $Inch^2$ (15,24 cm) bestand, die zum Teil lange nicht poliert worden waren. Bei einem kleinen Versuch mit einem Superkalander zeigte sich, daß das Papier eine durchaus zufriedenstellende Qualität erreichen kann.

Aus diesem in vielen Punkten zufriedenstellenden Vergleich ergeben sich zwei Faktoren, die sich entschieden ungünstig auf die Verwendung von Hanfschäben auswirken, nämlich die Probleme bei der Lagerung des Rohmaterials und die geringe Kocherkapazität; beide Faktoren müssen bei der Beurteilung des Materials für seine Eignung zur Papierherstellung unbedingt in Erwägung gezogen werden. Da gegen Ende dieser Arbeiten ein wesentlicher Fortschritt erzielt wurde, bestehen berechtigte Hoffnungen, daß weitere Forschungen zu einer Verbesserung der Verarbeitungsmethoden und der Füllstoffzusammensetzung führen.

Tabelle II: Vergleich zwischen Holz und Hanfschäben (1 Klafter/»cord« entspricht 3,62 m^2)

Material	Zellstoffertrag	Rohmaterialverbrauch pro Jahr	Ernteertrag pro Jahr	Für ununterbrochene Belieferung benötigte Anbaufläche in Morgen	
				für 25 t pro Jahr	für 1 t pro Jahr
Holz	2 Klafter ergeben 1 t Faser	15 000 Klafter	0,37 Klafter (ca. 0,55 t)	40 500	5,4
Hanfschäben	1 t ergibt 273,8 kg	25 000 t	2,5 t	10 000	1,33

Daten zu Berechnung von Rohmaterial und Anbaufläche für die ständige Belieferung einer Papiermühle, die 25 Tonnen Faserstoff pro Tag an 300 Tagen im Jahr produziert, das sind 7 500 Tonnen jährlich, ergeben sich aus dem Vergleich zwischen Hanfschäben und Holz in Tabelle II.

Die wichtigste Schlußfolgerung aus dieser Tabelle ergibt sich aus der Betrachtung der Anbauflächen, die für eine kontinuierliche Belieferung der Papiermühlen notwendig sind. Das Verhältnis ist 4 : 1. 10 000 Morgen Land, die mit jährlich nachwachsendem Hanf bebaut werden, ersetzen 40 500 Morgen Wald. Mit anderen Worten, um zusätzliches Rohmaterial für die Produktion von 25 Tonnen Faser pro Tag zu sichern, könnte ein landwirtschaftliches Abfallprodukt genutzt werden, das bei der Produktion von Hanf auf einer Fläche von 10 000 Morgen Land nebenbei produziert wird, anstelle einer aufwendigen Pflege, Aufforstung und dem Schutz von 40 500 Morgen Wald.

Die jährliche Ernte, die ebenfalls entschieden für Hanfschäben spricht, hat trotzdem wenig Auswirkung auf das Vorhaben, weil die Nutzung der Hanfschäben von der Produktion von Hanf zur Fasergewinnung abhängig ist und für den Papierhersteller nur die Verwendung von Schäben, die sich als Abfallprodukt der Hanfindustrie ergeben, rentabel ist.

Physikalische Untersuchungen der hergestellten Papiere

Proben der in den sieben Tests hergestellten Papiere wurden an das »Leather and Paper Laboratory of the Bureau of Chemistry« geschickt. Der Bericht dieses Büros wird in Tabelle III dargestellt.

Es gibt keine Kategorien für das Erscheinungsbild und die Transparenz von Papier, aber es kann festgestellt werden, daß nur die Papiere der Tests Nr. 143 und Nr. 144 in dieser Beziehung befriedigend sind, alle anderen sind mehr oder weniger stark mit Holzschliff durchsetzt. Die Qualität und die Versuche mit diesen Papieren entsprechen nahezu erstklassigem Maschinendruckpapier nach den Normen des »United States Printing Office«, die für Papier eine Dicke nicht über 0,0035 Inch, eine Härte nicht unter 12 Punkten, Holzschlifffreiheit und einen Ascheanteil von nicht mehr als 10 Prozent angeben. Der Härtefaktor solcher Papiere liegt bei 0,28. Der Ascheanteil sollte bei diesem Härtegrad nicht höher als 10 Prozent sein, aber trotz des höheren Ascheanteils sind die Werte bei den physikalischen Tests ausreichend. Die Werte der physikalischen Tests Nr. 138 und 142 sind höher als die der Nummern 143 und 144, bei denen 23 Prozent Soda-Pappelholzzellstoff verwendet wurde, was deutlich zeigt, daß der Hanfzellstoff eine größere Härte und einen stärkeren Falzwiderstand zeigt als Soda-Pappelzellstoff. Die Versuche haben gezeigt, daß sich Hanfzellstoff ähnlich wie Soda-Pappelzellstoff verhält, aber ein etwas rauheres und festeres Papier mit einem größeren Falzwiderstand ergibt. Ohne Zweifel ist das Papier für den Handel noch zu stark verschmutzt; dies war zu erwarten, da das Rohmaterial noch von Hand statt mit den gründlicheren automatischen Maschinen gesiebt wurde.

Schlußfolgerungen

Zweifellos kann bei der gegenwärtigen Nutzung und dem hohen Verbrauch von Holz die Nachfrage durch die derzeitige Liefermenge nicht befriedigt werden. Solange die forstwirtschaftlichen Methoden nicht wesentlich verbessert worden sind, wird der Preis von Holzzellstoff so hoch sein, daß es unbedingt erforderlich ist, alternative Rohstoffe zu erschließen.

Hier wurden in Zusammenarbeit mit einem Papierhersteller halbgewerbliche Papierherstellungsversuche mit Hanfschäben gemacht. Nach mehreren Versuchen konnte ein Papier produziert werden, dessen Herstellungsbedingungen im Vergleich zur Verwendung von Holz als Rohmaterial günstig beurteilt und das in Stellungnahmen von Forschern und Papierherstellern sowie in amtlichen Untersuchungen als erstklassiges maschinengeeignetes Druckpapier klassifiziert werden konnte.

Tabelle III: Bericht des »Leather and Paper Laboratory of the Bureau auf Chemistry« zu aus Hanfschäben hergestellten Papieren

Labor Nr.	Durchlauf-Nr.	Asche	Gewicht (500 Bl.)	Gewicht (500 Bl.)	Dicke 1/10 000	Härte	Härte	Härte	Härtefaktor	Falzwiderstand	Falzwiderstand
			25x38	25x40		Durchschn.	Maximum	Minimum		längs	quer
		%	pds	pds							
31570	144	13,9	48	50 1/2	33	15,0	17,0	11,0	0,30	5	3
31571	143	14,5	49	51 1/2	35	14,0	14,0	13,0	0,28	4	4
31572	142	9,5	49 1/2	52	33	19,0	20,0	19,0	0,37	8	6
31573	141	10,9	48	50 1/2	38	16,5	18,0	11,0	0,33	10	8
31574	140	11,4	42	44	30	14,5	16,5	13	0,33	7	6
31575	139	13,4	55	58	40	19,5	20,0	17,0	0,34	8	5
31576	138	10,4	56	59	40	20,0	20,0	19,0	0,34	23	15

Dokument 2 Über Mr. Schlichtens neue Erfindung

1917 – Hanfschälmaschine vor der Markteinführung

Charles Chase,
Brief an die Herren
E.W. Scripps
und Milton A. McRae
vom 28. 8. 1917

Bulletin No. 404 des Landwirtschaftsministeriums (Dokument 1) wandte sich an die Industrie und an Praktiker, an alle »Personen, die an einer ökonomischen Papierherstellung interessiert sind, besonders an Zeitungs- und Buchpapierhersteller«. Wie realistisch und marktnah dieser Modellversuch war, belegt nebenstehendes Briefdokument aus dem Jahr 1917. Die Adressaten, E.W. Scripps und Milton A. McRae, leiteten einen der größten amerikanischen Zeitungskonzerne, der Briefschreiber, Charles Chase, war Chefingenieur ihrer Firma, und der Anlaß seines Schreibens war die neue Hanfverarbeitungsmaschine des in den USA lebenden deutschen Ingenieurs G.W. Schlichten. Die technischen Probleme bei der Hanfverarbeitung, die das »Bulletin 404« noch beklagte, waren mit dieser Maschine schon ein Jahr später gelöst. Dieser Brief ist Teil eines umfangreichen Briefwechsels, der erst 1992 im Nachlaß des Industriellen E.W. Scripps entdeckt wurde. Trotz der hervorragenden Leistungen der Schlichten-Maschine entschied

San Diego, Kalifornien
28. August 1917

Mr. E.W. Scripps
Mr. Milton A. McRae

Sehr geehrte Herren,

letzten Freitag und Samstag habe ich viele Stunden mit Mr. G. W. Schlichten, dem Erfinder der Schälmaschine, auf der Timken Ranch in Imperial Valley verbracht und konnte sehen, wie ein Teil seiner ersten Hanfernte von dieser Maschine, einer wunderbaren und ganz einfachen Erfindung, verarbeitet wurde. Ich glaube, daß diese Maschine viele Verarbeitungsprozesse zur Gewinnung von Nahrungsmitteln, zur Herstellung von Kleidung und für die Befriedigung weiterer Bedürfnisse der Menschheit revolutionieren wird.

Bislang mußten die Hanfstengel, bevor die Faser aus dem Hanf gelöst werden konnte, mehrere Monate im Freien auf der Erde liegen und »rösten«. Dann wurden die Fasern von Hand oder mittels spezieller Brechmaschinen aus dem Hanfstengel gelöst. Kurzum, die aus geröstetem Hanf gewonnenen Fasern sind von schlechterer Qualität hinsichtlich der Festigkeit, und der Verarbeitungsprozeß ist so teuer, daß Hanf aus Kentucky in den »Fiber Trade Journals« mit 16 Cent pro Pfund gehandelt wurde (das sind 320 Dollar pro Tonne). Nach Entfernung der Faser aus dem Stengel verbleiben vorwiegend die sogenannten »Schäben«. Hierbei handelt es sich um den holzigen, inneren Teil des zur Fasergewinnung gebrochenen Hanfstengels. Die alten Maschinen, die gerösteten Hanf verarbeiten, werfen nur geringe Mengen von Faser und kleine, weit verstreute Haufen von Hanfschäben aus. Bisher waren in den Vereinigten Staaten jährlich nur etwa 7 000 Tonnen solcher Schäben lieferbar. Diese waren zudem noch über das ganze Land verteilt, so daß sie nur als Streu in den Ställen etc. genutzt werden konnten und einen Wert von nur etwa 1 Dollar pro Tonne hatten. Schäben von geröstetem Hanf sind als Rohmaterial für guten Papierstoff nicht besonders geeignet, da sie durch das lange Liegen auf der Erde stark verschmutzt und durch die Fäulnis von schlechter Qualität sind.

Mr. Schlichten hat auf der Timken Ranch 5 Tonnen Hanf pro Morgen auf insgesamt 100 Morgen Land geerntet. Er zahlt den Pflanzern 15 Dollar pro Tonne zur Maschine geliefertem Hanf. Die Hanfstengel müssen vorher nur ein paar Tage in Garben auf dem Feld trocknen. So erhält der Farmer 75 Dollar pro Morgen für diese Pflanze, die in 100 Tagen erntereif ist. Die Stoppeln und der Anteil von Blättern und Resten der Pflanze, die auf dem Feld verbleiben (sie enthalten über 50 Prozent Stickstoff), sind ein hervorragender Dünger. Nicht nur das, Hanf unterdrückt alles Unkraut. Das Farmland wird in einen ausgezeichneten Zustand für den nachfolgenden Anbau anderer Pflanzen versetzt. Es könnte auch ein zweites Mal Hanf angepflanzt werden. Mr. Schlichten zieht es jedoch vor, nur eine Ernte auf demselben Boden pro Jahr heranzuziehen.

Aus jeder Tonne Hanfstengel, die ihn 15 Dollar kostet, erzielt Mr. Schlichten folgenden Ertrag:

etwa 500 Pfund Fasern à 16 c pro Pfund	80,— Dollar
etwa 1250 Pfund Schäben à 5,50 Dollar pro Tonne	3,44 Dollar
(bei Verwendung als Grundstoff zur Papierherstellung)	
etwa 250 Pfund Blätter, Kronen etc.	
à 5,50 Dollar pro Tonne	0,69 Dollar
pro Tonne etwa	84,13 Dollar
pro Morgen Land	420,65 Dollar
von den 100 Morgen des Versuchsfeldes	42 065,— Dollar

Eine der Maschinen von Schlichten produziert pro Tag (in zwei Schichten à acht Stunden)

zwei Tonnen Faser im Wert von etwa	600,— Dollar
fünf Tonnen Schäben im Wert von etwa	27,50 Dollar
eine Tonne übrige Pflanzenteile, Wert etwa	5,50 Dollar
insgesamt	633,— Dollar

Dies bei Kosten von weniger als 200 bis 100 Dollar pro Tonne Faser für den Anbau, die maschinelle Verarbeitung und die transportfertige Verpackung des marktfertigen Produkts in Ballen. Zur Bedienung der Maschine sind ein guter Maschinist und drei Arbeiter, die mit 35 Cent pro Stunde bezahlt werden, erforderlich.

Diese eine neue maschinelle Anlage (das Ganze war noch provisorisch, neu und etwas schwerfällig) produzierte in den zwei Tagen, in denen ich mich dort aufhielt:

sich der Scripps-Konzern (den es heute noch gibt) am Ende dann doch gegen den Hanf als neuen Rohstoff für Zeitungspapier. Dieser müsse schließlich angebaut werden, während Holz in rauhen Mengen umsonst wachse und verfügbar sei.

3 Tonnen Faser im Wert von	900,— Dollar
etwa 7 Tonnen Schäben im Wert von	38,50 Dollar
etwa 1,40 Tonnen Blätter und andere Pflanzenteile im Wert von	7,70 Dollar
insgesamt	946,20 Dollar

Mr. Schlichten wird den Verkaufspreis für den Ertrag seiner Maschine so lange kontrollieren, wie sein Patent geschützt ist. Durch dieses Patent, das Verfahren ist noch anhängig, wird das maschinelle Herauslösen von Fasern aus jeglichen Faserpflanzen geschützt.

Mr. Schlichten ist bereit, mit uns einen Vertrag für mehrere Jahre über die Lieferung jeder beliebigen Menge von Hanfschäben zu schließen, die unsererseits benötigt wird, um das von uns gewünschte Papier bzw. Papierprodukte jeder Art herzustellen. Er wird sich verpflichten, Hanfschäben erst dann anderweitig zu verkaufen oder darüber zu verfügen, wenn unsere Aufträge erfüllt sind. Er wird sich für eine angemessene Zeit auch verpflichten, entsprechend Hanf anzubauen und in die Nähe der Scripps Eastern Newspapers zu liefern.

Vorteile der Verwendung von Hanfschäben zur Papierherstellung

Erstens: Wir verwenden zur Papierherstellung die Ernte eines Jahres und schonen somit Wälder, Flüsse und Boden.

Zweitens: Wir können aus folgenden Gründen Papier zu niedrigeren Kosten herstellen, als dies mit Holz der Fall ist:

A. Bei Holz müssen Rinde, Äste usw. entfernt werden. Es muß zerkleinert und gesiebt werden. Dann ist es fertig für den Kocher. Die Vorbereitung des Holzes für den Kocher verursacht einen großen Teil der Kosten für die Papierherstellung. Hanfschäben sind als Abfallprodukt bereits fertig für den Kocher, wenn sie aus der Maschine von Schlichten kommen.

B. Beim »Kochen« und bei der Weiterverarbeitung dieser Schäben werden weniger Ätznatron, Leim und möglicherweise auch weniger Clay als bei Holz verbraucht.

C. Bei der Verwendung von Holz muß Sulfit eingesetzt werden, nicht jedoch bei Zellulose aus diesen Schäben.

Nach Meinung von Mr. Schlichten können wir zu Kosten von 25 bis 35 Dollar pro Tonne Zeitungsdruckpapier besserer Qualität herstellen, als es normalerweise von Zeitungsdruckereien verwendet wird. Diese Zahlen enthalten alle Kosten, auch Gemeinkosten und sonstige Nebenkosten; allerdings sind beste Maschinen und hervorragende sonstige Ausstattung sowie größtes Können in Produktion und Management Voraussetzung.

Das Landwirtschaftsministerium der Vereinigten Staaten hat bereits Papier aus Hanfschäben herstellen lassen. Sie haben beide eine Kopie des Bulletins Nr. 404 dieses Ministeriums, das auf Hanfschäbenpapier gedruckt worden ist. Es ist von besserer Qualität als gewöhnliches Zeitungspapier. Es wurde aus Schäben von geröstetem Hanf gefertigt. Aus den oben genannten Gründen dürften die Kosten höher gewesen sein als bei der Verwendung von Schäben aus der Maschine von Schlichten.

Wie Sie dem Bulletin entnehmen können, wurden nur 4 Tonnen Schäben in dem beschriebenen Versuch verwendet, so daß es praktisch unmöglich war, einen betriebswirtschaftlich überprüfbaren Kostenfaktor zu ermitteln. Mr. Schlichten und ich nehmen an, daß brauchbare Zahlen zu ermitteln sind, wenn man in einer Papiermühle, die Zeitungspapier herstellt, eine Stoffmenge durch die Papiermaschine laufen läßt, die ausreicht, um diese Maschine einen Tag in Betrieb zu halten. Ich rechne zwar damit, daß ich nähere Informationen hierzu beim »Paper Investigations Department« des Landwirtschaftsministeriums bekommen kann, möchte aber speziellere Informationen bei dem Leiter oder dem Papiermacher der Papiermühle, die wir für ein solches Experiment auswählen, einholen. Mr. Schlichten wird uns die Menge, die wir dafür benötigen, in Ballen transportfähig zur Verfügung stellen. Bei einem Transport zu einer Mühle im Osten wird ein Zeitverlust unvermeidlich sein; ich würde das Experiment einer Mühle im Osten nicht anvertrauen wollen.

Ich schlage folgende Vorgehensweise vor: Ich werde nach Washington reisen, um einen Brief von E. W. Scripps an Minister Houston zu bekommen. Dann besorge ich mir einen Brief von Houston, der mir zu der gewünschten Zusammenarbeit mit der richtigen Papiermühle verhilft. Ich werde herausfinden, welche Menge an Hanfschäben benötigt wird, telegrafiere an Mr. Schlichten, diese zu schicken, werde in der Mühle sein, wenn die Schäben ankommen, und alles vorbereiten, um die exakten Kosten zu ermitteln; das Papier soll einmal durch die Maschine laufen und schließlich verkauft und durch unsere Zeitungsdruckereien geschickt werden.

Gleichzeitig werde ich einen hervorragenden Manager oder Leiter für eine Papiermühle auftreiben (einen erstklassigen, praxiserfahrenen Papiermacher), dem wir ein so interessantes Angebot machen, daß er bei uns mitmachen wird.

Kosten des Experiments

Kosten für die Schäben ab Maschine, pro Tonne	5,50 Dollar
Kosten für Verpackung, pro Tonne etwa	1,20 Dollar
Transport zu den Lastwagen, Beladen etwa	0,35 Dollar
Entladen	0,35 Dollar
Fracht zu einer Papiermühle im Osten (entfällt möglicherweise)	20,— Dollar
Gesamtkosten pro Tonne	27,40 Dollar
Für einen Versuch mit 100 Tonnen	2 740,— Dollar
Kosten der Mühle	500,— Dollar
	3 240,— Dollar

Ich werde mich informieren, welche Rollenbreite die Ohio Scripps Papers verwenden können, und werde dort das Papier verkaufen.

Nach Abzug der Frachtkosten von der Mühle zur Zeitungsdruckerei wird ein Preis von 40 Dollar pro Tonne realistisch sein, für etwa 50 Tonnen fertiges Papier sind das 2000 Dollar.

Auf Seite 22 des Bulletins Nr. 404, Absatz 2, heißt es:

»Das Gewicht der Schäben, die in einen Kocher gefüllt werden können, ist ein entschieden ungünstiger Faktor.«

(Dies im Vergleich zu dem Gewicht eines Kubikmeters Holz, mit dem die Kocher in den Papiermühlen beschickt werden). Dies ist bei den Schäben aus der von Schlichten erfundenen Maschine nicht der Fall. Mr. Schlichten geht davon aus, daß die trockenen, in einer hydraulischen Presse zu Ballen geformten Schäben pro Kubikmeter etwa so viel wiegen wie Holz.

Sie werden ebenfalls gelesen haben, daß die in Ballen gepreßten Hanfschäben zugedeckt werden müssen, was bei den Schäben von Schlichten nicht der Fall ist.

Schäben von geröstetem Hanf müssen außerdem gesiebt oder sortiert und nach unterschiedlichen Größen getrennt und unterschiedlich weiterverarbeitet werden. Keine dieser Arbeiten ist bei den Schäben von Schlichten notwendig.

Markt Soweit ich weiß, haben die neuesten und besten Papiermaschinen für Zeitungspapier einen Ausstoß von 50 Tonnen Papier pro Tag. (Diese Zahl werde ich demnächst überprüfen.) Wenn das richtig ist, produziert eine Mühle mit einer Papiermaschine 18 250 Tonnen Papier pro Jahr, wenn sie 365 Tage im Jahr läuft. Soviel ich weiß, verbraucht die Scripps Eastern Papers 27 000 Tonnen pro Jahr. Daraus ergibt sich, daß die Scripps Eastern Papers die gesamte Produktion einer Mühle in diesem Teil der USA abnehmen könnte.

Die ersten Schälmaschinen werden natürlich in den Hanfanbaugebieten des Imperial Valley und in der Gegend von San Diego arbeiten, nicht weit vom Hafen von San Diego, so daß die Schäben zunächst zur Herstellung von Papier für die »Pacific Coast Newspapers« und andere Zeitungen der näheren Umgebung geliefert werden können, bis Hanfschäben auch im Osten produziert werden.

Unsere Zeitungen an der Küste verbrauchen nur etwa 5 000 Tonnen pro Jahr (diese Zahl steigt rapide an), was nur etwa ein Viertel oder ein Drittel der Jahresproduktion einer Papiermühle ist. Die »Pacific Coast Newspapers« sind bezüglich des Papierkaufs unter Vertrag bis August 1921. Viele andere Zeitungen an der Küste haben solche Verträge mit fünf Jahren Laufzeit, die zu verschiedenen Zeitpunkten enden. Auf jeden Fall müssen wir sicher sein, daß wir unsere Produktion mit gutem Gewinn verkaufen können, bevor wir an dieser Küste eine Mühle errichten. Ich denke aber, daß wir in diesem Punkt ziemlich sicher sein können, weil ich damit rechne, daß wir sowohl Buchdruck- und Briefpapier als auch Pappe, Karton und Seidenpapier herstellen können, bei wachsenden Investitionen von 10 bis 15 Prozent für weitere Maschinen.

San Diego als Standort für eine Papiermühle

Mit der Fertigstellung der Eisenbahnlinie San Diego/Arizona in etwa einem Jahr wird San Diego der Hafen sein, der den Feldern des Imperial Valley am nächsten liegt. Wahrscheinlich wird auch in der Gegend zwischen Del Mar und Escondido der Hanfanbau stark zunehmen.

Energieversorgung in San Diego

Die Stadt San Diego liefert Elektrizität zum Preis von einem bzw. 1/3 Cent pro kWh. Ich glaube, daß es eine Papiermühle, die mit natürlicher Wasserkraft arbeitet, genausoviel kostet, die eigene Energiequelle nutzbar zu machen und zu unterhalten. Möglicherweise können wir einen niedrigeren Preis erzielen.

Das Wasser von San Diego

Die Stadt San Diego pumpt Wasser auf eine Höhe von 1 200 Meter zum Preis von 4 Cent für 1 000 Gallonen (4 546 l). Mit der von uns ausgesuchten Mühle werde ich feststellen können, welche Ausgaben für Wasser wir uns leisten können und welche Qualität es haben muß. Mir liegt eine Analyse vor, die von Wasser aus dem einzigen Brunnen in Sweetwater Valley gemacht worden ist; dies ist die zuverlässigste und außerdem eine unerschöpfliche Quelle.

Finanzierung in San Diego

Ich denke, daß ich in San Diego durch Wertpapiere, die auf unsere Anlagen und unser Geschäft ausgestellt sind, einen beträchtlichen Teil der notwendigen Investitionsmittel auftreiben kann. Natürlich konkurriert San Diego mit Los Angeles bei der Sicherung von niedrigsten Preisen für Energie und Wasser, einem guten Standort für die Mühle und finanzieller Hilfe. Die Leute aus Los Angeles unternehmen große Anstrengungen, um mehr Fabriken anzusiedeln, möglicherweise bieten sie uns so gute Konditionen, daß wir dorthin gehen sollten. Ich persönlich ziehe San Diego vor, da Mr. Schlichten diesen Ort wegen der dort geplanten Textil- und anderen Industrien für interessanter hält.

Ich denke, daß Mr. Schlichten uns und ein paar Freunde aus San Diego einladen wird, seine Hanffelder, die Schälmaschinen und andere Unternehmungen zu besichtigen, wenn wir ihn wissen lassen, daß wir das möchten. Ich glaube auch, daß Mr. Schlichten sich freuen würde, wenn er sich an unseren Plänen zur Papierherstellung beteiligen könnte, falls wir das wollen. Ich denke, wir sollten ihn dabeihaben. Ich bin sicher, daß wir dann von ihm von Zeit zu Zeit wertvolle Anregungen zur Kostensenkung, Produktivitätssteigerung, Absatzmöglichkeiten etc. erhalten können.

Mr. Schlichten hat mich darum gebeten, darauf hinzuweisen, daß die Angaben zu Kosten und Ertrag seiner Maschinen vertraulich sind.

Er sagte mir, daß er etwa 400 000 Dollar und etwa 20 Jahre Arbeit in diese Maschine gesteckt hat; daß er nun über fünfzig Jahre alt ist und so schnell wie möglich das vorantreiben will, was – wie er meint – viele Arbeiten revolutionieren wird. Ich bin sicher, daß er es gerne sähe, wenn wir mit aller Energie und so schnell, wie es die Absicherung des Projektes erfordert, auf unser Ziel, die Papierherstellung, zusteuern würden.

Hochachtungsvoll

»The Marijuana Tax Act«

Dokument 3

1937 – Das Marihuanaverbot wird durchs Parlament gelotst

Auszüge aus den Hearings des 75. Kongresses vor dem Steuerausschuß des Repräsentantenhauses Sitzungen vom 27.-30.4. und 4.5.1937 (anhand der Originalprotokolle erstelltes Skriptbuch für einen Dokumentarfilm).

Das Marihuanaverbot wurde in Form eines Steuergesetzes durchgesetzt. Das öffentliche Hearing, in dem es »beraten« wurde, war eine Pro-forma-Veranstaltung. Den Protokollauszügen ist unschwer zu entnehmen, daß es dem Ausschußvorsitzenden ziemlich ungeschminkt nur darum ging, etwas vorweg schon Beschlossenes zu vollstrecken. Wie die Einwände des Vertreters des amerikanischen Ärzteverbandes abgeschmettert werden, kann auch heute noch als Lehrstück für durchsetzungswillige Politiker dienen. Das Gesetz, das wenig später ohne Diskussion den Kongreß passierte, ist bis auf den heutigen Tag in Kraft.

Sprecher
Ausschußmitglieder:
Robert L. Doughton, North Carolina, Vorsitzender
Fred M. Vinson, Kentucky
David J. Lewis, Maryland
Daniel A. Reed, New York
John D. Dingell, Michigan
John McCormack, Massachusetts

Zeugen:
Clinton M. Hester, Vertreter des Finanzministeriums
D. H. J. Anslinger, Drogenbeauftragter im Finanzministerium
Raymond G. Scarlett, Geschäftsführer der Fa. William G. Scarlett & Co., Baltimore,
Dr. William C. Woodward, American Medical Association (AMA) Chicago, Illinois

Sprecher: Im April 1937 fand im Steuerausschuß des 75. Kongresses eine Anhörung zu einer Gesetzesvorlage statt, die eine Kontrolle des Marihuanahandels durch Verbotssteuern zum Gegenstand hatte. Vorsitzender des Ausschusses war Robert L. Doughton aus North Carolina.
Vorsitzender: Die Sitzung ist eröffnet. Die heutige Sitzung ist wegen der Gesetzesvorlage Nr. H.R. 6385, die von mir am 14. April 1937 eingebracht wurde, einberufen worden. Es handelt sich um ein Gesetz »zur Einführung einer gewerblichen Verbrauchssteuer auf Marihuanageschäfte und zur Sicherung dieser Steuereinnahmen durch Registrierung und Kontrolle«.

(Der Vorsitzende unterbricht seinen Bericht und winkt dem Saaldiener; Unruhe.)
Vorsitzender: Dieser Gesetzentwurf wurde von mir auf Ersuchen des Finanzministers vorgelegt. Heute morgen sind Vertreter dieses Ministeriums hier erschienen, um den Entwurf zu erläutern. Mr. Hester, der das Finanzministerium vertritt, wird der erste Zeuge sein, der zu dem vorgeschlagenen Gesetz gehört wird.
Sprecher: Clinton Hester ist juristischer Berater im Finanzministerium.

(Hester wird vom Vorsitzenden vereidigt.)

Hester: Herr Vorsitzender, sehr geehrte Mitglieder dieses Ausschusses, in den vergangenen zwei Jahren hat das Finanzministerium eine Studie zum Thema Marihuana durchgeführt, eine Droge, die sich in den Blüten, dem Samen und den Blättern von Indischem Hanf findet und die heute in Form von Zigaretten von Schülern der High-Schools in zunehmendem Maße konsumiert wird. Die Wirkung ist tödlich. Ich möchte darauf hinweisen, daß wir heute Mr. Anslinger aus dem Betäubungsmittelressort unter uns haben, der für die Durchsetzung des Harrison Narcotic Act (Harrison-Betäubungsmittelgesetz) verantwortlich ist und auch für die Durchführung dieses neuen Gesetzes die Verantwortung tragen wird, falls es Gesetzeskraft erlangen sollte. Uns stehen heute auch ein erfahrener Chemiker und einer der herausragenden Botaniker dieses Landes zur Verfügung, die sich, wenn Sie es möchten, zu diesem Gesetz äußern werden.

Die führenden Zeitungen der Vereinigten Staaten haben den Ernst der Lage erkannt und viele, insbesondere mehrere Zeitungen aus Washington, haben eine bundesstaatliche Gesetzgebung zur Kontrolle des Marihuanahandels gefordert. In einer kürzlich erschienenen Ausgabe stellt die Washington Post fest:

> Die Marihuanazigarette ist eine der heimtückischsten Formen von Rauschgift, und dies vor allem, weil die Öffentlichkeit über ihre gefährlichen Eigenschaften nichts weiß.
>
> Die Nation ist wehrlos, weil es zum einen keine bundesstaatlichen Gesetze gibt, mit denen man dieses Problem in den Griff bekommen könnte, und zum anderen eine Kampagne zur Bekämpfung dieser Droge praktisch nicht existiert.
>
> Mit tragischem Ergebnis.
>
> Schulkinder werden zur Beute von Drogenhändlern, die die Umgebung von Schulen heimsuchen.
>
> Die Jungen und Mädchen der High-Schools kaufen das zerstörerische Kraut von verantwortungs- und schamlosen Händlern, ohne zu wissen, wieviel Schaden es anrichtet.
>
> Es ist ein nationales Problem, das nationaler Aufmerksamkeit bedarf.

Die verhängnisvolle Marihuanazigarette muß als das erkannt werden, was sie ist, nämlich eine tödliche Droge, vor der die amerikanischen Kinder geschützt werden müssen.

In der Resolution Nr. 6385 wird deshalb vorgeschlagen, die staatlichen Steuern nicht nur zur Erzielung von Einnahmen aus dem Marihuanahandel einzusetzen, sondern auch, um zu erreichen, daß der gegenwärtig weit verbreitete, unerwünschte Konsum von Marihuana durch Raucher und Drogensüchtige eingeschränkt wird und der Handel so kanalisiert wird, daß er ausschließlich wichtigen industriellen, medizinischen und wissenschaftlichen Zwecken dient. Erstens soll ein Steuersystem entwickelt werden, das die Staatseinkünfte erhöht und dazu führt, daß der Erwerb von Marihuana zum illegalen Gebrauch praktisch unmöglich wird, ohne daß eine unzulässige Einmischung in den Handel zur Verwendung dieser Pflanze für industrielle, medizinische und wissenschaftliche Zwecke stattfindet. Zweitens muß ein angemessenes Instrumentarium entstehen, durch das eine effektive öffentliche Kontrolle und Besteuerung gesichert ist.

Um auszuschließen, daß dieses Gesetz wegen mangelnder Verfassungsmäßigkeit angegriffen wird, gestattet es, ähnlich wie das Nationale Feuerwaffengesetz, nach wie vor den Handel mit Marihuana, allerdings gegen Zahlung einer hohen Umsatzsteuer beim Verkauf an nicht registrierte Personen. Marihuana kann an jedermann verkauft werden, es wird aber eine Steuer von 100 Dollar pro Unze auf den Verkauf an Personen erhoben, die es für Zwecke verwenden könnten, die die Öffentlichkeit gefährden. Dies entspricht der Regelung im Nationalen Feuerwaffengesetz, das den Verkauf eines Maschinengewehrs an jedermann erlaubt, sofern eine Steuer von 200 Dollar beim Verkauf an Personen gezahlt wird, die es wahrscheinlich zu illegalem Gebrauch erwerben. Obwohl die 100-Dollar-Regelung ähnlich wie das Feuerwaffengesetz eine Verbotswirkung haben soll, handelt es sich meiner Ansicht nach um eine verfassungsgemäße Steuermaßnahme.

Das Gesetz erlaubt jedem, Marihuana zu kaufen, so wie es im Nationalen Feuerwaffengesetz jedem erlaubt ist, eine Maschinenpistole zu erwerben, er muß jedoch eine Steuer von 100 Dollar pro Unze Marihuana zahlen und den Kauf in offizieller Form abwickeln. Möchte jemand Marihuana kaufen, muß er zur Steuerbehörde gehen und sich dort ein Formular in doppelter Ausfertigung besorgen, eine Steuermarke im Wert von 100 Dollar kaufen und auf das Original dieses Formulars kleben. Dieses Formular muß er dem Verkäufer geben, das Duplikat bleibt beim Käufer. Soll das Marihuana weiterverkauft werden, muß der neue Käufer das gleiche tun und wieder 100 Dollar bezahlen. So soll der Verkauf an Schüler unterbunden werden.

Vinson: Wie hoch ist der reelle Marktpreis für Marihuana pro Unze?

Hester: Im Rohzustand, als Droge, zahlt man etwa 1 Dollar pro Unze.
Vinson: Ich entnehme Ihren ausgezeichneten Darlegungen, daß ein Gentleman vor diesem Ausschuß keinen anderen Standpunkt vertreten kann.
Hester: Ich danke Ihnen.
Vorsitzender: Auf welchen Wegen wird die schädliche Droge verteilt oder vertrieben? Wird sie von Drogisten oder Lebensmittelhändlern verkauft?
Hester: Ich werde Ihre Frage beantworten, aber ich hoffe, daß Sie Mr. Anslinger diese Frage noch einmal stellen, er kann sich mit mehr Sachkenntnis zu diesem Punkt äußern. Die Blüten, Blätter und Samen werden in Zigaretten eingedreht.
Vorsitzender: Wird Marihuana von Drogisten geführt?
Hester: Das glaube ich nicht, weil die Wirkung sehr differiert. Marihuana kann bei Ihnen eine andere Wirkung haben als bei mir, außerdem gibt es sehr viele gute Ersatzstoffe.
Vorsitzender: Und wie sieht das bei Mißbrauch aus?
Hester: Es wird geraucht. Sie können die Blätter, Blüten und Samen in ein Blatt rollen, ähnlich wie Tabak. Es kann genau wie Tabak geraucht werden.
Vorsitzender: Nur zur Veranschaulichung: Nehmen wir an, ich wollte etwas von dieser Droge kaufen, wo würde ich sie finden?
Hester: Es werden etwa 10 000 Morgen Land von legalen Produzenten damit bebaut.
Vorsitzender: Ich möchte wissen, wo ich sie kaufen kann, wo sie verkauft wird.
Lewis: Wo bekommen die Opfer sie her?
Reed: Ich glaube, der Herr Vorsitzende möchte wissen, wie Schulkinder an diese Droge kommen. Ist es nicht so, daß illegale Drogenhändler sich in der Nähe von Schulen aufhalten und Jungen ansprechen, wenn sie glauben, an diese verkaufen zu können?
Hester: Ja. Ich habe in den Zeitungen gelesen, daß bei einer Razzia in der 12. Straße eine Frau entdeckt wurde, die dort Marihuana verkaufte.
Lewis: Werden diese Zigaretten von legalen Firmen hergestellt oder werden sie, wie schwarzgebrannter Whiskey, illegal produziert? Werden diese Zigaretten von seriösen Firmen gemacht?
Hester: Ich würde diese Frage gern an Mr. Anslinger weitergeben.
Reed: Ich möchte mich zu dieser Frage äußern. Vor einigen

Jahren fand vor dem Ausschuß des Hauses, dessen Vorsitz ich die Ehre habe zu führen, eine Anhörung zum Problem der Betäubungsmittel statt. Das war zu der Zeit, als man überall von Heroin sprach, und dies war dann auch lange Zeit über Gegenstand dieser Anhörung.

Wir hörten Experten aus New York und anderen Landesteilen. Damals wurde das Heroin durch Drogenhändler an die Schüler verkauft, vor allem an Sportler. Der Händler war gewöhnlich ein bekannter Mann, er verkaufte das Heroin an die müden Jungs, die gerade vom Training kamen, mit den Worten: »Hier, das bringt euch in Schwung!« Die Händler hatten so ziemlich schnell eine ganze Menge Jungen dieser Schulen zu Süchtigen gemacht.

(Während der Ausführungen von Reed ist der Ausschuß ziemlich unaufmerksam, Hester hat seine Papiere zusammengesucht, Anslinger nimmt seinen Platz ein und wird vereidigt.)

Sprecher: Wir haben gerade die Aussage von Clinton Hester aus dem Finanzministerium gehört. Der nächste Zeuge ist Harry J. Anslinger, der gegenwärtig Drogenbekämpfungsbeauftragter der Bundesregierung ist.

Vorsitzender: Mr. Anslinger, der Ausschuß freut sich, heute Ihre Stellungnahme zu hören. Würden Sie bitte Ihren vollen Namen und Ihre Position nennen, die Sie im Finanzministerium innehaben?

Anslinger: Herr Vorsitzender, mein Name ist H. J. Anslinger; ich bin Drogenbeauftragter im Amt für Betäubungsmittel des Finanzministeriums.

Herr Vorsitzender, sehr geehrte Herren des Finanzausschusses, der Marihuanahandel nimmt an Umfang derart zu, daß die Lösung dieses Problems zu einem der größten nationalen Anliegen wird.

Auf jeder medizinischen Fakultät wird dem künftigen Arzt beigebracht, daß ihm ohne Opiate die Hände gebunden sind. Das ist auch richtig, da man ohne Opium nicht auskommt.

Hier haben wir jedoch eine Droge vor uns, die völlig anders ist als Opium. Opium hat gute Eigenschaften wie Dr. Jekyll und schlechte wie Mr. Hyde. Die neue Droge entspricht ganz und gar dem Monster Hyde, sie richtet unermeßlichen Schaden an.

Dingell: Ich möchte sicher sein, worum es sich handelt. Ist es das gleiche Kraut, das in manchen westlichen Staaten wild wächst und gelegentlich »Verrücktes Kraut« genannt wird?

Anslinger: Nein, das gehört zu einer anderen Familie.
Dingell: Ist das nicht auch eine schädliche, drogenproduzierende Pflanze?
Anslinger: Meines Wissens nicht, sie wird von Menschen nicht verwendet.
Vorsitzender: In welchen Gebieten wächst dieses Kraut wild?
Anslinger: Heute in fast jedem Staat der USA.
Reed: Hat diese Pflanze, die Sie beschreiben, eine ziemlich große Blüte?
Anslinger: Nein, eine sehr kleine.
Reed: Ist es nicht Indischer Hanf?
Anslinger: Doch, es ist Indischer Hanf. Ich habe ein Exemplar hier.

(Anslinger nimmt Stengel von dem Stuhl neben sich und legt sie auf den Tisch.)

Vinson: Wann wurden Sie darauf aufmerksam, daß diese Pflanze eine Bedrohung für die Bevölkerung ist?
Anslinger: Vor etwa zehn Jahren.
Vinson: Warum haben Sie bis 1937 damit gewartet, die jetzige Empfehlung auszusprechen?
Anslinger: Vor zehn Jahren habe ich nur aus dem Südwesten davon gehört. Erst in den letzten paar Jahren ist die Droge zu einer nationalen Gefahr geworden. Sie hat sich wie ein Waldbrand verbreitet, ist aber erst in den letzten drei Jahren zu einer Bedrohung der Nation geworden. Erst seit zwei Jahre muß ich dem Völkerbund darüber berichten.
McCormack: Wie äußert sich die Wirkung der Droge zuerst, in Größenwahn und Selbstüberschätzung oder so etwas?
Anslinger: Sie wirkt auf Individuen unterschiedlich. Manche verlieren völlig das Gefühl für Zeit oder für Werte, sie verlieren den Orientierungssinn. Sie haben das Gefühl von physischer Kraft und Stärke.

Andere werden tobsüchtig, sind zeitweise unansprechbar und können in diesem Zustand sogar Verbrechen begehen. Manche lachen hemmungslos. Es ist unmöglich, vorherzusagen, welche Wirkung die Droge auf den einzelnen hat. Die Versuchspersonen, die bisher diese Droge genommen haben, taten dies auf ihren eigenen Wunsch alle unter Kontrolle.

McCormack: Wird die Droge von Kriminellen genommen?
Anslinger: Ja. Sie ist gefährlich für Geist und Körper, besonders für den kriminellen Typus, weil durch sie alle Hemmungen aufgehoben werden.

Dingell: Welchen Preis hat Marihuana?
Anslinger: Der Süchtige zahlt zwischen 10 und 25 Cent pro Zigarette. In dieser Form wird es verkauft. Auf dem Schwarzmarkt beträgt der Großhandelspreis um 20 Dollar pro Pound. Legal ist ein Pound für etwa 2 Dollar erhältlich.
Dingell: In welchem Verhältnis steht dieser Preis zu dem von Opium und Morphium? Kaufen die Leute, die Marihuana rauchen, es nicht vor allem deshalb, weil es eine billige Droge ist?
Anslinger: Ja, das ist ein Grund. Die Kosten für die Dekkung des Tagesbedarfs betragen bei einem Morphium- oder Heroinsüchtigen zwischen 5 und 6 Dollar pro Tag. Eine Zigarette zu rauchen, kostet dagegen 10 Cent.
McCormack: Schon eine davon haut einen vom Stuhl.
Anslinger: Ja, das kann bereits bei einer Zigarette passieren.
McCormack: Einige dieser Zigaretten werden noch billiger als 10 Cent pro Stück verkauft oder? Mit anderen Worten: Es handelt sich um sehr billige Zigaretten, was ein Grund dafür ist, daß der Konsum von Marihuana so angestiegen ist.
Anslinger: Ja, sie sind so billig, daß auch Schulkinder sie kaufen können.
McCormack: In verschiedenen Landesteilen werden sogenannte »reefer parties« (Marihuanaparties) von Kindern veranstaltet.
Anslinger: Ja, wir haben davon gehört und wissen davon.
McCormack: Ein weiterer Punkt ist die Tatsache, daß sie an andere Arten von Dope nicht herankommen, Marihuana aber für sie erreichbar ist, auch deshalb ist es so weit verbreitet.
Anslinger: Das ist richtig, die Wirkung wird durch Mundpropaganda bekannt, und alle wollen es probieren.
Vorsitzender: Mr. Anslinger, der Ausschuß dankt Ihnen, daß Sie uns Ihre Zeit zur Verfügung gestellt haben. Bevor wir uns auf morgen vertagen, wollen wir noch einen anderen Zeugen hören. Ich bitte Sie, sich dem Ausschuß noch für weitere Aussagen im Zusammenhang mit dieser Anhörung zur Verfügung zu halten.

(Anslinger nickt und beginnt, seine Proben einzusammeln. Der Vorsitzende gestikuliert, der Saal ist unruhig.)

Vorsitzender: Die Sitzung wird fortgesetzt. Gestern wurde der Vorsitzende informiert, daß seitens verschiedener Personen, die beruflich mit der Verarbeitung von Hanfsamen zu tun haben, Unstimmigkeiten und Bedenken hinsichtlich einiger Regelungen dieses Gesetzes bestehen.

Der Vorsitzende regte gegenüber Herrn Hester an, mit Vertretern dieses Industriezweiges zu konferieren, um festzustellen, ob es möglich ist, eine Einigung zu erzielen und die Bedenken durch Änderungen des Gesetzes zu zerstreuen. Wir freuen uns, heute eine Stellungnahme von Vertretern dieser Industrie hören zu können.

(Der Vorsitzende blickt ungeduldig in den Saal, der Zeuge kommt zur Vereidigung.)

Sprecher: Der Ausschuß wird nun die Aussage von Raymond G. Scarlett, Vertreter der William G. Scarlett Corp. aus Baltimore, hören.

Scarlett: Herr Vorsitzender, unsere Firma vertreibt jährlich große Mengen Hanfsamen, der als Taubenfutter Verwendung findet.

Hanf ist aufgrund seines Gehaltes an einem für Tauben wertvollen Öl wichtiger und notwendiger Bestandteil von Taubenfutter. Es ist uns bisher nicht gelungen, einen gleichwertigen Ersatz zu finden.

Wenn man Hanf durch etwas anderes ersetzt, wird sich das auf das Wachstum und Aussehen der Jungtauben auswirken; wenn der Handel mit Hanf eingeschränkt wird, wird dies alle Taubenzüchter in den Vereinigten Staaten betreffen, das sind etwa 40 000.

Vorsitzender: Hat der Samen auf Tauben dieselbe Wirkung wie die Droge auf den Menschen?

(Die Frage des Vorsitzenden ruft im Saal Gelächter und Grinsen hervor, der Vorsitzende blickt ungeduldig auf die Uhr, schlägt mit dem Hammer auf den Tisch.)

Scarlett: Das ist mir nie aufgefallen. Er bringt ein schönes Federkleid und verbessert insgesamt die Qualität der Vögel.

Wir haben kein Interesse daran, Marihuana zu vertreiben, wir möchten keine Drogenhändler sein.

Vorsitzender: Die Sitzung wird auf morgen vormittag, 10 Uhr, vertagt. Wir werden dann die Diskussion mit Herrn Scarlett fortsetzen.

Sprecher: Für heute ist das Anhörungsverfahren zum Gesetz über die Marihuanasteuer beendet.

Vorsitzender: Die Sitzung ist eröffnet. Der heutige Vormittag ist der Fortsetzung der Anhörung zur Resolution Nr. 6385 gewidmet.

Dr. Woodward, würden Sie bitte nach vorne kommen

und Ihren Namen nennen und die Eigenschaft, in der Sie hier erschienen sind.
Woodward: Herr Vorsitzender, sehr geehrte Herren, mein Name ist William C. Woodward, ich vertrete die American Medical Association (AMA). Meine Anschrift lautet 535 North Dearborn St., Chicago, Illinois.
Vorsitzender: Sind Sie hier als medizinischer oder juristischer Sachverständiger oder als Fachmann in Fragen der Gesetzgebung oder in allen drei Eigenschaften?
Woodward: Mein Beruf ist der eines praktizierenden Arztes und Rechtsmediziners. Ich habe beides miteinander verbunden. Wenn Sie mich als Experten bezeichnen möchten, dann als solchen für Rechtsmedizin. Ich habe in meiner Eigenschaft als Anwalt und Arzt Vorlesungen zur Rechtsmedizin gehalten.
Vorsitzender: Vielen Dank, Herr Dr. Woodward, bitte fahren Sie fort.

(Pause; Woodward ordnet seine Unterlagen.)

Woodward: Die medizinische Verwendung von Cannabis hat mit dem Gebrauch als Suchtmittel nichts zu tun. Ich ziehe den Begriff »Cannabis« dem Wort »Marihuana« vor, da »Cannabis« die korrekte Bezeichnung zur Beschreibung der Pflanze und ihrer Produkte ist. Der Begriff »Marihuana« ist ein Lehnwort, das sich über die mexikanische Grenze bei uns eingeschlichen und außer im Zusammenhang mit dem Rauchen von Cannabisprodukten keine allgemeine Bedeutung hat. In der Medizin gibt es dieses Wort nicht, auch im Finanzministerium ist es offenbar kaum bekannt. Marihuana ist nicht die korrekte Bezeichnung. Die Verwendung des Wortes »Marihuana« anstelle von »Cannabis« hat, wie Sie vor ein oder zwei Tagen bemerkt haben, dazu geführt, daß die Händler von Indischem Hanf dieses Gesetz erst spät mit ihrem Gewerbe in Verbindung gebracht haben. So werde ich den Terminus »Cannabis« verwenden und möchte darauf dringen, daß in einem möglicherweise verabschiedeten Gesetz dieser Begriff verwendet wird und nicht das Lehnwort Marihuana.

Ich sagte bereits, daß die Verwendung von Cannabis in der Medizin mit der Marihuanasucht nichts zu tun hat. In allem, was Sie bisher gehört haben, war von Mißbrauch durch einen Arzt oder von entsprechender Verbreitung durch einen Apotheker nie die Rede. Und nun wird den Ärzten und Apothekern und, so möchte ich sehr deutlich sagen, ganz besonders den Farmern dieses Landes dieses Gesetz aufgebürdet!

Mein Interesse konzentriert sich natürlich vor allem auf den medizinischen Aspekt. Aus Sorge um die Kranken wenden wir uns gegen die Einführung einer zusätzlichen, von Apothekern, Ärzten und anderen zu zahlenden Steuer; gegen die Forderung, Buch zu führen und für diese einzelne Droge spezielle Formulare ausfüllen zu müssen, wenn das Problem auch anders, nämlich durch eine Änderung des Harrison Narcotic Act geregelt werden kann.

Wenn Sie von diesem speziellen Problem sprechen, erhebe ich Einwände gegen das Gesetz, weil es völlig undurchführbar ist. Es ist nicht gut, ein Gesetz im Gesetzbuch zu haben, das nicht verwirklicht werden kann.

Vorsitzender: Der Mißbrauch von Marihuana als Droge ist so stark angestiegen, daß dies eine ernsthafte Bedrohung der Öffentlichkeit darstellt – hier wurde geschildert, wie Menschen ihr seelisches Gleichgewicht verlieren und dadurch zu Verbrechern werden, weil sie Recht und Unrecht nicht mehr unterscheiden können. Wenn Sie bedenken, daß diese schädlichen Folgen sich ausweiten und sie zu reduzieren ein Akt der Barmherzigkeit ist, begreifen Sie da nicht, daß mit diesem Gesetz Gutes erreicht wird?

Woodward: Ja, mit manchen Gesetzen vielleicht, Herr Vorsitzender.

Vorsitzender: Wenn Sie dies zugeben, befassen wir uns mit ein paar konkreten Tatsachen. Denken wir an die Erfahrungen des Amtes für Betäubungsmittelfragen, die Bemühungen der Regierungen, die bereits vorhandenen Gesetze gegen diese gefährliche Droge anzuwenden, und schließlich die Einsicht der Bundesregierung, daß die Gesetze der Bundesstaaten nicht ausreichen; glauben Sie da immer noch nicht, daß bundesstaatliche Gesetze nötig sind?

Woodward: Nein.

Vorsitzender: Das tun Sie nicht?

Woodward: Nein. Ich denke, es gibt eine allgemeine Tendenz –

Vorsitzender: Ich meine mich zu erinnern, daß Sie in Beantwortung der Frage von Herrn Cooper erklärt haben, daß Sie eine Gesetzgebung oder Veränderungen der gegenwärtigen Rechtslage für hilfreich halten. Wenn das so ist, warum sind Sie dann nicht hier gewesen, bevor dieses Gesetz mit Vorschlägen zur Beseitigung des Übels vorgelegt wurde?

Woodward: Herr Vorsitzender, ich habe den für Betäubungsmittel zuständigen Beauftragten aufgesucht –

Vorsitzender: Das ist keine Antwort auf meine Frage.

Woodward: Ich war nicht hier, weil –

Vorsitzender: Sie vertreten die Medizinische Gesellschaft. Wenn Ihre Vereinigung die Notwendigkeit und Wichtigkeit gesetzgebender Maßnahmen erkannt hat – was Sie jetzt zugeben, warum haben Sie bis zur Vorlage dieses Gesetzes gewartet und nicht vorher darüber gesprochen? Warum sind Sie nicht von sich aus hierhergekommen und haben diesem Ausschuß Gesetzgebungsmaßnahmen vorgeschlagen?
Woodward: Ich habe diese Probleme viele Male mit –
Vorsitzender: Das bringt uns nicht weiter. Offensichtlich können die Staaten und die Bundesregierung damit auch nichts anfangen. Warum haben Sie bis jetzt gewartet und kommen dann her, um ein uns vorgelegtes Gesetz anzugreifen? Sie machen keine Vorschläge, wie das existierende Übel zu beseitigen ist.

Also, ich möchte keine allgemeine Antwort auf meine Frage haben!
Woodward: Wir machen dem Kongreß keine direkten Gesetzgebungsvorschläge, wenn über eines der Ministerien das Nötige erreicht werden kann.
Vorsitzender: Sie geben zu, daß das nicht geschehen ist. Sie haben erklärt, daß Sie Maßnahmen des Gesetzgebers für hilfreich halten. Darauf möchte ich Sie festnageln! Also, warum haben Sie kein Gesetz vorgeschlagen? Ich möchte eine klare und deutliche Antwort!
Woodward: Erstens handelt es sich nicht um eine Sucht im medizinischen Sinne, entsprechende Angaben sind gegenüber der Medizinischen Gesellschaft nicht gemacht worden. Sie können jedem Arzt und jedem Apotheker in diesem Land die Verwendung von Cannabis völlig verbieten und haben damit an Ihrer Cannabissucht nicht das Geringste geändert, weil zwischen ihr und der medizinischen und pharmazeutischen Praxis nicht die geringste Beziehung besteht, das sind zwei völlig verschiedene Bereiche.
Vorsitzender: Wenn das, was Sie eben gesagt haben, irgend eine Beziehung zu der von mir gestellten Frage hat, habe ich nicht genug Verstand, um das zu begreifen, es tut mir leid.
Woodward: Ich sagte, daß wir uns gewöhnlich nicht direkt an den Kongreß wenden, wenn ein Ministerium sich der Sache annehmen kann. Ich sprach mit dem zuständigen Drogenbeauftragten, Mr. Anslinger.
Vorsitzender: Wenn Sie uns schon in Fragen der Gesetzgebung Ratschläge erteilen wollen, sollten Sie lieber mit konstruktiven Vorschlägen als mit Kritteleien hierherkommen und der Arbeit der Regierung keine Hindernisse in den

Weg legen. Das ist keine Frage der Selbstlosigkeit, immerhin hat die Regierung eine schwere Verantwortung zu tragen!
Woodward: Wir können nicht verstehen, warum dieses Gesetz zwei Jahre lang unter Ausschluß der Öffentlichkeit vorbereitet worden ist, ohne daß die kleinste Andeutung gemacht wurde.
Vorsitzender: Vielleicht sind Sie deshalb gegen das Gesetz, weil Sie nicht zu Rate gezogen worden sind, vielleicht ist das der wahre Grund für Ihren Widerstand?
Woodward: Überhaupt nicht.
Vorsitzender: Nur weil Sie nicht konsultiert worden sind?
Woodward: Überhaupt nicht.
Vorsitzender: Egal, wie gut der Vorschlag war?
Woodward: Überhaupt nicht.
Vorsitzender: Das ist es nicht?
Woodward: Überhaupt nicht. Wir versuchen immer zu helfen.
Vinson: Was hat die Tatsache, daß die Vorbereitung zu diesem Gesetz so lange gedauert hat, mit den Verdiensten dieses Gesetzes zu tun?
Woodward: Das Gesetz ist, was seine Durchführung angeht, nicht praktikabel, die gleiche Studie hätte man den Gesetzgebungsorganen der Staaten übergeben sollen, die in diesem Jahr stattfindenden 44 Beratungen hätten dann ein besseres Ergebnis gebracht.
Dingell: Ihrer letzten Bemerkung entnehme ich, daß ausschließlich die Medizinische Gesellschaft ein Interesse an diesem Gesetz hat, aber was ist mit den übrigen 125 Millionen Personen in diesem Land? Dies ist kein Gesetz, an dem nur die Ärzte oder die Medizinische Gesellschaft interessiert sind, sondern alle Menschen. Übrigens möchte ich wissen, wie viele Ärzte Mitglied der Medizinischen Gesellschaft sind.
Woodward: Etwa 100 000.
Dingell: So viele Mitglieder hat die AMA?
Woodward: Ja.
Dingell: Wie viele Ärzte gibt es in den Vereinigten Staaten?
Woodward: Vielleicht 140 000 oder 150 000, vielleicht 160 000.
Dingell: Müssen wir das so verstehen, daß Ärzte aus Michigan, die Mediziner in Wayne County oder die Medizinische Gesellschaft in Detroit gegen dieses Gesetz sind?
Woodward: Ich weiß es nicht. Kein Mediziner würde dieses Gesetz mit einem Medikament in Verbindung bringen,

bevor er es nicht von vorne bis hinten durchgelesen hat, weil Marihuana kein Arzneimittel ist.
Dingell: Bitte sagen Sie mir, welche Anstrengungen in meinem Staat von der Medizinischen Gesellschaft unternommen wurden, um die Schulkinder und die unglücklichen Opfer der Sucht zu schützen? Ich frage, weil wir über die Kontrollmöglichkeiten der Staaten sprachen. Ich möchte wissen, was vom Staat Michigan und den Mitgliedern des Ärztestandes getan wurde, um den von diesem Gesetz intendierten Schutz zu gewährleisten.
Woodward: Es ist mir natürlich unmöglich zu wissen, was in jedem einzelnen Staat getan wurde; in dem Gesetz von Michigan aus dem Jahre 1931, Kapitel 173, wird die Produktion und die Verteilung von Indischem Hanf geregelt.
Dingell: Welche Regelungen sind das?
Woodward: Ich habe das Gesetz nicht hier.
Dingell: Können Sie mir sagen, ob das Gesetz damals von der Medizinischen Gesellschaft meines Staates unterstützt wurde oder nicht?
Woodward: Das weiß ich nicht. Ich kann nicht alle diese Einzelheiten im Kopf haben. Sie wissen, daß Marihuana nur ein anderer Name für Cannabis ist. Es ist ein Lehnwort, das aus Mexiko stammt. Es ist ein volkstümlicher Ausdruck für Cannabis, wie »coke« für Kokain und »dope« für Opium.
Dingell: Wir wissen, daß das Rauchen von Marihuana vor allem unter Jugendlichen verbreitet ist. Das haben wir aus den Zeitungen erfahren. Sie sagten, daß es in Michigan ein Gesetz zur Regelung gibt. Wir haben also ein staatliches Gesetz, aber wir kommen wohl nicht weit damit, wie gesagt, das Problem nimmt zu. Die Zahl der Opfer steigt jedes Jahr.
Woodward: Dafür gibt es keinen Beweis.
Dingell: Ihre Aussage hier hat mich nicht sonderlich beeindruckt, da sie nur Ausdruck des Oberschichtbewußtseins des medizinischen Berufsstandes in meinem Staat ist. Ich bin überzeugt, daß der Ärztestand im Staate Michigan und besonders in Wayne County von ganzem Herzen jedes Gesetz unterstützen wird, das das in Rede stehende Problem bekämpft, auch wenn eine Steuer von 1 Dollar erhoben wird.
Woodward: Das mag der Fall sein, wenn es tatsächlich ein absolut wirksames Gesetz geben sollte, aber wenn ein solches Gesetz nur Bestimmungen enthält, die ohne Erfolg zusätzliche Kosten verursachen –
Dingell: Das ist Ihre rein persönliche Meinung und hängt

mit der Ansicht zusammen, die Sie über den Harrison Narcotic Act hegen.
Woodward: Wenn wir zur Zusammenarbeit aufgefordert worden wären –
Dingell: Sie arbeiten hier ja mit niemandem zusammen!
Woodward: Tatsache ist, daß dieses Gesetz bei der Bekämpfung von Opium und Heroin nichts nützt.
Dingell: Die Ärzte sollten ihr Bestes tun, um diesen Fluch zu bekämpfen, der die Lebenskraft unserer Nation angreift.
Woodward: Und das wäre?
McCormack: Sind Sie nicht nur verärgert, weil Sie beim Entwurf der Vorlage nicht hinzugezogen worden sind?
Woodward: Das ist überhaupt nicht der Fall. Ich sagte bereits in meiner Erklärung, warum ich hier bin, daß die Mittel und Wege hätten diskutiert werden sollen, bevor das Finanzministerium das Gesetz dem Kongreß vorlegt; es hätte so eine Form erhalten können, die Zustimmung auf breiter Basis ermöglicht hätte.
McCormack: Bei allem Respekt: Ist es nicht so, daß Sie erbost sind, weil Sie nicht zur Beratung des Gesetzes gerufen wurden?
Woodward: Keine Spur. Ich habe zu viele Gesetzesvorlagen entworfen, um deshalb aufgebracht zu sein.
McCormack: Es ist keine Frage, daß der Konsum dieser Droge in den vergangenen Jahren rapide angestiegen ist.
Woodward: Dafür gibt es keinen Beweis.
McCormack: Ist das Ihrer Meinung nach nicht der Fall?
Woodward: Ich würde sagen, daß er leicht gestiegen ist. Die Verbreitung durch die Presse hat mehr dazu beigetragen als alles andere.
McCormack: Er ist weiter angestiegen, weil keine Anstrengungen dagegen unternommen worden sind.
Woodward: Ich weiß es nicht. Die Verbreitung durch die Zeitungen bringt junge Männer und Frauen auf den Geschmack.
McCormack: Auf jeden Fall ist es eine Droge.
Woodward: Ja, Cannabis indica ist eine Droge.

(Im Verlauf von Woodwards Aussage wurden die Ausschußmitglieder wegen seines hartnäckigen Widerstandes ungeduldig und unruhig.)

Vorsitzender: Die mit dem Übel befaßten staatlichen Behörden und Bundesbehörden rufen nach neuen Gesetzen, um die Bevölkerung vor den schädlichen Auswirkungen

der Droge schützen zu können. Glauben Sie nicht, daß der Kongreß deshalb versuchen sollte, etwas dagegen zu tun?
Woodward: Ich denke schon, daß etwas unternommen werden sollte, die Frage ist nur, was.
Vorsitzender: Sie behaupteten vor einiger Zeit, daß ein Gesetz unwirksam wäre. Natürlich ist das Gesetz gegen unerlaubten Waffenbesitz, das die Bevölkerung vor Verbrechen schützen soll, nur bedingt wirksam, trotzdem würden Sie wohl nicht für eine Aufhebung dieses Gesetzes plädieren. Die Gesetze gegen Mord und Prostitution haben diese Verbrechen auch nicht abschaffen können, aber ohne die Kontrolle des Gesetzes wären wir alle Opfer von Kriminellen, es gäbe keine Zivilisation.

(Der Vorsitzende blickt angeekelt auf den Zeugen.)
Wir danken Ihnen für Ihr Erscheinen vor dem Ausschuß. Wir vertagen auf morgen, 10 Uhr, zur geschäftsführenden Sitzung.

(Der Vorsitzende läßt den Hammer fallen, einige Ausschußmitglieder werfen Woodward wütende Blicke zu, der Rest verläßt den Saal.)

Sprecher: Der Finanzausschuß nahm das Gesetz über die Marihuana-Steuer an und sandte es zum Senatsausschuß, der es nach einem Tag Anhörung ebenfalls annahm.

Am 14. Juni 1937 kam der Gesetzentwurf vor den Kongreß. Nur vier Abgeordnete stellten Fragen zu den Bestimmungen des Gesetzes. Alles, was sie von einem Mitglied des Finanzausschusses erhielten, war eine Aufstellung der unter der Einwirkung von Marihuana verübten Verbrechen. Über das Gesetz wurde nicht namentlich abgestimmt. Die Frage, ob die Amerikanische Medizinische Gesellschaft zugestimmt habe, wurde von dem Abgeordneten Vinson so beantwortet:
Vinson: Unser Ausschuß hörte Herrn Dr. William Wharton als Zeugen, der den Maßnahmen nicht nur in seinem eigenen Namen seine volle Zustimmung gab, sondern auch im Namen der Amerikanischen Medizinischen Gesellschaft, die er als juristischer Berater vertrat.
Sprecher: Das Gesetz wurde vom Kongreß nach kurzer Debatte und ohne öffentliche Aufmerksamkeit verabschiedet. Es steht noch heute für ein unstrittiges Gesetz.

DOKUMENT 4
1991 – Die Industrie meldet Interesse an

Hanf muß in neuem Licht gesehen werden, die Zeit ist reif dafür

»Baumfreies« Papier aus Hanf ist alles andere als eine Hippiespinnerei, wie dieser Beitrag eines ausgewiesenen Papierexperten zeigt. Er stammt aus dem amerikanischen Fachblatt für Papierherstellung.

Jim Young,
»It's time to reconsider hemp«
aus: Pulp & Paper,
Editorial zum Juniheft 1991

Lassen Sie mich zunächst klarstellen, daß ich noch nie Zigaretten geraucht habe, noch viel weniger dieses Teufelszeug. Ich kam ohne ein einziges Paar gebatikter Schlaghosen durch die Sechziger und habe mich mehr mit Merle Haggards »Okie from Muscogee« als mit Jim Morrisons »Light My Fire« identifiziert.

Trotzdem glaube ich, daß Indischer Hanf (*Cannabis sativa* – ja genau dieses Cannabis!) der Papierindustrie viele Möglichkeiten bietet, die wir nicht wahrnehmen (genauer gesagt, wahrnehmen dürfen).

Die Tradition, angefangen bei Tsai Lun, nicht jedoch das Gesetz, steht auf der Seite von Hanf. Nach Jack Herers Buch »The Emperor Wears No Clothes« wurden zwischen 75 und 90 Prozent des vor 1883 hergestellten Papiers aus Fasern von Cannabis gemacht, von der Gutenbergbibel bis zu den beiden ersten Entwürfen der Unabhängigkeitserklärung. Das Landwirtschaftsministerium der Vereinigten Staaten nahm 1916 mit dem Bulletin Nr. 404 *Hemp Hurds as Paper Making Material* (Hanfschäben als Material zur Papierherstellung) diese Tradition wieder auf und sagte den von Fasern befreiten Teilen der Hanfpflanze eine Zukunft als Rohmaterial in der Papierherstellung voraus. Hanfschäben sind die in Stücke gebrochenen inneren Teile des Hanfstengels, die 1 bis 7 cm lang sind und von Faserresten befreit wurden. Diese Schäben enthalten mehr als 77 Prozent Zellulose.

Der Bericht des Bulletins über Versuche zur Herstellung von Papier mit Hanfschäben faßt die Ergebnisse wie folgt zusammen: »Stoff aus Hanfschäben verhält sich ähnlich wie Soda-Pappelholz-Stoff, ergibt aber ein etwas rauheres und festeres Papier mit höherem Falzwiderstand. (...) Tatsächlich wird sich Hanfzellstoff in den Papiermühlen von Michigan und Wisconsin, die inmitten der Sulfitzellstoff produzierenden Gebiete liegen, als Grundstoff für Buchdruckpapier gut durchsetzen können.«

Ein lang erwarteter Durchbruch bei der Mechanisierung der Trennung des faserhaltigen Kortex vom übrigen Hanfstengel »unter wirtschaftlich vertretbaren Aufwand an menschlicher Arbeitskraft« wurde im Februar 1938 in einem dreiseitigen Artikel beschrieben, der in der Zeitschrift »Popular Mechanics« unter dem Titel »Die neue Milliarden-Dollar-Pflanze« erschien. Geschrieben zu der Zeit, als der Marijuana Tax Act den Kongreß passierte, war dieser Artikel eine Provokation. »Wenn es möglich ist, staatliche Regelungen zum Schutz der Bevölkerung zu treffen, die den legalen Hanfanbau erhalten, kann diese Pflanze unermeßlich viel für Amerikas Landwirtschaft und Industrie tun.« Dies sollte offensichtlich nicht sein. Vielleicht nicht ganz zufällig riß der Tax Act die Milliarden-Dollar-Pflanze (Dollars von 1938) aus, bevor sie gepflanzt werden konnte.

Die getrockneten Blüten und oberen Blätter des weiblichen *Cannabis sativa* liefern Marihuana. Die Legalisierungsdebatte oder die psychotrope Wirkung des Inhaltsstoffes Delta-Tetrahydrocannabinol (THC) sollen hier nicht diskutiert werden. Es bleibt festzuhalten, daß weiter Interesse an der Papierherstellung aus Hanf besteht, da unsere Bedürfnisse nach Fasern, Energie und verstärktem Umweltschutz steigen.

Die 70er Jahre waren ein Jahrzehnt, in dem intensiv zur Papierherstellung aus Cannabis geforscht wurde, vor allem in Italien, Frankreich, Spanien und Holland. Verschiedene Hanfsorten wurden für die unterschiedlichsten Anwendungen in der Papierherstellung entwickelt, die sich auf den Kochprozeß und die Verwendung des Zellstoffs bezogen. Gleichzeitige Forschung und selektive Züchtungen reduzierten den THC-Gehalt. In Frankreich sind die Bauern verpflichtet, Hanfsaat mit niedrigem THC-Gehalt direkt vom staatlichen Hanfzüchterverband zu beziehen, die Ministerien für Gesundheit und Landwirtschaft über ihre Absicht zu informieren und einen Käufer für die Ernte nachzuweisen.

Gleichzeitig beschränken die hohen Kosten einer begrenzten Produktion den Einsatz von Hanf für spezielle Anwendungsbereiche wie europäische und asiatische Zigarettenpapiere. Hanf kann wahrscheinlich in bereits bestehenden Kenaf-Pulpern verarbeitet werden, dies ist wirtschaftlich sinnvoller, als Stoff zu importieren.

Hanf ist der stärkste Biomasseproduzent der Welt, in 4 Monaten wachsen 10 Tonnen je Morgen Land. Er produziert viermal so viel Papierrohstoff pro Morgen wie dies zwanzig Jahre alte Bäume tun, und gedeiht in allen Klimazonen der aneinandergrenzenden 48 Staaten Amerikas.

Durch Pyrolyse von Hanf kann Holzkohle, pyrolytisches Öl, Gas oder Methanol mit einer Effizienz von

95,5 Prozent Brennstoff zu Biomasse produziert werden. Pyrolytisches Heizöl hat Eigenschaften, die den Klassen 2 und 6 des üblichen Heizöls entsprechen. Holzkohle verursacht bei der Verbrennung keinen sauren Regen.

Während des Zweiten Weltkrieges wurden die Beschränkungen in den Vereinigten Staaten aufgehoben, um Materialengpässe zu beseitigen. Die Gesetze sollten auch jetzt wieder geändert werden, um der Verknappung von Fasern und Energie entgegenzuwirken und den Umweltschutz zu verbessern.

Hanf kann die Gesundheits- und Ernährungsprobleme der ganzen Welt lösen

Dokument 5

1992 – Das Problem darf nicht länger der Ignoranz der Politiker überlassen bleiben.
Erklärung von Wissenschaftlern der Universität von Los Angeles

William Eidlman, M.D.
und R. Lee Hamilton
ED. D. Ph. D. Medical Emeritus,
»Hemp holds promise of super Health and feeding the world«,
UCLA Researchers call for ending cannabis Prohibition,
März 1992

Früher war proteinreicher Hanfsamen in weiten Teilen der Welt Grundnahrungsmittel für Menschen und Tiere. Für die Ernährungsprobleme der Gegenwart und vor allem für die künftige, absehbar so viel größere Weltbevölkerung wird der schnellwachsende Hanf auch als Nahrungspflanze wieder interessant. Aus diesem Grund riefen Wissenschaftler der Universität von Kalifornien in Los Angeles im März 1992 dazu auf, der Cannabisprohibition ein Ende zu setzen.

Das Problem darf nicht länger der Ignoranz von Politikern überlassen werden, zum Streiten bleibt uns keine Zeit mehr. Wir haben einen Wendepunkt erreicht und müssen jetzt eingreifen, wenn wir eine Welt haben wollen, in der wir leben können. Die Wahrheit muß bekanntgemacht werden. Das unsinnige Verbot der wertvollsten Pflanze auf dieser Erde, Cannabis, muß dem öffentlichen Druck weichen, damit wir alle Hoffnung schöpfen können.

Die Lösung der Gesundheits- und Ernährungsprobleme der ganzen Welt liegt zum Greifen nahe.

Die Möglichkeiten dieser Wunderpflanze wurden nach und nach entdeckt bzw. wiederentdeckt; in ihr finden wir die größte natürliche Ressource für die Befriedigung unserer Grundbedürfnisse wie Nahrung, Wohnung, Heizung, Kleidung, Papier, Schuhe usw. usw., um nur einige zu nennen.

Es gibt noch viele medizinische Anwendungsmöglichkeiten zu erforschen. Studien der Ärztin Dr. Joanna Budwig (sie wird seit 1979 jedes Jahr für den Friedensnobelpreis nominiert) haben einmalige Resultate zur Anwendung essentieller Fettsäuren bei Krebskranken im Endstadium erbracht. Was sind essentielle Fettsäuren? Der Begriff »essentiell« ist der springende Punkt. Tatsächlich gibt es ohne essentielle Öle, Linol und Linolsäuren kein Leben. Die essentiellen Öle stärken das Immunsystem und schützen es gegen Virusinfektionen und andere Angriffe. Zur Zeit laufen vielversprechende Versuche zur Verwendung der essentiellen Öle bei der Stützung des Immunsystems von Aidskranken.

Sie werden sicher schon erraten haben, welche Pflanze eine unerschöpfliche Quelle für essentielle Öle ist: der Samen von Cannabis. Er enthält 25 Prozent LNA-Säure und 51 Prozent LA-Säure. Es gibt kaum einen besseren Beweis für die lebenspendenden Kräfte dieser illegalen Pflanze.

Als Gott den Hanf schuf, gab es glücklicherweise weder Politiker noch Lobbies multinationaler Konzerne, auch ignorante Kongreßausschüsse hatten keine Chance, Sitzungen einzuberufen, um die Pflanze dann für illegal zu erklären.

Insbesondere für die medizinische Anwendung braucht die Welt jetzt die Legalisierung von Hanf.

William E. Eidlman, M.D., U.C.L.A.
R. Lee Hamilton, ED.D., Ph.D. Medical
Biochemiker, Emeritus, U.C.L.A.
20. März 1992

Treib- und Brennstoffe aus Hanf

Daß sich die Umwandlung von Biomasse in Brennstoff ökonomisch sinnvoll durchführen läßt, wurde zunächst in Laborversuchen, seit 1973 auch kontinuierlich in verschiedenen Pilotprojekten und landwirtschaftlichen Versuchen nachgewiesen. Während des Wachstums entzieht die Pflanze der Luft CO_2, das sie während der Verbrennung wieder abgibt, so daß ein geschlossener Kreislauf entsteht.

Der Begriff Biomasse wird zur Beschreibung aller biologisch produzierten Materie benutzt. Die weltweite Produktion von Biomasse wird auf 146 Billionen Tonnen jährlich geschätzt, davon wird der größte Teil von wildwachsenden Pflanzen produziert. Manche Nutzpflanzen und Bäume können jährlich bis zu 20 Tonnen Biomasse pro Morgen Land produzieren, einige Algen und Gräser erreichen eine Masse von 50 Tonnen pro Jahr.

Diese Biomasse hat einen Heizwert von 5 000 bis 8 000 BTU/lb [British thermal unit/Pound], bei ihrer Verbrennung entstehen nur geringe Mengen Asche oder Schwefel. Würde man eine Fläche von etwa 6 Prozent des Landes der Vereinigten Staaten zur Produktion von Biomasse bepflanzen, könnte die derzeitige Nachfrage nach Öl und Gas vollständig befriedigt werden.

Dieses Ziel kann mit Hilfe des »Energy Farming« erreicht werden, ein Konzept, das auf der Gewinnung von Biomasse durch den von Farmern durchgeführten Anbau entsprechender Pflanzen und deren Weiterverarbeitung zu Brennstoff beruht.

Pyrolyse nennt man die Technik, organische Materie (holzzellulosehaltige Materialien) ohne bzw. mit geringer Sauerstoffzufuhr stark zu erhitzen. Dieser Prozeß kann Holzkohle, verdichtete organische Flüssigkeiten (pyrolytisches Öl), nicht-verdichtete Gase, Essigsäure, Azeton und Methanol ergeben. Der Prozeß kann so reguliert werden, daß Holzkohle, pyrolytisches Öl, Gas oder Methanol mit einer Effizienz von 95,5 Prozent hergestellt werden können (Verhältnis von Rohstoffverbrauch zu Ertrag).

Die Pyrolyse ist seit den Anfängen der Zivilisation bekannt. Die alten Ägypter praktizierten bereits die Destilla-

**Da auf einem Morgen Land in vier Monaten 10 Tonnen Hanf geerntet werden können, gehört Hanf zu den leistungsstärksten Biomasseproduzenten.
Lynn Osburn schlägt vor, den Energiehunger der Industriegesellschaft mit landwirtschaftlichen Methoden zu stillen. Daß nach Ölfeldern tief unter dem Meeresspiegel, in der Wüste Saudi-Arabiens oder unter dem ewigen Eis der Arktis gesucht wird, soll der Vergangenheit angehören.
Die Ölfelder der Zukunft, so die Vision Osburns, sind grün und werden von Bauern auf ihren Äckern jedes Jahr neu bestellt und geerntet.**

Auszüge aus: Lynn Osburn, *Energy Farming in America*, Bach Publishing, 1989 tion von Holz, sie nutzten den dabei entstehenden Teer und die Essigsäure für ihre Kunst des Einbalsamierens.

Durch die Umwandlung von Biomasse in Brennstoff mit Hilfe der Pyrolysetechnik können methanolgetriebene Autos entwickelt und die Emissionen der Kohle verstromenden Energiekraftwerke verringert werden. Gleichzeitig sorgt diese Technologie dafür, daß die landwirtschaftlichen Familienbetriebe Amerikas erhalten bleiben und das amerikanische Herzland in eine blühende Landschaft mit sauberen Energiequellen verwandelt wird.

Die Pyrolyse hat den Vorteil, daß dieselben Technologien angewendet werden können, die heute zur Verarbeitung von fossilen Rohstoffen wie Kohle und Erdöl genutzt werden. Zwar ist die Verbrennung von Kohle und Erdöl im Sinne des Verhältnisses von Einsatz zu Ertrag effizienter, unter den Gesichtspunkten des Umweltschutzes und der gesamten Wirtschaftlichkeit hat das Pyrolyseverfahren jedoch viele Vorteile.

Pyrolyseanlagen werden täglich in drei Schichten arbeiten. Die dort gewonnene Holzkohle und das Heizöl enthalten etwa 68 Prozent der Energie der unverarbeiteten Biomasse. Diese Holzkohle hat fast denselben Heizwert (in BTU) wie Kohle, enthält aber praktisch keinen Schwefel.

Pyrolytisches Heizöl hat dieselben Eigenschaften wie Heizöl der Klassen 2 und 6. Die gewonnene Holzkohle kann mit der Bahn billig zu allen städtischen Elektrizitätswerken transportiert werden, das Heizöl in Tanklastwagen; dadurch entstehen neue Arbeitsplätze für die Amerikaner. Wenn in diesen Kraftwerken pyrolytische Holzkohle statt fossiler Kohle verheizt wird, wird auch das Problem des sauren Regens langsam verschwinden.

Liefert dieses Energiesystem eines Tages genügend Öl für die Elektrizitätskraftwerke, dann wird es sich lohnen, komplexe Gasraffinerien zu errichten, um Methanol aus der Biomasse zu gewinnen oder durch Erweiterung solcher Anlagen synthetisches Benzin aus dem Methanol herzustellen.

Es muß also allen Farmern erlaubt werden, eine Pflanze anzubauen, die in 90 bis 120 Tagen 10 Tonnen Biomasse pro Morgen Land produziert. Diese Pflanze muß holzig sein, also einen hohen Holzzelluloseanteil haben, und in allen Klimazonen Amerikas gedeihen.

Gleichzeitig sollte sie auf fruchtbarem Boden nicht mit solchen Pflanzen konkurrieren, die der Nahrungsgewinnung dienen, sondern entweder abwechselnd mit diesen

Pflanzen oder in Randgebieten angebaut werden, wo mit anderer Bepflanzung kein Gewinn zu erzielen ist.

Ist für den Farmer durch den Anbau von Pflanzen zur Energiegewinnung ein Profit zu erzielen, wird es nicht lange dauern, und 6 Prozent des amerikanischen Festlandes sind in dieser Weise kultiviert – genug, um unsere Wirtschaft von fossilen Energiequellen unabhängig zu machen. Wir werden dann die Atmosphäre nicht länger mit CO_2 belasten und können den bedrohlichen Treibhauseffekt mit seinen katastrophalen Folgen für das Klima vermindern.

Wegen der Transportkosten sollten die Pyrolysekraftwerke nicht weiter als 50 Meilen von den Biomasse produzierenden Farmen entfernt sein. Unsere Kleinstädte werden durch die neuen Arbeitsplätze wieder mit Betriebsamkeit erfüllt sein.

Von allen nachwachsenden Rohstoffen ist Hanf die zur Energiegewinnung am besten geeignete Pflanze: Auf einem Morgen Land lassen sich in vier Monaten 10 Tonnen Biomasse produzieren. Es handelt sich um eine holzhaltige Pflanze mit einem Zelluloseanteil von 77 Prozent. Holz enthält 60 Prozent Zellulose.

Diese energiespendende Pflanze kann mit den gebräuchlichen Maschinen geerntet und mit leicht modifizierten Heuballenpressen transportfähig gemacht werden. Diese Methode komprimiert das Volumen und verringert somit auch die Transportkosten von den Feldern zu den Pyrolyseanlagen. Die Ballen können dort einfach verbrannt werden.

Hanf ist unempfindlich gegen Dürre und eignet sich deshalb gut für die trockenen Regionen im Westen der Vereinigten Staaten. Nur mit der aus Hanf gewonnenen Biomasse kann sich dieses Land energiepolitisch unabhängig machen. Und diese natürliche Ressource hat unsere Regierung 1938 verboten!

Denken wir daran, daß Amerika in 10 Jahren, im Jahr 2000, 80 Prozent seiner Erdölreserven aufgezehrt hat. Werden wir dann gegen die Araber nur wegen des Privilegs, Auto fahren zu können, in den Krieg ziehen? Werden wir unser Land mit Kohleminen durchziehen und unsere Luft vergiften, damit wir noch einmal 100 Jahre Auto fahren können? Wollen wir unsere Wälder wegen des steigenden Energiebedarfs kahlschlagen?

Während des Zweiten Weltkrieges wurden die Hanflieferungen aus Asien von Japan unterbunden. Die Regierung antwortete in dieser Notlage mit der Aufhebung des

Marihuanaverbots. Vaterländisch gesinnte amerikanische Farmer wurden aufgefordert, sich eine Lizenz für den Hanfanbau zu besorgen, und sie reagierten enthusiastisch. Auf vielen hunderttausend Morgen Land wuchs wieder Hanf.

Das gegen den Hanfanbau vorgebrachte Argument ist nicht stichhaltig: Hanf, der zur Gewinnung von Biomasse angebaut wird, liefert sehr schlechtes Marihuana. Die 20 bis 40 Millionen Amerikaner, die Marihuana rauchen, werden das aus diesem Hanf gewonnene Marihuana kaum nehmen, so daß die von Farmern geerntete Biomasse zur Marihuanagewinnung wertlos ist.

Die Chemie des Marihuanarauschs

Es macht den *Homo sapiens* hungrig, geil, schläfrig und glücklich – oder ängstlich. Es dämpft Schmerzen, hemmt Bewegungen, senkt die Körpertemperatur und führt zum Verlust des Zeitgefühls. Es beeinflußt das Gedächtnis und verdreht Denk- und Wahrnehmungsprozesse. Warum?

Über die Frage, wie Menschen durch Marihuana high werden, gab es jahrzehntelang so viele Theorien, wie es Forscher gab, die sich für die 421 Substanzen in den gezackten Marihuanablättern interessierten. Manche Wissenschaftler nahmen an, daß die aktiven Substanzen sich in den Membranen der Gehirnzellen geradezu auflösen. Andere vermuteten, daß die Wirkung über Rezeptoren erfolgt, das sind Bereiche der Zellmembranen, die mit bestimmten Molekülen Verbindungen – wie Schloß und Schlüssel – herstellen. Ein prominenter Neurochemiker bekannte in drei Notizbüchern voller Experimente, daß es ihm nicht gelungen sei, ein Neuronen-»Schloß« für den Schlüssel *Cannabis sativa* zu finden. Niemand war in der Lage zu klären, wie Marihuana tatsächlich wirkt.

Ende 1988 gab Allyn Howlett, Professorin der Pharmakologie, mit ihrer Arbeitsgruppe an der Medizinischen Hochschule der St. Louis University bekannt, daß sie den Rezeptor für ein bedeutendes Cannabismolekül gefunden habe.

Die Geschichte von Howletts Entdeckung begann in den sechziger Jahren, als Raphael Mechoulam von der Hebräischen Universität in Jerusalem feststellte, daß der hauptsächliche psychoaktive Wirkstoff in Marihuanaauszügen eine Substanz namens Delta-9-Tetrahydrocannabinol (THC) war. Obwohl nicht besonders stark, stellte THC eine neuartige Substanz dar, die sich in ihrer Struktur von denen anderer psychoaktiver Drogen unterschied. »Wenn Sie sich ältere pharmakologische Texte, etwa aus den zwanziger Jahren betrachten, bevor das Geschäft mit dem Marihuanarausch begann«, so Howlett, »waren Cannabisauszüge die einzigen Mittel, die zur Linderung von Schmerzen und Angstzuständen gegeben werden konnten.« Später begannen Pharmakologen damit, THC-Analoge, genannt Cannabinoide, synthetisch herzustellen, die der natürlichen Sub-

Pflanzliche Mittel zur Therapie psychischer Erkrankungen sind in den Arzneimittelschränken der Ärzte fast völlig von synthetischen Psychopharmaka verdrängt worden.
Cannabistinktur, die früher u. a. als stimmungsaufhellendes Antidepressivum verabreicht wurde, ist, wie es im deutschen Arzneimittelrecht heißt, nicht »verkehrsfähig«.
Damit ist es – anders als zum Beispiel Morphium – noch nicht einmal auf Rezept in Apotheken erhältlich.
Auch wenn es aus der ärztlichen Praxis verbannt ist, mit Hanf werden sich Ärztinnen und Ärzte wieder mehr beschäftigen müssen.
Seit einigen Jahren macht er in der medizinischen Grundlagenforschung Furore. Alles deutet darauf hin, daß Cannabinoide (Wirkstoffe von Cannabis) in der Neurologie des Gehirns elementar wichtige Funktionen zu haben scheinen.

Leah Wallach,
»The Chemistry of Refeer Madness«,
aus: *Omni Magazine*, August 1989

stanz in ihrer biochemischen Struktur ähnlich waren, aber eine stärkere Wirkung hatten.

Mitte der siebziger Jahre arbeiteten Ross Johnson und Larry Melvin bei Pfizer, einer pharmazeutischen Firma mit Sitz in Connecticut, mit synthetischen Cannabinoiden. Sie versuchten, ein THC-ähnliches Schmerzmittel zu entwikkeln. Melvin erklärt, daß sie damals das Problem der Trennung von schmerzstillender Wirkung und psychoaktiven Eigenschaften nicht lösen konnten. Sie entwickelten verschiedene Substanzen, die elfmal wirksamer waren als THC, aber immer flippten die Versuchstiere (und einmal auch eine Versuchsperson) aus. Das bedeutete, daß diese Drogen nur in Krankenhäusern verwendet werden konnten, wo Opiate den Schmerzmittelmarkt besetzt hatten. In den frühen achtziger Jahren brach Pfizer das Forschungsprojekt ab. Die akademische Forschung übernahm daraufhin die Untersuchung der Pfizer-Cannabinoide.

Wenn sich eine Substanz in ihren Rezeptor auf der Zellmembran einklinkt, verändert sie die Aktivitäten der Membranstrukturen, die ihrerseits wiederum die Art der Informationsverarbeitung durch die Zelle verändern. Howlett wollte sehen, ob die Pfizer-Cannabinoide wie andere schmerzstillende Substanzen arbeiten. Sie beeinflussen ein Molekül, genannt Cyklo-AMP (cAMP). Cyklo-AMP ist ein »Sekundärbote«, es reguliert die Reaktionen des Zellinneren auf Informationen der Zellmembran.

Howlett fand heraus, daß die Pfizer-Cannabinoide – vor allem das stark wirkende Levonantradol – die Produktion von cAMP bei Mäuseneuronen beeinflussen, indem sie ein Schlüsselenzym hemmen. Je wirksamer diese Substanz das cAMP während des Versuchs unterdrückte, desto stärker war die schmerzstillende Wirkung bei den Tieren. Sie markierte die Substanz radioaktiv und fand durch Verfolgung der radioaktiven Spur heraus, daß sich die Cannabinoid-Moleküle eng mit den Zellmembranen verbanden. Sie sagt: »Das ist genau die Tatsache, die einen Rezeptor definiert.« Sie konnte auch feststellen, und das dürfte Kiffer besonders interessieren, daß die Cannabinoide die Zellen nicht angreifen. Wenn die Zellen der Substanz mehrere Stunden ausgesetzt waren, reagierten sie nicht mehr darauf. Das legt nahe, entgegen der Behauptung vieler Kiffer, daß es steigender Dosierung bedarf, um die gewünschte Wirkung zu erhalten.

Billy Martin, Cannabinoid-Forscher am Medical College in Virginia, testete die Pfizer-Cannabinoide an verschiedenen Tieren, um zu sehen, ob Veränderungen der cAMP-Produktion nur mit der schmerzstillenden Wirkung oder auch mit dem ganzen Spektrum von verhaltensändernden Effekten in Zusammenhang stehen, die den THC-Rausch auslösen. »Es sieht so aus, als ob die Struktur der Substanzen neben der schmerzstillenden Wirkung noch mit anderen verhaltensbeeinflussenden Effekten in Verbindung gebracht werden kann.« Martin drückt sich vorsichtig aus. Mit den Worten anderer Forscher: »Auf Parties sieht man manchmal Leute, die sich verhalten wie diese Tiere: weggetreten.«

Sollte es den Forschern gelingen, die Wirkungen von THC durch Unterbrechung der Zellrezeptoren zu verhindern, würde sich schlüssig beweisen lassen, daß die Bindung der Cannabinoide an die Zellmembranen den Rausch hervorruft. »Wir brauchen einen Antagonisten«, erklärt Martin. (Ein Antagonist ist ein chemischer Schlüssel, der in das gleiche Rezeptor-»Schloß« paßt wie die Droge, aber nicht dieselbe Wirkung, d. h. den Rausch, auslöst.) Antagonisten könnten der Drogenforschung ein wichtiges Instrument liefern: Wenn es gelingt, die Wirkungen von Cannabinoiden selektiv zu blockieren, kann dies den Forschern ermöglichen, die komplexen Aktivitäten von THC voneinander zu trennen.

Antagonisten und Analoge haben möglicherweise auch therapeutischen Wert. Wissenschaftler können modifizierte Versionen der Cannabinoidsubstanzen entwickeln, die bereits zur Behandlung von Glaukom und Übelkeit bei Chemotherapie eingesetzt werden. Die Substanzen könnten auch in der Hirnforschung genutzt werden. »Es wurde an Personen, die Marihuana rauchen, festgestellt, daß sie Dinge, die sie im Rauschzustand gelernt haben, später vergessen haben«, so Howlett. »Etwas Ähnliches kann man bei Altersschwachsinn oder den Frühstadien der Alzheimerschen Krankheit beobachten.« THC-Analoge könnten, so spekuliert sie, als Modelle zur Untersuchung dessen dienen, was bei der Alzheimerschen Krankheit vor sich geht. Ein entsprechender Antagonist könnte dann zur Behandlung eingesetzt werden. »Wir können so auch mehr über Mechanismen und Abläufe lernen. Der Rezeptor läßt vermuten, daß Opiate nicht die einzigen Drogen sind, die die Schmerzreaktion im zentralen Nervensystem regulieren bzw. auslösen.«

Miles Herkenham vom National Institute of Mental Health hat Autoradiographie angewandt – eine Technik, durch die sich die Rezeptorenpunkte präzise lokalisieren lassen – um die Verteilung der Pfizer-Analoge im Gehirn darzustellen. Er vermutet, daß THC-Analoge und Antagonisten auch Symptome von Bewegungsstörungen bei der Parkinsonschen Krankheit und der Huntingtonschen Chorea beeinflussen können, da er solche Schaltstellen auch in den für Bewegung zuständigen Bereichen des Gehirns gefunden hat.

Wenn THC-Analoge bzw. Antagonisten sich als therapeutisch verwendbar erweisen, dann deshalb, weil sie die Arbeit natürlicher körpereigener Substanzen, die diese Wege benutzen, blockieren oder nachahmen. Howlett wird in ihrem nächsten Projekt nach der chemischen Substanz im Gehirn forschen, die sich mit dem Cannabinoid-Rezeptor verbindet. Alle bekannten Neurotransmitter hat sie bereits ausgeschlossen. Wissenschaftler vermuten, daß diese Rezeptoren sich nicht erst beim Menschen entwickelt haben, so daß auch Tiere in einen Rauschzustand geraten können. »Es muß einen Art Neuronenweg im Gehirn geben, der sich öffnet, wenn es sich um Cannabispflanzen handelt«, meint sie.

»Wir haben Hormone, Steroide, Glukocorticoide und Peptide untersucht und fanden nichts, das sich an diese Schaltstellen anbinden ließ«, stellt Howlett fest. Sie fand die gleiche Reaktion bei Hühnern, Schildkröten, Fröschen und Forellen. »Die Cannabinoid-Rezeptoren in ihren Gehirnen waren so dicht gedrängt wie bei den später entstandenen Säugetieren. Wir fanden sie auch bei Fruchtfliegen.« Bei Ratten fand Howlett die höchste Dichte von Cannabinoid-Rezeptoren im Cortex und Hippocampus (Zonen des Gehirns, die für Gedächtnis, Wahrnehmung und Erkenntnis zuständig sind), und im Cerebellum und Striatum (beides Bereiche, die Bewegungen steuern).

Miles Herkenham fand heraus, daß das von Howlett bei Ratten ermittelte Muster auch für das menschliche Gehirn kennzeichnend ist. Die Rezeptorenstellen lagen im Hippocampus, Cortex cerebri und in Bereichen des Cerebellum am dichtesten beieinander. »Was mich wirklich überrascht hat, war der Schwerpunkt im vorderen Gehirnbereich.« Herkenham war auch von der riesigen Zahl der Rezeptoren beeindruckt. »Verglichen mit anderen Neurotransmittersystemen sind die Schaltstellen unglaublich zahlreich, das läßt vermuten, daß es sich um Rezeptoren für einen wichtigen, allgegenwärtigen Transmitter handelt.«

Die Lösung des Geheimnisses um diesen allgegenwärtigen Cannabis-Transmitter wird uns helfen zu verstehen, wie Menschen und andere Wirbeltiere den Balanceakt des Lebens organisieren. Die Chemie des Marihuanarauschs wird uns einen Weg weisen, einen Blick in das hungrige, geile, schläfrige, reizbare, glückliche, ängstliche, träumende, kichernde, denkende, nüchterne Gehirn zu werfen.

MATERIALIEN 3
Hirnforschung

Die Hefe des Denkens. Cannabisrezeptor im Gehirn entdeckt

Die menschlichen Gehirnzellen verfügen über spezielle Cannabisrezeptoren, Andockstellen, auf die einzig der Hanfwirkstoff THC paßt. Diese Entdeckung versetzte die Hirnforscher 1990 in Aufregung. Sollte die Natur etwa das Gehirn mit diesem Rezeptor ausgestattet haben, nur um es zum Hanfgenuß zu verlocken? Drei Jahre später wurde des Rätsels Lösung entdeckt: Das Gehirn selbst ist offenbar in der Lage, einen cannabisähnlichen Neurotransmitter herzustellen. Diese sensationelle Entdeckung wurde im Juli 1993 (nach Redaktionsschluß dieses Buches) veröffentlicht. Zwei Artikel aus der *taz* geben einen ersten Überblick.

Rolf Achteck, »Die Hefe des Denkens«, aus: *tageszeitung* vom 25.9.1990; ders.: »Neuronen produzieren legales Marihuana. Das beste High seit Jahren«, aus: *tageszeitung*, 6.8.93

Berlin (taz). Das menschliche Gehirn verfügt über einen speziellen Cannabisrezeptor. Cannabidiole – die psychoaktiven Wirkstoffe des Hanfs – werden von diesem Rezeptor gebunden, der dann die biochemischen Vorgänge auslöst, die zu den charakteristischen Wirkungen der Pflanze führen. Lisa Matsuda, Molekularbiologin am *National Institute of Health* (NIH) in Washington, hat den Rezeptor entdeckt und konnte zeigen, daß er in den Membranen der Gehirnzellen lokalisiert ist. In der jüngsten Ausgabe von *Nature* (Nr. 346, 1990, S. 561 ff) sind die Forschungsergebnisse veröffentlicht, denen, so Lisa Matsuda, »noch viel Arbeit« folgen muß. Was die Forscher in dem von Tom Bonner geleiteten Labor vor allem verdutzt, ist die Tatsache, daß die Natur den Menschen mit einem speziellen Rezeptor ausgestattet haben soll, nur um ihn zum Rauchen von Marihuana zu verlocken. Zwar zählt der ursprünglich in Zentralasien beheimatete Hanf (Cannabis sativa) zu den ältesten Kulturpflanzen der Menschheit, das Gen allerdings, das für die Ausbildung des Cannabisrezeptors zuständig ist, scheint sehr viel älter zu sein. Tom Bonner hat Anzeichen dafür entdeckt, daß es sogar schon in evolutionären Frühformen des Lebens wie der Fruchtfliege Drosophila existiert: »Wenn dieses Gen durch die gesamte Evolution konserviert wurde, dann muß sein Produkt (der Rezeptor) eine wichtige Funktion haben.« Die fundamentale biologische Funktion des neuronalen Hanfempfängers vermuten die Forscher in der Eigenschaft des Gehirns, den öffentlichen Drogenkrieg höchst eigenmächtig zu sabotieren: »Der am meisten einleuchtende Grund für die Existenz eines Cannabisrezeptors«, faßt der *New Scientist* (11.8.90) die Ergebnisse zusammen, »ist, daß das Gehirn einfach eine cannabisähnliche Chemikalie herstellt, die als Botenstoff zwischen den Zellen agiert, indem sie den Rezeptor aktiviert. Dies würde bedeuten, daß der Rezeptor unter bestimmten Umständen einige der Effekte hervorruft, die Marihuanaraucher schätzen.«

Als Mitte der 80er Jahre der Nestor der bundesdeutschen Cannabis-Selbsterforschung, Wolfgang Neuss, in einem seiner taz-Beiträge Cannabis als »Die Hefe des Denkens« definierte, mochte das die Mehrheit der LeserInnen noch als feuilletonistischen Gag abtun. Nach den experimentell bestätigten Ergebnissen des Washingtoner NIH allerdings scheint Meister Neuss der harten Wissenschaft wieder mal um einige Jahre vorausgewesen zu sein. »Die Funktion dieses Systems«, schreibt die Entdeckerin Lisa Matsuda, »könnte darin bestehen, daß es den Input dämpft und dem Gehirn so erlaubt, bestimmte Erinnerungsprozesse in Gang zu setzen.« Cannabis also als eine Art »expanded memory« des menschlichen Bio-Computers? Auch wenn die Molekularbiologin mit Schlußfolgerungen »vorsichtig« bleiben will, ein Blick in die (vergessene) Geschichte des Hanfs spricht für sich. Im ältesten Arzneibuch, dem chinesischen Pen Tsao, wird Hanf, wie auch bei den Babyloniern, Indern und vielen anderen Völkern, nicht nur als Heilmittel für zahlreiche Krankheiten empfohlen, sondern auch als »göttliches Kraut«, das »den Geist für eine Zeit reisen läßt«: »Nimmt man sie (die Blüten der Pflanze) über längere Zeit hinweg, wird man befähigt, mit den Geistern zu sprechen, und der Körper wird leicht.« Es scheint, als hätten die Ärzte vor 5000 Jahren schon gewußt, was die Neuro-Wissenschaftler unserer Tage jetzt wieder entdeckt haben: daß Hanf »den Input dämpft und dem Gehirn erlaubt, bestimmte Erinnerungsprozesse in Gang zu setzen«.

Neuronen produzieren legales Marihuana: Das beste High seit Jahren

Das menschliche Gehirn produziert eine Substanz, die genauso wirkt wie Marihuana – diese Entdeckung, so das englische Wissenschaftsmagazin *New Scientist* (Nr. 1884, 31.7.93), hat der Gehirnforschung das »beste High« seit Jahren beschert. Schon nach der Entdeckung eines einzigen auf den Hanfwirkstoff THC (Tetrahydrocannabinol) reagierenden Rezeptors im Nervensystem 1990 hatten die Forscher vermutet, daß eine cannabisähnliche Chemikalie vom Gehirn selbst produziert wird; jetzt wurde sie gefunden. Von Raphael Mechoulam an der Universität Jerusalem, eben jenem Forscher, der 1964 erstmals den Hanfwirkstoff THC isolierte hatte. Das neu entdeckte, körpereigene Marihuana nennt Mechoulam »Anandamide« nach *ananda*, dem Sanskritwort für »Glückseligkeit«.

»Der Fund bedeutet neue Hoffnung für Therapien aus der langen Liste des überlieferten medizinischen Gebrauchs der Pflanze: als Schmerzkiller, Appetitanreger und Übelkeitsunterdrücker, um nur einige zu nennen. Darüber hinaus eröffnet er einen neuen Blick auf die mysteriöse Arbeitsweise unserer Gehirne.« Weiter heißt es im *New Scientist*: »Die Forschung in Sachen Marihuana, oder *Cannabis sativa*, war aufgrund offiziellen Mißbehagens über das Kraut und seinen Gebrauch lange unterdrückt. Es wurde sogar als Droge ohne medizinische Bedeutung eingestuft und sein Gebrauch als Genußmittel überall verfolgt. Aber das war nicht immer so. Über Tausende von Jahren wurde die Pflanze in Indien wegen ihrer Wirkung auf das Bewußtsein geschätzt. (...) Auch der Westen benutzte Marihuana: Der Arzt von Queen Victoria verschrieb es gegen die Menstruationsbeschwerden Ihrer Majestät; George Washington und Thomas Jefferson pflanzten es auf ihren Landgütern als Faserpflanze für Textilien und Seile. (Historisch nicht überliefert ist, ob diese beiden Präsidenten ihre Ernte auch geraucht, und wenn ja, ob sie auch inhaliert haben.)«

Der Fund eines Cannabisrezeptors bedeutet, daß THC, anders als Alkohol, »nach einem genauen ›Modus operandi‹ in spezifische Hirnfunktionen eingreift«. Welche genaue Rolle die vom Gehirn produzierten, THC-ähnlichen Anandamide für die verschiedenen Hirntätigkeiten spielen, ist derzeit noch nicht erforscht, die Wirkung von Cannabis deutet die Richtung an: Beeinflussung der Stimmung, des Gedächtnisses und der Schmerzempfindung zum Beispiel. »Als was auch immer sich Anandamide herausstellen werden«, resümiert der *New Scientist*, »sie liefern den Pharmakologen neue Strategien auf ihrer Jagd nach cannabisähnlichen Arzneien. Solche Drogen könnten wertvoll sein, um die Übelkeit bei der Krebs-Chemotherapie zu unterdrükken; den Appetit von Aidspatienten anzuregen; Krämpfe bei neurologischen Krankheiten zu mildern; den Augendruck bei Glaukompatienten zu senken und Schmerzen zu lindern, wo andere Schmerzmittel versagen.« All dies könne zwar auch das einfache Hanfkraut leisten, aber, so das Blatt, »mit einem kleinen Nebeneffekt: Es macht den Rezipienten high. Der heilige Gral der Cannabistherapie war es, die Wirkung des High durch chemische Veränderung des THC oder seiner Ableitungen von den anderen Effekten zu trennen. (...) Verschiedene US-Pharmafirmen verbrachten einige Jahre mit dieser Arbeit – ohne Erfolg. Ebenfalls nicht erreicht wurde ein anderes Forschungsziel: einen Antagonisten zu finden, der die Effekte von THC im Gehirn blockiert. Solange die Marihuanaforschung in dieser Richtung nicht weiterkommt, ist es unwahrscheinlich, daß die Pharmakonzerne sich sonderlich engagieren werden.«

Dennoch ist die große Bedeutung der Entdeckung unzweifelhaft: »Wir haben es nicht mehr einfach mit der Pharmakologie eines Genußmittels zu tun«, so Roger Perwett von der Universität Aberdeen, »sondern mit der Physiologie eines neu entdeckten Systems im Gehirn.«

MATERIALIEN 4
Hanf als Heilmittel

Cannabis (Marihuana), Beipackzettel

Über mögliche Gefahren und Nebenwirkungen von Cannabis können Sie sich weder bei Ihrem Arzt noch bei Ihrem Apotheker erkundigen. Die für jedes Medikament notwendigen Gebrauchsanweisungen sind aber diesem Entwurf für einen künftigen Medikamenten-Beipackzettel zu entnehmen, der aus kompetenter ärztlicher Feder stammt und in der US-Undergroundpresse zirkuliert.

Darreichungsformen

Zigaretten (350 mg - 500 mg, r.d.)

Cannabisölkonzentrat (Grasöl)

Cannabispollenkonzentrat (*kif*)

Cannabisharzkonzentrat (Haschisch)

Cannabis ist das pflanzliche Rohpräparat aus den Pflanzen *Cannabis sativa L.* und *Cannabis indica*. Die pharmakologisch aktiven Bestandteile der Droge sind Cannabinoide wie Delta-9-trans-Tetrahydrocannabinol, Cannabidiol, Cannabinol, Tetrahydrocannabivarin und etwa 60 andere Cannabinoide mit verschiedenen pharmakologischen Eigenschaften. Einzigartig in Botanik und pharmakologischer Wirkung handelt es sich bei Cannabinoiden um nichtnitrogene Alkaloide, von denen nicht bekannt ist, wo und wie sie im Körper wirken, außer daß sie die Neurotransmission im CNS verändern. Cannabinoide arbeiten synergetisch, so daß zum Beispiel die Wirkung von Delta-9-trans-Tetrahydrocannabinol in rohem Cannabis stark durch die Wechselwirkung mit Cannabidiol verändert wird, das manche Effekte von Tetrahydrocannabinol unterdrückt und andere verstärkt. Das pflanzliche Material enthält eine Reihe verschiedener nichtpharmakologischer Substanzen, die meisten dieser überflüssigen Bestandteile können durch Filter erheblich reduziert werden, bevor die Droge aufgenommen wird.

N. N., »Cannabis (Marihuana). Over 60 synergistic compounds in one natural medication« aus: *High Times,* Juli 1980

Gegenanzeigen

Personen mit bakterieller oder von Viren verursachter Lungenentzündung sollten Cannabis bis zum Abklingen der Entzündung nicht inhalieren. Reichliche und dauerhafte Anwendung (Inhalation) bei Personen mit Emphysemen oder Lungenfibrose kann diese Krankheitsbilder verschlimmern.

Nebenwirkungen

Idiosynkratische Angstzustände, dysphorische Trennungs- und Depersonalisierungssyndrome können in sehr seltenen Fällen durch die mentale Wirkung von Cannabis bei der ersten Anwendung auftreten. In diesen Fällen sollte die Dosis herabgesetzt und versucht werden, die tieferliegenden emotionalen Ursachen dieser Reaktion zu ergründen. Wenn diese Reaktion auch nach Abklingen der Wirkung noch lange anhält oder bei Folgeanwendungen ständig wiederkehrt, ist eine bereits bestehende krankhafte psychotische Veranlagung des Patienten anzunehmen und die Therapie abzusetzen.

Roher Cannabis enthält bedeutende Mengen mutagener Hydrocarbonkondensate, Toxine, die pharyngo-laryngeales, bronchiales und alveolares Gewebe reizen; wasserlösliche Zytotoxine in Cannabis unterdrücken die antibakterielle Wirkung alveolarer Makrophagen; der heiße Rauch einer Zigarette unterdrückt die Tätigkeit des Flimmerepithels in den oberen Luftwegen. Obwohl keine dieser Nebenwirkungen für Patienten mit gesunden Atemorganen gefährlich ist, werden Filter, die den Rauch gleichzeitig filtern und kühlen, bei Zigaretten zum therapeutischen Gebrauch empfohlen. Orale Anwendung von Cannabis hat eine bemerkenswerte Effizienz gezeigt, vor allem bei Glaukom und Antiemesis; allerdings kann der Arzt die Dosis nicht zuverlässig bestimmen, wenn Cannabis eingenommen wird, da die Droge im Verdauungstrakt sehr unterschiedlich resorbiert wird. Die Dekarboxylation durch HCI kann zudem die psychische und physiologische Wirkung in einer Weise verändern, die noch nicht genügend erforscht ist. Die unbedeutenden Nebenwirkungen von Cannabis auf die Lungenfunktion und die Gewebe machen die Inhalation des Rauchs zum Königsweg der therapeutischen Anwendungen; der Patient kann die Dosis von Inhalation zu Inhalation selbst bemessen, bis genau der gewünschte therapeutische Effekt eintritt.

Bei der Erstanwendung der Droge tritt regelmäßig Tachykardie mit einem Ansteigen der Pulsfrequenz um 30 bis 60 Prozent auf, diese hält gewöhnlich 30 bis 45 Minuten an. Ansteigen und Abfall der Herzfrequenz sind langsam und gleichmäßig. Die cannabisbedingte Tachycardie kann dazu führen, daß eine Anwendung bei Patienten, die Digitalis in kardiologischer Therapie erhalten, nicht angezeigt ist.

Cannabis fördert im allgemeinen Entspannung und Müdigkeit und verzögert die Reaktionszeit. Patienten sollten bei der Anwendung von Cannabis weder Auto fahren noch schwere Maschinen bedienen.

Wechselwirkungen mit anderen Medikamenten

Während die mentalen Wirkungsweisen von Cannabis im CNS weitgehend unbekannt sind, scheint es die freien Anteile von Serotonin in den intersynaptischen Lücken zu erhöhen, möglicherweise durch eine Blockierung der Aufnahme in das presynaptische Neuron. So scheint es die Wirkung von trizyklischen Antidepressiva durch Förderung eines höheren intersynaptischen Verhältnisses von Serotonin zu Norepinephrin und Dopamin zu verstärken. Die Interaktion mit Monoamin-Oxidase-Hemmern wirkt sich ebenfalls günstig aus, da beide Medikationen zu einer Erhöhung freier Serotoninanteile führen. Im Falle der Benzodiazephine wurde angenommen, daß Cannabis möglicherweise einen noch unbestimmten Einfluß auf das Hirnhormon GABA (Gamma-aminobytric acid) ausübt, das Eindringen von Benzodiazephin-Metaboliten in Hirngewebe erleichtert und die dämpfende Wirkung auf Angstzustände unterstützt. (Cannabis selbst ist kein Antidepressivum, sondern verstärkt Stimmungen. Als zusätzliche Medikation bei antidepressiver Therapie sollte es von Ärzten nur als Teil eines breiten Programms persönlicher Beratung genutzt werden.)

Es sind keine Gegenanzeigen zu anderen Drogen bekannt geworden. Man vermutet allerdings, daß Cannabismetaboliten in der Leber mit Alkoholmetaboliten reagieren können und eine unerwünschte Veränderung der psychotropischen Wirkungen beider Drogen eintritt.

Anwendung und Dosierung

Die psychophysiologischen Wirkungen von Cannabis sind stark von den persönlichen Erfahrungen des Patienten mit der Droge abhängig. Nach einer Anfangszeit von drei bis fünf Wochen regelmäßiger Anwendung wird eine Gewöhnung an Effekte wie Euphorie und Tachykardie eintreten, wohingegen andere Wirkungen wie Reduzierung des Augendrucks und Antiemesis konstant bleiben. Daher ist es in den meisten Fällen ratsam, dem Patienten die Dosierung zu überlassen, bis der gewünschte therapeutische Effekt erzielt ist. Die Inhalation des Cannabisrauches ist der zuverlässigste Weg hierzu.

Wegen der Natur des Cannabis als pflanzlicher Rohstoff ist eine standardisierte Dosierung praktisch unmöglich. Die ungewisse Herkunft von auf der Straße gehandeltem Cannabis, das aus der ganzen Welt stammen kann, kompliziert diese Problem noch mehr. In der Regel gilt, daß Cannabis aus nördlichen Anbaugebieten eine ausgesprochen sedative Wirkung hat, die eher schwach, aber dafür langanhaltend ist. Cannabis aus den Äquatorialgegenden hat demgegenüber eher einen stärkenden Effekt mit plötzlichen und auffälligen körperlichen Erscheinungen und kurzer Wirkungszeit bei Einzeldosen. Von den auf den Straßen der Vereinigten Staaten praktisch überall erhältlichen Sorten ist der am weitesten verbreitete kolumbianische Cannabis »Santa Marta gold« derjenige, der wahrscheinlich die zuverlässigste einheitliche Wirkung pro Dosis hat.

Anwendung während der Schwangerschaft

Von Cannabis sind keine teratogenen Eigenschaften bekannt. Wegen des illegalen Status der Droge sind keine epidemologischen Statistiken zu dieser Frage erhältlich. Das Gesundheitsministerium der Vereinigten Staaten hat einen willkürlichen Bann über Versuche mit Cannabis verhängt, der alle Frauen betrifft, die »schwanger sind oder werden können«, so daß eine wissenschaftliche Untersuchung des Einflusses auf die Schwangerschaft oder frauenspezifische Gesundheitsprobleme unmöglich ist. Die antiemetischen Eigenschaften von Cannabis sind lange von schwangeren Frauen benutzt worden, um die Morgenübelkeit zu bekämpfen, aber bis Genaueres über die Wirkungsweise im Körper bekannt ist, wird nicht empfohlen, Cannabis während der Schwangerschaft regelmäßig anzuwenden. Bisherige Forschungen haben ergeben, daß alle psychotropen Drogen in gewisser Hinsicht teratogen wirken; es gibt keinen Grund zu der Annahme, daß Cannabis hier eine Ausnahme macht.

V

Weshalb der Hanf auf unseren Feldern wieder blüht: fünf Jahre Hanfwirtschaft

von Mathias Bröckers

Es stimmt nicht, daß gegen die Dummheit kein Kraut wächst. Es wird nur keines angepflanzt.
G. Ch. Lichtenberg

Die Ökoindustrie von morgen

Als dieses Buch im September 1993 erschien, war die Nutzpflanze Hanf in Deutschland nahezu unbekannt. Außer der Tatsache, daß man aus den Fasern Seile und Installationsdichtungen machen kann, war das Wissen um die Pflanze und ihre universelle Verwendbarkeit verlorengegangen. »Hampf? – Wie schreibt man das?« fragte eine freundliche Telefonstimme beim Landwirtschaftsministerium in Bonn, als ich bei meinen Recherchen dort nach einem »Experten für Hanf« verlangt hatte. Selbst das Wort gehörte vor drei Jahren zu den aussterbenden Arten. »Haschisch«, »Marihuana«, »Cannabis« –, die Drogenschlagwörter hatten das diskursive Feld überwuchert und den guten alten »Hanf« fast zum Verschwinden gebracht. Noch ein paar Jahre oder Jahrzehnte, und »Hanf« wäre im Duden wahrscheinlich als »veraltete Bezeichnung« geführt worden. Daß »Hanf« heute wieder einen ganz anderen Klang hat, daß die Pflanze zum Synonym für nachwachsende Rohstoffe, für nachhaltige Kreislaufwirtschaft und die grüne Industrie von morgen geworden ist, verdankt sich nicht Politikern oder Wissenschaftlern, nicht Unternehmens- oder Landwirtschaftsplanern, nicht Ökologen oder Ökonomen, sondern in erster Linie einem Außenseiter, einem Graswurzel-Freak, Althippie und Marihuanaliebhaber: Jack Herer.

Als er Anfang der 80er Jahre begann, Informationen über die Nutzpflanze Hanf zu sammeln und auf Flugblättern zu verbreiten, hielt die amerikanische Alternativszene und die »Legalize«-Bewegung das alles für spinnert. (Eine »Schnapsidee« würde man im promillebelasteten Deutschland heute sagen; unsere Großeltern, die ihre schönen Träume noch beim »Knaster-Rauchen« träumten, hätten das wahrscheinlich »starken Tobak« genannt.) Jack Herer ließ sich von derlei Kritik nicht beirren. Er sammelte weiter Material und historische Informationen über Hanf und die Hanfprohibition. Aus den Flugblättern wurden immer umfangreichere Broschüren und schließlich ein im Selbstverlag veröffentlichtes Buch.

Heute, wo Cannabis als der Biorohstoff des 21. Jahrhunderts gilt, rangeln natürlich viele um die Vaterschaft dieses Erfolgs. De facto wäre Hanf aber ohne Jack Herer, ohne seinen Dickschädel, ohne seine Beharrlichkeit und seine Begeisterung eine verpönte, verbotene und vergessene Pflanze geblieben – in den Vereinigten Staaten, in Deutschland und dem Rest der Welt. Und all jene, die über seine Arbeit heute die Nase rümpfen – »zu euphorisch«, »unkritisch«, »unwissenschaftlich« und »viel zu optimistisch« –, müssen sich fragen lassen, warum *sie* denn nicht auf den Hanf gekommen sind – nüchtern, kritisch und sachlich. Gott sei Dank müssen Pioniere solcherlei Sekundärtugenden nicht besitzen. Würden Pionierleistungen und Entdeckungen von kritischen Kritikern und nüchternen Klarsichtfolien-Liebhabern erbracht, schlurfte die Menschheit vermutlich noch immer radlos durch die Steppe.

Überschwang, Begeisterung und optimistisches Über-den-Pudding-hauen sind unverzichtbar. Deshalb haben wir Jack Herers Text für die deutsche Ausgabe auch nicht auf nüchtern und sachlich getrimmt, seine Leidenschaft und seinen Optimismus nicht herausredigiert. Und es muß auch heute, drei Jahre nach Erscheinen, keine Zeile, keine Ungenauigkeit und keine überschwengliche Formulierung dieses Buches zurückgenommen werden. An seiner Grundthese, daß es sich bei *Cannabis sativa* um den vielseitigsten nachwachsenden Rohstoff überhaupt handelt und seine universelle Nutzung viele unserer ökologischen Probleme lösen kann, haben auch die kritischsten Kritiker nicht rütteln können. Vielmehr wurden Hunderte von Landwirten und Wissenschaftlern, Unternehmen und Forschungsinstitute durch das Buch animiert, sich wieder mit der Hanfpflanze zu beschäftigen. Die Erkenntnisse, die im praktischen Umgang mit Hanf und seinen Produkten seitdem gewonnen wurden, geben ebenfalls keinen Anlaß, die euphorischen Thesen dieses Buchs zurückzunehmen. Im Gegenteil, viele der inzwischen gesammelten praktischen Erfahrungen sind so aufregend und vielversprechend, daß wir heute noch einiges an Optimismus nachlegen können. Nicht nur weil in kürzester Zeit aus dem Nichts ein neuer, millionenschwerer Markt für Hanf entstanden ist, sondern weil viele Hanfprodukte ganz einzigartige, unnachahmliche Eigenschaften besitzen, von denen noch niemand etwas wußte, als wir die Geschichte und »Theorie« des Hanfs vor drei Jahren publiziert haben, und die erst im praktischen Umgang mit der wiederentdeckten Nutzpflanze überhaupt bekannt und entdeckt worden sind.

Die wunderbarsten Theorien, Hypothesen und Innovationsvorschläge sind nichts wert, wenn sie im Praxistest, in der Alltagstauglichkeit scheitern. So mancher Höhenflug einer Entdeckung hat schon den ersten Crashtest auf dem Boden der Tatsachen nicht überstanden. Mit Hanf erleben wir genau das Gegenteil: Je mehr Erfahrungen wir damit sammeln, je genauer wir diesen Rohstoff und seine verschiedenen Produkte unter die Lupe nehmen, desto vielversprechender und praxistauglicher erweisen sie sich. Und das ist alles gar kein Wunder: Nicht von ungefähr hat die Menschheit diese Pflanze seit 12000 Jahren genutzt – als Nahrungsmittel und Textilfaser, als Heilkraut und Öllieferant, als Baumaterial und Papierrohstoff. Für all diese Zwecke wären auch viele andere pflanzliche Rohstoffe in Frage gekommen, aber daß überall und so oft die Hanfpflanze bevorzugt wurde, hat mit der einzigartigen Qualität ihrer Produkte zu tun. Als reine Modeerscheinung, als von einem Buchbestseller ausgelöster neuer Trend der Saison wäre die Hanf-Idee heute, nach zweieinhalb Jahren, schon längst wieder tot.

»Glauben Sie wirklich, daß Hanf eine Wunderpflanze ist und den Planeten retten kann?« – So oft mir diese etwas verfängliche Frage gestellt wurde, so oft habe ich ein einfaches »Ja« oder »Nein« darauf verweigert. Natürlich sind die Probleme unseres Planeten viel zu komplex, als daß sie mit *einer* Lösung allesamt und ein für allemal erledigt werden könnten. Wer vorgibt, mit *einer* Antwort (oder einem Wunder) alle Fragen lösen zu können, ist naiv, verrückt oder beides. Und doch gibt es keine andere Antwort auf eine ganze Reihe drängender Notstände dieses Planeten, die in so vielen Problembereichen in die richtige Richtung weist, wie die Pflanze Hanf: ökologisch, ökonomisch, sozial und spirituell. Die bauernfängerische Frage habe ich deshalb immer mit einem vorsichtigen »Ja!« beantwortet, das heute noch viel optimistischer und positiver ausfällt als vor drei Jahren. Damals haben wir das dicke gelbe Hanfbuch als einen Wegweiser in die Welt gesetzt, der ins Reich der Ideen verwiesen hat – real war, außer ein paar Klempnerfäden Hanf und tonnenweise illegalem Haschisch, die Pflanze nicht vorhanden. Mittlerweile ist aus dieser Idee eine unübersehbare Realität geworden – in fast jeder Stadt gibt es HanfHäuser mit Hunderten verschiedener Produkte aus Hanf, es gibt Messen, Konferenzen, Fachsymposien und vor allem eine hanfanbauende Landwirtschaft und eine hanfverarbeitende Industrie, die nach dem Fall der Anbauverbote jetzt endlich aus den Startlöchern kommt.

Der Hanf vor Gericht: Die Bremser werden ausgebremst

Wenige Tage nachdem das Buch im Herbst 1993 erschienen war, meldete sich bei mir der Vertreter einer Agrargenossenschaft aus der Nähe von Potsdam. Auf ihren Flächen war bis in die 60er Jahre Hanf angebaut worden, und diese Kultur wollten die Bauern jetzt wieder aufnehmen. Nachdem der Antrag zum Anbau von 110 Hektar Hanf von der Bundesopiumstelle abgelehnt worden war, wurde vor dem Verwaltungsgericht Berlin Klage gegen die Bundesrepublik Deutschland erhoben. Die rechtliche Argumentation der Agrargenossen, daß in Deutschland nicht bestraft werden kann, was von der EU offiziell subventioniert wird, und daß THC-armer Hanf keine Droge im Sinne des Betäubungsmittelgesetzes ist, wurde durch zwei Gutachten unterstützt. Der Verfasser des Standardkommentars zum BtM-Gesetz, Harald Körner, untermauerte diese Ansicht ebenso wie ein Gutachten von Michael Karus und dem *Katalyse-Institut*, das nachwies, daß THC-armer Hanf keine »kumulative Wirkung« hat. Anders als zum Beispiel alkoholfreies Bier, dessen Alkoholreste bei reichlichem Trinken durchaus zu einem Rausch führen, ist mit den THC-Resten im Faserhanf auch bei intensivem Konsum kein »High« zu erzielen. Man muß kein Jurist sein, um diesen Fall gerecht entscheiden zu können. Es war klar, daß die Bauern dieses Verfahren gewinnen würden. Dennoch wurde eine einstweilige Verfügung, der Klage rechtzeitig bis zum Aussaattermin im Frühjahr 1994 stattzugeben, abgelehnt. Das Verfahren wurde auf die lange Gerichtsbank geschoben, der Hanfanbau blieb ein weiteres Jahr lang verboten. Nach der Ablehnung einer weiteren Verfügung im Frühjahr 1995 ging der Fall dann vor die nächste Instanz, das Oberverwaltungsgericht Berlin, das ebenfalls über lange Bänke verfügt. Der Rechtsstreit ruhte dort noch ein weiteres Jahr. Doch Ende 1995 signalisierte das Gericht, daß es zum Frühjahr 1996 entscheiden würde. Erst unter diesem Druck ließ sich das Bundesgesundheitsministerium herbei, mittels einer Anlage zum Betäubungsmittelgesetz endlich die rechtlichen Voraussetzungen für den industriellen Hanfanbau zu schaffen. Im Februar und März 1996 passierte die Änderung Parlament und Bundesrat, und das Landwirtschaftsministerium veröffentlichte ein Merkblatt mit den Anbau- und EU-Förderungsbedingungen für Hanf.

Damit kann erstmals seit 15 Jahren in Deutschland wieder Hanf angebaut werden. Daß es aber zweieinhalb Jahre gedauert hat, eine solche Genehmigung zu erhalten, zeigt, auf wieviel Begeisterung und Engagement dies bei der Kohl-Regierung stößt. Nach einer Fernsehdiskussion anläßlich der »Grünen Woche« in Berlin nutzte ich ein informelles Privatissimum mit dem zuständigen Staatssekretär des Landwirtschaftsministeriums, Dr. Gröbl, der neben mir abgeschminkt wurde, für die Frage, wie er denn den Aufbau einer hanfverarbeitenden Industrie zu fördern gedenke. »Ja, also mit Millionen können Sie da nicht rechnen«, meinte er und fügte auf meine Gegenfrage, ob er an eine Förderung von 3 Mark 50 denken würde, lachend hinzu: »Wenn der Hanf so gut ist, wie Sie sagen, dann braucht er ja eigentlich gar keine Förderung.« Sein Referent für nachwachsende Rohstoffe, Dr. Seehuber, treibt es noch toller und verkündet auf Diskussionsveranstaltungen landauf, landab, daß der Rohstoff Hanf sowieso »keine Chance« habe.

Dies sind nicht irgendwelche Leute, sondern die nach Kanzler und Minister höchsten Entscheidungsträger in Sachen nachwachsende Rohstoffe in diesem Land. Ohne den Druck der Öffentlichkeit, von Medien, Bauern- und Naturschutzverbänden sowie der Oppositionsparteien und ohne die drohende Niederlage vor Gericht hätten sich diese Hanfbremser bis heute keinen Zentimeter bewegt. Wenn in diesem Frühjahr erstmals wieder Hanf angebaut wird und ein universeller Rohstoff in ein rohstoffarmes Land zurückkehren kann, hat dies nichts mit der Weitsicht und Innovationsfreudigkeit der Regierung zu tun, geschweige denn mit einer Erleuchtung des Kanzlers, wie denn ein ökologischer Umbau der Industriegesellschaft durch Schaffung regionaler Kreislaufwirtschaften aussehen könnte. Symptomatisch ist die Äußerung des bayerischen Innenministers Beckstein Anfang 1994 auf die Frage der ARD, was er von dem Bestreben brandenburgischer Bauern, wieder Hanf anzubauen, halte: Da seien doch nur »Drogenkriminelle und Altkommunisten« am Werke.

Hanf: Alleskönner und Superspezialist

Wären die Vorschläge, Hanf wieder als Biorohstoff zu nutzen, von den Autoren dieses Buches bei einem Haschpfeifchen ausgeheckt und als Öko-Fake in die Welt gesetzt worden, der Scherz wäre ganz schnell aufgeflogen. Denn Kritiker und Bedenkenträger stürzten sich natürlich mit Akribie auf das in Fülle ausgebreitete Datenmaterial. Abgesehen von einer Zahlenangabe im Ökogutachten – dem in einer Tabelle angegebenen Durchschnittsölertrag von 400 (nicht, wie es versehentlich heißt, 4000) Litern pro Hektar – ist bis heute, in über hundert Kritiken und Rezensionen des Buchs, kein eklatanter Fehler moniert worden. Selbst Professor Bocsa aus Kompolt (Ungarn), der sein Leben lang Hanfforschung betrieben hat und in seiner Besprechung für das Journal der »International Hemp Association« an einigen Punkten unsere aus streng wissenschaftlicher Sicht zu optimistische Einschätzung kritisiert hatte, war insgesamt des Lobes voll. Und es war schon ein wenig bewegend, als er sich zusammen mit einem anderen Cannabis-sativa-Veteranen, Professor Plarre, der bis in die 60er Jahre an der FU Berlin Hanfforschung betrieben hatte, bei uns jungen Hänflingen bedankte. Anlaß war das Symposion »Biorohstoff Hanf« im Frühjahr 1995 – die mit über 200 Experten aus aller Welt größte Hanfkonferenz des Jahrhunderts, die als direkte Folge unserer Buchpublikation und auf Initiative meines Mitautors Michael Karus zustande gekommen war. Doch mindestens so beeindruckend wie das, was auf der Konferenz über den Stand der Hanfforschung und ihre Perspektiven erörtert wurde, war der »praktische« Teil, der nebenan auf dem Messegelände stattfand – die Messe »Biorohstoff Hanf« mit über 40 Ausstellern von Hanfprodukten. Ich wandelte durch diese Messe wie durch ein Traumland. 18 Monate vorher hatte ich mit meiner Frau und zwei Freunden das »HanfHaus« gegründet und das Ganze eigentlich nur als Produktservice für interessierte Leser/innen des Buchs geplant. Die riesige Nachfrage und die Tatsache, daß die Leute uns die Bude einrannten, führten im April 1994 zur Eröffnung des ersten HanfHaus-Ladens, mit kaum einem Dutzend Produkten. Und jetzt, ein Jahr später, diese Messe mit einer riesigen Vielfalt von Produkten und Anbietern! Daß mindestens 15 deutsche Universitäten und Forschungseinrichtungen, angeregt durch unser Buch, wieder Hanfforschung betrieben und daß nebenan auf der Konferenz die Creme der internationalen Hanfexperten diskutierte, war großartig. Hier wurden die Sachen praktisch und greifbar, das war einfach phantastisch: vom Baumaterial bis zum Hanfburger, von der Jeans bis zum Waschmittel, vom Speiseöl bis zu Farben und Lacken.

Das Universum von Alltagsprodukten aus Hanf hatte sich innerhalb weniger Monate aus einer »verrückten« Idee in eine unverrückbare Realität verwandelt. Und wem verdanken wir dieses blitzartige Comeback in die Wirklichkeit? Einerseits sicher der Tatsache, daß eben nichts so stark ist wie eine Idee, deren Zeit gekommen ist, und daß an einem bestimmten Punkt dann jener berühmte Schmetterlingsflügelschlag ausreicht, um ein Gewitter auszulösen. Andererseits aber vor allem dem Umstand, daß es sich ja um gar nichts Neues, Innovatives, Revolutionäres handelt, sondern um eine uralte, seit der Steinzeit bewährte Sache. Warum haben die Menschen über Jahrtausende hinweg den Hanf so universell genutzt, warum haben sie ihn für Textilien bevorzugt, wo es doch viele andere Faserpflanzen gibt? Warum für Papier, wo man aus Zellstoff von Hunderten von Pflanzen Papier machen kann? Warum wurde Hanföl als Holzschutz und Grundstoff für

Farben den meisten anderen Pflanzenölen vorgezogen? Warum als Lampenbrennstoff und als Hautöl? Warum hat Hanfsamen bei Mensch und Tier zur begehrtesten Nahrung überhaupt gehört, warum Hanfblüten zu den weitverbreitetsten Heil- und Genußmitteln? Warum unter Tausenden von Alternativen im Pflanzenreich immer und ausgerechnet Cannabis? – Weil die Produkte dieser Pflanze über ganz einzigartige und unnachahmliche Eigenschaften verfügen. Hanf ist nicht einfach nur ein schnellwachsender und vollständig verwertbarer Biorohstoff, einer der vielen pflanzlichen Alleskönner, die von der Wurzel bis zur Blattspitze irgendwie genutzt werden können, sondern er verfügt in seinen mannigfaltigen Einsatzbereichen jeweils über herausragende und eigentümliche Qualitäten.

Textilien

Am 23. April 1994 präsentierten wir zur Eröffnung des ersten HanfHaus-Ladens in Berlin die erste Jeans der Neuzeit aus 100 Prozent Hanf. Zwei Tage vorher war sie aus Ungarn eingetroffen, und wir feierten das als Sensation. Ein Jahr zuvor war uns nach langen Recherchen noch stolz ein Stoff aus 50 Prozent Hanf und 50 Prozent Polyester präsentiert worden – daß jemand 100 Prozent Hanf verlangte, das fanden die Produzenten in Ungarn, Rumänien und China ziemlich kurios, wo doch Polyester genauso lange hält und billiger ist. Die Produktion von Hanfgarnen und -geweben wurde in diesen Ländern noch aus dem vorigen Jahrhundert mitgeschleppt, auf veralteter Maschinerie und eher als Relikt denn als Zukunftsindustrie – bis dann 1992/93 die ersten Interessenten aus den USA, England und Deutschland auftauchten und für reines, weiches Hanfgewebe harte Dollars boten. Seitdem hat sich die Produktion sprunghaft gesteigert, und der scheintote Hanf beginnt in Rumänien und Ungarn zum Exportschlager zu werden.

Mit Hanf wird gemeinhin ein grobes, sackartiges Gewebe assoziiert – Haltbarkeit, ja, aber Weichheit, Feinheit, Hautfreundlichkeit? Der erste Mensch, der mir in Hanfhosen begegnete, war Jack Herer. Er schwärmte in den höchsten Tönen: »Du kannst so eine Hose wochenlang tragen, ohne daß sie schlecht riecht. Sie hält kühl, wenn es warm ist, und wärmt, wenn es kalt ist. Sie ist weich und angenehm auf der Haut. Die haltbarste Naturfaser der Erde, absolut perfekt.« Ich hielt das für eine hemmungslose Übertreibung. Keine zehn Pferde hätten mich je in so ein pumphosenartiges Teil hineingebracht. Doch als die ersten halbwegs tragbaren Jeans und Hemden fertig waren, fand ich Jacks Ansichten über die Trageeigenschaften von Hanfstoffen voll bestätigt. Diese Besonderheiten haben nichts mit Mythos oder Einbildung zu tun, sondern mit den physikalischen Eigenschaften, die diese Faser von Natur aus hat. Sie kann besser als die meisten anderen Naturfasern mit Feuchtigkeit umgehen. Sie kann sehr viel Wasser oder Schweiß aufnehmen und über die Verdunstung wieder abgeben, ohne selbst chemisch zu reagieren. Daß ein Baumwoll-T-Shirt oft schon nach einem halben Tag verschwitzt riecht, hat zum einen mit den vielen Textilgiften zu tun, mit denen auch als »100 Prozent Cotton« zertifizierte Textilien »ausgerüstet« sein dürfen. Zum anderen geht aber die Hanffaser mit der aufgenommenen Feuchtigkeit ganz anders um. Der Jahrhundertsommer 1995 bot mit seiner Rekordhitze für die ersten T-Shirts aus 100 Prozent Hanf eine Testphase nach Maß. Unsere kühnen Erwartungen wurden sogar noch übertroffen. Selbst bei 35 Grad im Schatten konnte man dieses Shirt tagelang tragen, ohne daß es klebte oder muffte. Was es an Wasch- und Energiekosten einspart, wenn Hanfkleidung länger frisch bleibt, wird sicher bald in Ökobilanzen nachgerechnet werden. Daß sie beim Tragen subjektiv als unvergleichlich angenehm empfunden wird und gerade bei Hitze hervorragend funktioniert, kann jeder ohne Ökostatistik für sich selber herausfinden. Nicht von ungefähr wurde früher Unterwäsche aus Hanf vor allem Hautempfindlichen und Rheumatikern empfohlen. Neuere Untersuchungen haben dies noch auf anderem Gebiet bestätigt: Das feinelektrische Spannungsniveau von Bastfasern (wie Flachs und Hanf) entspricht dem der Körperoberfläche und wirkt auf die Haut entspannend. Hanf ist absolut antistatisch und insofern das genaue Gegenteil von Kunstfasern wie Nylon, die alle Körperhaare zu Berge stehen lassen.

Neben diesen physikalischen Vorzügen hat die Hanffaser viele ökologische Vorteile. Vom Anbau bis zur Ernte müssen keinerlei Pflanzenschutzmittel eingesetzt werden. Auch die Weiterverarbeitung kann völlig ohne umweltschädlichen Chemieeinsatz vonstatten gehen. In Rumänien rotten die Hanfstengel nach der Ernte für einige Tage in Wasserbassins, das Abwasser kommt als Dünger wieder auf die Felder. Nach der Röste werden die Stengel getrocknet und mechanisch entholzt, danach gehechelt und versponnen. Verglichen damit ist die Baumwollgewinnung eine wahre Giftorgie: Während des Wachstums werden über den Plantagen nahezu wöchentlich Pestizide und Herbizide ausgebracht. Geerntet wird, abermals per Flugzeug aus der Luft, durch Sprühen von Entlaubungsmitteln. Diese perverse Art der Pflanzenkultur hinterläßt nicht nur verseuchte Böden und Katastrophengebiete wie um den fast ausgetrockneten Aral-See – sie schlägt sich auch direkt auf der Haut nieder. Giftrückstände in der Bekleidung haben in den letzten Jahrzehnten zu einer rasanten Zunahme von Allergien geführt. Weniger als ein Prozent der Weltproduktion von Baumwolle wird ökologisch angebaut. Beim Hanfanbau hingegen sind Pestizide unnötig und werden (bis auf ganz seltene Ausnahmen) bislang nirgendwo eingesetzt.

Welche Marktchancen haben Hanftextilien? Gegenwärtig kann Hanfbekleidung vom Preis her gegen Baumwolle nicht konkurrieren. Konkurrenzfähige Preise werden erst dann möglich, wenn Hanftextilien keine winzige Marktnische mehr bilden, Hanf wieder verstärkt angebaut wird und moderne Techniken der Weiterverarbeitung zur Verfügung stehen. Durch moderne Verfahren des Faseraufschlusses, wie beispielsweise der vom IAF Reutlingen entwickelte Dampffaseraufschluß, die ein spezifisches »Design« der Faser für den jeweiligen Einsatzzweck ermöglichen, kann Hanfgewebe Baumwolle vollwertig ersetzen. Das Gewölle, das bei diesem Aufschlußverfahren entsteht, kann auf den üblichen Baumwollmaschinen versponnen werden und sämtliche Produkte liefern, die heute aus Baumwolle hergestellt werden. Als Voraussetzung für industrielle Massenverarbeitung muß aber zuerst einmal eine heimische Hanffaserverarbeitung aufgebaut werden. Dabei kann auf die Erfahrungen der Flachsindustrie zurückgegriffen werden. Einige der in Betrieb befindlichen Flachsschwingen werden in diesem Jahr erstmals auch Hanffasern verarbeiten. Die so gewonnenen Stoffe werden den leinentypischen Charakter von Hanftextilien haben. Neben dem pestizidfreien Anbau und dem bekannten Tragegefühl wird ihre Produktion vor allem den ökologischen Vorteil der kurzen Wege mitbringen.

Auf Dauer hat Hanf nur als regionaler Rohstoff eine Chance. Doch die wird er erst richtig ausspielen können, wenn konsequente Energie- und Ökosteuern auf jedes Produkt endlich zum Maßstab des wirtschaftlichen Handelns werden. Solange es billiger ist, Textilien auf ihrem Produktionsweg dreimal um den Erdball zu schippern, statt sie dort herzustellen, wo sie gebraucht werden, solange kann von ökologischem Umbau der Industriegesellschaft keine Rede sein.

Hanfsamenöl

Daß Hanfsamen und ihr wichtigster Bestandteil, das Hanföl, zu den wertvollsten Nahrungsmitteln überhaupt zählen, haben wir in der gelben Hanfbibel gründlich belegt. In der

Praxis hat das Hanfsamenöl diese kühnen Behauptungen sogar noch übertroffen. Neben seinem hohen Gehalt und einem perfekt ausgewogenen Spektrum essentieller Fettsäuren enthält es als einziges Speiseöl etwa 2 Prozent Gamma-Linolen-Säure (GLA). Neben Hanföl gibt es nur noch ein weiteres Nahrungsmittel, das ebenfalls GLA enthält: Muttermilch. Gamma-Linolen-Säure spielt eine wichtige Rolle für den Auf-

Hanföl hilft gegen Neurodermitis

Von Ute Scheub (die tageszeitung, 27.7.1995)

Mein zweijähriger Sohn leidet, wie mittlerweile bald zehn Prozent aller Kinder, an Neurodermitis. Genaugenommen ist es bei ihm keine Neurodermitis, sondern ein sogenanntes atopisches Ekzem. Aber der Unterschied ist nur für Fachleute interessant, denn die Symptome sind die gleichen: stark gerötete Hautflecken, die extrem jucken.

Inzwischen juckt ihn aber nichts mehr, denn seit ich ihn mit Speiseöl aus Hanf behandele, sind binnen zwei Monaten die Symptome verschwunden.

Wie ich darauf gekommen bin? Ich wußte, daß manchen Neurodermitikern die Einnahme von Nachtkerzenöl hilft – wegen der darin zu neun Prozent enthaltenen Gammalinolensäure, die für die Regulierung von Entzündungsprozessen wichtig ist. Allerdings sind die im Reformhaus erhältlichen Kapseln sehr teuer, eine Packung kostet zwischen 60 und 80 Mark. Als ich im taz-Hanf-Special las, daß auch Hanföl Linolensäure enthält, wurde ich hellhörig. Nachfragen im HanfHaus ergaben, daß es das Zeug tatsächlich in sich hat: nicht nur 57 Prozent zweifach ungesättigter Linolsäure und 18 Prozent Linolensäure, sondern eben auch zwei Prozent Gammalinolensäure.

Mathias Bröckers vom HanfHaus recherchierte inzwischen weiter und wurde in der US-amerikanischen Literatur fündig. Der »Speiseöl-Papst« Udo Erasmus empfiehlt Hanföl als »nature's most perfectly balanced oil« und verweist auf seinen Einsatz bei Neurodermitis und anderen chronischen Krankheiten. Hanföl hat zwar weniger Gammalinolensäure als Nachtkerzenöl, dafür ist das Hanföl mit elf Mark pro Viertelliter aber auch billiger. Außerdem kann es im Gegensatz zu den Kapseln problemlos in den täglichen Speiseplan integriert werden. Mein Sohn schluckt seine täglichen zwei Löffel Öl pur und lutscht hinterher mit quietschendem Vergnügen den Löffel ab – Kinder haben manchmal einen siebten Sinn dafür, was der Körper braucht. Aber man kann den nussig schmeckenden Saft auch als Salatöl verwenden oder sonstwie ins Essen rühren. Es darf nur nicht über 50 Grad erhitzt werden, sonst gehen die wertvollen Bestandteile kaputt.

Weil die ungesättigten Fettsäuren, die beim Sauerstofftransport und dem Aufbau von Anti-Körpern helfen und das menschliche Immunsystem stärken, sich auch sonst gerne mit Sauerstoff „sättigen“, sprich ranzig werden, sollte man das Öl am besten im Kühlschrank aufbewahren und binnen sechs Wochen aufbrauchen. Das Hanföl wirkt jedoch nicht nur innerlich, sondern auch äußerlich. Jeden Abend und nach jedem Bad habe ich die verbleibenden Hautflecken meines Sohnes eingeölt. Ich sage verbleibend, weil die Entzündungen bereits nach zehn Tagen massiv zurückgingen. Sobald die Sonne schien und er leicht bekleidet rumtoben konnte, ging es noch schneller. Nach nunmehr zwei Monaten „Behandlung“ sind nur noch ein paar kleine Stellen rauher Haut zurückgeblieben. Die Eltern anderer Kinder, denen ich das Zeug empfohlen habe, berichten ähnliches.

Vor falschen Hoffnungen sei dennoch gewarnt, Hanföl ist sicher kein Allheilmittel für *alle* Neurodermitiker. Bei dieser gemeinen Krankheit hilft letztlich nur eines: alles ausprobieren und nicht die Hoffnung verlieren.

bau des Immunsystems und wird auch vom Körper selbst produziert – allerdings nicht immer in ausreichenden Mengen. Hautkrankheiten wie Neurodermitis brechen bei Säuglingen aus diesem Grund typischerweise nach dem Abstillen aus und erweisen sich in der Folge als chronisch und kaum behandelbar. Hier hat Hanföl tatsächlich wahre Wunder gewirkt. Nachdem folgender Artikel von Ute Scheub in der *taz* erschienen war (siehe S. 459), verbreitete sich die Kunde vor allem unter Müttern wie ein Lauffeuer:

Nicht nur bei von Ausschlag, Schorf und Juckreiz geplagten Kindern tut Hanföl eine segensreiche Wirkung, auch bei chronischen Hautproblemen von Erwachsenen wirkt es Wunder. Bei mir selbst führte der Genuß von Hanfsamen und Hanföl dazu, daß eine Schuppenflechte (Psoriasis), die mich seit über 20 Jahren an Knie und Ellbogen plagt, spurlos verschwunden ist. Skeptiker mögen das für einen Placeboeffekt halten, der beim Autor eines Buchs über die »Wunderpflanze« Hanf auch naheliegen mag. Nur hatte ich dabei an einen solchen Heileffekt gar nicht gedacht, sondern die Hanfprodukte einfach in die Ernährung integriert – um irgendwann erstaunt festzustellen, daß die ewig schuppigen und rauhen Stellen glatt wie ein gesunder Kinderpopo geworden waren. Auch andere Benutzer von Hanföl haben ähnliche Erfahrungen gemacht (siehe S. 461).

Noch liegen keine klinischen Studien zur therapeutischen Wirkung der Gamma-Linolen-Säure im Hanf vor, doch nach den praktischen Erfahrungen der letzten zwei Jahre gehört wenig Prophetie dazu, Hanfsamen und Hanföl eine große Renaissance als vollwertiges Nahrungsmittel und als Therapeutikum vorherzusagen. Müsliriegel und Snacks aus Hanfsamen sind bereits auf dem Markt, ebenso Hanfburger, die den »wahnsinnigen« Rinderbouletten vielleicht einmal den Rang ablaufen.

Die Nutzung als Nahrungsmittel und in Kosmetika ist nicht das einzige vielversprechende Einsatzgebiet für Hanfsamenöl. Auch in der technischen Anwendung verfügt es über hervorragende Eigenschaften, die sich schon in zahlreichen Produkten bewährt haben.

Das spannendste technische Einsatzgebiet für Hanföl, an das bei Erscheinen des Buchs niemand auch nur entfernt gedacht hatte, ist die Herstellung von sogenannten Tensiden, den waschaktiven Substanzen in Waschpulvern und Reinigungsmitteln. Tenside sind lange Molekülketten, die am einen Ende fettfreundlich und am anderen Ende wasserfreundlich sind – eine Art chemischer Doppelagenten. Im Frühjahr 1996

Christian S., Heidelberg

Betr.: Wirkung von Hanföl

Liebe taz,
soweit ich mich erinnere, hattet ihr doch vor ein paar Wochen eine Aktion gestartet, bei der ihr Erfahrungsberichte sammeln wollt. Nu denn, hier isser:

Ich bin auch eines der dankbaren selbstaufopferungswilligen Karnickel, die an sich einen Hanfölselbstversuch vorgenommen und dabei Erfolg gehabt haben.

Ich bin demnächst Psychologe (Jubel!). Ich denke, ich kann von mir behaupten, daß ich mich in Diagnostik ein wenig auskenne (was ja allerdings nicht heißt, daß Mensch sich immer selber helfen kann, ne): Ich litt schon seit Jahren unter münzförmiger Psoriasis (Schuppenflechte), die allerdings auf wenige Körperstellen beschränkt ist, beispielsweise Kopfpartien (über den Ohren) und punktförmig oberhalb der rechten Hüfte.

Eines schönen Tages habe ich bei euch einen Erfahrungsbericht über die Wirkung von Hanföl gelesen und überlegt, ob ich ein paar Mark zum Fenster rausschmeißen soll, und dann beschlossen, daß ich das Öl notgedrungen als exklusives Salatöl anwenden könnte.

Tja, da hatte ich den Salat. Ich habe einen Eßlöffel Hanföl oral täglich und regelmäßig eingenommen, und es half! Die Wirkung war ein allgemeines Sanfter- bzw. Glatterwerden der ganzen Haut und ein vergleichsweises rasches, dann ein etwas verzögertes Zurückgehen der betroffenen Hautregionen bis zum vollständigen Verschwinden (d.h. ohne sichtbares Zurückbleiben) der betroffenen Schuppenherde. Das Hanföl hilft besser als tausend Sonnenbäder.

Es gab und gibt noch keine Nebenwirkungen. Bei Absetzen des Öls kommt die Psoriasis allerdings wieder. (...) Einen Placeboeffekt schließe ich hundert-Pro aus, da ich das Hanföl aus reiner Neugierde probiert habe. Ich habe mit Sicherheit nicht geglaubt, daß es hilft. Meine Vermutung, die ich nicht ohne weiteres verallgemeinert sehen will, ist ein Verdacht auf Psoriasis als Mangelkrankheit, da meine Psoriasis gegenüber allen selbstdiagnostizierten und -applizierten Therapieversuchen ziemlich resistent war (beispielsweise Variationen des Essens, Streßabbau, Sonnenbäder etc.). Hanföl allerdings schlug sofort an.

Diese, meine Angaben könnt ihr ruhig publizieren.

(...) beste Grüße

kamen das *Sativa-Universalwaschmittel* sowie *Sativa Flekkenpaste* und *Fleckenspray* auf den Markt, alles Substanzen auf Basis von Hanftensiden. Letztere bestehen aus dem reinen, konzentrierten Tensid; im Waschmittel sind die Tenside zu etwa 30 Prozent enthalten. Sie zeichnen sich durch sehr schnelle, 100prozentige biologische Abbaubarkeit aus und sind dennoch in der Lage, Flecken zu lösen, die normalerweise nur mit hochtoxischen Fleckentfernern oder scharfen Bleichmitteln zu entfernen sind. Die erstaunliche Reinigungskraft dieser Saubermacher ist in zahlreichen Tests bestätigt worden. Die ersten Messungen waren so gut, daß man in einigen Labors den eigenen Apparaten nicht glaubten mochte: daß ein pflanzliches Produkt derart wirkungsvoll sein könnte, hatte man der Natur gar nicht zugetraut.

Zur Seifenherstellung wurde Hanföl schon seit Tausenden von Jahren verwendet, insofern sind die jetzt wieder erhältlichen Hanfseifen wie auch all die anderen Produkte, von Textilien über Papier bis zu Hanflebensmitteln, nichts wirklich Neues. Die auf Hanföl basierenden Tenside und die *Sativa*-Produkte aber sind wirkliche Innovationen und ein Paradebeispiel dafür, welche hervorragende Ergebnisse erzielt werden, wenn dieser uralte Rohstoff mit neuen wissenschaftlichen Methoden und Techniken untersucht und verarbeitet wird.

Papier

Der »hanffeste« Beweis für die Thesen dieses Buchs – das Hanfpapier, auf dem wir es gedruckt haben – hat ganz entscheidend zur Renaissance der Nutzpflanze beigetragen. Hanfpapier machte die Sache nicht nur begreifbar, sondern war auch das erste marktfähige Produkt aus Hanf.

Das deutlichste und sichtbarste Comeback als Papierpflanze erlebte Hanf aber nicht im Bereich der Schreib- und Druckpapiere, sondern in einer anderen angestammten Domäne: dem Zigarettenpapier. Angeregt von Michael Karus und unterstützt durch das HanfHaus entwickelte die Firma »efka« 1994 die »Canuma«-Blättchen aus 100 Prozent Hanf und landete damit den größten Markterfolg seit Jahrzehnten. In kürzester Zeit eroberten sich die »baumfreien« Hanfblättchen einen derartigen Marktanteil, daß andere Hersteller ebenfalls mit neuen Hanfpapiermarken nachzogen. »Canuma« wird mittlerweile in ganz Europa, den USA und in Australien vertrieben und ist der erste wirkliche Exporthit der neu erwachten Hanfindustrie. Da Zigarettenpapier schon immer hohe Hanfanteile enthielt, hatten es die Hersteller hier am leichtesten, ein reines Hanfprodukt zu entwickeln, ohne die Endpreise wesentlich zu erhöhen. Dieser Erfolg zeigt, welches Wirtschaftspotential im Hanf steckt, wenn Hanfprodukte nicht mehr in exotischen Preisregionen angesiedelt sind.

Technische Produkte

Zu den am häufigsten an das HanfHaus gerichteten Anfragen zählen die nach Bau- und Dämmstoffen. Gleich zu Beginn hatten wir die von der französischen Firma »Isochanvre« als Schüttung und (gebunden mit Kalk) auch zur Konstruktion verwendeten Hanfschäben importiert. Allerdings kostet der Transport des leichten und voluminösen Materials mehr als das Produkt selbst. Sobald aber Hanf auch wieder in Deutschland geerntet wird, wird sich das grundlegend ändern. Bau- und Dämmstoffe aus Hanf gehören vom zu erwartenden Marktvolumen her zu den vielversprechendsten Einsatzgebieten der Hanffaser überhaupt. Dämmvliese aus Schafwolle und Flachs haben sich als ökologische Alternative zu Mineraldämmstoffen bewährt, und verschiedene Hersteller dieser Produkte werden ab 1996 auch heimische Hanffasern dafür einsetzen. Aufgrund seines Massenertrags wird Hanf hier künftig Preisvorteile haben. Um den gesamten deutschen Bedarf an Faserdämmstoffen zu decken, müßten etwa 400000 Hektar Hanf angebaut werden. Dies setzt allerdings regionale Verarbeitungsmöglichkeiten in großem Maßstab voraus, die allenfalls mittelfristig geschaffen werden können. Unter derzeitigen Bedingungen sind Dämmstoffe aus Hanffasern noch deutlich teurer als Mineralwolle – und müssen es bleiben, solange der höhere Energieverbrauch bei der Mineralfaserherstellung nicht von einer Ökosteuer erfaßt wird.

Medizin

Von all den durch dieses Buch wiederentdeckten Nutzungsmöglichkeiten der Hanfpflanze ist die medizinische vielleicht die wichtigste. Cannabis sativa ist nicht nur eine Nutz-, sondern auch eine Heilpflanze. Daß auch dieser Aspekt der Stigmatisierung des Hanfs zum Opfer gefallen ist, ist wohl der größte Skandal. Delta-9-Tetrahydrocannabinol (THC), der wichtigste Wirkstoff von Cannabis, wirkt vor allem muskelentspannend, brechreizhemmend, appetitanregend und stimmungsaufhellend und zeigt zur Bekämpfung von Abmagerung und Unwohlsein bei Aids sowie der Übelkeit infolge der Chemotherapie bei Krebs hervorragende Wirkungen. Die in der gelben Hanfbibel (und in dem ebenfalls bei Zweitausendeins erschienenen Buch von Lester Grinspoon, *Marihuana, die verbotene Medizin*) herausgestellte Bedeutung des Heilmittels Cannabis hat zu einer völligen Neubewertung des Hanfwirkstoffs geführt.

Anfang Februar 1996 empfahl der Sachverständigenausschuß für Betäubungsmittel der Bundesregierung, Cannabis für begrenzte Anwendungen in der Medizin wieder zuzulassen. Damit wird die bisher als »nicht verkehrsfähig« absolut ausgegrenzte Pflanze zumindest wieder verschreibungsfähig. Allerdings erstreckt sich die Zulassung vorerst auf synthetisch hergestelltes THC. Diese in den USA hergestellten Präparate (Nabinole, Marinol) können vom Arzt verschrieben und dann von Apotheken aus England importiert werden. 20 Kapseln Nabilon (mit je 1 mg THC) kosten zur Zeit etwa 350 Mark. Haschisch oder Marihuana mit derselben THC-Menge ist auf dem Schwarzmarkt für weniger als ein Zehntel dieses Preises erhältlich. Würde Medizinalhanf wieder legal angebaut, könnte der Preis auf ein Hundertstel sinken. Die Gestehungskosten für diese Arznei sind etwa so hoch wie die von Kartoffeln! Diese Diskrepanz zeigt, daß die Zulassung synthetischer THC-Präparate nur ein allererster Schritt sein kann, zumal viele Patientinnen und Patienten die Erfahrung gemacht haben, daß der teure künstliche Stoff schlechter wirkt als das einfache, billige Kraut. Um diese absurde Situation zu ändern, haben sich wie in San Francisco jetzt auch in Berlin und anderen deutschen Städten Selbsthilfegruppen gebildet, die bei der Selbsttherapie, Beschaffung und Dosierung Hilfestellung geben und beraten. Für Gesundheitsfunktionäre und Drogenkrieger, die in Cannabis nach wie vor das Teufelskraut und die Einstiegsdroge und in der Zulassung teurer Synthetikpräparate das Nonplusultra sehen wollen, würde ein Gespräch mit diesen Patienten heilsame Wunder wirken. Für viele Aids- und Krebskranke, für MS- und Epilepsiepatienten und viele andere Erkrankte ist Hanf das Wunderkraut, das ihnen besser hilft als jede andere Arznei. Für sie ist Cannabis umgekehrt die Ausstiegsdroge, dank derer sie pharmazeutische Bomben mit schlimmen Nebenwirkungen absetzen oder zumindest reduzieren können. Klinische Versuche bei mit Opiaten behandelten Schmerzpatienten haben gezeigt, daß durch vorherige Cannabiseinnahme die Dosis der zur Schmerzsenkung notwendigen Opiate deutlich gesenkt werden konnte.

Mit jeder Nachricht über die segensreiche und heilsame Wirkung der Heilpflanze erweist sich das aufgeblasene Propagandamonster ein bißchen mehr als dümmlicher Popanz. Je mehr also Cannabis medizinisch rehabilitiert wird, umso schwieriger wird es, das Verbot von Cannabis als Genußmittel weiterhin aufrechtzuerhalten. Daß sich schwerkranke ältere Leute auf die Drogenszene begeben müssen, ist ein absurder Auswuchs einer politischen Prohibition, die mit wissenschaftlichen Erkenntnissen nichts zu tun hat. Ergebnisse, wie sie die neuere Cannabisforschung gewonnen hat, hätten bei jedem anderen Medikament für einen wahren Boom in Forschung, Entwicklung und Verbreitung gesorgt. Hinter dem vorgeschobenen Monster agiert nur die Lobby der Pharmaindustrie. Heute wie vor hundert Jahren gibt es nur einen einzigen Nachteil der Hanfmedizin: Sie ist nicht patentierbar und viel zu billig.

Hanf-Arbeit

Rechnet sich Hanf in Deutschland? Ist es ökonomisch, ihn anzubauen und zu verarbeiten? Werden Hanfprodukte aus Osteuropa oder China nicht immer billiger sein? Wenn ja, lohnt dann der Aufbau einer heimischen Hanfindustrie überhaupt?

Diese Fragen lassen sich nicht isoliert beantworten, sondern nur im Zusammenhang mit den wirtschaftlichen und ökologischen Rahmenbedigungen. Solange die verdeckten Umweltkosten der Konkurrenzprodukte sich nicht in den Marktpreisen niederschlagen, solange wird Hanf seine ökologischen Vorteile nur schwer, allenfalls in einer kleinen Marktnische ausspielen können. Durch den Einsatz von Pestiziden erkranken weltweit jährlich etwa 1,5 Millionen Menschen. 28000 Menschen sterben daran jedes Jahr. Da die Hälfte aller Pflanzenschutzmittel allein für Baumwolle eingesetzt wird, gehen 50 Prozent dieser Opfer auf ihr Konto. Billig können T-Shirts aus Baumwolle nur sein, weil die Folgekosten dieser Katastrophe nicht der Cotton- und Chemieindustrie in Rechnung gestellt, sondern auf die Allgemeinheit abgewälzt werden. Ähnliches gilt für die Transportwege. Ein T-Shirt aus Baumwolle legt auf dem Weg von der Baumwollplantage bis in den deutschen Kleiderschrank durchschnittlich 19000 Kilometer zurück. Auch die Folgekosten dieser Energievergeudung und des damit verbundenen Schadstoffausstoßes werden nicht auf das Produkt umgelegt, sondern der Allgemeinheit aufgebürdet. Nicht die Verursacher von Hautkrankheiten und Allgerien durch Textilgifte zahlen, sondern die Krankenkassen. Für die Konkurrenzprodukte sämtlicher Produktlinien des Rohstoffs Hanf gilt das in analoger Weise. Darin liegt die Hauptbarriere, die verhindert, daß der Hanf in großem Maßstab zum Zuge kommt. Aus diesem Grund ist der Hanf allerdings auch ein so brisanter politischer Sprengstoff. Denn kein anderer Rohstoff bringt die Absurdität der herrschenden Wirtschaftsweise konkreter auf den Punkt. Das grüne Hanfblatt ist auf dem besten Weg, zu einem Symbol für nachwachsende Rohstoffe und ökologische Kreislaufwirtschaft zu werden.

Die Frage, ob es sich langfristig rechnet, in Deutschland Hanftextilien herzustellen, kann erst definitiv beantwortet werden, wenn auch einige andere Fragen geklärt sind. Zum Beispiel, ob es sich langfristig auszahlen wird, daß die deutsche Textilindustrie seit 1990 über 400000 Arbeitsplätze abgebaut hat. Natürlich können wir noch fünf Jahre so weitermachen und die gesamte textilverarbeitende Industrie stilllegen. Aber welchen gesamtgesellschaftlichen Preis müssen wir für die billigen Klamotten aus dem Ausland bezahlen? Sie können nur so billig sein, weil neben den ökologischen auch die sozialen Folgeschäden nicht eingerechnet sind und weil die Kosten für 400000 Arbeitslose der Allgemeinheit zugeschoben werden. So lange dies wie selbstverständlich hingenommen wird, solange keine umfassende Ökosteuer eine Wende dieser auf Raubbau und rücksichtslosen Profit ausgerichteten Wirtschaftsweise eingeleitet wird, solange werden pflanzengefärbte Hanfjeans, regional angebaut und produziert, die chemiegetränkte Importware nicht vom Markt fegen. Daß sie aber grundsätzlich das Potential dazu haben, zeigt die Geschichte: Hanfprodukte waren nie ein seltener und edler Luxus, sie waren preiswerte, haltbare Massenware.

Um die Energieprobleme des nächsten Jahrtausends zu lösen, haben wir neben der Sonne nur den einen Partner: die Pflanzen. Sie haben das Klima und den Energiehaushalt dieses Planeten seit Millionen von Jahren gemanagt und sind, was den Erhalt des Lebens angeht, die besten Lehrmeister, die wir uns wünschen können. Sie vollbringen keine Wunder, aber ihre Organisations- und Produktionsstruktur, ihre sanfte und rückstandslose Verwandlung von Sonnenlicht in Energie, ist der destruktiven menschlichen Wirtschaftsweise bei weitem überlegen. Wenn wir nach Modellen für das Überleben im 3. Jahrtausend suchen, nach Methoden, die unseren Urenkeln eine intakte, lebensfähige Biosphäre erhalten, brauchen wir keine dicken Theoriebücher und Hochleistungsrechner. Wir müssen uns nur die großartigen Vorbilder ansehen, die noch die kleinste Asphaltritze, die in unseren Betonwüsten immer wieder aufbrechen, zu Demonstrationszwecken nutzen: die Pflanzen. Ihre grüne Kraft stellt alles bereit, was wir auf dieser Erde brauchen. Ein altes deutsches Sprichwort hat es so ausgedrückt:

mancher schad' ist nicht zu heilen,
durch die kräuter aller welt:
hanf hat viel verzweifelt böses
gutgemacht und abgestellt.

Jacob u. Wilhelm Grimm,
Deutsches Wörterbuch,
Artikel Hanf

Nachtrag 1998

Die Anerkennung neuer Ideen und Theorien in der Wissenschaft folgt oft weniger logischen Argumenten, sondern – einer Bemerkung des Physikers Max Planck zufolge – eher der »biologischen Lösung«, nämlich nach dem Aussterben derer, die die überholten Theorien bislang vertreten und verteidigt haben. In seiner vielzitierten Arbeit über »Die Struktur wissenschaftlicher Revolutionen« hat Thomas Kuhn zahlreiche Beispiele für diese merkwürdige Art des Paradigmenwechsels angeführt, die nicht den strengen Regeln der Vernunft, sondern eher der Macht der Gewohnheit folgen. Diese Macht wirkt nicht nur im akademischen Großklima, im Bereich neuer Weltbilder und revolutionärer Erkenntnisse, sondern auch im Klein-Biotop des gesellschaftlichen Alltags: Die Tyrannei des Bestehenden ist der natürliche Feind jeglicher Innovation. Der Schriftsteller William S. Borroughs hat diese »Sehgewohnheiten« einmal mit einem Autofahrer verglichen, der nur in den Rückspiegel schaut. Die Rückspiegelseher haben die Angewohnheit, das Neue erst einmal gar nicht wahrzunehmen; wenn es sich dann partout nicht mehr übersehen läßt, erklären sie es eben für unwichtig. Das kann aber nicht verhindern, daß neue Ideen erscheinen und auch konkrete Formen annehmen. Sie für unwichtig zu erklären wird immer schwieriger. Schließlich, wenn sie sogar im Rückspiegel unübersehbar geworden sind, heißt es dann: »Aber was wollt ihr denn, das ist doch gar nichts Neues!« Die Macht der Gewohnheit steht auf dem Boden »bewährter Tatsachen« und sorgt hier für Permafrost: Keimzellen des Neuen können nur ans Tageslicht kommen, wenn sie die verkrusteten und verhärteten Strukturen aufbrechen – und oft schaffen sie das trotz bester Anlagen nicht von alleine. Umwälzungen sind erforderlich, Pflug und Spaten, um die erstarrte Kruste aufzubrechen und den innovativen Keimlingen den Durchbruch zu ermöglichen. Die deutsche Ausgabe von Jack Herers Buch war solch ein Spatenstich, und so wie in der Natur schon eine kleine Auflockerung des Erdreichs das Wunder neuen Lebens hervorbringt, so brachte dieses Buch von heut auf morgen Tauwetter in eine über 50 Jahre währende Phase des Permafrosts im öffentlichen Bewußtsein: die »flora non grata« Cannabis sprießt plötzlich wieder – als Biorohstoff der Zukunft.

Das Wiederaufkeimen des Hanfs auf heimischen Feldern geht 1998 in das dritte Jahr, die Wiederentdeckung der Nutzpflanze, die mit dem Erscheinen des vorliegenden Buchs datiert werden kann, in ihr fünftes. Und nach wie vor geschieht Erstaunliches. Die Wirkungsgeschichte der Informationen, die mit dieser Veröffentlichung freigesetzt wurden, ist noch nicht zu Ende, und es hat den Anschein, als ob die Fakten tatsächlich einen Paradigmenwechsel ausgelöst haben. Über Cannabis kann nicht mehr so gesprochen werden wie vor dem Erscheinen dieses Buchs: Der Kassandraruf vom »Mörderkraut« entpuppte sich als Propagandalüge, und die Wahrheit einer uralten Nutzpflanze rückt zusehends in den Blickpunkt. Im Oktober 1996 wurde im Auftrag des Bundesinstituts »Fachagentur Nachwachsende Rohstoffe« eine Umfrage über den Bekanntheitsgrad des Begriffs nachwachsende Rohstoffe durchgeführt. In einer repräsentativen Stichprobe wurde die deutsche Bevölkerung befragt, ob ihr dieser Begriff etwas sagt, und wenn ja, welche solcher Rohstoffe bekannt sind. 50 Prozent der Befragten wußten mit dem Begriff nichts anzufangen. Die andere Hälfte konnte drei nachwachsende Rohstoffe nennen: Holz, Raps und – Hanf. Dieses Ergebnis kann als sensationell gelten, angesichts all der deutschen Wälder und fast einer Million Hektar gelb leuchtenden Raps in der BRD. Obwohl im ersten Anbaujahr 1996 gerade einmal 1400 Hektar Hanf angebaut wurden, ist diese Pflanze schon zu einem Synonym für nachwachsende Rohstoffe geworden. Und so verrückt es klingt: diese Blitzkarriere zu einem positiven Imageträger für nachhaltige Wirtschaft und Ökologie verdankt die Hanfpflanze vor allem dem Horrorgemälde, das 50 Jahre Prohibition von ihr gezeichnet haben. Der durch die Tabuisierung geschürte Mythos Cannabis wirkt als Attraktor, der die öffentliche Wahrnehmung magnetisch anzieht und interessierte Aufmerksamkeit für ein so sterbenslangweiliges Thema wie nachwachsende Rohstoffe weckt.

Wer nun meint, daß die auf den vorangegangenen Seiten zitierten Hanfbremser der Bundesregierung nach einem solchen Umfrageergebnis zur Besinnung gekommen seien und nun dem neuen Hoffnungsträger unter die Arme greifen, muß enttäuscht werden. Das einzige, was das Bundesministerium für Landwirtschaft bis dato in Sachen Hanf unternommen hat, war die Einholung eines Gefälligkeitsgutachtens über die wirtschaftlichen Chancen der deutschen Hanfwirtschaft. Das Institut für Wirtschaft an der Universität Kiel gewann unter der Leitung von Prof. Dr. Hanf (dessen Name sich als schlechtes Omen erwies) die Ergebnisse dieser Studie ausschließlich am Schreibtisch; kein einziges Unternehmen der Hanfwirtschaft wurde befragt. Eine solche Evaluierung wirtschaftlicher Daten hatte sich wohl deshalb als verzichtbar erwiesen, weil das gutachtliche Ergebnis – heimischer Hanf hat, wenn überhaupt, erst »langfristig« eine Chance, da Faserimporte aus dem Ausland immer billiger sein könnten – von vornherein feststand. Nun sind auch Auto- und Kartoffelimporte aus dem Ausland oft billiger als die Eigenproduktion, doch käme kein Mensch, geschweige denn ein Wirtschaftsfachmann, deshalb auf die Idee, die Schließung von Mercedes oder die Einstellung des deutschen Kartoffelanbaus anzuregen. Die Verantwortlichen in der Regierung jedenfalls können mit diesem pseudowissenschaftlichen Alibi-Gutachten in der Hinterhand weiter kontraproduktiv auf die Hanfbremse treten. Nachdem der Hanfanbau rechtlich nicht zu verhindern war, versucht man es mit anderen Schikanen. So wurde 1997 vom Bundesgesundheitsministerium vor dem Ständigen Lebensmittelausschuß der Europäischen Union der Antrag eingebracht, Hanflebensmittel als »novel food« einzustufen. Die »novel food«-Verordnung, der bislang noch kein einziges Lebensmittel unterworfen ist, wurde geschaffen, um neuartige synthetische oder genmanipulierte Lebensmittel zu kontrollieren. Wären Hanflebensmittel unter diese Verordnung gefallen, hätten sie vom Markt verschwinden müssen und wären erst nach aufwendigen und langwierigen Kontrollverfahren wieder zugelassen worden. Die beantragte Einstufung konnte nur verhindert werden, weil die deutsche Hanfwirtschaft (gegen den Antrag ihrer Volksvertreter) der Europäischen Kommission nachweisen konnte, daß Hanflebensmittel bereits in großem Umfang auf dem Markt sind und deshalb rein formal kein »novel food«-Produkt sein können. Deshalb lehnte der Lebensmittelausschuß den deutschen Antrag am 21. Dezember 1997 ab. Daß das Ansinnen der deutschen Gesundheitsschützer keiner wie immer gearteten Sorge um saubere Lebensmittel, sondern der dumpfen Ideologie des Drogenkriegs geschuldet war, zeigt ein weiterer Antrag, den sie nach Ablehnung ihres Novel-food-Begehrens einbrachten: Der EU-Ausschuß möge darüber befinden, ob nicht die Abbildung eines Hanfblatts auf Lebensmittelprodukten verboten werden müßte, da dies zur »Verwirrung der Verbraucher« führen könnte. Trägt etwa die Sonnenblume auf einer Ölflasche zur Verwirrung der Verbraucher bei, oder sorgt die Kuh auf einer Milchtüte für Desorientierung? Noch haben die europäischen Lebensmittelkontrolleure diese Groteske nicht entschieden. In jedem Fall demonstriert sie den wahren Geist, den die Regierung zu Füßen Kohls der ökologischen Innovation Hanf bis heute entgegenbringt.

Um so erstaunlicher ist der unaufhaltsame Aufschwung,

Hanfanbau in Deutschland 1996 und 1997

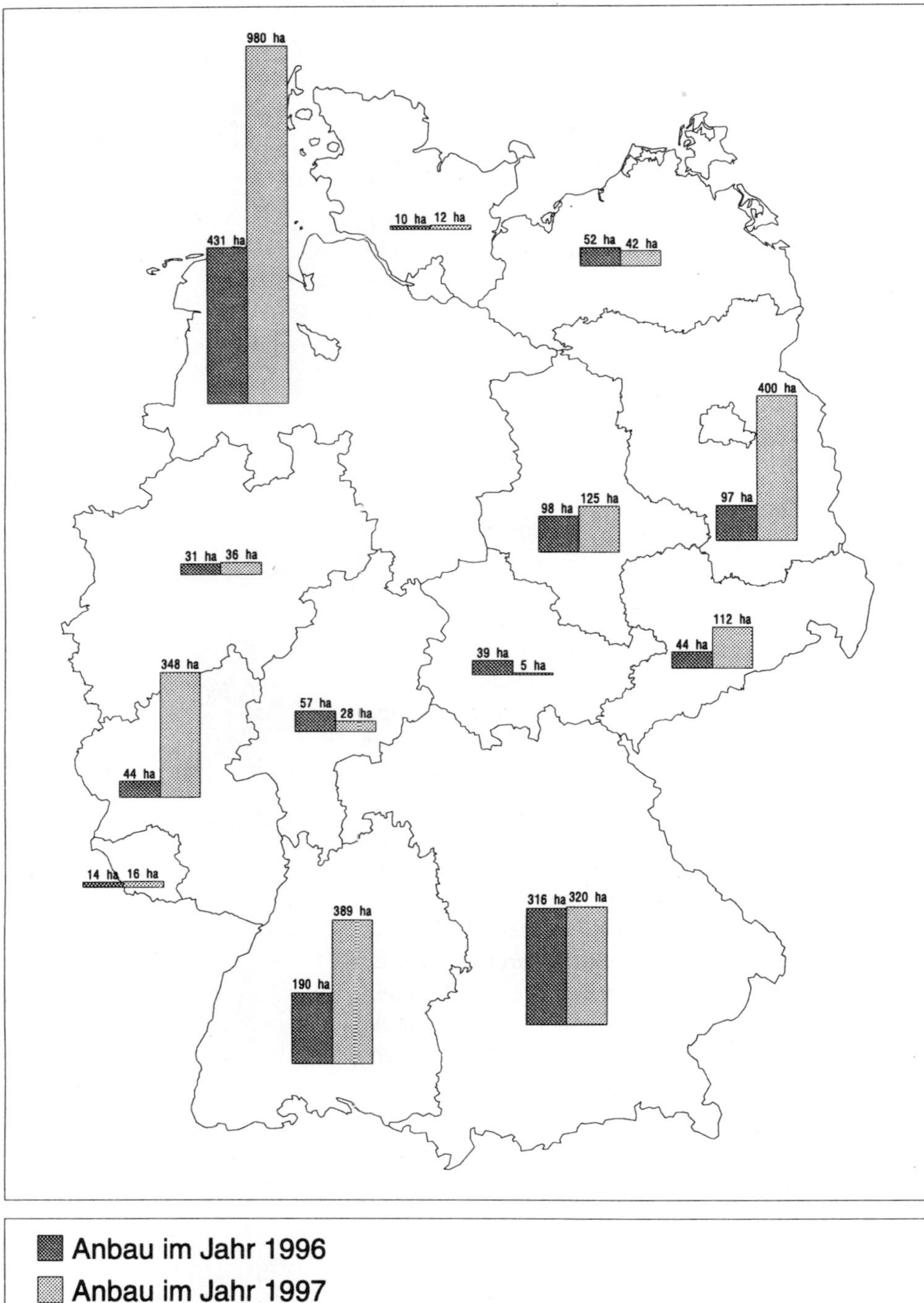

mit freundlicher Genehmigung des nova-Instituts

den die Hanfwirtschaft in den letzten Jahren genommen hat. Im Gegensatz zur allgemeinen Wirtschaftslage, zu Arbeitsplatzabbau und Konjunkturschwäche erfreut sich die junge Pflanze der Hanfökonomie bester Gesundheit.

Hanfanbauflächen

Die Anbauflächen, die nach der ersten Genehmigung im Jahr 1996 1400 Hektar betrugen, haben sich 1997 auf 2800 Hektar verdoppelt. Für 1998 werden in Deutschland mindestens 3500 Hektar Hanf erwartet. Die wichtigsten Anbauregionen (siehe Grafik) sind neben Niedersachsen (1997: 980 ha) und Brandenburg (400 ha), Baden-Württemberg (389 ha), Rheinland-Pfalz (348 ha) und Bayern (300 ha). Die Flächenbeihilfe der EU betrug 1996 und 1997 1500 DM pro Hektar. Für 1998 wird eine eventuelle Kürzung der Beihilfe auf 1000 DM/ha diskutiert, um künftige Subventionstrittbrettfahrer abzuschrecken. Grund für diese Maßnahme der EU ist ein Antrag Spaniens für eine Fläche von 20000 Hektar Hanf in 1998, deren Erträge aber aufgrund fehlender Verarbeitungsstätten im Land überhaupt nicht weiterverarbeitet werden können und die folglich nur wegen der relativ hohen Hanfprämie beantragt wurden.

Verteilten sich 1996 die insgesamt 1400 Hektar Hanffläche noch auf 571 Landwirtschaftsbetriebe, waren es 1997 bei verdoppelter Fläche nur noch 475 anbauende Betriebe. Für 1998 wird eine weitere Spezialisierung erwartet, das heißt, der Übergang vom Ausprobieren einer neuen Feldfrucht zu ihrer professionellen und kommerziellen Nutzung schreitet relativ schnell voran. Die oft als zu optimistisch getadelten Daten in diesem Buch – die Aussagen über das problemlose Wachstum, die guten Erträge und die nahezu 100prozentige Schädlingsresistenz des Hanfs – sind in der landwirtschaftlichen Praxis der letzten beiden Anbaujahre in vollem Umfang bestätigt worden.

Informationen über die aktuelle Flächenbeihilfe und die Anträge für die Anbaugenehmigung sind über das Bundesamt für Landwirtschaft und Ernährung (BLE), Adickesallee 40, 60322 Frankfurt/Main, erhältlich.

Hanfverarbeitung

Der Großteil der 96er und 97er Faserernte wurde in nur zwei Betrieben weiterverarbeitet: in der holländischen Hemp-Flax B.V., nahe der niedersächsischen Grenze, wo fast die gesamte dortige Ernte verarbeitet wurde, sowie in der Anfang 1997 in Betrieb genommenen Badischen Faseraufbereitung (BaFa) in Malsch bei Karlsruhe. In dieser Anlage werden die Hanfstengel in Schäben und Fasern getrennt, letztere werden

Faseraufschlußanlagen in Deutschland

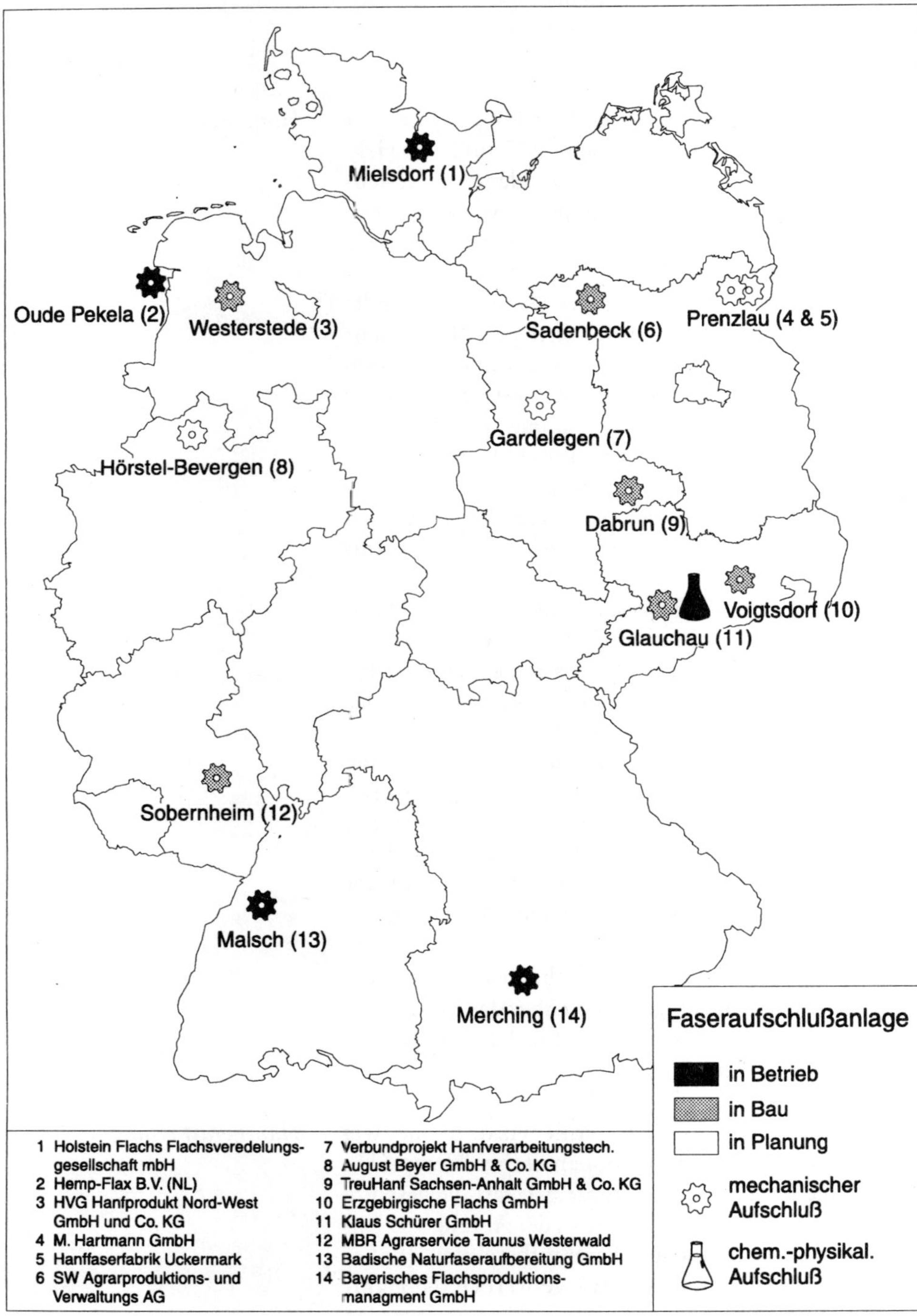

mit freundlicher Genehmigung des nova-Instituts

anschließend weiter entholzt und für die Verwendung in Filzen und Vliesen konditioniert. Hanffasern kommen vor allem für Dämmstoffe und Autoinnenteile in Frage, die Schäben werden heute sehr erfolgreich als Tiereinstreu vermarktet. Vor allem bei Reithallen und Gestüten besteht eine große Nachfrage nach Hanfschäben. So traben die königlichen Vierbeiner der Windsors in England nur auf 100 Prozent Hanf. Zur Zeit wird daran gearbeitet, Schäben und andere Reststoffe zu Pellets für die Kleintierhaltung zu verpressen und damit auch den attraktiven Markt der privaten Haustierbesitzer zu erreichen. Ein »Katzenklo« aus heimischem Hanf macht 1998 die ersten Katzen froh. Anfang 1997 begann die Hanffabrik Zehdenick, ein Unternehmen der Treu-Hanf AG, die die erste Hanfaktie am Markt plazierte, im nördlich von Berlin gelegenen Zehdenick mit der Produktion von Filzen und Vliesen, die als Trittschalldämmung und Geotextilien vermarktet werden. Hanfgeotextilien, die zur Dachbegrünung oder Böschungsbefestigung genutzt werden, haben im Unterschied zu dem bisher am häufigsten verwendeten Synthetikmaterial den Vorteil, daß sie nach zwei bis drei Jahren im Boden rückstandslos verrotten.

Zahlreiche weitere Anlagen zur Verarbeitung von Hanffasern befinden sich in Bau bzw. in der Planung (siehe Grafik). Michael Karus, der die Hanfstudie für dieses Buch leitete, hat zusammen mit dem nova-Institut und unterstützt von der Bundesstiftung Umwelt die Studie »Das Hanfproduktlinienprojekt (HPLP)« mit den technischen, ökonomischen und ökologischen Bilanzen für die verschiedenen Produktlinien vorgelegt: »Bilanziert wurden in mehreren Unterszenarien Hanftextilien gegenüber Baumwolltextilien, Hanffaser- gegenüber Mineralfaserdämmvliesen und hanfverstärkte gegenüber glasfaserverstärkten Kunststoffen. Beim Ressourceneinsatz schneiden sowohl in energetischer als auch in materieller Hinsicht alle Szenarien der Hanfnutzung (...) besser ab als die Lebenswege der zu substituierenden Produkte. Analog verhält sich der Beitrag zum Treibhauseffekt – die weitaus überwiegende Mehrzahl von Szenarien und Varianten wirkt deutlich treibhausentlastend. So spart z. B. 1 Hektar Hanf, der für die Dämmstoffindustrie angebaut wird, 2 Tonnen CO_2 gegenüber Mineralfaserdämmstoffen mit äquivalentem Nutzwert.« Insgesamt ermittelt die Studie elf aussichtsreiche Produktlinien für den Hanfstandort Deutschland.

Die Broschüre kann über das HanfHaus oder direkt beim

Für den Standort Deutschland favorisierte Produktlinien

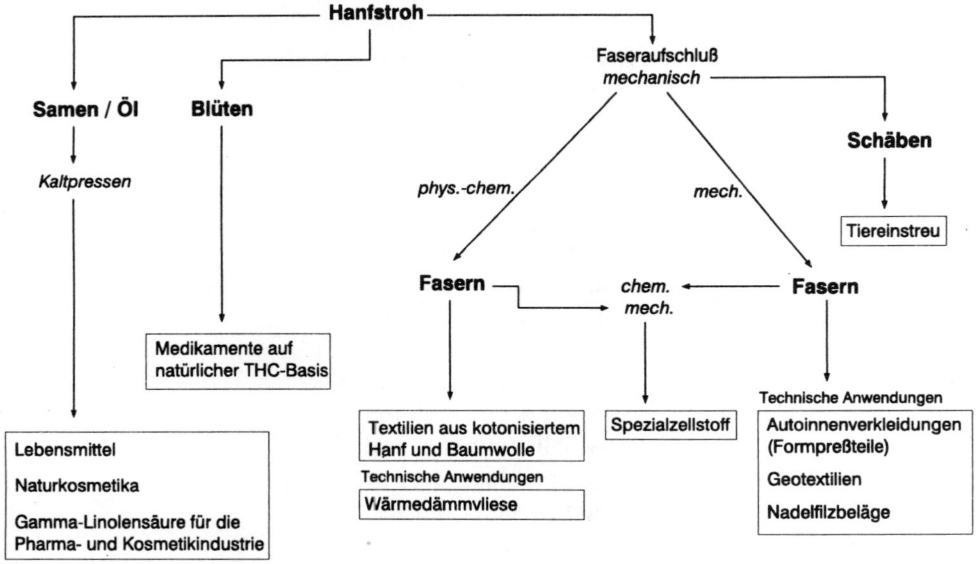

mit freundlicher Genehmigung des nova-Instituts

nova-Institut, Thielstraße 35, 50354 Hürth, bezogen werden. Die insgesamt elf erfolgversprechenden Produktlinien, deren Potential das nova-Institut untersucht hat, sollen hier kurz vorgestellt werden.

Kotonisierter Hanf für den Textilbereich

Die nach traditionellen Verfahren (Tau- oder Wasserröste) aufgeschlossene Hanffaser ist für feine Textilien nur bedingt geeignet. Mit modernen chemisch-physikalischen Aufschlußverfahren kann die Hanffaser auch auf Baumwollmaschinen versponnen und in eine wettbewerbsfähige Konkurrenz zu Baumwolle und Kunstfasern treten. Bisher wurde das an der FH Reutlingen entwickelte Dampfdruckaufschlußverfahren noch nicht in einer industriellen Anlage realisiert. Nach betriebswirtschaftlichen Berechnungen könnten die daraus gewonnenen kotonisierten Hanffasern um 10 bis 20 Prozent preiswerter sein als konventionelle Baumwolle – und dies bei höherer Festigkeit der Faser und großen ökologischen Vorteilen beim Anbau.

Wärmedämmvliese im Baubereich

Hier sind die ersten Produkte bereits auf dem Markt, sie liegen jedoch – wie andere ökologische Dämmstoffe auch – im Preis noch deutlich über den marktführenden Mineralwolldämmstoffen. Hanf kann zwar gut mit alternativen Dämmfasern wie Schafwolle oder Flachs mithalten, ein wirklicher Durchbruch am Markt ist hier aber erst zu erwarten, wenn eine ökologische Steuerreform die Umwelt- und Gesundheitsvorteile nachwachsender Rohstoffe belohnt.

Spezialzellstoff für technische Zwecke

Auf dem Sektor der Druckpapiere kann Hanfzellstoff unter den derzeitigen Produktionsmethoden mit Holz nicht konkurrieren; er ist vier- bis fünfmal so teuer und eigentlich viel zu schade für Papier. Deshalb wird sich der Markt für Hanfzellstoff in den nächsten Jahren eher auf Spezialpapiere wie Zigaretten-, Filter- und Teebeutelpapier sowie den Hygienebereich spezialisieren. Sein überlegenes Potential für Druck- und Massenpapiere könnte Hanf erst ausspielen, wenn neue Verfahren der Zellstoffgewinnung entwickelt würden; aber großtechnische Anlagen dieser Art sind noch nicht in Sicht.

Autoinnenverkleidung, Formpreßteile

Türverkleidungen, Armaturenbretter, Hutablagen – der gesamte Innenraum von Autos ist ein potentielles Einsatzgebiet für Faserrohstoffe. Derzeit werden in der deutschen Automobilindustrie jährlich etwa 4000 Tonnen solcher Fasern eingesetzt, und Hanf hat sich dafür hervorragend geeignet (Prototypen von Hanfteilen wurden bereits im neuen 7er BMW eingesetzt). Inwieweit exotische Fasern wie Sisal und Jute durch Hanf ersetzt werden könnten, ist letztlich eine politische Frage. Aufgrund der EU-Prämien können Hanffasern mit einem Preis von ca. 1 DM/kg derzeit gut mit den Importpflanzen konkurrieren. Ohne Beihilfen könnte der heimische Rohstoff aber nur dann in preislicher Hinsicht attraktiv bleiben, wenn im Zuge einer ökologischen Steuerreform die durch Transportwege und Pestizideinsatz entstehenden Umweltkosten auf die Preise dieser Importprodukte aufgeschlagen werden. Unter solchen Rahmenbedingungen hätte Hanf aufgrund seiner Massenerträge und der hohen Reißfestigkeit der Fasern von allen europäischen Faserpflanzen die besten Chancen im Automobilbau.

Geotextilien für Erd- und Wasserbau

Die bislang im Erd- und Wasserbau eingesetzten Textilien, vor allem Filze und Vliese, bestehen fast nur aus Chemiefasern. Für bestimmte Bereiche ist hier das Interesse an biologisch abbaubaren Geweben in den letzten Jahren gewachsen, etwa im Böschungs- und Erosionsschutz, für Begrünungsvliese mit integrierten Samen oder die Sanierung von Skipisten. Hanf bietet hier wegen seiner hohen Stabilität und seiner Festigkeit auch im nassen Zustand optimale Voraussetzungen. Die HanfFabrik Zehdenick soll, nach derzeitigem Stand der Verhandlungen, für die Sanierung und Erweiterung der Oderdämme die entsprechenden Gewebe aus Hanf liefern.

Nadelfilzteppiche

Umweltverträgliche, wohngiftfreie Teppiche aus Naturfasern spielen auf dem Teppichmarkt bislang nur eine untergeordnete Rolle und werden fast nur von privaten Haushalten nachgefragt. Nadelfilzteppiche aus Hanf könnten hier künftig auch für den Gewerbe- und Industriebereich eine preiswerte und ökologische Alternative sein. Vor allem bei Messen, wo Megatonnen Polyamid-Böden in der Regel nach einmaligen Gebrauch entsorgt werden müssen, wird die Kompostierbarkeit der verwendeten Auslegware zunehmend wichtig. Mit mechanisch aufgeschlossenen Hanffasern lassen sich sehr preiswerte Nadelfilzteppiche herstellen, die lukrative Marktchancen erschließen. Im Frühjahr 1998 hat das HanfHaus für die Ausstattung des ersten HanfHotels die ersten (gewebten) Hanfteppiche in Deutschland herstellen lassen.

Schäben als Tiereinstreu

Die bei der Fasergewinnung anfallenden Schäben sind wegen ihres hohen Absorptionsvermögens und ihrer guten Kompostierbarkeit hervorragend als Tiereinstreu geeignet. Vor allem für empfindliche Pferde, die wegen Allergien kein Stroh vertragen, ist Hanfeinstreu die Alternative. Für die Faserproduzenten ist deshalb der Absatz der Schäben das geringste Problem: die Tiere nehmen das »Hanfbett« begeistert an, und die Halter sorgen für ständige Nachfrage.

Der Einsatz von Schäben im Baubereich – wie etwa in Form des in Frankreich entwickelten IsoChanvre – wird vom nova-Institut nicht favorisiert: hier seien sie erheblich teurer als vergleichbares anderes Pflanzenmaterial.

Lebensmittel Naturkosmetik

Neben diesen Produktlinien für die Faserverwertung heimischen Hanfs haben auch Hanfsamen und -öl ein großes Ertragspotential. Der Markt, den sich Hanfprodukte in den Bereichen Lebensmittel und Naturkosmetik aus dem Stand erobert haben, gehört zu den größten Überraschungen der Hanf-Renaissance, zumal dieser Nutzen der Pflanze mehr noch als ihre Fasernutzung in Vergessenheit geraten war. Auch konnten die Hanfsamen ohne besonderen technischen Aufwand in bestehende Verarbeitungsketten integriert werden. Zur »Ernte 96«, einem großen Hanf-Festival und Symposion auf dem Berliner UFA-Gelände, wurden die ersten Lebensmittel und Ölprodukte aus heimischem Hanfanbau präsentiert. Ein Jahr später, auf der großen Lebensmittelmesse »HaNuGa« in Köln, war Hanf als Bestandteil von Nudeln, Schokolade, Limonade und Bier bereits ein Medien-Highlight. In den HanfHäusern zählten Hanfsamen und

Hanfspeiseöl von Anfang an zu den am meisten verkauften Einzelartikeln, ebenso wie die auf Hanföl basierenden Hautpflegeprodukte. Das nova-Institut favorisiert diese Produktlinien ebenfalls.

Daß Hanfkörner nicht nur wohlschmeckend, sondern wegen ihres hohen Gehalts an mehrfach ungesättigten Fettsäuren auch ein sehr wertvolles und gesundes Nahrungsmittel sind, hat die totgesagte Pflanze unsterblich gemacht. Als einziges Nahrungsmittel haben Hanfsamen die seltene Gamma-Linolen-Säure (GLA), was künftig zusätzliche Marktnischen im therapeutischen Bereich erschließen könnte. Da aufgrund mangelnder frühreifender Hanfsorten die Samenerträge in Deutschland vergleichsweise mager sind – in schlechten Sommern müßte sogar mit Totalausfall gerechnet werden, weil die Samen gar nicht zur Reife kommen –, hängt ein langfristiger Erfolg vor allem von der Züchtung solcher frühreifender Sorten ab. Die jetzt vor der Zulassung stehende und noch in der DDR entwickelte Sorte »Fasamo« verspricht in dieser Hinsicht einen Erfolg. Im Sommer 1997 wurden bei Versuchen 2000 kg Samen pro Hektar gewonnen – und dies nicht im reinen Samenanbau mit weit auseinanderstehenden Pflanzen, sondern in einer Kuppelnutzung, die auch einen guten Faserertrag gewährleistet.

Die pflegende und heilende Wirkung, die in den alten Volksmedizinen dem Hanföl zugesprochen wurde, hat sich nach der Wiederentdeckung in der modernen Naturkosmetik voll und ganz bestätigt. Deshalb zählen – nach den Hanftextilien – Hanfprodukte der Haut- und Haarpflege zu den derzeit umsatzstärksten Waren auf dem Hanfmarkt. Da die im Kosmetikbereich verwendeten Ölmengen vergleichsweise gering sind, schlägt sich dieser Verkaufserfolg nicht automatisch in hohen Anbauzahlen nieder; dennoch bietet der Kosmetik- und Körperpflegebereich hochwertigem Hanföl eine dauerhafte Absatzmöglichkeit. Gleiches gilt für das vom HanfHaus 1996 präsentierte Waschmittel »Sativa«, dessen Tenside auf Hanfölbasis hergestellt werden.

Gamma-Linolen-Säure für die Pharma- und Kosmetikindustrie

Wichtigstes Einsatzgebiet der Gamma-Linolen-Säure (GLA) ist die Behandlung von Hautkrankheiten, z. B. Neurodermitis. Durch die äußere Anwendung mit Salben oder die Einnahme von Hanföl können Mangelzustände an essentiellen Fettsäuren ausgeglichen werden, wodurch sich u. a. der Wasserverlust über die Haut normalisiert. Auch gegen rheumatische Arthritis und prämenstruelles Syndrom wird GLA angewendet. GLA ist auch in Nachtkerzen- und Borretschöl enthalten. Diese Pflanzen werden in Sonderkulturen angebaut; Aufzucht und Ernte sind sehr aufwendig, und üblicherweise werden hier auch Pflanzenschutzmittel eingesetzt. Deutschland importiert diese Öle vor allem aus Neuseeland. Auch wenn Hanföl nur 2 bis 4 Prozent GLA enthält (gegenüber z. B. 8 bis 10 Prozent im Nachtkerzenöl), ist es, umgerechnet auf den Gehalt, deutlich preiswerter als die seltenen exotischen Öle. Zudem kann es als Speiseöl einfach in die tägliche Ernährung integriert werden. Um Hanföl auch in medizinische Applikationen einzuführen, wäre es günstig, seinen GLA-Gehalt weiter anzureichern. Dies kann durch Zucht oder auch Anreicherung mit extrahierter GLA geschehen. Hanfzüchter sind überzeugt, daß der heutige GLA-Gehalt im Hanföl durch Züchtung spezieller Ölsorten deutlich erhöht werden kann.

Natürliches THC für Medikamente

Seit Änderung des Betäubungsmittelgesetzes vom 1.2.1998 ist der Hanfwirkstoff THC auch in Deutschland wieder verschreibungs- und verkehrsfähig. Die Wiederanerkennung der therapeutischen Wirksamkeit von THC ist vielleicht eine der wichtigsten Folgen dieses Buchs. Viele schwerkranke Menschen, die an Multipler Sklerose, Krebs oder Aids leiden, haben erfahren, daß Hanf sehr erfolgreich gegen Krämpfe und Appetitlosigkeit hilft. Aber bisher konnten sie sich ihre Medizin nur auf dem Schwarzmarkt besorgen. Jetzt ist sie wieder verschreibungsfähig – allerdings derzeit nur als synthetisches Präparat. Das künstlich hergestellte THC ist extrem teuer und muß aus den USA, wo es unter den Markennamen »Marinol« und »Nabilon« auf dem Markt ist, importiert werden. Nur durch Intervention der 1996 gegründeten »Arbeitsgemeinschaft Cannabis als Medizin« (ACM) konnte verhindert werden, daß in der Änderung des Betäubungsmittelgesetzes keine Beschränkung auf synthetisches THC festgeschrieben wurde. Die im vorliegenden Buch geschilderte Politik des ehemaligen Präsidenten George Bush, der die Hanfforschung unterbinden wollte, um allein dem patentierten synthetischen THC des mit der Präsidentenfamilie verbandelten Pharmakonzerns Eli Lilly diese Märkte zu öffnen (vgl. S. 73), wurde kurz vor ihrer gesetzlichen Zementierung gerade noch einmal abgewendet. Deshalb können künftig auch in Deutschland Arzneimittel mit natürlichem THC zugelassen werden, und hier bietet sich einem heimischen Medizinalhanfanbau ein großer Zukunftsmarkt. Das nova-Institut schätzt das Marktvolumen THC-haltiger Arzneien auf 100 Millionen Mark jährlich. Die Unterschiede zwischen synthetischem und natürlichem THC werden in einem großangelegten Forschungsprojekt unter der Leitung von Professor Robert Gorter vom Klinikum Berlin-Moabit an verschiedenen Kliniken in Deutschland, Holland, Österreich und der Schweiz experimentell untersucht. Die aus den USA dazu vorliegenden Daten deuten darauf hin, daß bei vielen Patienten die Cannabinolwirkstoffe des natürlichen Krauts besser wirken als das synthetische THC. Wenn die überlegene Wirkung der Pflanze in dieser Studie bestätigt wird, steht einer Zulassung und damit auch dem Anbau von Medizinalhanf nichts mehr im Wege.

Perspektiven der Hanfindustrie

Schon eine erste Realisierung dieser aussichtsreichen Hanfproduktlinien würde nach den Berechnungen des nova-Instituts eine Anbaufläche von 30000 Hektar Hanf erfordern. Betrachtet man allein die Tonnagen an Formpreßteilen für die deutsche Automobilindustrie, wird diese Anbaufläche wesentlich größer sein. Da Hanf dafür optimal geeignet ist und durch die derzeitigen EU-Beihilfen (bzw. künftig aufgrund einer ökologischen Steuerreform) auch preislich konkurrenzfähig sein wird, ist es einzig eine politische Entscheidung, wie schnell eine heimische Hanfwirtschaft zum Grundversorger des deutschen Exportartikels Nummer eins werden kann. Die Regierung zu Füßen Kohls hat nach der zähneknirschenden Genehmigung 1996 bis dato bloß als Hanfbremser gewirkt, indoktriniert von der seit über 60 Jahren vom großen Bruder über den Teich geflöteten Botschaft vom »Mörderkraut«.

Doch eben hier zeichnet sich eine Wende ab, und wie im »Summer of love« 1967, als Hanf für die westliche Welt wiederentdeckt wurde, surft auch 30 Jahre später die Bay-Area um San Francisco an der Spitze der Bewegung. Im vergangenen Jahr entschied eine Volksabstimmung in Kalifornien und Arizona – gegen die Bundesgesetze, gegen die offizielle Meinung und gegen den nichtinhalierenden Präsidenten –, daß Patienten der Anbau von Marihuana als Heilpflanze künftig wieder zu erlauben ist. Die medizinischen Belege, daß es sich bei dem beliebtesten aller illegalen Genußmittel um ein hochwirksames und unverzichtbares Arzneimittel handelt, sind zu überwältigend, als daß sich die Lüge vom »Mörderkraut« länger propagieren ließe. Und dies ausgerechnet in der Höhle des Löwen, den USA, die den internationalen »war on drugs« nach wie vor anführen. Während dem Welt-Drogen-Sheriff (dessen Gemeinde selbst mit 5 Prozent der Weltbevölkerung über 50 Prozent aller illegalen Substanzen verbraucht) an der Heimatfront die Felle in Sachen Cannabis wegschwimmen, suchen seine Nacheiferer in deutschen Amtsstuben zu retten, was noch zu retten ist. Im Oktober 1997 veröffentlichte das dem Bundesgesundheitsministerium unterstellte Bundesinstitut für gesundheitlichen und veterinärmedizinischen Verbraucherschutz (BgvV) eine Presseerklärung, die vor Vergiftungen durch THC in Lebensmitteln warnte. Anlaß für die »Warnung vor THC in Hanflebensmitteln« war eine Hanfölprobe aus der Schweiz, die einen extrem hohen Gehalt des rauschwirksamen Hanfbestandteils THC enthielt. Der als Aufhänger für diese Warnung herangezogene THC-Meßwert aus der Schweiz ist jedoch in keiner Weise repräsentativ für Hanfprodukte aus EU-zertifizierten, THC-armen Hanfsorten. Die THC-Stichproben deutscher Hanflebensmittel, etwa aus dem HanfHaus, liegen um ein Vielfaches darunter. Warum das besagte Bundesinstitut nicht auf die bundesdeutschen Meßdaten zurückgegriffen hat, dafür gibt es eine einfache Begründung: Weder historisch noch aktuell ist auch nur eine einzige »Vergiftungserscheinung« durch THC-Reste in Lebensmitteln in Deutschland oder der EU belegt! Der bei der Schweizer Probe gefundene Wert lag um den Faktor 300 über dem in der Schweiz geltenden Grenzwert von 50 Milligramm/pro Kilo; das Hanföl hätte also auch in der Schweiz gar nicht auf den Markt kommen dürfen.

Hintergrund dieser Panikmeldung der deutschen Gesundheitsschützer, die es natürlich prompt bis in die »Tagesschau« schaffte, ist kein medizinischer oder volksgesundheitlicher Aspekt: am Ende seiner Erklärung zitiert das Bundesinstitut vielmehr das »United Nations International Narcotics Control Board«, jene seit der UNO-Gründung von den USA dominierte Abteilung, in die man den manischen Hanfverfolger Harry Anslinger 1946 weggelobt hatte und die noch ein halbes Jahrhundert danach ganz im Geiste ihres ersten Chefs agiert und im Zusammenhang mit einem der ältesten Nahrungsmittel der Menschheit nunmehr behauptet, »daß der Einsatz von Hanf in Lebensmitteln die Bereitschaft zum Konsum illegaler Hanfprodukte fördert und den Maßnahmen zur Einschränkung des Drogenmißbrauchs entgegenwirken könnte«. Nach dieser Sprachregelung des UN-Büros muß Hanföl auf dem Salat künftig quasi als Einstiegsdroge gelten. Absurder geht's wirklich nicht mehr – und eigentlich warten wir jetzt nur noch auf eine Behauptung, daß THC-Spuren in Hanfjeans die Träger high machen und die Hosen deshalb aus dem Verkehr gezogen werden müssen.

Noch ist die Schlacht nicht gewonnen, noch ist die Hanfwirtschaft nicht über'n Berg. Das »Imperium« schlägt noch zurück, wo immer es kann. Die Front im Drogenkrieg soll gehalten werden, jede Förderung der Hanfnutzung wird als Nachgeben, jede positive Äußerung über die einmaligen Qualitäten der Pflanze als Verharmlosung der Droge empfunden. So ließ sich die Weltgesundheitsorganisation (WHO) bei der Veröffentlichung eines Berichts über Cannabis durch das »International Drug Control Board« erpressen, eine Studie über die geringen Gesundheitsschäden beim Dauergebrauch von Cannabis im Vergleich mit Tabak oder Alkohol aus ihrem Bericht zu entfernen. Als die Unterschlagung des drogenpolitisch mißliebigen Ergebnisses aufflog und die Wissenschaftszeitschrift »New Scientist« (Nr. 2122) am 21. Februar 1998 ausführlich darüber berichtete, ließ das »International Drug Control Board« nur jene Platitüde verlauten, die selbst hartgesottene Prohibitionisten kaum noch in den Mund nehmen: Cannabis sei nach wie vor als »Einstiegsdroge« zu betrachten.

Der schlafende Riese, den wir mit diesem Buch geweckt haben, ist erwacht und beginnt sich zu regen. Solange aber mit dem Kahlschlag von Urwäldern für Papier, den Pestizidorgien auf Baumwollplantagen, dem Anfeuern des Treibhauseffekts mit fossiler Energie straflos hohe Renditen erzielt werden können, solange werden ein Umdenken und Umsteuern in der globalen Wirtschaft und ein wirklicher Massenmarkt für die Nutzpflanze Hanf ein frommer Wunsch bleiben. Deshalb brauchen wir jetzt eine ökologische Steuerreform, die eine Wende zu sanfter Energie und nachwachsenden Rohstoffen fördert. Werden solche Rahmenbedingungen geschaffen, kann Hanf als universeller heimischer Rohstoff zu einem Paradigma dieser Wende werden und als Korrektiv zur Globalisierung für Lokalisierung – für eine regionale Kreislaufwirtschaft – sorgen. Das grandiose Comeback, das die Nutzpflanze Hanf in den letzten vier Jahren erlebt hat, ist ein vielversprechender Anfang. Er zeigt, daß wir gar keinen Fehler machen können, wenn wir auf jene alte Gefährtin aus dem Pflanzenreich vertrauen, die der Menschheit seit mindestens 12000 Jahren immer und vor allem in Notzeiten zur Seite stand. Es gibt viel zu tun. Pflanzen wir´s an!

Anmerkungen

I
Weshalb der Hanf verboten werden konnte: die Geschichte einer Verschwörung (Jack Herer)

1. Zur Geschichte des Hanfs

1 Clark, V.S., History of Manufacture in the United States, McGraw Hill, New York 1929, S. 34.
2 Ebd.
3 Herndon, G.M., Hemp in Colonial Virginia, 1963; The Chesapeake Colonies, 1954; Los Angeles Times, 12. August 1981.
4 Siehe die Tagebücher von George Washington; Writings of George Washington, Brief an Dr. James Anderson, 26. Mai 1794, Bd. 33, S. 433, (Publikation der US-Regierung, 1931); Briefe an seinen Gutsverwalter William Pearce, 1795 und 1796; Thomas Jefferson, Jefferson's Farm Books; Abel, Ernest, Marijuana: The First 12 000 Years, Plenum Press, New York, 1980; M. Aldrich, u. a.
5 US-Erhebung, 1850; Allen, James Lane, The Reign of Law, A Tale of the Kentucky Hemp Fields, MacMillan Co., New York, 1900; Roffmann, Roger, Marijuana as Medicine, Mendrone Books, Washington, 1982. – Diese Zahl schließt weder Tausende von kleineren Farmen mit ein, auf denen Hanf angebaut wurde, noch Hunderte oder Tausende – wenn nicht gar Millionen – von Gartenbeeten, auf denen Familien in Amerika Hanf anpflanzten. Sie berücksichtigt auch nicht die Tatsache, daß dennoch mehr als 200 Jahre lang bis in unser Jahrhundert hinein 80 Prozent des Hanfbedarfs der USA aus Rußland, Ungarn, der Tschechoslowakei und Polen importiert werden mußten.
6 Mikuriya, Tod, Marijuana Medical Papers, Medi-Comp Press, Kalifornien, 1973; Cohen, Sidney und Stillman, Richard, Therapeutic Potential of Marijuana, Plenum Press, New York, 1976.
7 The Columbia History of the World, 1981, S. 54.
8 Wasson, R. Gordon, Soma, Divine Mushroom of Immortality; Allegro, J.M., Sacred Mushroom & the Cross, Doubleday, New York, 1969.

2. Wozu Hanf alles nütze sein kann

1 Die anderen 10 Prozent waren gewöhnlich Flachs oder minderwertigere Fasern wie Ramie, Sisal, Jute und Abaka. – Abel, Ernest, Marijuana: The First 12 000 Years, Plenum Press, 1980; Herodot, Historiae, 5. Jahrhundert v. Chr.; Frazier, Jack, The Marijuana Farmers, 1972; Indizes des US-Landwirtschaftsministeriums, 1916-1982; Film des US-Landwirtschaftsministeriums, Hemp for Victory, 1942.
2 Oxford English Dictionary; Encyclopaedia Britannica, 11. Auflage, 1910; Film des US-Landwirtschaftsministeriums, Hemp for Victory, 1942.

3 Cannabis – aus dem hellenisierten Griechisch des Mittelmeerraumes, abgeleitet aus dem Persischen und noch älteren nordsemitischen Sprachen (Quanuba, Kanabos, Cana?, Kanah?), die inzwischen zur neuentdeckten Frühzeit des 6 000 Jahre alten indogermanisch-semitischen Sprachfamilienstammes der Sumerer und Akkadier zurückverfolgt wurden. Das frühsumerisch/babylonische Wort K(a)N(a)B(a) oder Q(a)N(a)B(a) ist eine der ältesten noch existenten Wortwurzeln. (KN bedeutet Rohr und B bedeutet zwei Schilfrohre oder zwei Geschlechter.)

4 Im 16., 17., 18. und im 19. Jahrhundert waren ein Frachtschiff, ein Schnellboot, Walfangschiff oder Kriegsschiff durchschnittlicher Größe mit 50 bis 100 Tonnen Hanf getakelt, nicht zu vergessen die Segel, Netze usw.; die gesamte Takelage mußte alle ein bis zwei Jahre erneuert werden, weil sie vom Salz zerfressen wurde. – Abel, Ernest, Marijuana, The First 12 000 Years, Plenum Press, 1980; Encyclopaedia Britannica; Magoun, Alexander, The Frigate Constitution, 1928; Film des US-Landwirtschaftsministeriums, Hemp for Victory, 1942.

5 In den Ausgaben der Encyclopaedia Britannica von 1893 und 1910 wird darauf hingewiesen und im Popular Mechanics von 1938 geschätzt, daß mindestens die Hälfte des Materials, das als Leinen bezeichnet wurde, nicht aus Flachs, sondern aus Hanf hergestellt wurde. Herodot (ca. 450 v. Chr.) beschreibt, daß die aus Hanf gefertigten Gewänder der Thraker Leinengewändern in nichts nachstünden, und daß »nur eine ganz erfahrene Person sagen könne, ob sie aus Hanf oder aus Flachs gemacht seien«.

6 Herndon, G.M., Hemp in Colonial Virginia, 1963; Daughters of the American Revolution histories; Abel, E. Marijuana, The First 12 000 Years; siehe auch den Film Revolution von 1985 mit Al Pacino.

7 Die ursprünglichen, strapazierfähigen berühmten Levi-Hosen der Goldsucher der ersten Jahre, bekannt geworden als die California '49ers, waren aus Hanfsegeltuch gefertigt und mit Nieten versehen. Auf diese Weise konnten die Hosentaschen nicht reißen, wenn sie mit dem gewaschenen Gold gefüllt waren. – Levi Strauss & Company of San Francisco, Kalifornien, Persönliches Gespräch des Autors mit Gene McClaine, 1985.

8 Oxford English Dictionary; Encyclopaedia Britannica, 11. Auflage, 1910; Film des US-Landwirtschaftsministeriums, Hemp for Victory, 1942.

9 Ende der dreißiger Jahren informierte das Federal Bureau of Narcotics den Kongreß darüber, daß viele Amerikaner polnischer Abstammung immer noch Gras in ihren Hinterhöfen anbauten, um daraus Arbeitskleidung und lange Unterhosen für den Winter zu machen, und die Agenten mit Schrotflinten empfangen hätten, weil diese ihnen die Kleidung für das kommende Jahr stehlen wollten.

10 Broschüre des Fachbereichs Agrarwissenschaften der Universität von Kentucky, März 1943.

11 Ernteberichte, Internationale Übersicht des US-Landwirtschaftsministeriums. CIBA-Bericht 1961-1962 Luigi Castellini, Mailand, Italien.

12 Die alten Jennymaschinen und Spinnräder wurden hauptsächlich zum Verspinnen von Fasern benutzt, und zwar in dieser Reihenfolge: Cannabis-Hanf, Flachs, Wolle, Baumwolle und so weiter.

13 Falls Sie sich die Frage stellen: In der Hanffaser ist kein THC (Tetrahydrocannabinol) enthalten. Ganz recht, Sie können Ihr Hemd nicht

rauchen! Der Versuch, Hanfstoffe – oder überhaupt irgendeine Textilie – zu rauchen, könnte fatal sein!

14 Colby, Jerry, DuPont Dynasties, Lyle Stewart, 1984.

15 Cavender, Jim, Professor für Botanik, Universität von Ohio, »Authorities Examine Pot Claims«, Athens News, 16. November 1989.

16 Daher der Begriff »Lumpenpapier«.

17 Frazier, Jack, The Marijuana Farmers, Solar Age Press, New Orleans, Louisiana, 1974; US-Kongreßbibliothek; Nationalarchive; US-Münzanstalt.

18 Adams, James T., Hrsg., Album of American History, Charles Scribner's Sons, New York, 1944, S. 116.

19 Frazier, Jack, The Marijuana Farmers, Solar Age Press, New Orleans, Louisiana, 1974; US-Kongreßbibliothek; Nationalarchive.

20 Aussage des National Institute of Oilseed Products vor dem Kongreß gegen das Marihuana-Steuergesetz von 1937.

21 Sloman, Larry, Reefer Madness, Grove Press, New York, 1979, S. 72.

22 Bonnie, Richard und Whitebread, Charles, The Marijuana Conviction, University of Virginia Press, 1974.
In diesem Zusammenhang sollte man bedenken, daß die DEA (U.S. Drug Enforcement Agency/Drogen-Vollstreckungsbehörde) behauptet, zusammen mit allen staatlichen und regionalen Polizeibehörden während des gesamten Jahres 1988 651,5 Tonnen in den USA angepflanztes Marihuana beschlagnahmt zu haben – Samen, Pflanzen, Wurzeln und Erdklumpen eingeschlossen. National Narcotics Consumers Committee, NNICC-Bericht, amtliche Veröffentlichung der DEA, 1988, El Paso, Texas, April 1989.

23 Burbank, Luther, How Plants Are Trained To Work For Man, Useful Plants, P. F. Collier & Son Co., New York 1921, Bd. 6, S. 48.

24 Regierung, Öl- und Kohlekonzerne und andere werden daran festhalten, daß es vom umweltpolitischen Standpunkt aus gesehen keinen Unterschied macht, ob man Ernergie aus Biomasse gewinnt oder die fossilen Brennstoffreserven aufbraucht, aber das stimmt ganz und gar nicht. Warum? Weil Biomasse im Unterschied zu fossilen Brennstoffen aus lebenden (nicht ausgestorbenen) Pflanzen gewonnen wird, die während ihres Wachstums mittels Photosynthese unsere Atmosphäre von Kohlendioxid befreien. Außerdem enthalten Brennstoffe aus Biomasse keinen Schwefel.

25 Erstaunlicherweise ist Cannabis, in einem weltweiten Rahmen unter Berücksichtigung aller Bodenverhältnisse und Klimate betrachtet, mindestens vier-, wahrscheinlich jedoch sogar 50mal reicher an erneuerbarer Biomasse/Zellulose als seine engsten Konkurrenten – Kornhalme, Zuckerrohr, Kenaf, Bäume usw. Solar Gas, 1980; Omni, 1983; Cornell University; Science Digest, 1983 usw; vgl. auch Kapitel 9.

26 Vgl. Rubin, Vera, »Research Institute for the Study of Man«, Östliche Orthodoxe Kirche; Cohen & Stillman, Therapeutic Potential of Marijuana, Plenum Press, 1976; Abel, Ernest, Marijuana, The First 12 000 Years, Plenum Press, New York, 1980; Encyclopaedia Britannica.

27 Aussage vor dem Kongreß, 1937: »Vögel werden ohne ihn nicht singen«, sagten die Vogelfutter-Hersteller dem Kongreß. Ergebnis: Sterilisierte Cannabissamen werden weiterhin aus Italien, China und anderen Ländern in die USA eingeführt.

28 Frazier, Jack, The Marijuana Farmers, Solar Age Press, New Orleans, Louisiana, 1972.

29 Dewey & Merrill, Bulletin Nr. 404, US-Landwirtschaftsministerium, 1916.

30 Nationale Import/Export Textile Company of Shanghai, Persönliches Gespräch mit dem Autor, April und Mai, 1983.

3. »Neue Milliarden-Dollar-Ernte«

1 Dies entspricht heute 20 bis 40 Milliarden US-Dollar.

4. Das Ende des legalen Hanfanbaus

1 Popular Mechanics, Februar 1938; Mechanical Engineering, Februar 1938; US-Landwirtschaftsministerium.

2 Dewey & Merrill, Bulletin Nr. 404, US-Landwirtschaftsministerium; 1916; »Milliarden-Dollar-Ernte«, Popular Mechanics, 1938; Indizes des US-Landwirtschaftsministeriums, 1916-1982; New Scientist, 13. November, 1980.

3 Dewey & Merrill, Bulletin Nr. 404, US-Landwirtschaftsministerium, 1916; New Scientist, 1980; Kimberly Clark-Produktionsberichte von seiner Hanfpapier-Tochtergesellschaft De Mauduit in Frankreich, 1937-1984.

4 Forschungen des Autors und persönliche Gespräche mit Du Pont, 1985.

5 Du Pont Company, Jahresbericht, 1937, Hervorhebung von uns.

6 1992 rund 4 000 US-Dollar.

7 Das Webster's dictionary definiert »Sensationsjournalismus« als die Anwendung sensationsheischender, skrupelloser Methoden in Zeitungen und anderen Medien, um die Leser zu beeinflussen oder deren Aufmerksamkeit auf sich zu ziehen.

8 Das Lied »La Cucaracha« erzählt die Geschichte eines von Villas Männern, der seinen Marihuanajoint sucht, »por fumar!« (um zu rauchen).

9 Uelmen & Haddox, Drug Abuse and the Law, 1974.

10 Jetzt gibt es ein ganzes Netzwerk von Beamten, Agenten, Spionen und bezahlten Informanten, und damit hat sich die Strafkapazität um das 20fache erhöht.

11 Per Jerry Colby, Autor der Du Pont Dynasties, Lyle Stewart, 1984.

12 1937 waren die AMA und die Roosevelt-Regierung große Antagonisten.

13 Bonnie, Richard & Whitebread, Charles, The Marijuana Conviction, University of Virginia Press, 1974; Aussage vor dem Kongreß, 1937; vgl. die Protokollauszüge im Anhang, Teil IV des vorliegenden Buches (Dokument 3).

14 Mikuriya, Tod, Marijuana Medical Papers, 1972; Sloman, Larry, Reefer Madness, Grove Press 1979; Bonnie & Whitebread, The Marijuana Conviction, University of Virginia Press; Akten des US-Landwirtschaftsministeriums; Lindsmith, A., The Addict and the Law, Indiana University Press.

15 Harry J. Anslinger war Direktor der Rauschgiftbehörde seit ihrer Gründung im Jahre 1931 und wurde erst 1961 von Präsident John F. Kennedy gezwungen, von diesem Posten zurückzutreten, nachdem Anslinger versucht hatte, die Publikationen von Professor Alfred Lindsmith wie auch dessen Verleger der Zensur zu unterwerfen (The Addict and the Law, Washington Post, 1961) und Lindsmiths Arbeitgeber, die Indiana University, zu erpressen. Schon 1934 wurde Anslinger von US-Senator Joseph Guffey aus Pennsylvania wegen rassistischer Äußerungen angegriffen. In Rundbriefen an seine Abteilungsleiter, die auf Papier der Drogenbehörde geschrieben waren, sprach er beispielsweise von »ingwerfarbigen Niggern«.

16 Du Pont hat in seiner gesamten 170jährigen Geschichte nur zweimal Geld von Banken geliehen. Davon einmal, um in den zwanziger Jahren dieses Jahrhunderts die Mehrheit bei General Motors zu erwerben.

17 Aus Anslingers eigenen Berichten vor der Pennsylvania State University, Li Cata-Morde usw.

18 Sloman, Larry; Reefer Madness, 1979; Bonnie & Whitebread, The Marijuana Conviction, University of Virginia Press, 1974.

19 American Health, Juli/August, 1989.

5. Die Hanfprohibition

1 Weshalb stellte sich der amerikanische Ärzteverband 1944/1945 auf Anslingers Seite, nachdem er 1937 das Marihuanasteuergesetz abgelehnt hatte? Weil Anslingers FBN (Rauschgiftbehörde) Ärzte, die Narkotika aus nach Anslingers Auffassung illegalen Gründen verschrieben, strafrechtlich verfolgte. 1939 hatte das FBN mehr als 3 000 AMA-Ärzte wegen der Ausstellung illegaler Rezepte belangt. 1939 schloß der AMA mit Anslinger einen Marihuana-Frieden. Das Ergebnis: Zwischen 1939 und 1949 wurden lediglich drei Ärzte wegen illegaler Verschreibung von Narkotika strafrechtlich verfolgt.

2 Anslingers autobiographischem Buch The Murderers zufolge versorgte er US-Senator Joseph McCarthy jahrelang mit illegalen Morphinen. Ehemalige FBN-Agenten bestätigten diese Aussage. Welchen Grund gibt Anslinger in seinem Buch dafür an? Auf diese Weise könnten die Kommunisten diesen großartigen amerikanischen Senator nicht mit seiner Drogenabhängigkeit erpressen. (Dean Latimer, »Flowers in the Blood«; Harry Anslinger, The Murderers.)

3 Der J.V. Dialogue Soviet Press Digest vom Oktober 1990 berichtete, daß das Hanfgeschäft trotz verzweifelter Anstrengungen der sowjetischen Behörden, diesen Handel auszurotten, weiterhin floriere. »Allein in Kirgisien sind rund 3 000 Hektar Land mit Hanf bepflanzt.« In einem anderen Gebiet reisen Russen drei Tage lang zu »einem der etwas finsteren Orte in der Moiyn-Kumy-Wüste«, um eine hochwertige, dürreresistente Hanfsorte zu ernten, die bei den Einheimischen als anasha bekannt ist.

4 Los Angeles Times, The Oregonian, etc., Leitartikel 1984; The Oregonian, 21. Januar 1985; Lee, Martin & Shlain, Bruce, Acid Dreams, Grove Press, New York, 1985.

5 Erklärungen zur Offenlegung der Vermögenslage; Bush-Steuerbericht 1979; »Bush Tried to Sway A Tax Rule Change But Then Withdrew«, New York Times, 19. Mai 1982; verschiedene Unternehmensberichte, Christic Institute »La Penca« – eidesstattliche Versicherung; Lilly-Jahresbericht 1979.

6. Ein uraltes Heilmittel

1 Vgl. hierzu die Darstellungen der von der US-Regierung unterstützten Forschung bei Cohen & Stillman, Therapeutic Potential of Marijuana, 1976; Roffman, Roger, Marijuana as Medicine, 1980; Mikuriya, Tod, M. D., Marijuana Medical Papers, 1972; ferner die Arbeiten von Dr. Norman Zinberg; Dr. Andrew Weill; Dr. Lester Grinspoon; die Protokolle der US Gouvernment's Presidential Commission (Shafer Commission) 1969-1972; Dr. Raphael Mechoulam (Universität Jerusalem/Tel Aviv) 1964-1984; die Monographie von W. B. O'Shaugnessy, 1839; außerdem die jamaikanischen Langzeitstudien I und II, 1968-1974; die Costa-Rica-Studien von 1982; die

US Coptic studies, 1981; Ungerlieder; die US-amerikanischen Militärstudien der 50er und 60er Jahre.

2 Protokoll der 15. Jahresversammlung der Ohio State Medical Society, 12.-14. Juni 1860, S. 75 ff.

3 Omni Magazine, September 1982.

4 Zu beachten ist dabei, daß die Pharmaindustrie und ihre Lobby die Bundesregierung soweit brachte, alle eingehenderen Marihuanaforschungen zu untersagen. Dies geschah 1976, im letzen Jahr der Regierung Ford.

5 Etwa »Pharmacists Against Drug Abuse« [Apotheker gegen Drogenmißbrauch].

6 Vgl. u.a. Mother Jones Magazine, 1979; »Unbroken Circle«, Juni 1989; The Progressive, April 1991.

7. Was mit Cannabis alles zu kurieren ist

1 Persönliche Mitteilung von Dr. Donald Tashkin, 12. Dezember 1989.

2 Tashkin, Dr. Donald, UCLA Pulmonary Studies, 1969-1990; ders., Asthma Studies, 1969-1976; Cohen, Sidney & Stillman, Therapeutic Potential of Marijuana, 1976; Life Insurance Acturial rates; Life shortening effects of childhood asthma, 1983.

3 Harvard; Hepler & Frank, 1971, UCLA; Medical College of Georgia; University of North Carolina School of Medicine, 1975; Cohen & Stillman, Therapeutic Potential of Marijuana, UCLA, 1976; National Eye Institute.

4 Cohen & Stillman, Therapeutic Potential of Marijuana, UCLA, 1976; persönliche Mitteilungen der an dieser Studie beteiligten WissenschaftlerInnen, Washington D. C., November 1982.

5 Mikuriya, Marijuana Medical Papers 1839-1972, S. XXII.

6 Cohen & Stillman, Therapeutic Potential of Marijuana, UCLA, 1976; Mikuriya, Tod H., M. D., Marijuana Medical Papers 1839-1972; vgl. auch die offiziellen Arzneimittelbücher der Vereinigten Staaten vor 1937.

7 The Antibiotic Effect of Cannabis indica, 1952, 1953, 1955; The Antibacterial Effect of Cannabis indica, 1955, in: Marijuana Medical Papers 1839-1972; Cohen & Stillman, Therapeutic Potential of Marijuana, UCLA, 1976.

8 Vgl. auch allgemein Cohen & Stillman, Therapeutic Potential of Marijuana, University of California, 1976; Mikuriya, Tod H., M. D., Marijuana Medical Papers 1839-1972; Roffman, Marijuana as Medicine, 1982; International Farm Crop abstracts.

9 Cohen & Stillman, Therapeutic Potential of Marijuana, UCLA, 1976; Mikuriya, Tod H., M. D., Marijuana Medical Papers 1839-1972; Medi-Comp Press, Oakland, CA, 1973.

10 Vgl. auch den Abschnitt über Asthma – einer Krankheit, bei der es zum krampfartigen Verschluß dieser Gefäße kommt; UCLA Tashkin Studies, 1969-1983; U. S. Costa Rican studies, 1980-1982; Jamaican studies, 1968-1974.

11 Jamaican studies; Costa Rican studies.

12 Los Angeles Times, 2. April 1991.

13 Das Zentrum für Bekämpfung von Krankheiten in Atlanta berichtete im November 1983, daß die KonsumentInnen derartiger Beruhigungsmittel ihr Leben lang unter Schüttellähmungen leiden bzw. leiden werden. Diese verschreibungspflichtigen Nervengifte sind chemisch mit den Pestiziden und dem als C-Waffe eingesetzten Nervengas Sarin verwandt.

14 Vgl. auch Tashkins Studien über die Auswirkungen von Marihuana auf die Lunge, UCLA, 1969-1989; der Autor dieses Buches hat über 10 Jahre an diesen Studien teilgenommen und mit Dr. Tashkin immer wieder über die medizinischen Anwendungsmöglichkeiten von Cannabis diskutiert.
15 Harvard Medical School, Mental Health Letter, Bd. 4, Nr. 5, November 1987.
16 Stopping Valium, Public Citizen Health Research Group, 2000 P St. NW, Washington, D. C.
17 Ruben, Vera & Comitas, Lambros, Ganja in Jamaica. A Medical Anthropological Study of Chronic Marijuana Use. Mouton & Co., den Haag, Paris, Anchor Books, USA, 1976.
18 Auszüge aus: Robert Berkow, M.D., und die Forschungsabteilung von Merck & Co, Inc. (Hrsg.), Merck Manual of Diagnosis and Therapy, 15. Auflage 1987.

8. Hanfsamen: ein Grundnahrungsmittel

1 St. Angelo, A.J., E.J. Conkerton, J.M. Dechary und A.M. Altschul, in: Biochimica et Biophysica Acta, Bd. 121, 1966, S. 181 ff.; St. Angelo, A., L. y. Yatsu und A. M. Altschul in: Archives of Biochemistry, Bd. 124, S. 199-205; Stockwell, D. M., J. M. Dechary und A. M. Altschul, in: Biochimica et Biophysica Acta, Bd. 82, 1964, S. 221.
2 Morroson, R.T., Organic Chemistry, 1960; Kimber, Gray, Stackpole, Textbook of Anatomy and Physiology, 1943.
3 Cohen & Stillman, Therapeutic Potential of Marijuana, Plenum Press, New York, 1976;ČSSR-Studie über die Ernährung bei Tuberkulose, 1955.
4 McKenny, Margaret, Birds in the Garden, Reynal & Hitchcock, New York, 1939.
5 U. S. Agricultural Index; Frazier, Jack, The Marijuana Farmers, Solar Age Press, New Orleans, Louisiana, 1972.
6 World Hunger Project, Save the Children, EST, Forum.
7 Frazier, Jack, The Marijuana Farmers, Solar Age Press, New Orleans, 1972; vgl. auch australische Geschichtsbücher.
8 Teramura, Alan, Studie der Universität von Maryland in: Discover magazine, September 1989; Kongreßgutachten von Ralph Loziers, Nationales Institut für Ölsamen-Produkte, 1937.
9 ČSSR-Studie über die Ernährung bei Tuberkulose, 1955.

9. Ein Wirtschaftsfaktor mit Zukunft

1 Vgl. etwa die US-amerikanischen Umweltberichte (U.S. EPA reports) der Jahre 1983-1989, in denen vor einer weltweiten Katastrophe gewarnt wird, die durch die Anreicherung der Atmosphäre mit Kohlendioxid aus dem Einsatz fossiler Brennstoffe entstehen kann.
2 Henry Ford ließ auf seinem Grundbesitz in Iron Mountain auch nach 1937 noch Marihuana anbauen; offenbar wollte er beweisen, wie günstig sich daraus Methanol gewinnen ließ. Er baute sogar Kunststoffautos, die aus Weizenstroh, Hanf und Sisal bestanden (vgl. S. 112 f.; sowie Pinch Hitters for Defense, in: Popular Mechanics, Dezember 1941). Im übrigen war der Dieselmotor von seinem Konstrukteur ebenfalls für den Betrieb mit »verschiedenen Treibstoffen, vornehmlich aber für Treibstoffe aus Pflanzen- und Samenöl« gedacht.
3 Brookhaven National Laboratory, 1986.

4 Die Biomasse der Pflanzen wird nicht vollständig in Brennstoff umgesetzt. Einige Blätter, die Stoppeln und die Wurzeln bleiben auf den Feldern zurück. Diese kohlenstoffhaltigen organischen Substanzen erhöhen nicht nur die Fruchtbarkeit des Bodens; auf diese Weise bleibt nach jedem Anbauzyklus ein wenig des von der Pflanze aufgenommenen Kohlendioxids im Boden, das heißt, es wird der belasteten Atmosphäre entzogen.

5 Sarkanen & Tillman (Hrsg.), Progress in Biomass Conversion, Bd. 1; Energy Farming in America, Osburn, Lynn, BACH pub., 1989.

6 Manahan, Stanley E., Environmental Chemistry, 4. Aufl.

7 Adam Beatty, der Vizepräsident der Kentucky Agricultural Society, berichtete über hervorragende Erträge von Böden, auf denen über 14 Jahre lang ununterbrochen Hanf angebaut wurde, ohne daß es zu Ernteeinbußen gekommen wäre. Beatty, A., Southern Agriculture, C. M. Saxton & Co., New York, 1843, S. 113; Jahrbuch des US-Landwirtschaftsministeriums, 1913.

8 Vgl. Carl Sagan; vgl. auch die Prognosen der EPA, die 1983 vor einer weltweiten Katastrophe innerhalb der nächsten 30 bis 50 Jahre warnten.

9 Von Joint Venture Hempery und von Hemp Colony werden Hemden und Hosen aus einem Hanf-Baumwoll-Mischgewebe importiert. House of Hemp führt reine Hanffabrikate ein. Diese Kleidungsstücke und Textilien sind häufig schon über den Einzelhandel vor Ort zu beziehen.

10 The Washington Spectator, 15. Februar 1991.

11 Erhöhte UV-Strahlung führt zu einer vermehrten Produktion von Harzen, die wiederum das Gewicht der Pflanze erhöhen (Alan Teramura über eine Studie der University of Maryland in: Discover Magazine, September 1989).

12 Dewey und Merrill im Bulletin Nr. 404 des US-Landwirtschaftsministeriums, 1916.

13 »Wenn die Märkte für Marihuana, Kokain und Heroin legalisiert würden«, meinte Ethan Nadleman, Dozent für Politikwissenschaften an der Princeton University, »dann würden der US-Regierung und den einzelnen Bundesstaaten alljährlich Milliardenbeträge zufließen. Statt dessen verschwenden sie Beträge in gleicher Höhe für die Unterstützung des organisierten Verbrechens« (Los Angeles Times, 20. November 1989, S. A-18).

10. Aus der Kulturgeschichte des Hanfs

1 Auszug aus dem von Lyster Dewey verfaßten Hanf-Kapitel im Jahrbuch des amerikanischen Landwirtschaftsministeriums, 1913, S. 283-293.

2 Columbia History of the World, Harper & Row, New York, 1981.

3 Vgl. das Arzneimittelbuch von Shen Nung; Pen Tsao Ching; die klassischen Schriften der Han-Dynastie.

4 Religiöse Vorschriften, Drohungen und Tabus sorgten allerdings im allgemeinen dafür, daß diejenigen Menschen, die Hanf für ihre alltäglichen Bedürfnisse anbauten und/oder verarbeiteten, keinerlei Kenntnis von den Zubereitungsmöglichkeiten ihrer Kulturpflanze hatten, die von ihren Priestern, Schamanen und heilkundigen Hexen als etwas Heiliges, als Medizin und als Heilsalben eingesetzt wurden.

5 Vgl. Emboden, W. A., Jr., Flesh of the Gods, Praeger Press, New York, 1974.

6 »Pah, Kerls wie wir / uns wird nicht bang / droht Galgen hier, / von

Hanf der Strang.« John Fletcher, Rollo, Duke of Normandy (1639), 3. Akt, 3. Szene. »Such dir ein rechtes Handwerk aus, sonst hängst du neben diesem Mann / An Hanf und Händen sind wir reich, Gesindel nicht sehr zugetan.« Inschrift auf dem Grab eines Pferdediebes in Rapid City, South Dakota (1877), in: Shushan, E. R., Grave Matters, Ballantine Books, New York, 1990; vgl. auch den USDA-Film Hemp for Victory (1942), siehe Teil II, Kap. 6.

7 Vgl. auch Mikuriya, Tod H., M. D., Marijuana Medical Papers, 1839-1972, Medi-Comp Press, Oakland, Kalifornien, 1973; Shultes, R. E., Harvard Botanical; Encyclopedia Britannica; Abel, Ernest, Marijuana: The First 12 000 Years, Plenum Press, 1980; Vera Rubin, Cannabis and Culture, Institute for the Study of Man.

8 Der Legende der Dagga-Kulte zufolge brachten Götter das heilige Cannabis vom »Sternzeichen der zwei Hunde« – nach unserer Terminologie Sirius A und Sirius B – auf die Erde. Dagga bedeutet nichts anderes als »Cannabis«; dieses in nahezu allen indoeuropäischen Sprachen verbreitete Wort läßt sich auf zwei Weisen deutet: Der Bestandteil *canna* läßt sich sowohl von »Halm« (lat. calamus) als auch von »Hund« (lat. canis) ableiten, *bis* bedeutet »zwei«. Eine mögliche Lesart von Cannabis wäre also auch »zwei Hunde«.

9 Omni Magazine, August 1989, S. 144 f.; Washington Post, 9. August 1990; vgl. Teil IV, Materialien 3.

10 Allegro, J. M., Sacred Mushroom & the Cross, Doubleday Co., 1970.

11 Vgl. Columbia History of the World, Harper & Row, New York, 1981.

12 »Häresie« bedeutet ursprünglich »die Wahl«; im alten Griechenland bezeichnete man jedes religiöse Bekenntnis und jede wissenschaftliche Denkweise so. Im frühen Christentum wurde der Begriff zunehmend im Sinne einer willkürlichen Auswahl aus den Lehren der Kirche und für Abweichung verwendet. Die mit »Häresie« weitgehend bedeutungsgleiche Bezeichnung »Ketzerei« entstand aus dem Namen der französischen Häretikergemeinschaft der Katharer (»die Reinen«).

13 How Heads of State Got High, in: High Times, April 1980.

14 Smoke Screen: Inmate Sues Justice Department Over Quayle-Pot Cover-up, in: Dallas Observer, 23. August 1990; Kelley, Kitty, Nancy Reagan: The Unauthorized Biography, Doubleday & Co., New York, 1991.

11. Der britisch-amerikanische Krieg

1 Der Einsatz von Leibeigenen und vollkommen abhängigen Bauern dauerte in Rußland unter dem Einfluß des Zarismus und der russisch-orthodoxen Kirche bis zur Revolution von 1917 fort.

2 Bis in dieses Jahrhundert hinein bildete die Einfuhr russischen Hanfs den größten Posten des US-amerikanischen Außenhandelsdefizits. Vgl. Bemis, John Q. Adams and the American Foreign Policy, New York, Alfred A. Knopf, 1949.

3 Crosby, Alfred, Jr., America, Russia, Hemp & Napoleon, Ohio State University Press, 1965.

12. Hanf trumpft auf

1 Die Cannabismengen, die im 19. Jahrhundert in den USA Kindern und Kleinkindern, Erwachsenen, gebärenden Frauen und alten Menschen an nur einem Tag verabreicht wurden, entsprechen – wenn wir die 1983 von der amerikanischen Bundesregierung genannten Zahlen zugrunde legen – oftmals einer Ein- bis Zweimonatsdosis von

heutigen (durchschnittlichen bis starken) MarihuanakonsumentInnen.

2 Bengalen bedeutet Bhang-Land: »Cannabis-Land«.

3 Vgl. O'Shaugnessy, W. B., »Monograph on Cannabis Medicine«, 1839. O'Shaugnessy führte seine Forschungen und Experimente an seinen Patienten, an Tieren und in Selbstversuchen durch. Später machte er übrigens ein Millionenvermögen und wurde für den Bau des ersten indischen Telegraphensystems (in den 50er Jahren des 19. Jahrhunderts) von Königin Victoria zum Ritter geschlagen.

4 Wiedergegeben nach den Protokollen der 15. Jahresversammlung der Ohio State Medical Society in White Sulphur Springs am 12.-14. Juni 1860, S. 75-100.

13. Rassismus

1 Es gibt auch andere Theorien darüber, wann in Amerika das erste Mal Hanfblüten geraucht wurden, z. B. von amerikanischen und brasilianischen Sklaven, Shawnee-Indianern und anderen. Einige dieser Theorien sind faszinierend – aber nicht nachweisbar.

2 Das stimmt wirklich, es ist keine Täuschung. Aufgrund einer kuriosen Wendung in den »Jim Crow«-Gesetzen (eine Rassentrennung nach der Art der Apartheid) wurden im tiefen Süden schwarze Amerikaner von allen Bühnen verbannt – und an den meisten anderen Orten im Norden und Westen auch. Schwarze mußten sich in den 20er Jahren ihre Gesichter schwarz färben, so wie Al Jolson, als er »Swanee« sang. Weiße Unterhaltungskünstler benutzten auch entsprechende Farbe, wenn sie Farbige imitieren wollten. Nach den »Jim Crow«-Gesetzen sollte es eigentlich überhaupt keine Schwarzen auf der Bühne geben, aber wegen ihrer besonderen Fähigkeiten wurde ihnen erlaubt, verstohlen durch Hintertüren zu kommen, sich das Gesicht schwarz zu färben und dann so zu tun, als ob sie eine weiße Person seien, die die Rolle einer schwarzen Person spielt ...

3 1930 – ein Jahr, nachdem Louis Armstrong »Muggles« (sprich: Marihuana) aufgenommen hatte – wurde er in Los Angeles wegen einer Marihuanazigarette verhaftet und 10 Tage in Haft gehalten. Er wurde erst wieder freigelassen, als er versicherte, Kalifornien zu verlassen und innerhalb der nächsten zwei Jahre nicht zurückzukehren.

4 Dr. Munch, ein Chemiker, der für das FBN (Federal Bureau of Narcotics) arbeitete, wurde in den 30er und 40er Jahren von der Regierung und der Presse als Amerikas größte Kapazität auf dem Gebiet der Erforschung der Auswirkungen von Marihuana gepriesen.

5 Aufsässige Anmaßung: Zwischen 1884 und 1900 sind 3 500 Todesfälle schwarzer Amerikaner und Amerikanerinnen durch Lynchen dokumentiert. Zwischen 1900 und 1917 gibt es Berichte von mehr als 1 100 Fällen. Die Zahlen der tatsächlichen Fälle lagen zweifellos höher. Man schätzt, daß ein Drittel dieser Fälle von Lynchjustiz wegen »Anmaßung« geschah. Als »Anmaßung« galt beispielsweise, wenn ein Schwarzer eine weiße Frau zweimal anblickte (oder dessen beschuldigt wurde), wenn er auf den Schatten eines weißen Mannes trat, oder wenn er einem weißen Mann mehr als drei Sekunden direkt in die Augen blickte, oder nicht auf dem kürzesten Weg in den hinteren Teil der Bahn ging.

Für die Weißen war es eine ausgemachte Sache, daß Marihuana bei Schwarzen und Mexikanern zu »Verderbtheit« führte, ansonsten würden sie es ja nicht wagen, so »anmaßend« zu werden.

Wegen derart nichtiger »Vergehen«, wie wir sie hier angeführt haben, wurden Hunderttausende Schwarze und Chicanos dazu verurteilt, zwischen 10 Tagen und 10 Jahren angekettet in einer Sträflingskolonie zu arbeiten.

Das war der eigentliche Zweck der »Jim Crow«-Gesetze, die bis in die 50er und 60er Jahren angewandt wurden. Martin Luther King, die NAACP (National Association for the Advancement of Colored People) und die allgemeine öffentliche Empörung in Amerika sorgten dafür, daß diese Gesetze schließlich aufgehoben wurden.

6 Anslinger dreht sich wohl im Grabe herum, weil heutzutage in Amerika täglich 26 Millionen Menschen Marihuana rauchen und Millionen Menschen, die nie Marihuana geraucht haben, Rock-'n'-Roll- und Jazzmusik lieben.

7 Südafrika erlaubte seinen schwarzen Bergarbeitern gleichwohl, in den Minen weiterhin Dagga zu rauchen. Warum? Weil sie dadurch mehr und besser arbeiteten.

14. Ein halbes Jahrhundert Schikane und Verbot

1 US-Government Reports, 1956 f.,1961, 1963, 1968-1970, 1976.

2 NORML-reports, High Times, ABC, NBC & CBS News, 1981-1984, Oregonian, 23. Oktober 1989.

3 Crimestoppers, Ventura, Kalifornien, Oktober 1989.

4 48 Hrs., CBS-television, »Marijuana Growing in California«, 12. Oktober 1989.

5 Los Angeles Times, August 1983.

6 Ebd.

7 Nightwatch, CBS, 1. Januar 1985.

8 Aus »The First 20 Years«, gesendet auf KLSX 97,1 FM (Los Angeles) und anderen Sendern des Westwood One radio network, 29. Januar 1990.

9 High Witness News department, High Times magazine; »Inside the DEA«, Dale Geiringer, Reason Magazine, Dezember 1986; Christic Institut »La Penca«, Prozeßunterlagen: Zeugenausssage and Freispruch im DeLorean-Kokainprozeß; Playboy, etc.

10 Dies ist derselbe Mann, der durchsetzen half, daß die texanische Nationalgarde 2,9 Millionen Dollar bekam, mit denen sie ihre Agenten als Kakteen verkleiden konnte, um so an der mexikanischen Grenze zu patroullieren.

11 High Times, Februar 1990.

12 Verschiedene Gruppen einschließlich des American Hemp Council, des Family Council on Drug Awareness und der Organisation Help End Marijuana Prohibition (HEMP) haben sich entschlossen, ihre Anstrengungen zur Aufdeckung der PDFA-Lügen zu verstärken. Sie wollen dafür sorgen, daß die Verdrehungen dieser Vereinigung aus dem Äther verschwinden und statt dessen korrekte Informationen über die medizinischen, sozialen und kommerziellen Nutzungsmöglichkeiten von Hanf gegeben werden.

13 Der führende DARE-Ausbilder, Sgt. Domagalski, teilte in einem Interview Informationen über das Programm mit. Er äußerte dabei unter anderem die unbegründete – und unwahre – Behauptung, daß Marihuana zu Heroin führe. »Der Typ auf der anderen Straßenseite oder nebenan hat jahrelang Marihuana geraucht und scheint ganz in Ordnung zu sein. Es ist etwas nicht in Ordnung, aber es ist vielleicht nicht offensichtlich.« Und: »In den sechziger Jahren rauchten die Leute Marihuana und dachten, daß daran nichts verkehrt sei. Jetzt gießen und besprühen und hätscheln sie ihre Marihuanapflanzen –

und kümmern sich nicht darum, was sie da besprühen. Und Eltern wissen das eben nicht. Sie bekamen all ihre Informationen in den Sechzigern, und sie sind an diesen neuen Informationen nicht interessiert« (Downtown News, 10. Juli 1989; vgl. auch den Abschnitt mit den Briefen, 31. Juli 1989, BACHs Antwort). Bezüglich der Tatsachen seiner »neuen Informationen« vgl. Kapitel 15.

14 Einige der Lehrer, mit denen wir sprachen, kannten die wirklichen Studien oder hatten selbst Cannabis genommen und seine Auswirkungen am eigenen Leibe erlebt. Dummerweise konnten sie sich nicht auf ihre eigene Erfahrung berufen, da sie sonst mit Entlassung oder Urintests hätten rechnen müssen.

15 Drogenjäger William Bennett sagte Ende 1989 in der Larry-King-Show, daß er keine moralischen Probleme hätte, Drogendealer zu enthaupten – nur rechtliche.

16 Die Business Alliance for Commerce in Hemp (BACH), die Geschäftsvereinigung für den Handel mit Hanf, hatte DARE-Vertreter im Bereich Los Angeles zu einer öffentlichen Debatte mit ihrer Vereinigung herausgefordert. Diese Herausforderung war Anfang 1989 noch nicht angenommen worden. BACH machte DARE auch das Angebot, kostenlos spezielle Literatur über Cannabis zur Verfügung zu stellen, erhielt aber keine Antwort.

17 Es wurden in dem Artikel keine speziellen Studien angeführt, die die angeblichen schädlichen Auswirkungen von Cannabis belegen. Außer in diesem Zusammenhang und in einer Bemerkung, daß die Entgiftungsbranche einigen Erfolg im »Brechen einer leichten Abhängigkeit von Marihuana und Alkohol« vermelde, wurde Cannabis kaum erwähnt.

18 In: These Times, »Gulag for drug users«, 20. Dezember 1989, Seite 4.

15. Hinter den Kulissen der »Wissenschaft«

1 »Mag, würde, könnte und vielleicht sind keine wissenschaftlichen Begriffe«, Dr. Fred Oerther, M. D., September 1986.

2 Unter dem Druck des Spotts seiner Kollegen und der Streichung von Geldern der NIDA widerrief Nahas im Dezember 1983 all seine alten schädlichen und einzig auf Petrischalen-Studien von THC-Metaboliten und Chromosomen beruhenden Schlußfolgerungen und Ableitungen.

3 Die US-Regierung wußte seit 1946 auch, daß die oral eingenommene Cannabisdosis, die den Tod einer Maus bewirkt, ungefähr 40 000mal so groß ist wie die Dosis, die zu typischen Vergiftungserscheinungen führt (Mikuriya, Tod, Marijuana Medical Papers, 1976; Loewe, Journal of Pharmacological and Experimental Therapeutics, Oktober 1946.)

4 Tashkin, Donald, UCLA-Studien, 1969-1983; UCLA Lungenstudien, 1969-1990.

5 National Center for Atmospheric Research, 1964; American Lung Association.; Dr. Joseph R. DiFranza, University of Massachusetts. Medical Center, Reader's Digest, März 1986; General C. Everett Koop, 1990.

6 Vgl. auch NIH 1982: wissenschaftliche Bewertung früherer Studien durch die National Academy; und den Costa-Rica-Report 1980.

7 Jamaika-Studie, Kopten-Studie, Costa-Rica-Studie; Vedas; Dr. Vera Rubin, Research Institute for the Study of Man.

8 Ein Spliff entspricht im allgemeinen fünf durchschnittlichen amerikanischen Joints.

9 Costa-Rica- und Jamaika-Studie.
10 1975; Mouton & Co., The Hague, Paris/Anchor Books, New York.
11 »Cannabis Indica as an Anodyne and Hypnotic« [Indischer Hanf als Schmerz- und Betäubungsmittel], J. B. Mattison, M. D., The St. Louis Medical and Surgical Journal, Band LVI, Nr. 5, November 1891, Seite 265-271, nachgedruckt in Marijuana Medical Papers, Tod Mikuriya, M. D.
12 »Cannabis Substitution: An Adjunctive Therapeutic Tool in the Treatment of Alcoholism« [Cannabis-Substitution: Ein zusätzliches therapeutisches Mittel bei der Behandlung von Alkoholsucht], Tod H. Mikuriya, M. D., Medical Times, Band 98, Nr. 4, April 1970, nachgedruckt in Marijuana Medical Papers, Tod Mikuriya, M. D.
13 »›Collective Conscience‹ Breeds Dutch Tolerance« Oregonian, 1989.
14 Bevor Carlton Turner Spezialberater des Weißen Hauses (sprich: nationaler Drogenjäger) wurde, leitete er von 1971 bis 1980 aufgrund seiner Stellung an der Universität Mississippi den staatlichen Marihuanaanbau. Das Marihuanaforschungsprogramm der Universität Mississippi wird unter staatlicher Aufsicht durchgeführt und verfolgt das Ziel, die Bestandteile von THC zu entdecken. Auf diesem Wege soll eine »einfache«, reine Cannabisdroge isoliert werden, die als Medikament einsetzbar ist, – um sodann die Inhaltsstoffe mit nützlichen medizinischen Eigenschaften zu synthetisieren, damit die Pharmaunternehmen deren Anwendungsmöglichkeiten (profitbringend) nutzen können.
15 Interviews durch Ed Rosenthal für das High Times Magazine.

16. Des Kaisers neue Kleider

1 Nach dem Märchen von Hans Christian Andersen.
2 FBI-Statistiken, 1986.
3 FBI-Statistiken.
4 Vgl. Kapitel 11.
5 Genau diese Worte benutzte der Staatsanwalt von Los Angeles, Ira Reiner, in seiner Kampagne für seine Wahl 1990 zum Generalstaatsanwalt (die er im übrigen verlor).
6 Reiner war fast der einzige Staatsvertreter, der Gates öffentlich unterstützte.

II
Weshalb der Hanf vergessen werden konnte
(Mathias Bröckers)

1 In: Rätsch, *Hanf als Heilmittel*, (1992). William A. Emboden, emeritierter Professor für Botanik der California State University und Fellow der Linnean Society (London), hat seine botanischen Forschungen den psychoaktiven Pflanzen, vor allem den Seerosen und dem Hanf, gewidmet. Er ist Autor zahlloser Fachartikel und Bücher zum Thema.

2 *Der Spiegel*, 10/1992.

3 Vgl. B. G. Thamm, *Drogenfreigabe – Kapitulation oder Ausweg*, 1989.

4 Vgl. Beschluß des Landgerichts Lübeck (Jz 713 Js 16817/90), abgedruckt in: R. Rippchen, *Das Recht auf Rausch*, Löhrbach 1992.

5 *Der Spiegel*, 10/1992.

6 Vgl. Rätsch (1992) sowie W. Rothmaler, I. Natho, »Bandkeramische Kulturpflanzenreste in Thüringen und Sachsen«, in: *Beiträge zur Frühgeschichte der Landwirtschaft* 3, 1957.

7 Vgl. *Report of the Indian Hemp Drugs Commission*, Simla (India), 1894. In acht Bänden sind auf über 3 200 Seiten die Ergebnisse der zweijährigen Studie abgedruckt. Zitat aus der Schlußfolgerung: »Es hat sich klar herausgestellt, daß der gelegentliche Gebrauch von Hanf in moderater Dosis gesundheitsförderlich sein kann.« (Auszüge in: R. W. Leonhard: *Der Haschisch-Report*, 1972).

8 Vgl. Hans Georg Behr, *Von Hanf ist die Rede*, Hamburg 1985. Die deutsche Pharmalobby intervenierte gegen die Übernahme der Genfer Abkommen, um die bis dahin praktizierte Freiverkäuflichkeit von Heroin beizubehalten. Ein Vertreter der I. G. Farben, zu denen sich der Heroinhersteller Bayer mit fünf anderen Chemiefirmen 1925 zusammengeschlossen hatte, äußerte in der »Vossischen Zeitung« vom 26. 1. 1927 die Meinung, daß eine strengere Kontrolle von Opiaten »eine Gefahr für die Gesundheit der Volkswirtschaft« wäre (vgl. Thamm 1989).

9 Eine juristische Monographie dieser Zeit (W. M. Fraeb, *Die straf- und zivilrechtliche Stellungnahme gegen den Rauschgiftmißbrauch*, Leipzig 1927) sieht »vom ärztlichen Standpunkt« keinen Anlaß, Cannabis überhaupt zu behandeln: »Es werden (...) nur die bei uns häufiger vorkommenden Suchten besprochen.«

10 War zuvor Marihuana noch die am meisten gewaltverursachende Droge, so galt sie für Anslinger plötzlich als vom Kommunismus eingeschleuster Aggressionshemmer, der die US-Boys lasch machen sollte. Am Ende seiner Karriere gestand Anslinger schließlich, um was es bei diesem ganzen Drogenkriegsgeschrei eigentlich geht: »Sicher ist Marihuana eher harmlos. Aber die Sache war ein Beispiel dafür, daß ein Verbot die Autorität des Staates stärkt.« (zit. nach Behr, 1982).

11 Fast schon ans Lyrische grenzt etwa der Ton, den der CDU-Drogenexperte Roland Sauer in der jüngsten Cannabisdebatte des Bundestags (11. März 1992) anschlägt: »Der Begriff ›weiche‹ Drogen ist an sich schon verharmlosend, da Haschisch und Marihuana Schlüsseldrogen, Überstülpungsdrogen sind.« Von einer solchen (oder einer entfernt vergleichbaren) Schrittmacher-Eigenschaft des Hanfs ist freilich

in der seit 5 000 Jahren dokumentierten Medizinalgeschichte des Cannabis (vgl. zuletzt die Arbeit der Harvard-Mediziner Lester Grinspoon/James B. Bakalar, *Marihuana – The Forbidden Medicine*, 1993) nichts bekannt, so daß klar sein dürfte, wer hier wem etwas »überstülpt«.

12 Laut Gesetz über den Verkehr mit Betäubungsmitteln (BMG) vom 28. Juli 1981 ist der Anbau von Cannabis »zur Gewinnung und Verarbeitung von Fasern« zwar »erlaubnisfähig«, das zur Erteilung der Erlaubnis befugte Bundesgesundheitsamt verweigert sie allerdings, unter Hinweis auf die allgemeine Rauschgiftgefahr. Genehmigt werden nur »Schutzstreifen« aus Cannabis bei der Rübenzüchtung, die vor der Blüte vernichtet werden.

13 Vgl. Ernest Small, *The Species Problem in Cannabis*, Vol. 1, 2, Toronto 1977; W. A. Emboden, *Narcotic Plants*, New York 1977 und ders., »Cannabis in Ostasien«, in: *Rausch und Realität*, Bd. 1, Rautenstrauch-Koest-Museum Köln.

14 U. Körber-Grohne, *Nutzpflanzen in Deutschland – Kulturgeschichte und Biologie*, 1988.

15 Vgl. John Mann, *Murder, Magic and Medicine*, Oxford 1992. Bernhard Lewis schreibt dazu (in: *Die Assasinen. Zur Tradition des religiösen Mordes im radikalen Islam*, Frankfurt 1989): »Die ursprüngliche Bedeutung von Haschisch ist Kraut, insbesondere trockenes Kraut oder Trockenfutter. Später wurde es spezieller zur Bezeichnung des Indischen Hanfs (Cannabis sativa) gebraucht.« Über Marco Polos Mordgeschichte heißt es: »Trotz ihres frühen Auftretens und ihrer weiten Verbreitung ist diese Geschichte fast mit Sicherheit unwahr. Verwendung und Wirkungen des Haschischs waren in der fraglichen Zeit bekannt und kein Geheimnis. (...) Der Ausdruck *haschischi* war auf Syrien beschränkt und wahrscheinlich eine populäre Beschimpfung. Aller Wahrscheinlichkeit nach war es eher dieser Name, der die Geschichte entstehen ließ, als umgekehrt.«

16 Vgl. Bayerl, G. / K. Pichol, *Papier – Produkt aus Lumpen, Holz und Wasser*, Reinbek: 1986, sowie Schlieder, W., *Papier – Traditionen eines alten Handwerks*, Leipzig 1984.

17 Vgl. B. Marquart, *Der Hanfbau*, Berlin 1919; W. Bruck, *Juteersatz und Hanfbau*, Berlin 1917.

18 Vgl. *Papier – Geschichte und Produkte. Bausteine für das MVT*, Museum für Verkehr und Technik, Berlin 1990.

19 B. Marquart, *Der Hanfbau*, 1919.

20 A. Mißbach, *Die deutschen Spinnstoffe*, 1938, [2]1942.

21 Trägerorganisation der nationalsozialistischen Agrarpolitik, in der alle Bauern und in der Landwirtschaft Beschäftigten sowie alle landwirtschaftlichen Betriebe (Erzeuger, Weiterverarbeitung, Handel) qua Zwangsmitgliedschaft zusammengefaßt waren.

22 H. Baacke, *Der Hanfbau*, 1936.

23 Gareth Rees, »The longbow's deadly secret«, in: *New Scientist*, Nr. 1876, Juni 1993.

24 1943 wurde in den deutschen Spinnereien erstmals mehr Flockenhanf verarbeitet als Baumwolle, deren Import mit Kriegsbeginn auf ein Minimum zurückgegangen war (vgl. *Statistisches Handbuch von Deutschland 1928-1944*, München 1949, S. 21 f.). Für die Kotonisierung des Hanfs wurden verschiedene mechanische und/oder chemische Verfahren angewandt, um den Aufschluß in eine kurze, wollartige Faser zu erreichen: »Ein großer Teil der Flockenbastbetriebe

hat in den Hauptanbaugebieten eigene Entholzungswerke errichtet, um die Bereitstellung des unbedingt benötigten Rohstoffs sicherzustellen. Der Hanf wird hier auf rein mechanische Weise aufbereitet, und zwar wird eine äußerst hohe Reinheit angestrebt, um dadurch den Verbrauch an Chemikalien so niedrig wie möglich zu halten. (...) Durch Kotonisieren der Hanffaser gelingt es, einen deutschen Rohstoff, den Flockenhanf zu gewinnen, der besonders für naßfeste und verhältnismäßig feine Textilien verwendet werden kann.« (H. Koch, *Gespinstpflanzenbau*, 1942, S. 180 f.) Die Qualität der gewonnenen Gewebe war so außerordentlich, daß hinzugefügt wurde: »Es ist nicht angängig, Flockenbast als Baumwollersatz zu betrachten, seine wertvollen Eigenschaften deuten vielmehr daraufhin, daß Flockenbast den Leinencharakter beibehalten hat.«

25 A. Mißbach, *Die deutschen Spinnstoffe*, S. 80.

26 Der ausschließliche Bezug auf den Mooranbau hatte agrarstrategische Gründe. Weil Mineralböden für den Nahrungsmittelanbau knapp waren und Hanf die einzigartige Eigenschaft hat, als Pionierpflanze auch minderwertiges Moorland für den Getreide- und Nährfruchtbau zu erschließen, sollte er ausschließlich dort angebaut werden (vgl. H. Backe, *Der Hanfbau*, 1936). Ansonsten gedeiht Hanf auf fast jedem halbwegs nährstoffreichen Acker von Sibirien bis nach Nordafrika, – auf gehaltvollen Mineralböden bringt er die allerbesten Erträge.

27 Die Welterzeugung an Hanf ging in dramatischen Schritten zurück (1925/1955/1991; jeweils in 1000 Hektar Anbaufläche): UdSSR (926/598 / 58), Indien (? / 244 / 77), Italien (105 /34 / 0), Polen (43 / 24 / 1), Jugoslawien (28/62/1), Ungarn (10/34/2). Von der Weltanbaufläche des Jahres 1991 – 490 000 Hektar – entfällt der Großteil auf vier Länder: Indien (77), China (58), Rußland (58) und Rumänien (46). Angaben der FAO.

28 Vgl. Chris Conrad: *Hemp – Lifeline to the future,* Los Angeles 1993.

29 In: *Popular Mechanics*, Juni 1939. Dieselbe Zeitschrift hatte ein Jahr zuvor die neuen Verarbeitungstechnologien des Hanfs mit dem Artikel über »Die Milliarden-Dollar-Ernte« (siehe Seite 48) gefeiert.

30 Vgl. O.M.G.U.S, *Ermittlungen gegen die I. G. Farben*, Nördlingen 1986.

31 Lyster Dewey: »Hemp«, in: *USDA Yearbook 1913*, Washington 1914. Neuerdings scheint man sich im US-Department of Agriculture wieder für diese alten Studien zu interessieren: 1991 bezeichnete ein staatlicher Agrarexperte Hanf als das »weit, weit hervorragendste Produkt für Biomasse«. Erwin Sholts, zitiert in: Conrad (1993).

32 Vgl. Rätsch: *Hanf als Heilmittel*, 1992. – Diese ethnomedizinische Bestandsaufnahme der Cannabisverwendung von der Steinzeit bis heute kommt zu dem Schluß, »daß es kaum eine Heilpflanze gibt, die eine solche Verbreitung und konstante Anwendung in den unterschiedlichsten medizinischen Systemen und Lehren hat«.

33 Vgl. Rätsch, 1992. Was die berühmten Hexensalben und psychedelischen Kräutermischungen angeht (vgl. H. P. Duerr, *Traumzeit*, Frankfurt 1978), zählte Cannabis vermutlich nicht dazu: In einem Inquisitionsgutachten wird der Hanf »contra maleficio« aufgeführt, d.h. dem Reich des Guten zugeschlagen.

34 Zit. bei Rätsch, 1993. Während Hildegard von Bingen schon zu Lebzeiten als Volksheilige verehrt wurde, läßt die offizielle Heiligsprechung durch den Vatikan bis heute auf sich warten (vgl. ebenda). Die

»veriditas«, die grüne Kraft, dieser erdnahen Mystikerin ist den Päpsten bis heute offenbar nicht geheuer: »Die Christen (...) brachten die Farbe Grün mit dem Tod und mit Hexen in Zusammenhang und sorgten für den bekannten Aberglauben, daß Grün Unglück bedeutet. Außerdem verknüpften sie die Farbe mit der oftmals bei alten Riten praktizierten Promiskuität.« (Barbara Walker, *Das geheime Wissen der Frauen*, Frankfurt: Zweitausendeins 1993).

35 »Der Same, so wie die ganze Pflanze, werden getrocknet als ein sanftes Mittel gegen schmerzhaftes Harnen, Urinverhaltung bei Säuglingen als Thee mit Nutzen gebraucht. In Marokko raucht man getrocknete Hanfblätter statt des Tabaks, um sich zu erheitern und hypochondrische Launen zu vertreiben. Auch die Fröhlichkeitspillen der Morgenländer haben Hanf zum Hauptbestandteil. Gegen Keichhusten der Kinder lobt Hufeland das Extract der ganzen Pflanze. Man kann sich dasselbe so bereiten, dass man den Hanf vor der Blütezeit sammelt, zerstampft, mit Flußwasser begiesst, dann auspresst und den frischen Saft unter gelindem Feuer bis zur Dicke des Extracts abdampft. Man gibt Kindern von zwei bis sechs Jahren dreimal täglich zwei bis drei Gran, Erwachsenen sechs bis zehn Gran. Dieses Extract ist auch ein bekanntes, oft gemissbrauchtes Stimulans, welches als solches in folgender Mischung genommen wird: Hanfextract, zwei Quentchen; Pomeranzblütenwasser, sechs Unzen; Spanisch Pfeffer-Tinctur, ein halb Loth. Man nimmt davon ein bis zwei Stunden ante actum ein bis zwei Esslöffel mit Wein. Das ausgepresste fette Hanföl (Oleum cannabium) ist ein altes Mittel gegen Nervenschmerzen, Colik, Magenkrampf, Verhärtung des Uterus, indem man den leidenden Teil damit einreibt.« Most, zit. bei: Rätsch, 1993. Der Gebrauch des Hanfs als psychoaktives Aphrodisiakum war im 19. Jahrhundert in Deutschland weit verbreitet und wird von Most im folgenden ebenso detailliert beschrieben wie die »Hanftrunkenheit« im allgemeinen: Sie ist »auf keinerlei Weise mit dem Rausche vom Weine oder anderer geistiger Getränke zu vergleichen, und unsere Sprache besitzt keinen Ausdruck, um jenes Gefühl anzudeuten«. Der Hinweis, daß der »Missbrauch des Hanfes, wenn er zu lange fortgesetzt wird, Dummheit, Blödsinn und große Körperschwäche zur Folge« hat, deckt sich mit einem arabischen Lehrsatz des 12. Jahrhunderts: »Das Haschisch ist es, das dem Verstand Erleuchtung bringt, doch zum Esel wird, wer es wie Futter verschlingt.«

36 Vgl. H.-G. Behr, 1982: »1855 waren aus Indien 250 Tonnen Ganja nach Europa exportiert worden; 1865 hatte sich die Menge bereits verzwölffacht. Damit war der nichttextile Hanf zum wichtigsten Handelsartikel nach Textilien und Tee für den Westhandel geworden, und nur das Opiumgeschäft mit China brachte den Briten mehr. In den Bilanzen von 1879 fungierte Hanf immer noch an vierter Stelle, gefolgt von Hanffasern und Jute. Die wichtigsten Abnehmer waren außer England der Reihe nach die USA, das Deutsche Reich, Österreich-Ungarn, Belgien und Italien. Die Niederlande zogen in Indonesien ihr eigenes Ganja, und Frankreich deckte seinen Bedarf in Algerien. (...) Gegen Ende des Jahrhunderts flaute der Hanfboom etwas ab, teils durch den Eigenanbau der Abnehmerländer, teils auch deswegen, weil andere Pharmaka auf den Markt drängten. 1893 exportierte Indien nur noch 2150 Tonnen Ganja, von denen das Deutsche Reich 290 abnahm, und 1905 betrugen die deutschen Importe nur noch 24 Tonnen.«

37 Vgl. B.G. Thamm, 1989. Zur Geschichte des Opiums vgl. M. Seefelder, *Opium,* Frankfurt 1987, und H.-G. Behr, *Weltmacht Droge,* 1984.

38 Vgl. C. Mann / M. Plummer, *Aspirin – Wirtschaftskriege der internationalen Pharmaindustrie,* München 1993. Heute will die Firma »Bayer« von derlei Marketingstrategien nichts mehr wissen; als Hans-Georg Behr (1984) zum Thema anfragte, wurde mitgeteilt: »Heroin ist im Laufe der Jahrzehnte von einem geschützten Warenzeichen für Diacetylmorphin zu einem Gattungsbegriff geworden, ein Schicksal, das bekanntlich viele Markenzeichen ereilt hat (oder das manchen droht – zu denken ist nur an Plexiglas, Tempo-Taschentücher, Weck-Gläser, Nescafé, Kaffee Hag usw.). Wo immer in der Vergangenheit vom Mißbrauch des Diacetylmorphins die Rede war, wurde anstelle dieses schwer eingängigen chemischen Begriffs fälschlicherweise das für Bayer geschützte Warenzeichen benutzt« (ebd.). Der erste freilich, der »fälschlicherweise« etwas benutzte – nämlich einen fetzigen Markennamen statt einer klassischen Arzneibezeichnung – war die Firma Bayer selbst. Weil Werksarbeiter, an denen das Diacetylmorphin getestet wurde, sich angeblich »heroisch« fühlten, wurde Heroin gewählt und am 27. Juni 1898 als Markenzeichen eingetragen. In der jährlich an Ärzte ausgesandten »Bayer-Bibel« hieß es über Heroin: »Ein Stoff, dessen Eigenschaften nicht zur Gewöhnung führen, der sehr einfach anzuwenden ist und der vor allem als einziger die Fähigkeit hat, Morphinsüchtige schnellstens zu heilen.«

39 Vgl. H.-G. Behr, 1982, der für die gleiche Zeit in Deutschland außer den »Migränin«-Pillen der Königl.-Bayerischen Hofapotheke von 1890 u. a. das Schlafmittel »Somnius« aus dem Hause Dr. Dralle ermittelte, das »mit satten 15 Prozent Tinktur für Träume sorgte«.

40 Zwar tauchen schon 1904 erste Gutachten mit Warnungen vor dem Suchtpotential von Heroin auf, doch der Firma gelingt es, ihr Mittel bis 1912 im freien Verkauf zu halten. Erst auf internationalen Druck wird Heroin 1921 in Deutschland zum verschreibungspflichtigen Betäubungsmittel erklärt. Als die Produktion 1931 eingestellt wird, hat Bayer über 30 Jahre lang Heroin verkauft; von nun an werden Produktion und Verkauf des beliebten Markenartikels von einer Firma übernommen, die als »Syndikat« oder »Freunde der italienischen Oper« bekannt geworden ist.

41 Wie zuvor war natürlich das Gegenteil der Fall. Das hohe Suchtpotential des Methadons – von der Hoechst AG unter dem Namen »Polamidon« vermarktet – ist nur deshalb weniger bekannt, weil es bis heute im Dienste des Guten steht und als legaler Ersatzstoff für Heroin eingesetzt wird. Die Entzugserscheinungen sind dagegen oft sehr viel heftiger als bei der Heroinentwöhnung.

42 Vgl. H.-G. Behr, 1985.

43 Thomas Kessler (Hrsg.), *Cannabis Helvetica,* 1985; T. Sabalitschka, »Über Cannabis Indica. Insbesonders über eine Gewinnung hochwertiger Herba Cannabis indicae durch Kultur in Deutschland«. In: *Heil- und Gewürzpflanzen*, 8, 1926; und W. Hitzemann, »Untersuchungen auf ‚Haschisch' bei verschiedenen Hanfsorten eigenen Anbaus in Deutschland«, *Arch. Pharmaz.*, 279, 1941.

44 Vgl. S. Scheerer / I. Vogt (Hrsg.), *Drogen und Drogenpolitik – Ein Handbuch,* Frankfurt 1989.

45 Angabe der National Organisation for Reform of Marijuana Laws (N.O.R.M.L.)

46 Den Hinweis auf G. Labitzke, *Rauschgift – Problem unserer Jugend?*, Hamm 1968, verdanke ich Hans-Georg Behr. Wie wenig die Hanfprohibition in Deutschland sich vom Rassismus der US-Kampagne unterschied, zeigt die folgende Passage des richtungweisenden Gutachtens: »Fast vierzig Jahre änderte sich in Deutschland an der Einstellung zu Rauschgiften nichts. (...) Man wird allerdings annehmen dürfen, daß die Soldaten der Besatzungsmächte, besonders Farbige, schon während der ganzen Dauer der Besetzung Opium und Haschisch rauchten, doch findet diese Tatsache in den deutschen Statistiken bis 1961 keinen Niederschlag. Bedeutung erlangte der Rauschgiftmißbrauch erst mit dem etwa um die gleiche Zeit erfolgten Einströmen von Gastarbeitern aus dem Orient. (...) Die Beteiligung der deutschen Bevölkerung am Rauschgiftkonsum ist (...) nach wie vor unbedeutend. (...) Voraussetzung für eine wirkungsvolle Bekämpfung ist zunächst ein klarer Standpunkt. Erörterungen der Frage, ob Haschisch schädlich ist oder nicht, ob der Alkohol nicht ein viel schlimmeres Übel ist, ob nicht jeder mit seinem Körper tun kann, was er will, usw. führen letzten Endes zu einer Zersplitterung, die jede Bekämpfungsmaßnahme illusorisch macht. (...) Bei verständnisvoller Ausschöpfung aller vorhandenen Bekämpfungsmöglichkeiten dürfte die derzeitige Rauschgiftwelle genauso schnell abebben wie die von 1920.«

47 Trotz der Schriften von E. Abel: Marijuana – The first 12 000 Years, New York 1980, sowie von D. Solomon, *The Marihuana Papers*, New York 1966; V. Rubin, *Cannabis and Culture*, Paris 1975; *Rausch und Realität*, Rautenstrauch-Museum, Köln 1981, und H.-G. Behr, *Von Hanf ist die Rede*, 1982, ist die Kulturgeschichte des Hanfs bis heute allenfalls skizziert. Da selbst eine Skizze dieser Skizze den vorgegeben Rahmen dieses Buches sprengen würde, muß es bei diesen Literaturverweisen bleiben. Auf dem Feld der Kultur jedenfalls scheint die Bedeutung des Hanfs kaum geringer zu sein als auf den Äckern der Landwirtschaft.

48 Vgl. Behr, 1982, der anhand der Erfindungen der »Haschischsucht« (durch Prof. Stringaris), der »Haschischpsychose« (durch Prof. Keup) und des »Haschischflashbacks« (durch Prof. Täschner) den deutschen Beitrag zur ideologisch gefärbten Pseudowissenschaft des Cannabis zerpflückt. Daß sich die tollen Entdeckungen der drei Professoren schnell als ebenso obsolet erwiesen wie Marco Polos Mörderkrautmärchen, hinderte die Herren indessen nicht, bis heute als Experten durch die Fachliteratur zu geistern. Niemand Geringeres als der vornehme Wissenschaftsverlag Springer gab sich die Ehre, Stringaris' schon 1939 völlig indiskutables Werk *Die Haschischsucht* im Jahr 1972 wieder aufzulegen.

49 Vgl. Franz Alt, *Schilfgras statt Atom*, München 1992

50 Vgl. Chris Conrad, 1993. In der Bundesrepublik Deutschland betrug 1986 der Pro-Kopf-Verbrauch an Papier 184 Kilo, insgesamt wurden 11 285 Millionen Tonnen verbraucht.

51 Vgl. P. Harmsen, *Hemp Paper for Consortium Proposal*, Tasmania 1991, zit. bei: Conrad, 1993. In Australien wird seit Mitte der 80er Jahre wieder Hanf zur Papierherstellung angebaut.

52 Vgl. Conrad, 1993.

53 So umfaßt das Kapitel »Schädlinge und Krankheiten des Flachses« in: W. Hoffmann, *Der Flachs- und Hanfbau*, 1957, elf Seiten mit langen Listen potentieller Schädlinge: »Die zarte Leinpflanze hat viele Fein-

de, die sie während der ganzen Vegetationszeit bedrohen«, während das entsprechende Kapitel beim Hanf auf einer halben Seite erledigt ist: »Soviel Schwierigkeiten die Krankheiten und Schädlinge dem Flachsanbau bereiten, so wenig leidet im allgemeinen der Hanf unter ihnen.«

54 Ebenda.

55 Vgl. P. Schütt, *Weltwirtschaftspflanzen,* Berlin 1972: »Als bedenklich hoch müssen die jährlichen, durch Schädlinge und Krankheiten verursachten Verluste bezeichnet werden. Sie werden auf 4,7 Millionen Tonnen im Werte von 2,9 Milliarden Dollar geschätzt. Hinzu kommen weitere 1,0 Millionen Tonnen Ausfälle durch Unkrautkonkurrenz. Damit erreichen die Gesamtverluste eine Größenordnung von 50 Prozent der Welternte.«

56 Vgl. Conrad, 1993.

57 Vgl. *Kölner Stadt-Anzeiger,* 18.1.1993. Laut Marquart (1912) werden zur Bestellung eines preußischen Morgens (das entspricht einem Viertelhektar) mit Zuckerrüben 13 bis 15 Arbeitstage gebraucht, ein Hanffeld dagegen benötigt nur 1 bis 2,5 Arbeitstage.

58 Vgl. Lester Grinspoon/James B. Bakalar: *Marijuana. The forbidden medicine*«, Yale University Press, 1993, Deutsch: Zweitausendeins/ Frankfurt 1994.

59 Zit. bei H.-G. Behr, 1982.

60 Wenn überhaupt das Wort »Hanf« irgendwo auftauchte, dann in Büchern, die sich speziell mit dem Anbau zur Drogengewinnung befaßten, doch die wurden, wie etwa das *Definitive Deutsche Hanfbuch*, in der Regel sofort indiziert; vgl. Werner Pieper, »Können Informationen Sünde sein?«, in: R. Rippchen, 1992.

61 Prof. Werner Baden: »Hanf auf Niedermoor und niedermoorartigen Amoorböden – eine agrarpolitische und agarwirtschaftliche Alternative«, in: *TELMA,* Bd. 16, Hannover 1986.

62 Die Selbstversorgung der Schweiz hat Thomas Kessler berechnet: »In der Schweiz konsumieren 500 000 - 800 000 Personen durchschnittlich 12-30 g Hanfprodukte jährlich. Dies ergibt einen Jahresverbrauch von 7 500 bis 24 000 kg. Einzelne Kenner der Konsumentenszene schätzen den Inlandsbedarf auf 30 000 bis 35 000 kg, da sie den durchschnittlichen Jahresverbrauch mit 50 - 60 g ansetzen, was einem etwa ein- bis zweimaligen Gebrauch in der Woche betrifft. Da aber erfahrungsgemäß nach einer Aufhebung der Prohibition der Verbrauch abnimmt, können wir mit einer niedrigeren Verbrauchsschätzung arbeiten, der Einfachheit halber mit 10 - 20 Tonnen pro Jahr. Der Flächenbedarf (...) hängt stark von den Produktionsbedingungen ab. Im großflächigen Anbau rechnet man mit 100 g hochwertigem Hanfkraut pro Quadratmeter. Das ergäbe einen Flächenbedarf von 10-20 Hektar, was einem einzigen mittleren Bauerngut entspricht.« In Deutschland wären etwa 4-5 mittelgroße Bauerngüter erforderlich.

63 Im Protokoll der Bundestagsdebatte über das »Recht auf Rausch« am 11. März 1992 wird der (damalige) Innenminister Seiters zitiert: »Ich sage das jetzt ganz ruhig, aber es ist meine feste Überzeugung: Das Argument, jeder habe ein Recht auf Rauschgiftkonsum, ist im Ergebnis zynisch und menschenverachtend.« (Beifall bei der CDU/CSU und bei Abgeordneten der F.D.P.).

64 So wurde etwa die Staatsgewalt 1985 im Museumsdorf Düppel in Berlin tätig: Die Polizei beschlagnahmte die Hanfpflanzen, die von

der Museumsleitung in dieser urzeitlichen Modellsiedlung angepflanzt worden waren. Die Einsprüche des Pflanzenzüchters Werner Plarre, daß es sich um Museumsstücke handele und Pollenfunde gezeigt hätten, daß in dieser Siedlung seit Tausenden von Jahren Cannabis angebaut worden sei, halfen wenig. Das Museum wurde wegen Verstoßes gegen das Betäubungsmittelgesetz anzeigt. Zur Züchtung THC-armer Sorten, vgl. W. Hoffmann / A. Mudra / W. Plarre, *Lehrbuch der Züchtung landwirtschaftlicher Kulturpflanzen,* Bd. 2, Berlin 1985.

65 Der 1991 von Gehirnforschern entdeckte »Cannabis-Rezeptor«, eine neuronale Andockstation, die einzig und allein auf den Hanfwirkstoff THC zugeschnitten ist (siehe Seite 420 f.), hat die Wissenschaft vor ein Rätsel gestellt. Eingedenk der langen gemeinsamen Geschichte von Mensch und Hanf erscheint die Sache allerdings schon etwas weniger rätselhaft: Wenn die Forscher heute meinen, daß die Funktion dieses Systems sei, »den Input zu dämpfen und dem Gehirn zu erlauben, bestimmte Erinnerungsprozesse in Gang zu setzen«, drücken sie damit letztlich nichts anderes aus als die chinesischen Ärzte, die schon vor 5 000 Jahren wußten, daß das »göttliche Kraut« den »Körper leicht macht« und »den Geist für eine Zeit reisen läßt«.

Literatur

Abel, Ernest A.: Marijuana, The First 12 000 Years, New York: Plenum Press 1980

Adebahr-Dörel, Lisa: Von der Faser zum Stoff, Dr. Felix Büchner Verlag 1972

American society for testing and materials: Annual book of ASTM standards: Textiles, Zipper ..., Philadelphia Dc 1974, 1979

Anderson, Patrick: High in America, New York: Viking Press 1981

Andreae, B.: Weltwirtschaftspflanzen im Wettbewerb, Berlin, New York 1980

Andrews, George / Simon Vinkenaog (Hrsg.): The Book of Grass, New York: Grove Press, Inc. 1967

Autorenkollektiv: Lehrbuch der Papier- und Kartonerzeugung, (Teil 5. Stoffaufbereitung), VEB Fachbuchverlag Leipzig 1987

Ayres, Ed: Papier braucht kein Holz, World Watch Magazin, deutsche Ausgabe 10/11 1993

Backe, H.: Der Hanfbau, Parey Verlag Berlin 1936, a: Die wirtschaftliche Bedeutung der Hanfpflanze, Dr. E. Schilling (Deutsches Forschungsinstitut für Bastfasern in Sorau), b: Der Anbau der Hanfes, Dr. H. Neuer (Saatzuchtleiter, Markee), c: Hanfspinnerei und Seilerei, P. Taenzer (Grünberg)

Baden, Werner (ehem. Direktor der Staatl. Moor-Versuchsstation Bremen): Hanf auf Niedermoor- und niedermoorartigen Amoorböden – auch eine agrarpolitische und agrarwirtschaftliche Alternative?, TELMA, Bd. 16, 201-215, Hannover 1986

BASF 1993: persönliche Mitteilung von Herrn Dr. Klemm, BASF L+F AG

Batra, S. K.: Other long vegetable fibers, in: Handbook of fiber science and technology; North Carolina State University, Raleigh 1985

Beherec (Comité du chanvre), persönliche Mitteilung 1993

Behr, H.-G.: Von Hanf ist die Rede, Basel 1982

Behr, H.-G.: Weltmacht Droge, Düsseldorf 1980

Bericht des Bundes und der Länder über nachwachsende Rohstoffe 1990

Betram, H.-J.; persönliche Mitteilungen 1993

Bettelhäuser, Ulrich (BBK): persönliche Mitteilungen und Brief an Katalyse vom 25.1.1994

Biogas: Batch digester studies on biogas production from Cannabis sativa, water hyacinth and crop wastes mixed with dung and poulty litter, Biological Wastes V.31, Nr.4, 1990

BMFT: Nachwachsende Rohstoffe, Bonn 1990

BML 1992: Leinsamen als nachwachsender Rohstoff, Schriftenreihe des BML , 412 1992

Böck (Füssener Textil AG): persönliche Mitteilungen 1993
Bocsa, Ivan, und Michael Karus: Der Hanfanbau. Biologie, Technologie, Ökologie; Müller 1996
Bolkestein, B.: Economische aspecten van oogst henned, Landbouwmechanisatie, 42: 6, 54-56, 1991
Bredemann, G., K. Garber, W. Huhnke, R. von Sengbusch (Max-Planck-Institut für Kulturpflanzenforschung, Hamburg-Volksdorf): Die Züchtung von monözischen und diözischen, fasererträgsreichen Hanfsorten (Fibromon und Fibridia), Zeitschrift für Pflanzenzüchtung, 46, 235-245, 1961
Bredemann, G.: Weitere Beobachtungen bei Züchtung des Hanfes auf Fasergehalt, Der Züchter, 22. Band, Heft 9, 1952
Breitfeld, Rolf: Rohstoff Hanf, Hanfgesellschaft e.V.
Brenman: New sugar packaging materials, Sakharnaya Promyshlennost 45, 1971
Bröckers, Mathias: persönliche Mitteilung 1993, 1994
Bröckers, Mathias, und Gerhard Seyfried: Hanf im Glück, Frankfurt/Main, Zweitausendeins 1996
BUKO Agrar Koordination (Hg.): Hanf. Von der Ver(Fair)nutzung einer Pflanze, 1995
Bundesministerium für Ernährung, Landwirtschaft und Forsten: Bericht des Bundes und der Länder über Nachwachsende Rohstoffe, Landwirtschaftsverlag, Münster-Hiltrup 1990
Butter, Martin: Brief an Katalyse vom 6.2.1994 und 6.3.1994
Cannabis Info Museum, Amsterdam: Hemp – An Argument for Man and Plant
Chènevotte Habitat: Isochanvre – matériau isolant écologique, René 1993
CMA: Gesamtdokumentation Nachwachsende Rohstoffe, Bonn 1989
Cohen, Sidney / Richard Stillman (Hrsg.): The Therapeutic Potential of Marijuana, New York: Plenum Press 1976
Colby, Jerry: Dupont Dynasties, Lyle Stewart 1984
Conrad, C.: Hemp – Lifeline to the Future, Los Angeles 1993
Cortis, G. et al.: Experimental cultivation of cannabis plants in the Mediterranean area, Bulletin on Narcotics, Vol. XXXVII, No. 4, 1985
Cosack, Ralph, und Roberto Wenzel (Hrsg.): Das Hanf-Tage-Buch, 1995
Dambroth, Manfred: Schweizer Bauer, Nr. 101, 29.12.1993
De Boo, Wim: Environmental and Energy Aspects of Liquid Biofuels, Delft (Niederlande) 1993
De Groot, B. / M.-J. de Smet (ATO Agrotechnologie Wageningen): Vezelhennep – kansrijk gewas waaraan veel onderzoek wordt verricht, Spil / 95-96 + 97-98 1991
De Meijer, E. P. M et al.: Characterisation of Cannabis accessions with regard to cannabinoid content in relation to other plant characters; Euphytica 62: 187-200, 1992

Deutscher Bundestag 7.12.93: Hanf als nachwachsender Rohstoff, Antwort der Bundesregierung auf die Kleine Anfrage des Abgeordneten Dr. Klaus-Dieter Feige und der Gruppe Bündnis 90 / Die Grünen, Drucksache 12/6361

Dewey, Lester / Jason Merril: Bulletin No. 404, US-Landwirtschaftsministerium, 1916

Dewey, Lester: »Hemp Industry in America«, Jahrbuch des US-Landwirtschaftsministeriums, 1913, S. 238

Dewey, Lester: »Hemp Industry in the U.S.«, Jahrbuch des US-Landwirtschaftsministeriums, 1901, 1902, S. 541-554

DLW 1993: Deutsche Linoleumwerke, persönliche Mitteilung Herr Buchholz, DLW Delmenhorst 1993

Du Bois, W. F.: Hennep als Grondstof voor Papier, IBVL Wageningen (Niederlande), 1982, Rapport 409

Du Bois, W. F. et al.: De mogelijkheden van hennep voor de nederlandse lanbbouw en papierindustrie, IBVL Wageningen (Niederlande), 1981, interner Bericht 332

Du Bois, W. F.: Hennep als grondstof voor de papierindustrie, IBVL Wageningen, November 1982, Publikatie 350

Du Bois, W. F.: Hennep als grondstof voor de nederlandse papierindustrie (een projectvoorstel), IBVL Wageningen (Niederlande), 1982, interner Bericht 416

Ebert, Karl: Arznei- und Gewürzpflanzen, Wissenschaftliche Verlagsgesellschaft, Stuttgart 1982

EG 1984/86: Official Journal of the European Communities, No. L191, 19.7.1984, S. 6-7; No. L199, 28.7.1984, S. 23-25; No. L48, 26.2.86, S. 26-30)

Encyclopaedia Britannica, Chicago - Geneva - London - Madrid - Manila - Paris - Rome - Seoul - Tokyo - Toronto: The Encyclopaedia Britannica, Inc. 1989

Enquête-Kommission des Deutschen Bundestages, Stellungnahmen der Sachverständigen: Die Stoffe, aus denen unsere Kleider sind – Stoffströme in der textilen Bekleidungskette, Bonn, 1993, Komissionsdrucksache 12/8 a

Fabritius, Klaus: Brief an Katalyse vom 23.1.1994

Fan Yeh, nach Sandermann 1992

FAO, Yearbook of Food and Agriculture Statistics 1957 und 1991

FAO: Production Year Book 38, 1985

Fischbeck, G. et al.: Spezieller Pflanzenbau, Verlag Eugen Ulmer Stuttgart, 1982

Fölster, Th. (Daimler Benz, Ulm): persönliche Mitteilungen 1993

Fournier, G. et al.: Toxic effects of the essential oil of Cannabis sativa L. and its main constituents on planaria (Dugestia tigrina), Toxicol. Eur. Res, V.1, 1978 (b)

Fournier, G. et al: Bacteriostatic activity of Cannabis-Sativa essential oil, Annales Pharmaceutiques Françaises 1978 (a)

Franke, Wolfgang: Nutzpflanzenkunde, Stuttgart - New York: Georg-Thieme-Verlag 1976, 1981, 1992

Franke, W.: Brief an Katalyse vom 13.12.1993

Frazier, Jack: The Marijuana Farmers, New Orleans, Louisiana: Solar Age Press 1972

Galygin, VN, Gridyakin, VA und Makaev, VI: New machinery for hemp harvesting, Abstract aus: Tekhnicheskie-Kul'turi, 1990, No. 4, S. 40-42

Gauca, C. et al.: Influenta unor elemente de tehnologie asupra productiei soiului de cinepa monoica Secuieni 1 (Influence of some technological elements on yields of the monoecious hemp cultivar Secuieni 1), Abstract aus: Analele-Institutului-de-Cercetari-pentru-Cereale-si-Plante-Tehnice, Fundulea, 1987, Jg. 54, S. 341-349)

Gauca, C.: Influenta fertilizarii cu N.P.K. asupra productiei de saminta la cinepa (The influence of NPK fertilizers on seed production in hemp), Abstract aus Lucrari-Stiintifice-Institutul-Agronomic-Timisoara, Agronomie, 1984, Jg. 19, S. 45-51

Goldman, Albert: Grass Roots, New York: Harper & Row 1979

Golovii, VS: Device for forming packs from hemp bundles, Abstract aus: Tekhnicheskie-Kul'turi 1990, No. 4, S. 42-43

Gorbacheva, RG, Rumyantseva, LT und Dudnik, MG: Oil content and quality in the seeds of hemp differing in origin, Sbornik-Nauchnykh-Trudov-po-Prikladnoi-Botanike,-Genetike-i Selektsii, 1989,125, S. 22-24

Götz, E. / J. Konrad: Pflanzenbau, Stuttgart: Eugen Ulmer Verlag 1987

Greenpeace: Greenpeace Spezial, Papier, Hamburg 1991 (Selbstverlag)

Grether, Till (Firma Terbatec AG): Schweizer Bauer, Nr. 101, 29.12.1993

Grewal, P.S.: Effects of leaf-matter incorporation on Aphelenchoides composticola (Nematoda), mycofloral composition, mushroom compost quality and yield of Agaricus bisporus, India Annals of Applied Biology, V 115 (2), S. 299-312, 1989

Grinspoon, L. / Bakalar, J.,: Marihuana. Die verbotene Medizin, Frankfurt/Main: Zweitausendeins 1994

Grotenhermen, Franjo, und Michael Karus: Cannabis als Heilmittel (Patientenbroschüre)

Gsell, Christian (ETH Zürich): Schweizer Bauer, Nr. 101, 29.12.1993

Haag, Stefan: Hanf weltweit. Die Hanfkultur in fast 100 Ländern der Erde

Hai, H.: Das definitive deutsche Hanfbuch, Löhrbach: Verlag Medienexperimente 1984

Harangozo, L. und L. Takacs: Onjaro nadbetakarito gep kialakitasa (Development of a self-driven reed harvesting machine), Abstract aus: Jarmuvek-Mezogazdasagi-Gepek, 1990, Jg. 37, Nr. 11, S. 414-416

Henrichsmeyer, W. / A. Tschmarke: Forschungsförderung nachwachsende Rohstoffe, Verlagsunion Agrar 1991

Heubach, Helga (Hrsg.): Die Faserpflanze Hanf, 1995

High Times Magazine: 1. Jg., Heft 1, Nr. 1, New York: The Trans-High Corporation 1974

Hoekstra, B. (IBVL Wageningen, Niederlande): Van hennep tot papier: Anaerob voorontsluiten in combinatie met anaerob zuiveren, 1985, interner Bericht 559

Hoffmann, W.: Flachs- und Hanfbau, Berlin (Ost) 1957

Hoffmann, W.: Hanf – Cannabis sativa L., in: Handbuch der Pflanzenzucht, Band 5, Berlin: Paul Parey Verlag 1961

Hofmann, Karl-Heinz: Brief an Katalyse vom 27.1.1994

Hondelmann, Radatz 1984, Landbauforschung Völkenrode 34, 145 (1984)

Höppner, Frank (FAL Braunschweig-Völkenrode): persönliche Mitteilungen 1993

Indian Hemp Drugs Commission: Marijuana, Report of the Indian Hemp Drugs Commission, 1893-1894, Silver Spring, Maryland: T. Jefferson Publishing Co. 1969

Indizes des US-Landwirtschaftsministeriums: 1916 bis 1982

Jahrbücher des US-Landwirtschaftsministeriums

Judt, M.: Set to make a comeback in furnishes?, in: PPI – Pulp and Papers International; August 1992, S. 45 ff.

Kacurek, M. J.: Secondary fibers and non-wood pulping, in: Pulp and Paper manufacture; Atlanta/Montreal 1987, S. 118 ff.

Kaplan, John: Marijuana – The New Prohibition, World Publishing Co. 1970

Karus, Michael: Hanf in Deutschland, 1996

Katalyse: Chemie in Lebensmitteln, Frankfurt/Main: Zweitausendeins 1990

Katalyse: Mißbrauchspotential THC-armer Faserhanfsorten als Rauschdroge, Köln 1994 (Selbstverlag)

Katalyse: Versuche mit kaltgepreßtem Hanföl, welches in Süddeutschland aus chinesischen Hanfsamen gepreßt wurde, 1994b

Keller, Georg (Ökolin): persönliche Mitteilungen 1993 und Brief an Katalyse vom 22.12.1993

Kemmoku, Akitsugu: Effect of Cannabis sativa seed oil on the serum cholesterol level in the rats fed on high cholesterol diet, in: Utsunomiya Daigaku Kyoikugakubu Kiyo, Vol. 42, 1992

Kessler, Thomas: Vorentwurf für ein Anbauprogramm von Konsumhanf im Berggebiet, Schweiz 1987

Kilpinen, O.: Nonwood speciality pulps, in: TAPPI-Proceedings – Pulping Conference 1992, S. 47 ff.

Klapp, Thorsten: Papierflut und Ökowelle, Natürlich 2/94

Knoller, R., und B. Mai: Hasch und Hanf im Klartext. Die Rückkehr des Un-Krauts, 1996

Koch, H.: Gespinstpflanzen, 1942

Kommission der EG 1993: Neue Regelungen für die Agrarmärkte, Leitfaden, Grünes Europa 1/93

Körber-Grohne, Udelgard: Nutzpflanzen in Deutschland, Konrad Theiss Verlag 1988
Körner, H.H.: Betäubungsmittelgesetz, München 1990
Kovacs, I. / A. Rab / I. Rusznak / S. Annus: Hemp (Cannabis sativa) as a possible raw material for the paper industry, in: Cellulose Che. Technol. 26, 627-635, 1992
Latimer, Dean / Jeff Goldberg: Flowers in the Blood, New York: Franklin Watts 1981
Leonhard, R.W.: Haschisch Report, München 1970
Lingen, F. A. (Firma Oregon): persönliche Mitteilungen 1993
Lingen, F. A. (Firma Oregon): persönliche Mitteilungen 1994
Lips, S. J. J. / K. M. D. Snijders / W. van Amersfoort: De invloed van aerobe en anaerobe voorbehandelingen van ingekuilde hennep op de papierkwaliteit, IBVL Wageningen (Niederlande), 1986, interner Bericht 573
Lips, S. J. J. / W. van Amersfort: Verslag van den verwerking van hennep tot papier onder strenge ontsluitkondities, IBVL Wageningen (Niederlande), 1985, interner Bericht 550
Literary Digest, Bd. 76: »Hemp, the Barometer of War«, 27. Januar 1923, S. 26
Literary Digest, Bd. 89: »Our Home Hasheesh Crop«, 3. April 1926, S. 64
Loske, T.: Methoden der Textilmikroskopie; Stuttgart: Franksche Verlagsgesellschaft 1964
Marquart, Benno: Der Hanfbau, Berlin 1919
Mathieu: Chanvre, Techniques agricoles 2130
Mc Graw-Hill: Pulp and paper manufacture, London: Book-Company 1969
McKenna, T. : Food of the Gods – A radical history of plants, drugs and human evolution, New York 1992
Megnet, Roland (Universität Oldenburg): persönliche Mitteilungen 1993
Menzel geb. Lauche, Annemarie (Botanisches Institut der Technischen Hochschule Dresden): Beiträge zur Kenntnis von Bau und Entwicklung der Hanfpflanze Cannabis sativa L. mit besonderer Berücksichtigung der Faser, Faserforschung, 13. Jahrg., 1. Heft, 1937
Menzel, Klaus-Christoph (Deutsche Akademie der Wissenschaften Berlin, Institut für Technologie der Fasern in Dresden): Beitrag zum Ligninproblem bei Flachs- und Hanffasern, Faserforschung und Textiltechnik 12 (1961) Heft 1, S. 18 ff.
Menzel, Klaus-Christoph (Deutsche Akademie der Wissenschaften Berlin, Institut für Technologie der Fasern in Dresden): Beitrag zur Untersuchungsmethodik von Strohflachs und Strohhanf, Faserforschung und Textiltechnik 15 (1964) Heft 2, S. 80 ff.
Messenger, Peter: persönliche Mitteilungen 1993
Meyer, Axel: Das kleine Hanf-Buch, 1996
Meyer, Hermann J.: Neues Konversationslexikon in 8 Bänden, 1868

Mikuriya, Tod H., M.D.: Marijuana Medical Papers, 1839-1972, Oakland, Kalifornien: Medi-Comp Press 1973

Missbach, A.: Die deutschen Spinnstoffe, Berlin 1942

Müller, W. (Botanische Abteilung des Forschungsinstituts Sorau): Zur Struktur der Zellmembran von Flachs und Hanf

N.N.: MCM – No smoke without success, in: Pulp and paper Nr. 5/92, S. 128 ff.

N.N.: Nonwood plant fiber pulping, in: Progress report No. 2, TAPPI-Press, Atlanta 1991

N.N.: Vergleich verschiedener Pflanzenfasern hinsichtlich ihrer potentiellen Eignung zur Papierherstellung, in: TAPPI-Proceedings – Pulping Conference 1991, S. 64 ff.

National Academy of Science: Marijuana and Health, Auswertung früherer Studien, Relman, Arnold, M.D. (Hrsg.), Washington, DC.: National Academy Press 1982

Nemeth, A. / I. Kovacs / A. Rab: Papiripari celu rostos alapanyagok eloallitasa kender szulfitos delignikaciojaval, in: Papiripar 36 (3) 1992, S. 82 ff.

Neumeyer, Jürgen (Hrsg.): Cannabis. Zwanzig Plädoyers aus Politik, Kultur und Wissenschaft, Packeis Presse 1996

Nova-Institut (Hrsg.): Biorohstoff Hanf, Tagungsband zum Symposium vom 2. bis 5.3.1995 (Nova-Institut, Thielstraße 35, 50354 Hürth)

Novak, William: High Culture, Boston, Massachusetts: Cannabis Institute of America 1980

Oetker: Lexikon Lebensmittel und Ernährung, Bielefeld: Ceres-Verlag 1983

Ökologische Briefe, Lösemittelersatz in der Druckindustrie kommt voran, Nr. 16 1993

Oxford English Dictionary (gekürzte Ausgabe), Oxford (England): Oxford University Press 1982

Prilutskii: Changes in physico-mechanical properties of bags used for sugar packaging, 1975

Pröpster, Albert (Ing.-Büro Pröpster): persönliche Mitteilung 1993

Rätsch, C.: Hanf als Heilmittel – Eine ethnomedizinische Bestandsaufnahme, Löhrbach 1992

Rausch und Realität – Drogen im Kulturvergleich, Katalog des Joest Rautenstrauch Museums Köln, 2 Bände, Reinbeck: Rowohlt 1982

Renze-Westendorf: Landw. Zeitung Rheinland 3/91, S. 20

Reuter, Klaus: Anbau und Verwendung von Hanf (Cannabis sativa L.) als Lieferant von Fasern, Samen und Rauschdrogen, Diplomarbeit an der Universität Bonn 1987

Riefer, Alexander: Das kleine Buch vom Hanf, 1996

Rippchen, R. (Hrsg.): Das Recht auf Rausch – Materialien zur Haschisch-Diskussion (enthält u.a. die ungekürzte Begründung des Lübecker Haschischurteils), Löhrbach: Verlag Medienexperimente 1992

ders. (Hrsg.): Die Hanfküche, W. Pieper 1995

Robinson, Rowan: Hanf – Droge, Heilmittel, Mode, Faser; VGS Verlag 1996
Rynja, J. C. F.: De nederlandse papier- en kartonindustrie en eenjarige vezelgewassen, IBVL Wageningen (Niederlande), 1988, interner Bericht 709
Sagunski, Horst, und Eva Lichtner: Hanf – Das Praxisbuch, 1996
Sandermann, Wilhelm: Papier, eine spannende Kulturgeschichte, Springer- Verlag Berlin 1992
Schädeli, Alfred: Schweizer Bauer, Nr. 101, 29.12.1993
Scheerer, S. / Irmgard Vogt (Hrsg.): Drogen und Drogenpolitik, Frankfurt 1989
Schenkelberg, Thomas (HanfHaus Berlin): Brief an Katalyse vom 16.1.1994
Schillo, Matthias (GAIA): Brief an Katalyse vom 17.3.1994
Schillo, Matthias: persönliche Mitteilungen 1993
Schinkel, Bundesgesundheitsamt: Brief an Katalyse vom 27.12.1993
Schlegelmilch, Jürgen (Firma Schneidersöhne): persönliche Mitteilungen und Brief an Katalyse vom 20.1.1994
Schlipfs: Schlipfs populäres Handbuch der Landwirtschaft, 16. Auflage, Paul Parey, Berlin 1908
Schönefeld, H.: Bastfasern; Teil B. Hanf; Leipzig: Fachbuchverlag 1955
Schuster, Walter: Ölpflanzen in Europa, DLG-Verlag, Frankfurt 1992
Schütt, Peter: Weltwirtschaftspflanzen 1972
Scientific American, Bd. 71: »Kentucky Hemp«, 6. Oktober 1984, S. 210
Scientific American, Bd. 79: Dodge, G.R., »Growing Hemp in America«, 15. Mai 1915, S. 308
Scientific American, Bd. 87: »American Hemp Industry«, 29. November 1902, S. 356
Scientific American, Bd. 116: »Making Paper Pulp From Hemp Hurds«, 3. Februar 1917, S. 127
Scientific American, Bd. 124: Dacy, G. H., »Revolutionizing an Industry. How modern machinery is minimizing hand labor in hemp production«, 4. Juni 1921, S. 446
Scientific American, Bd. 158: Anslinger, H.J., »Marijuana More Dangerous Than Heroin or Cocaine«, Mai 1938, S. 293
Seehuber, Dambroth: Landbauforschung Völkenrode, 34, 174 (1984)
Seehuber (BML): persönliche Mitteilungen 1993
Seidel, Richard (Firma Elsbett): Der Ölpflanzenkatalog 1993
Seidel, Richard (Firma Elsbett): persönliche Mitteilung 1993
Shcherban', II et al.: Hemp YuSO 31, Abstract aus: Selektsiya-i-Semenovodstvo-Moskva, 1992, No. 1, S. 61-63
Sidorenko, NM und Shcherban', II: Tetraploid forms of monoecious hemp, Abstract aus: Leni-Konoplya, 1987, No. 1, 41-42
Silver, Gary / Michael Aldrich Ph. D.: The Dope Chronicles, 1850-1950, San Francisco: Harper & Row Publishers 1979

Sloman, Larry: Reefer Madness, Marijuana in America, New York: Grove Press, Inc. 1979
Solomon, David (Hrsg.): The Marijuana Papers, New York: Bobbs-Merrill Company 1966
Spaar, Dieter et al.: Öl- und Faserpflanzen, Diagnose von Krankheiten und Beschädigungen an Kulturpflanzen, VEB Deutscher Landwirtschaftsverlag, Berlin (Ost) 1990
Stafford, Peter: Psychedelics Encyclopedia, Berkeley, Kalifornien: And/Or Press 1977
Steinegger, Hänsel, 1988, Lehrbuch der Pharmakognosie und Phytopharmazie, Heidelberg-New York 1988
Strehler, A.: Energie aus Biomasse, in: Energie-Dialog 3/4, 1991
Tabara, V. et al: Studies on some elements in the technology of monoecious hemp (cultivar Secuieni 1) in the years 1981-1985, Lucrari-Stiintifice, -Institutul-Agronomic-Timisoara,-Agronomie, 1987, 22, S. 23-27
Tabara, V.: The influence of NPK ferilizers on seed production in hemp, Lucrari-Stiintifice,-Institutul-Agronomic-Timisoara, -Agronomie, 1984, 19, S. 45-51
Tappi CPPA: Joint Textbook Committee of the paper industry: Mechanical pulping pulp and paper manufacture 1986
Thamm, Berndt Georg: Drogenfreigabe – Kapitulation oder Ausweg, Hilden: Verlag Deutsche Polizeiliteratur 1989
Themagroep Regionale Ontwikkeling: Andere Gewassen in de veenkoloniale akkerbouw – mogelijkheden voor bouwplanverruiming?, Wageningen (Niederlande) 1982
Thomson, Philip Grant (Firma Green machine): persönliche Mitteilungen 1994.
Tjeerdsma, B. F. (Wageningen Agricultur University), H. A. Zomers (ATO Wageningen): Organosolv pulping of hemp, Seventh international symposium on wood and pulping chemistry, Beijing (China) 1993
Tobler, F.: Deutsche Faserpflanzen und Pflanzenfasern, München 1938
Tschudin, P.F.: Papierhistorische Betrachtungen zu Faserpflanzen, in: Das Papier 40 Jg. Heft 11, 1986
Ullmanns Encyklopädie der Technischen Chemie, Weinheim Bd.: 11 1976
Ullmanns Enzyklopädie: Papier, Faserrohstoffe, Papierherstellung (in: Band 17); natürliche Cellulosefasern (in: Band 9), Weinheim 1975
van den Ent, E.J.: New pulping technology - a reasoned approach and some observations from research, in: Pulping-Conference 1992
Van der Veen, J. E. Harsveld (ATO-DLO), persönliche Mitteilungen 1993
van Gelder, W. M. J. / F. P. Cuperus / J. T. P. Derksen / B. G. Muuse / J. E. G. van Dam: Characterization and Processing Research for Increased Industrial Applicability of New and Traditional

Crops: A European Perspective, Progress in new crops, Eds.: J. Janick & J. Simon, Publ.: Wiley, 1993
Wagner, 1982, Pharmazeutische Biologie, Stuttgart, New York 1992
Warner, Roger: Invisible Hand – The Marijuana Business, New York: Morrow & Company/Beech Tree Books 1986
Waskow, Frank, und Jens Dreyer: Hanf und Co. Die Renaissance der einheimischen Faserpflanzen; hg. vom Katalyse-Institut, 1995
Wolfe, Sidney M., M. D. / Christopher Coley: Pills That Don't Work, Public Citizen Health Research Group 1981

Neue Literatur und Fachzeitschriften seit 1996

nova-Institut: Das Hanfproduktlinienprojekt (HPLP) – Technik, Ökonomie, Ökologie und Marktpotentiale, 1996
I. Bocsa / M. Karus: Der Hanfanbau – Botanik, Sorten, Anbau, Ernte, 1997
D. Lohmeyer: Die Hanfernte – Statusbericht und Ausblick, 1996
nova-Institut: Hanfsamen und Hanföl – Ernährungsphysiologischer und therapeutischer Wert, 1997
F. Grotenhermen / R. Huppertz: Hanf als Medizin – Die Wiederentdeckung einer Heilpflanze, 1997
L. Grinspoon / J. B. Bakalar: Marihuana. Die verbotene Medizin (mit einer Studie zur rechtlichen Situation in Deutschland und zum Stand der medizinischen Forschung von F. Grotenhermen und M. Karus), aktualisierte und erweiterte Auflage, Zweitausendeins 1998

In den letzten Jahren sind mehrere Fachzeitschriften zum Thema Hanf gegründet worden, u. a. *Hanf!*, *Hanfblatt*, *Grow*, die monatlich mit den aktuellen Informationen erscheinen. Sie sind an Kiosken und im Hanfhandel erhältlich.

Abkürzungen

A.G.	Attorney-General
AFL-CIO	American Federation of Labor — Congress of Industrial Organization
AMA	American Medical Association
BACH	Business Alliance for Commerce in Hemp
CBNs	Cannabinoide
CD	Customs Department
CIA	Central Intelligence Agency
CMI	California Marijuana Initiative
DARE	Drug Abuse Resistance Education
DEA	Drug Enforcement Agency
EMIT	Enzyme-Multiplied Immunotechniques (Test zur immunologischer Bestimmung biologisch aktiver Substanzen; wird als Urintest zum Nachweis von THC-Metaboliten benützt)
EPA	Environmental Protection Agency
FAIR	Fairness and Accuracy In Reporting
FBI	Federal Bureau of Investigations
FBN	Federal Bureau of Narcotics
FBNDD	Federal Bureau of Narcotics and Dangerous Drugs
FDA	Food an Drug Administration
HEMP	Help End Marijuana Prohibition
ISHI	Institute for Study of Human Issues, Philadelphia
M.D.	Doctor of Medicine
MADD	Mothers Against Drunk Driving
NAACP	National Association for the Advancement of Colored People
NIDA	National Institute on Drug Abuse
NIH	National Institute of Health
NIMH	National Institute of Mental Health
NORML	National Organization to Reform Marijuana Laws
NSA	National Security Agency
OSS	Office of Strategic Services
PCP	Phenylcyclidin (»angel dust«, halluzinogene Droge)
PDFA	Partnership for a Drug Free America
RAP	Research Advisory Panel
RTI	Research Triangle Institute
SADD	Students Against Drunk Driving
SAI	Special Alternative Incarceration (Kategorie von Sonderlagern außerhalb des gewöhnlichen Strafvollzugs)
THC	Tetrahydrocannabinol
UCLA	University of California Los Angeles
USDA	United States Department of Agriculture

Personen- und Sachregister

Abaca-Palme 333
Abbaubarkeit, biologische 465
Abbott Labs (Firma) 79
Achermann, J. 357
Achteck, R. 440
Action 81, 171
Adams, Dr. 76
Adams, J. Q., Präsident der USA 135
Adelgunde, Königin 209
AFL-CIO (American Federation of Labor – Congress of Industrial Organization) 153
Afrika 75, 117, 128, 269
Ägypten 51, 128, 150, 209, 215, 329
Aids 94, 175, 178, 187, 429, 442, 467 f.
Aladin 36, 105
Alaska State Commission 154
Alaun 217, 394
Albumine 96, 101
Aldrich, M. 195
Alexander, Zar 135 f.
Alkaloide 444
Alkohol 12, 41, 67, 91 f., 140, 178, 184, 186, 351
Alkoholismus 184
Alkoholprohibition 191, 272, 352
Allergien 458, 469
»Alliance for Survival« 102
Allied Chemical (Firma) 59
Alpha-Zellulose 50
Alt, F. 286
Altersschwachsinn 437
Altpapier 383
Alzheimer Krankheit 95, 437
AMA (Amerikanischer Ärzteverband) 64 f., 69, 76, 84 f., 88, 411-430
American Society of Mechanical Engineers 47, 51
Aminosäuren 100 f.
Amphetamine 120
Analgetikum, lokales 89
Analoge 437 f.
Anandamide 441 f.
Anbausondergenehmigung 321
Anderson, Bruce 21
Andorn 180
Anhauser Busch (Firma) 81
Ankertaue 29
Anslinger, H. J. 4, 6, 57, 64, 66, 68-72, 76 f., 144, 150 f., 153, 158, 192 f., 203, 208, 210, 269, 272, 279, 281, 411-430
Anstrichstoffe 341
Antagonisten 437 f., 442
Antibiotika 274, 285, 88, 350
Antibrechmittel 86, 350
Antidepressiva 435, 446
Antiemesis 445
Antischaummittel 342
Aphrodisiaka 142, 276
Appetitanreger 93, 441
Aralsee 287, 458
Argentinien 51
Arier 208
Arkadero 194
Armstrong, L. 40, 147, 150, 156
Arthritis 38, 89, 94
Arzneimittel, Hanf als 26, 37 f., 75-79, 81 ff., 88, 171, 299, 444-447
Asa 115
Asbest 369
Asche 334
Asien 65, 128, 307
Äskulap 206
Aspirin 75, 274, 276, 278 f.
Assassinen (arab.: Haschischraucher) 210
Asthma 38, 351, 77, 84, 278
Aufschlußverfahren 324, 336, 459
Augenleiden 351
Australien 98, 332
Autoradiographie 437
Autounfälle 178
Azetat 59
Azeton 104, 431
Azetylen 104

»Babe« Ruth 155 f.
Babylon 441
BACH (Business Alliance for Commerce in Hemp) 107 f., 154
Backe, H. 209
Baden 230
Bahamas 146
Bakdikian, B. 167
Balkan 217 f.
Balzac, H. de 142
Bambus 333
Bang 203
Bangi 203
Bangladesch 112 f.
Banknotenpapier 50
Bantus 119
Barbados 146
Barbank, L. 37
Barcelona 357
Barock 129
Bartholomäus, G. 270
Bast 203, 299
Bastfasern 327
Bastfaserring 310
Baudelaire, Ch. 142 f., 283
Baumwolle 31 f., 41 f., 51, 109, 215 ff., 219 f., 222, 228, 269, 271, 287, 301, 312, 314 f., 317, 320, 323 f., 328, 459, 469
Baumwollersatz, Hanf als 223, 302, ➤ Kotonisierung
Baumwollmaschine 214, 300
Bayer AG (Firma) 13, 206, 277
Bayern 220
Beach Boys 159, 159
Beatles 40, 156
Beckstein (bay. Innenminister) 454
Beeinträchtigung, physiologische 183
Behr, H.-G. 21, 207, 274, 279, 283, 295
Belafonte, H. 152
Belgien 349, 356
Benatowa 206
Bennett, W. 163, 193
Bensinger, P. 188
Benzin 37
Benzodiazephine 92, 446
Berlin 217, 360, 453-456, 464, 468
Beschlagnahmung 160
Bestäubung 309
Beta-Endorphine 120
Betäubungsmittelgesetz (BtMG) 207 f., 282, 289 f., 292, 303 f., 306, 363, 370, 453 f.
BGA (Bundesgesundheitsamt) 293, 306, 360 f., 364, 370

Bhang 25, 121
Bibel 9, 35, 38 f., 76, 122, 142
Bilsenkraut 90
Bingen, H. von 210, 275 f.
Bioalkohol 269
Bioenergie 286
Bioenergiepreise 344
Bioethanol 343 f.
Biomasse 37, 42, 103 ff., 103-107, 112 f., 269, 271, 343 f., 348, 427, 431-434
Biomassezuwachs 347
Biorohstoff 455 f.
Biosphäre 284
BKA (Bundeskriminalamt) 282
Blair, L. 40
Bleichen 390
Blum, D. 164
Blütenhüllen 309
Blütenstände 309
Blütenstaubisolator 320
Bocsa, I. (Hanfforscher) 455, 463
Böden, schwermetallbelastete 321
Bodenbeläge 39
Bohlen, B. 147
Bologna 223
Bombayhanf 115
Bonner, T. 440
Bonnie, R. 60
Boston 31, 144, 234
Botenstoff 440
Bowie, D. 40
Brachflächen 105, 305
Bradley, T. 159
Brandenburg 360
Brasilien 332
Braunschweig-Völkenrode 364
Brechen 209
Brenn- und Treibstoffe 112 f., 345, 431 f.
Brennwert 285
Brothers Smith (Firma) 26
Brown, W. 87
Buddhismus 118
Budwig, J. 97, 429
Bulgarien 323
»Bulletin Nr. 404« 54 f., 83, 212, 377, 407
Bundesgesundheitsministerium 454
Bundeslandwirtschaftsministerium 370
Bundesopiumstelle 453
Bundesrepublik 269, 293
Bundesverfassungsgericht 352
Buren 204
Burgess, H. 330
Burroughs, W. S. 274
Busch, W. 229, 280
Bush, G., Präsident der USA 35, 72 f., 80, 83, 106, 130, 150, 159, 168, 182, 185, 187

Calloway, C. 40, 150
Canamo 63, 115
Canapa 115
Candolle, A. de 205
Canep 115
Canhamo 115
Cannabidiol → CBD
Cannabinoide 309 f., 435, 444
Cannabinol → CBN
Cannabinolsäure 274
Cannabis 25, 41, 63 f., 352 f., 467
Cannabis indica 25, 115, 140, 208, 308
Cannabis ruderalis 208, 308
Cannabis sativa 308, 467
Cannabissamen, frühester archäologischer Fund von 204
Cannabiswirkstoffe, synthetische 78, 469
Canvas 29
Carothers, W. 59
Carradine, D. 40
Carroll, L. 33, 40, 142 f., 278
Carter, J., Präsident der USA 168, 175
Carter, L. 160
Carter, W. 184
CBD (Cannabidiol) 80, 88 f., 310, 350 f., 368, 444
CBN (Cannabinol) 80, 185, 310, 444
Celesa (Firma) 357, 362
Cellophan 48
Cerebellum 438
Chanvre 115
Chapman, M. 158
Chase, Ch. 404
Chemiefasern 269
Chemische Bleicherei Eugen Jetter Nachfolger GmbH 362
Chènevotte Habitat (Firma) 40, 349
Chicago 144, 148
Chile 81, 307
China 9, 26, 29, 34, 42, 70 f., 75, 117 f., 206, 231, 299, 307, 329, 332 f., 457
Chloralhydratsüchtige 184
Chlorbleiche 55
Chlorophyll 379
Cholesterin 38
CIA (Central Intelligence Agency) 72 f., 106, 168, 174
Clapproth, J. 212
Clark, Sh. 59
Club des Haschischins 143, 279
CMI (California Marijuana Initiative) 158
Colby, J. 18
Coleridge, S. T. 142
Colorado 148 f.
Comitas, L. 181
Compassionate-Marijuana-Programme 86 f.
Conde Redwood Lumber (Firma) 39
Conrad, Ch. 21
Coors (Firma) 81
Cortex cerebri 438
Costa-Rica-Studie 184
Cotton-Gin 214
Count Basie 150
Country Joe & the Fish 40
Crack 178
Cyklo-AMP (cAMP) 436

Dagga 117, 128, 150, 154
Dali 214
Dambroth, Prof. 361, 364
Dämmwert 369
DARE (Drug Abuse Resistance Education) 165 f., 171
Davis Jr., S. 152
Davis, E. 158
DDR 269 f., 281, 291
DEA (Drug Enforcement Agency) 66, 78 f., 82-85, 88, 91, 95, 151, 159, 162, 169 ff., 174, 180 f., 186
Dehnung 327
DeKamp, J. van 86, 159, 196
Deodand 127, 160
Depressionen 38, 94
de Quincey, Th. 142
Derivate für Cannabinoide, synthetische 80
Deukmejian, G. 86, 88
Deutsche Hanfbau-Gesellschaft m.b.H. 220, 280
Deutsche Landwerbung G.m.b.H. 229, 238
Deutscher Bauernverband 361

Deutschland 14, 215 f., 218, 269, 272, 301, 328 f., 356, 359
Dewey, L. 55, 271, 377
Diamond, N. 40
Digerierung 52
Dilaudad 193
Dioscorides 210
Dioxin 55, 459
Diözisch 308, 318, 320, 323
Disney, W. 229
Dodgson, Ch. ➛ Carroll, L.
Doobie Brothers 40
Dopamine 120, 446
Dorsey, J. 150
Dosierung, standardisierte 141, 447
Dosis 194
Doughton, R. L. 64
Drahtwurm 316
Dralon 272, 281
Drogen«, »Krieg gegen die 162 f., 168, 192, 202
Drogenhanf 310, 351
Drosophila 440
Druckfarben 341, 343
Du Pont (Firma) 11, 18, 32, 36, 57-61, 64, 269, 271, 287 f.
Du Pont, R. L. 58, 188, 270, 272, 279
Dumas, A. 33, 40, 142 f.
Düngerbedarf 315
Düngung 313, 317, 349, 368
Düsseldorf, Flughafen 467
Dynamit 46, 48, 50, 58

Eagles 40, 163
East India Company 276
Eastland, Senator 172
Edestin 96
Efka (Firma) 466
Eidleman, W. 97, 429 f.
Einstellungen, soziale 182
Einstreu 368
Eisenberg 204
Eisenzeit 299
Eiweiße 96, 101
Ekzeme 342, 351
El Salvador 81
Eli Lilly Co. (Firma) 26, 73, 76, 79 ff., 140
Ellington, Duke 40, 150
Elsaß 230, 358
Elsbett-Motor 344 f.
Emboden, W. A. 38, 202, 206
Emilia 223
EMIT (Enzyme-Multiplied Immunotechniques) 155
Emphyseme 445
Emulgatoren 342
Endorphine 193
Energiesteuer 460
»Energy Farming« 431
England 14, 25 f., 191, 323, 329, 356, 359, 363
Entharzen 52
Epilepsie 38, 77, 86, 99, 119, 351, 468
Erasmus, U. 101, 461
Erdnußöl 338
Ernteertrag 319, 379, 401
Erntemethoden 226
Ernteverluste 317
Essäer (Ordensgemeinschaft) 119
Essigsäure 431
Ethanolherstellung 343
Europa 293, 303, 307
Europäische Union 453 f.
Evans, G. 45
Evans, J. 110

Fachagentur für nachwachsende Rohstoffe 370
FAIR (Fairness and Accuracy in Reporting) 167
FAL (Bundesforschungsanstalt für Landwirtschaft) 364
Falana, L. 40
Falwell, J. 158, 192
»Familien gegen Marihuana« 155, 158, 171
Familienbetriebe, landwirtschaftliche 432
Fan Yeh 329
Farben 36, 52 f., 455f., 464
Faseranteil 309
Faserertrag 319 f., 323
Faserfestigkeit 327
Fasergewinnung 232, 459
Faserhanf 310, 312, 323, 334, 336, 352, 355
Fasern 46, 49, 285, 367, 378
FBN (Federal Bureau of Narcotics) 11, 66
FBNDD (Federal Bureau of Narcotics and Dangerous Drugs) 57
FCKW (Fluorchlorkohlenwasserstoff) 56
FDA (Food and Drug Administration) 81, 185
Femelhanf 203, 308
Ferrara 223
Fette 96
Fettsäuren, essentielle 97, 100, 290, 460
Fettsäuren, ungesättigte 338, 343, 461
Fibrose 89
Fieber 99, 117
Filterpapiere, technische 369
»Fimmel« 203
Finnland 331
Firnisse 341
Flachs 51 f., 224, 287, 299 f., 305 ff., 312, 317, 320, 323 f., 326, 328, 331, 333, 368 f., 371, 378, 459
Flachsfaser 337
Fliegenpilz 71
Flockenbast 327
Flockenhanf 228
Ford, G., Präsident der USA 73, 175, 185
Ford, H. 10 f., 37, 103, 112, 156, 269, 271, 288
Foudrinier-Maschine 391
Franklin, B. 26
Frankreich 14, 26, 40, 126, 135 f., 218, 293, 301, 307, 316, 323, 328, 337, 349, 356, 358, 363, 427
Freedom of Information Act 171
Freya 275
Fritz Naturkosmetik (Firma) 357
Fruchtfolgen 314, 317, 334
Fungizide 316
Fytin 274

GABA (Gamma-aminobytric acid) 446
GAIA (Gesellschaft für Arbeit, innovativen Landbau und Ausbildung) 360
Gainsborough 36
Galen, C. G. 209 f.
Gammalinolensäure (GLA) 460 ff.
Ganja 25, 94, 181, 184, 203, 280
Ganjah Wallah Hascheesh Candy Company 143
Garn 31 f.
Gates, D. 159, 165, 196
Gautier, Th. 142 f.

Geburtshilfe 117 f.
Gedächtnis 442
Gefängnisse 19, 150, 192
Gefängnisstrafen 145, 160, 187
Geige (männliche Hanfpflanze) 203
Gentechnik 354
Georgia 186
Gicht 119
Gillespie, D. 150
Ginsberg, A. 274
Ginsburg, D. 156
Glaukom 437, 442, 445
Gleason, J. 150
Gleitmittel 342
Globuline 101
Gminder, Reutlingen (Firma) 327
Gordon, G. 188
Gras 25
Grasöl 444
Grateful Dead 17, 40
Green Machine (Firma) 355
Griechenland 231, 329
Grinspoon, Lester 290
Gröbl (Staatssekretär) 454
Großbritannien 132-138, 359
Grundrechte 188, 191
Grüne 102
Grünwerg 228
Gulf Oil (Firma) 271
Gutenberg, J. 9, 211, 213, 218, 330

Hadernpapier 34, 211 f., 217
Hamilton, A. 31
Hamilton, R. L. 97, 100, 429 f.
Hamp 115
Hampa 115
Hampton, L. 150
Hanaf 115
»Hanf für den Sieg« ➛ »Hemp for Victory«
Hanf, Anpassungsfähigkeit des 280
Hanf, Bauprodukte aus 349 f.
Hanf, indischer ➛ Cannabis indica
Hanf, Rauschwirkung des 350 ff.
Hanfarchiv 371
Hanfblätter 185 f., 309
Hanfblüten 185 f.
Hanfbutter 100 f.
Hanfernte 318 f.
Hanfforschung 455, 463, 469
Hanfgesellschaft 362, 371
HanfHaus 355, 363, 452, 455 f., 460
Hanfhenne (weibliche Pflanze) 308
Hanföl 274, 338, 341, 355, 455 f., 460 ff.
Hanföl, cholesterinsenkende Wirkung von 351, 367
Hanfpapier 355, 465 f.
Hanfprodukte 108, 456, 464 ff.
Hanfrötzen 230
Hanfsamen 53, 274, 309, 460 f.
Hanfsamen als Lebensmittel 96, 290, 456
Hanfseife 464 f.
Hanfselbstbinder 226
Hanfstengel 309
Hanfwerke Füssen-Immenstadt AG 273
Hanfwolle 203, 222, 327, 456 ff.
Hanfwurzel 308
Hanfzellulose 39, 49
Harrison Act 192 f.
Harz 309, 330, 351
Haschisch 289, 351, 444
Haschischsalons 144
Hashshashin (arab.: Krautesser) 210
Havelland 226 f.
Hearst Paper Manufacturing Division (Firma) 57
Hearst, W. R. 11, 46, 61 ff., 66, 144, 148, 153, 193, 212, 272
Heath, Dr. 160, 172 f., 180
Hechelhanf 325
Hecheln 209, 325
Heinrich V. 227
Heizwert 347
Helms, J. 90
Hemcore Ltd. (Firma) 359
Hemizellulose 334
Hemp 115
HEMP (Help End Marijuana Prohibition) 21, 154
»Hemp for Victory« 13, 83, 107, 170, 194, 229, 231-234, 303
Hennup 115
Henry VIII. 227
Herbizide 312 f., 322, 348, 366, 458
Herer, Jack 450 f., 457
Herkenham, M. 437 f.
Herodot 116, 205, 209
Heroin 12 f., 158, 178, 182, 187, 191, 193, 206 ff., 274, 277-280
Heroinpreis 417
Herpes 38, 88
Hester, C. M. 411-430
Hibiskus 333
Hiero II. 205
High 435, 441 f.
High Times (Zeitschrift) 75, 79 f., 154, 171, 186 f.
Hinduismus 118
Hippocampus 438
Hirnforschung 437
Hirnhautdurchblutung 82
Hitzemann 281
HIV 97, 101
Hochdorf 209
Hofdünger 316
Hoffmann, W. 281
Höfler, M. 275
Holland 12, 191, 293, 300, 319, 333 f., 356, 358, 427
Holländer (Maschine) 330, 336, 391, 394
Holz 301, 347, 378, 383, 456, 464
Holzkohle 347, 431
Holzpapier 218, 466
Holzpulpe 286 f.
Holzschliff 109, 217 f., 330, 384
Honduras 81
Hongkong 42
Hoover, J. E. 151, 159
Hopfen 308
Hottentotten 119
Howlett, A. 120, 435 f., 438
Huflattich 180
Hugo, V. 33, 40, 142 f.
Hull, J. 168
Hüllblätter 309 f.
Humboldt-Universität, Berlin 360, 364
Huntingtonsche Chorea 438
Husten 278
Hydrauliköl 341
Hydrocarbonkondensate 445
Hygroskopizität 327

I. G. Farben (Firma) 13, 32, 36, 269, 271, 279
Immunglubolin 96
Immunsystem 85, 97, 101, 174, 187, 429, 460
Indiana 381, 386
Indien 51, 75, 117 f., 206, 216, 231, 269, 307, 332, 349, 441 f.
Indigo 459

Infektionen 38
Innozenz VIII., Papst 127
Inquisition 126
Insektizide 316
Institut für agroindustrielle Forschung 364
Irland 31, 128, 360
Islam 34
Isochanvre (Produktname) 349, 357, 466
Italien 31, 42, 51, 217 f., 223, 227, 269, 286, 302, 329, 357, 379, 427
Jamaika 146
Jamaika-Studie 181
Japan 303
Javitts, J. 172
Jazz 63, 68, 147, 150 f.
Jeans 214, 363, 455ff., 460, 470
Jefferson Airplane 40
Jefferson, Th. 25, 130 f., 442
Jennymaschine 33
Jesus 214
Jetter, Eugen (Firma) 363
»Jim-Crow-Gesetze« 148, 152
Jodzahl 340
Johnson, B. 147
Johnson, R. 436
Jordanmühle 392
Jugoslawien 51
Jungsteinzeit 202, 299
»Just say no« 175
Jute 216 f., 219, 231, 269, 300, 302, 307, 323 f., 328, 333

Kabbalisten 122
Kaffee 283, 351
Kalander 392, 394
Kaldor, A. 332 f.
Kalfaterwerg 29
Kali 316
Kalifornien 14, 381
Kalkamonsalpeter 317
Kalkstickstoff 317
Kaltwasserröste 324
Kamelos 214
Kampanien 314
Kampfmoral und Marihuana 70
Kanabira 115
Kanada 137 f., 331
Kannab 115
Kannabis 29
Kansas City 148
Karibik 146
Karl der Große 209
Karus, Michael 453, 455, 466
Kassava 333
Keferstein, Ch. 212
Keller, F.G. 330
Kelten 209
Kemp 115
Kenaf 331 ff.
Kennedy, J.F. 130
Kentucky 137, 178, 186, 231-234, 380 f., 386, 404
Kenvir 115
Kerosin 37
Kerouac, J. 274
Kerry, J. 168
Kif 444
Kiff 25
Kimberley Clark (Firma) 57
King, M. L. 159
King, R. 196
King-James-Bibel 33
Kinison, S. 159
Kinnub 203
Kirche, katholische 35, 38
Kitte 341
Kline & French (Firma) 79
Kloster 126
Koch, H. 238
Kochen (Papierherstellung) 389, 392, 394, 406
Kocher 388, 399 ff., 406
Kohlendioxid 104, 342
Kokain 12, 62, 158 f., 166, 178, 182, 206 ff., 230, 277, 281
Kol, V. A. 274
Kolumbien 81
Kolumbus 29, 211
Kombinationsnutzung 368
Kompostieren 37
Konfiszierung 127
Konopi 115
Konopli 115
Konquistadoren 211
Kontinentalsperre 133
Koop, C. E. 178
Kopten 119, 179
Kopten-Studie 181
Körner, Hans 230
Körner, Harald 453
Kosmetika 463
Kostelanetz, A. 150
Kotonisierung 220, 222, 228, 302, 327
Kraut 25, 207
Krebs 467 f.
Kreosot 104
kriegswichtiger Rohstoff, Hanf als 225, 227
Kronstadt 135
Krupa, G. 40
Kunststoffe 369

LA-Säure 429
Labitzke, G. 282
Lacke 36, 53, 455, 464
Lagerfähigkeit 141
»LaGuardia Report« 69, 154, 170
Lampen 36
Lancz, G. 89
Landsberg/Warthe 220
Langfasern 336
LaRouche, L. 174, 192 f.
Latimer, D. 186 f., 195
Lawn, J. 79, 170 f.
Le Mans 358
Leary, T. 19
LeDain-Kommission 170
Legalisierung 75, 79, 82, 450
Lein 312, 314 f., 340, 346, 368
Leinen 50 f., 457
Leinöl 338 f., 341
Lennon, J. 157 f.
LesBrown 150
Levonantradol 436
Lewin, L. 277
Libertarian Party 154
Librium 91 f., 281
Lichtenberg, G. Chr. 450
Lignin 55, 287, 328, 330, 334 f., 367
Lincoln, A. 36, 41, 105, 130
Linker, Vickie 162
Linolensäure 338
Linoleum 341
Linolsäuren 97, 100, 338, 351, 460 f.
Livos (Firma) 464
LNA-Säure 429
Loewe, Dr. 76
Los Angeles 165
Lowe, I. 359
Lower, G. A. 51
Loziers, R. 65, 96
LSD 71
Lucilius 205
Ludlow, F. H. 33, 143
Lungenemphyseme 91, 179, 445
Lungenfibrose 445
»Die lustige Hanffibel« 13, 229, 235, 271
Luxosativa 363

Magersucht (Anorexie) 38, 77, 93
Mähbinder 49
Mähdrescher 318
Mais 285
Mandragorawurzel 90
Manilahanf 28, 36, 115, 231, 234, 269
Mansion Industries (Firma) 39
Marco Polo 209 ff.
Margarine 339, 341
Marihuana 25, 50, 272, 351
Marihuana, Dauerkonsum von 184
Marihuanapreis 417
Marihuanarauschs, Chemie des 435-439
»Marijuana – Assassin of Youth« (Film) 62
Marijuana Medical Program 175
Marijuana Tax Act (Marihuana-steuergesetz 10, 202, 230, 270, 411-430
Marinol 80, 467
Mark 378
Mark Brandenburg 219
Marquart, B. 220
Martin, B. 436 f.
Massageöl 363
Matsuda, L. 440 f.
Mauritiushanf 115
Mayers, F. 82
Mayers, P. 87
McCarthy, J. 70
McCartney, P. 163
McIntyre 149
McRae, M. A. 404
Mechanical Engineering Magazine 46-51, 53 f., 522
Mechoulam, R. 75, 78, 291, 435, 441
Medizinalhanf 467 f.
Meese, E. 192
Megnet, Prof. 321
Mehrjährigkeit 349
Meiseler, S. 167
Mellon, A. 11, 57, 66, 269, 271 f.
Melvin, L. 436
Memphis 148
Merck & Co (Firma) 206, 277
Merrill, J. 55, 377, 383
Metaboliten 446
Methadon 279, 281
Methan 37
Methanol 37, 431 f.
Metz, Prof. 361
Mexiko 81, 89, 146, 149
Michaux, H. 283
Michigan 386
Migräne 92 f., 278
Mikuriya, T. 176, 195
»Milch der Götter« 10, 202 f.
Milchschorf 342, 351
Mill, J. St. 130
Miller, B. 159
Milton-Berle-Show 150
Mineraldünger 316
Mischgewebe 42, 108
Missouri 231
Mitchum, R. 156
Mittelalter 299
Modena 223
Mohn 207, 278, 315, 320
Mongolen 208
Monk, Th. 150
Monokulturen 314 f., 358, 368 f.
Monözisch 318, 320, 323
Monsanto (Firma) 59
Moor 220, 226
Moreau, J. J. 143
Morgan, J. P. 154
Morphin 277 ff.
Morphium 193, 435
Morrison, J. 426
Most, G. F. 276
Multiple Sklerose 77, 86, 468
Munch, J. 151
Muskelkrämpfe 86, 117
Muskelschwund 77
Müsli 339
Mycelbildung 321
Mykobakterien, Hanföl zur Abwehr von 351

Nabilone 80, 467
Nahas, G. 160, 173 f., 177, 180
Napoleon 28, 132-138, 210, 216
Nasha 115
National Oil Seed Institute 65
Naturfasern 41, 51
Nelson, W. 40
Nematoden 321
Nepal 112
Neskovic, Richter 352
Neuengland 31
Neuralgien 278
Neurodermitis 460 f., 469
Neurotransmitter 438, 440
Neuseelandhanf 115
Neuss, W. 440
New Orleans 144, 146 f.
New York 144
Nicaragua 81
NIDA (National Institute on Drug Abuse) 77 ff., 91, 171, 174, 180, 182, 185, 188
Niederungsmoore 226
NIH (National Institute of Health) 85, 171, 174, 185, 440
Nikotin 352
Nil 128
NIMH (National Institute of Mental Health) 119, 181, 437
Nitrierzellulose 58 f.
Nixon, R. 157, 175, 185
Nordamerika 9, 25 f.
Norepinephrin 446
Noriega, M. 168
NORML (National Organization to Reform Marijuana Laws) 19, 75, 79 f., 82, 154, 171, 173, 186, 195
North, O. 168
NSA (National Security Agency) 168
Nuß 309
Nylon 42, 58 f., 110, 269 f., 281
Nyltest 272

Oberrhein 230
O'Brian Jr., E. P. 82
Ödland, Vorfrucht zum Kultivieren von 224, 313
Ödlandflächen 220
Oerther, F. 69
Ohio 381, 386
Ökobilanz 368
Ökolin (Firma) 312
Ökosteuer 460, 466, 470
Öl 46, 65, 98
Old Ironsides 234
Ölertrag 320, 367, 455
Ölfarben 341 f.
Oliphant, H. 36, 60, 63 f.
Olivenöl 338
Ölkuchen 98
Öllein 305, 320
Ölpalme 340, 346
Ölpflanzen 340, 346
Ölpflanzen, energetische Nutzung von 346
Ölpreise 103
Ölsäure 338
Olschewski, B., und M. 464
Omni-Magazine 75, 79 f., 102

O'Neal, R. 40
Opiate 436 f.
Opium 140, 193, 276-279, 289
Opiumgesetz 230
Opiumkonferenz 204, 206
Opiumsucht 184
Oregon 354
Oregon Hemp Products Inc. (Firma) 110
Orient 34, 65, 96
Orléans, J. von 126
Ortrand, bei Dresden 362
Orwell, G. 192
Osburn, L. 17 f., 21, 101, 431
O'Shaugnessy, W.B. 75, 141, 276
OSS (Office of Strategic Services) 71, 174
Ostafrika 50
Österreich 357, 379
Osteuropa 354, 362
Oxford 294

Paine, Th. 33, 35
Panama 61, 81
Papier 33, 46, 50, 59, 286
Papierherstellung 54, 126, 328, 358, 367, 383
Papiers, Geschichte des 329
Papiermaschine 300
Papierrohstoffe 286, 332 f.
Pappelholz 398 f.
Papyrus 31, 329
Paracelsus 210
Paraquat 186
Parasiten 316
Parenti, M. 167
»Parents for a Drug Free Youth« 174
Parke-Davis (Firma) 26, 76, 140
Parkinsonsche Krankheit 77, 438
Parsen 118
PCP (Phenylcyclidin, »Angel dust«) 158, 187
PDFA (Partnership for a Drug Free America) 163 ff., 171
Pech 104
Pektin 51, 324, 328, 379
Pen Tsao 204, 441
Penek 115
Penicillin 274, 285
Pergament 216, 218, 329
Perianth 309
Perlon 269, 281
Pestizide 313, 317, 348, 368 f., 458, 469
Petroleum 37
Pfizer (Firma) 73, 79, 81, 436, 438
Pflanzenöle 343
Pflanzenschutzmittel 366, 458, 469
Pharmaindustrie 469
Pharmakologie 368
Phenole, hochpolymere 310
Philadelphia 144
Philip Morris (Firma) 81
Philippinen 28, 36, 231, 269
Phloem 323
Phönizier 225
Picasso, P. 156
Pichat, C.B. 223
Pilzkompost 368
Pilzkrankheiten 316
Pinien 333
Pink Floyd 156
Pionierpflanze 313
Placidyl 193
Planarien (Strudelwürmer), Hanföl zur Bekämpfung von 352
Plaque 38
Plarre (Hanfforscher) 361, 455
Plasma-Testosteron 183
Playboy 171, 173
Poebene 314
Poindexter, Admiral 168
Polamidon 281
Polen 42, 314, 354
Polyamid 59
Polyester 42
Polymere 110
Pommern 220
Pop, Iggy 40
Popular Mechanics Magazine 46-51, 53 f., 112, 522
Posen 220
Pot 25
Potsdam 453
Preßkuchen 367
Preßrückstand 341
Probathine 94
Prohibition 12, 39, 469
Proteine 38 f., 96, 101, 290, 342
Psilocybin 71
Psoriasis (Schuppenflechte) 342, 351, 461f.
Psychopharmaka, synthetische 435
Pulping 335
Purgiernuß 340, 346
PVC 467
Pygmäen 119
Pyrolyse 37, 104, 112, 343, 347 f., 427, 431 f.
Pyrolyseöl 348

Quaaludes 193
Quayle, D. 72 f., 80, 106, 130, 168

Rabelais, F. 33
Raj-Kommission 170
Ramie 302, 333
RAP (Research Advisory Panel) 82
Raps 285, 300, 305 f., 312, 315, 320, 340, 346 f., 368
Rapsöl 338, 341
Rastafari 119, 179
Rätsch, Ch. 276
Ratten 438
Raumbedarf 319
Rawlings, S. 44 f.
Reagan, N. 158, 187 f.
Reagan, R., Präsident der USA 72 f., 80, 83, 130, 150, 152, 158 f., 168, 172, 175, 185
Recyclingpapier 332
Reefer 25
»Reefer Madness« (Film) 62, 174, 435
Reefer parties (Marihuanaparties) 417
Reetzen 230
Regen, saurer 37, 113, 432
Regenwälder, tropische 9
Rehnquist, W. 193
Reichsnährstand 13, 224, 228, 238, 271
Reißfestigkeit 31, 48
Rembrandt 36
Renaissance 129, 211
Rens, Matt 61
Revolution, industrielle 54
Reynold, J.R. 278
Reyon (Rayon) 58 f., 110, 269
Rezeptoren 119 f., 294, 435 f., 438, 441
Rheumatismus 38, 89, 99, 458
Rich, B. 40
Riesenchinaschilf 348
Rimbaud, J.N.A. 142
Rispen 309
Rivers, J. 359
Rizinus 340, 346

Robert, L. 217
Roche, Dr. 141
Rockefeller 36, 103
Rohstoffe, nachwachsende 227, 284, 300, 303, 305 f., 342, 361, 368, 370, 433, 450 f.
Rohstoffverbrauch 401, 431
Rolling Stones 40
Rom 223, 329
Rosenheim, Oberbayern 280
Rosenthal, E. 195
Rösten 49, 209, 233 f., 299, 303, 379, 458
Rothschild 103
RTI (Research Triangle Institute) 182
Rübenzüchtung, Schutzstreifen bei der 289
Rubin, V. 181, 183
Rübsen 320
Rückenschmerzen 86
Rumänien 42, 128, 303, 307, 323, 348, 354 f., 456 ff.
Rußland 27 f., 35, 42, 51, 66, 70 f., 96, 132-136, 206, 218, 301, 354, 379, ➛ UdSSR

Saatdichte 320
Saatgewinnung 232, 317
Sabalitschka 281
Sagan, C. 120
Sägekettenöl 341
SAI (Special Alternative Incarceration) 169
Salböl 119
Samen 65
Samenertrag 320
Samenhanf 32, 336
Samling 203
San Francisco 468
San Diego/Arizona 409
Santa Marta gold 447
Sativa (Hanfprodukte) 464
Sativaprint 363
Säurefraß 217
Säurezahl 340
Scarlett, R. G. 411-430
Schäben 272, 285, 294, 319, 336, 349 f., 355, 367, 383, 385, 398 f., 466
Schäben, energetische Nutzung der 347, 349
Schäfer, J. C. 212
Schälmaschine 49, 54
Scheub, Ute 460 f.
Schilling, E. 203
Schintoismus 118
Schlafmittel 90
Schlafstörungen 94, 278
Schlegelmilch, J. 4, 362
Schleimlöser 89
Schlichten, G. W. 404-408, 410
Schmelzpunkt 340
Schmerzempfindung 442
Schmerzmittel, Hanf als 117, 441, 468
Schmerzmittel, synthetische 436
Schmierseife 342
Schneidersöhne Papier (Firma) 4, 363
Schnitthöhe 233
Schwäbische Alb 304
Schweiz 191, 356 f.
Schwermetalle 459
Scripps, E. W. 404, 407
Searle & Co. (Firma) 94
Seberg, J. 159
Secord, General 168
Sedativum, Hanf als 278, 447
Seehuber (Referent) 454
Seetürner, F. W. 277
Segeltuch aus Hanf 29, 31, 299
Seifen 341, 465
Selbstverträglichkeit 313
Senf 320
Serotonin 446
Shaeffer 181
Shafer-Kommission 154, 170
She Nung 121
Shiva 118, 208
Shu-King 205 f.
Si-ma 115
Siddhartha 118
Siegel, R. K. 120, 278
Siemens AG (Firma) 289
Siler-Kommission 61, 154, 170
Sinclair, J. 157
Sisal 50, 52, 219, 231, 269, 300, 302, 324, 328
Sisalhanf 115
Skandinavien 9, 331
Skythen 116, 205, 208 f., 275
Sloman, L. 151
Smith, K. 150
Smithsonian Institute 194
Smog 37
Soja 99, 340, 346
Sojaöl 338
Sonnenblume 300, 315, 320, 340, 346, 368
Sonnenblumenöl 338, 341
Sorghumstengel 333
Spanien 36, 126, 138, 293, 323, 356, 362, 427
Spanplatten 270
Speed 196
Speiseöle 38, 341, 455
Spitzwegerich 180
Spliff 181
Sprengstoff 58
Squibb (Firma) 26, 76, 140
St. Louis 144, 148
St. Petersburg 135
St. Regis (Firma) 57
Stabilisatoren 342
Staphylokokken, Hanföl zur Abwehr von 351
Star, Grüner 38, 77
Stark, K. 238
Staubblätter 309
Staubhanf 203
Stechapfel 50, 68
Stelazine 91
Steroide 98
Stickstoff 316 f.
Stimulans, Hanf als 278
Stoiber, E. 203 f., 210, 291
Storeyville 146 f.
Strauss, L. 214
Streptokokken, Hanföl zur Abwehr von 351
Streptomycin 274
Streß 38, 92
Striatum 438
Stromer, U. 211
Stuttgart 299
Südafrika 128, 150, 204, 206
Südamerika 89, 307
Sufis 119
Sulfitverfahren 336, 384, 406
Sunhanf 115
Swaggart, J. 158
Swing 150 f.

Ta-ma 115 f.
Tabak 41, 131, 176, (radioaktiv verseuchter) 178
Tabakrauch, Schutz gegen Schädigung durch 183
Tachykardie 445
Tacitus 275
Taiga 331
Takelage 29 f., 35, 231, 234, 299
Tambs, L. 168
Tashkin, D. 92, 175, 177, 179

Tasmanien 332
Tauföl 119
Tauröste 318 f., 324, 379
Tauwerk 35
Taylor 76
Teer 104
Tennessee 186
Tenside 464 f.
Teramycin 89
Terpene 310
Tetrahydrocannabivarin 444
Tetraploid 320, 354
Textilien 31, 108, 456 ff., 460, 470
THC (Tetrahydrocannabinol) 39, 76, 80, 83, 89, 94, 120, 154, 181, 185, 196, 290, 293, 304, 310, 350 ff., 356, 360 f., 364, 368, 370, 427, 436, 440 ff., 453, 463
– Delta-9-THC 76, 79 f., 82, 310, 435, 444, 467
THC-Metaboliten 173, 175 f., 181
Theophyline 84
Therapeuten 119
Thompson, H. 40
Thorazine 91
Thraker 117, 209
Tibet 112, 118
Tildens 26
Tilsit, Frieden von 133 f., 136
TNT 50, 58
Tobler, F. 275
Tollkirsche 90
Tosh, P. 40
Tragblätter (Hanfplanze) 309
Transport 381
Transportkosten 433
Treadway, W. 61
Treibhauseffekt 14, 29, 37, 44, 113, 202, 344, 350, 369
Trevira 272
TriTec (Firma) 365
Trocknungseigenschaften 340
Trugdolden 309
Tsai Lun 426
Tschechoslowakei 128, 327
Tse-ma 115
Tulane 172
Tumore 38, 77, 85
Turner, C. 159, 185 ff., 193
Twain, M. 33, 143

Übelkeit 38, 350
Überdüngung 317

UdSSR 303, 307, 319, 337, 354 ➛ Rußland
Unabhängigkeitserklärung, amerikanische 34, 40
Ungarn 42, 128, 217 f., 303, 307, 319, 323, 354 f., 363, 369, 379, 456 f.
Ungerlieder, Th. 86, 175, 181, 195
United States Printing Office 402
Unkraut 49, 51, 312 f.
UNO 11, 13, 70, 174
Urintests 154, 188
US-Regierung 34
USA 11, 13, 36 f., 42, 51, 77, 99, 133 ff., 137 f., 146, 150, 176, 191, 202, 234, 269, 293, 303, 333 f., 355, 467
USDA (US-Landwirtschaftsministerium) 44 f., 47
UV-Strahlung 99

Valium 91 f., 281
Valoron 281
Van Gogh, V. 36
Veden 208
Veeren, B. 152
Vegetationsperiode 312
Verbrennung 344
Verseifungszahl 340
Versuchsstation für technischen und offiziellen Pflanzenbau GmbH 280
Veterinärmedizin 37 f.
Victoria, Queen 38, 278, 442
Viehfutter 98, 285, 342
Villa, P. 62, 148
Viskosität 340
VISTA 81, 174
Voelter, H. 218
Vogelfutter, Hanfsamen als 39, 98 ff., 418
Völkerbund 61, 416
Volksmedizin 350
Voodoomusik 147
Vorteile, ökologische 56

Wahrheitsserum, Cannabis als 71 f.
Waldheim, K. 174
Wallach, L. 435
Walöl 36
Walsh, J. 40
Wanten 29
Warmwasserröste 325
Waschmittel 342, 455, 464 f.
Washington, G. 25, 442
Wasserbedarf 316
Wasserpfeife 177
Wasserröste 318, 324, 379
Wasserstoffperoxid 55, 287, 357
Watt, Ch. 330
Watt, J. 159
Webster, W. 159
Weichmacher 342
Wein 289
Weindling, L. 216
Weltkrieg, Erster 219, 223, 269, 302
Weltkrieg, Zweiter 225, 269, 271, 302 f., 433
Weltpapierbedarf 331
Werg 49 f., 53, 55, 58, 222, 336
Westeuropa 356
White, T. 163
Whitebread, Ch. 60
Whitney, E. 32
Whitney-Maschine 51
Wiesenschnake 316
Wikinger 209
Williams, B. 152
Wilmersdorf/Brandenburg 275
Winterweizen 315
Wisconsin 232 f., 380 f., 386
Woodpulp-Machine 218
Woodward, W. C. 64, 411-430
Wundheilung 117

Xian 329

Yang-Shao 208
Yarrow, B. P. 160
Yarslovsky, Z. 159
Young, A. 152
Young, F. 79, 170
Young, J. 426
Yukatan 50

Zahlungsmittel, Hanf als 25
Zarathustra 118
Zellophan 110
Zellstoff 50, 330
Zelluloid 59, 110
Zellulose 52, 105, 110, 329, 334, 432 f.
Zelluloseertrag 333
Zigarettenpapier 50, 465
Zuckerrüben 285
Zulus 119
Zurek, E. 226 f.
Zwischenfrucht 112, 223, 314

Eine Internationale Seilschaft für die Zukunft – Hanf-Adressen

Die Wiederentdeckung der Nutzpflanze Hanf begann dank Jack Herers bahnbrechender Recherchen in Kalifornien. Dort und in anderen US-Bundesstaaten wurden einige Institutionen gegründet, die sich um die Wiedereinbürgerung der Nutzpflanze Hanf und um die Schaffung neuer Märkte bemühen. Inzwischen sind auch in Europa die ersten Hänflinge aktiv geworden.

H.E.M.P. (Help End Marijuana Prohibition)
5632 Van Nuys Blvd. Suite 310
USA - Van Nuys, CA 91401,
Tel.: 310/392 -18 06
»Wir sind eine Gras-Wurzel-Organisation«, so der Gründer Jack Herer, »in 20 Jahren hat unsere Organisation keinen einzigen Dollar von irgend jemandem verlangt.« H.E.M.P. bestreitet seine Einnahmen aus dem Verkauf und Vertrieb von J. Herers Buch und des Films »Hemp for Victory« als Video. Über zwei Läden, in Venice Beach und Los Angeles, vertreibt die Organisation außerdem Hanfkleidung.

HanfHaus GmbH
Waldemarstraße 33
10999 Berlin
Telefon: 030/616 76 40
Fax: 61 60 98 41
e-mail: Versand@HanfHaus.de
Infos und Bestellungen auch über das Internet:
http://www.HanfHaus.de
Das deutsche Pionierunternehmen im Hanfbereich bietet in 14 HanfHäusern und im Versand die größte Vielfalt an Hanfprodukten weltweit: von Jeans und Bekleidung über Naturkosmetik und Lebensmitteln bis zu Möbeln und Accessoires sowie Informationen und Fachliteratur. Als Hersteller und Großhändler beliefert das HanfHaus 200 Läden in ganz Europa mit diesen Produkten. Der große Versandkatalog kommt auf Anfrage kostenlos ins Haus.

nova-Institut
Michael Karus
Thielstraße 35
50354 Hürth
Tel.: 02233/97 83 70
Fax: 97 83 69
e-mail: 100675.1134@compuserve.com
Das nova-Institut, aus dem Katalyse-Institut hervorgegangen, ist heute das führende europäische Institut für Forschung, Beratung und Koordination im Hanfbereich. Aktuelle Informationen und eine Liste mit Fachliteratur kann mit einem frankierten Rückumschlag kostenlos angefordert werden.

Hanf-Museum
Mühlendamm 5
10178 Berlin
Tel.: 030/242 48 27
Das 1996 gegründete erste deutsche Hanf-Museum, mitten in Berlins City, informiert über sämtliche Aspekte der Hanfpflanze. Es ist täglich von 10 bis 20 Uhr geöffnet.

Arbeitsgemeinschaft Cannabis als Medizin (ACM)
Maybachstraße 14
50670 Köln
Tel.: 0221/912 30 33
Fax: 130 05 91
e-mail: ACMed@t-online.de
Die 1997 gegründete ACM engagiert sich für die Wiederzulassung von Cannabis als Arzneimittel und alle Aspekte seiner medizinischen Nutzung. Ein 14tägig erscheinender Rundbrief kann per e-mail subskribiert werden.

TreuHanf AG
Matthias Schillo
Am Treptower Park 30
12435 Berlin
Tel: 030/53 33 44 13
Fax: 53 33 44 14
Die 1995 als Investitions- und Beteiligungsgesellschaft gegründete TreuHanf investiert im Hanfbereich und hat 1997 die erste Hanfaktie auf den Markt gebracht.

Österreichisches Hanf-Institut
Dürergasse 3/4
A-1060 Wien
Tel: 01/586 94 41
Auch in Österreich wird Hanf wieder angebaut und genutzt, das Hanf-Institut koordiniert Projekte und berät Interessenten.

Hemp/Marihuana Info Museum
Oudezijds Achterburgwal 148
Amsterdam, Niederlande
Tel.: 020/623 59 61
Vor einigen Jahren als reines »Hasch«-Museum gegründet, widmet sich die Info-Ausstellung in Europas Marihuana-Metropole zunehmend auch der Nutzpflanze Hanf.